W9-BXY-737

Álgebra y más

Curso 3

Desarrollado por
Education Development Center, Inc.

Investigadore principale: Faye Nisonoff Ruopp

Directora del proyecto: Cynthia J. Orrell

Elaboradores superiores de currículo: Michelle Manes, Susan Janssen, Sydney Foster, Daniel Lynn Watt, Nina Arshavsky, Ricky Carter, Joan Lukas

Elaboradores de currículo: Phil Lewis, Debbie Winkler

Contribuidores especiales: E. Paul Goldenberg, Charles Lovitt

New York, New York Columbus, Ohio Chicago, Illinois Peoria, Illinois Woodland Hills, California

The McGraw·Hill Companies

El contenido algebraico para *Impact Mathematics* se adaptó de la serie, *Access to Algebra*, por Neville Grace, Jayne Johnston, Barry Kissane, Ian Lowe y Sue Willis. Se obtuvo permiso para la adaptación de este material de la editorial, Curriculum Corporación of Level 5, 2 Lonsdale Street, Melbourne, Australia.

Envíe toda correspondencia a:
Glencoe/McGraw-Hill
8787 Orion Place
Columbus, OH 43240-4027

ISBN 0-07-860732-9

2 3 4 5 6 7 8 9 10 079/055 14 13 12 11 10 09 08 07 06 05

Revisores del proyecto Matemáticas de contacto

Education Development Center aprecia todo el intercambio de información de los especialistas de currículo y maestros que participaron en la revisión y prueba de este programa.

Especialmente agradecemos a:

Peter Braunfeld
Catedrático Emérito de Matemáticas
Universidad de Illinois

Sherry L. Meier
Catedrática Asistente de Matemáticas
Universidad Estatal de Illinois

Judith Roitman
Catedrática de Matemáticas
Universidad de Kansas

Marcie Abramson
Escuela Intermedia Thurston
Boston, Massachusetts

Denise Airola
Escuelas Públicas Fayetteville
Fayetteville, Arizona

Chadley Anderson
Escuela Intermedia Syracuse
Syracuse, Utah

Jeanne A. Arnold
Escuela Intermedia Mead
Elk Grove Village, Illinois

Joanne J. Astin
Escuela Intermedia Lincoln
Forrest City, Arkansas

Jack Beard
Escuela Intermedia Urbana
Urbana, Ohio

Chad Cluver
Escuela Intermedia Maroa-Forsyth
Maroa, Illinois

Robert C. Bieringer
Distrito Escolar Patchogue-Medford
Center Moriches, New York

Susan Coppleman
Escuela Intermedia Nathaniel H. Wixon
South Dennis, Massachusetts

Sandi Curtiss
Escuela Intermedia Gateway
Everett, Washington

Alan Dallman
Escuela Intermedia Amherst
Amherst, Massachusetts

Sharon DeCarlo
Escuelas Públicas Sudbury
Sudbury, Massachusetts

David P. DeLeon
Escuelas del área de Preston
Lakewood, Pennsylvania

Jacob J. Dick
Escuela Cedar Grove
Cedar Grove, Wisconsin

Sharon Ann Dudek
Escuela Intermedia Holabird
Baltimore, Maryland

Cheryl Elisara
Escuela Intermedia Centennial
Spokane, Washington

Patricia Elsroth
Escuela Intermedia Wayne Highlands
Honesdale, Pennsylvania

Dianne Fink
Escuela Intermedia Bell
San Diego, California

Terry Fleenore
Escuela Intermedia E.B. Stanley
Abingdon, Virginia

Kathleen Forgac
Escuela Waring
Massachusetts

Steven J. Fox
Escuela Intermedia Bendle
Burton, Michigan

Kenneth L. Goodwin Jr.
Escuela Intermedia Middletown
Middletown, Delaware

Fred E. Gross
Escuelas Públicas Sudbury
Sudbury, Massachusetts

Penny Hauben
Escuela de Murray Avenue
Huntingdon, Pennsylvania

Jean Hawkins
Escuela James River
Lynchburg, Virginia

Robert Kalac
Escuela Intermedia Butler
Frombell, Pennsylvania

Robin S. Kalder
Escuela Secundaria Somers
Somers, New York

Darrin Kamps
Escuela Elemental Lucille Umbarge
Burlington, Washington

Sandra Keller
Escuela Intermedia Middletown
Middletown, Delaware

Pat King
Escuela Intermedia Holmes
Davis, California

Kim Lazarus
Academia Judía San Diego
La Jolla, California

Ophria Levant
Academia Webber
Calgary, Alberta
Canada

Mary Lundquist
Escuela Secundaria Farmington
Farmington, Connecticut

Ellen McDonald-Knight
Distrito Escolar Unificado de San Diego
San Diego, California

Ann Miller
Escuela Intermedia Castle Rock
Castle Rock, Colorado

Julie Mootz
Escuela Intermedia Ecker Hill
Park City, Utah

Jeanne Nelson
Escuela Intermedia New Lisbon
New Lisbon, Wisconsin

DeAnne Oakley-Wimbush
Escuela Intermedia Pulaski
Chester, Pennsylvania

Tom Patterson
Escuela Intermedia Ponderosa
Klamath Falls, Oregon

Maria Peterson
Escuela Intermedia Chenery
Belmont, Massachusetts

Lonnie Pilar
Escuela Intermedia Tri-County
Howard City, Michigan

Karen Pizarek
Escuela Intermedia Northern Hills
Grand Rapids, Michigan

Debbie Ryan
Overbrook Cluster
Philadelphia, Pennsylvania

Sue Saunders
Escuela Intermedia Abell
Midland, Texas

Ivy Schram
Departamento de Servicios
Juveniles de Massachusetts
Massachusetts

Robert Segall
Escuelas Públicas Windham
Willimantic, Connecticut

Kassandra Segars
Escuela Intermedia Hubert
Savannah, Georgia

Laurie Shappee
Escuela Intermedia Larson
Troy, Michigan

Sandra Silver
Escuelas Públicas Windham
Willimantic, Connecticut

Karen Smith
Escuela Intermedia East
Braintree, Massachusetts

Kim Spillane
Escuela Central Oxford
Oxford, New Jersey

Carol Struchtemeyer
Escuelas Lexington R-5
Lexington, Missouri

Kathy L. Terwelp
Escuelas Públicas Summit
Summit, New Jersey

Laura Sosnoski Tracey
Somerville, Massachusetts

Marcia Uhls
Escuela Intermedia Truesdale
Wichita, Kansas

Vendula Vogel
Escuela para Señoritas Westridge
Pasadena, California

Judith A. Webber
Escuela Intermedia Grand Blanc
Grand Blanc, Michigan

Sandy Weishaar
Escuela Intermedia Woodland
Fayetteville, Arkansas

Tamara L. Weiss
Escuela Intermedia Forest Hills
Forest Hills, Michigan

Kerrin Wertz
Escuela Intermedia Haverford
Havertown, Pennsylvania

Anthony Williams
Escuela Intermedia Jackie Robinson
Brooklyn, New York

Deborah Winkler
Escuela Baker
Brookline, Massachusetts

Lucy Zizka
Escuela Intermedia Best
Ferndale, Michigan

CONTENIDO

Capítulo uno

Capítulo dos

Capítulo tres

Exponentes y variación exponencial 144

Capítulo cuatro

Resuelve ecuaciones 212

Capítulo cinco

Geometría de transformaciones .. 286

Capítulo seis

Trabaja con expresiones 356

Capítulo siete

Resuelve ecuaciones cuadráticas 430

Capítulo ocho

Las funciones y sus gráficas 486

Capítulo nueve

Capítulo diez

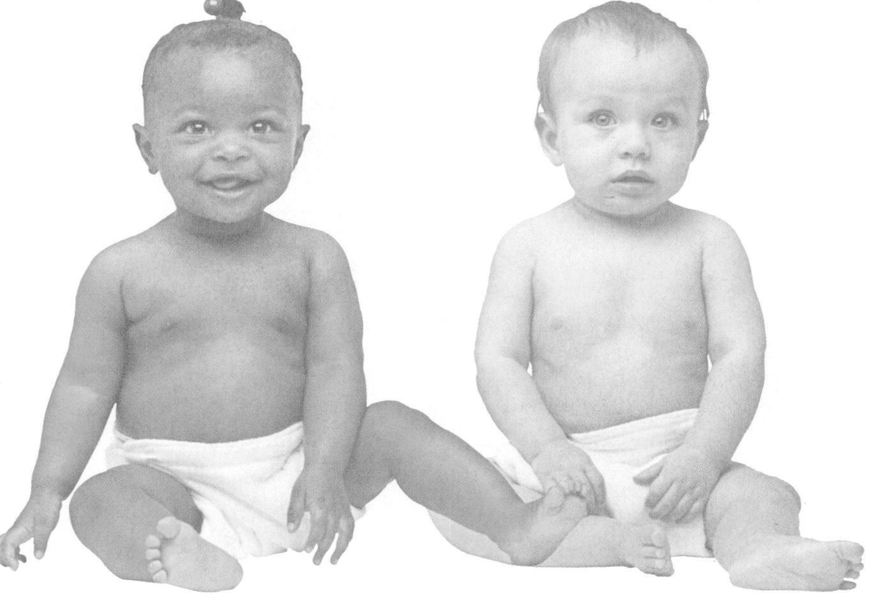

CAPÍTULO 1

Relaciones lineales

Matemáticas en la vida diaria

Es natural Las relaciones lineales pueden observarse en una gran variedad de situaciones comunes en la naturaleza. Uno de los más famosos artistas del Renacimiento, Leonardo da Vinci, creía que en un cuerpo perfecto, las relaciones entre sus diferentes partes debían obedecer ciertas proporciones. Por ejemplo, la longitud del brazo debía medir tres veces el tamaño de la mano y la longitud del pie debía ser seis veces mayor que la longitud del dedo gordo del pie. Estas relaciones se pueden expresar con las ecuaciones lineales: $a = 3h$, donde a es la longitud del brazo y h es la longitud de la mano y con $f = 6t$, donde f es la longitud del pie y t es la longitud del dedo gordo.

Piensa al respecto Calcula con una cinta de medir la longitud de tu brazo y la de tu mano. ¿Cuál es la razón entre estas dos longitudes? Escribe una ecuación que exprese esta relación entre la longitud de tu mano h y la del brazo a.

Carta a la familia

Estimados alumno(a) y familiares:

Vamos a empezar un año muy emocionante con las matemáticas. En el primer capítulo, estudiaremos *relaciones lineales,* el tipo de relaciones que ocurren cuando una cantidad o variable cambia a una tasa constante, a medida que cambia una segunda variable.

Por ejemplo, Lara gana $8 por hora. Ésta es una relación lineal entre el número de *horas trabajadas (H)* y la variable *dólares ganados (D)*. Por cada hora que trabaja Lara, su salario aumenta $8. Esta relación se puede expresar algebraicamente como $D = 8 \times H$ o $D = 8H$.

Aprenderemos a reconocer relaciones lineales representadas mediante tablas, reglas algebraicas o gráficas. La gráfica de una ecuación lineal siempre es una recta. Por lo tanto, el examen de su gráfica permite obtener mucha información sobre la relación.

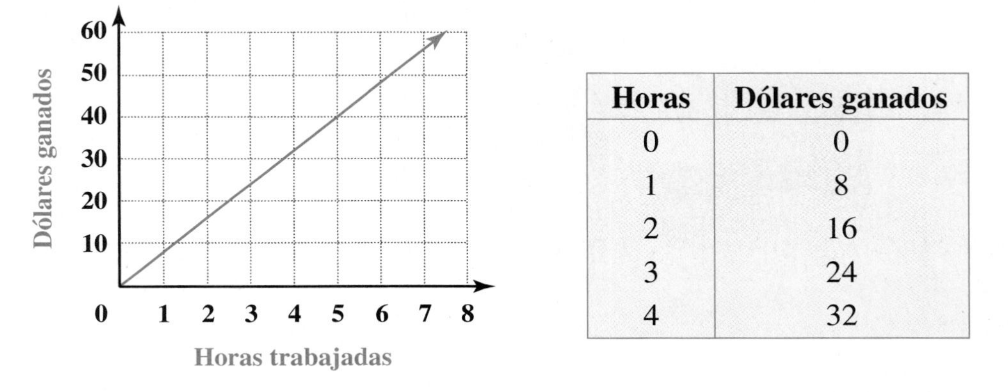

Horas	Dólares ganados
0	0
1	8
2	16
3	24
4	32

Muchas situaciones cotidianas se pueden representar con funciones lineales: el costo de varios cedés, si cada uno cuesta $15; el número de millas recorridas, si se viaja a 40 millas por hora. En algunas ocasiones, la relación no es exactamente lineal, pero es lo suficientemente cercana como para poder representarla con un modelo lineal y, de este modo, obtener predicciones y estimados.

Vocabulario Aprenderemos varios términos nuevos a lo largo de este capítulo:

- **coeficiente**
- **pendiente**
- **directamente proporcional**
- **forma pendiente-intersección**
- **variación directa**
- **intersección *y***
- **relación lineal**

¿Qué pueden hacer en el hogar?

Pueden jugar con su hijo(a) a buscar relaciones lineales en situaciones cotidianas, así como a calcular estimados y a hacer predicciones basadas en dichas relaciones. Si su hijo(a) puede mecanografiar 40 palabras por minuto, ¿cuánto tardará en escribir un informe sobre un libro? ¿Cuántas horas deberá trabajar cuidando niños para ganar $100, si le pagan $4 por hora? Tal vez el conocimiento de las relaciones lineales ayuden a los hijos a administrar su dinero y a aprender a ahorrar.

1.1 Variación directa

Lara gana \$8 por hora en su trabajo de verano. Hizo esta gráfica para mostrar la relación entre el número de horas que trabaja y el número de dólares que gana.

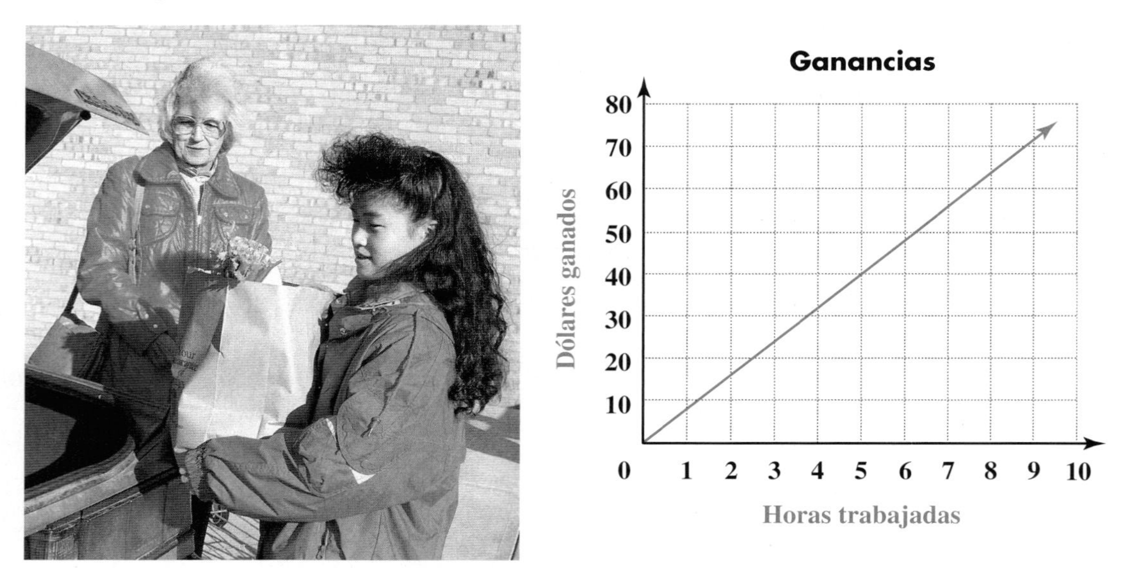

El álgebra es una herramienta útil para investigar las relaciones entre *variables* o cantidades que varían. La gráfica de Lara muestra que hay una relación entre la variable *horas trabajadas* y la variable *dólares ganados.*

VOCABULARIO
relación lineal

La gráfica de esta relación es una recta. Una gráfica lineal indica una tasa de cambio *constante.* En la gráfica, al aumentar el número de horas por 1, el número de dólares ganados aumenta en 8. A las relaciones con gráficas lineales se las llama **relaciones lineales.**

En este capítulo, vas a explorar gráficas, tablas y ecuaciones para relaciones lineales. Empezarás por hacer una "gráfica humana".

Explora

Selecciona un equipo de nueve alumnos para hacer la primera gráfica. El equipo debe seguir estas reglas:

- Alinearse a lo largo del eje x. Un alumno debe pararse en $^{-}4$, otro en $^{-}3$, y así sucesivamente hasta el 4.
- Multiplicar el número en que estás parado por 2.

- Cuando tu maestro(a) diga "¡Adelante!", avanza o retrocede hacia el valor *y* igual al resultado que hallaste en el paso anterior.

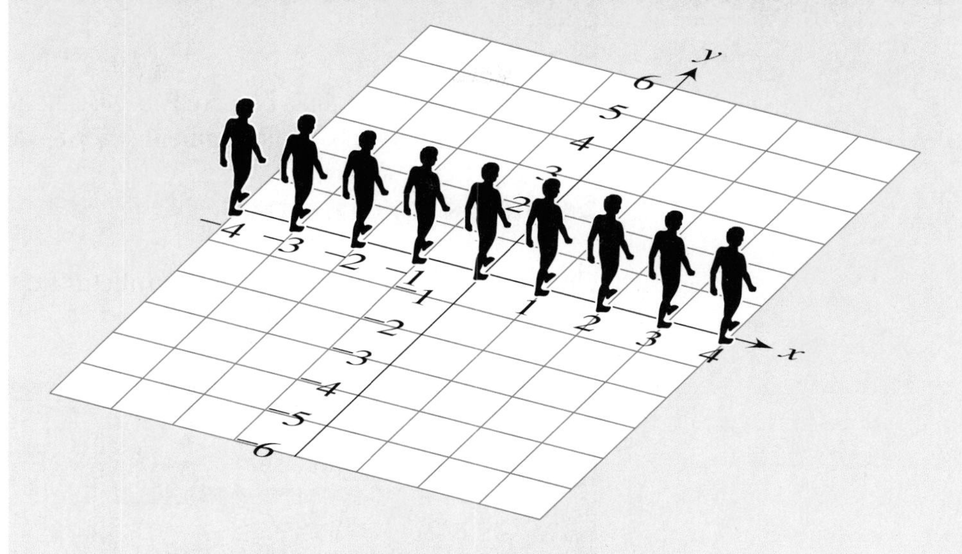

Describe la "gráfica" resultante.

Con los alumnos del primer equipo en el lugar en que están, selecciona otro equipo de nueve alumnos. El segundo equipo debe seguir estas reglas:

- Alinearse a lo largo del eje *x*. Un alumno debe colocarse en $^{-}4$, otro en $^{-}3$, y así sucesivamente hasta el 4.

- Multiplica el valor en que estás parado por 2 y después súmale 3.

- Cuando tu maestro(a) diga "¡Adelante!", avanza o retrocede hacia el valor *y* igual al resultado que hallaste en el paso anterior. Es posible que tengas que caminar alrededor de alguien del primer equipo.

¿Son lineales ambas gráficas?

¿Pasa alguna de las gráficas por el origen? De ser así, ¿cuál?

Escribe una ecuación para cada gráfica.

Explica por qué nunca se intersecan las dos gráficas.

Investigación 1 Variación lineal directa

Las dos gráficas humanas que creaste ilustran dos tipos de relaciones lineales, las cuales investigarás en las siguientes series de problemas.

Serie de problemas A

Un fin de semana, Mikayla repartió folletos que explicaban el nuevo programa de reciclaje de su pueblo.

1. Copia y completa la tabla para mostrar el número de folletos que Mikayla repartió en el tiempo que trabajó el domingo.

Horas que trabajó el domingo, *h*	0	1	2	3	4	5	6
Repartos del domingo, *s*	0	150					
Total de repartos, *t*	350						

2. Observa tu tabla completa.

a. A medida que las horas que trabajó Mikayla se duplican de 1 a 2, ¿también se duplica el número de repartos del domingo? A medida que las horas que trabajó Mikayla se duplican de 2 a 4, ¿también se duplicó el número de repartos del domingo?

b. A medida que las horas se duplicaron de 1 a 2, ¿también se duplicó el número total de repartos del domingo? A medida que las horas que se duplicaron de 2 a 4, ¿se duplicó también el número total de repartos?

c. A medida que las horas trabajadas se triplicaron de 1 a 3, ¿también se triplicó el número de repartos del domingo? A medida que las horas se triplicaron de 2 a 6, ¿se triplicó también el número de repartos del domingo?

d. Al triplicarse las horas trabajadas de 1 a 3, ¿también se triplicó el número total de repartos? A medida que las horas trabajadas se triplicaron de 2 a 6, ¿se triplicó también el número total de repartos?

3. Observa las dos primeras filas de tu tabla. Escribe una ecuación que describa la relación entre el número de repartos del domingo, s, y el número de horas trabajadas el domingo, h.

4. Observa la primera y la tercera filas de tu tabla. Escribe una ecuación que describa la relación entre el número total de repartos, t, y el número de horas trabajadas el domingo, h.

VOCABULARIO
directamente proporcional

Piensa cómo se relaciona el número de horas que trabajó Mikayla y el número de repartos del domingo. Cuando multiplicas el valor de una variable por una cantidad como 2, 30 ó 150, el valor de la otra variable se multiplica por la misma cantidad. Eso significa que el número de folletos repartidos es **directamente proporcional** al número de horas trabajadas.

Otra manera de decir esto es que la razón de los repartos del domingo con respecto a las horas trabajadas es constante:

$$\frac{\text{Repartos del domingo}}{\text{horas}} = \frac{s}{h} = \frac{150}{1} = \frac{300}{2} = \frac{450}{3} = 150$$

VOCABULARIO
variación directa

Una relación lineal en que dos variables son directamente proporcionales es una **variación directa.** La ecuación para cualquier variación directa se puede escribir en la forma $y = mx$, donde x y y son variables y m es una constante.

No todas las relaciones lineales son variaciones directas. Por ejemplo, aunque la relación entre el número de horas que trabajó Mikayla y el número total de repartos es lineal, ésta *no* es una variación directa.

Ahora, examinarás las gráficas de las relaciones con relación a los repartos de folletos de Mikayla.

MATERIALES

papel cuadriculado

Serie de problemas B

1. En una cuadrícula como la siguiente, grafica la ecuación que escribiste en la Serie de problemas A. Muestra la relación entre el número de horas que trabajó Mikayla y el número de repartos del domingo. Rotula la gráfica con su ecuación.

2. En la misma cuadrícula, grafica la ecuación que escribiste. Muestra la relación entre el número de horas que trabajó Mikayla y el número total de repartos.

3. ¿En qué se parecen estas gráficas? ¿En qué difieren?

4. Piensa acerca de la situación que representa cada gráfica.

   a. Explica por qué la gráfica para los repartos del domingo pasa a través del origen.

   b. ¿Por qué la gráfica del número total de repartos no pasa a través del origen?

5. Explica por qué nunca se intersecarán las gráficas.

6. La ecuación para el número de folletos repartidos el domingo es $s = 150h$.

   a. ¿Qué representa el 150 en la situación?

   b. Si cambias 150 por 100, ¿cómo afectaría esto la gráfica?

   c. Si cambias 150 por 200, ¿cómo afectaría esto la gráfica?

7. ¿Debe la gráfica de una variación directa pasar a través del origen? Explica.

Recuerda

El *origen* es el punto (0, 0).

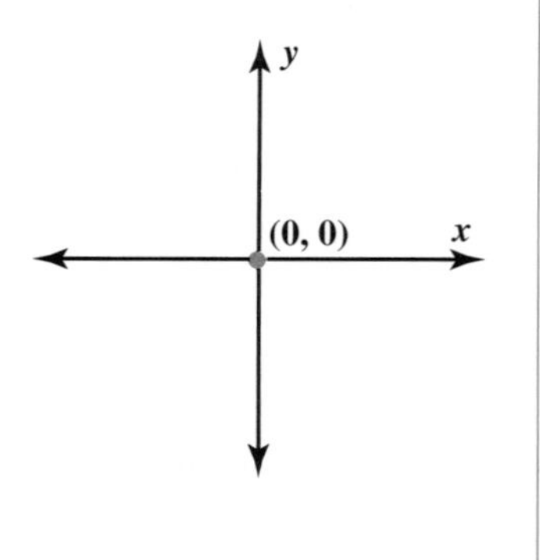

Serie de problemas C

Recuerda

Una relación es una *variación directa,* si cuando el valor de una variable se multiplica por una cantidad, el valor de la otra variable se multiplica por la misma cantidad.

Estas gráficas muestran la relación entre el número de folletos repartidos y el número de horas que trabajaron cinco alumnos.

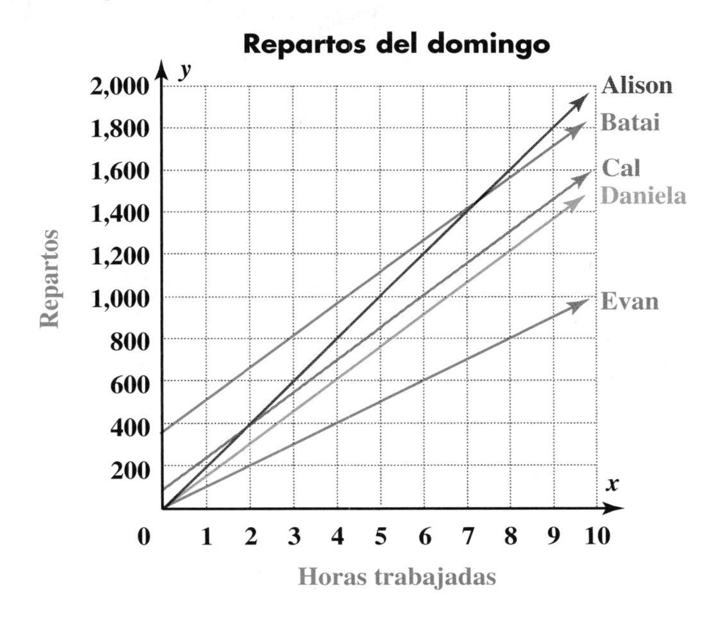

1. ¿De quiénes son las gráficas que muestran la misma tasa de reparto? Explica cómo lo sabes.
2. ¿De quiénes son las gráficas que muestran una variación directa? Explica cómo lo sabes.
3. ¿De quiénes son las gráficas que muestran una relación que no es una variación directa? Explica cómo lo sabes.

Comparte & resume

1. Describe en palabras dos situaciones lineales más; una debe ser una variación directa y otra no.
2. ¿En qué diferirán las gráficas de las dos relaciones?
3. ¿En qué serán diferentes las ecuaciones de las dos relaciones?

Investigación 2 Relaciones lineales que disminuyen

En la Investigación 1, observaste cómo el número de folletos que Mikayla entregó aumentó con cada hora que ella trabajó. Ahora, examinarás esta situación con un enfoque diferente:

Mikayla empezó con una pila de folletos para repartir. Por cada hora que trabajó, el número de folletos en su pila disminuyó.

MATERIALES
papel cuadriculado

Serie de problemas D

Supón que Mikayla empezó con 1,000 folletos. El sábado repartió 350 y el domingo repartió los que le quedaban, a una tasa constante de 150 por hora.

1. ¿Cuántos folletos tenía Mikayla para repartir cuando empezó a trabajar el domingo?
2. Copia y completa la tabla para mostrar el número de folletos que Mikayla tenía para repartir, después de cada hora de trabajo el domingo.

Horas trabajadas el domingo, *h*	0	1	2	3	4
Folletos restantes, *r*					

3. Escribe una ecuación para describir la relación entre el número de folletos que quedan, r, y el número de horas trabajadas el domingo, h.
4. ¿Después de cuántas horas se le acabaron los folletos a Mikayla? Explica cómo hallaste la respuesta.
5. Traza una gráfica de tu ecuación. ¿Es lineal la relación?
6. ¿En qué se diferencia tu gráfica de las gráficas que hiciste en la Investigación 1? ¿Qué hay en esta situación que causa la diferencia?
7. ¿Es el número de folletos que quedan directamente proporcional al número de horas que trabajó Mikayla el domingo? Es decir, ¿es esta relación una variación directa? Explica cómo lo sabes.

8. Considera la ecuación que escribiste en el Problema 3.

a. En tu ecuación, debes haber sumado $^{-}150h$ o restado $150h$. ¿Qué indica el símbolo negativo antes de $150h$ acerca de la situación? ¿Cómo afecta esto la gráfica?

b. Tu ecuación también debe haber tenido el número 650. ¿Qué indica el 650 acerca de la situación? ¿Cómo afecta esto la gráfica?

9. Lucita repartió folletos más lentamente que Mikayla. Empezó con 1,000 folletos, repartió 200 el sábado y después repartió 100 folletos por hora el domingo. Escribe una ecuación para la relación entre el número de horas que Lucita trabajó el domingo y el número de folletos que le quedaron.

Usarás lo que has aprendido acerca de las relaciones lineales que disminuyen al trabajar en la siguiente serie de problemas.

Serie de problemas E

1. Inventa una situación que presente una relación lineal que disminuye. Tu situación no debe ser una variación directa.

a. Describe tu situación en palabras.

b. Describe tu situación con una tabla.

c. Describe tu situación con una ecuación.

d. Describe tu situación con una gráfica.

2. **Reto** Inventa una situación que presente una relación lineal que disminuye que *sea* una variación directa.

Considera estas seis gráficas.

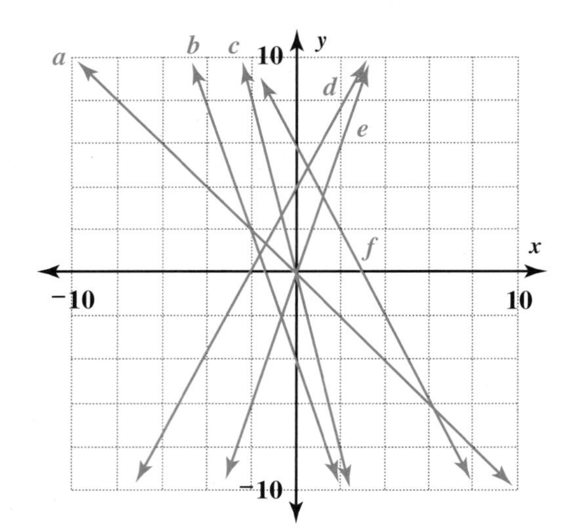

Ordena las gráficas en grupos, por lo menos de dos maneras. Explica los criterios para cada uno de tus grupos.

Investigación 3 Reconoce la variación directa

En esta investigación, practicarás la identificación de variaciones directas, al examinar descripciones escritas, gráficas, tablas y ecuaciones.

Piensa & comenta

¿Cómo sabes si una relación es lineal

- a partir de su ecuación?
- a partir de una tabla de valores?
- a partir de una descripción en palabras?

Serie de problemas F

Cada uno de los Problemas 1 al 4 describe cómo la cantidad de dinero en una cuenta bancaria cambia con el tiempo. Para cada problema, haz las Partes a, b y c.

a. Determina cuál de estas descripciones se ajusta a la relación:

- una variación directa
- lineal pero no una variación directa
- no lineal

b. Explica cómo decidiste qué tipo de relación se describe.

c. Si la relación es lineal, escribe una ecuación para ésta.

1. Al comienzo de las vacaciones escolares, Evan no tenía nada en el banco. Entonces, empezó un trabajo de medio tiempo y depositó $25 cada semana.

2. Al comienzo de sus vacaciones, Tamika tenía $150 en el banco. Cada semana depositó otros $25.

3. Al comienzo de las clases, Ben tenía en el banco $150 que había ganado durante el verano. Durante la primera semana de clases retiró una quinta parte de sus ahorros o $30. Durante la segunda semana de clases retiró un quinto de los $120 que le quedaban. Cada semana, continúo retirando un quinto de lo que le quedaba en la cuenta.

4. Al comienzo de las clases, Diego tenía $150 en el banco. Cada semana retiró $25.

Serie de problemas G

Para cada gráfica, determina cuál de las descripciones se ajusta a la relación y explica cómo lo sabes:

- una variación directa
- lineal pero no una variación directa
- no lineal

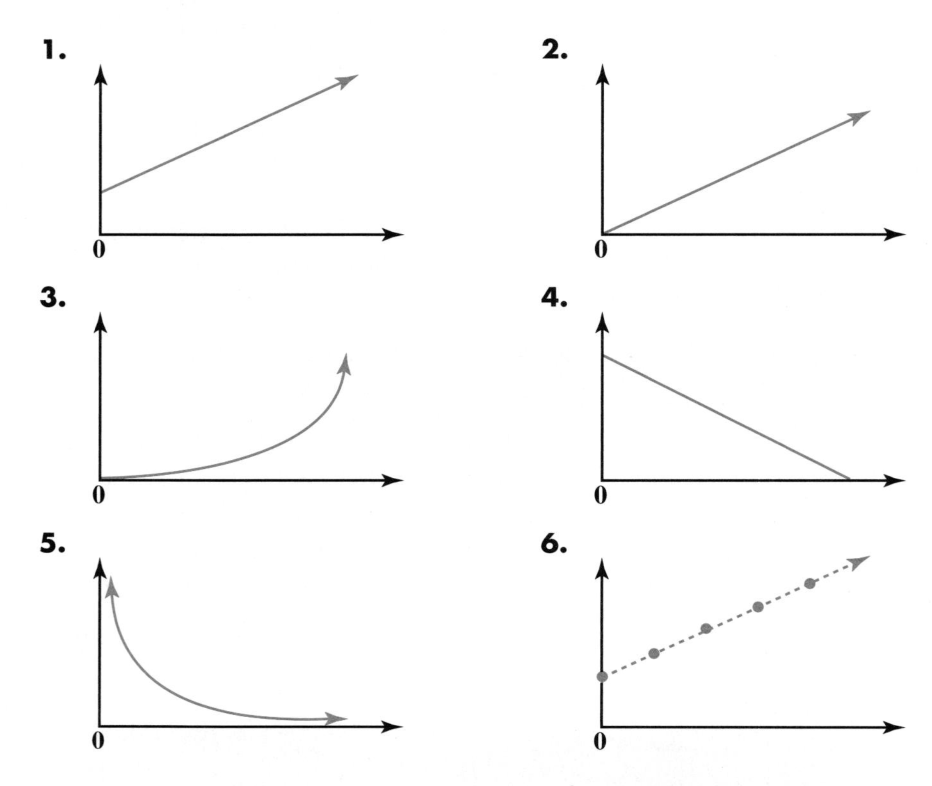

Serie de problemas H

Para cada ecuación, determina cuál de las descripciones se ajusta a la relación y explica cómo lo sabes:

- una variación directa
- lineal pero no una variación directa
- no lineal

1. $y = 6p$

2. $y = 6p + 1$

3. $s = 5.3r$

4. $s = 5.3r - 2$

5. $t = 4s^2$

6. $y = 12 - 5p$

7. $y = \frac{5p}{2}$

8. $y = \frac{5}{2p}$

Serie de problemas I

Para los Problemas 1 al 4, haz las Partes a y b.

a. Determina si la tabla podría describir una relación lineal. Explica cómo lo sabes.

b. Si la relación podría ser lineal, determina si es una variación directa. Explica cómo lo decidiste.

1.

x	1	2	3	4	5
y	3	7	11	15	19

2.

u	1	2	3	4	5
w	1	3	9	27	81

3.

p	2	4	6	8	10
q	26	46	66	86	106

4.

t	2	6	9	10	25
r	6	18	27	30	75

Comparte & resume

Copia y completa la tabla indicando cómo puedes identificar cada tipo de relación para cada tipo de representación.

Relación	Palabras	Gráfica	Ecuación	Tabla
no lineal	sin tasa de cambio constante			
variación directa		una recta que pasa por el origen		
lineal pero no una variación directa			se puede representar en la forma $y = mx + b$ con $b \neq 0$	

Ejercicios por tu cuenta

Practica & aplica

Recuerda

Al graficar un par ordenado, traza el primer número en el eje horizontal y el segundo número en el eje vertical.

1. Carlos y Shondra estaban diseñando carteles para la obra de teatro de la escuela. Durante los dos primeros días, crearon 40 carteles. Para el tercer día, habían establecido una rutina y calcularon que juntos producirían 20 carteles en una hora.

a. Haz una tabla como la siguiente que muestre cuántos carteles crean Carlos y Shondra hasta el tercer día.

Horas trabajadas, h								
Carteles hechos, p								

b. Haz una gráfica para representar el número de carteles que crearán Carlos y Shondra trabajando hasta el tercer día.

c. Escribe una ecuación para representar el número de carteles que crearán trabajando hasta el tercer día.

d. Haz una tabla para mostrar el *número total* de carteles que tendrán el tercer día.

Horas trabajadas, h								
Carteles hechos, t								

e. Haz una gráfica para mostrar el número total de carteles que crearán Carlos y Shondra trabajando hasta el tercer día.

f. Escribe una ecuación que te permita calcular el número total de carteles que tendrán, basándote en el número de horas que trabajan.

g. Explica cómo el describir solo el número de carteles creados el tercer día es diferente a describir el número total de carteles creados. ¿Está involucrada la variación directa? ¿Cómo se representan estas diferencias en las tablas, las gráficas y las ecuaciones?

2. **Economía** La compañía de compras por correo Glitz cobra \$1.75 la libra por los gastos de flete en los pedidos de los clientes.

La compañía de compras por correo Lusterless cobra \$1.50 la libra por los gastos de flete, más una tarifa fija de \$1.25 por todo pedido.

a. Para cada compañía, haz una tabla que muestre los costos de flete para artículos de diferentes pesos, en números enteros de 1 a 10 libras.

b. Escribe una ecuación para cada compañía para ayudar a calcular cuánto pagarías por flete, C, en un pedido de cualquier peso, W.

c. Haz gráficas para tus ecuaciones y rotula cada una con el nombre de la compañía correspondiente.

d. ¿Cuál compañía ofrece la mejor oferta de flete?

e. Describe cómo te podrían ayudar a contestar la Parte d las gráficas que hiciste.

f. ¿Cómo tendría que cambiar la compañía Lusterless sus tarifas para hacerlas variar directamente con el peso del pedido de un cliente?

3. Marcus repartió anuncios publicitarios el pasado fin de semana. Distribuyó 400 hojas el sábado y 200 por hora el domingo.

a. Escribe una ecuación para la relación entre el número de horas que Marcus trabajó el domingo, h, y el número de anuncios, s, que repartió el domingo.

b. Escribe una ecuación para la relación entre el número de horas que Marcus trabajó el domingo, h, y el número total de repartos, t.

4. ¿Cuál de las gráficas representa relaciones que disminuyen? Explica cómo lo sabes.

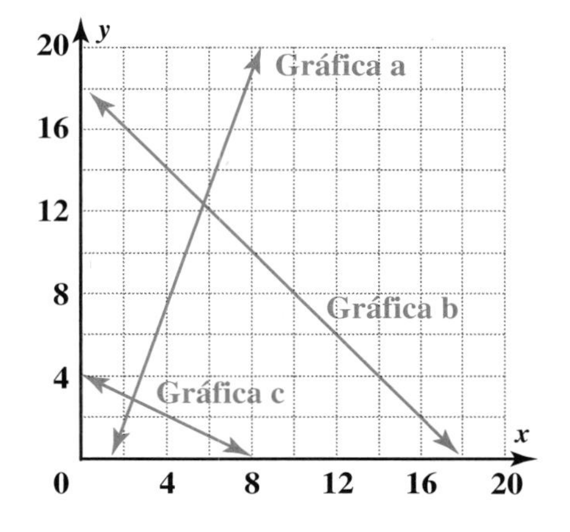

5. ¿Cuál de estas tablas representa relaciones que disminuyen? Explica cómo lo sabes.

Tabla A

x	1	2	3	4	5	6	7	8	9
y	19	18	17	16	15	14	13	12	11

Tabla B

x	1	2	3	4	5	6	7	8	9
y	$^-2$	1	4	7	10	13	16	19	22

Tabla C

x	1	2	3	4	5	6	7	8	9
y	1.5	1	0.5	0	$^-0.5$	$^-1$	$^-1.5$	$^-2$	$^-2.5$

6. ¿Cuál de estas ecuaciones representa relaciones que disminuyen? Explica cómo lo sabes.

a. $y = {}^-x + 20$ **b.** $y = 3x - 5$ **c.** $y = {}^-\frac{1}{2}x + 2$

7. Aquí se describen en palabras cinco relaciones lineales, ecuaciones, tablas y gráficas para cinco compañías. Determina qué ecuación, tabla y gráfica corresponde con cada descripción y después indica si la relación es una variación directa o no. Anota tus respuestas en una tabla como la siguiente.

Compañía	Número de la ecuación	Número de la tabla	Número de la gráfica	Tipo de relación
Rent You Wrecks				
Get You There				
Internet Cafe				
Talk-a-Lot				
Walk 'em All				

Descripciones de las compañías

- La agencia de alquiler de autos *Rent You Wrecks* cobra \$0.25 por milla más \$3.00 por día.
- La compañía de taxis *Get You There* le cobra a un pasajero \$2.00, más \$0.10 por milla.
- La compañía *Internet Cafe* cobra \$5.00 al mes, más \$0.30 por minuto de tiempo de conexión.
- La compañía telefónica *Talk-a-Lot* cobra \$0.75 por llamada, más \$0.10 por minuto.
- El servicio de pasear mascotas *Walk 'em All* cobra \$0.10 por minuto por cuidar a tu perro.

Ecuaciones

i. $y = 0.3x + 5$

ii. $y = 0.25x + 3$

iii. $y = 0.1x + 2$

iv. $y = 0.1x$

v. $y = 0.1x + 0.75$

Tablas

i.

x	1	2	3	4	5	6
y	0.85	0.95	1.05	1.15	1.25	1.35

ii.

x	1	2	3	4	5	6
y	2.10	2.20	2.30	2.40	2.50	2.60

iii.

x	1	2	3	4	5	6
y	3.25	3.50	3.75	4.00	4.25	4.50

iv.

x	1	2	3	4	5	6
y	5.30	5.60	5.90	6.20	6.50	6.80

v.

x	1	2	3	4	5	6
y	0.1	0.2	0.3	0.4	0.5	0.6

Gráficas

i.

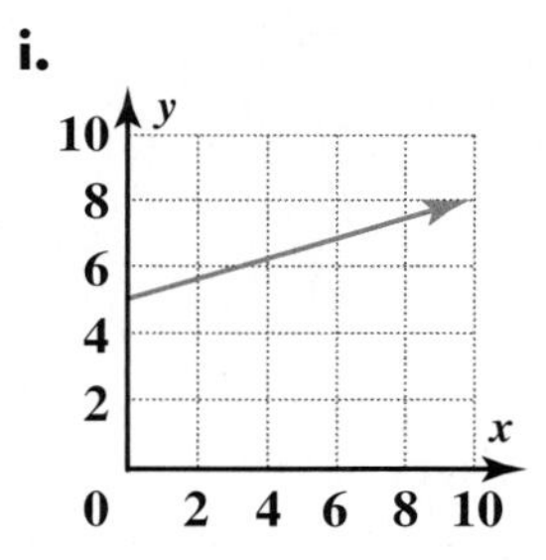

ii.

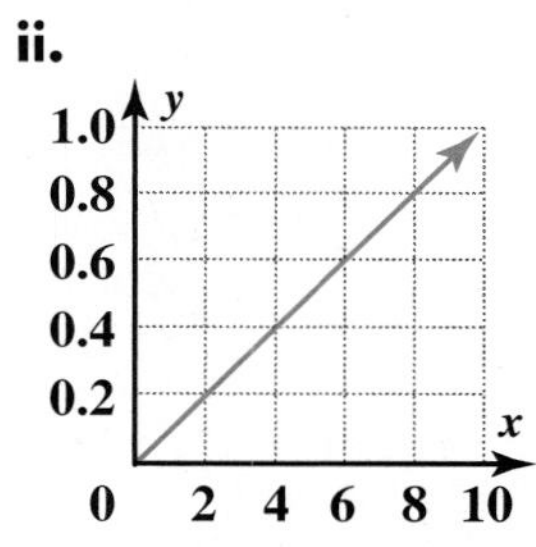

iii.

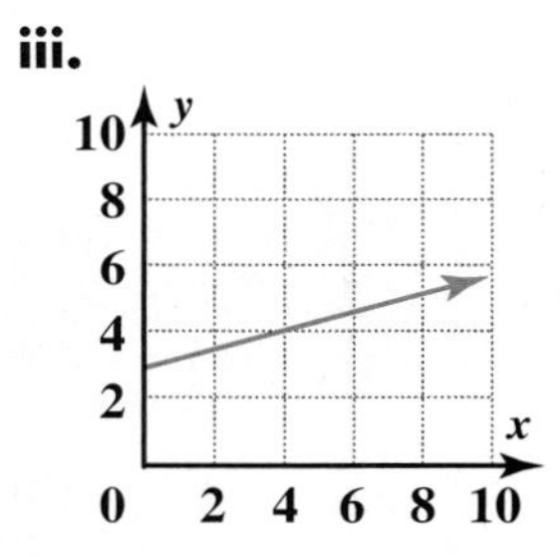

iv.

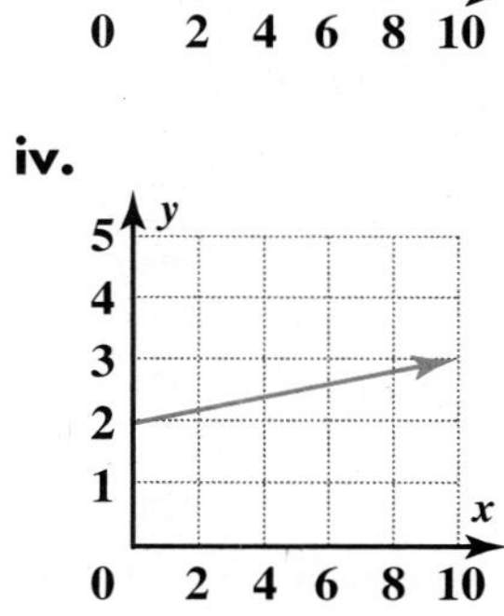

v.

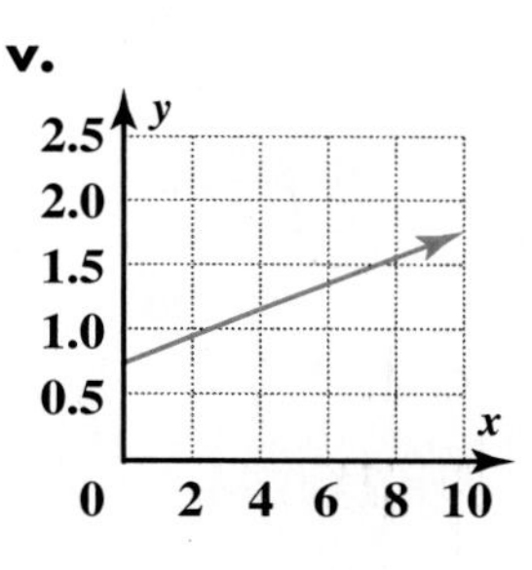

Conecta & amplía

8. Kai está de excursión en el Cráter Haleakala en la isla de Maui. Camina a un paso constante de 4 kph (kilómetros por hora) la primera hora. Después, llega a la parte más escarpada del camino y decelera su paso a 2 kph, durante las siguientes 2 horas. Finalmente, llega a la cima del largo ascenso y durante las siguientes 2 horas camina cuesta abajo, a una velocidad de 6 kph.

a. Haz una gráfica del paseo de Kai, que muestre la distancia recorrida d y las horas que caminó h. Coloca la distancia recorrida en el eje vertical.

b. ¿Representa la gráfica una relación lineal?

9. Un avión azul atraviesa el país a una velocidad constante de 400 millas por hora.

a. ¿Es lineal la relación entre las horas de vuelo y la distancia recorrida?

b. Escribe una ecuación y traza una gráfica para mostrar la relación entre la distancia y las horas que viajó el avión azul.

c. Un avión rojo, más pequeño, comienza a volar tan rápidamente como puede, a 400 millas por hora. A medida que viaja quema combustible y se hace más liviano. Entre más combustible quema, más rápidamente vuela. ¿Será lineal la relación entre las horas de vuelo y la distancia recorrida por el avión rojo? Explica tu respuesta.

d. En los ejes de la Parte b, traza una gráfica de cómo crees que se vería la relación entre la distancia y las horas recorridas por el avión rojo.

El cráter del volcán Cráter Haleakala, en la isla de Maui, como todas las islas hawaianas, fue creado totalmente de lava.

10. Tres buceadores de la marina están atrapados en un submarino experimental en un lugar remoto. Enviaron un mensaje por radio al comandante de la base, para pedir ayuda y más oxígeno. Pueden usar el radio para transmitir una señal que ayude a localizarlos, pero le queda poca carga a la batería. El comandante de la base envía estos tres vehículos para ayudarles:

- un helicóptero que viaja a 45 millas por hora y está a 300 millas del submarino
- un vehículo todo terreno que puede viajar a 15 millas por hora y está a 130 millas del submarino
- un bote que puede viajar a 8 millas por hora y está a 100 millas del submarino

Cada vehículo se aproxima desde una dirección diferente. El comandante necesita seguirle la pista del vehículo que llegará primero al submarino, de manera que pueda indicarle al submarino que dirija la antena del radio hacia ese vehículo.

a. Para ayudar al comandante de la base, crea tres gráficas en un conjunto de ejes que muestren la distancia a la que está cada vehículo del submarino con el paso del tiempo. Coloca el tiempo en el eje horizontal y rotula cada gráfica con el nombre del vehículo.

b. Usa tus gráficas para determinar cuándo debe el comandante indicarle al submarino que dirija su antena hacia el helicóptero, el vehículo todo terreno y el bote.

c. Para cada gráfica, escribe una ecuación que el comandante podría usar para determinar la distancia exacta d a la que está cada vehículo del submarino en el tiempo h.

11. Un día, Lydia caminó de Allentown a Brassville a una velocidad constante de 4 kilómetros por hora. Los pueblos están a 30 kilómetros de distancia.

a. Escribe una ecuación para la relación entre la distancia, d, que recorrió Lydia y las horas, h, que caminó.

b. Grafica tu ecuación para mostrar la relación entre las horas caminadas y la distancia recorrida. Coloca la distancia recorrida en el eje vertical.

c. ¿Cuántas horas le tomó a Lydia llegar a Brassville?

d. Ahora, escribe una ecuación para la relación entre las horas caminadas, h, y la distancia, r, que le queda por caminar.

e. Grafica la ecuación que escribiste en la Parte d en el mismo conjunto de ejes que usaste para la Parte b. Rotula el eje vertical tanto para d como para r.

f. ¿Cómo puedes usar tu gráfica de la Parte e para determinar cuántas horas le tomó a Lydia llegar a Brassville?

12. Tres compañías de teléfonos celulares tienen diferentes planes de tarifas para llamadas locales.

i. Talk-It-Up ofrece tarifas fijas de \$50 por mes. Puedes hablar todo lo que quieras sin cargos adicionales.

ii. One Thin Dime cobra \$0.10 por cada medio minuto, pero no tiene tarifa fija.

iii. CellBell cobra \$30 por mes y después \$0.10 por minuto por todas las llamadas hechas.

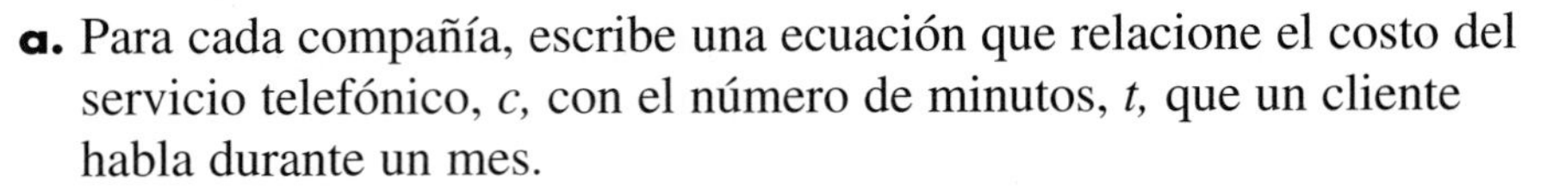

a. Para cada compañía, escribe una ecuación que relacione el costo del servicio telefónico, c, con el número de minutos, t, que un cliente habla durante un mes.

b. Cualquier ecuación lineal se puede escribir en la forma $y = mx + b$. Da el valor de m y de b para cada ecuación que escribiste en la Parte a.

c. Para cada compañía, haz una gráfica que relacione el costo del servicio telefónico con el número de minutos que un cliente habla durante un mes.

d. ¿Dónde aparecen los valores de m y b en la gráfica para cada compañía telefónica?

Recuerda

El área de un círculo es el número pi, representado por π, multiplicado por el radio del círculo al cuadrado.

13. Geometría Has estudiado fórmulas para calcular el área y el perímetro de varias formas. Algunas de estas fórmulas son lineales y otras no lo son. Indica si la fórmula para cada una de las siguientes medidas es lineal o no y explica tu respuesta.

a. área de un círculo

b. circunferencia de un círculo

c. área de un cuadrado

d. perímetro de un cuadrado

Repaso mixto

Usa la propiedad distributiva para volver a plantear cada una de las expresiones sin usar paréntesis.

14. $2a(0.5z + z^2)$

15. $ab(b^2 - 0.4a^2b)$

16. $^-2c\left(\frac{2}{c^2} + c^2\right)$

17. $pq\left(\frac{1}{p^2} - \frac{q}{p}\right)$

En tus **propias palabras**

Explica cómo puedes saber si una relación lineal es una variación directa a partir de una descripción escrita, de una ecuación y de una gráfica.

Llena los espacios en blanco para hacer verdaderos los enunciados.

18. $3y = {}^{-}17y - $ _____

19. $mn^2 - 0.2mn^2 = $ _____

20. $\frac{8}{b} = $ _____ $+ \frac{9}{b}$

21. _____ $- \frac{a^2}{n^2} = 4$

Geometría Calcula el valor de la variable en cada dibujo.

22. **23.**

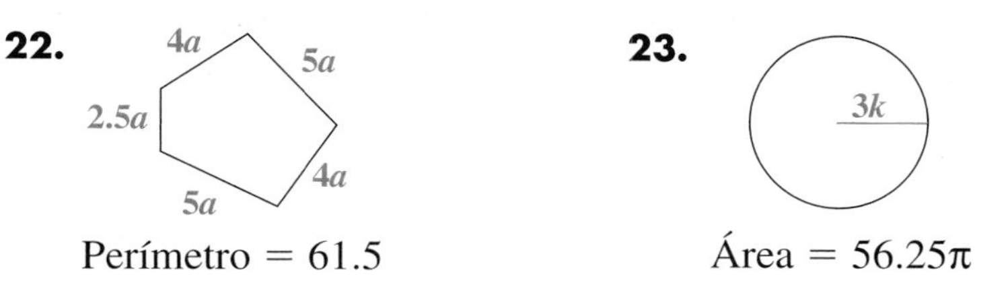

Perímetro = 61.5 Área = 56.25π

24. Indica cuántas unidades debes viajar en la dirección *x* y cuántas unidades en la dirección *y*, para tomar el camino más corto de un punto al otro.

a. Punto *A* al Punto *B*

b. Punto *B* al Punto *C*

c. Punto *C* al Punto *D*

d. Punto *D* al Punto *A*

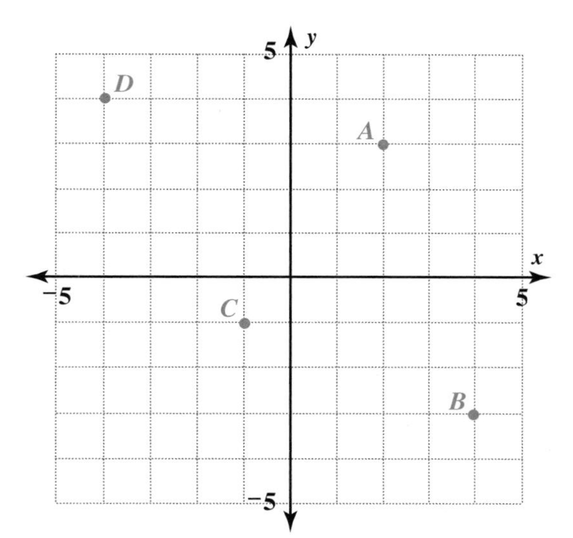

25. Grafica los siguientes puntos en una cuadrícula parecida a la que se muestra y conéctalos en el orden dado.

$(4, {}^{-}1)$ $(3, {}^{-}4)$ $({}^{-}3, {}^{-}4)$ $({}^{-}5, {}^{-}1)$ $({}^{-}2, {}^{-}1)$ $({}^{-}2, 4)$

$(1, 2.5)$ $({}^{-}1.5, 1.5)$ $({}^{-}1.5, {}^{-}1)$ $(4, {}^{-}1)$

1.2 Pendiente

En muchas profesiones, la gente trabaja con el concepto de pendiente. Los ingenieros de carreteras necesitan medir la pendiente de colinas para una autopista propuesta. Los arquitectos necesitan describir la pendiente de un techo o de unos escalones. Los fabricantes de escaleras necesitan probar la estabilidad de una escalera, en relación con su grado de inclinación al reclinarla contra una pared.

Piensa & comenta

Piensa en una de las situaciones que se describieron anteriormente: la pendiente del techo de una casa, que se llama *vertiente* del techo. Supón que quieres describir con precisión la vertiente de cada uno de estos tres techos.

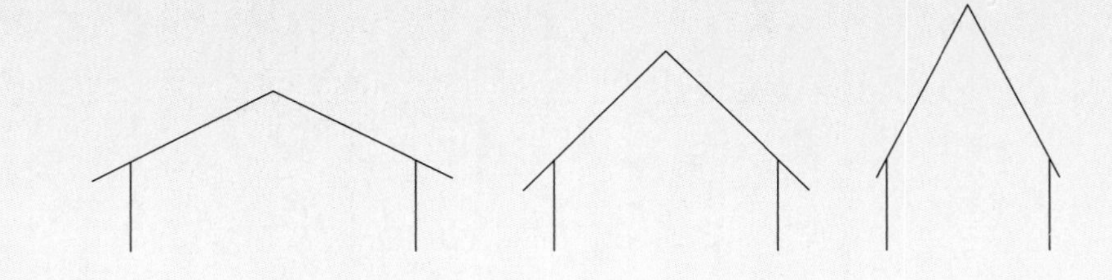

- ¿Ayudaría sólo medir la longitud del techo de la parte de arriba al borde del techo? Explica.
- ¿Puedes pensar en alguna otra manera en que podrías medir la pendiente?

Investigación 1 Describe la pendiente

En esta investigación, vas a explorar una manera común de describir la pendiente.

MATERIALES
regla métrica

Serie de problemas A

1. Una escalera está apoyada en una pared, la parte posterior queda a una altura de 10 pies y la base a una distancia de 4 pies de la pared. En este dibujo a escala, 10 mm representan 1 pie de la distancia real.

Fíjate que la distancia vertical (llamada *altura*) entre el Punto O en el suelo y el Punto A en la escalera es de 20 mm y que la distancia horizontal (llamada *carrera*) entre los dos puntos es de 8 mm.

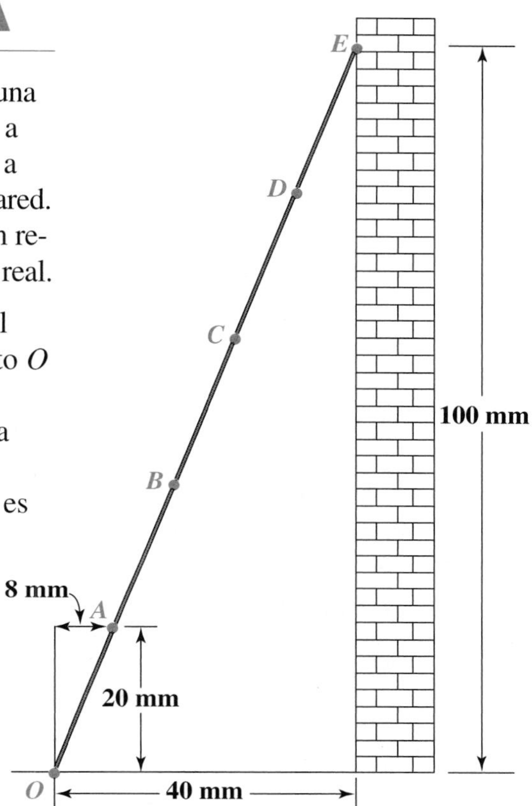

a. ¿Cuál es la distancia vertical, o altura, en el dibujo del Punto O al Punto E? ¿Cuál es la distancia horizontal o carrera en el dibujo del Punto O al Punto E?

b. Copia y completa la tabla midiendo la altura y la carrera entre los puntos dados en el dibujo a escala.

Puntos	A a B	A a C	B a C	A a D	B a D	D a E	O a E
Altura	20						
Carrera	8						

c. La pendiente de una escalera, o cualquier otra recta entre dos puntos, se puede describir por la razón $\frac{\text{altura}}{\text{carrera}}$. Agrega otra fila a tu tabla, rotúlala $\frac{\text{altura}}{\text{carrera}}$ y calcula la razón para cada par de puntos en la tabla.

d. Selecciona cualquiera de los dos puntos sin rotular en la escalera y halla la razón $\frac{\text{altura}}{\text{carrera}}$ para tus puntos. ¿Cómo se compara esta razón con las razones para la carrera de los puntos en la tabla?

2. Éste es un dibujo a escala de una segunda escalera cuya parte superior está recostada a 8 pies de altura y cuya base está a 4 pies de la pared.

   Selecciona por lo menos tres pares de puntos en esta escalera y calcula la razón $\frac{\text{altura}}{\text{carrera}}$ para cada par. ¿Qué hallas?

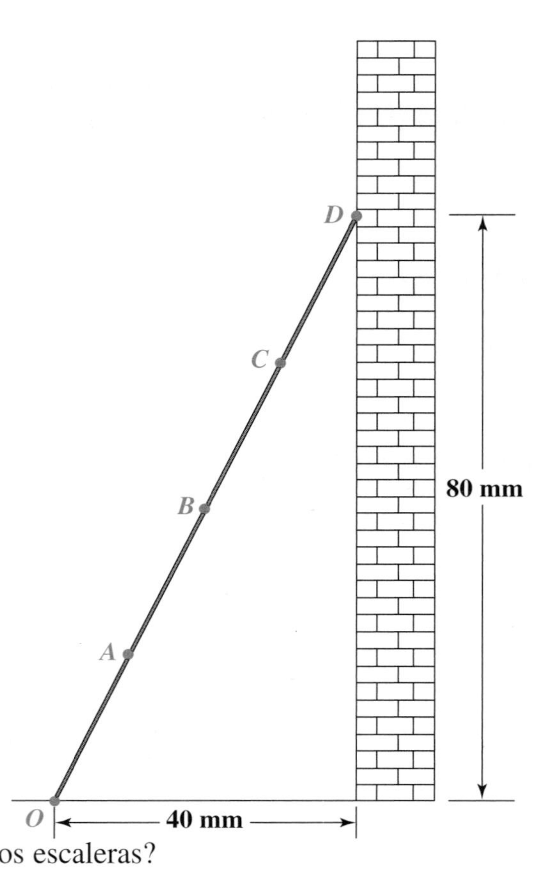

3. ¿En qué se parece la razón $\frac{\text{altura}}{\text{carrera}}$ de la primera escalera con la razón $\frac{\text{altura}}{\text{carrera}}$ de la segunda escalera? ¿Cuál escalera parece estar más inclinada?

4. Imagina una tercera escalera recostada más arriba, a 11 pies de altura y a 4 pies de la base de la pared. ¿En qué se parece su razón $\frac{\text{altura}}{\text{carrera}}$ con las dos razones de las primeras dos escaleras?

5. ¿Crees que usar $\frac{\text{altura}}{\text{carrera}}$ es una buena manera de describir la pendiente? Explica.

MATERIALES
regla métrica

Serie de problemas B

¿Qué sucede si tratas de hallar la razón $\frac{\text{altura}}{\text{carrera}}$ para un objeto curvo? El siguiente dibujo muestra un cable atado a una pared.

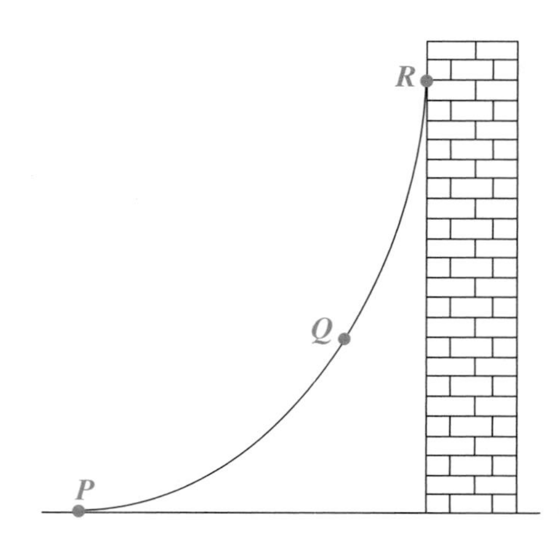

1. Calcula la razón $\frac{\text{altura}}{\text{carrera}}$ para cada par de puntos: Puntos P y Q, Puntos Q y R y Puntos P y R. ¿Qué hallas?

2. Describe la diferencia entre la pendiente de una escalera y la de un cable curvo. Asegúrate de comentar la razón $\frac{\text{altura}}{\text{carrera}}$ para las dos situaciones.

El uso de la razón $\frac{\text{altura}}{\text{carrera}}$ es una buena manera de describir la pendiente de una escalera, pero no la de un cable curvo. Como una escalera es recta, puedes calcular la $\frac{\text{altura}}{\text{carrera}}$ entre cualquier par de puntos. La razón será la misma sean cual sean los puntos que selecciones.

VOCABULARIO
pendiente

La razón $\frac{\text{altura}}{\text{carrera}}$ también se usa para describir la pendiente de una recta. La razón $\frac{\text{altura}}{\text{carrera}}$ de una recta se llama **pendiente** de la recta.

Serie de problemas C

MATERIALES
papel cuadriculado

Considera esta recta.

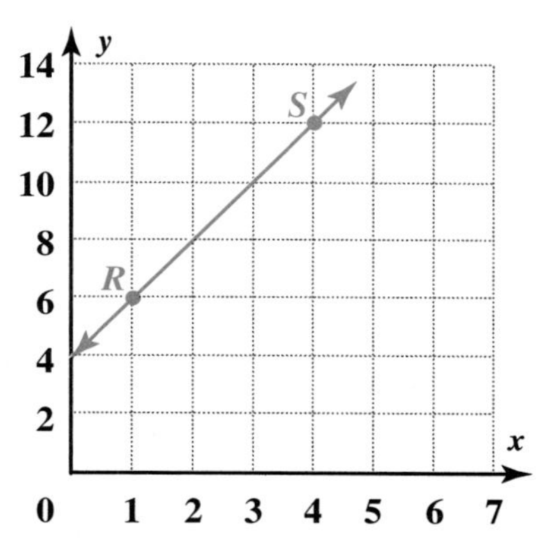

1. ¿Cuáles son las coordenadas de los Puntos R y S?

2. Calcula la pendiente de una recta que pasa a través de los Puntos R y S.

Podrías haber calculado la pendiente de la recta restando coordenadas. La altura del Punto R al Punto S es la diferencia entre las coordenadas y de esos puntos y la carrera es la diferencia entre las coordenadas x. Sin embargo, es posible que no hayas considerado que el *orden* en el que restaste las coordenadas afecta el valor de la pendiente.

3. En las Partes a, b y c calcula la pendiente de la recta otra vez, restando las coordenadas del Punto R de las coordenadas del Punto S.

a. Calcula la altura restando la coordenada y del Punto R de la coordenada y del Punto S.

b. Calcula la carrera restando la coordenada x del Punto R de la coordenada x del Punto S.

c. Usa tus respuestas para calcular la pendiente de la recta que pasa a través de los Puntos R y S.

4. ¿Hallarías la misma pendiente si restaras las coordenadas del Punto S de las coordenadas del Punto R? Pruébalo.

5. ¿Hallarías un valor diferente para $\frac{\text{altura}}{\text{carrera}}$ si usaras un par diferente de puntos en la recta? Explica.

6. Ben calculó la pendiente de la recta como $^-2$. Éste es su cálculo:

$$\frac{\text{altura}}{\text{carrera}} = \frac{12 - 6}{1 - 4} = \frac{6}{^-3} = {}^-2$$

¿Cuál fue el error de Ben?

7. Revisa tus respuestas a los Problemas 4 al 6. ¿Es importante el orden en que se restan las coordenadas? Explica.

Grafica la recta que pasa a través de cada par de puntos dados y calcula su pendiente.

8. $(^-3, 4)$ y $(^-7, 2)$

9. $(2, 4)$ y $(3, 3)$

10. $(3, 5)$ y $(4, 5)$

11. $(^-3, 4)$ y $(^-4, 6)$

12. Revisa tu trabajo en los Problemas 9 al 12. Dos de las rectas tienen una pendiente negativa. ¿Qué notas en estas rectas?

13. Una de las rectas en los Problemas 9 al 12 tiene una pendiente de 0. ¿Qué notas en esta recta?

14. Una recta tiene una pendiente $^-\frac{2}{3}$. Un punto de la recta es (4, 5). Halla dos puntos más en la recta y explica cómo los hallaste.

15. Considera que la recta pasa a través de los puntos (2, 4) y (2, 7).
    a. Grafica la recta. ¿A qué se parece?
    b. Intenta calcular la pendiente de la recta. ¿Qué sucede?
    c. ¿Cuál es la coordenada x de cada punto de la recta?
    d. ¿Cuál es la ecuación de la recta?

Los topógrafos usan instrumentos para determinar la pendiente de cierta sección de terreno.

Comparte & resume

1. Dos rectas con una pendiente positiva se grafican en un conjunto de ejes. Explica por qué una pendiente mayor para una recta significa que esa recta será más inclinada que la otra.
2. ¿Qué te indica una pendiente negativa acerca de una recta?
3. ¿Qué te indica una pendiente de 0 acerca de una recta?
4. Da las coordenadas de dos puntos de manera que la recta que los conecte tenga una pendiente positiva.

Investigación 2 Pendiente y escala

La pendiente es una buena medida del grado de inclinación de objetos como las escaleras. Sin embargo, cuando uses una gráfica para calcular o mostrar las pendientes de rectas, debes tener cuidado.

MATERIALES
papel cuadriculado

Explora

Copia las cuadrículas en papel cuadriculado y grafica la ecuación $y = 2x + 1$ en cada cuadrícula.

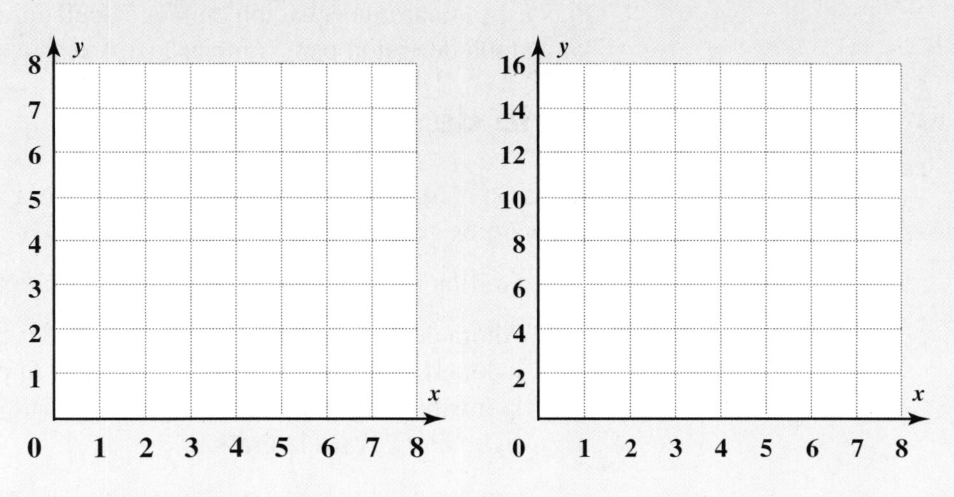

Describe la diferencia entre las gráficas. ¿Qué crees que causa esta diferencia?

Además de la pendiente, ¿qué otro factor afecta el grado de inclinación de la gráfica de una recta?

MATERIALES
papel cuadriculado

Serie de problemas D

1. La madre de Gabriela cree que Gabriela gasta demasiado dinero en cedés. Gabriela dice que como los cedés cuestan sólo $10 en Deep Discount Sounds, la cantidad que gasta no aumenta muy rápidamente.
   a. Gabriela decide hacer una gráfica que muestre cómo cambia la cantidad total que gasta a medida que compra más cedés. Cree que si selecciona cuidadosamente las escalas, convencerá a su madre de que la cantidad aumenta a una tasa lenta. Dibuja una gráfica que pudiera usar Gabriela. (Ayuda: Usa tus observaciones del Explora, en la página 29 para crear una gráfica que no se vea muy inclinada.)
   b. La madre de Gabriela también sabe un poco acerca de las gráficas y quiere hacer una gráfica para convencer a Gabriela que el costo total aumenta rápidamente al aumentar su colección de cedés. Dibuja una gráfica que pudiera usar la madre de Gabriela.
2. Imagina que estás usando una gráfica para llevar un registro de la cantidad de dinero que queda en una cuenta bancaria. Empiezas con $200 y retiras $5 por semana. Supón que graficas el tiempo en semanas en el eje horizontal y el saldo del banco en dólares en el eje vertical.
   a. ¿Cuál será la pendiente de la recta?
   b. Haz la gráfica de manera que parezca que el saldo está disminuyendo rápidamente.
   c. Haz otra gráfica de la misma relación de manera que parezca que el saldo está disminuyendo muy lentamente.

Puedes graficar una ecuación en una calculadora graficadora y después ajustar la pantalla de visión para cambiar la apariencia de la gráfica.

MATERIALES
calculadora graficadora

Serie de problemas E

Ajusta la pantalla de tu calculadora graficadora a la configuración estándar (los valores de x y y de $^{-}10$ a 10).

1. Gráfica la ecuación $y = x$ y traza la gráfica.
2. Ahora cambia la pantalla, usa la tecla del cuadrado para fijar tu calculadora. Esto ajusta las escalas para que la pantalla muestre 1 unidad con la misma longitud en ambos ejes. Grafica $y = x$ usando la nueva configuración. Traza la gráfica.
3. Compara las gráficas que hiciste en los Problemas 1 y 2.
4. Ajusta la configuración de la pantalla para hacer que la recta parezca más inclinada que ambas gráficas. Anota la configuración que usaste.
5. Ajusta la configuración de la pantalla para hacer que la recta parezca menos inclinada que las otras gráficas. Anota la configuración de la pantalla que usaste.

MATERIALES
calculadora graficadora

Comparte & resume

Trabaja con un(a) compañero(a). Uno de ustedes deberá usar la calculadora para graficar la ecuación $y = 3x + 2$ de manera que se vea muy inclinada, mientras que el otro grafica la misma ecuación de manera que no se vea tan inclinada.

1. Juntos, escriban una descripción de lo que hizo cada uno para lograr las gráficas que obtuvieron.

2. Trata de explicar por qué funciona tu método.

Investigación 3 Usa puntos y pendientes para escribir ecuaciones

Ahora, aprenderás cómo hallar ecuaciones para rectas, cuando conoces dos puntos en la recta o cuando conoces la pendiente de la recta y un punto.

MATERIALES
papel cuadriculado

Explora

La tabla describe una relación lineal.

x	$^-2$	$^-1$	0	1	2	3
y	$^-3$	$^-1$	1	3	5	7

¿Cuál es la ecuación de la recta que describe la tabla? Explica cómo hallaste la ecuación.

Usa dos pares de datos (x, y) para calcular la pendiente de esta recta. ¿Cómo se usa la pendiente en la ecuación que escribiste?

Grafica la ecuación.

¿Cuál es el valor y del punto en que la gráfica cruza el eje y? ¿Cómo se usa el valor en la ecuación?

VOCABULARIO
coeficiente
intersección *y*

Has visto que las ecuaciones lineales se pueden escribir en la forma $y = mx + b$. El multiplicador de una variable, como x, se conoce como su **coeficiente.** En una ecuación lineal de la forma $y = mx + b$, el valor de m es la pendiente de la recta. El término constante, b, es la **intersección *y*** de la recta. Es decir, b es la coordenada y del punto en que la recta cruza (o *interseca*) el eje y.

En Explora en la página 31, es posible que hayas podido calcular los valores de m y b fácilmente. Pero ahora, observa esta tabla que también muestra pares de datos para una relación lineal:

x	$^-6$	$^-4$	$^-1$	$1\frac{1}{2}$	3	7
y	$^-3\frac{3}{4}$	$^-2\frac{1}{4}$	0	$1\frac{7}{8}$	3	6

Hallar la ecuación de la recta para estos datos es una tarea un poco más difícil. Podrías calcular la pendiente, pero no se da la intersección y y no puedes estar seguro de cuál es con solo graficar los pares de datos y observar la gráfica.

Sin embargo, *puedes* averiguar la ecuación de una recta si conoces la *pendiente* y *un punto* en la recta. El hecho de que las ecuaciones lineales tengan la forma $y = mx + b$ te facilita esto.

EJEMPLO

¿Cuál es la ecuación de la recta que tiene pendiente 3 y pasa a través del punto (2, 5)?

Comienza con el hecho de que la ecuación de una recta se puede escribir en la forma $y = mx + b$. La pendiente es 3, de modo que $m = 3$. Esto da la ecuación $y = 3x + b$.

Debido a que el punto (2, 5) está sobre la recta, al reemplazar 2 por x y 5 por y se satisface la ecuación. Decimos que el punto (2, 5) *satisface* la ecuación $y = 3x + b$.

$$\begin{aligned} y &= 3x + b \\ 5 &= 3(2) + b \\ 5 &= 6 + b \\ ^-1 &= b \end{aligned}$$

Ahora sabes que el valor de la intersección y, b, es $^-1$ y puedes escribir la ecuación final:

$$y = 3x - 1$$

Serie de problemas F

1. ¿Cuál es la ecuación de la recta que tiene pendiente 4 y pasa a través del punto (1, 5)?
2. ¿Cuál es la ecuación de la recta que tiene pendiente 3 y pasa a través del punto (2, 4)?
3. ¿Cuál es la ecuación de la recta que tiene pendiente $^{-}2$ y pasa a través del punto (8, $^{-}12$)?
4. ¿Cuál es la ecuación de la recta que tiene pendiente 0 y pasa a través del punto (3, 5)?

Serie de problemas G

Recuerda

pendiente $= \frac{\text{altura}}{\text{carrera}}$

Supón que sólo conoces dos puntos de una recta, pero no la pendiente. ¿Cómo puedes hallar una ecuación de la recta? Por ejemplo, supón que quieres escribir una ecuación de la recta que contenga los puntos (1, 3) y (3, 11).

1. ¿Cuál es la pendiente de la recta que conecta estos puntos? Muestra cómo la calculaste.
2. Si la ecuación de esta recta tiene forma de $y = mx + b$, ¿cuál es el valor de m?
3. Ahora calcula el valor de b (la intersección y) sin trazar una gráfica. Muestra tu trabajo. Ayuda: Mira retrospectivamente tu trabajo en la Serie de problemas F, si lo necesitas.
4. Escribe una ecuación de la recta.
5. Asegúrate de que los puntos (3, 11) satisfagan la ecuación reemplazando 3 por x y 11 por y, y después evaluando. También verifica que el punto (1, 3) satisfaga tu ecuación. De no ser así, ¿cometiste el error al calcular el valor de m o de b? Escribe lo que hallaste y ajusta la ecuación si es necesario.

MATERIALES
papel cuadriculado

Serie de problemas H

Halla una ecuación de la recta que pasa a través de cada par de puntos. Traza los puntos y dibuja la recta para verificar si la ecuación es correcta. Si tienes problemas, repasa el proceso que seguiste en la Serie de problemas G.

1. (3, 7) y (8, 12)
2. (6, 11) y (18, 17)
3. (0, 0) y (100, 100)
4. (3, 5) y ($^-1$, 5)

MATERIALES
papel cuadriculado

Serie de problemas I

Los investigadores han descubierto que la gente le pone sal a la comida por casi la misma cantidad de tiempo, sin importar cuántos hoyos tenga el salero o el tamaño de los hoyos.

Cuando usas un salero con hoyos grandes, es posible que uses más sal que cuando usas uno con hoyos pequeños. De hecho, parece haber una relación lineal entre la cantidad promedio de sal que la gente le pone a la comida y el área total de los hoyos del salero. Se recogieron los siguientes datos:

Área total de los hoyos (mm^2), *a*	4.5	8
Cantidad promedio de sal aplicada (g), *s*	0.45	0.73

Supón que los investigadores tienen razón y que la cantidad de sal está linealmente relacionada con el área total de los hoyos. Puedes usar la pequeña cantidad de datos en la tabla para estimar cuánta sal caería sobre los alimentos, de saleros con hoyos de diferentes tamaños.

1. Traza los dos puntos de la tabla, con el área total en el eje horizontal y úsalos para graficar una relación lineal. Piensa cuidadosamente acerca de los ejes y haz las escalas de modo que se puedan leer fácilmente.
2. Usa tu gráfica para calcular la cantidad de sal que riega un salero con un área total de 6 mm^2.
3. Si cada hoyo tiene un radio de 1.1 mm, ¿cuál es el área de un hoyo?
4. Usa tu gráfica y tu respuesta al Problema 3 para estimar la cantidad de sal que salió de un salero con 10 de estos hoyos.
5. Si quieres limitar tu consumo de sal a 0.5 g por comida, ¿cuál debería ser el área total de los hoyos en tu salero?
6. Halla una ecuación de la recta que pasa a través de los puntos (4.5, 0.45) y (8, 0.73).

El cuerpo de un ser humano adulto promedio contiene casi 250 gramos de sal.

7. Usa la ecuación para calcular la cantidad de sal que salió de las áreas totales de los hoyos dados.

a. 2.7 mm^2, aproximadamente la menor área total de hoyos que se usa en los saleros comerciales

b. 44.7 mm^2, aproximadamente la mayor área total de hoyos que se usa

Comparte & resume

1. Sin usar números, describe un método general para escribir una ecuación para una recta, si todo lo que conoces es la pendiente de la recta y un punto sobre ésta.

2. Sin usar números, describe un método general para escribir una ecuación para una recta, si todo lo que conoces son dos puntos en la recta.

Investigación de laboratorio ▶ # Haz diseños lineales

Puedes hacer algunos diseños muy interesantes con ecuaciones lineales en tu calculadora graficadora.

MATERIALES

calculadora graficadora

Recuerda

Los cuatro cuadrantes de una gráfica se enumeran así:

II segundo cuadrante	I primer cuadrante
III tercer cuadrante	IV cuarto cuadrante

(x, y)

Pruébalo

Prueba para ver si al graficar cuatro ecuaciones lineales en una pantalla puedes producir un diseño de estrella, como el siguiente. Tu diseño no tiene que verse exactamente como éste, pero debe incluir dos rectas que pasen a través de los Cuadrantes I y III y, dos rectas que pasen a través de los Cuadrantes II y IV. Dibuja tu diseño.

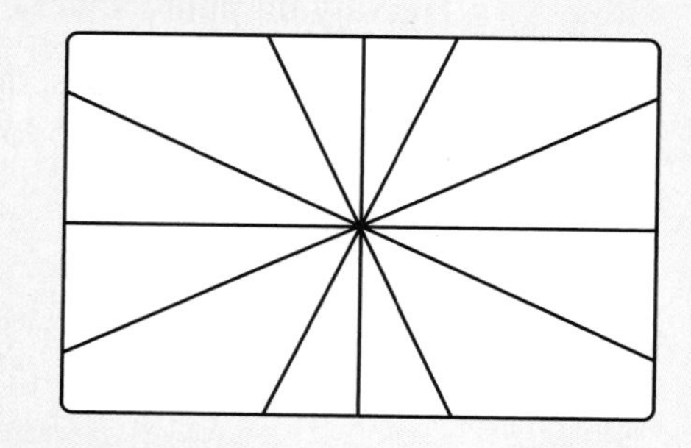

1. Anota las ecuaciones que usaste.
2. ¿Qué notas acerca de las intersecciones y en tus ecuaciones?
3. ¿Qué notas acerca de las pendientes en tus ecuaciones?

La lluvia

En los mapas meteorológicos, con frecuencia, se usa un conjunto de rectas paralelas para simbolizar ráfagas de lluvia. En tu calculadora, trata de crear rectas paralelas que estén espaciadas de manera uniforme, que se parezcan al siguiente diseño. Dibuja tu diseño.

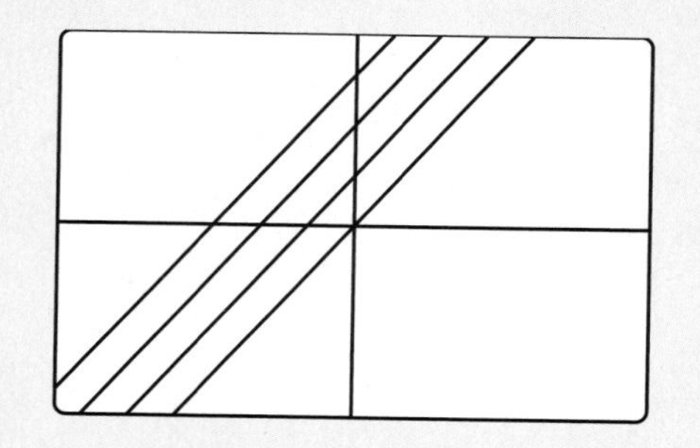

4. Anota las ecuaciones que usaste.

5. ¿Qué notaste acerca de las pendientes en tus ecuaciones? ¿Cómo se refleja esto en tu diseño?

6. ¿Qué notas acerca de las intersecciones y en tus ecuaciones? ¿Cómo se refleja esto en tu diseño?

Haz rombos

Trata de hacer tu propio rombo, como éste, en tu calculadora. Dibuja tu diseño.

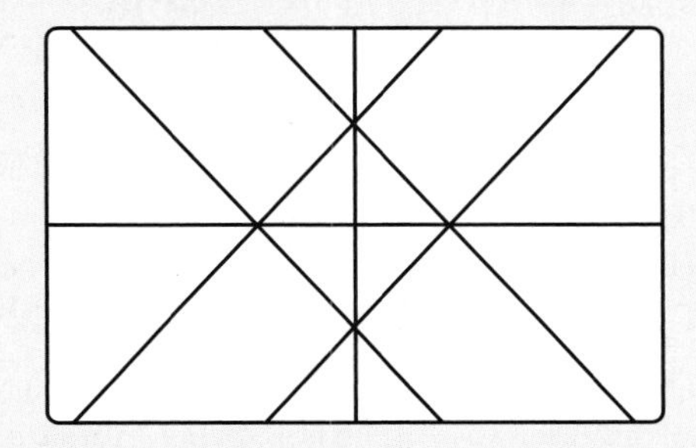

7. Anota las ecuaciones que usaste.

8. ¿Qué notas acerca de las pendientes en tus ecuaciones?

9. ¿Qué notas acerca de las intersecciones y en tus ecuaciones?

¿Qué has aprendido?

10. Piensa acerca de las ecuaciones que escribiste para hacer diferentes tipos de líneas y formas: rectas paralelas, rectas que irradian de un punto central, como en la estrella y rectas que se intersecan que forman cuadrados o rombos. Haz un diseño propio con por lo menos cuatro rectas.

Comparte lo que has aprendido en la preparación de un informe escrito sobre cómo hacer diseños lineales en una calculadora graficadora. Incluye los dibujos de tus diseños y las ecuaciones que los pueden reproducir.

Ejercicios por tu cuenta

1. Considera estas tablas para los datos de dos relaciones lineales.

Relación 1

x	y
1	4.5
2	6
3	7.5
4	9

Relación 2

x	y
$^{-}3$	1
$^{-}1$	3
1	5
3	7

a. Usa los pares (x, y) en las tablas para trazar cada recta en papel cuadriculado.

b. Calcula la pendiente de cada recta al hallar la razón de $\frac{\text{altura}}{\text{carrera}}$ entre dos puntos.

c. ¿Usaste las tablas o las gráficas en la Parte b? ¿Importa cuál hayas usado? Explica.

d. Verifica tus resultados calculando la pendiente de cada recta otra vez y usando puntos diferentes a los que usaste antes.

2. Observa los techos de estos tres graneros. Todas las medidas se dan en pies.

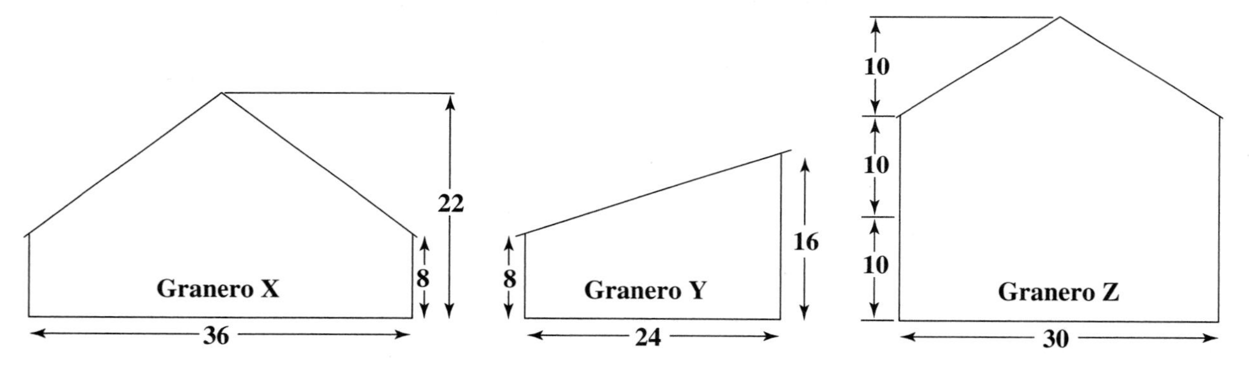

a. ¿Qué techo parece más inclinado?

b. Halla la *vertiente* o pendiente del techo de cada granero. ¿Estuvo correcta tu predicción?

3. Inventa una ecuación para una relación lineal.

a. Construye una tabla de los valores de (x, y) para tu ecuación. Incluye por lo menos cinco pares de coordenadas.

b. Traza una gráfica usando los valores en tu tabla. Si tu gráfica no es una recta, verifica que los valores de tu tabla estén correctos.

c. Selecciona dos puntos de la tabla y úsalos para determinar la pendiente de la recta. Verifica la pendiente usando otros dos pares (x, y).

impactmath.com/self_check_quiz

En los Ejercicios 4 al 7, calcula la pendiente de la recta, identificando dos puntos en la recta y usándolos para calcular la pendiente.

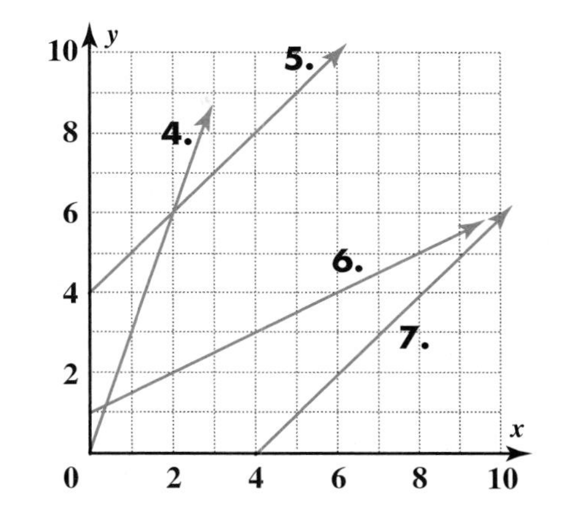

En los Ejercicios 8 al 11, se te da la pendiente y un punto de una recta. Halla otro punto en la misma recta. Después, traza la recta en papel cuadriculado.

8. pendiente: $\frac{1}{2}$; punto: (3, 4)

9. pendiente: $^{-}1$; punto: (2, 5)

10. pendiente: 3; punto: (2, 8)

11. pendiente: $\frac{1}{4}$; punto: (4, 5)

12. Aquí hay dos relaciones lineales: $y = 3x + 2$ y $y = 2x + 3$. Grafica ambas relaciones en las copias de las siguientes cuadrículas. Cada cuadrícula tendrá dos gráficas.

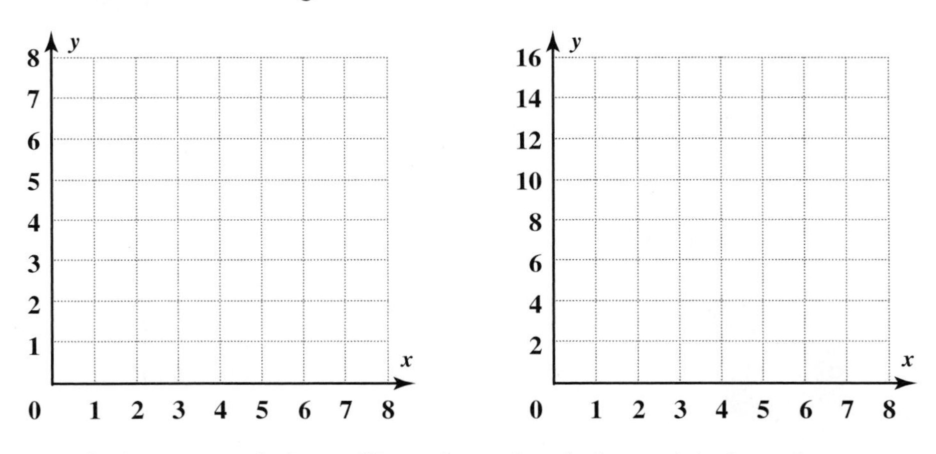

a. ¿Qué aspectos de las gráficas dependen de la cuadrícula en la que se tracen?

b. ¿Qué partes de las gráficas no se ven afectadas por la escala de la cuadrícula? Por ejemplo, ¿cambian de una cuadrícula a otra los puntos de las intersecciones con los ejes *x* y *y?*

13. Estudia estas gráficas.

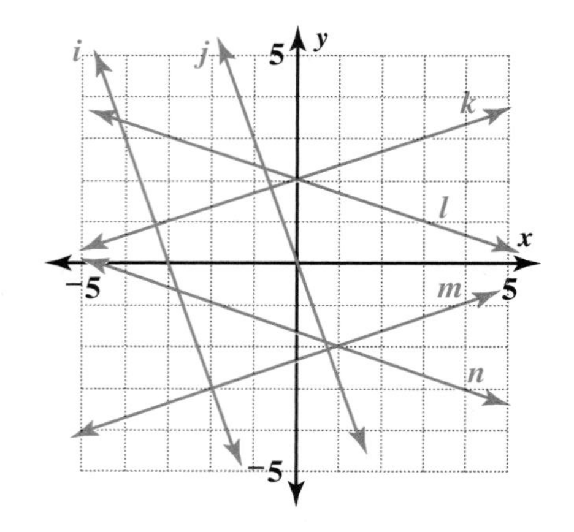

a. ¿Qué pares de rectas tienen la misma pendiente?

b. Calcula la pendiente de cada recta.

Halla una ecuación para cada recta.

14. una recta con pendiente $^{-}1$ y que pasa a través del punto (1, 4)

15. una recta con pendiente $\frac{1}{3}$ y que pasa a través del punto (3, 3)

16. una recta con pendiente $^{-}2$ y que pasa a través del punto (3, 6)

Halla una ecuación de la recta que pasa a través de los puntos dados.

17. (3, 4) y (7, 8)

18. (2, 7) y (6, 6)

19. (3, 5) y (9, 9)

Conecta & amplía

Para los Ejercicios 20 al 28, contesta las Partes a y b.

a. ¿Cuál es la diferencia constante entre los valores de y a medida que los valores de x aumentan en 1?

b. ¿Cuál es la diferencia constante entre los valores de y a medida que los valores de x disminuyen en 2?

20. $y = x$ **21.** $y = x + 2$ **22.** $y = 3x - 3$

23. $y = {}^{-}2x + 12$ **24.** $y = 5x$ **25.** $y = \frac{1}{2}x$

26. $y = 23x - 18$ **27.** $y = {}^{-}x$ **28.** $y = {}^{-}2x + 6$

Recuerda

Las rectas tienen una *diferencia constante* en sus valores y: cuando cambian en cierta cantidad los valores de x, los valores de y también cambian en cierta cantidad.

29. **Arquitectura** Una arquitecta está diseñando varios escaleras para una casa en la que la distancia entre pisos es de 10 pies. Para diseñar una escalera, considera estas dos razones:

$$\frac{\text{altura total}}{\text{carrera total}} \qquad \frac{\text{contrahuella}}{\text{peldaño}}$$

El diagrama muestra cómo se miden estas cantidades.

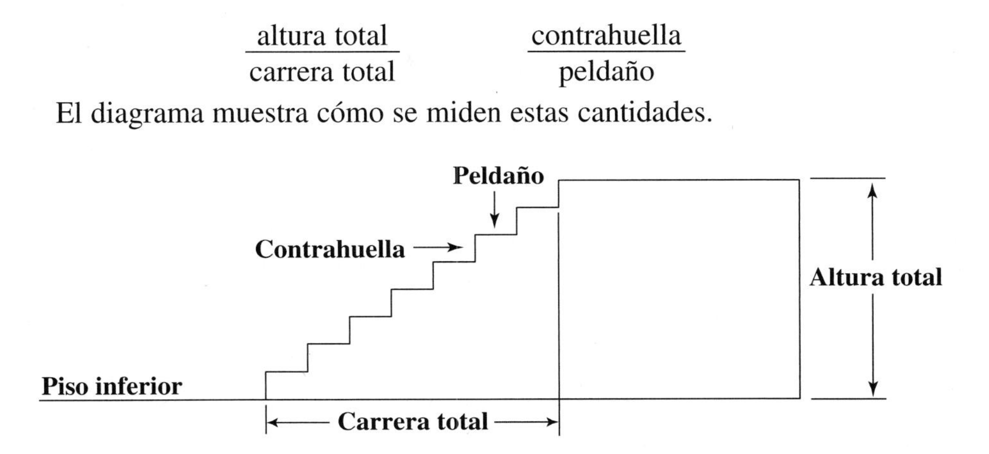

a. Una escalera va a tener 18 escalones con un tramo total de 14 pies. ¿Cuál es la razón $\frac{\text{altura total}}{\text{carrera total}}$ para la escalera?

b. Calcula la contrahuella y el peldaño de cada escalón, en pulgadas, para esta escalera. ¿Cuál es la razón $\frac{\text{contrahuella}}{\text{peldaño}}$?

c. Compara tus resultados para las Partes a y b. Explica lo que hallaste.

30. Diseña una escalera con una altura total de 14 pies. La contrahuella debe ser entre 6 pulg y 8 pulg. Todos los peldaños deben tener la misma altura y la misma carrera. (Refiérete al diagrama anterior.) La suma de la contrahuella y del peldaño debería ser entre 17 pulg y 18 pulg. Debes determinar estas cosas:

a. el número de escalones

b. la altura de cada escalón (en pulgadas)

c. la contrahuella (en pulgadas)

d. la razón $\frac{\text{contrahuella}}{\text{peldaño}}$

e. el tramo total (en pies)

f. la razón $\frac{\text{altura total}}{\text{carrera total}}$ para la escalera

31. El Sr. Arthur tiene dos cuentas bancarias, la Cuenta A y la Cuenta B. Cada gráfica muestra cuánto dinero hay en sus dos cuentas con el paso del tiempo.

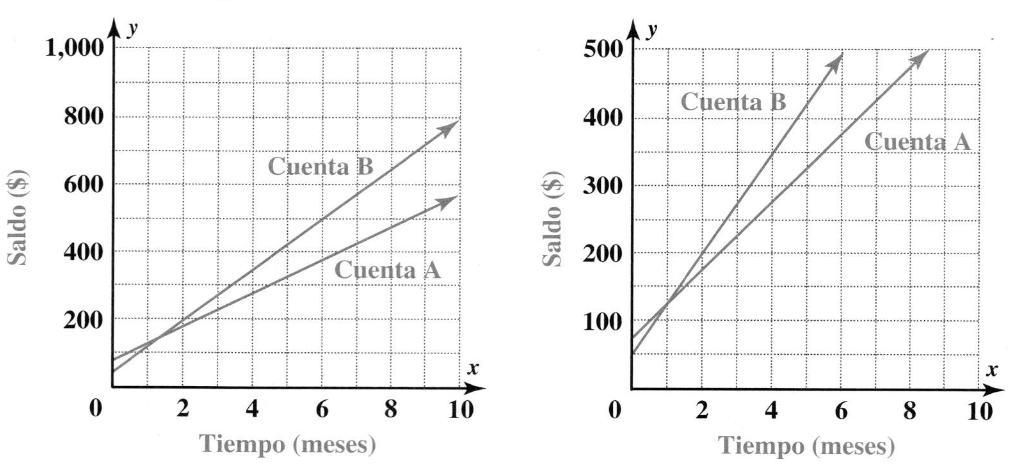

a. ¿Qué cuenta está aumentando más rápidamente?

b. ¿Qué cuenta empezó con más dinero?

c. ¿Importa qué cuadrícula usas al comparar las tasas de crecimiento de las cuentas? Explica.

Recuerda

Un ángulo recto mide 90°.

32. Alejandro observa las ecuaciones $y = \frac{3}{2}x - 1$ y $y = -\frac{2}{3}x + 2$ y dice: "Estas rectas forman un ángulo recto".

a. Grafica ambas rectas en *dos cuadrículas diferentes,* con los ejes rotulados como se muestra aquí.

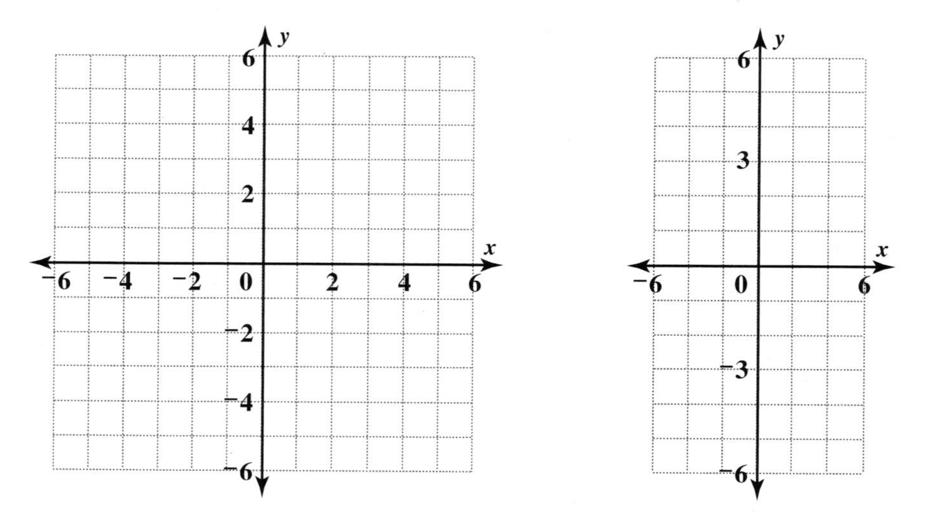

b. Compara las rectas en cada cuadrícula. ¿Forman un ángulo recto los dos pares de rectas?

c. ¿Qué tipo de suposición debe haber hecho Alejandro cuando dijo que las rectas formaban un ángulo recto?

Para cada ecuación, identifica la pendiente y la intersección *y*. Grafica la recta para verificar tu respuesta.

33. $y = 2x + 0.25$

34. $y = {}^{-}x + 5$

35. $y = x - 3$

36. $y = {}^{-}2x$

37. $y = \frac{3}{4} + \frac{1}{2}x$

38. $y = 3x$

39. La tabla muestra los valores de *x* y *y* para una relación particular.

x	6	3	1	2.5
y	7	1	$^{-}3$	0

a. Grafica el par ordenado (x, y). Haz de 10 a $^{-}10$ la escala de cada eje.

b. ¿Podrían los puntos representar una relación lineal? De ser así, escribe una ecuación para la recta.

c. A partir de tu gráfica, predice el valor *y* para un valor de *x* de $^{-}2$. Verifica tu respuesta reemplazándola en la ecuación.

d. A partir de tu gráfica, calcula el valor de *x* para un valor de *y* de $^{-}2$. Verifica tu respuesta reemplazándola en la ecuación.

e. Usa tu ecuación para calcular el valor *y* para cada uno de estos valores de *x*: 0, $^{-}1$, $^{-}1.5$, $^{-}2.5$. Verifica que todos los puntos correspondientes estén sobre la recta.

¿Cómo puedes determinar la pendiente de una recta a partir de una gráfica? Si se te da la pendiente de una recta, ¿qué más necesitas saber para poder graficarla?

40. Considera estas cuatro ecuaciones.

i. $y = 2x - 3$ **ii.** $y = {}^{-}\frac{1}{2}x - 6$

iii. $y = \frac{2}{5}x + 4$ **iv.** $y = {}^{-}\frac{5}{2}x$

a. Grafica las cuatro ecuaciones en uno de los conjuntos de ejes. Usa la misma escala para cada eje. Rotula las rectas con los números romanos apropiados.

b. ¿Cuál es la pendiente de cada recta?

c. ¿Qué notas acerca del ángulo de la intersección entre las Rectas i y ii? ¿Y entre las Rectas iii y iv?

d. ¿Cuál es la relación entre las pendientes de las Rectas i y ii? ¿Y entre las pendientes de las Rectas iii y iv?

e. Haz una conjetura acerca de la pendiente de rectas perpendiculares.

f. Crea dos o más rectas con pendientes que respalden tu conjetura. ¿Son perpendiculares?

g. Escribe una ecuación para la recta que pasa a través del punto $({}^{-}1, 4)$ y es perpendicular a $y = \frac{1}{3}x + 4$. Verifica tu respuesta graficando ambas rectas en uno de los conjuntos de ejes. Usa la misma escala para cada eje.

Recuerda

Una *conjetura* es un enunciado que alguien cree que es verdadero, pero que todavía no se ha comprobado.

Repaso mixto

Evalúa cada expresión si $a = 2$ y $b = 3$.

41. $a^b + b^a$ **42.** $\left(\frac{a}{b} + a\right)^a$ **43.** $b^a \cdot b^a$

44. Relaciona cada ecuación con una recta.

a. $y = {}^{-}\frac{5}{4}x - 6$

b. $y = 0.25x + 6$

c. $y = {}^{-}0.25x - 6$

d. $y = {}^{-}x + 6$

e. $y = x - 6$

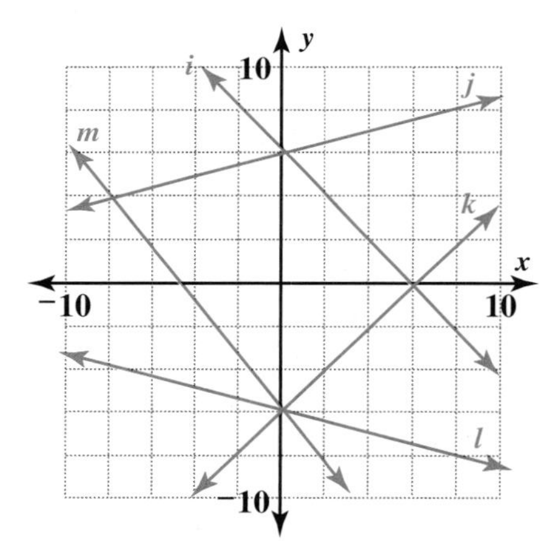

45. Consulta las gráficas del Problema 44. Indica sobre qué recta o rectas está cada punto dado.

a. $(0, {}^{-}6)$ **b.** $(6, 0)$ **c.** $({}^{-}4, {}^{-}1)$

d. $({}^{-}2, 8)$ **e.** $({}^{-}8, {}^{-}4)$ **f.** $({}^{-}2, {}^{-}2)$

Debido a que un eclipse solar total es observable sólo en un área geográfica limitada, la mayoría de la gente rara vez experimenta uno.

Recuerda

La *mediana* es el valor central de un conjunto de valores ordenados de manera ascendente o descendente. Si hay un número par de valores en los datos, ésta es el promedio de los dos valores centrales.

46. Ciencias de la Tierra La tabla da la duración y el ancho de los primeros 10 eclipses solares después del año 2000.

Eclipses solares

Fecha	Duración (minutos:segundos)	Ancho (millas)
21 de jun. de 2001	4:56	125
4 de dic. de 2002	2:04	54
23 de nov. de 2003	1:57	338
8 de abr. de 2005	0:42	17
29 de mar. de 2006	4:07	118
1º de ago. de 2008	2:27	157
22 de jul. de 2009	6:39	160
11 de jul. de 2010	5:20	164
13 de nov. de 2012	4:02	112
3 de nov. de 2013	1:40	36

Fuente: *World Almanac and Book of Facts 1999.* Derechos de impresión © 1998 Primedia Reference Inc.

a. ¿En qué fecha dura más el eclipse total de Sol?

b. ¿Cuál es la mediana de la duración de tiempo de los eclipses mencionados? ¿Cuál es la mediana del ancho?

c. Coloca los datos de la tabla en una cuadrícula como la siguiente.

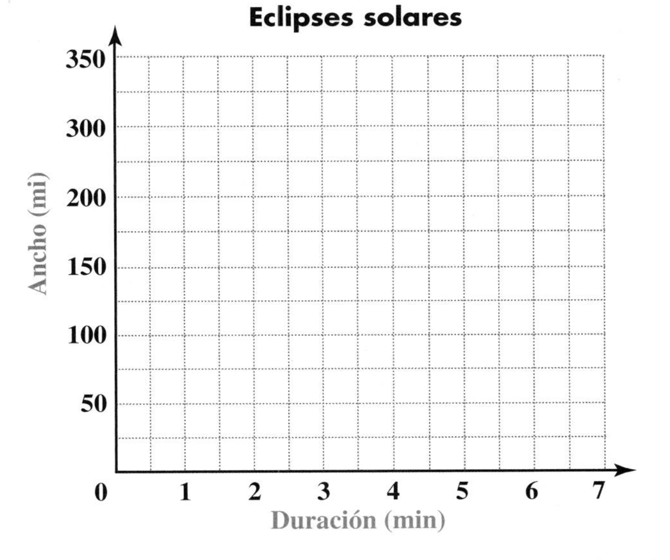

d. Fíjate que uno de los puntos parece muy alejado de la mayoría de los otros puntos. ¿Cuál es la fecha asociada con ese punto?

1.3 Más exploraciones con rectas

Has trabajado con ecuaciones en la forma $y = mx + b$, donde m es la pendiente de la recta y b es la intersección y. Tanto m como b son constantes, mientras que x y y son variables.

Los valores de m y b afectan la apariencia de la gráfica. En esta lección, estudiarás estos efectos que te ayudarán a analizar patrones en gráficas y ecuaciones.

MATERIALES
calculadora graficadora

Explora

Cada grupo contiene ecuaciones en la forma $y = mx + b$.

Grupo I	Grupo II
$y = x + 2$	$y = {}^-2x - 1$
$y = 2x + 2$	$y = {}^-2x$
$y = {}^-2x + 2$	$y = {}^-2x + 1$
$y = \frac{1}{2}x + 2$	$y = {}^-2x + 2$

- Grafica las cuatro ecuaciones del Grupo I en una sola pantalla de tu calculadora. Dibuja las gráficas. Rotula los valores mínimos y máximos en cada eje.

  ¿Qué tienen en común las cuatro ecuaciones del Grupo I? Da otra ecuación que pertenezca a este grupo.

- Ahora grafica las cuatro ecuaciones del Grupo II en una sola pantalla. Traza y rotula las gráficas.

  ¿Qué tienen en común las cuatro ecuaciones del Grupo II? Da otra ecuación que pertenezca a este grupo.

- En un grupo, las ecuaciones tienen diferentes valores para m, pero el mismo valor para b. Si empiezas con una ecuación específica y cambias el valor de m, ¿cómo será diferente la gráfica de la nueva ecuación?

- En el otro grupo, las ecuaciones tienen diferentes valores para b, pero el mismo valor para m. Si empiezas con una ecuación específica y cambias el valor de b, ¿cómo será diferente la gráfica de la nueva ecuación?

Las rectas del Grupo I son una *familia de rectas* en las cuales todas pasan por el punto (0, 2). Las rectas del Grupo II son una familia de rectas con pendiente $^-2$.

Investigación 1 Rectas paralelas y puntos colineales

Como viste en la Lección 1.2, puedes usar dos puntos para calcular la pendiente de la recta a través de los puntos. En esta investigación, trabajarás más con las pendientes de rectas. Primero usarás la conexión entre rectas paralelas y sus pendientes.

MATERIALES
papel cuadriculado

Serie de problemas A

1. Observa otra vez las gráficas de las ecuaciones en el Grupo II de Explora. ¿Qué notas?

2. Si dos ecuaciones de la forma $y = mx + b$ tienen el mismo valor m, ¿qué sabes acerca de sus gráficas? Si no estás seguro, escribe unas cuantas ecuaciones que tengan el mismo valor m y grafícalas. Explica por qué tiene sentido tu observación.

3. Sin graficar, decide cuál de estas ecuaciones son de rectas paralelas. Explica.

a. $y = 2x + 3$ **b.** $y = 2x^2 + 3$

c. $y = 2x - 7$ **d.** $y = 5x + 3$

4. Considera la recta $y = 5x + 4$.

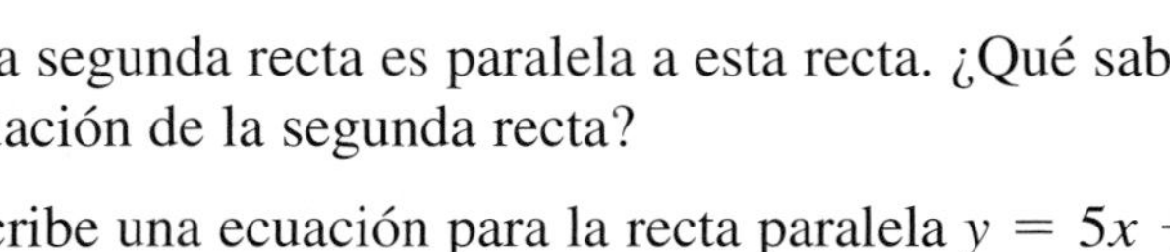

a. Una segunda recta es paralela a esta recta. ¿Qué sabes acerca de la ecuación de la segunda recta?

b. Escribe una ecuación para la recta paralela $y = 5x + 4$ que pasa a través del origen.

Recuerda
El origen es el punto (0, 0).

c. Escribe una ecuación para la recta paralela $y = 5x + 4$ que cruza el eje y del punto (0, 3).

d. Escribe una ecuación para la recta paralela $y = 5x + 4$ que pasa a través del punto (2, 11). Ayuda: El par de datos (2, 11) debe satisfacer la ecuación.

5. La ecuación de una recta es $y = 3x - 1$. Halla una ecuación para la recta paralela a ésta y que pasa por el punto (3, 4).

6. La ecuación de una recta es $y = 4$.

a. Grafica la recta.

b. Halla una ecuación de la recta paralela a ésta y que pasa por el punto (3, 6).

Los siguientes puntos A, B y C son *colineales*. En otras palabras, todos están sobre la misma recta. Los puntos D, E y F no son colineales.

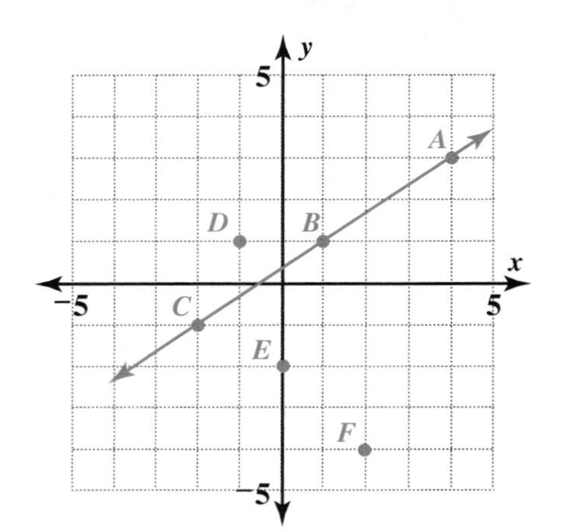

Si te dan tres puntos, ¿cómo puedes saber si son colineales? Puedes trazar los puntos para ver si se parecen a los que están sobre la misma recta, pero no estarías seguro. En la Serie de problemas B, desarrollarás un método para determinar si los tres puntos están sobre la misma recta, sin graficarlos.

Serie de problemas B

1. Halla la manera de determinar, *sin graficar,* si los tres puntos siguientes son colineales. Explica tu método.

(3, 5) (10, 26) (8, 20)

2. Los puntos en uno de los siguientes conjuntos son colineales; los puntos en el otro conjunto no lo son. ¿Qué conjunto es cuál? Prueba tu método en ambos conjuntos para asegurarte de que funciona.

Conjunto A	Conjunto B
$(^-4, {}^-3)$	$(^-1, 1)$
(1, 2)	$(0, {}^-1)$
(7, 7)	$(2, {}^-5)$

3. Determina si los tres puntos en cada conjunto son colineales.

a. $(^-3, {}^-2)$, (0, 4), (1.5, 7)

b. (1.25, 1.37), (1.28, 1.48), (1.36, 1.70)

Comparte & resume

1. ¿Cómo hallarías una ecuación para la recta que pasa a través del Punto C y es paralela a la recta que pasa a través de los Puntos A y B? Supón que conoces las coordenadas de cada punto y que el Punto C no está en la recta que pasa a través de los Puntos A y B.
2. Describe un método para determinar si el Punto D está en la recta que pasa a través de los Puntos A y B, si conoces las coordenadas para cada punto.

Investigación 2 Reordena y reduce ecuaciones lineales

Las ecuaciones pueden ser complicadas y, a veces, no es obvio si una relación es lineal. Una gráfica puede indicar si la relación *parece* lineal, pero aún así, puede no serlo.

Piensa & comenta

Por su forma sabes que la ecuación $y = 3x + 2$ representa una recta, pero estas ecuaciones no están en esa forma:

$$4x + 3y = 12 \qquad\qquad y = \frac{4x + 2(3 + x) - 2}{2}$$

¿Cómo puedes determinar si estas ecuaciones son lineales? Explica tu razonamiento.

VOCABULARIO
forma pendiente-intersección

Si puedes escribir una ecuación en la forma $y = mx + b$, sabes que es lineal y puedes identificar fácilmente la pendiente m y la intersección y, b. De hecho, $y = mx + b$ con frecuencia se llama **forma pendiente-intersección** de una ecuación lineal.

Serie de problemas C

Determina si cada ecuación es lineal. Si una ecuación es lineal, identifica el valor de m y el de b. Si una ecuación no es lineal, explica cómo lo sabes.

1. $3y = \frac{x}{2} - 8$
2. $y = 3$
3. $y = \frac{2}{x}$
4. $5y - 7x = 10$
5. $2y = 10 - 2(x + 3)$
6. $y = x(x - 1) - 2(1 - x)$
7. $y = 2x + \frac{1}{2}(3x + 1) + \frac{1}{4}(2x + 8)$

MATERIALES
papel cuadriculado

Serie de problemas D

1. ¿Cuál de estas ecuaciones describe la misma relación?

   a. $p = 2q + 4$
   b. $p - 2q = 4$
   c. $p - 2q + 4 = 0$
   d. $0.5p = q + 2$
   e. $p - 4 = 2q$
   f. $2p = 8 + 4q$

Escribe cada ecuación en la forma pendiente-intersección.

2. $y - 1 = 2x$
3. $2y - 4x = 3$
4. $2x + 4y = 3$
5. $6y - 12x = 0$
6. $x = 2y - 3$
7. $y + 4 = {}^{-}2$
8. En los Problemas 2 al 7, selecciona las ecuaciones cuyas gráficas sean rectas paralelas y dibújalas en los mismos ejes de coordenadas.
9. Agrupa las siguientes ecuaciones en conjuntos de rectas paralelas.

   a. $y = (2x - 7) - 3$
   b. $y + 5 + 2x = 5$
   c. $y = 30 + 4(x - 7)$
   d. $4y - 5x = 3x - 2$
   e. $y + 3(10 - x) = x$
   f. $y = 5x + 3(10 - x)$
   g. $y = 8x - \frac{1}{3}(12x - 30)$
   h. $y = 1 + \frac{1}{2}(2 - 4x)$
   i. $y - 3 = {}^{-}2x$
   j. $2y = {}^{-}4(3 - x)$

Comparte & resume

¿Cuáles son algunas de las estrategias que usaste para reducir las ecuaciones en esta investigación?

Investigación 3 Ajusta las rectas a los datos

A veces, al graficar datos, los puntos yacen cerca, pero no exactamente sobre una recta.

Piensa & comenta

Los alumnos en una clase de ciencias estaban midiendo la distancia que avanzaba un carrito cada vez que las ruedas giraban una vez. Midieron la distancia de una rotación, dos rotaciones, tres rotaciones, y así sucesivamente. Las ruedas del carrito miden 2.5 pies de circunferencia.

¿Esperarías que los datos de los alumnos quedaran sobre una recta? De ser así, explica por qué y escribe la ecuación de esa recta.

La gráfica muestra una ubicación de los datos de los alumnos. Fíjate que los puntos no parecen quedar exactamente sobre una recta. ¿Por qué los datos recogidos no se hallarían exactamente sobre una recta?

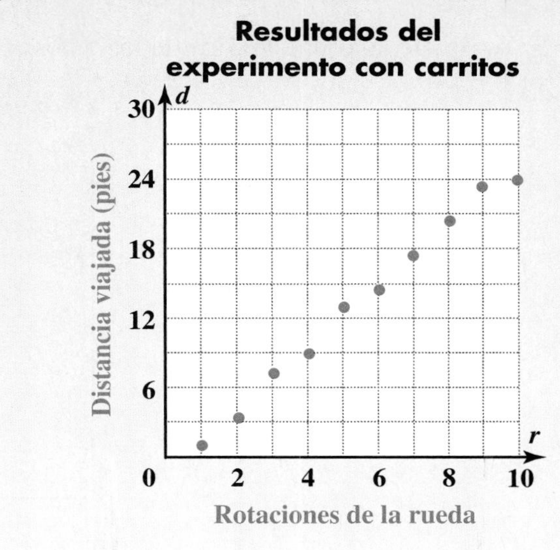

El uso de las matemáticas para describir algo, como un grupo de datos de un experimento, se llama *modelar*. Los modelos son importantes en muchas profesiones, especialmente en los campos de las ciencias y la estadística.

Con frecuencia, los que recogen datos no están seguros del tipo de relación que mostrarán. A veces, al graficarlos, los datos yacen cerca pero no exactamente sobre una recta. Podría darse el caso de que las variables están linealmente relacionadas, pero hay inconsistencias en las mediciones. O la relación entre las variables podría no ser *exactamente* lineal, pero lo suficientemente cerca para usar una recta como modelo razonable.

En casos como éstos, puedes usar los datos para hallar una *recta de óptimo ajuste,* es decir, una recta en que encajen todos los puntos lo más cerca posible. Entonces, puedes usar una recta de óptimo ajuste para hacer predicciones o resolver problemas.

Hay varias maneras de hallar tal recta. Algunas de las técnicas son sofisticadas, pero puedes hacer estimados razonablemente buenos con técnicas más simples.

Serie de problemas E

Se midieron las respiraciones y latidos por minuto de 16 personas después de que cada una caminó por 20 minutos. Los datos se muestran en la tabla.

Respiraciones por minuto	16	16	19	20	20	23	24	26	27	28	28	30	34	36	41	44
Latidos por minuto	57	59	66	68	71	70	72	84	82	80	83	91	94	105	116	120

MATERIALES
- papel cuadriculado
- regla transparente o un trozo de espagueti seco

He aquí una gráfica de los datos.

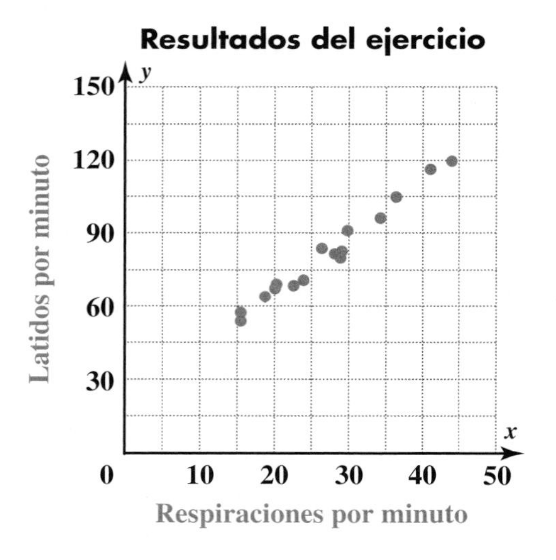

Parece que entre más rápida sea la respiración, más rápido es el ritmo cardíaco. La relación no es exactamente lineal, ya que es imposible trazar una sola recta que pase a través de cada punto de la gráfica. Sin embargo, si puedes hallar una recta que encaje razonablemente bien con los puntos, puedes usarla para predecir el valor de una variable (latidos o respiraciones por minuto) a partir de la otra.

1. Con tu compañero(a), traza los puntos de la tabla en una cuadrícula.

a. Traza una recta que se ajuste a los puntos tanto como sea posible. Trata de hacer una recta de manera que casi el mismo número de puntos quede en ambos lados de ésta. Una regla transparente o un trozo de espagueti seco te ayudará a hacer esto.

b. Escribe una ecuación de la recta que hiciste. Para hacer esto, calcula la pendiente y la intersección y de la recta o la pendiente y cualquier punto en la recta o dos puntos en la recta y usa esa información para escribir una ecuación.

Recuerda

La *media*, o promedio, es la suma de todos los valores dividida entre el número de valores.

2. Una técnica para mejorar el "ajuste" de tu recta es el uso de las medias de los datos.

a. Calcula la media del número de respiraciones por minuto y la media del número de latidos por minuto de los datos de la tabla.

b. Traza el punto de estas dos medias como sus coordenadas y ajusta la recta que hiciste en el Problema 1 para que pase a través de este punto.

3. Usa tu gráfica y escribe una ecuación para tu nueva recta. ¿Por qué podría ser diferente tu recta a la de alguien más?

4. Usa tu ecuación del Problema 3 para predecir el ritmo cardiaco de una persona que respira 35 veces por minuto, después de caminar 20 minutos. Compara tu predicción con las predicciones de otros alumnos.

5. Usa tu ecuación para predecir el ritmo cardiaco de una persona que respira 100 veces por minuto, después de caminar 20 minutos. ¿Crees que tu predicción es razonable? Explica.

MATERIALES
papel cuadriculado

Serie de problemas F

La tabla muestra los tiempos ganadores para los 400 metros en relevos femeninos en los juegos olímpicos de 1928 a 1980. No hubo juegos en 1940 ó en 1944 debido a la Segunda Guerra Mundial.

Año	País	Tiempo (s)	Año	País	Tiempo (s)
1928	Canadá	48.4	1960	Estados Unidos	44.5
1932	Estados Unidos	46.9	1964	Polonia	43.6
1936	Estados Unidos	46.9	1968	Estados Unidos	42.8
1948	Holanda	47.5	1972	Alemania Occidental	42.81
1952	Estados Unidos	45.9	1976	Alemania Oriental	42.55
1956	Australia	44.5	1980	Alemania Oriental	41.60

El tiempo ganador para los 400 m en relevos ha disminuido constantemente desde 1928. En los juegos olímpicos del año 2000, el ganador de la medalla de oro, del equipo de las Bahamas, completó los relevos en 41.95 s.

A continuación se trazaron los datos. Los puntos están bastante cerca de caer en una recta, con una excepción. Cuando un punto de datos parece muy diferente a otros, con frecuencia se llama *valor atípico*. A los valores atípicos se les da menos énfasis cuando se analizan tendencias generales o patrones.

Relevos femeninos de 400 metros en los olímpicos

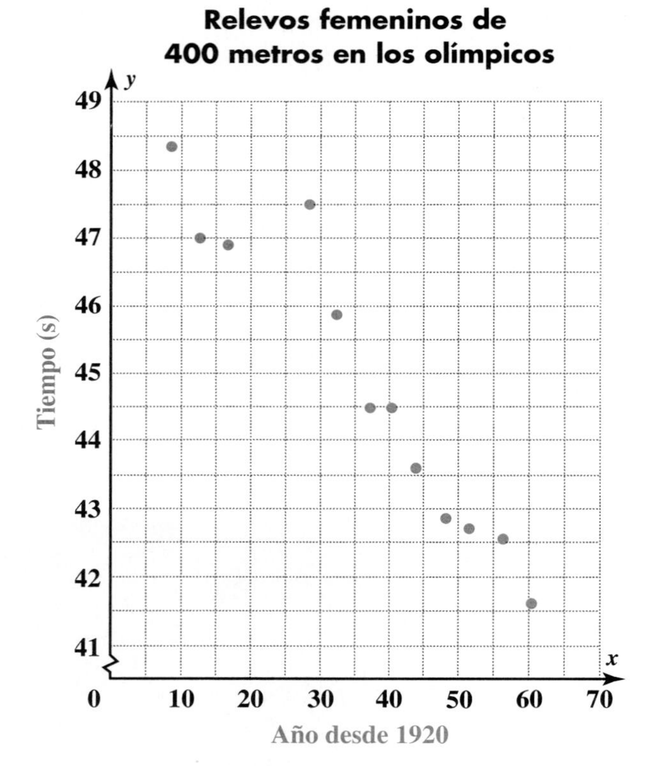

1. ¿Qué punto es el valor atípico?
2. ¿Puedes sugerir una razón del por qué ese punto está tan lejos de la tendencia de otros valores?
3. Copia los puntos de los datos en tu propia gráfica. Usando las técnicas que aprendiste en la Serie de problemas E, halla una ecuación para una recta que encaje con los datos.

MATERIALES

calculadora graficadora

Serie de problemas G

Las calculadoras graficadoras usan una sofisticada técnica matemática para hallar rectas que se ajustan al conjunto de datos. Ahora, usarás tu calculadora graficadora para hallar una recta de óptimo ajuste.

1. Entra en tu calculadora, en dos listas, los datos de los 400 metros en relevos de la Serie de problemas F.

a. Usa tu calculadora para determinar la ecuación de una recta de óptimo ajuste.

b. ¿Se parece o no la ecuación de la calculadora a la ecuación que encontraste en la Serie de problemas F?

2. Los tiempos ganadores en la tabla de la página 54 han disminuido constantemente con los años. ¿Crees que continuará esta tendencia? Explica tu respuesta.

3. Usa tu ecuación del Problema 1 para predecir los tiempos ganadores para 1984, 1988, 1992 y 1996.

4. A continuación, se muestran los tiempos ganadores reales para estos años. ¿En qué se parecen a tus predicciones?

Año	1984	1988	1992	1996
Tiempo (s)	41.65	41.98	42.11	41.95

5. Supón que los tiempos ganadores en realidad continuaron disminuyendo después de 1980, a la misma tasa que predice tu modelo lineal del Problema 1.

a. Escribe una ecuación que puedas usar para hallar cuándo será 0 segundos el tiempo ganador. Resuelve tu ecuación.

b. ¿Según tu modelo, en qué año predices que ocurrirá este imposible tiempo ganador de 0 segundos?

Comparte & resume

Acabas de examinar dos situaciones que se pueden modelar con ecuaciones lineales. Haz una gráfica que contenga 10 puntos para los cuales una ecuación lineal *no* sería un buen modelo. Describe por qué tendrías dificultades en determinar una recta de óptimo ajuste para tu gráfica.

Ejercicios por tu cuenta

Practica & aplica

Para cada conjunto de ecuaciones, indica qué tienen en común las gráficas de todas las cuatro relaciones, *sin* hacer las gráficas. Explica tus respuestas.

1. $y = {}^{-}1.1x + 1.5$

$y = {}^{-}1.1x - 4$

$y = {}^{-}1.1x + 7$

$y = {}^{-}1.1x$

2. $y = 2x$

$y = {}^{-}2x$

$y = 3x$

$y = {}^{-}3x$

3. $y = 2x$

$y - 1 = 2x$

$y = 2x + 4$

$y = 2x + 7$

4. $y = 1 - x$

$y = 1 - 2x$

$y = 1 - 3x$

$y = 1 - 4x$

5. En este ejercicio, aplicarás lo que has aprendido acerca de escribir ecuaciones para rectas paralelas.

a. Escribe tres ecuaciones cuyas gráficas sean rectas paralelas con pendientes positivas. Escribe las ecuaciones de manera que las gráficas estén igualmente espaciadas.

b. Grafica las rectas y verifica que sean paralelas.

c. Escribe tres ecuaciones cuyas gráficas sean rectas paralelas con pendientes negativas y estén igualmente espaciadas.

d. Grafica las rectas y verifica que sean paralelas.

6. Puedes saber si un punto en particular podría quedar sobre una recta al graficarla y ver si es posible que esté sobre la recta. Pero para saber con certeza si un punto en particular está sobre una recta, no sólo *cerca* de ella, debes probar si las coordenadas satisfacen la ecuación para esa recta.

a. Grafica la ecuación $y = \frac{13}{8}x - 3$.

b. Usando solo la gráfica, decide cuáles de los siguientes puntos parecieran estar sobre la recta. Traza los puntos.

$(0, {}^{-}3)$ $(3, 2)$ $(4, 4)$ $(5, 5)$ $(8, 10)$

c. Para cada punto, reemplaza las coordenadas en la ecuación y evalúa para determinar si el punto satisface la ecuación. ¿Cuáles puntos, si los hay, están sobre la recta?

Si es posible, escribe cada ecuación en la forma $y = mx + b$. Después, identifica la pendiente y la intersección y.

7. $y = 5x + \frac{1}{3}(6x + 12)$

8. $y = \frac{1}{5}(10x + 5) - 5 + 7x$

9. $3x + 2(x + 1) = {}^{-}\frac{1}{2}(4x + 6) + y$

10. $3x^2 - y = 3x + 5$

11. $y - 19 = {}^{-}2(x - 3)$

12. Dentro de estas ecuaciones hay cinco pares de rectas paralelas. Identifica las rectas paralelas y da la pendiente de cada par.

a. $y = 3x - 5(x + 3)$
b. $\frac{x - 2y}{2} = 7$
c. $y = 17 - 3(3 + x) + x$
d. $3x + 2y = 4$
e. $y = {}^{-}\frac{x}{2} + 2\left(6 - \frac{x}{2}\right)$
f. $x - y + 3 = 0$
g. $4x - 2y - 17 = 20$
h. $4\left(\frac{y}{2} - x\right) = 10$
i. $y + x = 4x + 5 - 2(4 + x)$
j. $y = \frac{3x + 4}{2} - \frac{7 + 2x}{2}$

13. Da la forma pendiente-intersección de cada ecuación e indica cuáles de estas ocho ecuaciones describen la misma relación.

a. $4x - 2y = 4$
b. $2y - 4x = 4$
c. $2x - y = 2$
d. $y - 2x = 2$
e. $y - 2x = {}^{-}2$
f. $y = 2x - 2$
g. $y = 2x + 2$
h. $4x + 2y = 4$

¿Cuántos conjuntos de rectas paralelas puedes hallar en esta casa diseñada por el famoso arquitecto Frank Lloyd Wright?

14. **Ciencias biológicas** Enseguida se menciona la duración promedio de gestación o embarazo y el tiempo de vida promedio de varios animales.

Animal	Gestación promedio (días)	Promedio de tiempo de vida (años)
Caballo	336	23
Cabra	151	12
Conejillo de indias	68	3
Elefante	624	35
Gato	63	11
Hámster	16	2
Mula	365	19
Pato	28	10
Perro	63	11
Pollo	22	8
Vaca	280	11

a. Traza los puntos para cada animal en uno de los conjuntos de ejes. Coloca la gestación en el eje horizontal y tiempo de vida en el eje vertical.

b. Haz una recta que se ajuste razonablemente bien a los datos. Escribe una ecuación para tu recta.

c. Usa tu ecuación para predecir el tiempo de vida de un cerdo, que tiene una gestación de casi 114 días.

15. **Bellas artes** El genio Wolfgang Amadeus Mozart compuso música durante la mayor parte de su corta vida. Sus composiciones fueron enumeradas en el orden en que las escribió.

Estos datos relacionan el número total de composiciones, K, con la edad de Mozart cuando las escribió, a.

Edad (años), a	8	12	16	20	24	27	32	35
Número total de composiciones, K	16	45	133	250	338	425	551	626

a. Grafica los puntos de la tabla, con a en el eje horizontal y K en el eje vertical.

b. ¿Sugieren los datos una tasa general a la cual Mozart escribió nuevas composiciones? ¿Cuál es esa tasa?

c. Traza una recta que se ajuste a los puntos de los datos, tanto como sea posible. Usa la técnica para hallar una recta que pase a través de la media de la edad y la media del número de composiciones para los puntos de datos dados.

La letra K se usa para la variable numérica de composición en honor al científico austriaco Ludwig von Köchel, quien clasificó las 626 composiciones a mediados del siglo XIX.

d. Usa tu gráfica para hallar una ecuación lineal y predecir el número de composiciones que Mozart escribió a esa edad.

e. Mozart murió muy joven, a los 35 años de edad. ¿Sería razonable usar tu ecuación para predecir el número de composiciones que Mozart hubiera producido de haber vivido hasta la edad de 70 años?

f. ¿Cuál es el valor de K para $a = 0$? ¿Tienen sentido estos datos? ¿Qué te indica esto acerca de tu modelo lineal?

Conecta & amplía

16. Todas las rectas para estas tres ecuaciones pasan a través de un punto común.

$$y = \frac{x}{2} - 1 \qquad y = \frac{-2x}{3} + 6 \qquad y = \frac{-x}{6} + 3$$

a. Haz gráficas para las tres ecuaciones y halla el punto común.

b. Verifica que el punto que hallaste satisfaga las tres ecuaciones reemplazando las coordenadas x y y en cada ecuación.

Cada tabla describe una relación lineal. Para cada relación, calcula la pendiente de la recta y la intersección y. Después, escribe una ecuación para la relación en la forma $y = mx + b$.

17.

x	2	4	6	8	10
y	8	12	16	20	24

18.

x	$^-8$	$^-3$	3	5	10
y	26	11	$^-7$	$^-13$	$^-28$

19.

x	9	7	5	3	1
y	5	4	3	2	1

20. Hoshi hizo gráficas para $y = x$ y $y = {}^{-}x$ y notó que las rectas se cruzaron en ángulos rectos en el punto (0, 0). Después, hizo gráficas de $y = x + 4$ y $y = {}^{-}x + 4$ y notó que las rectas se cruzaron otra vez en ángulos rectos, en esta ocasión en el punto (0, 4). Probó un par más, $y = x - 4$ y $y = {}^{-}x - 4$. Otra vez las rectas se cruzaron en ángulos rectos, en el punto (${}^{-}4$, 0).

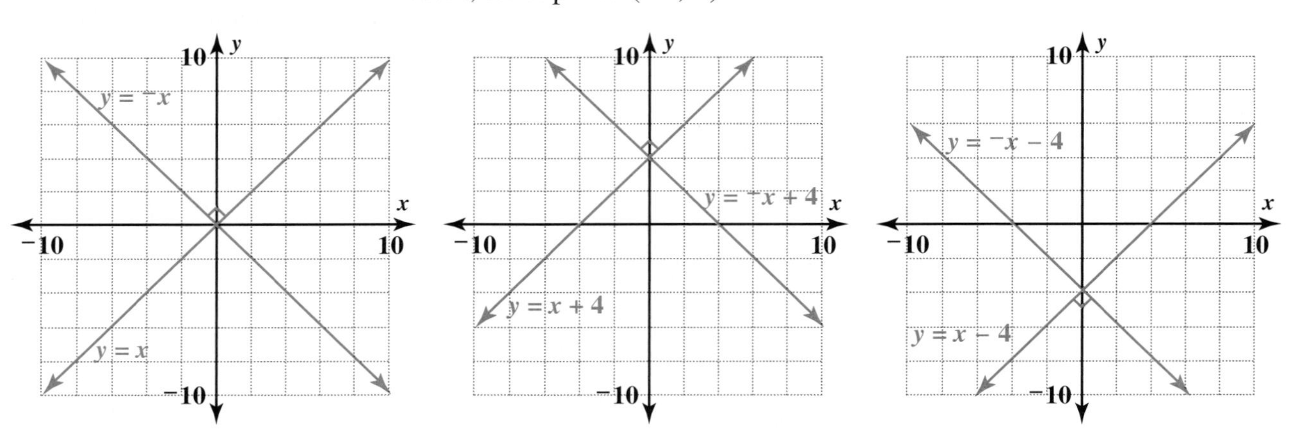

Hoshi hizo esta conjetura: "Cuando graficas dos ecuaciones lineales y una tiene una pendiente que es la negativa de la otra, siempre obtienes un ángulo recto".

a. ¿Estás de acuerdo con la conjetura de Hoshi? Explica tu respuesta.

b. Traza varios pares de rectas más que se ajusten a las condiciones de la conjetura de Hoshi, con diferentes valores de pendiente. ¿Prueban o refutan tus dibujos la conjetura de Hoshi?

c. Si crees que la conjetura de Hoshi es falsa, ¿dónde crees que cometió el error?

21. Repasa la Serie de problemas C. Algunas de las ecuaciones dadas no son lineales. Escribe algunas pautas para identificar rápidamente ecuaciones lineales y no lineales.

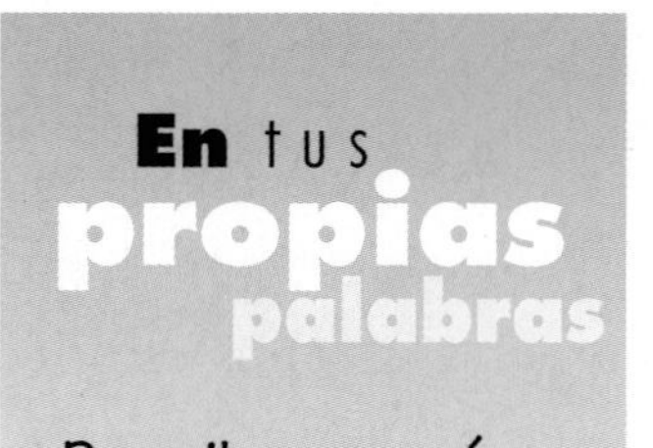

Describe por qué sería útil determinar la recta de óptimo ajuste al trabajar con datos.

Así como la intersección *y* de una recta es el valor *y*, en el cual la recta cruza el eje *y*, la intersección *x* es el valor en el cual la recta cruza el eje *x*. En los Ejercicios 22 al 25, halla la ecuación de una recta con la intersección *x* y pendiente dadas.

22. intersección *x* 3, pendiente 2

23. intersección *x* ${}^{-}2$, pendiente $-\frac{1}{2}$

24. intersección *x* 1, pendiente ${}^{-}6$

25. **Reto** Intersección *x*, 3; sin pendiente (Ayuda: Si la pendiente es $\frac{\text{altura}}{\text{carrera}}$, ¿cuándo no habría pendiente?)

26. Has estado usando la forma $y = mx + b$ para representar ecuaciones lineales. Las ecuaciones lineales a veces se representan en la forma $Ax + By = C$, donde A, B y C son constantes.

a. Vuelve a plantear la ecuación $Ax + By = C$ en la forma $y = mx + b$. Para hacer esto, necesitarás expresar m y b en términos de A, B y C.

b. ¿Cuál es la pendiente de una recta con ecuación en la forma $Ax + By = C$? ¿Cuál es la intersección y?

27. **Estudios sociales** A continuación, aparecen los datos de la población mundial para los años de 1950 a 1990.

Población mundial

Año	Población (billones)
1950	2.52
1960	3.02
1970	3.70
1980	4.45
1990	5.29

a. Traza los puntos en una gráfica con "Años desde 1900" en el eje horizontal y "Población (en billones)" en el eje vertical. Trata de ajustar una recta a los datos.

b. Escribe una ecuación que se ajuste a tu recta.

c. Usa tu ecuación para proyectar la población mundial para el año 2010, el cual es 110 años después de 1900.

d. ¿Qué indica tu ecuación acerca de la población mundial en 1900? ¿Tiene sentido esto? Explica.

e. Según las cifras de las Naciones Unidas, la población mundial en 1900 era de 1.65 billones. La NU predijo que la población mundial en el año 2010 será de 6.79 billones. ¿Son diferentes los datos de 1900 y 2010 a los de tus predicciones? ¿Cómo justificas tu respuesta?

28. Considera este conjunto de datos.

x	0	2	4	6	8
y	2	20	6	8	10

a. Grafica el conjunto de datos.

b. Un punto es un valor atípico. ¿Cuál es este punto?

c. Calcula la media de los valores de x y la media de los valores de y.

d. Trata de hallar una recta que se ajuste bien a los datos y que pase por el punto (media de los valores de x, media de los valores de y). Escribe una ecuación para tu recta.

e. Ahora, calcula la media de las variables, *ignorando el valor atípico.* En otras palabras, no incluyas los valores del valor atípico en tus cálculos.

f. Trata de hallar una nueva recta que se ajuste bien a los datos, usa las medias que calculaste en la Parte e para el punto (media de los valores de x, media de los valores de y). Escribe una ecuación para tu recta.

g. ¿Crees que cualquier recta se podría considerar de óptimo ajuste para los datos? Explica.

Repaso mixto

29. Cada uno de los siguientes puntos satisface una de las ecuaciones. Relaciona cada ecuación con un punto.

$(^-1, 1)$ $(7, 0)$ $(^-1, ^-1)$ $(10, 1)$ $(^-2, 0)$ $(^-1, 0.9)$

a. $y = 2x - 14$

b. $y = x^2 - 4$

c. $y = 0.1x + x^2$

d. $y = x^3$

e. $y = {}^-x^3$

f. $y = x^2 - 99$

30. **Geometría** La fórmula para el volumen de un cilindro se obtiene multiplicando el área de la base del cilindro, πr^2, por la altura del cilindro, h:

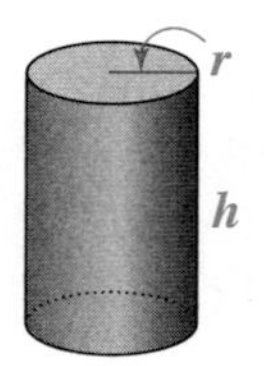

$$\text{Volumen} = \pi r^2 h$$

Usa esta fórmula para calcular el valor de cada variable.

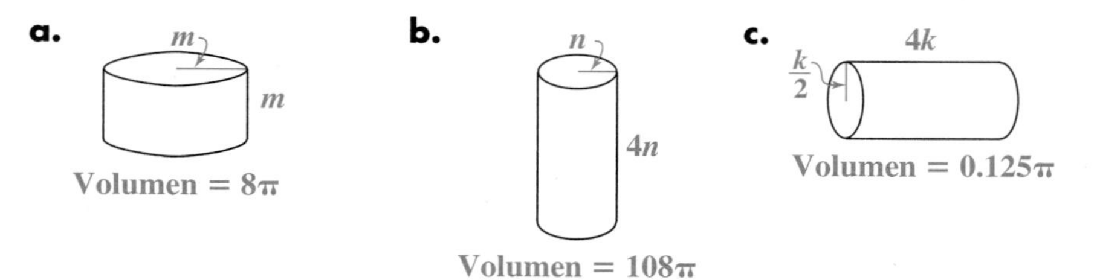

31. Geometría El teorema de Pitágoras establece que si a y b son las longitudes de los catetos de un triángulo rectángulo y c es la hipotenusa (el lado más largo), entonces, $a^2 + b^2 = c^2$.

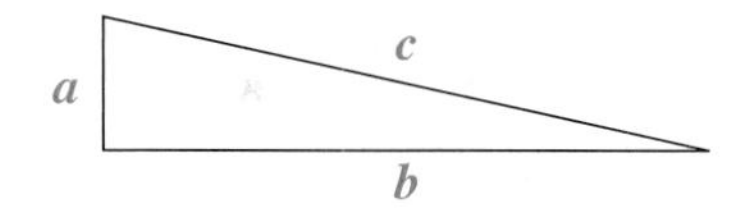

Usa el teorema de Pitágoras para calcular el valor de cada variable.

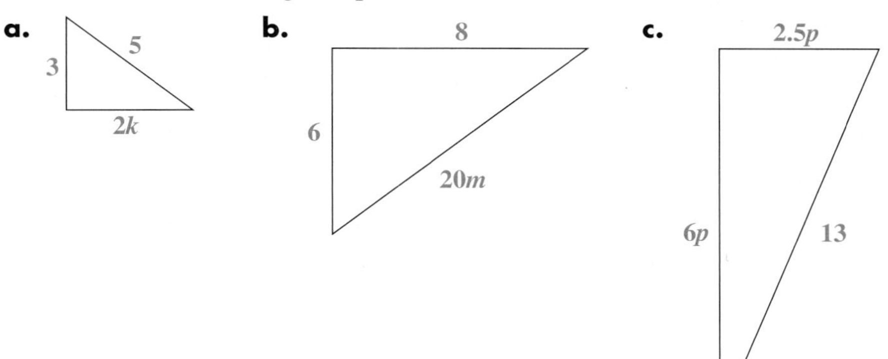

32. Ciencias Los ingenieros civiles están diseñando un tanque de almacenamiento para el sistema de aguas de una pequeña comunidad. El tanque tendrá forma de cilindro y medirá 15 metros de altura. Tratan de determinar el mejor tamaño para el radio del tanque.

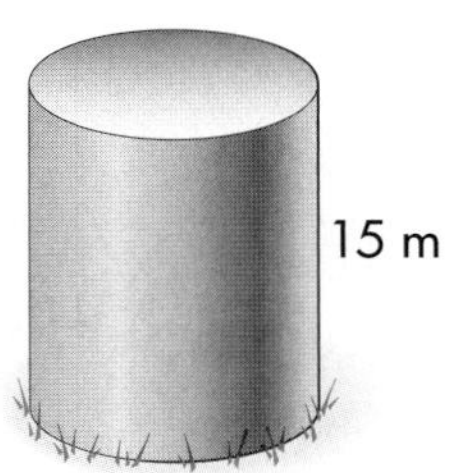

a. Llena una tabla como la siguiente para el volumen del tanque de almacenamiento para cada uno de los radios dados.

Radio (m)	4	5	6	7	8	9
Volumen (m^3)						

b. Traza los puntos de tu tabla en una cuadrícula como ésta.

c. Usa tu gráfica para estimar cuál debería ser el radio del tanque, si el tanque almacenará 3,500 m^3 de agua.

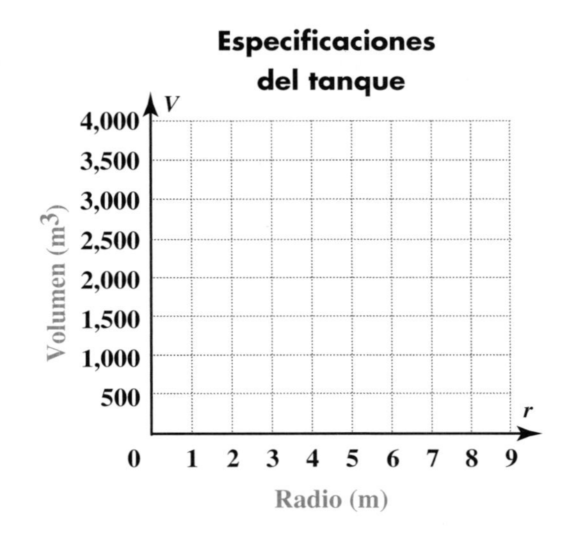

Recuerda

La fórmula para el volumen de un cilindro es $\pi r^2 h$, donde r es el radio de la base circular y h es la altura.

Resumen del capítulo

VOCABULARIO
coeficiente
directamente proporcional
forma pendiente-intersección
intersección *y*
pendiente
relación lineal
variación directa

En este capítulo, analizaste *relaciones lineales,* relaciones con gráficas de líneas rectas. Investigaste ejemplos para aumentar y disminuir relaciones lineales. En algunos casos, estas relaciones fueron *variaciones directas* o relaciones *directamente proporcionales.*

Exploraste la conexión entre la forma $y = mx + b$ de una ecuación lineal y su gráfica. Hallaste que el *coeficiente, m,* representa la *pendiente* de la recta. La constante, *b,* llamada la *intersección y,* indica dónde cruza el eje *y* la recta.

Aprendiste a hallar la ecuación de una recta a partir de diferentes tipos de información dada: una descripción escrita, una tabla de valores, una gráfica, la pendiente y uno o dos puntos en la recta. Finalmente, viste que si los datos trazados muestran una tendencia lineal, puedes ajustar una recta a los datos y usar la recta o su ecuación para hacer predicciones.

Estrategias y aplicaciones

Las preguntas en esta sección te ayudarán a repasar y a aplicar las ideas importantes y estrategias desarrolladas en este capítulo.

Reconoce y escribe relaciones lineales

En las Preguntas 1 a la 6, indica cuáles de las siguientes descripciones se ajustan a la relación y explica cómo lo decidiste:

- una variación directa
- lineal pero no una variación directa
- no lineal

1. Aisha pagó \$2.50 de entrada a una feria y \$1.25 por cada juego mecánico. Considera la relación entre el total que gastó en la entrada y los juegos, y el número de juegos a los que se subió.

2. La compañía de préstamo Scrooge cobra una multa de \$10 la primera vez que un prestatario se atrasa en hacer un pago. La multa es de \$20 la segunda vez que se atrasa en el pago, \$40 para el tercer pago con retraso, y así sucesivamente, duplicando la cantidad para cada pago atrasado. Considera la relación entre la multa total y el número de pagos atrasados.

3. $d = 65t$

4. $y = 13 - 12x$

5.

x	0	10	20	30	40	50	60
y	5	55	105	155	205	255	305

6.

x	40	30	20	15	10	5	0
y	184	138	92	69	46	23	0

Comprende la conexión entre una ecuación lineal en la forma $y = mx + b$ y su gráfica

7. Considera la ecuación $y = 300 - 25x$.

a. ¿Cómo se afectaría la gráfica de esta ecuación si se cambiara $^-25$ a $^-30$?

b. ¿Cómo se afectaría la gráfica de esta ecuación si se cambiara $^-25$ a $^-20$?

c. ¿Cómo se afectaría la gráfica de esta ecuación si se cambiara $^-25$ a 25?

d. ¿Cómo se afectaría la gráfica de esta ecuación si se cambiara 300 a $^-100$?

Comprende y aplica la idea de pendiente

Determina si los puntos en cada conjunto son colineales. Explica cómo lo sabes.

8. $(^-2, 8)$, $\left(\frac{1}{3}, 1\right)$, $(5, ^-13)$

9. $\left(2, \frac{7}{2}\right)$, $(6, 6)$, $\left(^-3, \frac{3}{2}\right)$

10. $(^-6, ^-3)$, $\left(8, \frac{5}{3}\right)$, $(0, ^-1)$

11. Halla una ecuación de la recta que pasa por el punto $(^-4, 1)$ y es paralela a la recta $y = {}^-3x + 1$.

Usa una gráfica lineal para recoger información o hacer predicciones

12. Hay una relación lineal entre la temperatura en grados Fahrenheit y la temperatura en grados Celsius. Dos temperaturas equivalentes son 0°C = 32°F y 30°C = 86°F.

a. Haz una gráfica de cuatro cuadrantes de esta relación y traza los puntos (0, 32) y (30, 86). Une los puntos con una recta.

b. Usa la recta que une los dos puntos para convertir estas temperaturas.

i. 5°F **ii.** 20°C **iii.** $^{-}$30°C

Ajusta las rectas a los datos

13. Cada día durante una semana, Lemeka hizo lagartijas y contó cuántas lagartijas podía hacer en cierto número de segundos. Agregó 10 segundos al tiempo todos los días.

Segundos	10	20	30	40	50	60	70
Lagartijas	15	25	44	35	42	50	55

a. Grafica los datos.

b. ¿Parecen ser aproximadamente lineales los datos?

c. ¿Hay valores atípicos en los datos, puntos que no parecen ajustarse a la tendencia general de los datos? Si así es, ¿cuál o cuáles son?

d. Traza una recta que se ajuste a los datos tan bien como sea posible y halla una ecuación de tu recta.

e. Usa tu ecuación o gráfica para predecir cuántas lagartijas habrá hecho Lemeka cuando llegue a los 2 minutos.

Demuestra tus destrezas

En las Preguntas 14 a la 16, estima la pendiente de la recta.

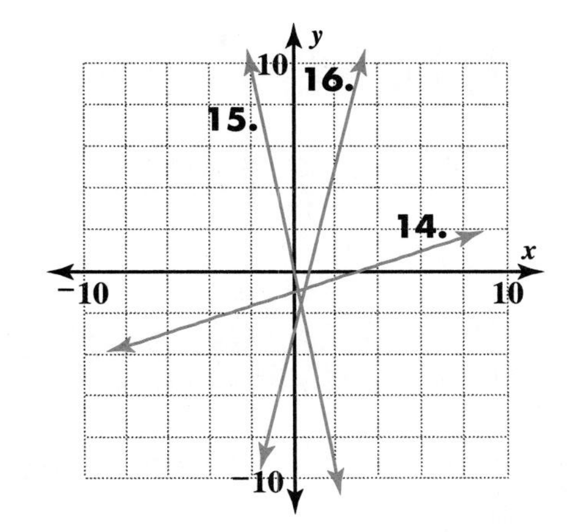

Calcula la pendiente de la recta que pasa a través de cada par de puntos dados.

17. $(5, ^-3)$ y $(^-1, 9)$

18. $(3, 4)$ y $(^-1, ^-2)$

19. $(^-6, ^-4)$ y $(^-2, 5)$

20. Halla una ecuación de la recta que tiene una pendiente $^-2$ y pasa a través del punto $(^-1, ^-1)$.

21. Halla una ecuación de la recta que pasa a través de los puntos $(4, 4)$ y $(8, ^-2)$.

22. Identifica las ecuaciones que representan rectas paralelas.

a. $y = 3x + 1$ **b.** $y = \frac{1}{2}x - 1$ **c.** $\frac{1}{2}y = 3 + \frac{1}{2}x$

d. $y = ^-x + 2$ **e.** $y = 2x(1 - x)$ **f.** $y = 2x + (1 - x)$

g. $3y = 1 - 3x$ **h.** $^-4y = 2x$ **i.** $y = \frac{1}{2}x - x - 1$

Vuelve a plantear cada ecuación en la forma pendiente-intersección.

23. $y - x - 1 = 2x + 1$

24. $2(y - 1) = 3x + 1$

25. $1 - y = x + 2(1 - x)$

CAPÍTULO 2

Relaciones inversas y cuadráticas

Matemáticas en la vida diaria

No se compliquen Las relaciones cuadráticas y las inversas se aplican frecuentemente en física. A fines del siglo XVI, el gran astrónomo y físico italiano Galileo Galilei, elaboró la hipótesis de que dos cuerpos que se dejan caer desde una misma altura, al mismo tiempo, llegarán al suelo al mismo tiempo sean cual sean de sus respectivas masas. De acuerdo con la leyenda, Galileo comprobó su teoría dejando caer dos balas de cañón, una grande y otra pequeña, desde lo alto de la Torre de Pisa. Ambas chocaron con el suelo casi al mismo tiempo. Su trabajo permitió obtener la ecuación $d = 16t^2$ que representa la distancia en pies que un objeto ha recorrido, t segundos después de iniciar su caída.

Piensa al respecto ¿Puedes imaginar una situación en la cual sería importante que alguien conociera la relación descrita anteriormente?

Carta a la familia

Estimados alumno(a) y familiares:

El siguiente capítulo que vamos a estudiar está relacionado con dos componentes fundamentales del álgebra: las *relaciones cuadráticas* y las *relaciones inversas.*

Iniciaremos el estudio de las relaciones cuadráticas, analizando y graficando ecuaciones de la forma $y = ax^2$, donde a es una constante. Por ejemplo, la fórmula para calcular el área de un círculo es $A = \pi r^2$. La constante es π y su valor es aproximadamente 3.14. La distancia que un cuerpo recorre durante su caída se representa con la relación cuadrática: $d = 4.9t^2$, donde d representa la distancia en metros y t representa el tiempo en segundos. En este caso la constante es 4.9.

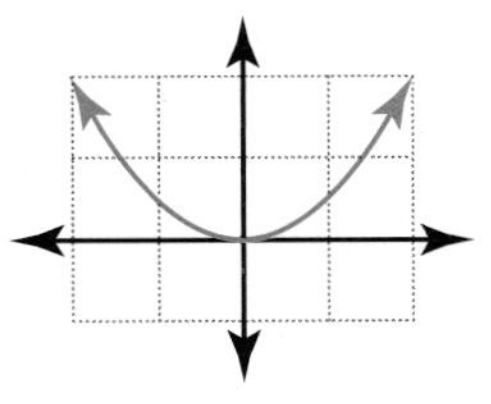

La gráfica de una relación cuadrática es simétrica, tiene
La gráfica de una relación cuadrática es simétrica, tiene
forma de U y se conoce como *parábola.* En relaciones cuadráticas más complejas, como el movimiento de cuerpos disparados o lanzados al aire, la ecuación adquiere la siguiente forma: $y = ax^2 + bx + c$.

También estudiaremos las relaciones inversas. En estas relaciones, el producto de dos cantidades es siempre igual a una misma cantidad. Por ejemplo, supón que alguien tiene sólo \$20 para pagarle a una niñera. El número de horas de servicio que va a recibir, dependerá de lo que la persona que necesita la niñera ofrezca pagar por hora. Si paga \$2 por hora obtendrá 10 horas de servicio, pero si paga \$8 por hora, entonces sólo recibirá 2.5 horas de servicio.

Finalizaremos el capítulo haciendo conjeturas y comprobándolas. Una *conjetura* es una suposición fundamentada que no ha sido demostrada. Hacer conjeturas y comprobarlas es una destreza muy importante que su hijo(a) podrá aplicar en matemáticas y en muchas otras situaciones a lo largo de su vida.

Vocabulario Aprenderemos varios nuevos términos en este capítulo:

conjetura
ecuación cúbica
hipérbola
inversamente proporcional
variación inversa
parábola
ecuación cuadrática
expresión cuadrática
relación recíproca
vértice

¿Qué pueden hacer en el hogar?

Estimulen a su hijo(a) para que busque relaciones inversas, como la descrita anteriormente, en su vida cotidiana. Usen estas relaciones para resolver problemas importantes en la vida de su hijo(a).

2.1 Relaciones cuadráticas

La ecuación de la relación entre el radio de un círculo, *r,* y el área *A,* es $A = \pi r^2$. La ecuación de la relación entre el tiempo en segundos en que un cuerpo cae, *t,* y la distancia en metros de la que cae, *d,* es $d = 4.9t^2$. En este capítulo, vas a explorar tales ecuaciones.

Explora

Elige un equipo de nueve alumnos para hacer una "gráfica humana". El equipo debe seguir estas reglas:

- Alinearse a lo largo del eje *x.* Un alumno debe pararse en el $^-4$, otro en el $^-3$, y así sucesivamente, hasta el 4.
- Multiplica por sí mismo el número en que estés parado. Es decir, si tu número es *x,* calcula x^2. Ten presente el resultado.
- Cuando tu maestro(a) diga "¡Avanza!" camina hacia adelante o hacia atrás el número de pasos que tu resultado haya dado, desde el punto en que estabas.
- El número en que estabas es el valor de tu *x;* y el número de pasos que diste es el valor de tu *y.*

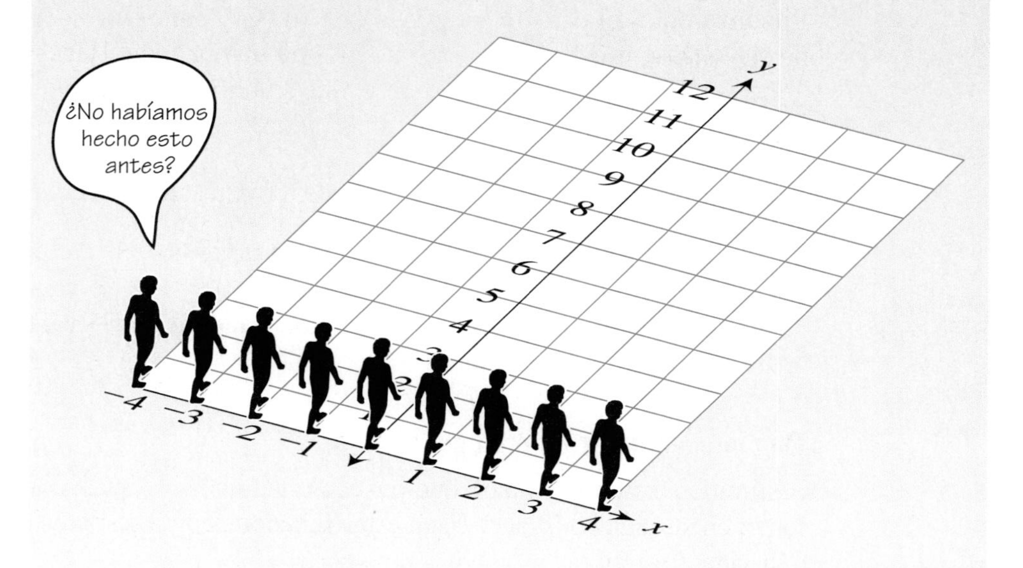

Luego, cada uno de los nueve alumnos en la gráfica debe informar sus coordenadas. Registra la información en una tabla de la clase como la siguiente.

x	$^-4$	$^-3$	$^-2$	$^-1$	0	1	2	3	4
y									

Haz una gráfica de la clase y grafica los puntos en la pizarra o en una hoja de papel grande. Conecta los puntos con una curva suave.

Describe la gráfica.

Cuando hiciste la gráfica humana, ¿caminó hacia atrás algún alumno? Explica tu respuesta.

Si alguno hubiera empezado en 1.5 en el eje x, ¿a qué distancia hacia adelante o atrás se habría movido esa persona? ¿Qué pasaría si alguien hubiera empezado en $^-1.5$?

¿Podría extenderse esta gráfica a la izquierda de $^-4$ ó a la derecha de 4? Explica.

¿Es *simétrica* esta gráfica? Es decir, ¿hay una línea a lo largo en la cual podrías doblar la gráfica de manera que las dos mitades concuerden exactamente? De ser así, describe este *eje de simetría,* e indica si algún alumno está parado en él.

¿Qué ecuación describe la relación que se muestra en la gráfica?

Investigación 1 Ecuaciones cuadráticas y gráficas

La gráfica humana que hizo tu clase era la gráfica de $y = x^2$, que es una *ecuación cuadrática.* La ecuación cuadrática más reducida puede escribirse en la forma $y = ax^2$. Esta forma consta de una constante, representada por la letra a, multiplicada por el cuadrado de una variable.

La fórmula para el área de un círculo, $A = \pi r^2$, tiene esta forma. En la fórmula del área, la constante es π. En la ecuación que da la distancia en metros de un cuerpo que cae después de t segundos, $d = 4.9t^2$, la constante es 4.9. En la ecuación $y = x^2$, la constante es 1.

VOCABULARIO
parábola

La gráfica de cada una de estas relaciones es una curva simétrica con forma de U llamada **parábola.** En esta investigación, verás gráficas, tablas y ecuaciones para más relaciones cuadráticas.

MATERIALES
papel cuadriculado

Serie de problemas A

Esta caja tiene una altura de 9 cm y una longitud que es del doble de su ancho.

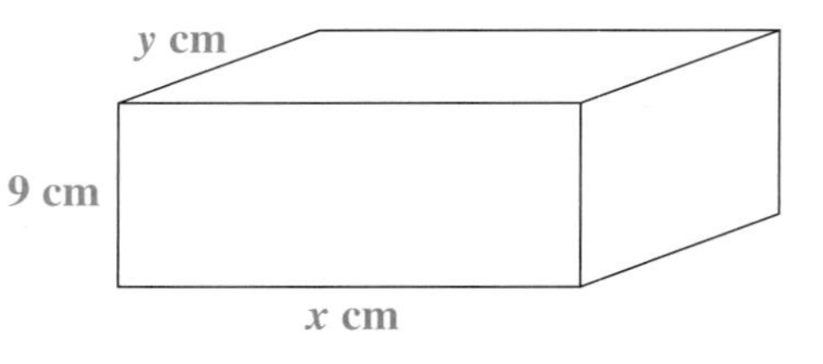

Recuerda

El volumen de un prisma rectangular es el producto de su largo por su ancho por su altura. El volumen se mide en unidades cúbicas, como cm^3.

1. Puedes describir el volumen de la caja con cualquiera de estas ecuaciones cuadráticas.

$$V = 4.5x^2 \qquad V = 18y^2$$

¿Cómo pueden describir el mismo volumen dos ecuaciones distintas?

2. En una cuadrícula como la siguiente, grafica la ecuación $V = 4.5x^2$. Primero grafica los puntos (x, V) para los valores de x de 0 a 50. (Verás valores de x menores a 0 más adelante.) Grafica tantos puntos como necesites, hasta que te sientas seguro de la forma de la gráfica. Después, dibuja una curva suave a través de los puntos.

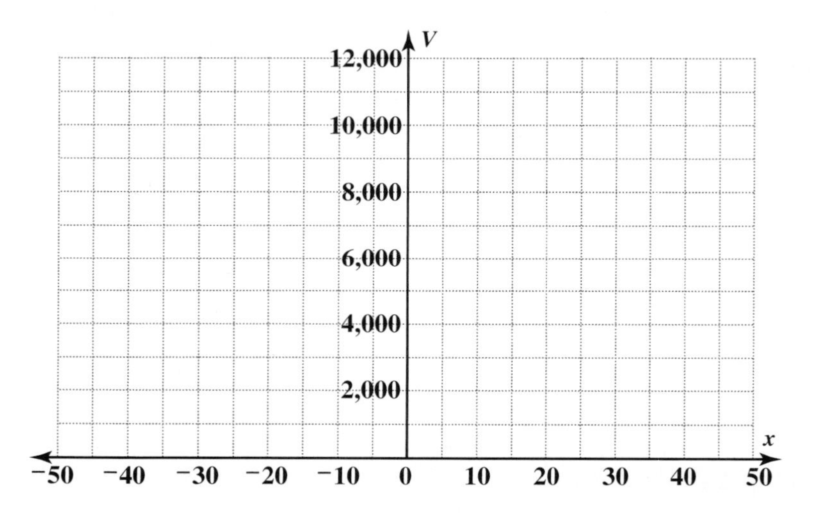

Datos de interés

La trayectoria de cualquier proyectil: una pelota de golf lanzada al aire, un libro de texto arrojado a un sofá, una bengala disparada desde un bote, sigue la forma de una parábola.

3. Supón que deseas construir una caja con un volumen determinado y cuya longitud es el doble de su ancho. Puedes usar tu gráfica para calcular las longitudes viables de la caja.

   a. Elige un valor para el volumen, V. (No uses uno de los valores que graficaste en el Problema 2.) Usa tu gráfica para calcular la longitud x que corresponde a este volumen.

   b. Verifica tu estimado reemplazándolo por x en la ecuación $V = 4.5x^2$. ¿Está cerca este resultado del que elegiste en la Parte a?

4. Por supuesto que las cajas no tienen longitudes negativas, pero si piensas simplemente en $V = 4.5x^2$ como una regla para generar pares ordenados, puedes buscar en la gráfica valores para x menores que o iguales a 0. Grafica algunos puntos (x, V) para $x = 0$ y varios valores negativos de x. Usa los puntos para extender tu curva al segundo cuadrante.

5. ¿Cuál es el eje de simetría de tu gráfica?

6. Localiza ambos puntos en la gráfica donde $V = 9{,}000$.

   a. Usa la gráfica para estimar los valores correspondientes de x.

   b. Usa una calculadora para conjeturar, verificar y mejorar una estimación más acertada de los valores de x para $V = 9{,}000$.

Recuerda

Para conjeturar, verificar y mejorar, haz una suposición razonable del valor, calcula el valor de otra variable con tu suposición y usa la respuesta para mejorar tu suposición.

Comparte & resume

Indica si cada gráfica podría representar una relación cuadrática. Explica cómo lo determinaste.

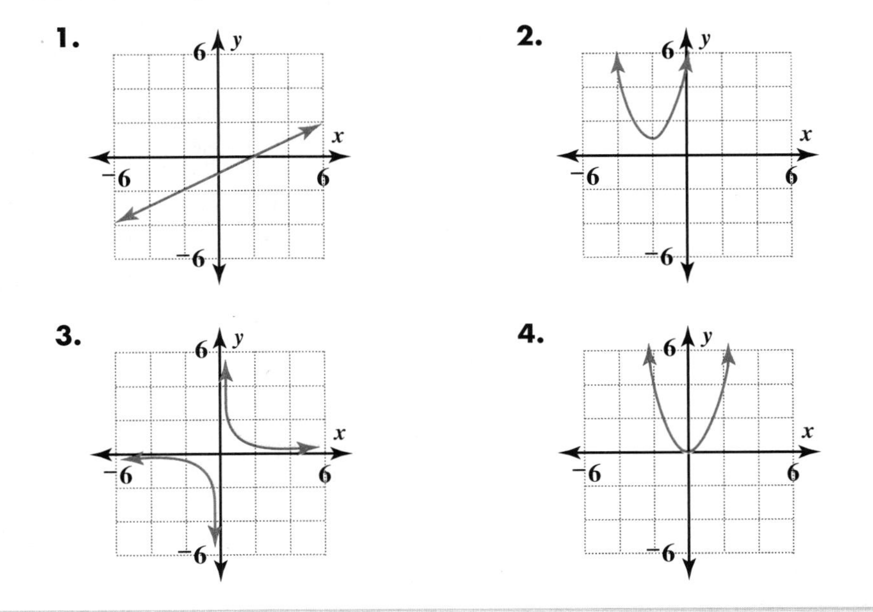

Investigación 2 Patrones cuadráticos

En tu análisis de ecuaciones lineales, las viste escritas de muchas formas, como $y = mx + b$ y $Ay + Bx = C$. Las ecuaciones cuadráticas también pueden escribirse de distintas formas.

En esta investigación, vas a explorar algunos patrones geométricos que pueden representarse con ecuaciones cuadráticas además de $y = ax^2$.

MATERIALES

- tarjetas cuadradas (opcional)
- papel cuadriculado

Serie de problemas B

Considera este patrón de tarjetas cuadradas.

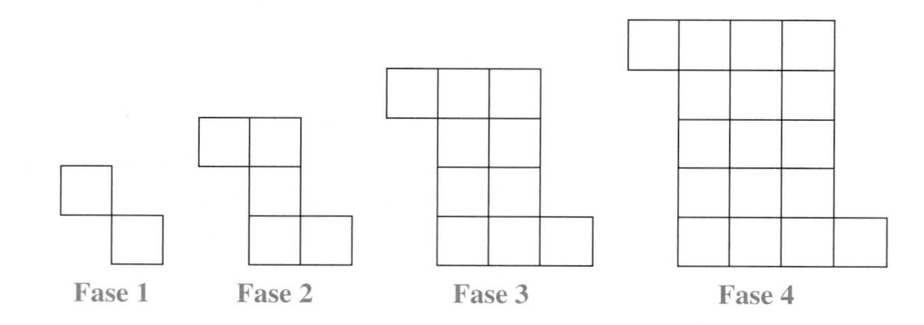

1. Describe el patrón en palabras.
2. Copia y completa la tabla para mostrar el número de tarjetas que se usaron en cada una de las cuatro primeras fases.

Fase, *S*	1	2	3	4
Tarjetas, *T*				

3. Describe el patrón en la manera en que aumenta el número de tarjetas T a medida que aumenta la fase S.
4. Usa tu respuesta del Problema 3 para predecir el número de tarjetas de la Fase 5 a la 8. Extiende tu tabla para incluir estos valores.
5. Construye o dibuja las cuatro siguientes fases del patrón y verifica las respuestas del Problema 4.

6. Evan encontró una ecuación para el número de tarjetas T, en la Fase S del patrón. Él razonó así: "Si quito las dos tarjetas de las esquinas dejo un rectángulo que es $S - 1$ tarjetas a lo largo de la parte superior y $S + 1$ tarjetas hacia abajo de lado. Multiplico esos números para calcular el número de tarjetas en el rectángulo. Después sumo las dos tarjetas de las esquinas para calcular el número total de tarjetas". ¿Qué ecuación crees que encontró Evan?

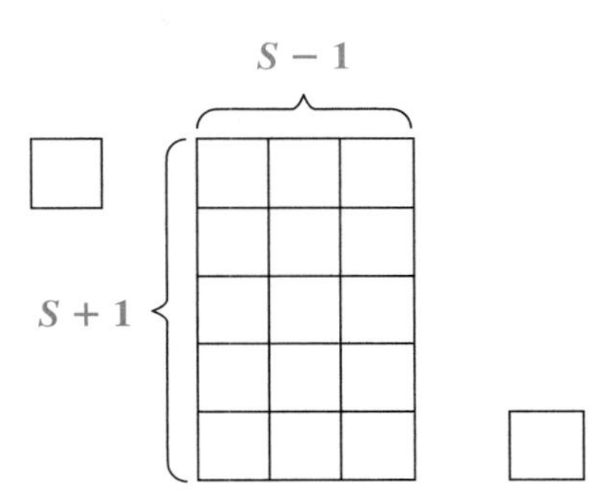

7. Usando su tabla, Tala encontró una ecuación para T. "Primero S elevo al cuadrado. Después, veo en qué se diferencia S^2 del número de tarjetas para ese valor de S." Prueba su idea con tu tabla: Eleva al cuadrado los números de la primera hilera y observa qué podrías hacerle a los cuadrados para obtener los números en la segunda fila. ¿Qué ecuación crees que encontró Tala?

8. Mikayla encontró la misma ecuación que Tala, pero de diferente manera. "Hay S tarjetas a lo largo de la parte inferior de la Fase S. Si quito esta hilera y la coloco verticalmente, puedo hacer un cuadrado con S tarjetas en cada lado, más una tarjeta extra." Explica cómo el razonamiento de Mikayla produce la misma ecuación que encontró Tala.

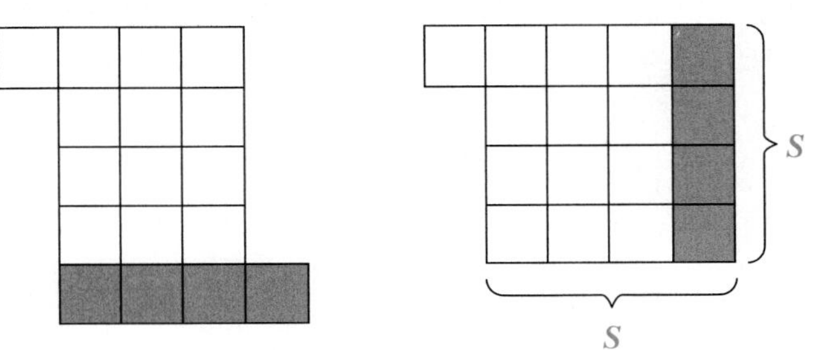

9. Considera la ecuación que encontraron Tala y Mikayla para el patrón.

a. Grafica las relaciones entre T y S. Aunque no parezca lógico tener un número de tarjetas negativo, piensa en la ecuación como una regla para generar pares ordenados y considera tanto los valores positivos como los negativos de S. Grafica suficientes puntos de manera que puedas dibujar una curva suave.

b. Describe la gráfica.

c. ¿Tiene eje de simetría la gráfica? De ser así, describe su ubicación.

d. ¿Cuál es el valor menor de T que se muestra en la gráfica?

MATERIALES
calculadora graficadora

Serie de problemas C

He aquí un problema geométrico que se relaciona con una ecuación cuadrática, aunque la relación no es obvia al principio:

¿Cuántas diagonales tiene un polígono de n lados?

Probablemente no puedas contestar esta pregunta todavía. Pero si empiezas con unos cuantos polígonos, puedes buscar un patrón que te ayude a encontrar la respuesta.

Los dibujos muestran las diagonales de los polígonos de 3, 4 y 5 lados.

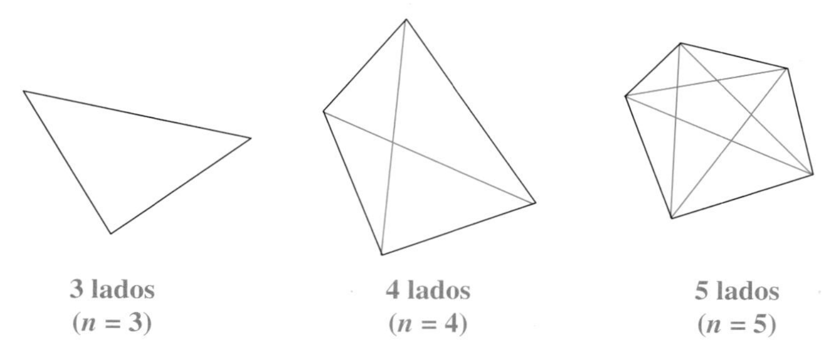

3 lados ($n = 3$) — 4 lados ($n = 4$) — 5 lados ($n = 5$)

Recuerda
Un *polígono* es una figura bidimensional cerrada, cuyos lados están formados por segmentos de recta.

1. Dibuja un hexágono ($n = 6$) con un grupo completo de diagonales. Asegúrate de unir cada vértice del hexágono con todos los demás.

2. Copia y completa la tabla para mostrar el número de diagonales conectadas a cada vértice y el número total de diagonales por cada polígono enumerado.

Lados, n	3	4	5	6
Diagonales conectadas a cada vértice	0	1		
Diagonales totales, d	0	2		

3. Observa la segunda hilera de tu tabla.
   a. Describe el patrón a que cambia el número de diagonales conectadas a cada vértice, a medida en que se aumenta el número de lados.
   b. ¿Existe una relación lineal entre el número de lados y el número de diagonales conectadas a cada vértice? Explica.

4. Observa la tercera hilera de tu tabla.
   a. Describe el patrón a que cambia el número total de diagonales, a medida que se aumenta el número de lados.
   b. ¿Existe una relación lineal entre el número de lados y el número total de diagonales? Explica.

Un polígono de 20 lados se llama *icoságono.* Los matemáticos también lo llamarían *20-ágono.*

5. Considera un heptágono: un polígono de siete lados.

a. Usa el patrón en tu tabla para predecir el número de diagonales conectadas a cada vértice de un heptágono.

b. Predice el número total de diagonales en un heptágono.

c. Dibuja un heptágono, traza cuidadosamente y cuenta sus diagonales y verifica tus predicciones de las Partes a y b. Añade a tu tabla los datos del heptágono.

6. Sin dibujar más polígonos, amplía tu tabla para incluir datos de polígonos de 8, 9 y 10 lados. Explica cómo encontraste tus resultados.

7. ¿Cuántas diagonales tiene un polígono de 20 lados? Si puedes, calcula la respuesta sin ampliar tu tabla.

8. Escribe una ecuación para el número total de diagonales en un polígono de n lados. Explica cómo calculaste la respuesta.

9. Usa una ecuación para calcular el número de diagonales en un polígono de 100 lados.

10. ¿Qué forma crees que tendrá la gráfica de tu ecuación? Usa tu calculadora graficadora para verificar tu respuesta.

Comparte & resume

Considera las relaciones cuadráticas que has explorado en esta lección.

1. Escribe las ecuaciones de estas relaciones cuadráticas.

2. Vuelve a observar las gráficas de estas ecuaciones. ¿Qué tienen todas en común?

3. ¿Cómo puedes, al observar la ecuación, saber si sus gráficas no serán rectas?

Ejercicios por tu cuenta

Practica & aplica

Recuerda

Si no tienes una calculadora con una tecla para π, puedes usar la aproximación 3.14 en tus cálculos.

1. El área de un círculo con radio r viene dada por la fórmula $A = \pi r^2$.

a. Haz una tabla de los valores de A a medida que r aumenta de 0 a 10 unidades.

b. Grafica los valores en una gráfica con r en el eje horizontal y A en el eje vertical. Conecta los puntos con una curva suave.

c. Se dan las áreas de tres círculos. Usa tu gráfica para calcular un valor aproximado para el radio de cada círculo.

i. 25 unidades cuadradas

ii. 100 unidades cuadradas

iii. 300 unidades cuadradas

d. Reemplaza cada radio en la fórmula del área y verifica tus resultados.

2. Imagina varias pilas de bloques como las que se muestran a continuación.

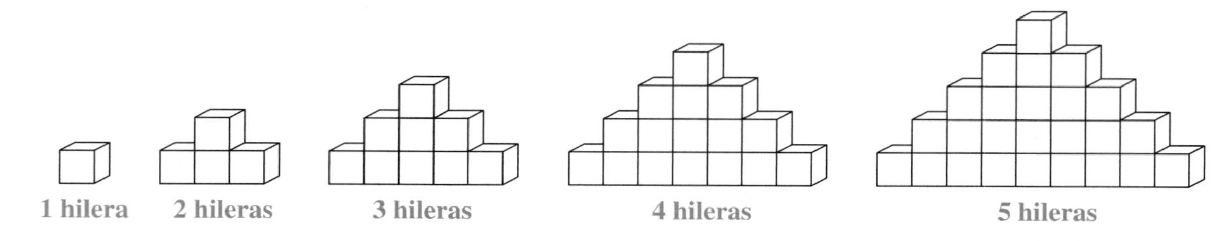

a. Completa la tabla para mostrar el número de bloques en la hilera inferior a medida que aumenta el número de hileras.

Número de hileras, *n*	1	2	3	4	5	6	7	8	9	10
Número de bloques en la hilera inferior, *b*										

b. ¿Cuántos bloques habría en la hilera inferior de una pila con 25 hileras? ¿Con n hileras?

impactmath.com/self_check_quiz

c. Piensa en la relación entre el número de hileras y el número de bloques en la hilera inferior. ¿Qué tipo de relación es?

d. ¿Cuál es número *total* de bloques T necesarios para una pila de 5 hileras?

e. Añade una nueva hilera a tu tabla para el número total de bloques T en cada pila y completa cada hilera.

f. Escribe una ecuación que de el número total de bloques T en términos de n.

g. Usa este diagrama para explicar por qué tu ecuación de la Parte f es lógica.

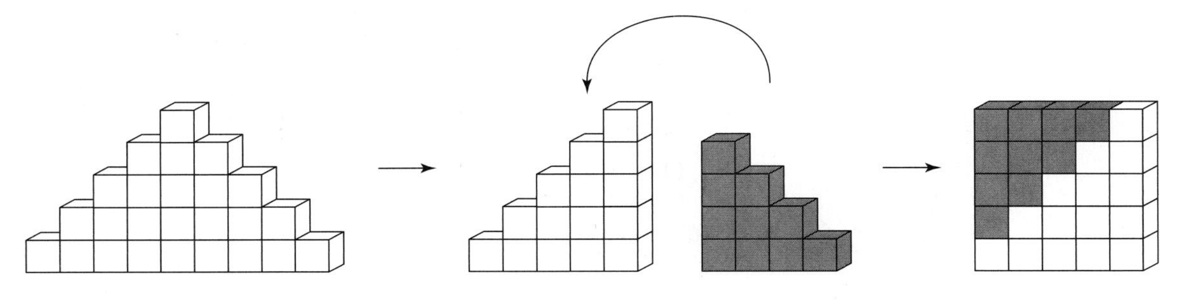

3. Observa cuidadosamente esta secuencia de figuras. Cada cuadrado tiene un área de 1 unidad cuadrada.

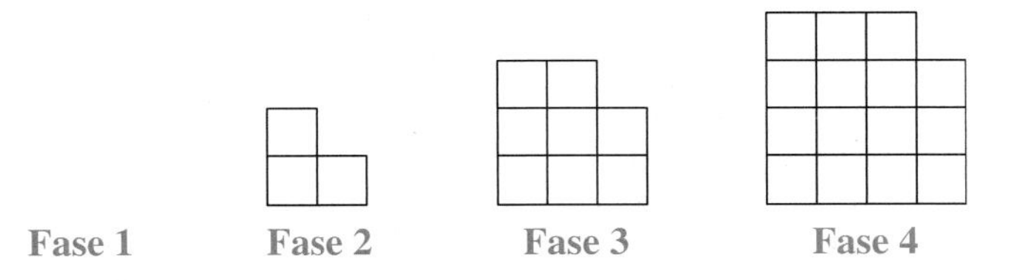

a. Encuentra una fórmula para el área en unidades cuadradas, A, de la Fase n.

b. Usa tu ecuación para explicar por qué no hay cuadrados en la Fase 1.

c. Copia y completa la tabla.

n	1	2	3	4	5	6	7	8	9	10
A	0	3	8	15						

d. Amplía tu tabla para incluir valores de n con enteros negativos, de $^-10$ a 0. Grafica suficientes puntos en una gráfica entre $^-10$ y 10 para dibujar una curva suave.

e. Describe la gráfica.

f. Encuentra el eje de simetría de la gráfica. ¿Qué valor de n atraviesa el eje de simetría?

Conecta & amplía

4. Considera estas tres ecuaciones.

$$y = x^2 \qquad y = x^2 + 2 \qquad y = x^2 - 2$$

a. Haz una tabla de los valores para cada ecuación, usa valores positivos y negativos para x. Grafica las tres gráficas en el mismo grupo de ejes.

b. ¿Qué semejanzas observas en las tres gráficas?

c. ¿Qué diferencias observas?

5. Considera estas tres ecuaciones.

$$y = {}^-x^2 \qquad y = {}^-x^2 + 2 \qquad y = {}^-x^2 - 2$$

a. Haz una tabla de los valores para cada ecuación, usa valores positivos y negativos para x. Grafica las tres gráficas en el mismo grupo de ejes.

b. ¿Qué semejanzas observas en las tres gráficas?

c. ¿Qué diferencias observas?

6. **Economía** Rosalinda construye pajareras de madera y las vende en las ferias de artesanías. Ella se dio cuenta que podía vender más pajareras cuando el precio era más bajo. Recordando las ferias pasadas, estimó que a un precio de p dólares, ella puede vender $200 - 2p$ pajareras durante dos días en la feria. Por ejemplo, si ella fija el precio a $20, generalmente vende alrededor de 160 pajareras.

a. Cuando una persona vende un producto, el dinero de la venta se llama *ingreso.* El ingreso de un producto se puede calcular multiplicando el número de artículos vendidos por el precio. Encuentra la fórmula para el ingreso R de Rosalinda en una feria de dos días, si ella cobró p dólares por cada pajarera.

b. Haz una tabla de los valores para un precio p y un ingreso R. Enumera por lo menos 10 precios de $0 a $100.

c. Grafica los valores en tu tabla, con p en el eje horizontal y R en el vertical. Debes encontrar puntos adicionales de manera que puedas dibujar una curva suave.

d. ¿A qué precio gana el mayor ingreso Rosalinda? ¿Cuál es el ingreso?

7. Darlene hizo esta tabla de pares ordenados.

x	1	2	3	4	5	6	7	8	9	10
y	0	3	8	15	24					

a. Describe el patrón de cambio en los valores de y a medida que se aumentan en 1 los valores de x.

En tus **propias palabras**

¿En qué se diferencian las gráficas de relaciones cuadráticas con las de relaciones lineales? ¿En qué crees que se diferencien las ecuaciones?

b. Copia y completa la tabla de Darlene.

c. Usa tu tabla para hacer una gráfica de estos pares ordenados. Conecta los puntos con una curva o recta suave.

d. Describe tu gráfica.

e. ¿Podría representar una relación cuadrática la tabla de Darlene? Explica.

8. Kai hizo esta tabla de pares ordenados.

x	1	2	3	4	5	6	7	8	9	10
y	7	10	13	16	19					

a. Describe el patrón de cambio en los valores de y a medida que aumentan en 1 los valores de x.

b. Completa la tabla de Kai.

c. Usa tu tabla para hacer una gráfica de estos pares ordenados. Conecta los puntos con una curva o recta suave.

d. Describe tu gráfica.

e. ¿Podría representar una relación cuadrática la tabla de Kai? Explica.

9. **Ciencia física** La distancia que recorre un auto antes de detenerse, depende de la velocidad del mismo.

a. La *distancia de reacción* es la distancia que recorre un auto después de que el conductor se da cuenta que necesita detenerse y antes de que apliquen los frenos. Se puede representar con la ecuación $d = 0.25s$, donde s es la velocidad en kilómetros por segundo y d es la distancia en metros. La *distancia de frenado* es la distancia que recorre después de que el conductor aplica los frenos, hasta que el auto se detiene por completo. Se puede representar por $d = 0.006s^2$. Haz una tabla que muestre la distancia de reacción y la distancia de frenado para velocidades de 0 km a 80 km.

b. Grafica los puntos para la distancia de reacción y la distancia de frenado en un grupo de ejes. Dibuja una recta o curva suave a través de cada grupo de puntos. Rotula cada gráfica con su ecuación.

c. Para calcular la distancia total hasta detenerse se deben sumar la distancia de reacción y la distancia de frenado. Añade los valores de cada velocidad a tu tabla para calcular las distancias totales hasta detenerse para cada velocidad.

d. Grafica los valores en tu tabla la distancia total hasta detenerse en tu gráfica y conéctalas con una recta o curva suave. ¿Cuál es la ecuación de esta relación? ¿Qué tipo de relación parece ser? (Ayuda: Piensa en lo que hiciste para generar los puntos de las distancias hasta detenerse.)

Repaso **mixto**

Evalúa cada expresión si $a = {}^{-}2$ y $b = 3$.

10. a^a

11. $a^b \cdot a^a$

12. $(b - a)^{-a}$

13. a^{b-a}

14. $(ab)^{-a}$

15. $\frac{a^2}{b^2}$

Proporciona la pendiente y la intersección y para la gráfica de cada ecuación.

16. $y = {}^{-}3x + 5$

17. $2y = 2 - 3.2x$

18. $3y + 1.5 = x$

19. $x = y$

20. Daniela tiene cierto número de cedés. Sea d el número de cedés que ella tiene. Escribe una expresión para cada una de las siguientes.

a. el número que tiene Andrés, que es 3 veces el número que tiene Daniela

b. el número que tiene Tyree, que es una décima del número que tiene Andrés

c. el número que tiene Sandra, que es 7 más que la mitad del número que tiene Tyree

d. Si Sandra tiene 13 cedés, ¿cuántos tiene cada una de las otras tres personas?

Escribe una ecuación para la recta que pasaría por los puntos dados.

21. Puntos A y C

22. Puntos A y B

23. Puntos D y E

24. Puntos A y F

25. Puntos F y el origen

26. Puntos G y H

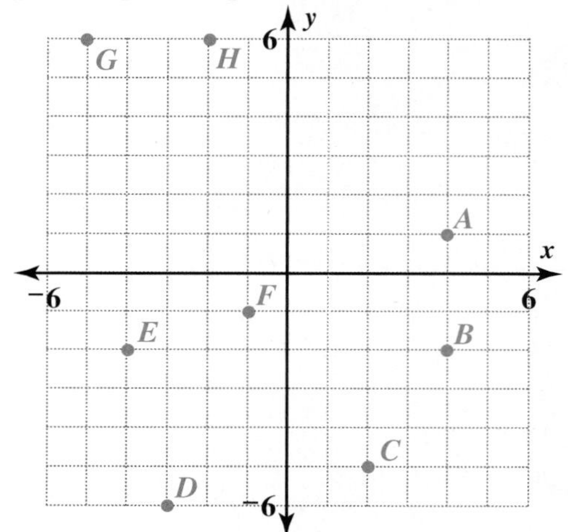

2.2 Familias cuadráticas

En la Lección 2.1, exploraste varias relaciones cuadráticas:

$$y = x^2 \qquad d = \frac{n^2 - 3n}{2} \qquad V = 4.5x^2 \qquad T = S^2 + 1$$

VOCABULARIO
expresión cuadrática

Cualquier expresión que se pueda escribir en la forma $ax^2 + bx + c$, donde a, b y c son constantes y $a \neq 0$, se llama **expresión cuadrática** en x.

El primer termino, ax^2, se llama *término* x^2. El número multiplicado por x^2, representado por a, se llama *coeficiente* del término x^2. De igual forma, bx es el *término* x y b es su coeficiente. Los coeficientes a y b y la constante c, pueden representar números negativos o positivos, pero a no puede ser 0. (¿Entiendes por qué?)

VOCABULARIO
ecuación cuadrática

Una **ecuación cuadrática** se puede escribir en la forma $y = ax^2 + bx + c$, donde $a \neq 0$. Como las de la Lección 2.1, todas las ecuaciones cuadráticas son simétricas, las gráficas en forma de U se llaman *parábolas.*

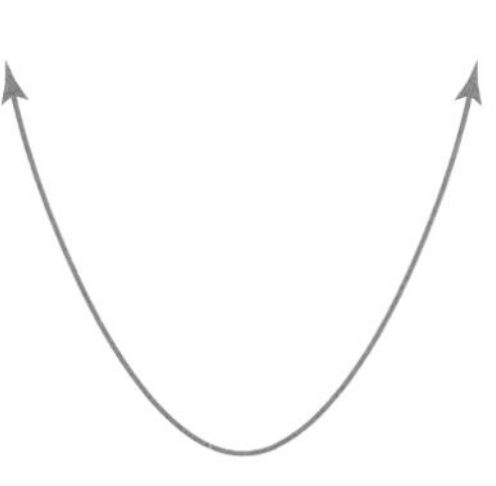

Antes de que examines la conexión entre gráficas, tablas y relaciones de ecuaciones cuadráticas, te será útil repasar las gráficas, las tablas y las ecuaciones de relaciones lineales.

Datos de interés

Los espejos en forma de parábolas se usan en las linternas y faros de automóviles para enfocar la luz en un haz estrecho.

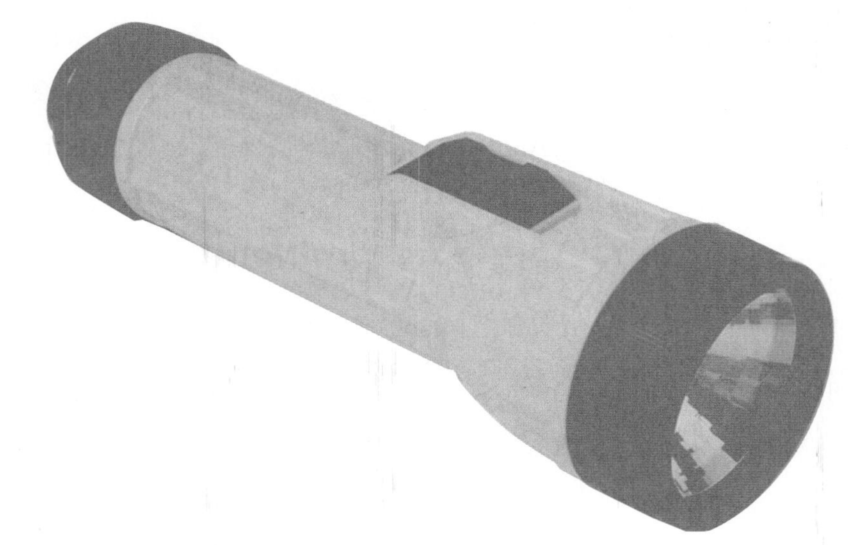

Piensa & comenta

A continuación, se muestran las ecuaciones, las gráficas y las tablas de cuatro relaciones lineales. Relaciona cada ecuación con su gráfica y tabla y explica cómo estableciste la relación.

Ecuación 1: $y = x$

Ecuación 2: $y = 2x$

Ecuación 3: $y = 2x + 3$

Ecuación 4: $y = {}^-2x + 3$

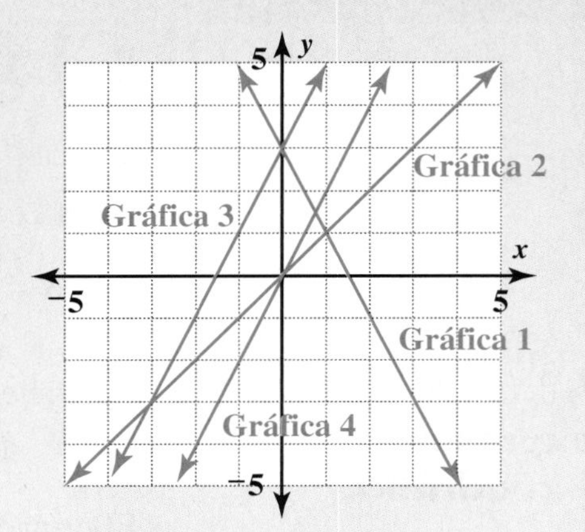

Tabla 1

x	−2	−1	0	1	2	3
y	7	5	3	1	−1	−3

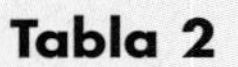

Tabla 2

x	−2	−1	0	1	2	3
y	−4	−2	0	2	4	6

Tabla 3

x	−2	−1	0	1	2	3
y	−2	−1	0	1	2	3

Tabla 4

x	−2	−1	0	1	2	3
y	−1	1	3	5	7	9

Para las ecuaciones lineales de la forma $y = mx + b$, ¿cómo afecta la gráfica el valor de m?

Para las ecuaciones lineales de la forma $y = mx + b$, ¿cómo afecta la gráfica el valor de b?

Investigación 1 Tablas, gráficas y ecuaciones cuadráticas

Ahora examinará las relaciones entre ecuaciones, tablas y gráficas de relaciones cuadráticas.

Serie de problemas A

1. La tabla de la siguiente página tiene columnas para seis ecuaciones cuadráticas. Copia y completa la tabla para dar los valores de y para los valores de x dados. (Ayuda: Puedes ahorrar tiempo completando primero la Columna A y buscando relaciones entre su ecuación, $y = x^2$, y las otras ecuaciones. Por ejemplo, si conoces el valor de x^2 en la Columna A, ¿cómo puedes determinar fácilmente $x^2 + 1$ en la Columna B?)

Recuerda

La expresión $^-n^2$ quiere decir $^-(n^2)$, no $(^-n)^2$. Para calcular $^-n^2$, eleva n al cuadrado y toma el opuesto del resultado.

	A	B	C	D	E	F
x	$y = x^2$	$y = x^2 + 1$	$y = x^2 - 1$	$y = {}^-x^2$	$y = (x + 1)^2$	$y = (x - 1)^2$
$^-4$	16					
$^-3.2$	10.24					
$^-2.2$						
$^-1$						
$^-0.5$						
0						
0.5						
1						
2.2						
3.2						
4						

2. Compara los valores en cada una de las Columnas de B a F con los de la Columna A. Explica cómo se relaciona cada comparación con las ecuaciones.

Completa las Partes a, b y c para las gráficas de los Problemas 3 al 8.

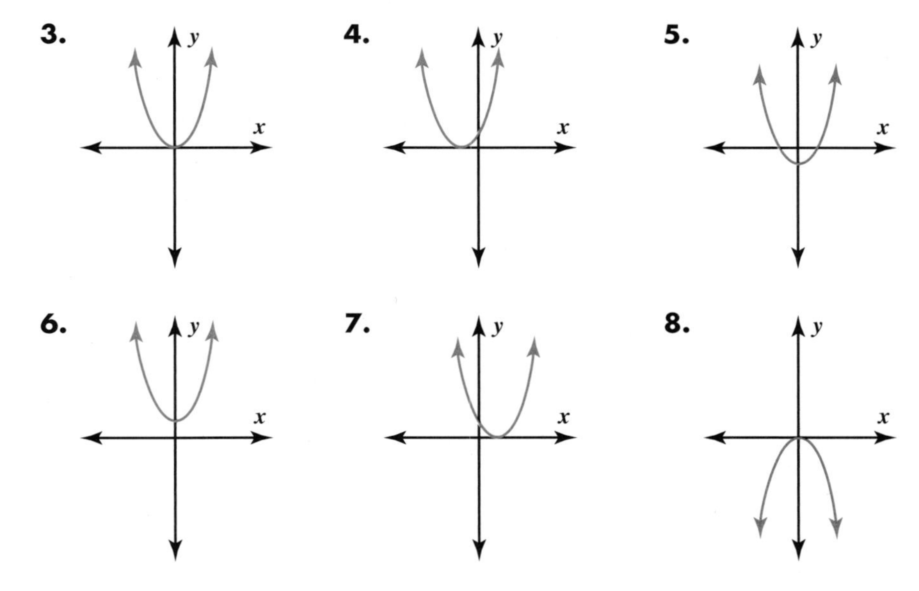

a. Relaciona cada gráfica con una de las ecuaciones cuadráticas de las Columnas A a F y explica tu razonamiento.

b. Describe en qué se diferencia la gráfica de la gráfica de $y = x^2$.

c. Describe el eje de simetría de la gráfica.

Serie de problemas B

Encuentra una ecuación cuadrática para las tablas de los Problemas 1 al 7. Ayuda: Para los Problemas 2 al 7, compara los valores con los de las tablas de los problemas previos.

1.

x	y
−3	9
−2	4
−1	1
0	0
1	1
2	4
3	9

2.

x	y
−3	109
−2	104
−1	101
0	100
1	101
2	104
3	109

3.

x	y
−3	5
−2	0
−1	−3
0	−4
1	−3
2	0
3	5

4.

x	y
−3	13
−2	8
−1	5
0	4
1	5
2	8
3	13

5.

x	y
−3	90
−2	40
−1	10
0	0
1	10
2	40
3	90

6.

x	y
−3	70
−2	20
−1	−10
0	−20
1	−10
2	20
3	70

7.

x	y
−3	36
−2	16
−1	4
0	0
1	4
2	16
3	36

8.

x	y
−3	37
−2	17
−1	5
0	1
1	5
2	17
3	37

Comparte & resume

1. La Gráfica A es la gráfica de $y = x^2$. Escribe ecuaciones para otras gráficas y explica cómo sabes que las ecuaciones encajan con las gráficas.

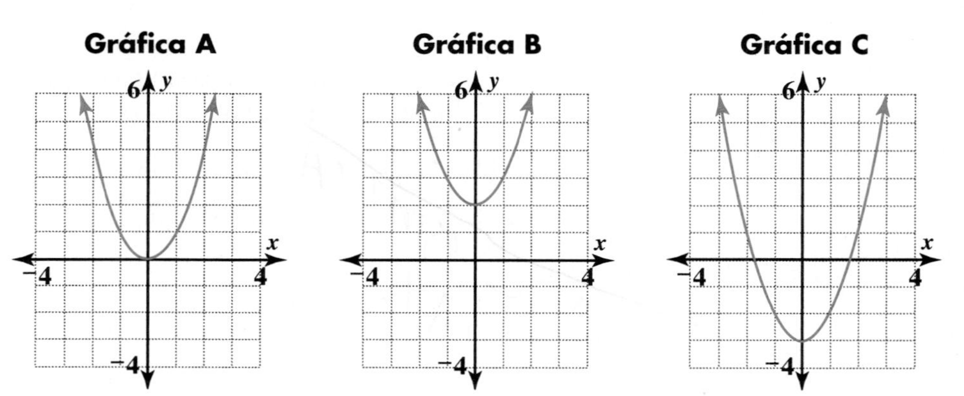

2. La Tabla A representa la relación $y = x^2$. Escribe las ecuaciones cuadráticas representadas por las Tablas B y C. Explica cómo encontraste tus ecuaciones.

Tabla A

x	y
$^-4$	16
$^-3$	9
$^-2$	4
$^-1$	1
0	0
1	1
2	4
3	9
4	16

Tabla B

x	y
$^-4$	$^-48$
$^-3$	$^-27$
$^-2$	$^-12$
$^-1$	$^-3$
0	0
1	$^-3$
2	$^-12$
3	$^-27$
4	$^-48$

Tabla C

x	y
$^-4$	36
$^-3$	25
$^-2$	16
$^-1$	9
0	4
1	1
2	0
3	1
4	4

Investigación 2 Ecuaciones cuadráticas y sus gráficas

Los cables de un puente colgante tienen forma de parábola.

Las ecuaciones cuadráticas se pueden escribir en la forma $y = ax^2 + bx + c$, donde a, b y c son constantes y a no es 0. Como el coeficiente m y la constante b en la ecuación lineal $y = mx + b$, los coeficientes y la constante en una ecuación cuadrática te indican algo sobre la gráfica de la ecuación.

En la Serie de problemas C, vas a explorar cómo el coeficiente a y la constante c afectan las gráficas de las ecuaciones cuadráticas. En la Serie de problemas D, vas a ver el efecto de b, que no es muy fácil de observar.

MATERIALES
calculadora graficadora

Serie de problemas C

1. Completa las Partes a, b y c para cada grupo de ecuaciones cuadráticas.

Grupo I	Grupo II	Grupo III	Grupo IV
$y = x^2$	$y = x^2$	$y = x^2$	$y = {}^{-}x^2$
$y = x^2 + 1$	$y = x^2 - 1$	$y = 2x^2$	$y = {}^{-}2x^2$
$y = x^2 + 3$	$y = x^2 - 3$	$y = \frac{1}{2}x^2$	$y = {}^{-}\frac{1}{2}x^2$

a. Grafica las tres ecuaciones en la misma pantalla de tu calculadora. Selecciona una pantalla que muestre claramente las tres gráficas. Haz un bosquejo de las gráficas. Rotula los valores mínimo y máximo en cada eje. Rotula también cada gráfica con su ecuación.

b. Para cada grupo de ecuaciones, escribe una o dos oraciones sobre sus semejanzas y diferencias.

c. Para cada grupo de ecuaciones, escribe una ecuación cuadrática más que también pertenezca al grupo.

2. Describe en qué se parecen y en qué se diferencian las gráficas del Grupo I y las del Grupo II.

3. Describe en qué se parecen y en qué se diferencian las gráficas del Grupo III y el Grupo IV.

4. Usa lo que aprendiste en los Problemas 1 al 3 para predecir cómo se verán las gráficas de cada una de las siguientes ecuaciones y grafícalas en el mismo grupo de ejes. Asegúrate de rotular cada eje y rotular cada gráfica con su ecuación. Verifica tu predicción con tu calculadora.

a. $y = x^2 + 2$

b. $y = 3x^2 + 2$

c. $y = {}^{-}3x^2 + 2$

d. $y = \frac{1}{2}x^2 - 3$

5. Todas las ecuaciones que observaste en esta Serie de problemas son de la forma $y = ax^2 + bx + c$, pero el coeficiente b es igual a 0. Explica cómo afectan la gráfica de una ecuación los valores de a y de c.

VOCABULARIO
vértice

Es posible que en la Serie de problemas C hayas visto que las ecuaciones de la forma $y = ax^2 + c$ tienen sus puntos más altos o más bajos en el punto $(0, c)$. El punto más alto o el punto más bajo de una parábola se llama **vértice.**

No todas las parábolas tienen sus vértices en el eje y. En la siguiente serie de problemas, verás las propiedades de una ecuación que determinan dónde estará el vértice de su gráfica.

MATERIALES
calculadora graficadora

Serie de problemas D

Considera estos cuatro grupos de ecuaciones cuadráticas.

Grupo I	Grupo II	Grupo III	Grupo IV
$y = x^2 + 2$	$y = x^2 + 2$	$y = {}^-2x^2 + 2$	$y = {}^-2x^2 + 2$
$y = x^2 + 3x + 2$	$y = x^2 - 3x + 2$	$y = {}^-2x^2 + 3x + 2$	$y = {}^-2x^2 - 3x + 2$
$y = x^2 + 6x + 2$	$y = x^2 - 6x + 2$	$y = {}^-2x^2 + 6x + 2$	$y = {}^-2x^2 - 6x + 2$

1. En cada grupo, todas las ecuaciones tienen los mismos valores de a y c. Usa lo que aprendiste sobre los efectos de a y c para predecir en qué se parecerán las gráficas de cada grupo.

2. Para cada grupo de ecuaciones, completa las Partes a, b y c.

a. Grafica las tres ecuaciones en la misma pantalla de tu calculadora. Selecciona una pantalla que muestre claramente las tres gráficas. Haz un bosquejo de las gráficas. Recuerda rotular los ejes y cada gráfica con su ecuación.

b. ¿Estuvieron correctas las predicciones en el Problema 1?

c. Para cada grupo de ecuaciones, escribe una oración o dos explicando en qué se parecen y en qué se diferencian.

3. ¿Qué patrones puedes ver en el cambio de ubicación de las parábolas a medida que aumenta o disminuye b a partir del 0?

Comparte & resume

1. Imagina que mueves la gráfica de $y = {}^-2x^2 + 3$ dos unidades hacia arriba sin cambiar su forma. ¿Cuál sería la ecuación de la nueva parábola?

2. Describe brevemente o haz un bosquejo preliminar de la gráfica de $y = -\frac{1}{2}x^2 - 2$.

3. Para cada ecuación cuadrática, indica si el vértice está en el eje y.

a. $y = \frac{1}{2}x^2 - 3$

b. $y = x^2 - 3x + 1$

c. $y = {}^-x^2$

d. $y = {}^-3x^2 + x + 13$

e. $y = {}^-x^2 + 4$

f. $y = 7x^2 + 3x$

Investigación 3 Usa relaciones cuadráticas

Las ecuaciones cuadráticas y las gráficas te pueden ayudar a entender el movimiento de los cuerpos que se lanzan al aire. Si un cuerpo, como una pelota, se dispara a un ángulo entre 0° y 90° (no en línea recta hacia arriba o hacia abajo), su *trayectoria* (el camino que sigue) se aproxima a la forma de una parábola.

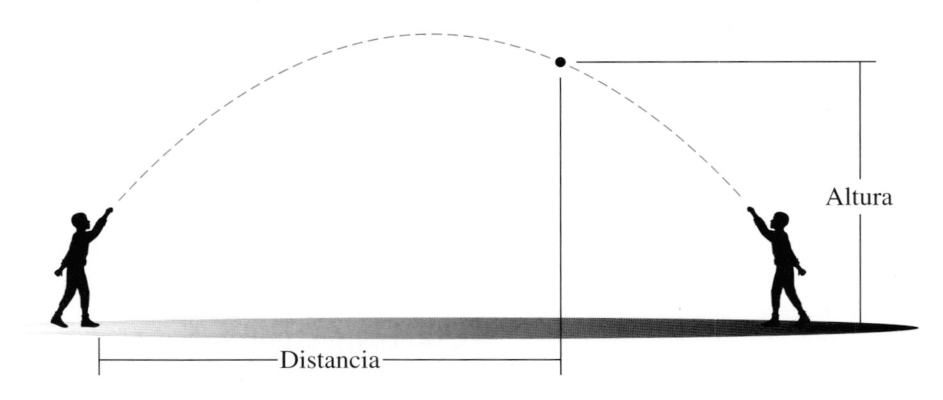

Esto quiere decir que para aproximarte a la relación entre la altura del cuerpo y la distancia horizontal que recorre, puedes usar una ecuación cuadrática. Como verás en la Serie de problemas A, también existe una relación cuadrática entre el tiempo que el cuerpo está en el aire y su altura.

Serie de problemas E

Un fotógrafo prepara una cámara para tomar fotos de una flecha que se ha disparado al aire. La cámara toma una foto cada medio segundo. Los puntos en la gráfica muestran la altura de la flecha, en metros, cada medio segundo después de que la cámara empezó a tomar las fotos. Se ha dibujado una parábola uniendo los puntos.

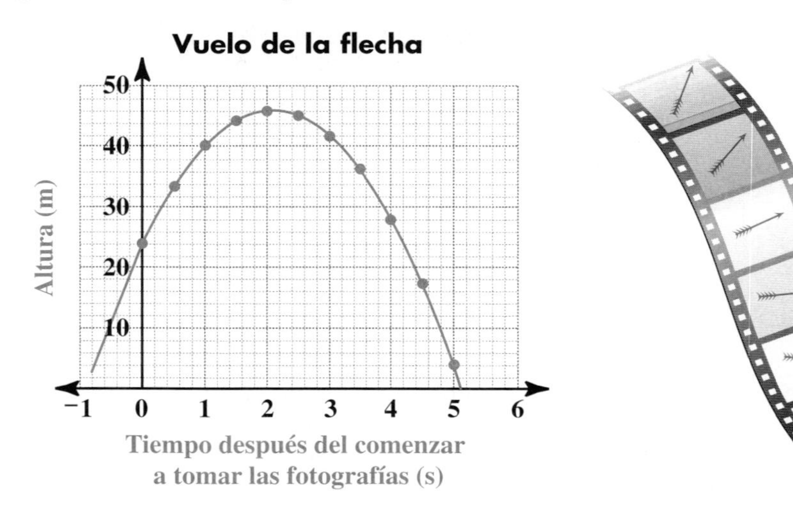

1. Considera la altura de la flecha cuando la cámara toma la primera foto.

   a. ¿A qué altura estaba la flecha en ese momento? Explica cómo lo sabes.

   b. ¿Cuánto tiempo transcurrió desde ese punto hasta que la flecha regresó a esa altura? Explica cómo lo sabes.

2. ¿Cuánto tiempo pasó desde que se tomó la primera foto hasta que caer al suelo la flecha? ¿Cómo lo determinaste?

3. La flecha se disparó desde una altura de 1.5 m (justo sobre la altura del hombro). ¿Cuánto tiempo antes de la primera foto se disparó la flecha? ¿Cómo lo determinaste?

4. Aproximadamente, ¿cuánto tiempo estuvo la flecha en el aire? Explica cómo calculaste la respuesta.

5. Ahora piensa a qué altura se elevó la flecha.

   a. ¿Cuál fue la altura máxima de la flecha? Explica cómo calculaste la respuesta.

   b. ¿Cuántos segundos después de ser disparada, la flecha alcanzó su altura máxima? Explica cómo calculaste la respuesta.

MATERIALES

calculadora graficadora

Serie de problemas F

Un *quarterback* lanza un pase de manera que la relación entre su altura, y, y la distancia horizontal que recorre, x, puede describirse con esta ecuación:

$$y = 2 + 0.8x - 0.02x^2$$

Tanto y como x se miden en yardas.

1. ¿Se abrirá hacia arriba o hacia abajo la gráfica de esta ecuación cuadrática? Explica.

2. Usa tu calculadora para graficar la ecuación. Usa una pantalla que dé una perspectiva de la gráfica con el tiempo total que el balón estuvo en el aire. Puedes cambiar los parámetros de la pantalla ajustando los valores mínimos y máximos de las intersecciones axiales y las escalas x y y. Para este problema, prueba con una escala x de 10 y una escala y de 2. Traza la gráfica, asegurándote de rotular los ejes.

Para los Problemas 3 al 5, usa la calculadora graficadora o la ecuación para contestar la pregunta.

3. ¿Desde qué altura se lanzó el balón? Explica cómo calculaste la respuesta.

4. ¿Cuál fue la altura máxima que alcanzó el balón? Explica cómo calculaste la respuesta.

5. Un receptor atrapó el balón en la zona final a la misma altura a la que fue lanzado. ¿Cuánta distancia cubrió el pase antes de ser atrapado? Explica cómo calculaste la respuesta.

Comparte & resume

Marcus lanzó al aire una pelota de tenis. La gráfica muestra la altura h en pies de la pelota a lo largo del tiempo t en segundos. El punto P muestra la altura de la pelota a $t = 1$.

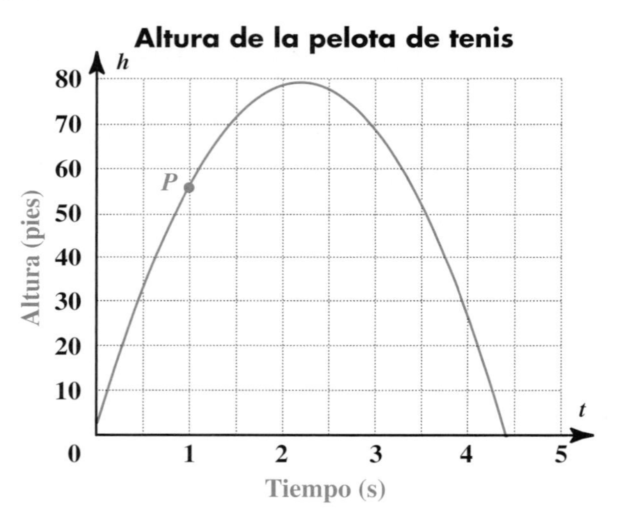

1. Explica cómo usar la gráfica para estimar cuándo alcanzó la pelota su punto más alto.

2. Explica cómo usar la gráfica para calcular otro instante en que la pelota tuvo la misma altura que tenía en $t = 1$.

Investigación 4 Compara relaciones cuadráticas y otras relaciones

Una manera de distinguir los diferentes tipos de relaciones es examinar sus ecuaciones.

Serie de problemas G

Una manera de distinguir los diferentes tipos de relaciones es examinar sus ecuaciones.

Indica si cada ecuación es cuadrática. Si una ecuación no es cuadrática, explica cómo lo sabes.

1. $y = 3m^2 + 2m + 7$

2. $y = (x + 3)^2 + 7$

3. $y = (x - 2)^2$

4. $y = 10$

5. $y = \frac{2}{x^2}$

6. $y = b(b + 1)$

7. $y = 2^x$

8. $y = 3x^3 + 2x^2 + 3$

9. $y = {}^-2.5x^2$

10. $y = 4n^2 - 7n$

11. $y = 7p + 3$

12. $y = n(n^2 - 3)$

VOCABULARIO
ecuación cúbica

Algunas de las ecuaciones en la Serie de problemas G son ecuaciones *cúbicas*. Una **ecuación cúbica** se puede escribir en la forma $y = ax^3 + bx^2 + cx + d$, donde $a \neq 0$. Todos estos son ejemplos de ecuaciones cúbicas:

$$y = x^3 \qquad y = 2x^3 \qquad y = 0.5x^3 - x + 3 \qquad y = x^3 + 2x^2$$

Las gráficas de las ecuaciones cúbicas tienen sus propias características, diferentes a las de las ecuaciones cuadráticas y lineales.

Las ecuaciones cúbicas se usan en los programas computarizados de diseño como ayuda para dibujar líneas curvas y superficies.

MATERIALES

calculadora graficadora

Serie de problemas H

1. Considera estas tres ecuaciones.

$$y = x \qquad y = x^2 \qquad y = x^3$$

a. Graficas las tres ecuaciones en la misma pantalla de tu calculadora. Selecciona una pantalla que muestre claramente las tres gráficas. Bosqueja las gráficas y recuerda rotular los ejes en las gráficas.

b. Escribe una oración o dos explicando en qué se parecen y en qué se diferencian las gráficas.

c. Da las coordenadas de los dos puntos donde se intersecan las tres gráficas.

Has visto cómo los valores de m y b afectan la gráfica de $y = mx + b$ y cómo los valores de a, b y c afectan la gráfica de $y = ax^2 + bx + c$.

Vas a considerar ecuaciones cúbicas simples de la forma $y = ax^3 + d$ para ver cómo se ven afectadas las gráficas al cambiar el coeficiente a y la constante d.

2. Completa las Partes a, b y c para cada uno de estos tres grupos de ecuaciones.

Grupo I	Grupo II	Grupo III
$y = x^3$	$y = 2x^3$	$y = 3x^3 + 1$
$y = x^3 + 3$	$y = \frac{1}{2}x^3$	$y = 3x^3 - 1$
$y = x^3 - 3$	$y = {}^-2x^3$	$y = {}^-3x^3 - 1$

a. Grafica las tres ecuaciones en la misma pantalla de tu calculadora. Selecciona una pantalla que muestre claramente las tres gráficas. Haz un bosquejo y rotula las gráficas.

b. Escribe una oración o dos indicando en qué se parecen y en qué se diferencian.

c. ¿Qué parece indicarte el coeficiente del término x^3 acerca de la gráfica?

d. ¿Qué te indica la constante acerca de la gráfica?

Las palabras *lineal, cuadrática* y *cúbica* provienen de la idea de que las *rectas*, los cuadrados (también llamados *cuadrángulos*) y los *cubos* tienen 1, 2 y 3 dimensiones, respectivamente.

MATERIALES

calculadora graficadora

Serie de problemas I

Ahora, considera lo que sucede cuando una ecuación cúbica tiene los términos x^2 y x. Considera estas tres ecuaciones.

$y = x^3 - x \qquad y = {}^{-}x^3 + 2x^2 + 5x - 6 \qquad y = 2x^3 - x^2 - 5x - 2$

1. Grafica las tres ecuaciones en la misma pantalla de tu calculadora y haz un bosquejo de las gráficas. Asegúrate de rotular las gráficas y los ejes.
2. Describe en palabras las formas generales de las gráficas.
3. Para cada gráfica, encuentra los puntos donde la gráfica cruza las intersecciones axiales.
4. Supón que mueves la gráfica de $y = x^3 - x$ 1 unidad hacia arriba.
   a. ¿Cuál es la ecuación de la nueva gráfica?
   b. Grafica la nueva ecuación. ¿Cuántas intersecciones x tiene la gráfica?

Comparte & resume

Vuelve a revisar las gráficas que hiciste para esta investigación. Describe lo que observas sobre las diferencias entre las gráficas de las relaciones lineales, cuadráticas y cúbicas.

Datos de interés

Con frecuencia, las ecuaciones cúbicas se incluyen en el diseño de las secciones curvas de los veleros.

Investigación de laboratorio ▶ Resuelve gráficas de acertijos de diseño

MATERIALES

calculadora graficadora

Recuerda

El punto donde se intersecan los ejes x y y, (0, 0), se llama el origen.

Las gráficas de ecuaciones cuadráticas sirven para hacer estos diseños sencillos.

Diseño A

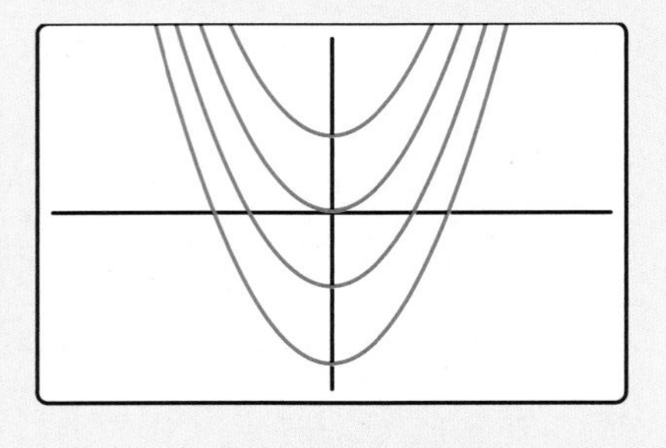

En este diseño, las parábolas están igualmente separadas y tienen su vértice en el eje y.

Diseño B

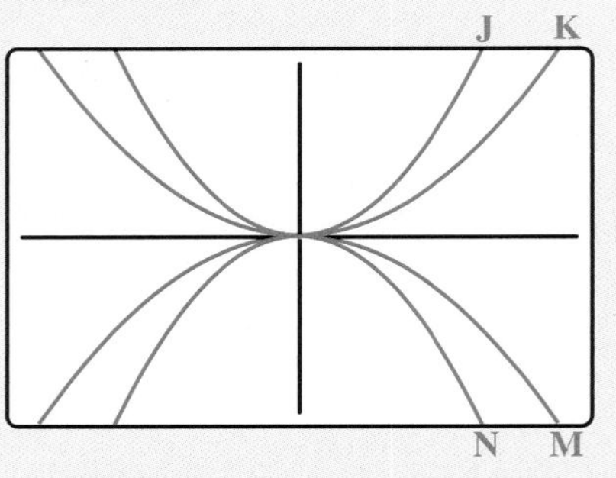

En este diseño, cada parábola tiene un vértice en el origen. La Parábola J tiene el mismo ancho que la Parábola N. La Parábola K tiene el mismo ancho que la Parábola M.

Diseño C

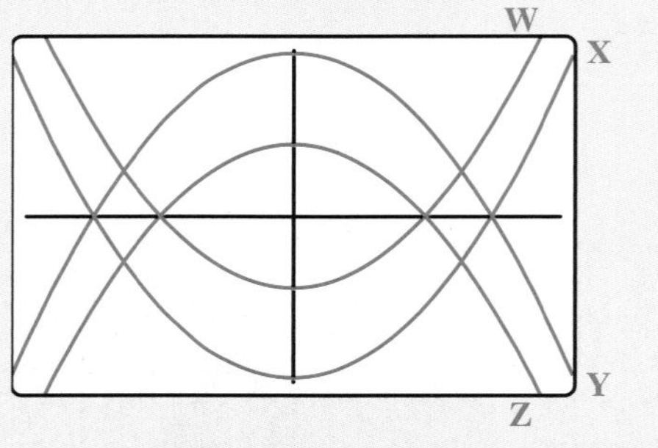

En este diseño, la Parábola W tiene el mismo ancho que la Parábola Z y sus vértices están a la misma distancia a partir del origen. La Parábola X tiene el mismo ancho que la Parábola Y y sus vértices están a la misma distancia a partir del origen.

Diseño D

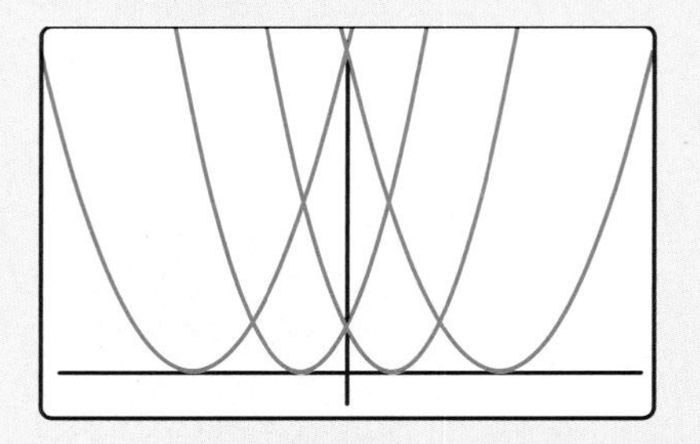

En este diseño, los vértices de las cuatro parábolas están igualmente separados a lo largo del eje x. Dos de estos puntos están a la izquierda del origen y dos a la derecha.

Vas a usar lo que aprendiste sobre relaciones cuadráticas para recrear estos diseños en tu calculadora. Después, crearás tu propio diseño.

Pruébalo

Con tu grupo, selecciona uno de los Diseños A, B o C. Trata de crear el diseño en tu calculadora. Usa ecuaciones de la forma $y = ax^2 + bx + c$ y prueba con diferentes valores de a, b y c. Es posible que necesites ajustar la pantalla para hacer que los diseños se vean de la manera deseada. (El Diseño D es el más difícil. Más adelante tendrás oportunidad de hacerlo.)

1. Cuando hayas hecho el diseño, traza su gráfica. Rotula cada curva con su ecuación. También rotula los ejes, incluye los valores máximo y mínimo en cada eje.

2. Diferentes grupos de ecuaciones y parámetros de pantalla pueden proporcionar el mismo diseño. Compara tus resultados de la Pregunta 1 con los de otros miembros del grupo o con otros grupos que hayan escogido tu diseño. ¿Registraste las mismas ecuaciones y parámetros de pantalla?

Pruébalo otra vez

3. Ahora, crea cada uno de los otros tres diseños. Para cada diseño, haz su dibujo y registra las ecuaciones y los parámetros de pantalla que usaste.

Amplía el juego

4. Trabaja con tu grupo y haz un nuevo diseño de las gráficas de cuatro ecuaciones cuadráticas.

a. Haz un dibujo y, *en una hoja aparte,* registra las ecuaciones y parámetros de pantalla que usaste.

b. Intercambia diseños con otro grupo y trata de recrear su diseño.

¿Qué aprendiste?

5. Escribe un informe sobre las estrategias que usaste para recrear los diseños. Para cada diseño, comenta estos puntos:

a. ¿Cómo cambiaste los coeficientes, a o b, o la constante c, para crear cada diseño?

b. ¿Tiene alguno de los coeficientes o constantes un valor de 0? De ser así, ¿por qué se necesitó un valor igual a 0 para hacer el diseño?

c. ¿Cambiaste los parámetros de pantalla para hacer alguno de los diseños? Si fue así, explica cómo afecta al diseño el cambiar el rango de los valores x o el de los valores y.

Los diseños de las antenas parabólicas se basan en la parábola.

Ejercicios por tu cuenta

Practica & aplica

1. Para cada tabla de valores, encuentra una ecuación que la pueda representar. Busca relaciones entre las tablas que puedan ayudarte a determinar las ecuaciones. Explica cómo encontraste las soluciones.

a.

x	y
$^-3$	9
$^-2$	4
$^-1$	1
0	0
1	1
2	4
3	9

b.

x	y
$^-3$	25
$^-2$	16
$^-1$	9
0	4
1	1
2	0
3	1

c.

x	y
$^-3$	0
$^-2$	1
$^-1$	4
0	9
1	16
2	25
3	36

d.

x	y
$^-3$	$^-18$
$^-2$	$^-8$
$^-1$	$^-2$
0	0
1	$^-2$
2	$^-8$
3	$^-18$

e.

x	y
$^-3$	$^-6$
$^-2$	$^-4$
$^-1$	$^-2$
0	0
1	2
2	4
3	6

f.

x	y
$^-3$	$^-8$
$^-2$	2
$^-1$	8
0	10
1	8
2	2
3	$^-8$

En los Ejercicios 2 al 5, relaciona la ecuación con una de las gráficas a continuación. Explica tu razonamiento.

2. $y = x^2$
3. $y = (x - 2)^2$
4. $y = (x + 3)^2$
5. $y = {}^-2x^2$

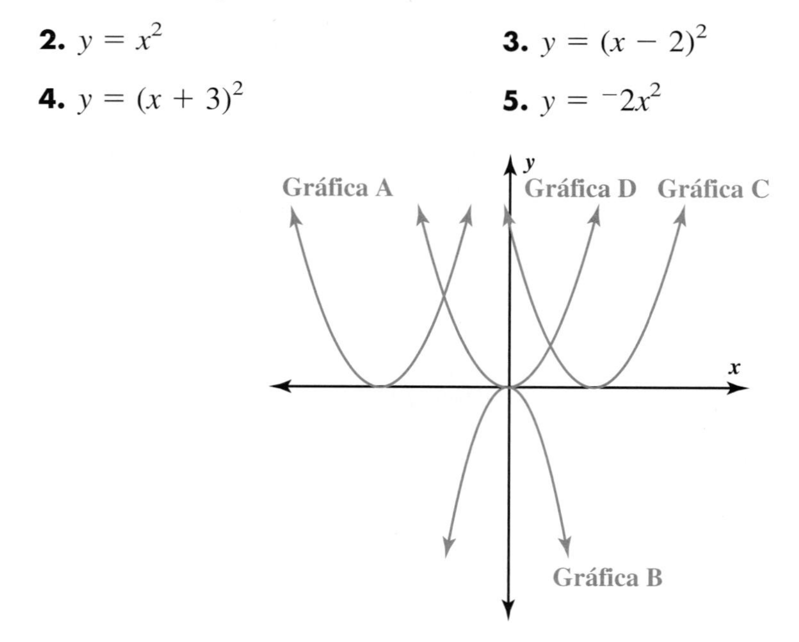

En los Ejercicios 6 y 7, relaciona la ecuación con una de las gráficas a continuación. Explica tu razonamiento.

6. $y = {}^{-}2x^2 - 2x + 3$

7. $y = 2x^2 - 2x + 3$

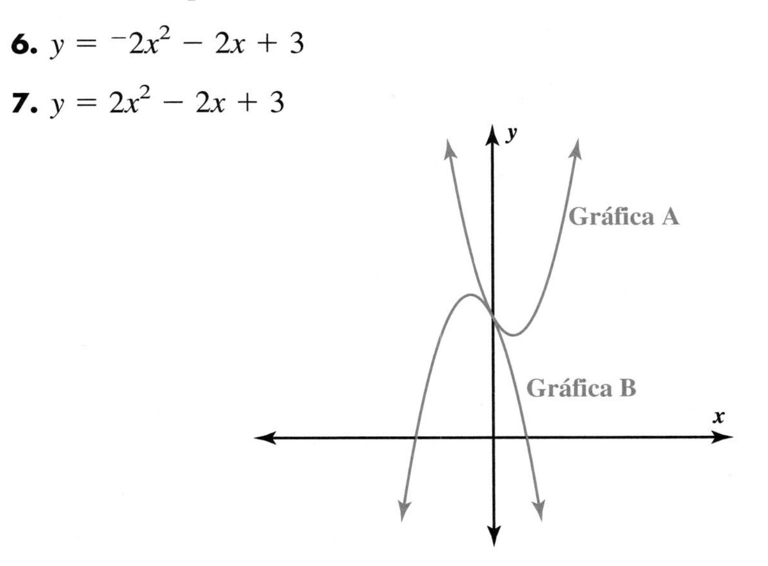

8. ¿Podría ser ésta la gráfica de la ecuación $y = {}^{-}x^2 + 1$? Explica.

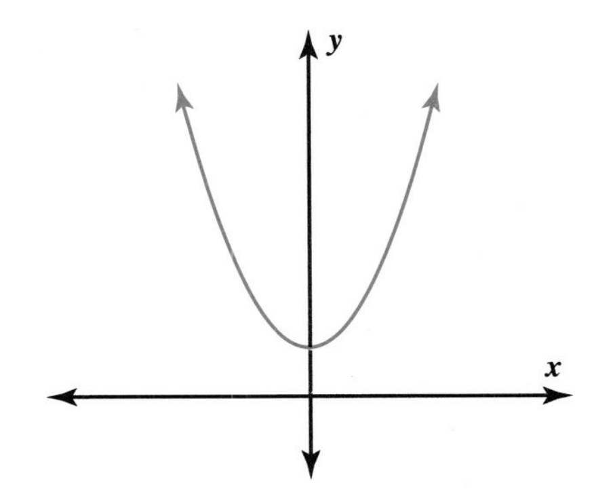

9. ¿Podría ser ésta la gráfica de la ecuación $y = {}^{-}x^2 - 1$? Explica.

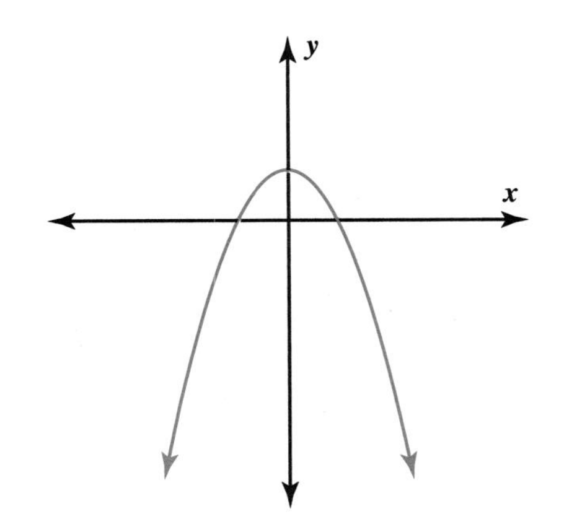

10. ¿Podría ésta ser la gráfica de la ecuación $y = x^2 + 1$? Explica.

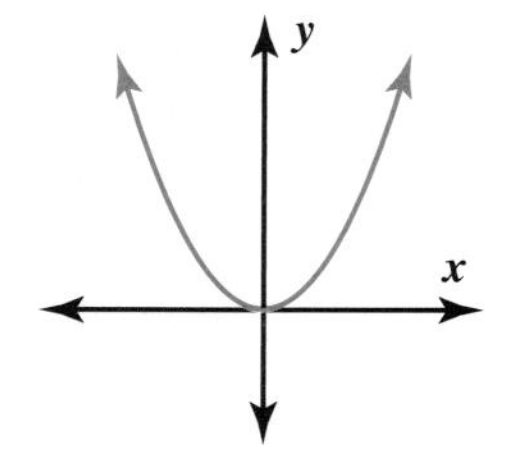

11. La Gráfica A es la gráfica de $y = x^2$.

a. La Gráfica B es la gráfica de $y = 2x^2$ ó de $y = \frac{x^2}{2}$. ¿Cuál es la ecuación correcta? Explica cómo lo sabes.

b. La Gráfica C es la gráfica de $y = 3x^2$ ó de $y = \frac{x^2}{3}$. ¿Cuál es la ecuación correcta? Explica cómo lo sabes.

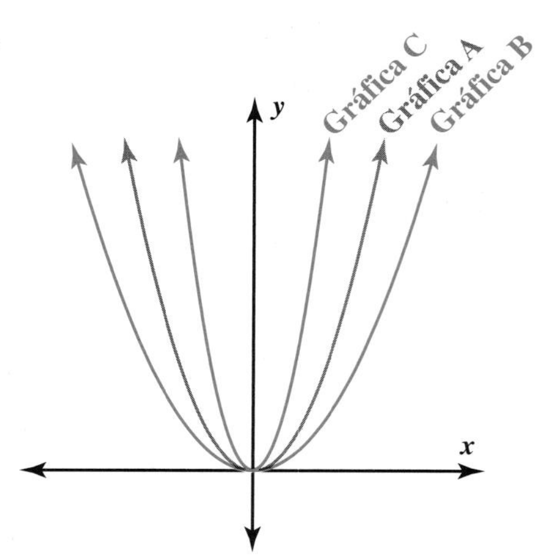

12. Considera estas tres gráficas.

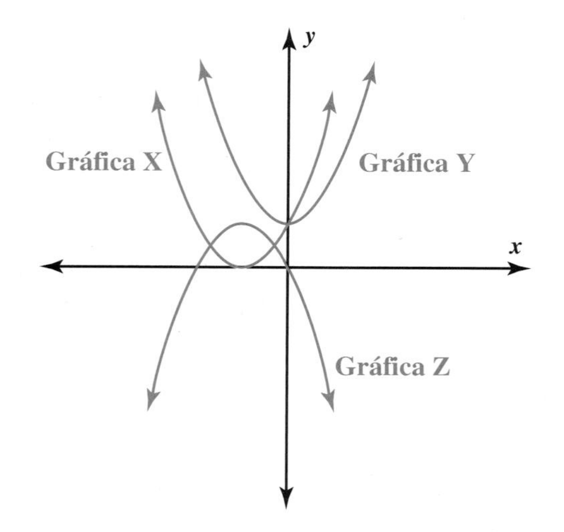

a. ¿Podría la Gráfica X ser la gráfica de $y = x^2 + 1$? Explica.

b. ¿Podría la Gráfica Y ser la gráfica de $y = (x + 1)^2$? Explica.

c. ¿Podría la Gráfica Z ser la gráfica de $y = {}^{-}x^2 + 1$? Explica.

13. Deportes Un pateador de un equipo de fútbol americano intentó tres goles de campo durante un partido. Pateó los tres desde la yarda 40 del oponente, que se encuentra a 50 yardas de la portería. Para que un gol de campo tenga validez, debe pasar sin tocar el travesaño, el cual mide 10 pies de altura.

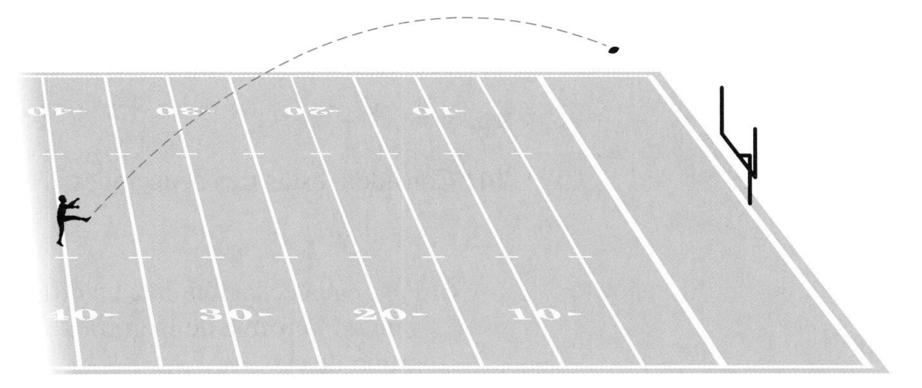

El balón de fútbol siguió trayectorias diferentes por el aire con cada patada. Estas ecuaciones dan la altura de la patada en pies, h, para cualquier distancia en yardas, d, desde el pateador. Cada patada fue dirigida directamente al centro de la portería.

Patada 1: $h = 3.56d - 0.079d^2$

Patada 2: $h = 1.4d - 0.0246d^2$

Patada 3: $h = 2d - 0.033d^2$

a. Traza suficientes puntos para cada patada de modo que puedas dibujar una curva suave. Traza las tres gráficas en los mismos ejes y rotúlalos Patada 1, Patada 2 y Patada 3. Coloca la distancia desde el pateador, de 0 a 70 yardas, en el eje horizontal y la altura, de 0 a 50 pies, en el eje vertical.

b. Usa tu gráfica para estimar la altura máxima de cada patada.

c. Usa tu gráfica para estimar la cantidad de yardas que recorrió cada patada sobre el campo, antes de que el balón golpeara el suelo.

d. Para lograr el gol de campo, el balón debe pasar por encima de la portería. Esto quiere decir que por lo menos debe tener 10 pies de altura cuando llegue al poste, que se encuentra a 50 yardas del pateador.

Usa una gráfica para estimar si alguna de las patadas podría haber marcado un gol de campo. Explica tu razonamiento.

Indica si cada relación es cuadrática.

14. $y = 3x + 5$

15. $y = {}^{-}(x + 1)^2$

16. $y = \frac{5}{x}$

17. $y = (x - 1)^2$

18. $y = {}^{-}(x + 1)$

19. $y = \frac{5}{x^2}$

20. $y = (3x + 5)^2$

21. $y = 7x^3 + 3x^2 + 2$

22. $y = x^3 + 7x + 5$

23. $y = 2^x$

24. Considera estas tres ecuaciones.

$$y = x + 3 \qquad y = x^2 + 3 \qquad y = x^3 + 3$$

a. Para cada ecuación, haz un dibujo preliminar que muestre de manera general la forma de la gráfica. Traza las tres gráficas en el mismo grupo de ejes.

b. Escribe una oración o dos explicando en qué se parecen y en qué se diferencian las gráficas.

25. La Gráfica A es la gráfica de $y = x^3$.

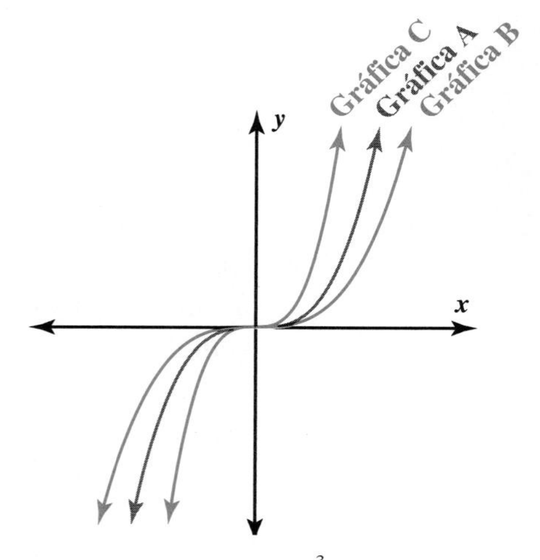

a. La Gráfica B es la gráfica de $y = \frac{x^3}{2}$ ó de $y = 2x^3$. ¿Cuál es la ecuación correcta? Explica.

b. La Gráfica C es la gráfica de $y = \frac{x^3}{3}$ ó de $y = 3x^3$. ¿Cuál es la ecuación correcta? Explica.

Conecta & amplía

26. Las siguientes ecuaciones cuadráticas son más complicadas que las de la Investigación 1. Así como con las ecuaciones más sencillas, puedes hacer una tabla de valores y trazar una gráfica de la ecuación.

$$y = 3m^2 + 2m + 7 \qquad p = n^2 + n - 6 \qquad s = 2t^2 - 3t + 1$$

Aquí hay una tabla de valores y una gráfica para $y = 3m^2 + 2m + 7$.

m	$^{-}3$	$^{-}2.5$	$^{-}2$	$^{-}1$	$^{-}0.5$	0	0.5	1	2	2.5
y	28	20.75	15	8	6.75	7	8.75	12	23	30.75

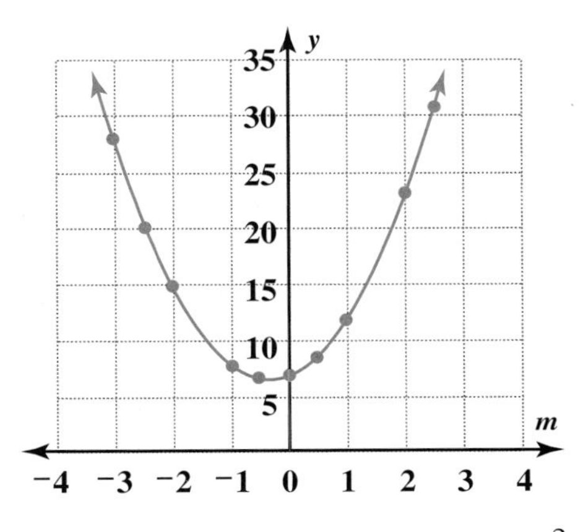

a. Prepara una tabla de pares ordenados para $p = n^2 + n - 6$. Traza los puntos en papel cuadriculado y dibuja una curva suave a través de ellos.

b. Prepara una tabla de pares ordenados para $s = 2t^2 - 3t + 1$. Traza los puntos en papel cuadriculado y dibuja una curva suave a través de ellos.

c. ¿En qué se parecen las gráficas de las tres ecuaciones?

d. ¿En qué se diferencian las tres gráficas? En particular, ¿dónde están sus puntos más bajos y sus ejes de simetría?

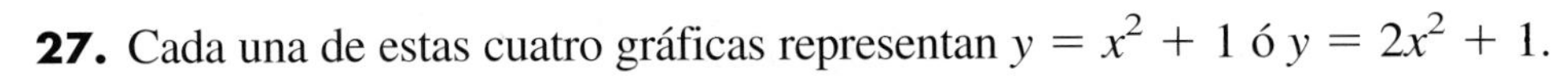

27. Cada una de estas cuatro gráficas representan $y = x^2 + 1$ ó $y = 2x^2 + 1$.

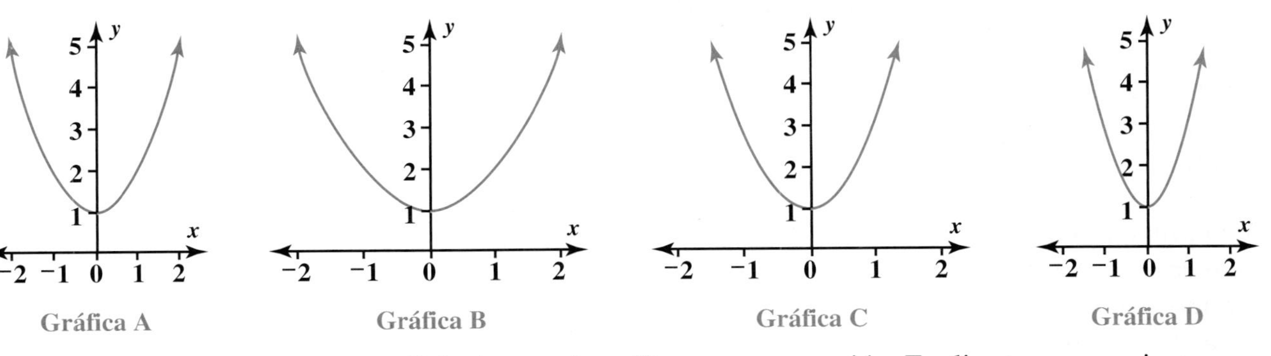

Gráfica A　Gráfica B　Gráfica C　Gráfica D

a. Relaciona cada gráfica con su ecuación. Explica tu razonamiento.

b. ¿Cómo es qué las gráficas que se ven diferentes tienen la misma ecuación?

Explica cómo los valores de *a* y *c* afectan la gráfica de la ecuación cuadrática $y = ax^2 + c$.

28. Reto Considera la ecuación $y = x^2 - 4x$.

a. Identifica los valores de *a, b* y *c* en esta ecuación cuadrática.

b. ¿En dónde cruza el eje *y* la gráfica de $y = x^2 - 4x$? ¿Cómo se relaciona este punto con el valor de *c* en la ecuación?

c. Grafica $y = x^2 - 4x$, haciendo una tabla y trazando los puntos. Asegúrate de que tu gráfica muestre ambas mitades de la parábola.

d. Provee las coordenadas de los puntos donde la gráfica cruza el eje *x*.

e. Usa la propiedad distributiva para escribir $x^2 - 4x$ como el producto de dos factores.

f. ¿Cómo se relacionan los puntos que cruzan el eje *x* de la gráfica con esta forma factorizada?

29. Los pasajeros en un globo aerostático pueden ver distancias cada vez más grandes al elevarse el globo. La tabla muestra la relación entre la altura del globo y la distancia que pueden ver los pasajeros: la distancia al horizonte.*

Estudia la tabla y observa lo que le ocurre a *d* a medida que aumenta *h* en cantidades iguales.

En mayo de 1931, Auguste Piccard de Suiza se convirtió en la primera persona en llegar a la estratosfera, al viajar en globo aerostático a casi 52,000 pies. En octubre de 1934, Jeannette Piccard se convirtió en la primera mujer en alcanzar la estratosfera cuando ella y su esposo (Jean, hermano gemelo de Auguste) viajaron en globo a casi 58,000 pies.

Altura (metros), *h*	Distancia al horizonte (kilómetros), *d*
0	5
10	11
20	16
30	20
40	23
50	25

*Adaptado con autorización de *Language of Functions y Graphs,* pág. 110. Shell Centre for Mathematical Education, Universidad de Nottingham. Publicado en diciembre 1985 por Joint Matriculation Board, Manchester.

a. A continuación, hay tres gráficas. ¿Cuál se adapta más apropiadamente a los datos de la tabla? Explica.

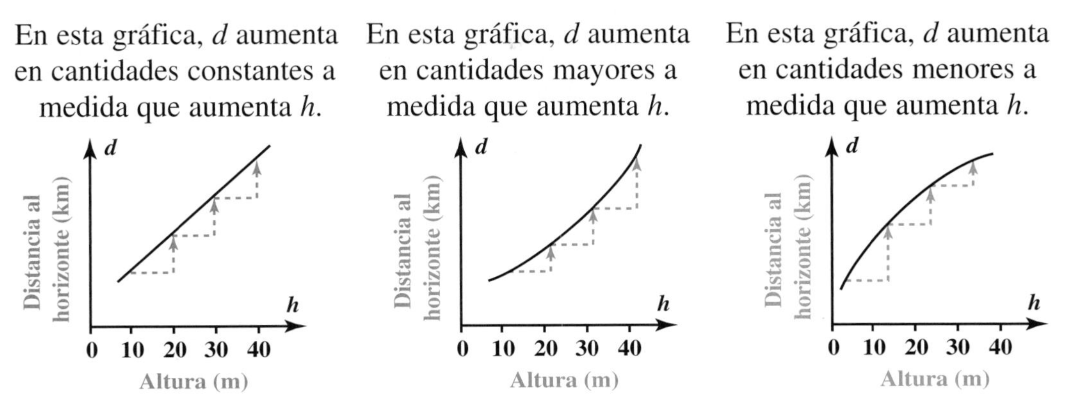

b. Verifica tu respuesta de la Parte a y haz una gráfica de las relaciones entre d y h.

c. Observa d en relación a h. ¿Crees que estos datos podrían representar una relación cuadrática? Explica.

30. Considera este patrón de figuras con cubos.

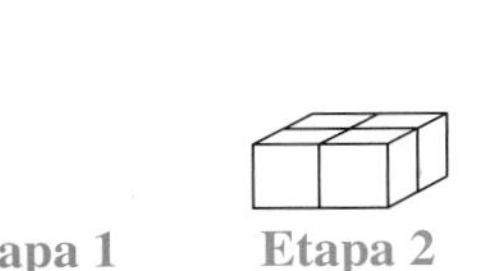
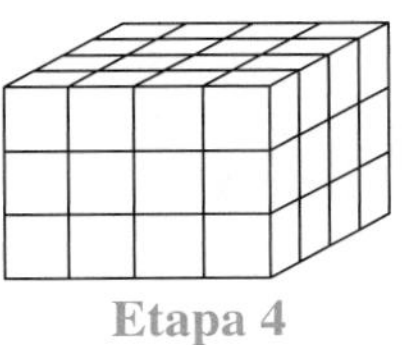

Etapa 1 Etapa 2 Etapa 3 Etapa 4

a. Copia y completa la tabla para el patrón.

Etapa, n	1	2	3	4
Cubos, C				

b. ¿Cuántos cubos se necesitarán para hacer la Etapa 5?

c. Escribe una ecuación para el número de cubos en la Etapa n. Explica cómo calculaste la respuesta.

El 20 de marzo de 1999, Bertrand Piccard (el nieto de Auguste Piccard) y Brian Jones se convirtieron en los primeros pilotos de un globo aerostático, en girar en órbita alrededor de la Tierra sin detenerse. Viajaron 42,810 kilómetros y condujeron 19 días con 1 hora y 49 minutos.

31. A veces, se confunde la relación *cuadrática* $y = x^2$ con la relación *exponencial* $y = 2^x$.

a. Copia y completa la tabla de los valores para $y = x^2$ y $y = 2^x$.

x	$^-4$	$^-3$	$^-2$	$^-1$	0	1	2	3	4	5	6
$y = x^2$	16	9	4	1	0	1					
$y = 2^x$	$\frac{1}{16}$	$\frac{1}{8}$	$\frac{1}{4}$	$\frac{1}{2}$	1	2					

b. ¿Para cuáles de los valores mostrados de x son iguales x^2 y 2^x?

c. ¿Para cuáles de los valores mostrados de x es x^2 mayor que 2^x?

d. ¿Para cuáles de los valores mostrados de x es 2^x mayor que x^2?

e. Compara la forma en que cambian los valores de $y = x^2$ a medida que x aumenta en 1 con la forma en que cambian los valores de $y = 2^x$ a medida que x aumenta en 1.

f. ¿En qué se diferencian x^2 y 2^x para los valores de x mayores que 6?

g. Usa la tabla de valores para graficar $y = x^2$ y $y = 2^x$ en el mismo grupo de ejes.

Repaso mixto

Evalúa cada expresión para los valores dados.

32. $h(g - h^i)$ si $h = 2$, $g = {}^-1$ y $i = 5$

33. $a^d + ab - b^c$ si $a = {}^-3$, $b = {}^-2$, $c = 3$ y $d = 2$

34. $(m - km)^k$ si $m = {}^-4$ y $k = 3$

Calcula el valor de b en cada ecuación.

35. $3^b = 27$

36. $b^b = 256$

37. $({}^-b)^b = {}^-27$

Calcula la pendiente de la recta que pasa a través de los puntos dados.

38. $({}^-2, 3)$ y $(5, 8)$

39. $(0, {}^-6)$ y $({}^-8, 0)$

40. $({}^-3.5, 1.5)$ y $(0.5, 2)$

41. $({}^-7, {}^-2)$ y $({}^-9, {}^-2)$

42. Considera este rectángulo.

f | 9

a. Escribe una expresión para el área del rectángulo.

b. Usa tu expresión para escribir una ecuación que establezca que el área del rectángulo es de 108 unidades cuadradas.

c. Resuelve tu ecuación para calcular el valor de f.

43. Considera este rectángulo.

f | 9

a. Escribe una expresión para el perímetro del rectángulo.

b. Usa tu expresión para escribir una ecuación que establezca que el perímetro del rectángulo es de 39 unidades.

c. Resuelve tu ecuación para calcular el valor de f.

44. Rachel dividió su colección de fósiles en tres categorías: plantas, insectos y otros animales. Ella tenía ocho plantas fósiles más que animales fósiles. La cantidad de insectos fósiles que tenía es tres menos que cuatro veces la de plantas fósiles.

a. Si a representa la cantidad de animales fósiles que tenía Rachel, escribe una expresión del número de plantas fósiles que tenía.

b. Escribe una expresión del número de insectos fósiles que tenía.

c. Rachel tiene 41 insectos fósiles más que animales fósiles. Usa este dato y tu expresión de la Parte b, para escribir una ecuación de esta situación.

d. Resuelve tu ecuación para calcular cuántos fósiles tiene Rachel en cada categoría.

2.3 Variación inversa

En esta lección, vas a estudiar un nuevo tipo de relación: relaciones en las que el producto de dos cantidades siempre es el mismo. Como en las cuadráticas, descubrirás que las relaciones de este tipo

- tienen gráficas con formas distintivas
- tienen tablas que muestran un patrón identificable
- tienen ecuaciones de forma específica

Explora

Un grupo voluntario de alumnos se ofreció a pintar la cerca de un parque del vecindario.

Supón que todos los voluntarios trabajan al mismo ritmo. Si hicieras una gráfica con el número de voluntarios en el eje horizontal y el tiempo necesario para pintar la cerca en el eje vertical, ¿cómo sería la gráfica?

Comenta esta pregunta en tu grupo y después haz la gráfica. Piensa sólo en la forma general de la gráfica; no te preocupes de los números exactos.

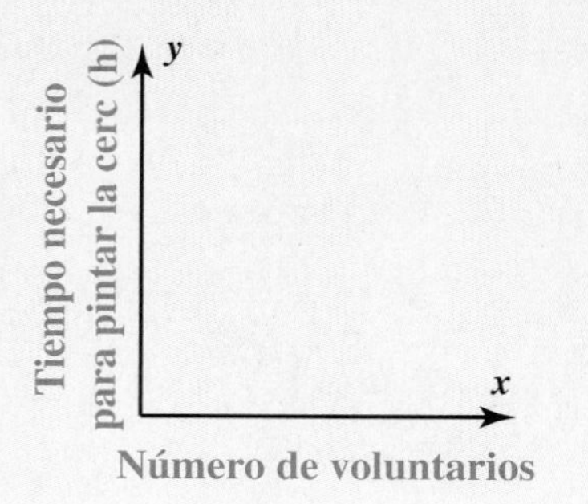

Ahora, comenta estas preguntas con tu clase:

- ¿Aumentará o disminuirá la gráfica de izquierda a derecha? ¿Por qué?
- ¿Será la gráfica de una recta? Explica tu respuesta.
- ¿Intersecará las intersecciones axiales la gráfica? Explica tu respuesta.
- Si un alumno empieza el trabajo a las 9:00 A.M. y no descansa hasta terminarlo a las 5:00 P.M., tendría lógica poner el punto (1, 8) en la gráfica. El punto (2, 4) también estaría en la gráfica. Explica qué representa este punto y cómo sabes que estaría en la gráfica.
- ¿Qué representaría el punto (4, 2)?
- ¿Cuál de los siguientes puntos sería razonable encontrar en la gráfica que incluye (1, 8), (2, 4) y (4, 2)?

  (5, 1.6) (8, 1) (80, 0.1)

  Explica tus respuestas.

Si un voluntario puede completar el trabajo en 8 horas, dos pueden terminarlo en 4 horas, 3 en $2\frac{2}{3}$ horas, y así sucesivamente. En cada caso, el número de *personas-horas* (la cantidad de personas multiplicada por las horas) es 8. De manera que, una forma de expresar la relación entre el tiempo necesario para terminar el trabajo T y el número de voluntarios V es

$$TV = 8$$

En esta lección, vas a explorar muchas otras situaciones en que el producto de dos variables es constante.

Investigación 1 Cuando *xy* es constante

A medida que trabajes en estos problemas, observa las semejanzas en las ecuaciones, gráficas y tablas.

MATERIALES
papel cuadriculado

Serie de problemas A

La Srta. Anwar está pensando arrendar una casa que tiene un patio rectangular grande. Ella quiere saber si habrá espacio para los juegos de sus niños. El dueño le dijo que "el patio tenía un área de 2,000 pies cuadrados". La Srta. Anwar pensó en lo que él le dijo y trató de imaginarse cuáles serían las dimensiones reales del patio.

1. Sea x la longitud, en pies, de uno de los lados del patio y y la longitud, en pies, de un lado adyacente. Elige algunos valores viables para x y y, y completa una tabla como la siguiente.

x	50	25	100					
y	40							
Área, xy	2,000							

2. Escribe una ecuación que muestre cómo se relacionan x y y.

3. Haz una gráfica de la relación entre x y y. Para empezar, traza los puntos en tu tabla. Añade más puntos, si lo necesitas, hasta que veas claramente la forma de la gráfica. Dibuja una curva suave a través de los puntos.

4. Reflexiona en el cambio que y sufre a medida que cambia x en esta situación.

a. Copia y completa la tabla para mostrar lo que sucede.

x	20	30	40	50	60	70	80	90	100
y	100	66.7							
Descenso en y	—	33.3							

b. A medida que x disminuye en una cantidad fija, digamos 10, ¿disminuirá y en la misma cantidad fija o en una cantidad cada vez mayor o cada vez menor?

c. Si se duplica x, ¿qué le pasa a y? Si se triplica x, ¿qué le pasa a y? ¿Qué le pasa a y si x se multiplica por N?

d. A medida que x se vuelve más pequeña (cerca de 0), ¿qué le pasará a y? A medida que crece x, ¿qué le pasará a y?

MATERIALES
papel cuadriculado

Serie de problemas B

El dueño de la casa que está arrendando la Srta. Anwar decidió contratar a alguien para que limpiara el patio sobrecrecido. Contactó a Rob, un alumno de secundaria, y después de mucho regatear acordó pagarle $240 por el trabajo de limpieza del patio.

Si Rob trabaja arduamente, terminará rápidamente el trabajo y su tasa de pago por hora será alta. Si trabaja a un paso más lento, el trabajo tomará más tiempo y su tasa de pago por hora será más baja.

1. Completa la tabla.

Horas trabajadas	$\frac{1}{2}$		2		10	20	
Tasa de pago por hora		$240		$48			$8

2. Escribe una ecuación para esta situación, usando h para las horas empleadas en terminar el trabajo y d para los dólares ganados por hora.

3. Haz una gráfica suave trazando primero suficientes pares de números (h, d) para observar un patrón.

En todas las situaciones que has visto hasta el momento, las variables parecen lógicas sólo para valores positivos. Las dimensiones del patio de la Srta. Anwar, la tasa del salario por horas de Rob y la cantidad de horas que Rob trabaja deben ser mayores que 0.

En la siguiente serie de problemas, verás otra relación en que el producto de las variables es constante. Esta vez, vas a considerar tanto los valores positivos como los negativos de las variables.

MATERIALES
papel cuadriculado

Serie de problemas C

Considera la relación $xy = 3$, donde x y y pueden ser positivos o negativos.

1. Si empiezas con valores de x, con frecuencia es más fácil calcular los valores de y si primero vuelves a plantear la ecuación aislando y en un lado. A veces, esto se llama *despejar y en términos de x*. Despeja y en términos de x en la ecuación $xy = 3$.

2. Calcula los valores de y para cinco valores negativos y cinco valores positivos de x entre $^-10$ y 10. Registra los valores (x, y) en una tabla. ¡Usa tu imaginación! Prueba algunos valores que no sean enteros, incluye valores entre 0 y 1.

3. ¿Qué es y cuándo $x = 0$? ¿Qué sucede si usas tu calculadora para despejar y cuando $x = 0$?

4. Haz una gráfica suave de esta relación trazando primero los pares en tu tabla. Si es necesario, añade más puntos para que te tengas una buena idea de la forma de la gráfica.

   Piensa en lo que sucede a la gráfica cerca del eje *y*. ¿Puede cruzar el eje *y* la gráfica?

5. ¿En qué se parecen esta gráfica y esta ecuación a la gráfica y ecuación del trabajo del patio de la Serie de problemas B? ¿En qué se diferencian?

Comparte & resume

1. ¿En qué se parecen las ecuaciones de la Serie de problemas A, B y C? ¿En qué se diferencian?
2. ¿En qué se parecen las graficas? ¿En qué se diferencian?

Investigación 2 Proporción inversa

Has trabajado con relaciones en que al multiplicar dos variables obtienes un producto constante. Es decir,

$$xy = a$$

donde x y y son las variables y a es una constante que no es cero.

La gráfica de tal relación es una curva como la siguiente:

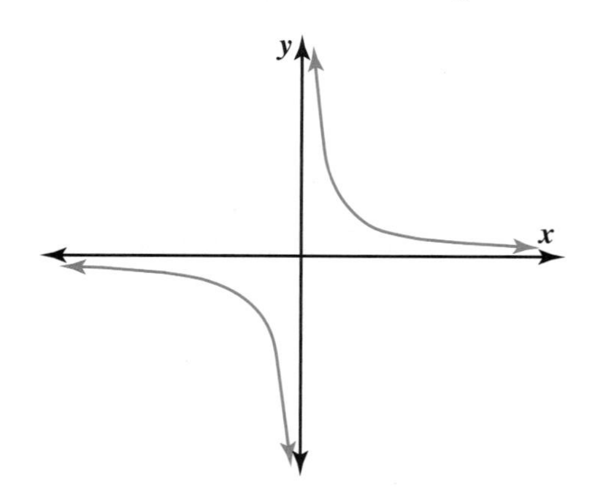

VOCABULARIO
hipérbola

A este tipo de curva se le llama **hipérbola.**

Piensa & comenta

Piensa en las tres relaciones que trabajaste en la Investigación 1:

$$xy = 2{,}000 \qquad dh = 240 \qquad xy = 3$$

En cada caso, si duplicas el valor de una variable, ¿qué le pasa a la otra variable?

¿Qué sucede si triplicas el valor de una variable? ¿Qué pasa si divides en dos el valor de una variable?

VOCABULARIO
inversamente proporcional
variación inversa

En el Capítulo 1, aprendiste que dos variables son *directamente proporcionales* si los valores de sus variables tienen una *tasa* constante. Cuando dos variables tienen una constante que es un *producto* distinto de cero, se dice que son **inversamente proporcionales.** Una relación en que dos variables son inversamente proporcionales se llama **variación inversa.**

Explorarás la interrelación entre proporciones inversas y *recíprocos.*

MATERIALES
papel cuadriculado

Serie de problemas D

1. Encuentra el recíproco de cada número. Expresa tus respuestas como enteros o fracciones, no como números mixtos o decimales.

a. 2 **b.** 5

c. $^{-}1$ **d.** $\frac{1}{3}$

e. $\frac{3}{4}$ **f.** $-\frac{9}{7}$

g. $\frac{7}{3}$ **h.** $^{-}10$

2. Observa tus respuestas del Problema 1.

a. Encuentra el recíproco de cada respuesta.

b. ¿Qué observas?

3. Si x no es 0, ¿cuál es el recíproco de x?

4. ¿Cuál es el recíproco de $\frac{1}{x}$?

5. ¿Cuál es el recíproco del recíproco de x?

Recuerda
El número por el que se multiplica otro número, para obtener 1, es su *recíproco.* Por ejemplo, el recíproco de 7 es $\frac{1}{7}$, ya que $7 \cdot \frac{1}{7} = 1$.

Recuerda
x^{-1} es otra forma de escribir $\frac{1}{x}$. Es posible que tu calculadora tenga una tecla para recíprocos con la marca $\boxed{1/x}$ o $\boxed{x^{-1}}$.

6. Encuentra el recíproco de cada número. Expresa tu respuesta como decimal.

a. 8

b. 100

c. 0.2

d. $^-0.25$

e. 12

f. 7.5

g. $^-1$

h. 0.0004

7. Observa tus respuestas del Problema 6.

a. Encuentra el recíproco de cada respuesta.

b. ¿Qué observas?

8. Considera la relación $y = \frac{1}{x}$.

a. ¿Qué le sucede a y si duplicas x? ¿Si triplicas x? ¿Si cuadruplicas x? ¿Si divides x por la mitad?

b. ¿Es y inversamente proporcional a x? Es decir, ¿es $y = \frac{1}{x}$ una variación inversa? Explica.

c. Haz una gráfica de $y = \frac{1}{x}$.

Serie de problemas E

Considera la relación $y = \frac{5}{x}$.

1. ¿Qué le sucede a y si duplicas x? ¿Si triplicas x? ¿Si cuadruplicas x? ¿Si divides x en dos?

2. ¿Es y inversamente proporcional a x? Explica.

3. ¿Cuál es el valor de $y = \frac{5}{x}$ cuando $x = 0$? ¿Qué sucede si calculas $\frac{5}{0}$ con tu calculadora?

4. Copia y completa la tabla. Escribe las entradas como enteros o fracciones.

x	$^-5$	$^-4$	$^-3$	$^-2$	$^-1$	$-\frac{1}{2}$	$-\frac{1}{4}$	0	$\frac{1}{4}$	$\frac{1}{2}$	1	2	3	4	5
$y = \frac{1}{x}$															
$y = \frac{5}{x}$															

5. Haz una gráfica de $y = \frac{5}{x}$ en los mismos ejes que usaste para la gráfica de $y = \frac{1}{x}$.

VOCABULARIO
relación recíproca

Las relaciones $y = \frac{1}{x}$ y $y = \frac{5}{x}$ son variaciones inversas. Observa que cuando el valor de una variable se multiplica por un número, el valor de la otra variable se multiplica por el *recíproco* de ese número. Por ejemplo, por $y = \frac{5}{x}$, cuando $x = 1$, $y = 5$. Pero cuando multiplicas x por 3, y se convierte en $\frac{5}{3}$ ó $5 \cdot \frac{1}{3}$. Por esta razón, las variaciones inversas a veces se llaman **relaciones recíprocas.**

Serie de problemas F

Indica si cada relación representa una relación recíproca. Si la respuesta es no, indica qué tipo de relación *representa* la ecuación.

1. $st = 6$
2. $s = 2t^2$
3. $s = 6t$
4. $y = \frac{x}{7}$
5. $y = \frac{7}{x}$
6. $x = \frac{2}{y}$

Completa las Partes a y b para los Problemas 7 al 9.

a. Indica qué tipo de relación podría existir entre las variables: lineal, cuadrática o recíproca.

b. Escribe una ecuación que relacione las cantidades.

7.

x	0.5	1	2	3	4	5	10
y	$^-2.5$	$^-5$	$^-10$	$^-15$	$^-20$	$^-25$	$^-50$

8.

p	0.5	1	2	3	4	5	10
q	1.25	2	5	10	17	26	101

9.

t	0.5	1	2	3	4	5	10
r	3	1.5	0.75	0.5	0.375	0.3	0.15

Comparte & resume

1. Si se te da una tabla de valores con dos variables, ¿cómo puedes determinar si la relación entre las variables podría ser una variación inversa?

2. Si se te da una ecuación con dos variables, ¿cómo puedes determinar si la relación entre las variables es una variación inversa?

Investigación 3 Relaciones con productos constantes

Has estudiado relaciones en que el producto de dos cantidades es una constante positiva. Todas estas relaciones se pueden escribir con ecuaciones en la forma $xy = a$ o, equivalentemente, $y = \frac{a}{x}$, donde a es un número positivo. A un grupo de ecuaciones que tienen en general la misma forma, algunas veces se le llama *familia* de ecuaciones.

Datos de interés

Este tipo de relación se usa en el diseño de las lentes que recogen y dirigen la luz en los telescopios.

Vas a explorar otras familias de ecuaciones que describen relaciones en que el producto es una constante. Observarás ecuaciones de las siguientes formas:

- $xy = a$ o, equivalentemente $y = \frac{a}{x}$, donde a es una constante negativa
- $(x + b)y = 1$ ó, equivalentemente $y = \frac{1}{x + b}$, donde b es una constante
- $x(y - c) = 1$ ó, equivalentemente $y = \frac{1}{x} + c$, donde c es una constante

Observatorio Allegheny, Pittsburgh, Pennsylvania

Piensa & comenta

Ya has estudiado la relación $y = \frac{1}{x}$. Ahora piensa en $y = \frac{-1}{x}$. Aquí hay una tabla y una gráfica para esta relación.

x	$^-10$	$^-0.2$	0.5	1	2	5	10
y	0.1	5	$^-2$	$^-1$	$^-0.5$	$^-0.2$	$^-0.1$

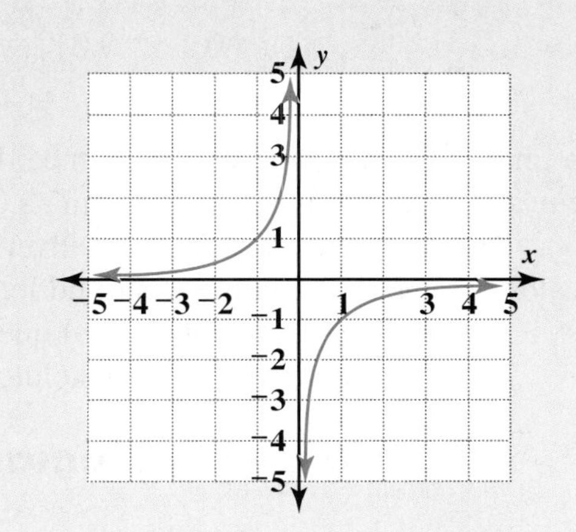

Piensa en las partes de la gráfica que no se muestran.

¿Cuál es el valor de y si $x = 100$? ¿Si $x = 1{,}000$?

¿Qué sucede a medida que los valores de x aumentan a más de 1,000? ¿Será y alguna vez igual a 0?

¿Qué les sucede a los valores de y a medida que los valores positivos de x se acercan al 0? ¿Qué ocurre cuando $x = 0$? ¿Qué significa esto para la gráfica de $y = \frac{-1}{x}$?

¿Cuál es el valor de y si $x = {^-100}$? ¿Si $x = {^-1{,}000}$?

¿Qué sucede a medida que los valores de x disminuyen más allá de $^-1{,}000$? ¿Será y alguna vez igual a 0?

¿Qué les sucede a los valores de y a medida que los valores negativos de x se acercan al 0? ¿Qué ocurre cuando $x = 0$?

Como probablemente acabas de ver, para $y = \frac{1}{x}$ y $y = -\frac{1}{x}$ a medida que el valor absoluto de x se vuelve cada vez más grande, y se aproxima a 0 sin alcanzarlo nunca.

x	1	10	100	1,000	10,000	100,000	...
$\frac{1}{x}$	1	0.1	0.01	0.001	0.0001	0.00001	...

x	$^-1$	$^-10$	$^-100$	$^-1,000$	$^-10,000$	$^-100,000$	...
$\frac{1}{x}$	$^-1$	$^-0.1$	$^-0.01$	$^-0.001$	$^-0.0001$	$^-0.00001$	...

Recuerda

El *valor absoluto* de un número es su distancia a partir de 0 en la recta numérica. El valor absoluto de $^-4$ es 4.

De la misma manera, a medida que el valor absoluto de y se vuelve cada vez más grande, x se aproxima a 0 sin alcanzarlo nunca. Ésta es una característica de todas las variaciones inversas: siempre hay algún valor (no siempre 0) al que se aproxima x pero no lo alcanza a medida que aumenta el valor absoluto de y; y hay algún valor al que se aproxima y, pero no lo alcanza, a medida que aumenta el valor absoluto de x.

MATERIALES

calculadora graficadora

Serie de problemas G

En grupo, explora una de las familias de las ecuaciones descritas a continuación.

Familia A
Ecuaciones de la forma $y = \frac{a}{x}$, como $y = \frac{3}{x}$ y $y = -\frac{7}{x}$

Familia B
Ecuaciones de la forma $y = \frac{1}{x + b}$, como $y = \frac{1}{x + 2}$ y $y = \frac{1}{x - 1}$

Familia C
Ecuaciones de la forma $y = \frac{1}{x} + c$, como $y = \frac{1}{x} + 5$ y $y = \frac{1}{x} - 2$

Tu meta es entender por qué se parecen las gráficas de las relaciones en la familia que elegiste y cómo cambian las gráficas a medida que cambia la constante: *a, b* o *c*. Tu grupo debe preparar un informe que describa sus hallazgos incluyendo lo siguiente:

- una serie de bosquejos, dibujados y rotulados con cuidado, para mostrar cómo cambia la gráfica, a medida que cambia la constante
- una explicación escrita de tus hallazgos, que incluya las respuestas a los Problemas 1 al 6

1. ¿Cómo cambia la gráfica a medida que cambia la constante?

2. ¿Cómo afecta a la gráfica el cambio en la constante, de positiva a negativa?

3. ¿A qué valores se aproxima x a medida que aumenta el valor absoluto de y? ¿Cambia éste a medida que cambia la constante?

4. ¿A qué valores se aproxima y a medida que aumenta el valor absoluto de x? ¿Cambia éste a medida que cambia la constante?

5. ¿Para qué valor o valores de x no hay valor de y? ¿Cambia esto a medida que cambia la constante?

6. ¿En qué se diferencian las gráficas de la gráfica de $y = \frac{1}{x}$?

Comparte & resume

1. Compara cómo el valor de a afecta las gráficas de las ecuaciones de la forma $y = ax^2$ con la manera en que afecta las gráficas de las ecuaciones de la forma $y = \frac{a}{x}$.
2. Compara cómo el valor de b afecta las gráficas de las ecuaciones de la forma $y = (x + b)^2$ con la manera en que afecta las gráficas de las ecuaciones de la forma $y = \frac{1}{x + b}$.
3. Compara cómo el valor de c afecta las gráficas de las ecuaciones de la forma $y = x^2 + c$ con la manera en que afecta las gráficas de las ecuaciones de la forma $y = \frac{1}{x} + c$.

Datos de interés

Las ecuaciones con productos constantes se usan para describir la trayectoria que siguen algunos cometas a través del espacio.

Cometa Halle

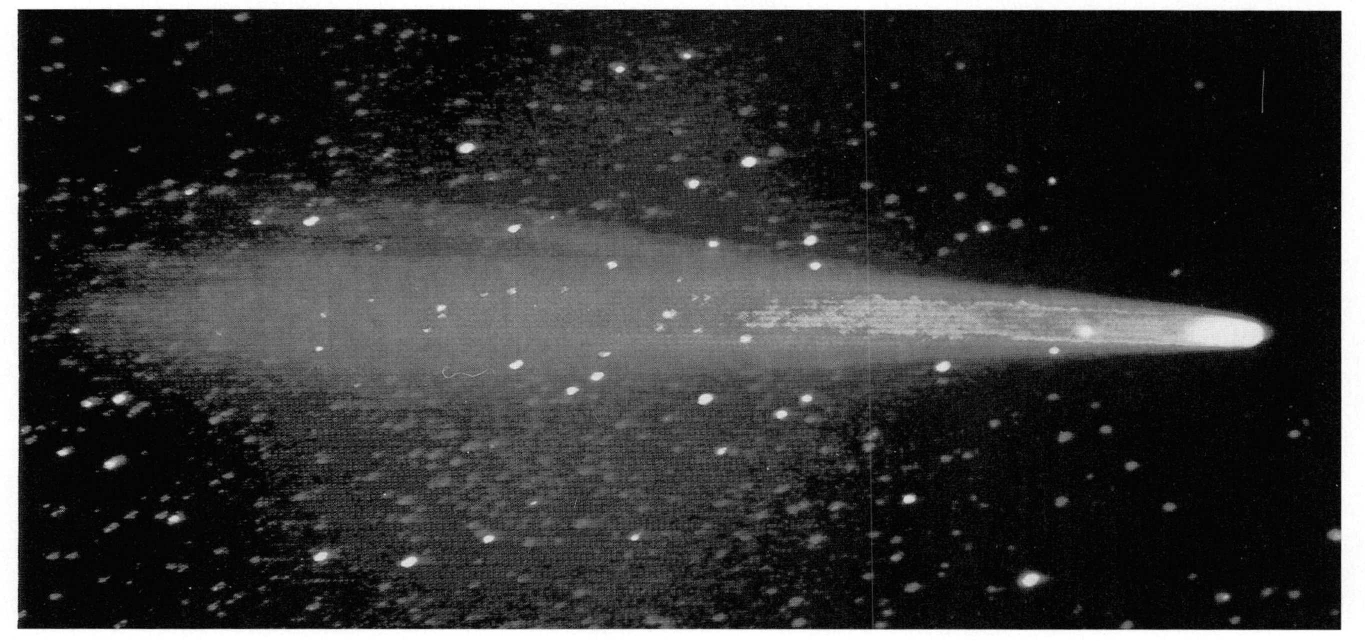

Ejercicios por tu cuenta

Practica & aplica

1. Miguel le dio a su hermanita Jenna \$3 para comprar calcomanías. El precio por calcomanía varía en relación con el tipo de calcomanía. Jenna quiere comprar todas las calcomanías del mismo tipo.

   a. Haz una tabla de los valores posibles del precio por calcomanía p y del número de calcomanías n. Se muestran un par de valores como ejemplo.

Precio por calcomanía, *p*	\$0.25						
Número comprado, *n*	12						

   b. Grafica la relación entre p y n, con p en el eje horizontal. Para empezar, traza los puntos en tu tabla y añade más puntos, si los necesitas, hasta que veas claramente la forma de la gráfica. Une los puntos con una curva suave.

   c. ¿Qué le sucede al valor de n cuando se duplica el valor de p? ¿Cuándo se triplica p? ¿Cuándo se cuadruplica p?

   d. ¿Qué le sucede al valor de n cuando se divide el valor de p en dos? ¿Cuándo se divide el valor de p en cuatro?

   e. Escribe una ecuación de la relación entre p y n.

2. Manuel piensa servir una pizza gigante en su fiesta de cumpleaños. La cantidad de pizza que se le servirá a cada invitado depende del número de los mismos.

   a. Copia y completa la tabla, muestra la fracción de pizza f que se le servirá a cada persona, para diferente número de personas, n. Supón que cada persona obtiene la misma cantidad de pizza y que se sirve toda la pizza.

n	1	2	3	4	5	6	7	8	9	10	11	12
f												

b. Haz una gráfica de la relación entre n y f, trazando los puntos en tu tabla y uniéndolos con una curva.

c. Escribe una ecuación de la relación entre n y f.

3. Considera la ecuación $xy = 10$, donde x y y pueden ser positivos o negativos.

a. Despeja y en términos de x.

b. Haz una tabla de valores para esta ecuación. Escoge valores de x entre $^{-}10$ y 10. Considera valores de x positivos, valores de x negativos y valores de x entre $^{-}1$ y 1.

c. ¿Cuál es el valor de y cuando x es 0? Explica tu respuesta.

d. Grafica esta relación; para empezar traza los puntos de tu tabla. Añade más puntos, si lo necesitas, hasta que veas claramente la forma de la gráfica y después conecta los puntos con una curva suave. Piensa cuidadosamente en lo que le sucede a la gráfica cerca del eje y.

En los Ejercicios 4 al 9, decide si la relación es una variación inversa. Si no lo es, di qué tipo de relación es.

4. $st = \frac{1}{4}$

5. $s = \frac{6t}{8}$

6. $s = \frac{t^2}{4}$

7. $y = 0.25x$

8. $y = \frac{0.25}{x}$

9. $x = \frac{0.25}{y}$

Para los Ejercicios 10 al 12 haz las Partes a, b y c.

a. Indica si las variables podrían ser inversamente proporcionales. Explica cómo lo sabes.

b. Traza los puntos en un par de ejes. Coloca la variable en la hilera superior del eje horizontal.

c. Escribe una ecuación para la relación entre las variables.

10.

m	0.5	1	2	3	4	5	10
n	60	30	15	10	7.5	6	3

11.

x	0.5	1	2	3	4	5	10
y	0.25	0.5	1	1.5	2	2.5	5

12.

t	0.25	0.5	0.75	1	1.25	1.5	2
r	0.5	0.25	0.1667	0.125	0.1	0.0833	0.0625

13. **Economía** Antoine quiere gastar \$4 en kiwis en el mercado. El precio por kiwi varía de un puesto a otro.

a. ¿Es la relación entre el precio por kiwi en dólares, p, y el número de kiwis que puede comprar Antoine, n, una variación inversa? Explica.

b. Escribe una ecuación para la relación entre p y n.

14. Los mangos son muy caros en esta época del año en el mercado. Cuestan \$4 cada uno, pero Carmen no puede resistirlos.

a. ¿Es la relación entre el precio total que Carmen pagó por los mangos, p, y el número de mangos que compró, n, una variación inversa? Explica.

b. Escribe una ecuación para relación entre p y n.

15. Kiyoshi gastó \$8 en el mercado. Compró sólo mandarinas que cuestan \$0.40 cada una; y nectarinas a \$0.80 cada una.

a. ¿Es la relación entre el número de mandarinas, m, y el número de nectarinas, n, una variación inversa? Explica.

b. Escribe una ecuación para la relación entre m y n.

16. Considera ecuaciones de la forma $y = \frac{a}{x}$.

a. En un par de ejes, grafica las siguientes tres ecuaciones. Usa valores de x y y de $^{-}10$ a 10.

i. $y = \frac{^{-}1}{x}$ **ii.** $y = \frac{^{-}5}{x}$ **iii.** $y = \frac{^{-}10}{x}$

b. Describe el cambio que sufren las gráficas de $y = \frac{a}{x}$ a medida que disminuye a.

17. Considera ecuaciones de la forma $y = \frac{a}{x + b}$.

a. En un par de ejes, grafica las siguientes tres ecuaciones. Usa valores de x y y de $^{-}10$ a 10.

i. $y = \frac{1}{x + 1}$ **ii.** $y = \frac{1}{x + 3}$ **iii.** $y = \frac{1}{x + 5}$

b. Describe el cambio que sufren las gráficas de $y = \frac{a}{x + b}$ a medida que aumenta b.

18. Considera ecuaciones de la forma $y = \frac{a}{x} + c$.

a. En un par de ejes, grafica las siguientes tres ecuaciones. Usa valores de x y y de $^{-}10$ a 10.

i. $y = \frac{1}{x} + 2$ **ii.** $y = \frac{1}{x} + 4$ **iii.** $y = \frac{1}{x} + 6$

b. Describe el cambio que sufren las gráficas a medida que aumenta c.

19. Ciencia física El tiempo necesario para llegar a algún sitio depende de la rapidez a la que se viaje. Supón que un campamento que quieres visitar queda a 500 millas de distancia. A continuación, hay algunos medios de transporte que podrías usar. Algunos no son tan prácticos como otros, pero usa tu imaginación.

Medio de transporte	Rapidez promedio (mph)
Tren subterráneo	30
Auto	50
Helicóptero	85
Avión liviano	
Cohete	1,100
A caballo	
Bicicleta	

a. Estima los promedios de rapidez que faltan en la tabla. (No te preocupes de la precisión de tus cálculos.)

b. Copia y completa la tabla para mostrar cuánto tiempo se necesitaría para viajar 500 millas, usando la rapidez estimada para cada tipo de transporte.

Rapidez (mph)	30	50	85	1,100			
Tiempo del recorrido (h)							

c. Escribe una ecuación que establezca la relación entre la rapidez S y el tiempo T necesario para recorrer 500 millas.

d. Usa los valores de tu tabla para trazar una curva suave de la relación entre rapidez y tiempo. Coloca la rapidez en el eje horizontal.

e. ¿Qué ocurre con los valores del tiempo a medida que aumentan los valores de la rapidez?

f. ¿Podría alguna vez alcanzar 0 el tiempo del recorrido de un viaje de 500 millas?

g. La velocidad de la luz es de 186,000 millas por segundo. Determina cuánto duraría el viaje si pudieras viajar en un rayo de luz. ¿Se muestra este valor en tu gráfica?

h. Escribe una ecuación de la rapidez necesaria para recorrer 500 millas en T horas.

20. Compara la relación inversa $y = \frac{3}{x}$ con la relación lineal $y = 3x$.

a. Grafica y rotula ambas ecuaciones en un par de ejes.

b. Considera las partes de las gráficas del primer cuadrante. ¿Qué le sucede a cada gráfica a medida que aumenta x?

c. Considera las partes de las gráficas del primer cuadrante. A medida que x se acerca a 0, ¿qué le sucede a cada gráfica?

d. ¿Qué sucede cuando $x = 0$?

21. Un enorme órgano de iglesia tiene tubos con longitudes que van desde unos cuantos centímetros hasta 4 metros. La tabla enumera las longitudes de los tubos E bemol de todas las octavas, junto con las frecuencias de los sonidos que produce. Las frecuencias más altas corresponden a los tonos más altos.

Longitud de los tubos (metros), *l*	4.0	2.0	1.0	0.5	0.25	0.125	0.0625
Frecuencia (ciclos por segundo), *f*	39	78	156	312	622	1,244	2,488

a. Traza los puntos usando una escala apropiada para los ejes. Coloca las longitudes de los tubos en el eje horizontal. Une los puntos con una curva suave.

b. Usa tu gráfica para predecir la longitud de tubo que produciría una nota A con una frecuencia de 440 ciclos por segundo.

c. Usa tu gráfica para predecir la frecuencia que produce un tubo de 3 metros de largo.

d. ¿Qué forma tiene la gráfica? ¿Qué te sugiere esta forma sobre la relación entre la frecuencia y la longitud del tubo?

e. Encuentra una ecuación que se adapte bastante bien a los datos. ¿Por qué crees que los datos no podrían encajar exactamente?

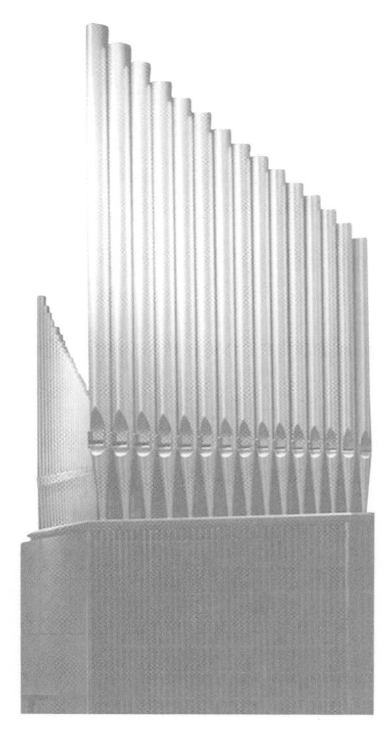

22. Encontraste que para la ecuación $y = \frac{1}{x}$, no hay un valor y correspondiente a un valor x de 0. Decimos que la ecuación $y = \frac{1}{x}$ es *indefinida* para $x = 0$. En las Partes a, b, c, d y e, enumera algún valor de x para el cual la ecuación es indefinida.

a. $y = \frac{1}{x - 1}$

b. $y = \frac{2}{1 - 2x}$

c. $y = \frac{1}{x + 2}$

d. $y = \frac{2}{x}$

e. $y = \frac{x}{2}$

f. $y = \frac{4}{3x - 12}$

En tus **propias palabras**

Describe qué es una variación inversa. ¿Cómo puedes reconocer una variación inversa en una tabla, una gráfica y en una descripción escrita?

23. Considera la ecuación $y = \frac{1}{x^2}$.

a. Haz una tabla de valores y una gráfica para los valores de x entre $^-10$ y 10. Traza suficientes puntos para dibujar una curva suave.

b. ¿En qué se parece esta gráfica a la gráfica de $y = \frac{1}{x}$?

c. ¿En qué se diferencia esta gráfica de la gráfica de $y = \frac{1}{x}$?

24. Una compañía de entretenimiento ha gastado $200,000 en desarrollar un nuevo programa de juegos. Aunque los costos de manufactura dependen de la cantidad de productos producidos, la compañía estima que el manufacturar y enviar los productos le costará $4 por unidad que elabore y venda.

a. Supón que la compañía produce sólo 20 unidades del programa. ¿Cuál es el costo promedio de elaborar cada una de las 20 unidades?

b. ¿Cuál es el costo *total* promedio (desarrollo, más manufactura, más flete) de cada una de las 20 unidades?

c. Escribe una expresión para el costo total promedio de n unidades.

d. Completa la tabla para esta situación.

Unidades	20	200	2,000	20,000	200,000	2,000,000
Promedio del costo total ($)	10,004					

e. Supón que la compañía produce más y más unidades. El costo promedio se acercará cada vez más a una cantidad en particular. ¿Cuál es esta cantidad?

f. ¿Cuántas unidades debe producir la compañía para que el costo total promedio sea menor que la cantidad que respondiste en la Parte e más $1? ¿Cuántas unidades se necesitan para que el costo sea menor que 1¢ más?

Repaso mixto

Reordena cada ecuación lineal en la forma pendiente-intersección, $y = mx + b$.

25. $\frac{2}{3}x - \frac{5}{8} = 2y$

26. $3y - 4x - 1 = 8x - 2y$

27. $4(x + y) - 6(5 - x) = 6$

28. $\frac{7(y + 5)}{x + 2} = 10$

Reduce cada expresión tanto como te sea posible.

29. $a + 4(a - 2)$

30. $2b - (8 + 2b)$

31. $90 - (5c - 1)$

32. $4d(2 + e) - 2(3 + 2d)$

33. $^{-}7(1 - f) + 2(7f + 2) - 9(f + 2)$

Escribe la ecuación de una recta paralela a la recta dada.

34. $y = 2x - 4$

35. $2n = 4m$

36. $2(y - 3) = 7x + 1$

37. $x = {}^{-}2$

38. **Economía** Taylor tiene \$60. Él está interesado en comprar algunos calcetines deportivos que cuestan \$3 el par y algunas gorras de béisbol, en oferta, a \$5 cada una.

a. Escribe una expresión que muestre cuánto podrían costar *s* pares de calcetines y *c* gorras.

b. Taylor gastó todos sus \$60 en calcetines y gorras. Usa tu respuesta de la Parte a para expresarla como ecuación.

c. Grafica tu ecuación. Coloca el número de pares de calcetines en el eje vertical y la cantidad de gorras en el eje horizontal.

d. Usa tu gráfica para calcular todos los pares de números que representen la cantidad de gorras y pares de calcetines que Taylor podría haber comprado. Ojo: él sólo puede comprar números enteros de cada artículo.

39. El abuelo de Candace le dio cuatro canicas: una azul, una amarilla y dos verdes. De cumpleaños, ella quiere darle la mitad de las canicas a su amiga Luisa. Candace pone todas las canicas en una bolsa de cuero y deja que Luisa elija dos sin ver. ¿Cuál es la probabilidad de que Luisa elija las dos canicas verdes?

40. Bryan dibujó este bosquejo de la casa de muñecas que quiere construir. ¿Cuál es el área del suelo de la casa de muñecas?

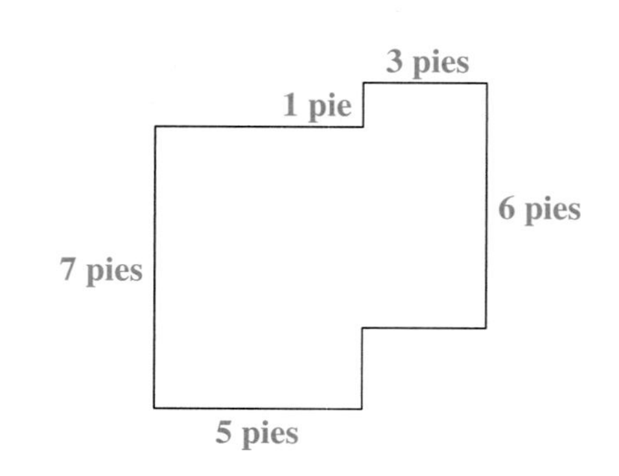

Conjeturas

En las primeras tres lecciones de este capítulo, aprendiste sobre las relaciones cuadráticas y recíprocas. En esta lección, practicarás más con estos tipos de relaciones a medida que descubres un proceso importante para las matemáticas: hacer y probar *conjeturas.*

VOCABULARIO
conjetura

Una **conjetura** es una suposición razonada o generalización que no has probado como correcta (todavía). Algunas veces tienes pruebas que te llevan a hacer una conjetura. Otras veces, sólo "presientes" lo que pasará y haces una conjetura basada en muy pocas pruebas.

Explora

Recuerda
Los enteros consecutivos se siguen uno al otro, como 1 y 2 ó 5 y 6.

Desiree y Yutaka buscaban patrones en los productos de pares de enteros consecutivos.

$$5 \cdot 6 = 30$$
$$7 \cdot 8 = 56$$
$$10 \cdot 11 = 110$$

Yutaka notó un patrón al relacionar los productos del cuadrado del primer número.

Copia y completa la tabla.

Primer entero	5	7	10	90	0	$^{-}4$	$^{-}1$
Segundo entero	6	8	11			$^{-}3$	
Producto	30	56	110				
Primer entero al cuadrado							

Compara la tercera y cuarta hileras de tu tabla. Trata de hacer una conjetura sobre la relación entre el producto de dos enteros consecutivos y el cuadrado del primer entero. Pon a prueba tu conjetura con unos cuantos ejemplos más de tu invención.

¿Puedes ver alguna manera de demostrar que tu conjetura es verdadera?

Investigación 1 Haz conjeturas

En esta investigación, tratarás de hacer conjeturas sobre otras situaciones.

Serie de problemas A

Sabes que en la tabla de una relación lineal, a medida que x aumenta en 1, las diferencias en los valores y consecutivos son constantes. Por ejemplo, observa esta tabla para $y = 10 - 2x$.

x	1	2	3	4	5	6	7
y	8	6	4	2	0	$^-2$	$^-4$
Diferencias	$^-2$	$^-2$	$^-2$	$^-2$	$^-2$	$^-2$	

Ahora observa las diferencias en los valores de y para la relación cuadrática $y = {}^-x^2 + 2x - 1$.

x	1	2	3	4	5	6	7
y	0	$^-1$	$^-4$	$^-9$	$^-16$	$^-25$	$^-36$
Diferencias	$^-1$	$^-3$	$^-5$	$^-7$	$^-9$	$^-11$	

Las diferencias en los valores de y no son constantes, ¿pero qué pasa si observas las *diferencias de las diferencias?*

1. Calcula las diferencias faltantes en esta tabla para $y = {}^-x^2 + 2x - 1$.

x	1	2	3	4	5	6	7
y	0	$^-1$	$^-4$	$^-9$	$^-16$	$^-25$	$^-36$
Diferencias de los valores de y	$^-1$	$^-3$	$^-5$	$^-7$	$^-9$	$^-11$	
Diferencias de las diferencias	$^-2$	?	?	?	?		

Para evitar confusión, las diferencias de los valores y se llaman *primeras diferencias* y las diferencias de las diferencias se llaman *segundas diferencias.*

2. ¿Qué observas en las segundas diferencias de la ecuación $y = {}^-x^2 + 2x - 1$?

3. Trabaja con un compañero y explora las primeras y las segundas diferencias de dos ecuaciones cuadráticas más. Trata de hacer conjeturas basadas en tus hallazgos.

Una vez que ya hayas hecho una conjetura, el siguiente paso es tratar de encontrar un argumento convincente para explicar por qué tu conjetura es verdadera, o para encontrar pruebas de que no es verdadera.

Para demostrar que una conjetura es verdadera, no es suficiente mostrar que *por lo general* funciona. Ni siquiera es suficiente decir que la conjetura ha funcionado en todos los ejemplos probados hasta el momento, a menos que hayas probado *todos* los casos posibles. *Tú* podrías estar convencido, pero debes ser capaz de convencer también a los demás.

Y aunque ya estés convencido de que una conjetura es verdadera, encontrar un argumento para probarlo te puede ayudar a comprender *por qué* es verdadera.

Serie de problemas B

Considera las diferencia de cuadrados de números enteros consecutivos.

Números consecutivos	Diferencia de cuadrados
1, 2	$2^2 - 1^2 = 3$
2, 3	$3^2 - 2^2 = 5$
3, 4	$4^2 - 3^2 = 7$
⋮	⋮
$n, n + 1$	$(n + 1)^2 - n^2 = D$

Sea n cualquier número entero, $n + 1$ es el siguiente número entero. Una ecuación para la diferencia de cuadrados D de estos números es

$$D = (n + 1)^2 - n^2$$

1. Copia y completa la tabla para mostrar el valor de D para los valores de n dados.

n	1	2	3	4	5	6	7	8
D	3	5	7					

2. Usa lo que sabes sobre las diferencias constantes para determinar qué tipo de relación es $D = (n + 1)^2 - n^2$.

3. Usa la tabla y tu respuesta al Problema 2 para hacer una conjetura sobre qué podría ser una ecuación más simple para relacionar D con n.

Haz hecho una conjetura sobre una ecuación más simple para D. Ahora puedes encontrar un argumento convincente para explicar por qué tu ecuación debe ser correcta. Una forma de hacerlo es usar un poco de geometría.

Puedes representar el cuadrado de un número entero como un cuadrado hecho de tarjetas. El siguiente patrón de tarjetas representa los cuadrados de números enteros consecutivos.

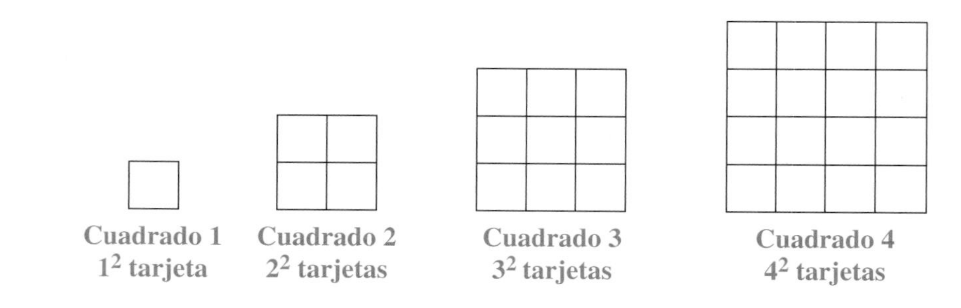

La diferencia entre los cuadrados de dos enteros consecutivos es el número de tarjetas que debes añadir para pasar de un cuadrado al siguiente. (Asegúrate de que entiendes por qué es verdadera.)

4. Piensa cómo podrías añadir las tarjetas para pasar de un cuadrado al siguiente en el siguiente patrón.

- **a.** Copia el patrón y colorea las tarjetas que se añaden en cada etapa.
- **b.** ¿Cuántas tarjetas se añaden para pasar del Cuadrado 1 al 2? ¿Del 2 al 3? ¿Del 3 al 4?
- **c.** ¿Cuántas tarjetas se añaden para pasar del Cuadrado n al Cuadrado $n + 1$? Explica cómo calculaste la respuesta.
- **d.** Si hiciste correctamente la Parte c, tu respuesta debería probar tu conjetura del Problema 3. ¿Puedes explicar cómo?

Comparte & resume

1. Explica de qué manera el encontrar la primera y la segunda diferencia te puede ayudar a determinar si una relación es lineal o cuadrática.
2. ¿Cómo hiciste tu conjetura en el Problema 3 en la Serie de problemas B?
3. ¿Cómo usaste la geometría para probar tu conjetura?

Investigación 2 Trabajo de detective

Hacer y probar conjeturas se parece un poco a ser detective. Podrías empezar con una corazonada y después investigar más, buscando pruebas para sustentar o refutar tus corazonadas. Los buenos detectives no buscan sólo pruebas que sustenten sus conjeturas, sino que también tratan de conservar una mente abierta y buscan pruebas de cualquier forma, aunque éstas muestren que sus corazonadas eran erróneas. Hasta un *contraejemplo,* un ejemplo que no sustenta una conjetura, probará que una conjetura es equivocada.

Serie de problemas C

Recuerda

Un número primo es un número con sólo dos números enteros como factores: 1 y el número mismo.

Los números primos son importantes en la criptografía, para estudiar los códigos. Muchos matemáticos han intentado encontrar una regla que genere números primos.

Considera la expresión $n^2 - n + 41$ como una posibilidad para tal regla.

1. Evalúa $n^2 - n + 41$ si $n = 1, 2, 3$ y 4. ¿Es cada resultado un número primo? (Ayuda: Si un número *no* es primo, debe tener un factor primo que sea igual o menor que su raíz cuadrada. Por ejemplo, cualquier número no primo menor que 100 debe tener 2, 3, 5 ó 7 como un factor.)
2. Trata con algunos otros valores de *n.* ¿Qué encontraste? Compara tus resultados con los de otros alumnos.
3. ¿Crees que la expresión generará *siempre* un número primo? Explica tu respuesta.
4. Prueba la expresión para $n = 41$. (No uses tu calculadora.) ¿Es primo el resultado?
5. Explica cómo podrías determinar la respuesta para el Problema 4 sólo observar la expresión $41^2 - 41 + 41$.

La marina estadounidense reclutó a soldados de la tribu navajo para desarrollar un código militar que los japoneses no pudieron descifrar.

He aquí cómo Dante y Kai pensaron acerca de la suma de números impares.

Serie de problemas D

1. Convéncete de que el argumento de Dante y Kai es razonable. Después trata de responder la pregunta de Dante: ¿Cómo podrías escribir el argumento para convencer a alguien más de que siempre debe ser verdadero?

2. Entonces Kai escribió sus argumentos de esta manera:

- *Si un número es par, se puede escribir como $2k$, donde k es un número entero.*
- *Si un número es impar, es 1 más que un número par, entonces se puede escribir como $2k + 1$.*
- *Entonces, impar + impar = $(2k + 1) + (2k + 1) = 4k + 2 = 2(2k + 1)$, que es un número par.*

Dante no está de acuerdo. Él dice: "Lo que has demostrado es que 2 veces un número impar es igual a un número par y eso ya es evidente porque ése es el significado de *par*".

a. Comenta esto con un compañero. ¿Quién tiene razón? Explica.

b. Si crees que Dante tiene razón, corrige el argumento de Kai.

3. Haz una conjetura sobre la suma de un número par y uno impar. Después, escribe un argumento convincente de por qué tu conjetura debe ser verdadera.

Serie de problemas E

Ben y Lucita estaban observando una tabla de datos de las variables x, y y z. Ben encontró que y era inversamente proporcional a x. Lucita encontró que z también era inversamente proporcional a x.

1. Haz una conjetura sobre la relación entre y y z.

Ahora, tratarás de probar tu conjetura.

2. Escribe ecuaciones para las relaciones que conoces.

a. la relación entre x y y

b. la relación entre x y z

3. Si es necesario, despeja x en cada una de las ecuaciones que escribiste en el Problema 2.

4. Ahora tienes dos expresiones, cada una igual a x. ¿Qué denota esto sobre la relación entre las dos expresiones? Escribe una ecuación que demuestre esto.

5. Luego, despeja y en términos de z. ¿Qué tipo de relación existe entre y y z? ¿Fue correcta tu conjetura?

Comparte & resume

1. ¿Qué le dirías a una amiga que te dice que puede probar que una fórmula general es correcta y después te demuestra que su fórmula sólo funciona en algunos ejemplos exclusivos?

2. ¿Por qué es importante comentar las pruebas de tus conjeturas con gente que podría no estar de acuerdo contigo acerca de las conjeturas?

Ejercicios por tu cuenta

En los Ejercicios 1 al 4, hiciste conjeturas sobre si la relación entre x y y es lineal, cuadrática o ninguna de las dos. Explica cómo lo decidiste.

1.

x	1	2	3	4	5	6	7
y	$^-1$	4	15	32	55	84	119

2.

x	1	2	3	4	5	6	7
y	4	16	64	256	1,024	4,096	16,384

3.

x	1	2	3	4	5	6	7
y	6	8	10	12	14	16	18

4.

x	1	2	3	4	5	6	7
y	4	12	24	40	60	84	112

5. Escribe una ecuación para la relación del Ejercicio 3.

6. En la Serie de problemas B, observaste en $D = (n + 1)^2 - n^2$ la diferencia entre los cuadrados de números enteros consecutivos. Considera esta ecuación:

$$d = (m + 2)^2 - m^2$$

En este caso, d es la diferencia entre el cuadrado de un número entero y el cuadrado de ese número entero más 2.

Números	Diferencia de cuadrados
1, 3	$3^2 - 1^2 = 8$
2, 4	$4^2 - 2^2 = 12$
3, 5	$5^2 - 3^2 = 16$
⋮	⋮
$m, m + 2$	$(m + 2)^2 - m^2 = d$

a. Copia y completa la tabla para mostrar el valor de d para los valores consecutivos de m.

m	1	2	3	4	5	6
d	8	12	16			

b. Usa lo que sabes sobre las diferencias constantes para determinar qué tipo de relación es $d = (m + 2)^2 - m^2$.

impactmath.com/self_check_quiz

c. Haz una conjetura acerca de cuál sería una ecuación más sencilla para *d.* Verifica que tu respuesta funcione para $m = 1$, $m = 2$ y $m = 3$.

d. Puedes usar la geometría para argumentar que tu conjetura es verdadera. A continuación hay tarjetas de 1^2 y 3^2. Piensa en la manera de añadir tarjetas para pasar de un cuadrado al siguiente. Copia el diagrama y colorea las tarjetas que añadas.

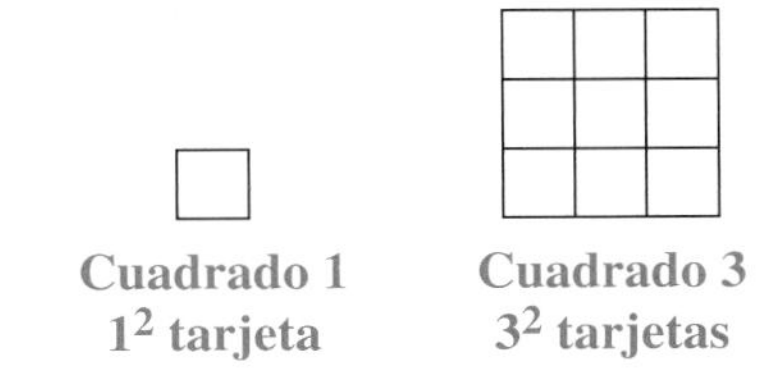

e. Dibuja tarjetas cuadradas para representar 2^2 y 4^2, colorea las tarjetas que añadas para pasar de un cuadrado al otro. Haz lo mismo para 3^2 y 5^2.

f. ¿Cuántas tarjetas añades para pasar del cuadrado n^2 al cuadrado para $(n + 2)^2$? Explica cómo calculaste la respuesta.

g. ¿Prueba tu respuesta de la Parte f tu conjetura para la Parte c? Explica tu respuesta.

7. Héctor supuso que cuando restas un número entero par de un número impar, el resultado es impar. Él trató de probar su conjetura.

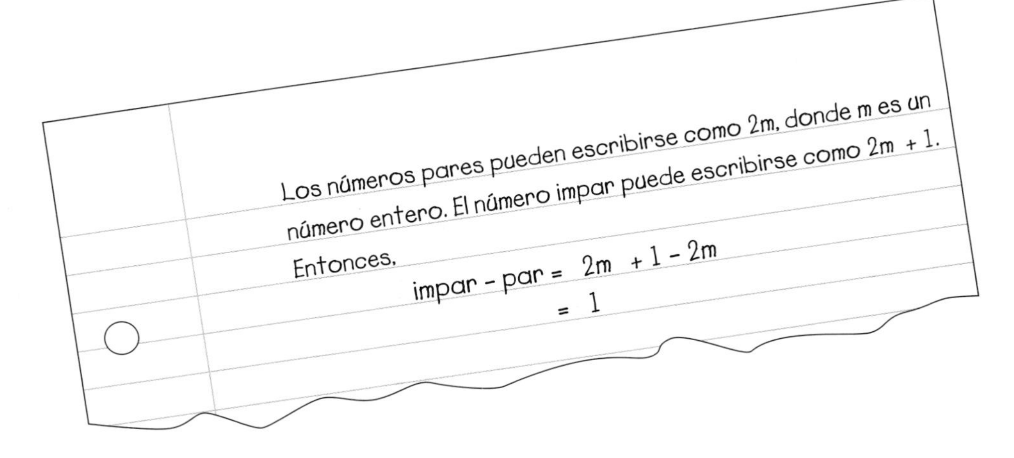

Héctor dice—Según mi prueba, un número impar menos un número par siempre es 1. Si esto no es cierto, ¿qué hice mal?

a. ¿Qué hizo mal Héctor?

b. Da una prueba correcta de la conjetura de Héctor.

8. Haz y prueba una conjetura sobre la diferencia entre dos números pares.

9. Haz y prueba una conjetura sobre la diferencia entre dos números impares.

10. No puedes probar una conjetura general con sólo verificar ejemplos específicos, sólo con un ejemplo falso, un contraejemplo, la descartará. Muestra que la conjetura $(m + n)^2 = m^2 + n^2$ es falsa, provee valores de m y n en los que no funcione.

11. Para cada enunciado, encuentra una prueba o un contraejemplo.

a. El recíproco de x por el recíproco de y es el recíproco de xy.

b. El recíproco de x más el recíproco de y es el recíproco de $x + y$.

12. A continuación, se muestra una tabla de valores para la ecuación cúbica $y = x^3$. Observa que ni las primeras ni segundas diferencias son constantes.

x	1	2	3	4	5	6	7
y	1	8	27	64	125	216	343
Primeras diferencias	7	19	37	61	91	127	
Segundas diferencias		12	18	24	30	36	

a. Calcula las *terceras diferencias.* ¿Qué observas?

b. Explora las primeras, segundas y terceras diferencias de dos ecuaciones cúbicas más. Trata de hacer una conjetura basada en tus hallazgos.

c. Haz una conjetura sobre las diferencias de una *ecuación cuártica* que pueda escribirse en la forma $y = ax^4 + bx^3 + cx^2 + dx + e$. Prueba tu conjetura en $y = x^4$.

13. Recuerda que la primera diferencia constante de una ecuación lineal es el valor de m cuando la ecuación se escribe en la forma $y = mx + b$. En este ejercicio, buscarás una relación entre una ecuación cuadrática y la segunda diferencia constante.

a. Calcula la segunda diferencia constante en esta tabla de valores para $y = \frac{1}{2}x^2 + 2x$.

x	1	2	3	4	5	6	7
y	2.5	6	10.5	16	22.5	30	38.5

Explica la diferencia entre hacer una conjetura y probarle algo a alguien.

b. Calcula la segunda diferencia constante en esta tabla de valores para $y = {}^{-}x^2 + 2x - 1$.

x	1	2	3	4	5	6	7
y	0	$^{-}1$	$^{-}4$	$^{-}9$	$^{-}16$	$^{-}25$	$^{-}36$

c. Calcula la segunda diferencia constante en esta tabla de valores para $y = 3x^2 - 9$.

x	1	2	3	4	5	6	7
y	$^-6$	3	18	39	66	99	138

d. En las Partes a, b y c, busca la relación entre la segunda diferencia constante y el coeficiente de x^2 en la ecuación cuadrática. Trata de hacer una conjetura sobre esta relación.

e. Prueba tu conjetura en por lo menos dos ecuaciones cuadráticas más.

Datos de interés

La conjetura de Goldbach se formuló en 1742. Aunque parece simple, nadie ha sido capaz de probar que es verdadera.

14. **Sentido numérico** La *conjetura de Goldbach* establece que cualquier entero par mayor que 2 se puede expresar como la suma de dos números primos. He aquí algunos ejemplos.

$$4 = 2 + 2 \qquad 6 = 3 + 3 \qquad 8 = 3 + 5$$

a. Prueba la conjetura con 10, 12 y 100.

b. ¿Parece verdadera la conjetura?

c. ¿Qué necesitas demostrar para probar tu conjetura?

En los Ejercicios 15 al 17, decide si la conjetura es verdadera o falsa. Trata de dar una prueba convincente de las conjeturas que sean verdaderas. Para las conjeturas falsas, da un contraejemplo.

15. El valor de $n^2 - n$ siempre es un número par.

16. El cuadrado de todo número par es un múltiplo de 4.

17. La diferencia entre cualesquiera dos números cuadrados es siempre un número par.

Repaso mixto

Indica si los puntos en cada grupo están sobre una recta.

18. (0, 0); (9, 0); (0, 2)

19. (0.3, $^-2$); ($^-1$, 4.5); (10.1, $^-51$)

20. ($^-3$, $^-14.8$); (0, $^-7.3$); (1.4, $^-3.8$)

21. Gerald recogió los siguientes datos de un experimento. Los datos son casi lineales. Grafica los datos y encuentra una ecuación para la recta de mejor ajuste.

Día	1	2	3	4	5	6	7
Altura (mm)	0.38	0.92	1.33	1.82	2.35	2.88	3.36

22. Calcula la pendiente de cada segmento.

a. Segmento a

b. Segmento b

c. Segmento c

d. Segmento d

e. Segmento e

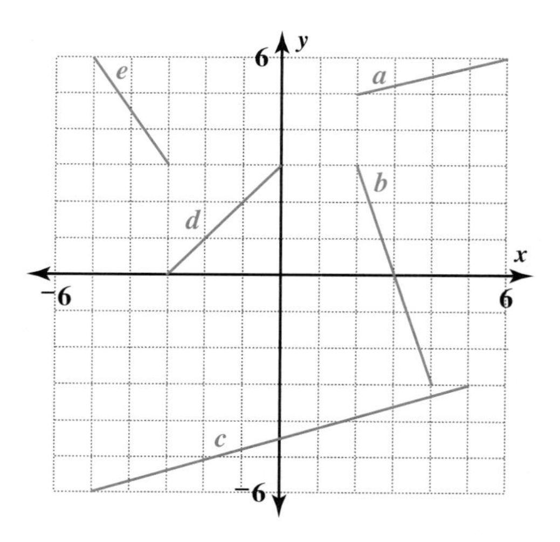

23. **Economía** Running Rapids cobra \$8.00 por el alquiler de una balsa y \$3.50 por cada paseo río abajo en la balsa.

a. Escribe una ecuación que represente cuánto gastarías en un día paseando río abajo con Running Rapids.

b. Tienes \$30 para gastar en Running Rapids. Con tu expresión de la Parte a, determina hasta cuántas veces podrías pasear en la balsa que alquilaste.

24. Para hacer el simulacro de sacar una de tres canicas de una bolsa, Neeraj lanzó un dado varias veces. Las canicas eran de colores diferentes: azul, blanca y morada. Obtener 1 ó 2 representa sacar la canica azul. Obtener 3 ó 4 representa sacar la canica blanca. Obtener 5 ó 6 representa sacar la canica morada.

¿Representa este simulacro sacar una canica y devolverla antes de sacar la siguiente? ¿O representa no regresar la canica a la bolsa, antes de sacar la siguiente? ¿Cómo lo sabes?

25. El servicio postal estadounidense cobra un franqueo extra por los sobres que exceden ciertos tamaños específicos: $11\frac{1}{2}$ pulgadas de largo y $6\frac{1}{8}$ pulgadas de alto. También cobra un cargo extra si la longitud dividida entre la altura es menor que 1.3 ó mayor que 2.5. Indica si los sobres de las dimensiones dadas requieren un franqueo extra.

a. 8 pulg por 4 pulg

b. 7 pulg por 6 pulg

c. 11.4 pulg por 5 pulg

d. 7 pulg por 7 pulg

e. 10 pulg por 3 pulg

f. 12 pulg por 7 pulg

Capítulo 2 Repaso & autoevaluación

Resumen del capítulo

VOCABULARIO
conjetura
ecuación cuadrática
ecuación cúbica
expresión cuadrática
hipérbola
inversamente proporcional
parábola
relación recíproca
variación inversa
vértice

Al igual que las relaciones lineales, las *relaciones cuadráticas* tienen ciertas características. Una relación cuadrática puede representarse con una ecuación de la forma $y = ax^2 + bx + c$ donde a, b y c son constantes y a no es 0. La gráfica de una ecuación cuadrática tiene una forma particular, llamada *parábola.*

Las *relaciones inversas* o *recíprocas* también tienen una forma particular llamada *hipérbola.* Has visto relaciones inversas con ecuaciones de la forma $y = \frac{a}{x}$, $y = \frac{1}{x + b}$ y $y = \frac{1}{x} + c$. Además, viste cómo son las ecuaciones y gráficas de las relaciones *cúbicas.*

También hiciste varias *conjeturas* en este capítulo. *Probar* una conjetura no sólo te permite convencer a otros de que es verdadera, sino que también te puede ayudar a entender *por qué* es verdadera.

Estrategias y aplicaciones

Las preguntas en esta sección te ayudarán a repasar y a aplicar las ideas y estrategias importantes desarrolladas en este capítulo.

Identifica relaciones cuadráticas de gráficas, ecuaciones y tablas

En las Preguntas 1 al 9, determina si la relación entre x y y podría ser cuadrática y explica cómo lo sabes.

1.

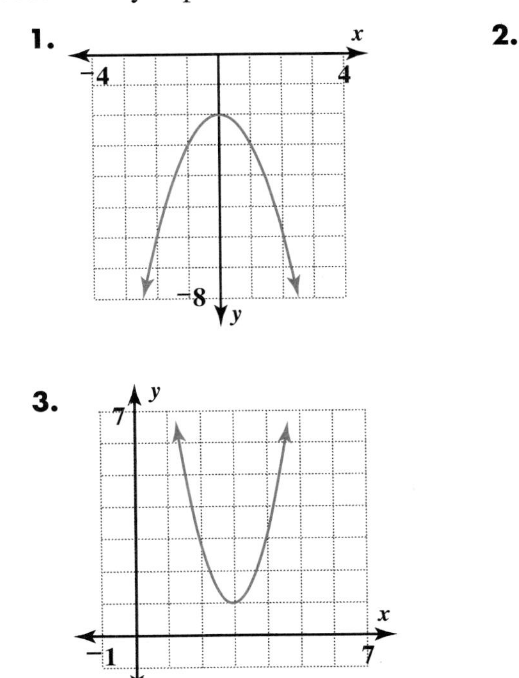

2.

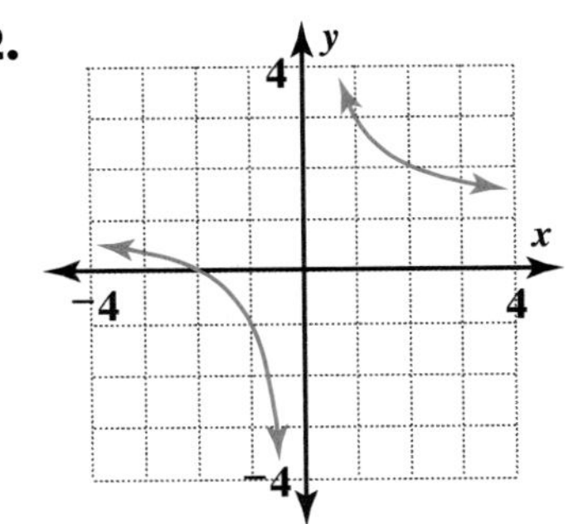

3.

4.

x	$^-3$	$^-2$	$^-1$	0	1	2	3
y	$^-10$	$^-7$	$^-4$	$^-1$	2	5	8

5.

x	$^-2$	$^-1$	0	1	2	3	4
y	$^-4$	$^-5$	$^-4$	$^-1$	4	11	20

6.

x	0	1	2	3	4	5	6
y	1	2	4	8	16	32	64

7. $y = 2x^3 + x^2$

8. $y = x(x + 2)$

9. $y = 2^x + 3$

Comprende las conexiones entre las ecuaciones y las gráficas cuadráticas

Relaciona cada ecuación con una de las siguientes gráficas.

10. $y = x^2$

11. $y = {}^-x^2$

12. $y = x^2 - 4x + 4$

13. $y = x^2 + 4$

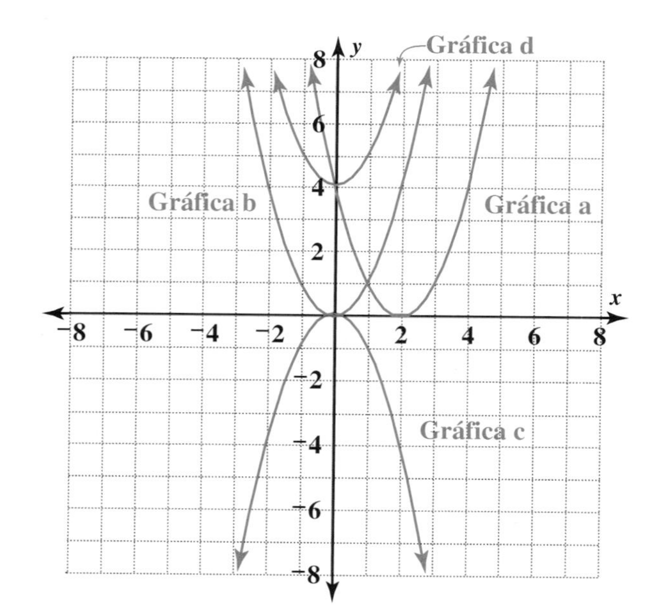

Reconoce relaciones inversas de descripciones escritas, gráficas, tablas y ecuaciones

En las Preguntas 14 al 22, determina si la relación entre x y y podría ser una relación inversa y explica cómo lo sabes.

14. **15.**

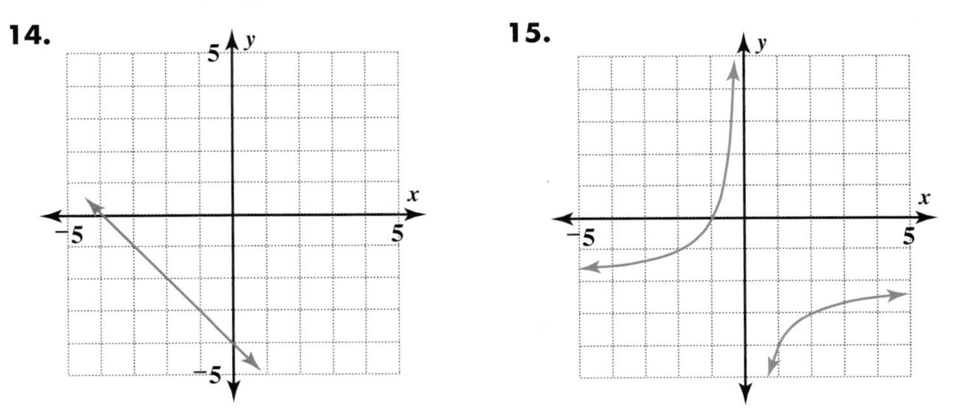

16. Carl vende diarios hechos a mano con páginas en blanco. Notó que por cada \$5 que le aumenta al precio x, sus ventas semanales y bajan en 20 libros.

17. Sandra tiene 60 tarjetas cuadradas. Ella trata de encontrar el número máximo posible de arreglos rectangulares de las 60 tarjetas y registra las dimensiones como longitud x y ancho y.

18.

x	1	2	4	5	6	9	10
y	60	30	15	12	10	$6\frac{2}{3}$	6

19.

x	0.5	1	1.5	2	2.5	3	3.5
y	840	420	280	210	168	140	120

20. $2xy = 7$

21. $y = \frac{x}{4}$

22. $x + 2 = \frac{1}{y}$

Resuelve problemas concretas que presenten relaciones cuadráticas e inversas

23. Una estación de radio transmite un concierto en vivo. Cuando los radioescuchas aplauden al final de cada canción, los niveles del sonido aumentan y llegan al máximo y des pués bajan de una manera que puede aproximarse a una ecuación cuadrática.

La gráfica muestra la relación entre el nivel de ruido n (en decibeles) y el tiempo t (en segundos) después de que termina una canción en particular.

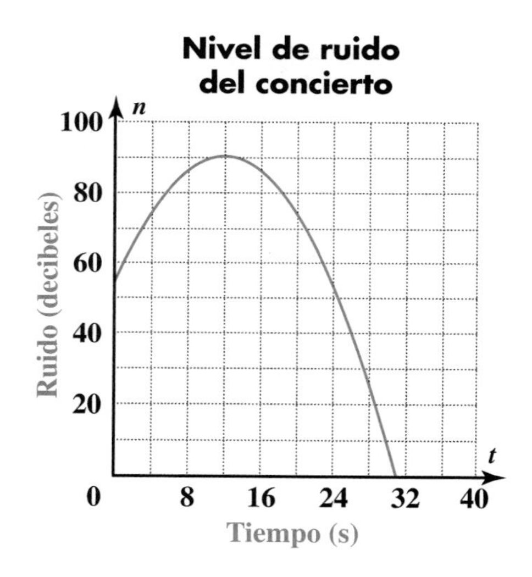

a. ¿En qué momento, después de que terminara la canción, era mayor el ruido? ¿Cuál fue el nivel del ruido?

b. Si un altoparlante trata de producir un sonido que es muy fuerte, éste *distorsiona* el sonido y produce estática. El personal baja el sonido que emite cuando el nivel sonoro sube más allá de 70 decibeles y lo mantiene bajo hasta que los decibeles vuelven a bajar a menos de 70. ¿Cuánto tiempo estuvo bajo el sonido después de la canción? ¿Cómo calculaste la respuesta?

c. Los niveles sonoros de 50 decibeles o menos se consideran sonidos ambientales normales. ¿Cuánto tiempo después de que empezaron los aplausos, fue aminorando el sonido hasta alcanzar el nivel de sonido ambiental normal?

24. Jeanine organizó un evento para darles a sus compañeros de clase la oportunidad de que leyeran sus poemas frente a un público. Ella hizo arreglos para que la biblioteca estuviera abierta 2 horas la noche del día de la lectura y quería determinar cuánto tiempo tendría cada poeta. Ella se dio cuenta de que dependería de la cantidad de poetas que invitara.

a. Escribe una ecuación que exprese la cantidad de tiempo t en minutos disponible para cada poeta si hay n poetas. Supón que un poeta empieza inmediatamente después de que otro poeta termina.

b. Si Jeanine invita a 8 poetas a leer, ¿cuánto tiempo tendrá cada uno?

c. Supón que Jeanine quiere darle 10 minutos a cada poeta. ¿Cuántos puede invitar?

Haz conjeturas

25. Considera estos grupos de tres números enteros consecutivos.

3, 4, 5 5, 6, 7 0, 1, 2 9, 10, 11

Compara los productos del primero y último número de cada grupo con el cuadrado del número de en medio.

a. Haz una conjetura sobre lo que observas.

b. Supón que el número del medio es x. ¿Cuáles son los otros dos números? Vuelve a plantear tu conjetura como un enunciado matemático usando x.

c. Encuentra un contraejemplo o una prueba para tu conjetura. (Ayuda: Observa geométricamente este problema.)

Demuestra tus destrezas

En los Ejercicios 26 al 31, haz un bosquejo preliminar que muestre la forma general y la ubicación de la gráfica de la ecuación.

26. $y = 3x^2$ **27.** $y = \frac{3}{x}$ **28.** $y = x^3$

29. $y = {}^-x^2 + 3$ **30.** $y = \frac{^-2}{x} - 1$ **31.** $y = (x + 1)^2$

CAPÍTULO 3

Exponentes y variación exponencial

Matemáticas en la vida diaria

Se trata solamente de un rumor ¿Has notado la rapidez con la que se esparcen los rumores? Por ejemplo, las personas que tienen correo electrónico, a menudo reciben advertencias de sus amigos sobre virus de computadoras. No obstante, a veces las advertencias sólo son rumores diseminados por personas bien intencionadas. Supón que una persona envía a 10 amigos suyos un mensaje de advertencia sobre un virus. Una hora más tarde, cada amigo que recibió el mensaje, manda a su vez un mensaje de advertencia a otros diez amigos, y así sucesivamente. En 7 horas, 10,000,000 de personas con correo electrónico habrán recibido el mensaje. ¡Ésta es la razón por la cual algunas personas aseguran que el único virus son los mensajes de advertencia!

En este capítulo, aprenderás que la diseminación de rumores y otras situaciones se pueden modelar usando relaciones exponenciales.

Piensa al respecto ¿En cuántos hogares estadounidenses crees que haya correo electrónico? ¿Crees que después de 7 horas la mayoría de ellos ya habrán recibido el mensaje de advertencia sobre el virus?

Carta a la familia

Estimados alumno(a) y familiares:

Vamos a iniciar el estudio de los exponentes y de los números demasiado grandes o demasiado pequeños. Los exponentes se pueden definir como una manera abreviada de expresar una multiplicación que se repite: $5 \times 5 \times 5$ equivale a 5^3. En este ejemplo, el exponente es 3. En esta ocasión, vamos a estudiar exponentes y raíces con una mayor profundidad.

También vamos a analizar relaciones que crecen (o se reducen) exponencialmente. En este tipo de relaciones, la cantidad de cambio aumenta (o disminuye) cada vez más. El crecimiento demográfico y el interés compuesto son ejemplos de crecimiento exponencial. Si depositas $100 en una cuenta de ahorros, con un interés del 7%, el saldo crecerá exponencialmente. Observa que aunque la tasa de interés no cambia, los intereses obtenidos aumentan cada año.

Año	Interés ganado	Saldo en la cuenta
1	$7.00	$107.00
2	$7.49	$114.49
3	$8.01	$122.50
4	$8.58	$131.08
5	$9.18	$140.26
6	$9.81	$150.07

También aprenderemos a diferenciar los números racionales de los irracionales, así como algunos métodos para trabajar con números irracionales. Los números racionales se definen como aquellos que se pueden expresar como el cociente de dos números enteros. Los números irracionales son aquéllos que al ser expresados en forma decimal, no son ni periódicos ni terminales, como por ejemplo $\sqrt{2}$ y π:

$\sqrt{2} = 1.414213562...$ $\qquad$ $\pi = 3.141592654...$

Vocabulario Aprenderemos varios nuevos términos a lo largo de este capítulo:

factor de descomposición	**números reales**	**raíz *en*ésima**
números racionales	**números irracionales**	**raíz cuadrada**
factor de crecimiento	**notación científica**	**signo radical**

¿Qué pueden hacer en el hogar?

Es probable que durante las siguientes semanas, su hijo(a) muestre interés en las relaciones exponenciales o en los números demasiado grandes o demasiado pequeños. Pueden ayudarlo(a) a identificar el tipo de situaciones en las que estas relaciones son comunes, como: el interés compuesto o la depreciación de un auto conforme pasan los años. Si encuentran noticias sobre números muy grandes o muy pequeños, pídanle a su hijo(a) que lo exprese usando notación estándar y notación científica; la deuda nacional es un buen ejemplo.

3.1 Repasa los exponentes

En tus estudios de matemáticas de los años anteriores, probablemente te encontraste con los exponentes. En esta lección, volverás a revisar los exponentes y cómo trabajar con expresiones que los incluyen.

Recuerda

Los puntos suspensivos ". . ." significan que la lista continúa con el mismo patrón.

Explora

Considera la lista de números.

$$2, 4, 8, 16, 32, 64, 128, \ldots$$

¿Cuáles pueden ser los siguientes dos números en esta lista?

¿Cómo describirías esta lista?

Elige cualquier número en la lista y duplícalo. ¿El resultado es otro número de la lista? ¿Sería esto cierto para *cualquier* número en la lista? ¿Por qué sí o por qué no?

Selecciona dos números en la lista y multiplícalos. ¿El producto es otro número en la lista? ¿Sería esto cierto para dos números *cualesquiera* en la lista? Explica tu respuesta.

Investigación 1 Exponentes enteros positivos

Todos los números en la lista de Explora son potencias de 2. Esto significa que puedes calcularlos todos multiplicando 2 por sí mismo cierto número de veces. Recuerda que puedes usar *exponentes* enteros positivos para mostrar que un número llamado *base* se multiplica por sí mismo.

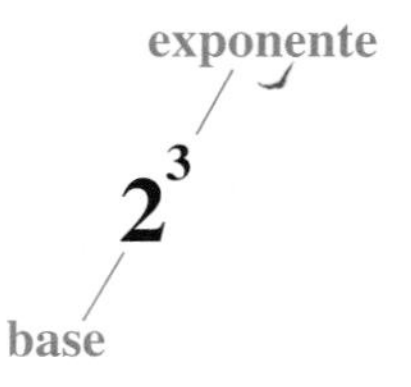

$$2^3 = 2 \cdot 2 \cdot 2 \qquad 5^4 = 5 \cdot 5 \cdot 5 \cdot 5 \qquad 120^1 = 120$$

Serie de problemas A

1. Revisa de nuevo la lista de Explora.

$$2, 4, 8, 16, 32, 64, 128, \ldots$$

   a. Usa un exponente para escribir 128 como una potencia de 2.

   b. Escribe una expresión para el *en*ésimo número en la lista.

   c. ¿Está 6,002 en esta lista? ¿Cómo lo sabes?

   d. ¿Está 16,384 en esta lista? ¿Cómo lo sabes?

2. Tamika inició otra lista de números usando potencias enteras positivas con 4 como base.

   a. ¿Cuáles son los 10 primeros números en la lista de Tamika?

   b. ¿Está 2,048,296 en su lista? ¿Cómo lo sabes?

   c. ¿Está el número 262,144 en su lista? ¿Está también en la lista del Problema 1? ¿Cómo lo sabes?

   d. Los números 4,096 y 8,192 están en la lista en el Problema 1. ¿También están en la lista de Tamika?

   e. **¡Pruébalo!** Tamika hizo la conjetura de que cada número en su lista también está en la lista del Problema 1. Explica por qué la conjetura es verdadera o da un contraejemplo.

Recuerda

Un *contraejemplo* es un ejemplo para el que una conjetura no es válida. Un contraejemplo prueba que una conjetura es incorrecta.

Serie de problemas B

Menciona si cada enunciado es *a veces*, *siempre* o *nunca verdadero* para los valores enteros positivos de *n*. Si es a veces verdadero, establece para qué valores es verdadero.

1. $2^n = 2{,}048$

2. 3^n es menor que 1,000,000 (esto es, $3^n < 1{,}000{,}000$)

3. $4^n = 2{,}048$

4. 0.5^n está entre 0 y 1 (esto es, $0 < 0.5^n < 1$)

Lee este poema y contesta los Problemas 5 al 9, usando potencias para escribir tus respuestas.

Fuerzo el lado del baúl;
Dentro, me esperan seis cajones.
Cada cajón tiene seis cajas amarillas
Hay seis zorras pintadas en cada cara.
Cada zorra tenía seis ojos verdes.
¿Zorras extraterrestres? ¡Qué sorpresa!

5. ¿Cuántos cajones había en el baúl?

6. ¿Cuántas cajas había en el baúl?

7. ¿Cuál era el número total de caras en las cajas del baúl?

8. ¿Cuántas zorras había en el baúl?

9. ¿Cuál era el número total de ojos de las zorras del baúl?

Recuerda

$(^-2)^2 = (^-2)(^-2) = 4$

$(^-2)^3 = (^-2)(^-2)(^-2) = {}^-8$

$^-2^2 = {}^-(2^2) = {}^-4$

Sin calcular los valores de los números en cada par, indica qué número es el mayor. Explica tus respuestas.

10. 3^{18} ó 3^{20} **11.** $(^-2)^8$ ó $(^-2)^{19}$ **12.** $^-3^{500}$ ó $^-3^{800}$

13. Considera potencias de $\frac{1}{2}$.

a. Sin usar tu calculadora, calcula tres valores de enteros positivos de n para los que $\left(\frac{1}{2}\right)^n$ es menor que $\left(\frac{1}{2}\right)^3$.

b. Describe todos los enteros positivos para los que $\left(\frac{1}{2}\right)^n$ es menor que $\left(\frac{1}{2}\right)^3$.

c. ¿Cómo sabes que tu respuesta para la Parte b es correcta?

14. Sin calcular, indica qué número es mayor $\left(-\frac{1}{3}\right)^{34}$ ó $\left(-\frac{1}{3}\right)^{510}$. Explica cómo sabes que tu respuesta es correcta.

VOCABULARIO
notación científica

Recuerda que la notación científica usa potencias de 10. Un número está escrito en **notación científica** cuando se expresa como un producto de una potencia de 10 y un número mayor que o igual a 1 pero menor que 10. Por ejemplo:

$$3{,}456 = 3.456 \times 10^3 \qquad 10{,}000{,}000 = 1 \times 10^7$$

Serie de problemas C

1. Copia y completa la tabla sin usar tu calculadora.

Descripción	Número en forma estándar (aproximado)	Número en notación científica
Tiempo desde que los dinosaurios comenzaron a merodear en la Tierra (años)	225,000,000	
Proyección de la población mundial en 2010		6.8×10^9
Distancia de la Tierra a la galaxia Andrómeda (millas)		1.5×10^{19}
Masa del Sol (kg)	2,000,000,000,000,000,000,000,000,000,000	

Para cada par de números, indica cuál es mayor.

2. 2.34×10^5 ó 1.35×10^6

3. 3.83312×10^{31} ó 8.1×10^{32}

Comparte & resume

1. Explica lo que significa a^b, suponiendo que b es un entero positivo.

2. ¿Como decidirías si a^5 es mayor que o menor quen a^7? Supón que a es positiva y no es igual a 1.

Investigación 2 Exponentes enteros negativos

En la Investigación 1, trabajaste con exponentes que eran enteros positivos. Recuerda de otros cursos de matemáticas que los exponentes también pueden ser enteros negativos.

Piensa & comenta

Considera esta lista de números.

$$\ldots, \frac{1}{27}, \frac{1}{9}, \frac{1}{3}, 1, 3, 9, 27, \ldots$$

Supón que la lista continúa en ambas direcciones.

¿Qué número le podría seguir a 27? ¿Qué número podría preceder a $\frac{1}{27}$?

Escribe 27, 9 y 3 usando exponentes enteros y la misma base.

Supón que el patrón en la forma exponencial, que acabas de escribir, continúa con los otros números en la lista anterior. Usa el patrón para escribir las formas exponenciales de 1, $\frac{1}{3}$, $\frac{1}{9}$ y $\frac{1}{27}$.

Piensa & comenta te puede haber recordado cómo usar 0 y los enteros negativos como exponentes.

Para cualquier número a que no sea igual a 0 y para cualquier entero b:

$$a^0 = 1 \quad \text{y} \quad a^{-b} = \frac{1}{a^b} = \left(\frac{1}{a}\right)^b$$

Por ejemplo,

$2^0 = 1$ $\qquad$ $8^{-3} = \left(\frac{1}{8}\right)^3 = \frac{1}{512}$

$0.25^0 = 1$ $\qquad$ $(^-5)^{-5} = \frac{1}{(^-5)^5} = {}^-\frac{1}{3,125}$

Serie de problemas D

Para estos problemas no uses tu calculadora.

1. Escribe cada número sin usar un exponente.

a. 4^{-1}

b. $^{-}5^{-3}$

c. 1.43536326^0

2. Considera estos números.

$$3^2 \quad 3^{-2} \quad \left(\frac{1}{3}\right)^2 \quad \frac{1}{3^2} \quad \frac{1}{9} \quad 9$$

a. Ordena los números en dos grupos de manera que todos los números en cada grupo sean iguales unos a otros.

b. ¿A qué grupo pertenece $\left(\frac{1}{3}\right)^{-2}$?

Recuerda
Dividir entre un número es lo mismo que multiplicarlo por su recíproco.

3. Escribe cada número sin usar un exponente.

a. $\left(\frac{4}{5}\right)^{-2}$

b. 0.5^{-3}

4. Ordena estos números en dos grupos de manera que todos los números en cada grupo sean iguales unos a otros.

$$\left(\frac{2}{3}\right)^2 \quad \left(\frac{2}{3}\right)^{-2} \quad \left(\frac{3}{2}\right)^2 \quad \left(\frac{3}{2}\right)^{-2} \quad \frac{3^2}{2^2} \quad \frac{9}{4} \quad \frac{4}{9}$$

5. Ordena estos números en cuatro grupos de manera que todos los números en cada grupo sean iguales unos a otros.

$$10^3 \quad 10^{-3} \quad (^{-}10)^{-3} \quad \frac{1}{(^{-}10)^3} \quad \frac{1}{1{,}000} \quad ^{-}1{,}000 \quad \left(\frac{1}{10}\right)^{-3}$$

$$\left(\frac{1}{10}\right)^3 \quad \left(-\frac{1}{10}\right)^{-3} \quad \frac{1}{10^3} \quad 1{,}000 \quad \left(-\frac{1}{10}\right)^3 \quad \frac{^{-}1}{1{,}000} \quad (^{-}10)^3$$

6. Reto Ordena estos números en dos grupos de manera que todos los números en cada grupo sean iguales unos a otros.

$$\left(\frac{a}{b}\right)^3 \quad \left(\frac{b}{a}\right)^{-3} \quad \left(\frac{a}{b}\right)^{-3} \quad \left(\frac{b}{a}\right)^3 \quad \frac{b^3}{a^3} \quad b^3 \div a^3 \quad a^3 \div b^3$$

7. ¿Cuáles de éstos son equivalentes a a^{-n}?

$$\frac{1}{a^n} \quad ^{-}a^n \quad \left(\frac{1}{a}\right)^n \quad 1 \div a^n$$

8. ¿Cuáles de éstos son equivalentes a $\left(\frac{1}{a}\right)^{-n}$?

$$\frac{1}{a^{-n}} \quad a^n \quad -\left(\frac{1}{a}\right)^n \quad 1 \div a^n$$

9. ¿Cuáles de éstos son equivalentes a $\left(\frac{a}{b}\right)^{-n}$?

$$\frac{a}{b^n} \quad \left(\frac{b}{a}\right)^n \quad \frac{a^{-n}}{b^{-n}} \quad \frac{b^n}{a^n}$$

Piensa & comenta

Cuando una fracción se eleva a una potencia entera negativa, ¿cómo puedes encontrar una fracción equivalente usando una potencia entera positiva? Por ejemplo, ¿cómo hallas la fracción equivalente a $\left(\frac{5}{7}\right)^{-3}$?

Serie de problemas E

Menciona si cada enunciado es *a veces*, *siempre* o *nunca verdadero* para los valores enteros (positivo, negativo ó 0) de *n*. Si es verdadero, a veces, indica para qué valores es verdadero.

1. $2^n = \frac{1}{2,048}$

2. 3^n es menor que 1 (es decir, $3^n < 1$)

3. 5^n está entre 0 y 1 ó es igual a 0 ó 1 (es decir, $0 \leq 5^n \leq 1$)

Sin calcular los valores de los números en cada par, indica qué número es mayor. Explica cómo sabes que tu respuesta es correcta.

4. 7^{-89} ó 7^{-90}

5. 3^{-15} ó 6^{-15}

6. 0.4^{-5} ó 0.4^{-78}

7. $^{-}9^{-4}$ ó $^{-}0.5^{-4}$

8. $(^{-}2)^{-280}$ ó $(^{-}2)^{-282}$

9. $(^{-}50)^{-45}$ ó $(^{-}50)^{-51}$

10. 0.3^{-50} ó 1.3^{-50}

Como sabes, puedes usar la notación científica con potencias enteras positivas de 10 para expresar números muy grandes. De la misma forma, puedes usar potencias enteras negativas de 10 para expresar números muy pequeños. Por ejemplo:

$$0.003456 = 3.456 \times 10^{-3}$$

$$0.0000001 = 1 \times 10^{-7}$$

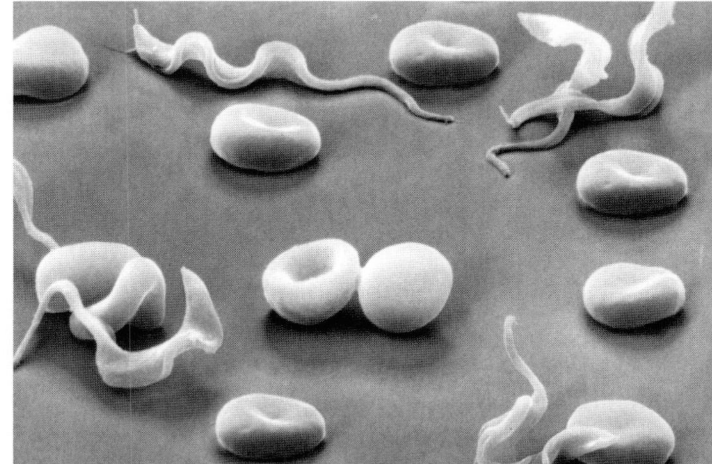

El protozoo *Trypanosoma*, la causa de la enfermedad del sueño de África Oriental, ha invadido estos glóbulos rojos. Los glóbulos rojos miden aproximadamente 5×10^{-3} cm. ¿Puedes estimar la longitud del *Tripanosoma*?

Serie de problemas F

1. Completa la siguiente tabla sin usar tu calculadora.

Descripción	Número en forma estándar (aproximado)	Número en notación científica
Masa promedio de un átomo de hidrógeno (gramos)	0.0000000000000000000000016735	
Diámetro del cuerpo de una célula de Purkinje (metros)		8×10^{-5}
Diámetro de algunas grasas en el cuerpo (metros)		5×10^{-10}
Masa promedio de un átomo de oxígeno (gramos)	0.000000000000000000000026566	

Para cada par de números, indica cuál es mayor.

2. 2.34×10^{-5} ó 1.35×10^{-6}

3. 3.83312×10^{-31} u 8.1×10^{-32}

Datos de interés

Una célula de Purkinje es un tipo de célula cerebral llamada *neurona*. El cerebro humano contiene aproximadamente 30 millones de éstas.

Comparte & resume

1. Explica lo que significa a^{-b} suponiendo que b es un entero positivo.

2. ¿Cómo decidirías si a^{-5} es mayor o menor que a^{-7}? Supón que a es positivo y no es igual a 1.

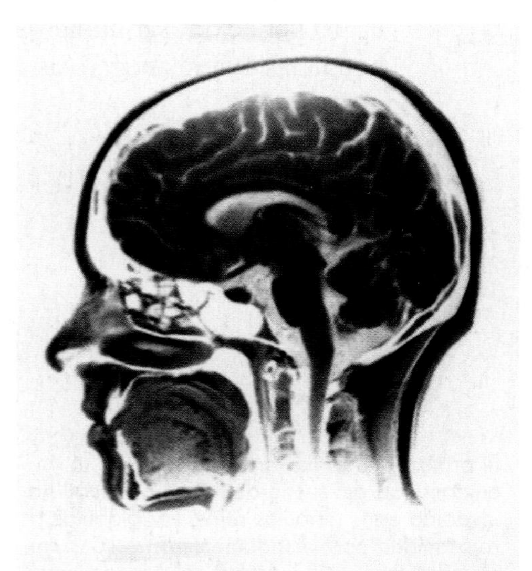

Investigación 3 Leyes de exponentes

Recuerda de clases de matemáticas anteriores las siguientes *leyes de exponentes,* que pueden hacer más simples los cálculos con exponentes. En estas leyes, las bases a y b no pueden ser 0 si se encuentran en un denominador o si se elevan a un exponente negativo o a 0.

Ley de productos	**Ley de cocientes**	**Ley de potencia de una potencia**
$a^b \cdot a^c = a^{b+c}$	$\frac{a^b}{a^c} = a^{b-c}$	$(a^b)^c = a^{bc}$
$a^c \cdot b^c = (ab)^c$	$\frac{a^c}{b^c} = \left(\frac{a}{b}\right)^c$	

EJEMPLO

Ben explica cómo recuerda la primera ley de productos.

En la siguiente serie de problemas, pensarás en formas de explicar por qué algunas de las otras leyes de exponentes son verdaderas. Aunque estas leyes son verdaderas para todos los valores enteros de los exponentes, te concentrarás en enteros positivos o negativos para facilitar tu trabajo. Usa el razonamiento de Ben como una guía.

Serie de problemas G

1. ¡Pruébalo! En este problema, demostrarás por qué la primera ley de cocientes $\frac{a^b}{a^c} = a^{b-c}$, funciona para exponentes enteros y positivos. Supón que $a \neq 0$.

a. Primero demuestra que la ley funciona cuando $b > c$.

b. Ahora demuestra que la ley funciona cuando $b < c$.

2. ¡Pruébalo! Demuestra que la segunda ley de productos, $a^c \cdot b^c = (ab)^c$, funciona para exponentes enteros negativos. Ayuda: Sea $c = {}^-x$ para un entero positivo x.

Serie de problemas H

1. Copia esta tabla de multiplicación. Sin usar tu calculadora, calcula las expresiones faltantes. Escribe todas las respuestas como potencias.

$\times$	3^{-2}	3^x	3^4
3^4			
3^a			
${}^-3^2$			

2. Copia esta tabla de divisiones. Sin usar tu calculadora, calcula las expresiones faltantes dividiendo la primera expresión, en ese renglón, por la expresión, en esa columna. Por ejemplo, la primera celda sin sombreado representa el cociente $2a^4 \div a^5$, ó $\frac{2a^4}{a^5}$, lo cual es equivalente a $2a^{-1}$. Escribe todas las respuestas como potencias o potencias de productos.

$\div$	a^5	a^{-2}	$(a^3)^2$
$2a^4$			
a^{-3}			
$(2a)^5$			

3. Copia esta tabla. Sin usar tu calculadora, completa las expresiones faltantes. Escribe todas las respuestas como potencias o potencias de productos.

×		$2a$		
b^{-4}	b^4			
a^8			$a^{10}b^{-4}$	a^8b^{-8}
			b	
		$(2ab)^4$		

Serie de problemas I

Para estos problemas, no uses tu calculadora.

1. Vuelve a plantear cada expresión con una sola base.

a. $(a^{-m})^0$ (Supón $a \neq 0$.)

b. $[(^-d)^3]^4$

c. **Reto** $(^-10^{-4})^{-5}$

2. Vuelve a plantear cada expresión con una sola base.

a. $(2^3 \cdot 2)^2$

b. $(a^m)^n \div (a^{-m})^n$

c. $4^3 \cdot n^3 \div (^-16n)^3$

3. Encuentra por lo menos dos formas de escribir cada expresión como un producto de dos expresiones.

a. $32n^{10}$

b. m^7b^{-7}

Comparte & resume

Sin usar una calculadora, vuelve a plantear esta expresión en forma tan reducida como puedas. Muestra cada paso de tu trabajo y registra cada ley de exponentes, que uses para cada paso.

$$\frac{2^6n^3}{(16n^2)^3}$$

Investigación 4 Leyes de exponentes y notación científica

Lucita y Tala comentaban cómo multiplicar 4.1×10^4 por 3×10^6.

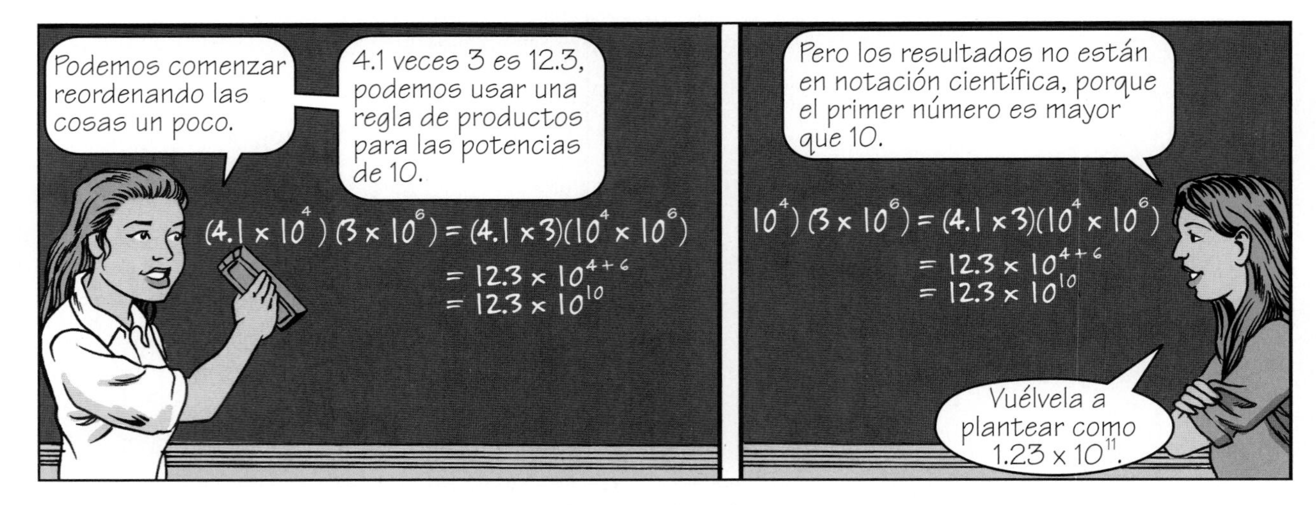

¿Cómo dividirías dos números escritos en notación científica? Por ejemplo, ¿qué es $(2.12 \times 10^{14}) \div (5.3 \times 10^6)$? Escribe tu resultado en notación científica.

Serie de problemas J

Para estos problemas no uses tu calculadora a menos que se te indique lo contrario.

1. Hay aproximadamente 4×10^{11} estrellas en nuestra galaxia y aproximadamente 10^{11} galaxias en el universo visible.

a. Si cada galaxia tiene tantas estrellas como la nuestra, ¿cuántas estrellas hay en el universo visible? Demuestra cómo determinaste tu respuesta.

b. Si sólo 1 en cada 1,000 estrellas del universo visible tiene un sistema planetario, ¿cuántos sistemas planetarios hay? Demuestra cómo determinaste tu respuesta.

Estimaciones del número de estrellas y el número de galaxias se revisan conforme los astrónomos recopilan más datos sobre el universo.

Recuerda
1 billón es 1,000,000,000.

c. Si 1 de cada 1,000 de esos sistemas planetarios tiene por lo menos un planeta con condiciones adecuadas para la vida tal como la conocemos, ¿cuántos sistemas como tal habría? Demuestra cómo determinaste tu respuesta.

d. Al final del siglo XX, la población de la Tierra se estimaba en 6 billones de personas. Compara este número con tu respuesta de la Parte c. ¿Qué significa tu respuesta en términos de esta situación?

2. *Escherichia coli* es un tipo de bacteria que a veces se encuentra en las piscinas. Cada bacteria *E. coli* tiene una masa de 2×10^{-12} gramos. El número de bacterias aumenta de manera que, después de 30 horas, una bacteria ha sido reemplazada por una población de 4.8×10^{8} bacterias.

a. Supón que una piscina comienza con una población de una sola bacteria. ¿Cuál será la masa de la población después de 30 horas?

b. Un clip pequeño tiene una masa de aproximadamente 1 gramo. ¿Cuántas veces más grande que la masa 4.8×10^{8} de las bacterias *E. coli* es la masa del clip? Demuestra cómo determinaste tu respuesta.

3. La velocidad de la luz es aproximadamente 2×10^{5} millas por segundo.

a. En promedio, la luz tarda 500 segundos en viajar del Sol a la Tierra. ¿Cuál es la distancia promedio del Sol a la Tierra? Escribe tu respuesta en notación científica.

b. La estrella Alfa Centauri está aproximadamente a 2.5×10^{13} millas de la Tierra. ¿Cuántos segundos tarda la luz en viajar entre Alfa Centauri y la Tierra?

c. Usa la respuesta de la Parte b para estimar cuántos años tarda la luz en viajar entre Alfa Centauri y la Tierra. Puedes usar tu calculadora.

Hay 88 constelaciones, o grupos de estrellas, que forman patrones fácilmente identificables conocidas actualmente. Ésta es la constelación Orión, "el Cazador".

4. Estos datos muestran los estimados actuales de la energía liberada por los tres terremotos más grandes registrados en la Tierra. El *joule* es una unidad para medir energía, bautizada en honor del físico británico James Prescott Joule.

Terremotos más grandes registrados

Ubicación	Fecha	Energía liberada (joules)
Tambora, Indonesia	Abril de 1815	8×10^{19}
Santorini, Grecia	aproximadamente 1470 A.C.	3×10^{19}
Krakatoa, Indonesia	Agosto de 1883	6×10^{18}

a. ¿Cuántas veces más potente que el terremoto de Krakatoa fue el terremoto de Santorini?

b. ¿Cuántas veces más potente que el terremoto de Krakatoa fue el terremoto de Tambora?

5. Una científica está desarrollando un cultivo de células. El cultivo contiene actualmente 2×10^{12} células.

a. El número de células se duplica diariamente. Si la científica no usa ninguna de las células para un experimentó hoy, ¿cuántas células tendrá mañana?

b. Si ella usa 2×10^9 de las 2×10^{12} células para un experimento, ¿cuántas le quedarán? Muestra cómo determinaste la respuesta. Ojo, ¡Este problema es diferente a los otros que has hecho!

Serie de problemas K

Copia estas tablas de multiplicación y división. Sin usar tu calculadora, encuentra las expresiones faltantes. Escribe todas las respuestas en notación científica. Para una tabla de divisiones, divide el rótulo de la fila entre el rótulo de la columna.

$\times$	4×10^{28}	
$^-2 \times 10^{12}$		4×10^5
6×10^{-20}		
8×10^a		

$\div$	2×10^6	
$^-4 \times 10^{12}$		2×10^5
8×10^{-10}		
8×10^a		

Comparte & resume

Jordan escribió sus cálculos para tres problemas con notación científica. Corrige su trabajo en cada problema. Si su trabajo es correcto escribe "correcto". Si es incorrecto, escribe una nota que explique su error y cómo resolver el problema.

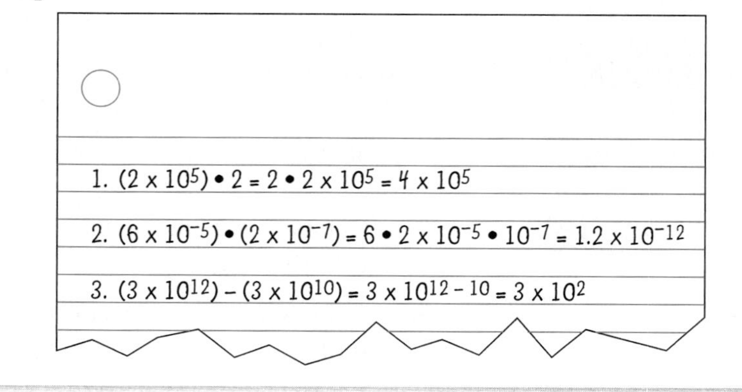
1. $(2 \times 10^5) \bullet 2 = 2 \bullet 2 \times 10^5 = 4 \times 10^5$

2. $(6 \times 10^{-5}) \bullet (2 \times 10^{-7}) = 6 \bullet 2 \times 10^{-5} \bullet 10^{-7} = 1.2 \times 10^{-12}$

3. $(3 \times 10^{12}) - (3 \times 10^{10}) = 3 \times 10^{12-10} = 3 \times 10^2$

Modela nuestro sistema solar

MATERIALES

- cinta adhesiva de papel
- regla

En esta investigación, examinarás las distancias relativas entre los cuerpos en nuestro sistema solar.

Haz una predicción

Las distancias promedio de los planetas desde el Sol, a menudo se escriben en notación científica.

Planeta	Distancia promedio al Sol (millas)
Mercurio	3.6×10^7
Venus	6.7×10^7
Tierra	9.3×10^7
Marte	1.4×10^8
Júpiter	4.8×10^8
Saturno	8.9×10^8
Urano	1.8×10^9
Neptuno	2.8×10^9
Plutón	3.7×10^9

Datos de interés

Cada 248 años, las órbitas de Plutón y Neptuno se cruzan y Plutón se vuelve el octavo planeta en lugar del noveno a partir del Sol.

Imagínate alinear los planetas con el Sol en un extremo y Plutón en el otro, de manera que cada planeta esté a su distancia promedio al Sol. ¿Cómo estarían espaciados los planetas? Aquí está la predicción de un estudiante:

Sol

1. Ahora haz tu propia predicción. Sin usar tu calculadora, dibuja una versión a escala de los planetas alineados en línea recta a partir del Sol. No te preocupes por el tamaño de los planetas.

Crea un modelo

Para verificar tu predicción, algunos de los miembros de tu clase representarán partes del sistema solar en un modelo a gran escala. El modelo a escala te permitirá comparar las distancias promedio al Sol, aunque no modelará los tamaños relativos de los planetas.

En un espacio grande, usa cinta adhesiva de papel para marcar una línea a lo largo de la cual harás un modelo. El Sol estará en un extremo de la línea, Plutón estará en el otro.

Con tu clase, contesta las tres preguntas siguientes para determinar las posiciones de los planetas en tu modelo.

2. Mide la longitud de la línea. Ésta será la distancia entre el Sol y Plutón en tu modelo.
3. ¿Cuál es la distancia real en millas entre el Sol y Plutón?
4. ¿Por qué número multiplicarás las distancias (en pies) en tu modelo para calcular la distancia real (en millas)?
5. ¿Cómo puedes calcular las distancias de los planetas al Sol en tu modelo?
6. Usa tu respuesta a la Pregunta 5 para estimar la distancia entre cada planeta y el Sol en tu modelo de escala. Copia la tabla, escribe la unidad apropiada en la última columna, después registra las distancias a escala.

Planeta	Distancia promedio al Sol (millas)	Distancia promedio al Sol en el modelo a escala (____)
Mercurio	3.6×10^7	
Venus	6.7×10^7	
Tierra	9.3×10^7	
Marte	1.4×10^8	
Júpiter	4.8×10^8	
Saturno	8.9×10^8	
Urano	1.8×10^9	
Neptuno	2.8×10^9	
Plutón	3.7×10^9	

The Nine Planets es uno de muchos sitios Web que contienen información sobre nuestro sistema solar. Este sitio usa una convención común para la notación científica en la que los símbolos "$\times$ 10" se reemplazan con la letra "e"; el exponente le sigue como un número de tamaño completo. Usando esta convención, 3.6×10^7 se escribe 3.6 e7.

Tu maestro le asignará a tu grupo un planeta o el Sol. Tu grupo debe hacer un letrero con el nombre del planeta (o el Sol) y su distancia promedio al Sol, en millas, en notación científica.

Decide con tu clase en qué extremo de la recta estará el Sol y determina a dónde pertenece tu cuerpo celeste en el modelo a escala. Elige un miembro de tu grupo que se pare sobre la recta con el letrero y represente el cuerpo celeste.

Verifica tu predicción

Contesta estas preguntas con tu clase.

7. ¿Cuál par de planetas está más cerca? ¿Cuál es la distancia real entre ellos?

8. ¿Cuántos planetas adyacentes están más separados? (*Adyacente* significa al lado del otro.) ¿Cuál es la distancia real entre ellos?

9. Compara las dos distancias en las Preguntas 7 y 8. ¿Cuántas veces más separados están los planetas de la Pregunta 8 que los planetas de la Pregunta 7?

10. ¿Tu diagrama da una ilustración razonablemente exacta de las distancias?

11. ¿Hubo algo sobre el espacio entre los planetas que te haya sorprendido? Si es así, ¿qué fue?

12. ¿Hubo algo acerca del espaciamiento de los planetas que *no* te sorprendió? Si es así, ¿qué fue?

13. La Luna está a un promedio de 2.4×10^5 millas de la Tierra.

a. Sin calcular, estima dónde estaría la Luna en tu modelo y pídele a tu profesor que se pare ahí.

b. Ahora calcula la distancia exacta a escala de la Luna a la Tierra en tu modelo.

c. ¿Fue correcta tu estimación sobre la posición de la Luna? De no ser así, ¿qué fue diferente?

¿Que aprendiste?

14. Dibuja una revisión a escala de los planetas que muestre la distancia relativa entre los mismos. No te preocupes de la representación del tamaño de los planetas, pero haz tu mejor intento para obtener la distancia correcta entre ellos.

15. Abajo hay tres rectas numéricas marcadas con números en notación científica. ¿Qué recta numérica tiene los números en los lugares correctos?

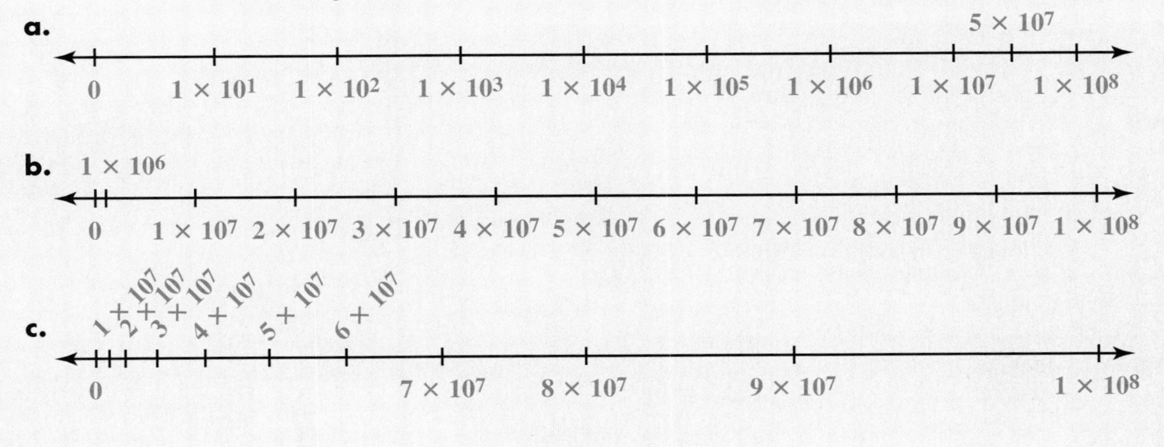

Ejercicios por tu cuenta

Practica & aplica

1. **Estudios sociales** Uno de estos números está en notación estándar y uno en notación científica. Uno es la población mundial en 1750, el otro es la población mundial en 1950.

   2.56×10^9 725,000,000

   ¿Cuál crees que es la población mundial en 1750? ¿En 1950? Explica tu razonamiento.

2. ¿Para qué valores de n, si los hay, será n^2 igual o menor que 0?

3. ¿Para qué valores de n, si los hay, será n^3 igual o menor que 0?

Dado que n representa un entero positivo, decide si cada enunciado es *a veces, siempre* o *nunca verdadero*. Si es a veces verdadero, menciona para qué valores los es.

4. $4^n = 65{,}536$

5. 4^n es menor que 1,000,000 (es decir, $4^n < 1{,}000{,}000$)

6. n^2 es negativo (es decir, $n^2 < 0$)

7. 0.9^n es mayor que 0 igual a 0, y al mismo tiempo 0.9^n es menor que o igual a 1 (es decir, $0 \leq 0.9^n \leq 1$)

8. ¿Para qué valores positivos de x será x^{20} mayor que x^{18}?

9. ¿Para qué valores positivos de x será x^{18} mayor que x^{20}?

10. ¿Para qué valores positivos de x será x^{18} igual a x^{20}?

11. ¿Para qué valores negativos de x será x^{20} mayor que x^{18}?

12. ¿Para qué valores negativos de x será x^{18} mayor que x^{20}?

13. ¿Para qué valores negativos de x será x^{18} igual a x^{20}?

Datos de interés

¡Si cada uno de los 9×10^6 residentes estimados de la ciudad de Nueva York produce 4 libras de basura por día, esto equivale a 1.3×10^{10} libras de basura cada año!

impactmath.com/self_check_quiz

14. **Reto** En la Investigación 1, exploraste las potencias enteras positivas de 2 y 4.

n	1	2	3	4	5	6	7	8	9
2^n	2	4	8	16	32	64	128	256	512
4^n	4	16	64	256	1,024	4,096	16,384	65,536	262,144

Ahora piensa en las potencias de enteros positivos de 8.

a. Enumera las primeras cinco potencias positivas de 8.

b. Menciona tres números que estén en las tres listas, es decir, tres números que sean potencias de 2, 4 y 8.

c. Enumera tres números mayores que 16 que son potencias de 2, pero que no son potencias de 8.

d. Enumera tres números mayores que 16 que sean potencias de 4, pero que no son potencias de 8.

e. Describe las potencias de 2 que también son potencias de 8.

f. Describe las potencias de 4 que también son potencias de 8.

15. ¿Para qué valores positivos de x, x^{-20} será mayor que x^{-18}?

16. ¿Para qué valores positivos de x, x^{-18} será mayor que x^{-20}?

17. ¿Para qué valores (positivos o negativos) de x, será x^{-18} igual a x^{-20}?

18. La sexta potencia de 2 es 64; es decir, $2^6 = 64$.

a. Escribe al menos cinco expresiones diferentes, usando una sola base y un solo exponente que sean equivalentes a 64.

b. Escribe el número 64 en notación científica.

Ordena cada grupo de expresiones de manera que las expresiones en cada grupo sean iguales entre sí. No uses tu calculadora.

19. m^2 $\quad \left(\frac{1}{m}\right)^2$ $\quad m^{-2}$ $\quad \left(\frac{1}{m}\right)^{-2}$ $\quad \frac{1}{m^2}$ $\quad 1 \div m^2$

20. 3^x $\quad \left(\frac{1}{3}\right)^x$ $\quad \left(\frac{1}{3}\right)^{-x}$ $\quad \frac{1}{3^x}$ $\quad 3^{-x}$ $\quad 1 \div 3^x$

21. **¡Pruébalo!** Demuestra que la segunda ley de cocientes $\frac{a^c}{b^c} = \left(\frac{a}{b}\right)^c$, funciona para los exponentes enteros positivos de c. Supón que b no es igual a 0.

22. **Reto** Demuestra que la potencia de una ley de potencias, $(a^b)^c = a^{bc}$, funciona para exponentes enteros positivos de b y c.

Vuelve a plantear cada expresión con una sola base y un solo exponente.

23. $2^7 \cdot 2^{-4} \cdot 2^x$

24. $(^-4^m)^6$

25. $m^7 \cdot 28^7$

26. $(^-3)^{81} \cdot (^-3)^{141}$

27. $\frac{55^{-8}}{9^{-8}}$

28. $\left(\frac{m^{84}}{m^{12}}\right)^x$

29. $3^{-5} \cdot 8^5$

30. $n^a \div n^{\frac{a}{3}}$

31. $(22^2 \cdot 22^5)^0$

Vuelve a plantear cada expresión de la manera más reducida que puedas.

32. $4a^4 \cdot 3a^3$

33. $m^{-3} \cdot m^4 \cdot b^7$

34. $\frac{10n^{-15}}{5n^5}$

35. $(4x^{-2})^6$

36. $(^-m^2n^3)^4$

37. $(a^m)^n \cdot (b^3)^2$

38. $(x^{-2})^3 \cdot x^5$

39. $\frac{12b^5}{4b^{-2}}$

40. $\frac{(x^4y^{-5})^{-3}}{(xy)^2}$

Copia cada tabla. Sin usar tu calculadora encuentra las expresiones faltantes. Escribe todas las respuestas como potencias o productos de potencias. Para la tabla de división, divide el rótulo de cada fila entre el rótulo de cada columna.

41.

$\times$	2^{10}	2^{-x}	$^-2^x$	
$^-2^{-3}$				
		2^{a-x}		$(2n)^a$
2^{2a}				

42.

$\div$	4^{-2}	4^x	$^-4^x$	n^7
$^-4^7$				
4^a				
4^7				

Sirio es una estrella doble con una estrella más pequeña llamada Sirio B, o el Cachorro que gira en órbitas a su alrededor.

43. Ciencia física La velocidad de la luz es aproximadamente 2×10^5 millas por segundo. Aproximadamente a 5×10^{13} millas de la Tierra, Sirio aparenta ser la estrella más brillante. ¿Cuántos segundos demora la luz en viajar entre Sirio y la Tierra? ¿Cuántos años demora?

44. Estudios sociales Se ha estimado que la población del mundo en el año 1 A.D. era de aproximadamente 200,000,000. Para 1850, este número había crecido aproximadamente a 1 billón y para 2000, la población era cerca de 6×10^9.

a. ¿Cuántas veces era la población de 1850 la población de 1 A.D.?

b. ¿Cuántas veces era la población de 2000 la población de 1850?

c. ¿En qué periodo de tiempo creció más la población: en los 1,850 años desde 1 A.D. a 1850 ó en los 150 años de 1850 al 2000?

45. Copia la tabla de división. Sin usar tu calculadora, determina las expresiones que faltan dividiendo el rótulo de la fila entre el rótulo de la columna. Expresa todas las respuestas en notación científica.

$\div$			3×10^{x}
3×10^{-20}	6×10^{-29}		
6×10^{14}		3×10^{134}	
			$5 \times 10^{a-x-1}$

Conecta & amplía

46. Estudios sociales Según el censo de 1790, la población de Estados Unidos en 1790 era de 3,929,214. Puedes aproximar este valor con potencias de varios números, por ejemplo, 2^{21} es 2,097,152 y 2^{22} es 4,194,304. Usando potencias de 2, el número 2^{22} es el más cercano a 3,929,214.

¿Cuál es la aproximación más cercana con potencias de 3? ¿Con potencias de 4? ¿Con potencias de 5?

47. ¿Qué grupos de números comparten números con las potencias de 2? Explica cómo lo sabes.

a. potencias enteras positivas de 6

b. potencias enteras positivas de 7

c. potencias enteras positivas de 16

48. Bellas artes Un piano tiene ocho teclas C. La *frecuencia* de una nota determina si su sonido es alto o bajo. Al moverse de izquierda a derecha del teclado, cada nota C tiene el doble de frecuencia que la que la precede. Por ejemplo, la "C media" tiene una frecuencia aproximada de 261.63 vibraciones por segundo. La siguiente C tiene una frecuencia aproximada de 523.25 vibraciones por segundo.

Si la primera tecla C tiene una frecuencia de x, ¿cuál es la frecuencia de la última tecla C?

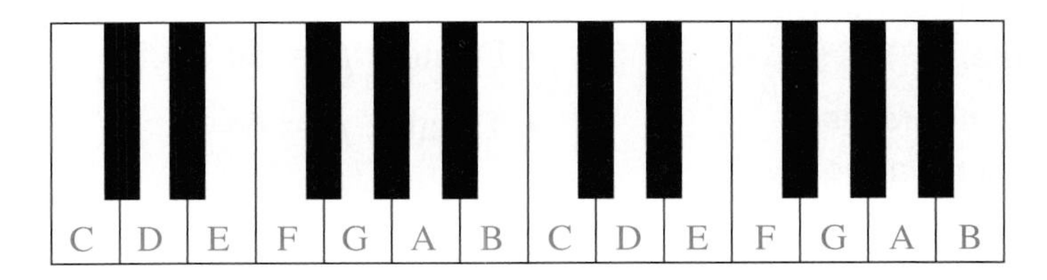

49. Economía La madre de Julián le ofreció \$50 al mes como mesada. Julián dijo que prefería que su madre le pagara 1 moneda de centavo el primer día del mes, 2 monedas de centavo el segundo día, 4 el tercer día, 8 el cuarto, y así sucesivamente. Su madre simplemente duplicaría el número de monedas de 1 centavo que le dio cada día hasta el final del mes. Ella le dijo que le parecía bien.

a. ¿Julián recibirá más dinero con una mesada de \$50 por mes o con su plan? Explica por qué.

b. Si el plan de Julián le produce más dinero, ¿en qué día recibiría más de \$50?

c. Con su plan, ¿cuánto dinero recibiría Julián el último día de Junio, el cual tiene 30 días?

d. **Reto** Con su plan, ¿cuánto recibiría Julián en total en el mes de junio? El completar una tabla como la siguiente te puede ayudar a contestar esta pregunta.

Día	Cantidad recibida cada día	Cantidad total de dinero
1	\$0.01	\$0.01
2	\$0.02	\$0.01 + 0.02 = \$0.03
3	\$0.04	\$0.03 + 0.04 = \$0.07
4		

En tus propias palabras

Escribe una carta a un estudiante que está confundido con los exponentes. Explícale cómo multiplicar dos números cuando cada uno esté escrito como la base de un exponente. Asegúrate de abordar estos casos:

- Los números tienen el mismo exponente.
- Los números tienen la misma base.
- Los números tienen bases y exponentes diferentes.

50. Deportes Un torneo particular de tenis comienza con 64 jugadores. Si un jugador pierde un sólo encuentro, él o ella son retirados del torneo. Después de una ronda, sólo quedan 32 jugadores, después de dos rondas, sólo quedan 16, y así sucesivamente.

Seis estudiantes deducen una fórmula para describir el número de jugadores p, que quedan después de r rondas. ¿Qué regla o reglas son correctas? Para cada regla que creas que esté correcta, demuestra cómo lo sabes.

- Terrill: $p = \frac{64}{2^r}$
- Mi-Yung: $p = 64 \cdot 2^{-r}$
- Antonia: $p = 64 \cdot \frac{1}{2^r}$
- Peter: $p = 64 \cdot \left(\frac{1}{2}\right)^r$
- Damon: $p = 64 \cdot 0.5^r$
- Tamika: $p = 64 \cdot (^-2)^r$

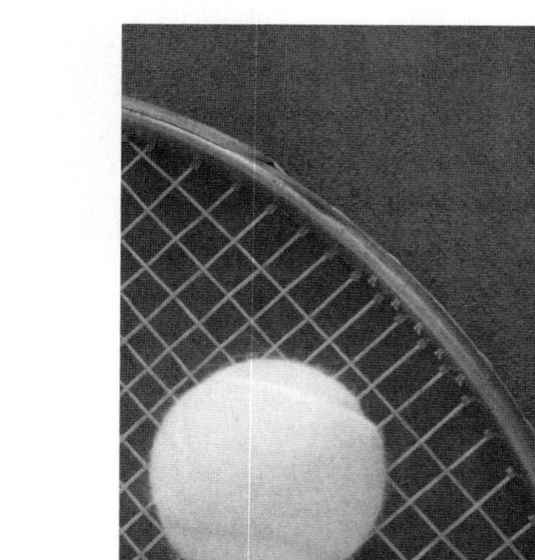

51. Esta lista de números continúa con el mismo patrón en ambas direcciones.

$$\ldots, \tfrac{1}{5}, 1, 5, 25, 125, 625, \ldots$$

Héctor quería escribir una expresión para esta lista con n como una variable. Para hacer esto, él tuvo que escoger un número de la lista para ser el punto de "inicio". Él decidió que cuando $n = 1$, el número en la lista es 5. Cuando $n = 2$, el número es 25.

a. Usa el plan de Héctor para escribir una expresión que te dará cualquier número en la lista.

b. ¿Qué valor de n te da 625? ¿1? ¿$\frac{1}{5}$?

Sin calcular el valor de cada par de números, determina qué número es mayor, para cada problema explica por qué.

52. 2^{80} ó 4^{42} **53.** $3^{-1,600}$ ó 27^{-500} **54.** 12^{20} ó 4^{45}

55. Una tienda de repostería vende un bizcocho cuadrado que tiene 45 cm de ancho y de 10 cm de espesor. Un competidor ofrece un bizcocho cuadrado con el mismo espesor que es 2 cm más ancho. El primer panadero argumenta que el área de la parte superior del bizcocho rival es $(45 + 2)^2$ cm^2 y por lo tanto sólo 4 cm^2 más grande que el que él vende.

¿Cómo crees que el panadero hizo mal uso de las reglas para calcular con exponentes? ¿Cuál es la diferencia real entre las áreas?

56. **Astronomía** La Tierra viaja cada año aproximadamente 6×10^8 millas alrededor del Sol. ¿Aproximadamente a qué velocidad en millas por segundo debe de viajar la Tierra? Da la respuesta en notación científica.

57. **Ciencia biológica** El diámetro del cuerpo de una célula Purkinje es 8×10^{-5} m.

a. Si un microscopio aumenta en 1,000 veces, ¿cuál será el diámetro a escala, en metros, como se ve en el microscopio?

b. ¿Cuál es el diámetro a escala, en centímetros, como se ve en el microscopio?

Repaso mixto

Menciona si los datos en cada tabla pueden ser lineales e indica cómo lo sabes.

58.

a	$^-4$	$^-3$	$^-2$	$^-1$	0	1
b	$^-32$	$^-13.5$	$^-4$	$^-0.5$	0	0.5

59.

c	$^-4$	$^-3$	$^-2$	$^-1$	0	1
d	$^-12.1$	$^-9.6$	$^-7.1$	$^-4.6$	$^-2.1$	0.4

Cada tabla representa una relación lineal. Escribe una ecuación para representar cada relación.

60.

a	$^{-}4$	$^{-}3$	$^{-}2$	$^{-}1$	0	1
b	$^{-}8.8$	$^{-}6.6$	$^{-}4.4$	$^{-}2.2$	0	2.2

61.

e	$^{-}4$	$^{-}3$	$^{-}2$	$^{-}1$	0	1
f	$^{-}15$	$^{-}13.75$	$^{-}12.5$	$^{-}11.25$	$^{-}10$	$^{-}8.75$

Vuelve a plantear cada ecuación en la forma $y = mx + b$ e indica si la relación representada por la ecuación aumenta o disminuye.

62. $4(x - y) = {}^{-}3$

63. $\frac{4 - 3x}{2y} = 1$

64. $-\frac{1}{3}x = {}^{-}4 - \frac{2}{3}y$

65. $\frac{2}{y} = \frac{1}{3 + 2x}$

66. **Economía** Julia encontró tres sitios Web que venden calcomanías cuadradas de 4 pulgadas con el logotipo de su banda favorita. Los tres sitios venden las calcomanías a precios diferentes, y cobran cantidades diferentes por el flete.

Sitio 1: Las calcomanías son a 75¢ cada una, el flete es \$4 para las órdenes de cualquier tamaño.

Sitio 2: Las calcomanías son a 60¢ cada uno, el flete es \$5.50 para las órdenes de cualquier tamaño.

Sitio 3: Las calcomanías son a \$1.25, incluyendo el flete.

a. Para cada sitio escribe una ecuación que represente el cobro C por ordenar cualquier numero de calcomanías, s.

b. Grafica tus tres ecuaciones en unos ejes como estos. Rotula cada gráfica con su número de sitio.

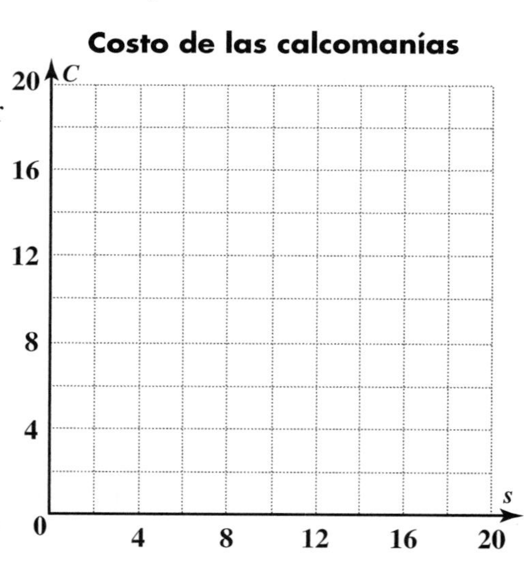

c. Usa tu gráfica para contestar esta pregunta: Si Julia quiere ordenar 16 calcomanías, ¿cuál sitio le cobrará menos?

d. Usa tu gráfica para contestar esta pregunta: Si Julia quiere ordenar 10 calcomanías, ¿cuál sitio le cobrará menos?

67. Considera la parábola de la izquierda.

a. ¿Cuál es su vértice?

b. ¿Cuál es su eje de simetría?

Relaciones exponenciales

Probablemente has escuchado comentar que algo que cambia rápidamente "crece exponencialmente". En el lenguaje común, el *cambio exponencial* a menudo se usa para decir *cambio rápido.* En las matemáticas, tiene un significado más preciso. En esta lección, observarás varias clases de relaciones exponenciales y revisarás el significado preciso de *cambio exponencial.*

Explora

La escuela secundaria Lewis y Clark está llevando a cabo la colecta anual de alimentos enlatados, patrocinada por los maestros de matemáticas. Los maestros establecieron un sistema de puntos para recompensar a los estudiantes que traen latas de alimento. Cada estudiante puede elegir entre dos planes para recibir los puntos.

Latas totales	Puntos totales Plan A	Plan B
1	1,000	2
2	2,000	4
3	3,000	8
4	4,000	16

Describe la forma en la que los puntos de cada plan cambian, al aumentar el número de latas recaudadas.

¿Qué plan escogerías? ¿Es éste siempre el mejor plan, sea cual sea el número de latas que traigas?

El Plan A representa un tipo de crecimiento que es muy familiar para ti, el crecimiento lineal. Con cada lata adicional se agregan 1,000 puntos al total. La tasa de crecimiento es constante.

VOCABULARIO
factor de crecimiento

Para el Plan B, el número de puntos se multiplica por 2 por cada lata adicional. Las cantidades que se multiplican periódicamente por un número mayor que 1 se dice que *crecen exponencialmente.* También puedes decir que muestran *crecimiento exponencial.* El número por el que se multiplican se llama **factor de crecimiento.** El factor de crecimiento para el Plan B es 2.

Investigación 1 Crecimiento exponencial

El reino de Tonga es un grupo de más de 150 islas en el océano Pacífico. En 1994, se estimaba que la población de Tonga era de 100,000 personas. Supón que la población ha aumentado 2% cada año desde 1994.

Datos de interés

Sólo 40 de las islas que forman el reino de Tonga están habitadas.

Piensa & comenta

Haz una tabla que muestre la población estimada de Tonga para los 5 años posteriores a 1994.

Años después de 1994	Población estimada
0	100,000
1	
2	
3	
4	
5	

Supón que la población continúa creciendo un 2% por año. ¿Cómo puedes predecir la población 25 años después de 1994?

Aquí está cómo Kai y Lydia pensaron calcular la población de Tonga después de 25 años.

Serie de problemas A

1. ¿Por qué número multiplicarías la población de 1995 para obtener la estimación de la población de 1996?

2. Estima la población de 1996. Compara tu respuesta con el valor para la población de 1996 que encontraste en Piensa & comenta (2 años después de 1994).

3. Haz una tabla como la siguiente. En la segunda columna da entrada a los cálculos que harías, si usaras el método de cálculo de Kai y Lydia. Para la tercera columna, vuelve a plantear los cálculos en la segunda columna usando notación exponencial.

Años después de 1994	Población estimada de Tonga	
	Escrito como un producto	**En notación exponencial**
0	100,000	$100{,}000 \cdot 1.02^0$
1	$100{,}000 \cdot 1.02$	$100{,}000 \cdot 1.02^1$
2	$100{,}000 \cdot 1.02 \cdot 1.02$	$100{,}000 \cdot 1.02^2$
3		
4		
5		

4. Si la población de Tonga continúa aumentando en 2% cada año, ¿cuál será la población en el año 2019 ó 25 años después de 1994? Muestra cómo hallaste la respuesta.

5. ¿Cuál es el factor de crecimiento en esta situación?

6. Escribe una ecuación para mostrar cuál será la población p, n años después de 1994.

7. Supón que la población de Tonga aumentó 5% cada año en lugar de 2%. ¿Cuál sería el factor de crecimiento? Explica cómo lo sabes.

8. Si la población de Tonga aumentara 20% cada año, ¿cuál sería el factor de crecimiento? Escribe una ecuación para mostrar cuál sería la población p, n años después de 1994.

El orangután, una especie en peligro de extinción, tiene una vida promedio de 35 años. Una hembra adulta da a luz a un sólo bebé, en promedio cada 3 a 8 años.

Serie de problemas B

Muchos seres vivos crecen exponencialmente durante la primera parte de sus vidas. Después crecen más lentamente y a la larga se detienen. La tasa actual de crecimiento para un organismo particular depende de muchas cosas. Por ejemplo, la mayoría de las bacterias crecen más rápidamente en un ambiente cálido que en uno frío.

Estos estimados describen el crecimiento inicial de cuatro organismos vivos.

Organismo	Crecimiento en peso
Orangután	20% por mes
Planta de trigo	5% por día
Gatito	10% por semana
Lenteja de agua	50% por semana

A continuación, hay cuatro ecuaciones para estimar el peso de cada organismo a varios momentos. K representa el peso inicial del organismo y W representa su peso en el momento t.

Para cada problema, haz las Partes a y b.

a. Relaciona cada ecuación con el organismo que representa.

b. Menciona qué valor de t daría el peso del organismo después de 1 mes. (Supón que hay 4 semanas ó 30 días en 1 mes.)

1. $W = K \cdot 1.1^t$

2. $W = K \cdot 1.2^t$

3. $W = K \cdot 1.5^t$

4. $W = K \cdot 1.05^t$

Comparte & resume

1. ¿Cuál de estas tablas representa crecimiento exponencial? Explica cómo lo sabes.

a.

x	1	2	3	4
y	3	12	48	192

b.

x	1	2	3	4
y	4	8	16	28

c.

x	1	2	3	4
y	2	4	6	8

d.

x	1	2	3	4
y	$^-60$	$^-30$	$^-20$	$^-15$

2. Supón que una población de c personas crece R% cada año. Explica cómo puedes estimar el tamaño de la población después de t años.

Investigación 2 Crece aun más

En la Lección 3.1, resolviste un problema que involucraba bacterias *Escherichia coli.* Ahora, examinarás cómo una población de estas bacterias crece con el tiempo.

MATERIALES
calculadora graficadora

Serie de problemas C

Estos datos muestran la población en el tiempo de una bacteria *E. coli* en una muestra de agua de una piscina particular.

Hora	Número de bacterias
0 (inicio)	50
1	100
2	200
3	400
4	800

1. Supón que el patrón de la tabla continúa. ¿Cuál será la población en la Hora 5?
2. Escribe una ecuación que dé la población p en la *en*ésima hora.
3. ¿Cuál es el factor de crecimiento en esta situación? ¿Cómo aparece esto en la ecuación que escribiste?
4. Tres estudiantes intentaron describir esta relación en palabras.
   - Evan: "La población comienza en 50 y aumenta en 50 cada hora".
   - Tamika: "La población se duplica cada hora".
   - Jesse: "La población comienza en 50 y se duplica cada hora".

   a. Una descripción no coincide con los datos. ¿De quién es y qué es incorrecto?

   b. Observa las dos descripciones que *sí* se ajustan a los datos. ¿Podrías producir para cada una otra serie de población de bacterias que coincida con la descripción pero que que sea diferente de los datos dados en la tabla? Explica.
5. ¿Cómo usa a la población inicial la ecuación que escribiste en el Problema 2?
6. Grafica la ecuación para el Problema 2 en tu calculadora. Usa la tabla para ayudarte a elegir los ajustes adecuados para la ventana.

   a. Haz un bosquejo de la gráfica. Rotula los valores mínimos y máximos en cada eje.

   b. Tu gráfica debe de mostrar puntos para valores no enteros de n. Piensa en el contexto de esta situación, ¿Tiene sentido que n tenga valores no enteros? Explica.
7. ¿Aproximadamente cuándo excederá 100,000 la población de bacterias de la piscina? Explica cómo calculaste tu respuesta.

MATERIALES
calculadora graficadora

Serie de problemas D

La tabla tiene datos sobre la población de bacterias en una muestra tomada de otra piscina. La muestra se pone bajo una lámpara caliente y se deja sin perturbarse por 5 horas antes que de que se mida el tamaño de la población por primera vez.

Hora	Bacterias
0 (inicio)	—
1	—
2	—
3	—
4	—
5	25,000
6	125,000
7	625,000

Suponiendo que la población de bacterias crece exponencialmente.

1. ¿Cuál es el factor de crecimiento?
2. Supón que el patrón de crecimiento no cambió, ¿cuál era la población aproximada de bacterias cuando se tomó la muestra de la piscina (en la hora 0)? Explica cómo determinaste tu respuesta.
3. Escribe una ecuación que muestre la población p de bacterias en esta muestra en la *en*ésima hora. ¿Cómo usas la población inicial y el factor de crecimiento en tu ecuación?
4. Revisa la gráfica que hiciste para el Problema 6 de la Serie de problemas C.
   a. Usando los mismos ajustes para la ventana, grafica esa ecuación y la nueva que escribiste en el Problema 3. Haz un bosquejo de las gráficas, asegurándote de rotular los ejes. Rotula las gráficas con sus ecuaciones.
   b. Compara las dos gráficas.

Comparte & resume

1. ¿Cómo puedes escribir una ecuación para una relación exponencial al observar una tabla de datos? Supón que los valores de entrada de la tabla son enteros consecutivos.
2. Una científica tiene c células de cierto tipo bacteria. Cada célula crece y se divide, de manera que cada célula ha sido reemplazada por x células 1 hora después. Escribe una expresión que te dé el número de células después de t horas.

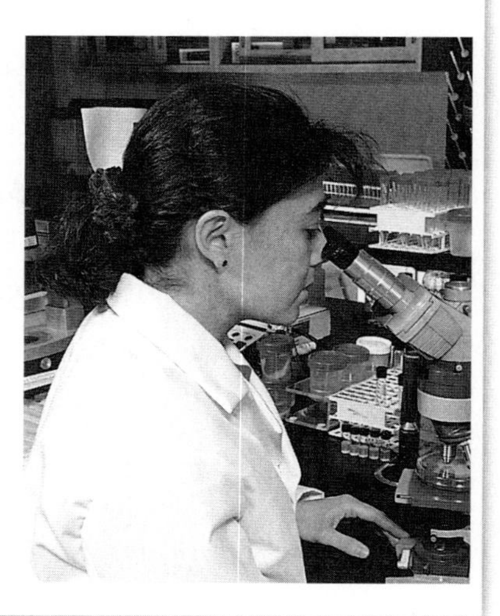

Investigación 3 Desintegración exponencial

En las Investigaciones 1 y 2, examinaste relaciones con crecimiento exponencial. En cada situación, las cantidades se multiplican repetidamente por un número *mayor que 1.* En esta investigación, verás lo que ocurre cuando las cantidades se multiplican repetidamente por un número positivo *menor que 1.*

MATERIALES

calculadora graficadora

Una bombilla estándar de 75 vatios produce 1,065 lúmenes.

Serie de problemas E

El brillo de la luz puede describirse con una unidad llamada *lumen.* Cierto tipo de espejo refleja $\frac{3}{5}$ de la luz que choca contra él. Supón que una luz de 2,000 lúmenes se refleja en una serie de espejos.

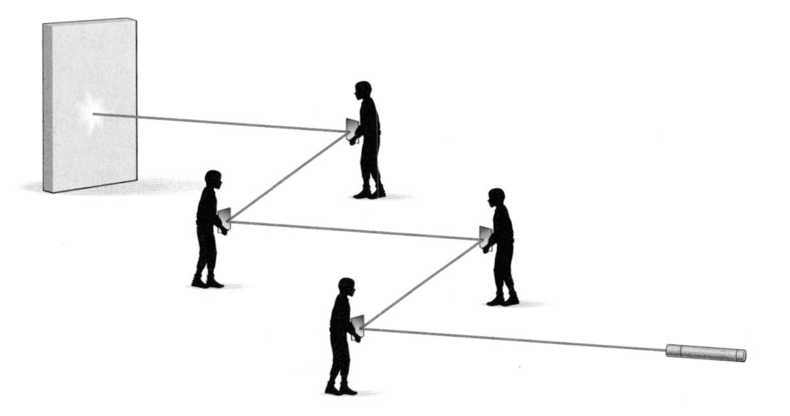

1. Copia y completa la tabla para indicar cuánta luz se reflejaría en el *n*ésimo espejo para valores de *n* entre 0 y 3. (El espejo 0 representa la luz original.)

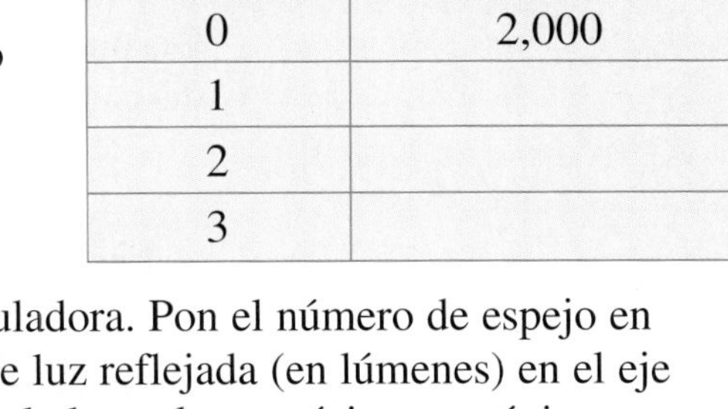

Número de espejo	Luz reflejada (lúmenes)
0	2,000
1	
2	
3	

2. ¿Cuánta luz se refleja en el *n*ésimo espejo en la serie?

3. Grafica esta relación en tu calculadora. Pon el número de espejo en el eje horizontal y la cantidad de luz reflejada (en lúmenes) en el eje vertical. Dibuja la gráfica, y rotula los valores mínimo y máximo en cada eje.

4. El espejo final de una serie en particular refleja 12 lúmenes de luz. ¿Cuántos espejos hay en la serie?

5. El espejo final de otra serie refleja sólo aproximadamente 0.12 de lúmen de luz. ¿Cuántos espejos hay en esta serie?

Los faraones del antiguo Egipto eran enterrados en cámaras subterráneas con una decoración elaborada. ¿Cómo podían ver los artistas para hacer un trabajo tan complicado? Ellos pueden haber usado una serie de espejos pulidos para reflejar la luz solar dentro de las cámaras interiores.

6. La gráfica muestra la cantidad de luz reflejada por otra serie de espejos. La cantidad de luz reflejada por este tipo de espejo es diferente a la cantidad de luz reflejada por los otros espejos que has investigado. La intensidad de la luz que brilla en el primer espejo también es diferente.

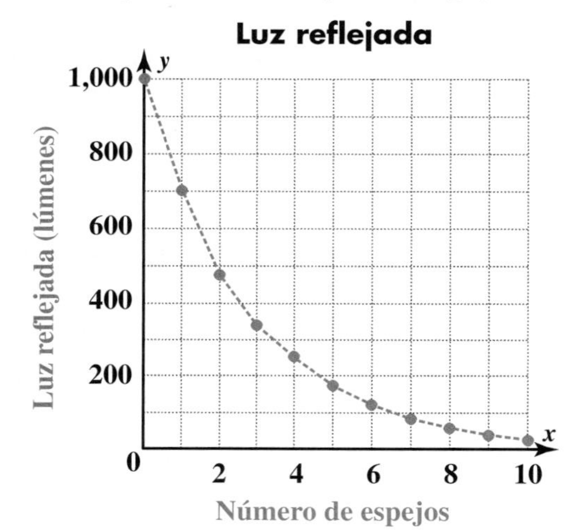

a. ¿Cuál es la intensidad de la luz reflejada en el primer espejo?

b. ¿Cuánta luz reflejó el primer espejo?

c. ¿Qué fracción de la luz reflejó este espejo?

VOCABULARIO
factor de desintegración

Cuando las cantidades se multiplican repetidamente por un número positivo menor que 1 (como en el caso de la Serie de problemas E) las cantidades se *desintegran exponencialmente.* Otra forma de decir esto es que se *disminuyen exponencialmente.* El número por el que se multiplican repetidamente las cantidades se llama **factor de desintegración.** El factor de desintegración para el primer problema del espejo en la Serie de problemas E es $\frac{3}{5}$ ó 0.6.

Después de comprar un artículo, su valor disminuye año por año mientras se desgasta o pasa de moda. Esto se llama *depreciación.*

Piensa & comenta

Supón que tu escuela compra una computadora por $1,500 y la computadora se deprecia 20% por año. Esto significa que al final de cada año la computadora vale 20% menos que su valor al inicio del año.

¿Cuál será el valor de la computadora al final del año 1?

Desintegración **proviene de** ***decadare,*** **una palabra del latín que significa "caer". En matemáticas y astrofísica,** ***desintegrarse*** **significa "volverse más pequeño". En biología y en el lenguaje cotidiano, significa "descomponerse".**

He aquí lo que pensaron Ben y Marcus sobre la depreciación.

Marcus recordó el método demostrado en la Investigación 1. Para el crecimiento exponencial, sumas el cambio, que es un porcentaje de aumento, al valor original. Con la depreciación, el cambio es un porcentaje de disminución, de manera que tienes que restar:

$$\begin{aligned}\text{Valor al final del año} &= \$1{,}500 - 20\% \text{ de } \$1{,}500 \\ &= \$1{,}500 - 0.2(\$1{,}500)\end{aligned}$$

Marcus se dio cuenta de que él sólo pudo haber multiplicado por un solo número:

$$\begin{aligned}\$1{,}500 - 0.2(\$1{,}500) &= \$1{,}500(1 - 0.2) \\ &= \$1{,}500(0.8)\end{aligned}$$

Ben razonó que, al final del año, el valor de la computadora sería el 80% de su valor actual, como el 100% − 20% = 80%. Para calcular el valor de la computadora al final del año, simplemente toma el 80% de $1,500:

$$\begin{aligned}80\% \text{ de } \$1500 &= \$1{,}500(0.8) \\ &= \$1{,}200\end{aligned}$$

Ambos determinaron el cálculo (multiplicando por 0.8) que les deja calcular el valor al final del año usando el valor al inicio del año.

MATERIALES
calculadora graficadora

Serie de problemas F

1. Calcula el valor de la computadora al final del segundo año y al final del tercer año.
2. Supón que la computadora continúa depreciándose 20% por año. ¿Cuál será su valor al final del año 25? Explica cómo encontraste tu respuesta.
3. Escribe una ecuación que dé el valor de la computadora V al final del año n.
4. ¿El valor de la computadora disminuye exponencialmente? Si es así, ¿cuál es el factor de desintegración?
5. Grafica la ecuación para el Problema 3 en tu calculadora.
   a. Bosqueja la gráfica, recordando rotular los ejes.
   b. ¿Cuándo la computadora valdrá la mitad de su valor actual, esto es, $750?
   c. ¿Cuándo la computadora valdrá un cuarto de su valor actual, o sea, $375?

6. Supón que el valor de la computadora se deprecia 17% en lugar de 20%. ¿Qué multiplicarías por $1,500 para obtener el valor al final del primer año? Explica cómo lo sabes.

7. Supón que el valor de la computadora se deprecia en 40%. ¿Cuál será el factor de desintegración?

8. Esta ecuación describe la depreciación de un teléfono de diseñador, en la que v representa el valor en dólares de los n años del teléfono a partir de ahora.

$$v = 219(0.75)^n$$

   a. ¿Cuál es el valor del teléfono ahora?

   b. ¿Cuál será el valor del teléfono en un año?

   c. ¿Cuál es el factor de desintegración de esta relación?

   d. Describe esta relación exponencial en palabras. Incluye el valor inicial del teléfono, el factor de desintegración y el periodo de tiempo en tu descripción.

Comparte & resume

Supón que $y = ab^x$ describe la desintegración exponencial de y a medida que x aumenta.

1. ¿Qué representa a?

2. ¿Qué representa b? ¿Cómo lo sabes?

Investigación 4 Identifica el crecimiento y la desintegración exponencial

Has visto varias relaciones exponenciales y examinado cómo representarlas con palabras, tablas, ecuaciones y gráficas. Ahora verás representaciones de diferentes relaciones e identificarás cuáles son exponenciales.

Serie de problemas G

1. Para cada ecuación, indica si ésta describe una relación exponencial. Si lo hace, indica si la relación incluye crecimiento o desintegración.

   a. $y = 100 \cdot 3^x$
   b. $y = 100 \cdot 0.3^x$
   c. $y = 32 \cdot x$
   d. $y = 20 \cdot \left(\frac{1}{4}\right)^x$
   e. $y = 0.3(1.5^x)$
   f. $y = 3x^2$

2. Considera estas gráficas.

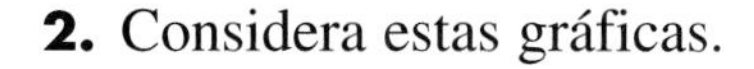

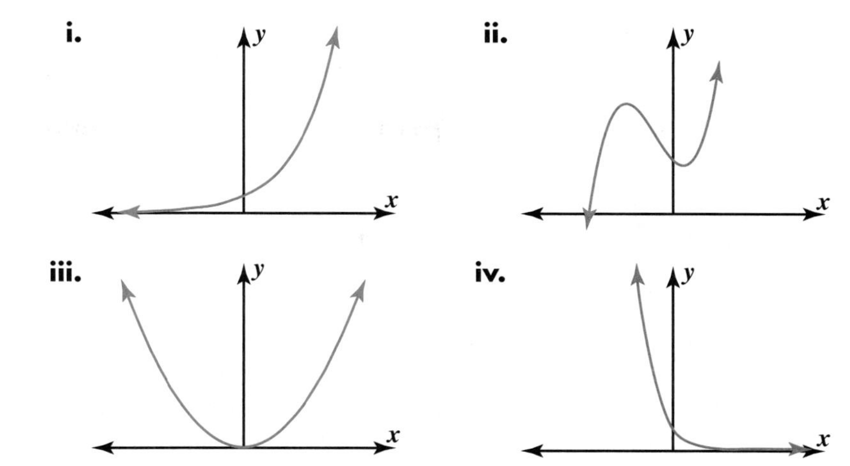

a. ¿Cuál de estas gráficas *no* describe una relación exponencial? Explica.

b. Supón que las gráficas que *podrían* describir una relación exponencial realmente *lo hacen.* Para cada una, ¿la relación incluirá crecimiento o desintegración?

3. Una de estas es una gráfica de $y = 0.5^x$. La otra es de $y = \frac{1}{x+1}$, ¿cuál describe una relación inversa? Las gráficas tienen escalas diferentes.

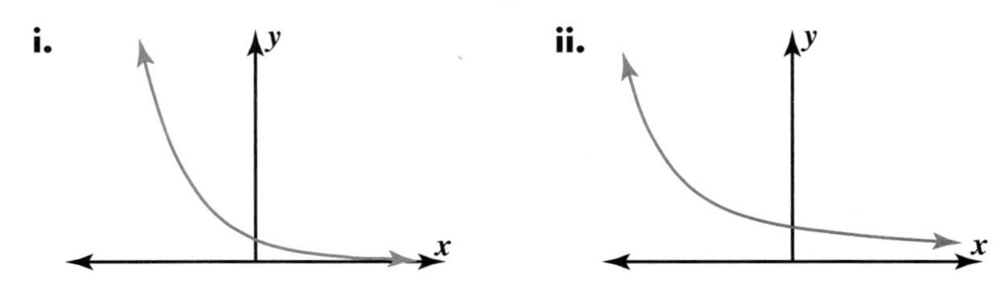

a. Tan sólo viendo las gráficas, ¿puedes decir cuál describe una relación exponencial?

b. Una de las características importantes de una relación inversa es que su gráfica tendrá una recta vertical que la gráfica no puede cruzar. Para $y = \frac{1}{x+1}$, esa recta vertical es $x = {}^{-}1$. No hay valor de y cuando x es ${}^{-}1$ porque no se puede dividir entre 0.

Existe algún valor de x para el cual la relación exponencial $y = 0.5^x$ no tiene valor de y?

4. Para cada tabla indica si la relación descrita puede ser exponencial. Si puede serlo, menciona si incluirá crecimiento o desintegración. Explica tu razonamiento.

a.

x	y
1	6
2	9
3	12
4	15

b.

x	y
1	6
2	9
3	13.5
4	20.25

c.

x	y
111	56
112	28
113	14
114	7

El sendero de los Apalaches, el sendero marcado para excursiones más grande del mundo, recorre más de 2,000 millas desde Maine hasta Georgia.

5. Un científico está realizando un cultivo de amebas. Las amebas se reproducen al separarse en dos y salen dos amebas. Supón que cada ameba en este cultivo se divide dos veces por día. Después de un día, una sola ameba se ha convertido en cuatro amebas. Supón que no muere ninguna de las amebas.

   ¿Es exponencial la relación entre el número de días desde que el científico comenzó con el cultivo y el número de amebas? Si es así, ¿cuál es el factor de crecimiento? De no ser así, ¿cómo lo sabes?

6. Sydney camina por el sendero de los Apalaches, ella recorre 15 millas diarias. ¿Es exponencial la relación entre el número de días desde que Sydney comenzó la excursión y el número de millas que ella ha recorrido? Si es así, ¿cuál es el factor de crecimiento? De no ser así, explica cómo lo sabes.

En la siguiente serie de problemas, compara las relaciones exponenciales, con diferentes factores de crecimiento y desintegración.

MATERIALES

calculadora graficadora

Serie de problemas H

Imagina que has descubierto una tabla de datos de un científico que experimenta con cuatro cultivos de bacterias. Cada cultivo contiene células que fueron tratadas de manera diferente. Junto a la tabla, el científico anotó que todas las poblaciones cambiaron exponencialmente, pero con un factor de crecimiento y desintegración diferente. Desafortunadamente, el científico tiró café en la página, de manera que muchas entradas son ilegibles.

1. Copia la tabla del científico, y completa los datos faltantes. Recuerda que cada cultivo cambió exponencialmente.

Conteo de bacterias

Días	Cultivo 1	Cultivo 2	Cultivo 3	Cultivo 4
0	100	100	100	100
1	300		70	
2		25		
3				12,500
4				

2. ¿Qué cultivos *crecieron* exponencialmente? ¿Cuál es el factor de crecimiento?

3. ¿Qué cultivos *disminuyeron* exponencialmente? ¿Cuál es el factor de desintegración?

4. Ahora compararás ecuaciones para los cuatro cultivos.

   a. Para cada cultivo, escribe una ecuación que te dé la población p del cultivo, después de d días desde que inició el experimento.

   b. ¿En qué se parecen tus ecuaciones?

   c. ¿En qué se diferencian tus ecuaciones?

5. Ahora compararás las gráficas de los cuatro cultivos.

   a. Comienza con los cultivos que *crecieron.* Grafica las ecuaciones para esos cultivos en la misma ventana de tu calculadora, con el eje horizontal indicando Días 0 a 3. Bosqueja las gráficas y rotula cada una con la ecuación apropiada. Asegúrate de rotular también los ejes.

   b. Ahora considera los cultivos que *disminuyeron.* Grafícalos en la misma ventana, con el eje horizontal indicando Días 0 a 3. Bosqueja las gráficas.

   c. ¿En qué se diferencian las gráficas de los cultivos que crecieron de las gráficas de los cultivos que disminuyeron?

   d. ¿En qué se parecen las gráficas de los cultivos a aquéllas que se desintegraron?

   e. ¿Cómo puedes distinguir cuál de los dos factores de crecimiento es mayor sólo al observar las gráficas de las ecuaciones? ¿Cómo puedes saber a partir de las gráficas cuál de los dos factores de desintegración es mayor?

Comparte & resume

1. ¿Cómo puedes distinguir de una tabla cuando la relación entre dos cantidades podría ser exponencial y no otro tipo de relación? Supón que los valores para una cantidad son enteros consecutivos.

2. ¿Cómo puedes distinguir en una gráfica cuándo la relación entre dos cantidades podría ser exponencial?

3. ¿En qué se diferencian las gráficas y ecuaciones que representan desintegración exponencial de aquéllas que representan crecimiento exponencial?

Ejercicios por tu cuenta

Practica & aplica

1. **Ciencia biológica** Kyle ha estimado que la población de peces en el lago de su granja familiar es 1,000 este año.

   a. Si la población aumenta 24% por año, ¿qué número puede multiplicar Kyle por la población de este año para estimar la población de peces del año próximo?

   b. Estima el número de peces en el lago el año próximo.

   c. Si la población aumenta 6.9% por año, ¿qué número puede multiplicar Kyle por la población de este año para estimar la población de peces del año próximo?

   d. Estima el número de peces en el lago el año siguiente, con la información dada en la Parte c.

2. **Estudios sociales** La población de 1995 de Delhi, una ciudad en India, se estimó en 10,000,000. De 1990 a 1995, la población aumentó 4% por año. Supón que la población continúa creciendo 4% por año después de 1995.

   a. Copia y completa la tabla.

Población de Delhi

Años después de 1995	Población estimada en notación estándar	Población estimada en notación exponencial
0	10,000,000	$10{,}000{,}000 \cdot 1.04^0$
1	10,400,000	$10{,}000{,}000 \cdot 1.04^1$
2		
3		
4		
5		

   b. Si la población de Delhi continúa aumentando en 4% por año, ¿cuál será en el año 2020?, ¿cuál será 25 años después de 1995? Escribe tu respuesta en notación estándar.

   c. Escribe una ecuación para representar la población p en n años después de 1995.

   d. ¿Cuál es el factor de crecimiento en esta situación?

Las bacterias son organismos unicelulares que sólo son visibles bajo aumento.

Ciencia biológica Los datos de cada tabla representan cómo crece en el tiempo cierta población de bacterias. Identifica el factor de crecimiento por cada tabla. Supón que el crecimiento es exponencial.

3.

Horas desde el inicio	Población
0	2
1	10
2	50

4.

Horas desde el inicio	Población
14	15,000,000
15	60,000,000
16	240,000,000

5.

Horas desde el inicio	Población
25	3×10^8
26	6×10^8
27	1.2×10^9

6. Observa la tabla del Ejercicio 3. ¿Cuál será la población de bacterias en la hora n?

7. La población de ranas en el lago de la familia de Kyle es de 1,000 este año.

a. Si la población disminuye 24% al año, ¿por qué número puede multiplicar Kyle la población de este año para estimar la población de ranas del año próximo?

b. Si la población disminuye 6.9% al año, ¿por qué número puede multiplicar Kyle la población de este año para estimar la población de ranas del año próximo?

8. Esta ecuación describe cómo cambia en el tiempo el valor, v, del carro nuevo de Geoffrey, medido en años, t.

$$v = 18{,}000(0.6)^t$$

Tala cree que el carro se deprecia en 60% por año. Tamika cree que se deprecia 40% por año. ¿Quién está en lo correcto? Explica.

Para cada ecuación, menciona si la relación en x y y es exponencial. Si lo es, menciona si incluye crecimiento o desintegración y menciona el factor de crecimiento o desintegración.

9. $y = 4x$ **10.** $y = 4^x$ **11.** $y = 5(4^x)$

12. $y = 5x^4$ **13.** $y = 5 \cdot 0.25^x$ **14.** $y = 5$

Por miles de años, la gente masticó corteza y hojas de sauce para aliviar el dolor. Estas contienen ácido salicílico, el precursor del componente principal del remedio para el dolor, la aspirina.

15. Ciencia biológica Cuando ingieres medicinas para combatir un dolor de cabeza o para bajar la fiebre, la medicina entra en tu torrente sanguíneo. Tu cuerpo elimina la medicina de tal manera que en cada hora se elimina una fracción particular.

Supón que tienes 200 mg de medicina en tu torrente sanguíneo. Cada hora, un $\frac{1}{3}$ de la droga que todavía está en tu torrente sanguíneo se elimina.

a. ¿Cuántos miligramos permanecerán en tu torrente sanguíneo al final de la primera hora?

b. ¿Cuántos miligramos permanecerán al final de n horas?

c. ¿Cuánto medicamento se habrá eliminado al final de n horas?

16. A continuación haz cinco gráficas de relaciones exponenciales y cinco ecuaciones que las representen. Relaciona cada ecuación con una gráfica.

a. $y = 2(1.1^x)$

b. $y = 2(0.2^x)$

c. $y = 0.1(1.3^x)$

d. $y = 0.1(1.5^x)$

e. $y = 2(0.9^x)$

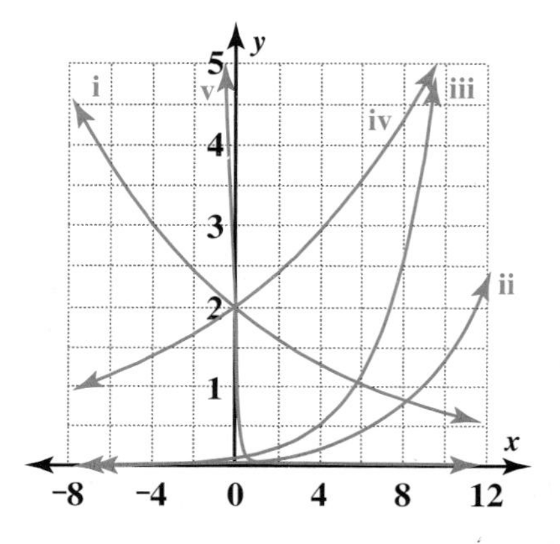

Conecta & amplía

17. Economía Cuando inviertes tu dinero con *interés compuesto,* un porcentaje del dinero invertido se suma a tu inversión después de cierto tiempo. El porcentaje que se suma es el interés.

Supón que inviertes \$200 a 5% de interés por año.

a. ¿Cuánto interés recibirás al final del primer año?

b. ¿Cuánto dinero tendrás en total al final del primer año?

c. ¿Cómo calculaste tu respuesta para la Parte b?

Cuando el interés se calcula anualmente, el interés que se suma se cuenta como parte de tu inversión para la próxima vez que se calcula el porcentaje.

d. El interés que percibes en el segundo año es el 5% de la respuesta para la Parte b. ¿Cuánto interés recibirás en el segundo año?

En tus **propias palabras**

Describe una situación que implique crecimiento lineal o exponencial. ¿En qué se diferenciaría la situación si se diera otro tipo de crecimiento?

e. Completa la tabla.

Años	Valor de la cuenta
0	$200
1	
2	
3	
4	
5	

f. ¿Cuánto dinero tendrás en la cuenta en 50 años si invirtieras $200 a una tasa de interés del 5%, calculado anualmente? ¿Cuánto dinero tendrías en n años?

g. Cuando tenía 20 años, Ella invirtió $600 a una tasa de interés del 5%, calculado anualmente. Cuando Jan tenía 45, invirtió $2,000, también a una tasa del 5% calculado anualmente.

¿Cuánto dinero tendrá cada persona en el banco a la edad de 60 años?

18. Estudios sociales Cuando una enfermedad como la influenza comienza a propagarse, el número de personas enfermas se puede modelar a menudo al usar una relación exponencial.

A continuación, hay tablas realizadas para tres comunidades que muestran cómo cambió en el tiempo el número de personas que tuvieron una enfermedad particular. Las tres tablas representan el crecimiento exponencial y tienen el mismo factor de crecimiento.

Tabla A

Días desde que identificó la enfermedad	Número de personas enfermas
0	128
1	192
2	288

Tabla B

Días desde que identificó la enfermedad	Número de personas enfermas
5	200
6	300
7	450

Tabla C

Días desde que identificó la enfermedad	Número de personas enfermas
4	648
5	972
6	1,458

a. ¿Cuál es el factor de crecimiento en las tres tablas?

b. ¿Podrá ser que las Tablas A y B describan datos de la misma comunidad? Explica tu respuesta.

c. ¿Podría ser que las Tablas A y C describan datos de la misma comunidad? Explica tu respuesta.

19. Un científico registró los datos de crecimiento de una población de bacterias, pero derramó jugo de naranja en su cuaderno.

Hora	Población
0	
1	600
2	
3	21,600
4	

a. Supón que la población crece exponencialmente y completa la tabla del científico.

b. ¿Cuál es el factor de crecimiento para la población de bacterias?

c. ¿Cuántas bacterias habrá en la hora n?

20. Ciencia biológica Se proyecta que la población de aves en una reserva para la vida silvestre disminuirá en el tiempo de acuerdo con esta ecuación, donde x es el tiempo en años a partir de ahora.

$$y = 1{,}000(0.7)^x$$

a. ¿Cuál es la población actual de aves?

b. Si la población de aves continúa disminuyendo de acuerdo con esta ecuación, ¿desaparecerán alguna vez las aves de esta reserva? Explica.

21. Química La datación con carbono-14 se usa para estimar la edad de objetos muy viejos, especialmente fósiles. Mientras están vivos, las plantas y los animales contienen un compuesto químico llamado carbono-14. El carbono-14 es radioactivo, pero no a un nivel peligroso. Cuando la planta o el animal muere, la cantidad de carbono-14 que permanece en el cuerpo disminuye exponencialmente.

Cada tipo de material radioactivo tiene una *tasa de desintegración.* Esta tasa determina cuánto tiempo pasará para que la cantidad de material radioactivo disminuya a la mitad. Este periodo de tiempo es la *media vida.*

Imagina que un científico trabaja con cuatro muestras de compuestos radioactivos. Estas ecuaciones describen diferentes tasas de desintegración para los cuatro compuestos, donde a es la cantidad y t es el tiempo en siglos:

- Muestra 1: $a = 100 \cdot 0.8^t$
- Muestra 2: $a = 100 \cdot 0.7^t$
- Muestra 3: $a = 100 \cdot 0.6^t$
- Muestra 4: $a = 100 \cdot 0.5^t$

La datación con radiocarbono ha ayudado a determinar la edad de muchos artefactos y estructuras como Stonehenge, los pergaminos del mar Muerto y el Hombre de Kennewick, el esqueleto de 9,000 años de edad encontrado en el estado de Washington en 1996.

a. Relaciona cada muestra con una de las tablas a continuación.

i.

Tiempo (siglos)	Cantidad del compuesto (gramos)
0	100.0
1	50.0
2	25.0
3	12.5

ii.

Tiempo (siglos)	Cantidad del compuesto (gramos)
3	51.2
4	41.0
5	32.8
6	26.2

iii.

Tiempo (siglos)	Cantidad del compuesto (gramos)
2	36.0
3	21.6
4	13.0
5	7.8

iv.

Tiempo (siglos)	Cantidad del compuesto (gramos)
7	8.2
8	5.8
9	4.0
10	2.8

b. ¿Cuál es el valor inicial de cada muestra?

c. ¿Cuál es el factor de desintegración de cada muestra?

d. Relaciona cada muestra con una de las gráficas a continuación.

e. Para cada muestra, aproxima cuánto tomará para que la cantidad del compuesto caiga a la mitad de su valor original. Ésta es la media vida del compuesto.

22. Dion y Lucita están observando esta tabla de datos, que representa el crecimiento exponencial de bacterias en cierta piscina.

Hora	Población
0	10
1	20
2	40
4	80
5	160
⋮	⋮
24	167,772,160
25	335,544,320

Dion dice que la ecuación $p = 10 \cdot 2^h$ describe la tabla, donde p es la población y h es el número de horas.

a. ¿Es correcta la ecuación de Dion?

Lucita dice que la ecuación $p = 10 \cdot 16{,}777{,}216^d$ describe la tabla, donde p es la población y d es el número de días.

b. Expresa 1 hora ($h = 1$) como una fracción de un día. Haz lo mismo para 2 horas, 3 horas y 24 horas.

c. Usa una calculadora para probar la ecuación de Lucita. Calcula la población para el número de días correspondientes a 1 hora, 2 horas, 3 horas y 24 horas. ¿Parece que su ecuación es correcta?

d. Resuelve el dilema de Dion y Lucita. Si una o ambas de las ecuaciones es incorrecta, explica por qué. Si ambas de las ecuaciones son correctas, explica cómo puede ser esto.

23. Reto Examina esta tabla.

x	y
0.1	$^-1$
1	0
10	1
100	2
1,000	3
10,000	4

a. Grafica los puntos en la tabla. Dibuja una línea curva punteada a través de estos.

b. En todas las relaciones exponenciales que has visto, y creció o disminuyó exponencialmente al aumentar x. En esta relación, x crece exponencialmente al crecer y. ¿Cuál es el factor de crecimiento?

Repaso mixto

Geometría Determina el área del cuadrado con la longitud de arista dada.

24. longitud de la arista 3 m

25. longitud de la arista 22 cm

26. Calcula una ecuación para la recta que pasa a través de los puntos $(^-2, 0)$ y $(^-6, ^-6)$.

27. Determina una ecuación para la recta con pendiente $^-2.5$ que pasa a través del punto $(2, ^-4)$.

28. Relaciona cada ecuación con su gráfica.

a. $y = {}^{-}x^2 + 2$

b. $y = (x - 2)^2$

c. $y = {}^{-}x^2$

d. $y = {}^{-}(x + 2)^2$

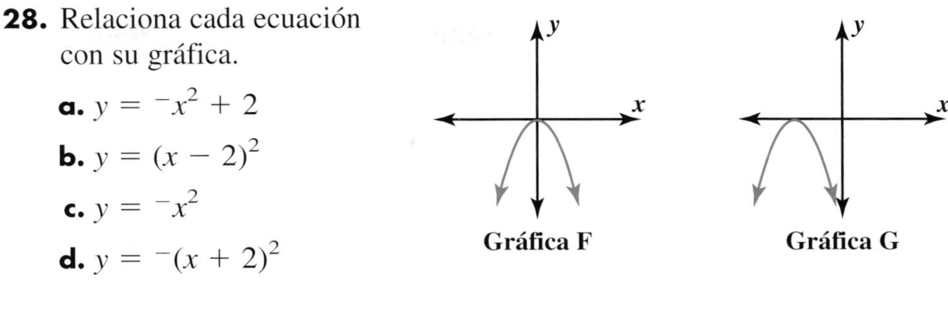

Gráfica F   Gráfica G

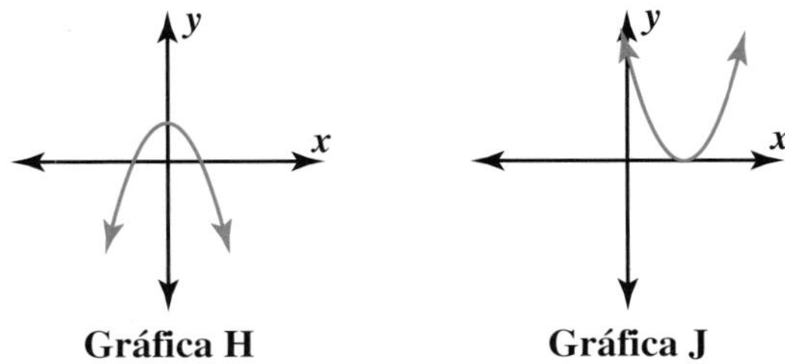

Gráfica H   Gráfica J

Recuerda

Las rectas siempre tienen una *diferencia constante* en sus valores de *y*. Es decir, cuando los valores *x* cambian en una cierta cantidad, como 1 ó 2, los valores de *y* también cambian en una cierta cantidad.

Para las ecuaciones lineales en los Ejercicios 29 al 31, contesta las Partes a y b.

a. ¿Cuál es la diferencia constante entre los valores de y al aumentar los valores de x en 1?

b. ¿Cuál es la diferencia constante entre los valores de y al disminuir los valores de x en 3?

29. $y = \frac{x}{2}$ **30.** $2x - 2 = y$ **31.** $\frac{y}{3x} = 3$

32. **Deportes** Un acantilado popular entre los clavadistas tiene una altura de 18 metros a partir de la superficie del agua. Una vez que el clavadista parte del acantilado, la altura en metros h después de t segundos se puede aproximar con esta ecuación:

$$h = 18 - 4.9t^2$$

a. Crea una tabla de alturas para varios valores de t. Cuando elijas valores para tu tabla, piensa en qué valores tendrían sentido en esta situación.

b. Usa tu tabla para bosquejar una gráfica de la relación entre altura y tiempo.

c. Usa tu gráfica para predecir cuánto tardará un clavadista en alcanzar el punto medio del recorrido del clavado.

d. Usa tu gráfica para predecir cuánto tardará un clavadista en golpear la superficie del agua.

3.3 Radicales

Has trabajado mucho con números elevados a exponentes enteros positivos y negativos. Sabes cómo evaluar 2^3, 4^{-3} e inclusive $(^-100)^{100}$.

Pero que tal si te preguntaran, "¿Qué número al cuadrado es 441?" Esto es lo mismo que saber el exponente (en este caso, 2, pues estás elevando al cuadrado), y el resultado (en este caso, 441) pero sin saber la base. En esta lección, examinarás problemas como éste.

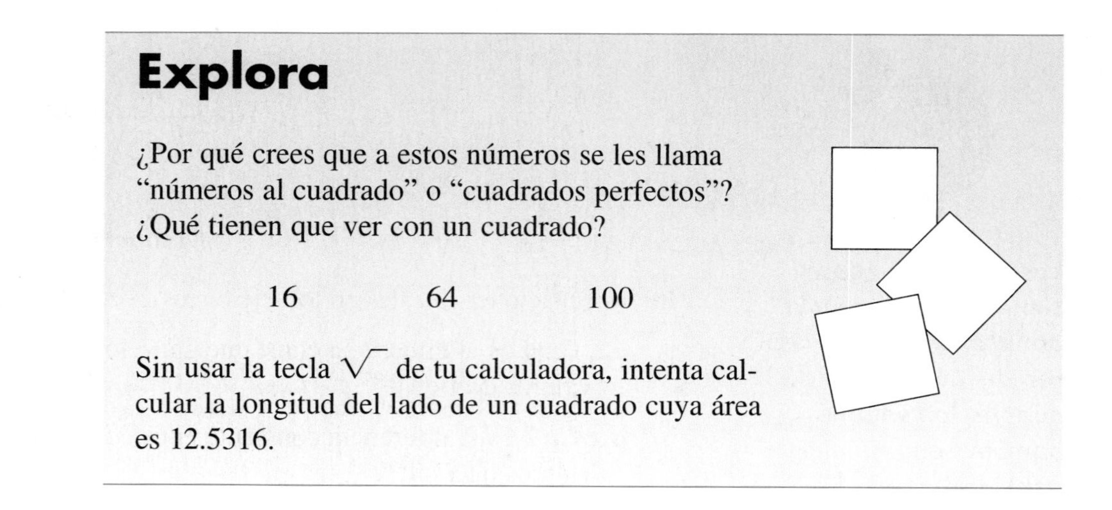

Explora

¿Por qué crees que a estos números se les llama "números al cuadrado" o "cuadrados perfectos"? ¿Qué tienen que ver con un cuadrado?

16 64 100

Sin usar la tecla $\sqrt{\ }$ de tu calculadora, intenta calcular la longitud del lado de un cuadrado cuya área es 12.5316.

Puedes tomar un número que no es un entero, como 5.5, y convertirlo en la longitud del lado de un cuadrado. Un cuadrado con lados de longitud 5.5 tiene un área de 30.25. Aunque 30.25 no es un cuadrado perfecto, este es aún un número multiplicado por sí mismo.

Investigación 1 Raíces cuadradas

Para resolver una ecuación como $2x = 6$, puedes pensar en "anular" la multiplicación por 2 que da el producto 6. Para anular la multiplicación, divides $6 \div 2 = 3$, de manera que x debe ser 3.

VOCABULARIO
raíz cuadrada

Piensa de nuevo sobre la pregunta, "¿Qué número al cuadrado es 441?" Esto se puede escribir como la ecuación $x^2 = 441$. Para calcular la respuesta, puedes pensar en "anular" el proceso de elevar un número al cuadrado. Es decir, puedes calcular las **raíces cuadradas** de 441.

Pensar sobre las soluciones de una ecuación te da una nueva manera de ver a las raíces cuadradas, como descubrieron los estudiantes de esta clase.

Tanto 5 como $^-5$ son raíces cuadradas de 25. Es importante recordar cuando quieres resolver $x^2 = 25$, porque hay dos respuestas: $x = 5$ y $x = {}^-5$.

VOCABULARIO
radical

El símbolo $\sqrt{\ }$ se llama **radical.** Se usa para indicar la raíz cuadrada *positiva* de un número, de manera que $\sqrt{25} = 5$. Para indicar la raíz cuadrada *negativa* de un número, escribe antes un signo negativo: $^-\sqrt{25} = {}^-5$.

Serie de problemas A

Resuelve estos problemas sin usar tu calculadora.

1. $\sqrt{49}$
2. ¿Cuáles son las raíces cuadradas de 100?
3. $^-\sqrt{225}$
4. ¿Cuáles son las raíces cuadradas de 2.25?
5. $\sqrt{0}$
6. ¿Cuál es la raíz cuadrada negativa de 0.01?
7. ¿Cuántas raíces cuadradas tiene un número positivo?
8. ¿Cuántas raíces cuadradas tiene 0?
9. ¿Cuántas raíces cuadradas tiene un número negativo?
10. Decide si el enunciado a continuación es verdadero o falso. Explica tu respuesta.

$$^-4 = \sqrt{16}$$

Serie de problemas B

Los números con los que trabajas se llaman *números reales.* El conjunto de números reales son todos los números en una recta numérica. Algunas personas, como los matemáticos y los ingenieros, también usan el conjunto de *números complejos.* Al usar números complejos, inclusive los números negativos tienen raíces cuadradas.

Resuelve estos problemas sin usar una calculadora.

1. $(\sqrt{49})^2$

2. $(\sqrt{2.25})^2$

3. $(\sqrt{81})^2$

4. $(^-\sqrt{100})^2$

5. $(^-\sqrt{4})^2$

6. $^-(\sqrt{0.04})^2$

7. ¿Qué sucede cuando elevas al cuadrado la raíz cuadrada de un número n? ¿Por qué?

Usa una calculadora para verificar tus resultados a estos problemas.

8. $\sqrt{100^2}$

9. $\sqrt{(^-4)^2}$

10. $\sqrt{0.04^2}$

11. $\sqrt{(^-0.04)^2}$

12. Considera el valor de $\sqrt{n^2}$.

- **a.** Supón que n es positiva. Escribe una expresión equivalente a $\sqrt{n^2}$ que no tenga radicales. Ayuda: Considera tu respuesta al Problema 8.
- **b.** Supón que n es negativo. Escribe una expresión equivalente a $\sqrt{n^2}$ que no tenga radicales. Ayuda: Considera tus respuestas a los Problemas 9 y 11.
- **c.** Si es posible, escribe un sola expresión equivalente a $\sqrt{n^2}$ que no tenga radicales, para cualquier valor de n (positivo, negativo ó 0.) Ayuda: Considera tus respuestas a los Problemas 10 y 11.

Serie de problemas C

Resuelve estas ecuaciones, si es posible, usa el método que prefieras. Si una ecuación no tiene solución escribe "sin solución" y explica por qué.

1. $\sqrt{x} = 7$

2. $\sqrt{x} + 8 = {^-6}$

3. $0 = 2.3 + \sqrt{x}$

4. $\sqrt{x + 2} = 5$

5. $x = \sqrt{^-16}$

6. $x^2 = 64$

Comparte & resume

1. Juana, una estudiante del sexto grado, dijo, —Mi hermana mayor adora contarme sobre su clase de matemáticas. Cuando aprendió las raíces cuadradas, me mostró algunos ejemplos, como $\sqrt{4} = 2$. Al principio, yo pensé que calcular la raíz cuadrada era lo mismo que calcular la mitad de algo.

   Escribe una o dos oraciones que expliquen la diferencia entre calcular la mitad de algo y calcular la raíz cuadrada de algo.

2. ¿Hay algunos números para los que obtener la mitad da el mismo resultado que obtener la raíz cuadrada? Si es así, ¿cuáles son?

Investigación 2 Reduce expresiones con radicales

¿Qué sucede cuando intentas sumar, restar, multiplicar o dividir números que implican radicales? La próxima serie de problemas te ayudará a pensar sobre cómo y cuándo puedes combinar términos con radicales.

Serie de problemas D

1. ¿La raíz cuadrada de una suma es igual a la suma de raíces cuadradas? es decir, ¿$\sqrt{x + y} = \sqrt{x} + \sqrt{y}$?

   Completa la siguiente tabla, intenta con varios ejemplos. Para la última columna, elige tus propios valores que intentarás para x y y. Después, haz una conjetura sobre si las dos expresiones son equivalentes.

(x, y)	(0, 0)	(4, 4)	(36, 16)	(25, $\frac{1}{4}$)	(__, __)
$\sqrt{x} + \sqrt{y}$					
$\sqrt{x + y}$					

2. Ahora haz lo mismo para la multiplicación: ¿Es = $\sqrt{x \cdot y} = \sqrt{x} \cdot \sqrt{y}$? Completa la tabla y después haz una conjetura.

(x, y)	(0, 0)	(5, 5)	(9, 25)	(0.64, 100)	(__, __)
$\sqrt{x} \cdot \sqrt{y}$					
$\sqrt{x \cdot y}$					

3. Completa la tabla y haz una conjetura acerca de las diferencias de las raíces cuadradas.

(x, y)	(0, 0)	(4, 4)	(81, 49)	$\left(\frac{25}{9}, \frac{16}{9}\right)$	(__, __)
$\sqrt{x} - \sqrt{y}$					
$\sqrt{x - y}$					

4. Completa la tabla y haz una conjetura sobre la división de raíces cuadradas.

(x, y)	(0, 2)	(3, 3)	(4, 16)	$\left(\frac{4}{9}, 2.25\right)$	(__, __)
$\sqrt{x} \div \sqrt{y}$					
$\sqrt{x \div y}$					

Expresiones que contienen uno o más números o variables bajo un signo radical se llaman *expresiones radicales*. Todas éstas son expresiones radicales.

$$3\sqrt{x} \qquad 2.3m\sqrt{3m} \qquad x + 3\sqrt{x}$$

El cálculo con expresiones radicales puede ser difícil cuando las expresiones son complicadas. A veces, ayuda *reducir* las expresiones radicales para facilitar el trabajo con ellas. Una expresión radical se reduce cuando

- los números bajo los signos radicales no tienen factores al cuadrado
- el número de signos radicales en la expresión es el más pequeño posible

En la Serie de problemas D, probablemente hiciste la conjetura que

$$\sqrt{x} \cdot \sqrt{y} = \sqrt{x \cdot y}$$

Siempre y cuando x y y no sean negativos, es decir, positivos ó 0, esta conjetura es verdadera.

Puede ser que también hicieras la conjetura de que

$$\sqrt{x} \div \sqrt{y} = \sqrt{x \div y}$$

Esta regla es verdadera para una x no negativa y una y positiva. Estas reglas te ayudarán a aprender cómo reducir expresiones radicales.

Para reducir un número bajo un símbolo de raíz cuadrada, busca los factores del número que sean cuadrados perfectos. Vuelve a plantear el número como un producto en el que por lo menos un factor sea un cuadrado perfecto, y obtén las raíces cuadradas de los cuadrados perfectos.

EJEMPLO

Para reducir $\sqrt{24}$, vuélvelo a plantear como $\sqrt{4 \cdot 6}$ ó $\sqrt{4} \cdot \sqrt{6}$. Puesto que $4 = 2 \cdot 2$, $\sqrt{4} \cdot \sqrt{6}$ es equivalente a $2 \cdot \sqrt{6}$ ó $2\sqrt{6}$.

Para reducir $\sqrt{18x^4}$, vuélvelo a plantear como $\sqrt{9x^4 \cdot 2}$ ó $\sqrt{9x^4} \cdot \sqrt{2}$. Puesto que $9x^4 = 3x^2 \cdot 3x^2$, $\sqrt{9x^4} \cdot \sqrt{2}$ es equivalente a $3x^2\sqrt{2}$.

Para reducir $\sqrt{30}$, puedes volverlo a plantear como $\sqrt{15 \cdot 2}$, $\sqrt{10 \cdot 3}$ ó como $\sqrt{5 \cdot 6}$. Sin embargo, como ninguno de los factores de 30 son cuadrados perfectos, $\sqrt{30}$ ya está reducido.

Los cuadrados perfectos pueden ser difíciles de hallar. Por ejemplo, para reducir $\sqrt{48}$, puedes escribirlo como $\sqrt{8} \cdot \sqrt{6}$. Pero como ni 8 ni 6 son cuadrados perfectos, puede ser que pienses que $\sqrt{48}$ ya está reducido.

Sin embargo, si vuelves a plantear $\sqrt{48}$ como $\sqrt{4} \cdot \sqrt{12}$, *puedes* reducir:

$$\begin{aligned} \sqrt{48} &= \sqrt{4} \cdot \sqrt{12} \\ &= 2 \cdot \sqrt{12} \end{aligned}$$

Después reduce $\sqrt{12}$ aún más:

$$\begin{aligned} &= 2 \cdot \sqrt{4 \cdot 3} \\ &= 2 \cdot \sqrt{4} \cdot \sqrt{3} \\ &= 2 \cdot 2 \cdot \sqrt{3} \\ &= 4 \cdot \sqrt{3} \text{ ó } 4\sqrt{3} \end{aligned}$$

Serie de problemas E

Reduce si es posible. Supón que todas las variables son positivas.

1. $\sqrt{75}$

2. $\sqrt{60}$

3. $\sqrt{42}$

4. $\sqrt{\frac{1}{8}}$

5. $\sqrt{50x^3}$

6. $\sqrt{72a^4b^5}$

Ahora ve si puedes "invertir la reducción" de expresiones. Completa cada espacio con una expresión diferente de la que se te da. Supón que todas las variables no son negativas.

7. $2\sqrt{3}$ es la forma reducida de _____.

8. $6\sqrt{2}$ es la forma reducida de _____.

9. $5y\sqrt{3}$ es la forma reducida de _____.

10. $\frac{1}{4}x^2\sqrt{3x}$ es la forma reducida de _____.

Cuando sumas o restas términos con radicales, los términos con radicales se comportan en formas similares a expresiones con variables.

EJEMPLO

Para reducir expresiones con variables, combina *términos semejantes.*

$$\begin{aligned} 3x + 4y - 2x + 5y &= 3x - 2x + 4y + 5y \\ &= (3 - 2)x + (4 + 5)y \\ &= 1x + 9y \\ &= x + 9y \end{aligned}$$

Para reducir expresiones con radicales, combina *términos con radicales semejantes.*

$$\begin{aligned} 3\sqrt{2} + 4\sqrt{5} - 2\sqrt{2} + 5\sqrt{5} &= 3\sqrt{2} - 2\sqrt{2} + 4\sqrt{5} + 5\sqrt{5} \\ &= (3 - 2)\sqrt{2} + (4 + 5)\sqrt{5} \\ &= 1\sqrt{2} + 9\sqrt{5} \\ &= \sqrt{2} + 9\sqrt{5} \end{aligned}$$

A veces, debes reducir los términos antes de poder combinarlos:

$$\begin{aligned} \sqrt{20} + \sqrt{45} = \sqrt{4 \cdot 5} + \sqrt{9 \cdot 5} &= 2\sqrt{5} + 3\sqrt{5} \\ &= (2 + 3)\sqrt{5} \\ &= 5\sqrt{5} \end{aligned}$$

Serie de problemas F

Para los Problemas 1 al 4, decide si las dos expresiones son equivalentes. Explica tu razonamiento o muestra tu trabajo.

1. $\sqrt{2} + \sqrt{2} + \sqrt{2}$ y $\sqrt{6}$
2. $3\sqrt{2} + \sqrt{3}$ y $3\sqrt{5}$
3. $\sqrt{50} + \sqrt{98}$ y $12\sqrt{2}$
4. $^{-}\frac{1}{2}\sqrt{80}$ y $\sqrt{45} + \sqrt{20} - 7\sqrt{5}$
5. Escribe una expresión equivalente a $2\sqrt{3}$ que incluya suma o resta.
6. A continuación, hay cuatro expresiones radicales.

   i. $^{-}3\sqrt{3} + \sqrt{48}$ **ii.** $2\sqrt{12} - \sqrt{27}$

   iii. $12\sqrt{2} - 7\sqrt{2}$ **iv.** $3\sqrt{32} - \sqrt{98}$

   a. Reduce cada expresión.

   b. ¿Son algunas de las expresiones equivalentes entre ellas? Si lo son, ¿cuáles?

Comparte & resume

Cuando trata de reducir términos radicales, Susan se atora si no puede encontrar inmediatamente un factor que sea un cuadrado perfecto. Por ejemplo, ella dijo, "Cuando trato de reducir $\sqrt{60}$, obtengo $\sqrt{6} \cdot \sqrt{10}$. Ninguno de los dos son cuadrados perfectos, de modo que no puedo deducir como reducirlo".

1. Reduce $\sqrt{60}$.

2. Describe un método que podría usar Susan para calcular los factores correctos. Tu método debe funcionar para cualquier problema que Susan intente resolver.

Investigación 3 *Enésimas raíces*

En la Investigación 1, "invertiste" el proceso de elevar números al cuadrado. Ahora anularás el proceso de elevar números a potencias más grandes.

Piensa & comenta

Piensa por qué los "números cúbicos" o "cubos perfectos" tienen esos nombres. Da un ejemplo de un número cúbico y demuestra como se relaciona con un cubo.

Un número al cubo es igual a 8. ¿Cuál es ese número? ¿Cuántas respuestas puedes encontrar?

Algún número al cubo es igual a $^-64$. ¿Cuál es ese número? ¿Cuántas respuestas puedes encontrar?

¿Hay algún número al cuadrado que sea igual a $^-64$? Si lo hay, ¿cuál es?

Un número al cubo es igual a $^-0.027$. ¿Cuál es ese número?

Cuando contestas preguntas como "¿A qué es igual N, si $N^3 = {}^-64$?", estás anulando el proceso de elevar un número al cubo. Para contestar esta pregunta, supón que alguien ha elevado al cubo un número y te dijo el resultado, y tú quieres calcular el número original.

La *raíz cúbica* de 64 es 4, porque 4 al *cubo* es 64. Es decir, $4^3 = 4 \cdot 4 \cdot 4 = 64$. El signo radical se usa para indicar raíces cúbicas al agregar un "3":

$$\sqrt[3]{64} = 4$$

Cada número tiene una raíz cúbica. Para las raíces cuadradas, el radical por sí mismo siempre representa la raíz cuadrada positiva. Sin embargo para las raíces cúbicas, la raíz cúbica de un número positivo siempre es positiva y la raíz cúbica de un número negativo siempre es negativa. De manera que el símbolo $\sqrt[3]{\ }$ representa una raíz cúbica que tiene un número.

$$\sqrt[3]{8} = 2 \qquad \sqrt[3]{^-8} = {}^-2$$

Serie de problemas G

Evalúa sin usar una calculadora.

1. $\sqrt[3]{8}$
2. $\sqrt[3]{^-125}$
3. $\sqrt[3]{0.000001}$
4. $(\sqrt[3]{8})^3$
5. $(\sqrt[3]{^-125})^3$
6. $(\sqrt[3]{37})^3$
7. ¿Qué sucede cuando elevas al cubo la raíz cúbica de cualquier número? ¿Por qué?

Resuelve cada ecuación con cualquier método que elijas.

8. $\sqrt[3]{x} = -\frac{1}{8}$
9. $6 = \sqrt[3]{2n}$
10. $\sqrt[3]{z + 5} = {}^-2$

En el uso del conjunto de números complejos, todos los números excepto el 0 tienen tres raíces cuadradas.

También puedes obtener raíces más grandes. La *cuarta raíz* de 625 es 5, porque 5 a la cuarta potencia es 625. Es decir, $5^4 = 5 \cdot 5 \cdot 5 \cdot 5 = 625$. Otra cuarta raíz de 625 es $^-5$, porque $^-5 \cdot {}^-5 \cdot {}^-5 \cdot {}^-5 = 625$.

El radical para la cuarta raíz *positiva* es $\sqrt[4]{\ }$, de manera que $\sqrt[4]{625} = 5$. Sin embargo, si quieres las cuartas raíces de 625, necesitas considerar tanto $^-5$ como 5.

Piensa & comenta

¿Qué crees que sea una *quinta raíz?* Da un ejemplo.

¿Qué crees que sea una *sexta raíz?* Da un ejemplo.

¿Cuál es el otro nombre para una *segunda raíz?*

¿Cuál es el otro nombre para una *tercera raíz?*

Las raíces quintas, sextas y las sucesivas son similares a las raíces cuadradas y las raíces cúbicas.

VOCABULARIO
enésima raíz

> En general, $\sqrt[n]{\ }$ denota la ***n*ésima raíz** de x.
>
> - Cuando n es par, $\sqrt[n]{\ }$ denota la *n*ésima raíz positiva. La *n*ésima raíz negativa es $^{-}\sqrt[n]{x}$. Cuando n es par, x debe ser no negativa.
> - Cuando n es impar, $\sqrt[n]{\ }$ es positiva si x es positiva y negativa si x es negativa.
>
> La *n*ésima raíz de 0 siempre es 0, sin importar el tamaño de n.

Datos de interés

La *n*ésima raíz de x también se puede expresar como esto: $x^{\frac{1}{n}}$

En el uso de números complejos, todos los números excepto el 0 tienen raíces *n*ésimas.

Percibe que la raíz cuadrada de x se escribe como $\sqrt{x}$, no como $\sqrt[2]{x}$. Si no hay un número se supone que el radical representa la raíz cuadrada.

Serie de problemas H

Evalúa sin usar una calculadora.

1. $\sqrt[5]{32}$

2. Calcula las cuartas raíces de 256.

3. Calcula la séptima raíz de $^{-}128$.

4. $\sqrt[6]{729}$

5. ¿Hay algunos números para los que las segunda, tercera, cuarta, quinta y sexta raíces sean el mismo número? Si los hay, enuméralos.

6. ¿Hay algunos números con una cuarta raíz positiva y negativa a la vez? Si los hay, da un ejemplo. Si no, explica por qué no.

7. ¿Es posible encontrar un número con sólo una cuarta raíz positiva? Si lo es, da un ejemplo. Si no, explica por qué no.

8. ¿Es posible encontrar un número con una quinta raíz positiva y negativa a la vez? Si lo es, da un ejemplo. Si no lo es, explica por qué no.

Ordena cada conjunto de números de menor al mayor.

9. $\sqrt[5]{7}$ $\sqrt[3]{7}$ $\sqrt[4]{7}$ $\sqrt{7}$ $\sqrt[6]{7}$

10. $\sqrt[4]{\frac{1}{4}}$ $\sqrt[81]{\frac{1}{4}}$ $\sqrt{\frac{1}{4}}$ $\sqrt[80]{\frac{1}{4}}$

Comparte & resume

1. Describe la relación general entre encontrar la *n*ésima raíz de un número y elevar un número a la *n*ésima potencia.

2. ¿Es posible encontrar un número con una novena raíz positiva y negativa a la vez? Si lo es, da un ejemplo. Si no lo es, explica por qué no.

Investigación 4 Números irracionales

VOCABULARIO
números racionales

Los enteros y fracciones tales como $\frac{1}{2}$ y $\frac{7}{10}$ son *números racionales.* La palabra *racional* proviene de la palabra *razón,* que te puede ayudar a recordar la definición de los números racionales. Un **número racional** es un número que se puede escribir como la razón o cociente de dos enteros.

EJEMPLO

El número 0.5 es un número racional porque se puede escribir como la razón de dos enteros, tales como $\frac{1}{2}$ y $\frac{7}{14}$.

El número $^{-}1.8$ es un número racional porque se puede escribir como una razón de dos enteros, tales como $-\frac{9}{5}$ y $-\frac{27}{15}$.

El número 3 es también un número racional. Se puede escribir como $\frac{3}{1}$ ó $\frac{9}{3}$, por ejemplo.

VOCABULARIO
números irracionales
números reales

Los números que *no se pueden* escribir como una razón de dos enteros se llaman **números irracionales.** Los números racionales y los números irracionales forman el conjunto de **números reales.** Todos los números reales se pueden poner en la recta numérica.

Piensa & comenta

A continuación hay siete números. Intenta decidir si cada número es racional al buscar una razón de dos enteros que sea igual al número.

$3 \qquad 0.7 \qquad {}^{-}2.55 \qquad \sqrt{20} \qquad 4.5678 \qquad \sqrt{25} \qquad 7.\overline{4}$

Piensa en números con un dígito que no son cero a la derecha del punto decimal, tal como 0.7. ¿Son racionales tales números?

Piensa en los números que tienen dos dígitos que no son cero a la derecha del punto decimal, tal como 2.55. ¿Son racionales tales números?

¿Son racionales los números con tres dígitos que no son cero a la derecha del punto decimal? ¿Son racionales los números con 10 dígitos que no son cero a la derecha del punto decimal? ¿Son racionales los números con *n* dígitos que no son cero a la derecha del punto decimal?

¿Pueden ser racionales por siempre los números cuyos dígitos no son cero a la derecha del punto decimal? Explica.

Recuerda

Una barra sobre uno o más numerales significa que esos numerales se repiten. Por ejemplo,

$2.1\overline{5} = 2.1555\ldots$

$9.\overline{32} = 9.323232\ldots$

Un grupo llamado los Pitagóricos en la antigua Grecia habían desarrollado una forma de vida basada en la idea de que los números racionales son la esencia de todas las cosas. Cuando se probó la existencia de los números irracionales, ¡tomaron medidas extremas para esconderlos!

El Partenón, en Atenas, Grecia, se construyó durante el siglo V A.C.

En Piensa & comenta, puede que no hayas estado seguro si $\sqrt{20}$ es racional o irracional. Ahora explorarás este número.

Serie de problemas I

1. Usa tu calculadora, para evaluar $\sqrt{20}$. ¿Qué muestra la calculadora para la forma decimal de $\sqrt{20}$?
2. Usa tu calculadora para multiplicar tu respuesta al Problema 1 por sí misma. ¿Qué obtuviste?
3. Ahora imagina que multiplicas tu respuesta al Problema 1 por sí misma *sin* usar la calculadora. ¿Cuál será el dígito a la extrema derecha del producto? (Por ejemplo, el dígito a la extrema derecha de 4.36 es 6 y el dígito a la extrema derecha de 121.798 es 8.)
4. ¿Podría realmente ser igual a $\sqrt{20}$ el número que mostró tu calculadora en el Problema 1? ¿Cómo pueden explicarse tus hallazgos?

Las calculadoras pueden ser engañosas porque sólo tienen suficiente espacio en la pantalla para mostrar cierto número de dígitos. Si un número tiene más dígitos de los que puede manejar una calculadora, algunos dígitos al final sencillamente no aparecen en la pantalla.

Entonces, ¿qué pasa con $\sqrt{20}$? Tiene más dígitos de los que puede mostrar una calculadora. Esto significa que puede ser uno de tres tipos de números:

- Podría tener un número fijo de dígitos no nulos a la derecha del punto decimal.

  Tales números se llaman *decimales terminales* porque los dígitos se acaban o a la larga se terminan. Como puedes encontrar una razón de enteros igual a un decimal terminal, esto números son racionales.

- Podría tener dígitos no nulos a la derecha del punto decimal que continúan por siempre en un patrón periódico; $0.3\overline{24}$ es un ejemplo de tal número.

  Tales números se llaman *decimales no terminales, periódicos.* También son racionales, aunque el hecho no será demostrado aquí. Por ejemplo, $0.\overline{3}$ es igual a $\frac{1}{3}$.

- Este puede tener dígitos no nulos a la derecha del punto decimal que continúan por siempre sin repetirse.

  Tales números se llaman *decimales no terminales, periódicos.* Cuando esto resulta, *cualquiera* de tales números es irracional.

El número $\sqrt{20}$ es un decimal no terminal, no periódico, entonces es irracional.

Recuerda

En un triángulo rectángulo, la longitud de la hipotenusa se puede calcular aplicando el teorema de Pitágoras: calcula la raíz cuadrada de la suma de cuadrados de las longitudes de los catetos. Para este triángulo, el cálculo es $\sqrt{2^2 + 5^2} = \sqrt{29}$.

Ya has visto muchos números irracionales. De hecho, cualquier número que tiene un radical en su forma reducida es irracional.

Has trabajado con esta clase de números irracionales cuando representas las distancias y longitudes. Por ejemplo, la longitud de la hipotenusa de este triángulo es irracional.

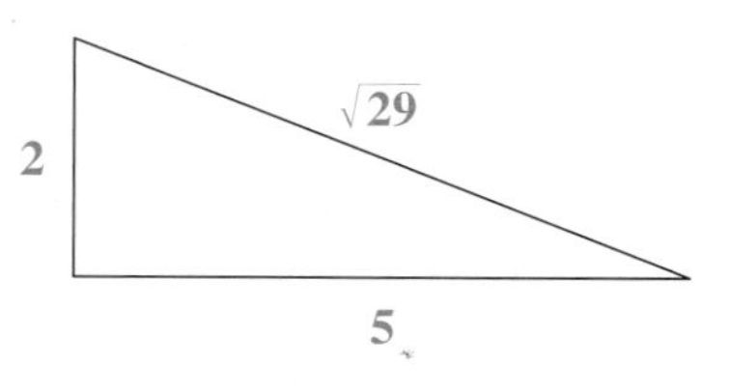

Aunque no todos los números irracionales son raíces. Un número irracional famoso es el número π.

Serie de problemas J

Trabaja con un compañero para decidir si cada número a continuación es racional o irracional. Si un número es racional, escríbelo como una razón de dos enteros. Si es irracional, explica cómo lo sabes.

1. $3\frac{1}{2}$

2. $\sqrt{3} \cdot \sqrt{45}$

3. 4.627803

4. $\sqrt[3]{32} \div \sqrt[3]{4}$

5. $\sqrt{40} - \sqrt{10}$

6. $\sqrt{22}$

7. $\sqrt{8} \cdot \sqrt{2}$

8. 0

9. $1.\overline{6}$

10. $\frac{\sqrt{2}}{2}$

Comparte & resume

Menciona si los miembros de cada grupo son *siempre racionales, a veces racionales* o *nunca racionales.* Explica tu razonamiento o da ejemplos.

1. enteros

2. raíces cúbicas

3. expresiones radicales

4. productos o dos números irracionales

Ejercicios por tu cuenta

Practica & aplica

En los Ejercicios 1 al 10, calcula las raíces indicadas sin usar la calculadora.

1. las raíces cuadradas de 1.21

2. $\sqrt{1.21}$

3. las raíces cuadradas de $\frac{4}{49}$

4. $\sqrt{\frac{4}{49}}$

5. las raíces cuadradas de 0.0064

6. $\sqrt{0.0064}$

7. $(\sqrt{26})^2$

8. $(\sqrt{0.09})^2$

9. $\sqrt{(^-3)^2}$

10. $\sqrt{x^2}$

Resuelve cada ecuación. Si no tiene solución, escribe "sin solución".

11. $\sqrt{x - 3} = 9$

12. $5\sqrt{x} = 25$

13. $\sqrt{\frac{x}{7}} = 3$

14. $\sqrt{x} = 36$

15. $\sqrt{x + 2} + 8 = 1$

16. $\sqrt{x - 20} = {}^-18$

Menciona si cada cálculo es correcto o incorrecto.

17. $\sqrt{2} \cdot \sqrt{3} = \sqrt{6}$

18. $\sqrt{4} + \sqrt{15} = \sqrt{19}$

19. $\sqrt{3} - \sqrt{0} = \sqrt{3}$

20. $\sqrt{20} \div \sqrt{45} = \frac{2}{3}$

Reduce cada expresión radical. Si ya está reducida, menciónalo.

21. $\dfrac{\sqrt{20} + \sqrt{80}}{\sqrt{20}}$

22. $\sqrt{17} - \sqrt{30}$

23. $\sqrt{8} \cdot \sqrt{12}$

24. **Reto** $\sqrt{x + 2} + \sqrt{4x + 8}$

25. A continuación hay cuatro expresiones radicales. Supón que x es positiva.

i. $\sqrt{800x^3}$

ii. $4x\sqrt{50x}$

iii. $3\sqrt{32x^3}$

iv. $5\sqrt{8x^3} + 2x\sqrt{2x} + 2\sqrt{32x^3}$

a. Reduce cada expresión.

b. ¿Qué expresiones son equivalentes a las otras?

Decide si las expresiones en cada par son equivalentes. Explica.

26. $3\sqrt{5}$ y $\sqrt{5} + \sqrt{5} + \sqrt{5}$

27. $\sqrt{32} - \sqrt{18}$ y $\sqrt{14}$

En los Ejercicios 28 al 35, calcula las raíces indicadas sin usar la calculadora.

28. la raíz cúbica de $^-216$

29. $\sqrt[3]{^-216}$

30. las sextas raíces de 64

31. $\sqrt[6]{64}$

32. la quinta raíz de $^-243$

33. $\sqrt[5]{^-243}$

34. **Reto** las octavas raíces de x^{16}

35. **Reto** $\sqrt[8]{x^{16}}$

Ordena cada conjunto de números de menor a mayor.

36. $\sqrt[9]{^-41}$ $\sqrt[3]{^-41}$ $\sqrt[11]{^-41}$ $\sqrt[5]{^-41}$ $\sqrt[7]{^-41}$

37. $\sqrt[3]{-\frac{1}{3}}$ $\sqrt[311]{-\frac{1}{3}}$ $\sqrt[5]{-\frac{1}{3}}$ $\sqrt[105]{-\frac{1}{3}}$

Demuestra que cada número es racional al encontrar un par de enteros cuyas razones o cocientes sean iguales al número.

38. 3.56

39. $^-0.000230$

40. $^-1.\overline{6}$

41. $5\frac{3}{8}$

Menciona si cada número es racional o irracional. Si es racional, calcula dos enteros cuyas razones sean iguales a este. Si es irracional, explica cómo lo sabes.

42. $^-3.\overline{3}$

43. $4\frac{1}{3}$

44. $^-\sqrt{28}$

45. $^-5.8237$

46. $\sqrt[4]{32}$

47. $\sqrt{45} - \sqrt{10} \cdot \sqrt{2}$

Conecta & amplía

48. Para este problema, supón que x es positiva.

a. Enumera tres valores de x para los cuales $\sqrt{x}$ es menor que x.

b. Enumera tres valores de x para los cuales $\sqrt{x}$ es mayor que x.

c. En general, ¿cómo puedes determinar si $\sqrt{x}$ es mayor que x?

49. **¡Pruébalo!** Evan dijo, —Si $x^2 = y^2$, entonces $x = y$.

a. Intenta varios valores de x y y para investigar la conjetura de Evan.

b. ¿Es verdadera la conjetura de Evan? Si lo es, explica por qué. Si no lo es, da un contraejemplo.

50. ¿Para qué valores de x y y $\sqrt{x} + \sqrt{y} = \sqrt{x + y}$ es verdadera?

51. ¿Para qué valores de x y y $\sqrt{x} - \sqrt{y} = \sqrt{x - y}$ es verdadera?

52. **¡Pruébalo!** En la Investigación 2, viste que para valores no negativos de x y y, $\sqrt{x} \cdot \sqrt{y} = \sqrt{x \cdot y}$. En las Partes a, b, c y d, demostrarás esta conjetura.

Para facilitar las cosas, define dos nuevas variables: $u = \sqrt{x}$ y $v = \sqrt{y}$.

a. ¿Cuál es el producto uv en términos de x y y?

b. En términos de x y y, ¿a qué son equivalentes u^2 y v^2?

c. Completa el espacio con x y y:

$$(uv)^2 = u^2v^2 = \_\_\_\_\_\_$$

d. Usa tus respuestas para la Parte c para escribir una expresión en términos de x y y que es equivalente a uv.

En tus **propias palabras**

Escribe una carta para un estudiante más joven que explique la diferencia entre los números racionales e irracionales. Incluye las definiciones de ambas clases de números y varios ejemplos de cada uno.

e. En las Partes a y d se te pidió que escribieras el producto de uv en términos de x y y de manera que tus respuestas a estas partes fueran equivalentes. ¿Has demostrado que $\sqrt{x} \cdot \sqrt{y} = \sqrt{(x \cdot y)}$?

f. Reto Usa las Partes a, b, c y d como una guía para probar que

$$\sqrt{x} \div \sqrt{y} = \sqrt{x \div y}$$

si x es no negativa y y es positiva. Si te ayuda, vuelve a plantear ambos lados como fracciones: $\frac{\sqrt{x}}{\sqrt{y}} = \sqrt{\frac{x}{y}}$.

53. Geometría Los triángulos rectángulos isósceles tienen dos catetos que tienen la misma longitud. Si la longitud del lado de un triángulo rectángulo isósceles es a, ¿cuál es la longitud de la hipotenusa? Reduce tu respuesta.

a

a

54. Enumera estos números del menor al mayor.

$$0 \quad 1 \quad ^-1 \quad \sqrt[51]{2} \quad \sqrt[51]{^-2} \quad \sqrt[51]{0.2} \quad \sqrt[51]{^-0.2}$$

55. Considera $\sqrt[8]{n}$.

a. Si n es mayor que 1, ¿es $\sqrt[8]{n}$ mayor que o menor que n?

b. Si n es mayor que 0 pero menor que 1, ¿es $\sqrt[8]{n}$ mayor o menor que n?

56. Reto Considera $\sqrt[n]{x}$.

a. Si $\sqrt[n]{x}$ es positiva, ¿qué puedes asegurar sobre x? Explica.

b. Si $\sqrt[n]{x}$ es negativa ¿qué puedes asegurar sobre n y x? Explica.

57. Trabajaste mucho con exponentes enteros. Los exponentes también pueden ser fracciones. Cuando $\frac{1}{n}$ se usa como exponente, significa "toma la *en*ésima raíz". Entonces, por ejemplo,

$$81^{\frac{1}{2}} = \sqrt{81} = 9 \qquad (^-27)^{\frac{1}{3}} = \sqrt[3]{^-27} = {}^-3 \qquad 64^{\frac{1}{4}} = \sqrt[4]{64} = 4$$

Las leyes de los exponentes se aplican a exponentes fraccionarios justo como se aplican a los exponentes enteros.

Evalúa cada expresión sin usar la calculadora. En las Partes e, f, g y h, usa las leyes de los exponentes para ayudarte.

a. $1.44^{\frac{1}{2}}$ **b.** $125^{\frac{1}{3}}$ **c.** $(^-32)^{\frac{1}{5}}$ **d.** $^-32^{\frac{1}{5}}$

e. $(3^{\frac{1}{3}})^3$ **f.** $\left(\frac{9}{25}\right)^{\frac{1}{2}}$ **g.** $(64)^{-\frac{1}{3}}$ **h.** $16^{\frac{3}{4}}$

Recuerda

Dos figuras son semejantes si tienen la misma forma.

58. Geometría Si dos triángulos son semejantes, puedes multiplicar las longitudes de los lados de un triángulo por un número para obtener las longitudes de los lados del otro triángulo. Por ejemplo, en los siguientes triángulos semejantes A y B, puedes obtener las longitudes de los lados del Triángulo B al multiplicar las longitudes de los lados del Triángulo A por 2. Este número se llama el *factor de escala.*

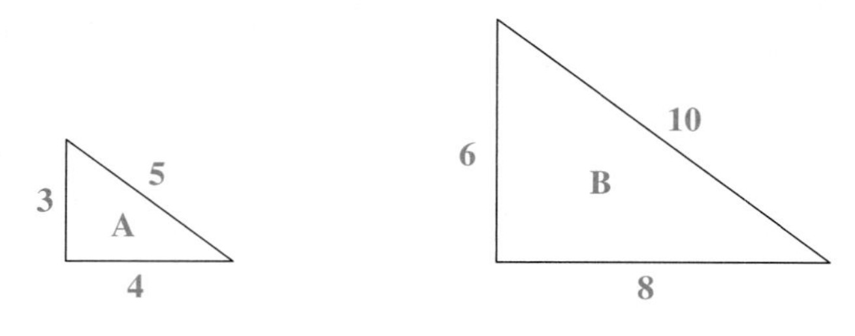

a. Imagina que todos los triángulos son semejantes al Triángulo C.

Si escalas el Triángulo C por un factor *n,* ¿cuáles serán las longitudes de los lados del nuevo triángulo?

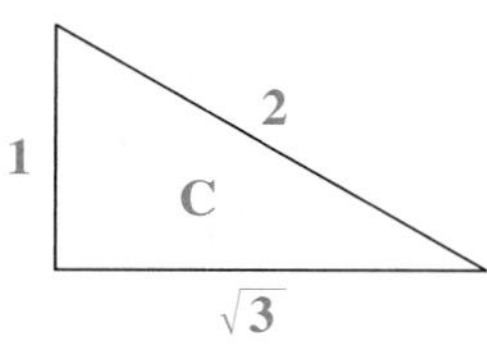

b. ¿Es posible encontrar un triángulo semejante al Triángulo C cuyos lados son números irracionales? Si lo es, da un ejemplo mencionando el factor de escala y las nuevas longitudes de los lados. Si no lo es, explica por qué no.

c. ¿Es el área del Triángulo C racional o irracional? Explica.

d. Reto ¿Es posible encontrar un triángulo semejante al Triángulo C cuya área sea racional? Si lo es, da un ejemplo mencionando el factor de escala y las nuevas longitudes de los lados. Si no lo es, explica por qué no.

59. Reto En las Partes a y b, menciona si el número es racional o irracional. Si es racional, encuentra dos enteros cuya razón sea igual a este. Si es irracional, explica cómo lo sabes.

a. $6\sqrt{3}$

b. 2π (Ayuda: Si es racional, es igual a $\frac{a}{b}$ para algunos enteros a y b. ¿A qué podría ser igual π en términos de a y b?)

c. En general, si multiplicas un número racional no nulo n por un número irracional m, ¿será racional o irracional el resultado? Explica cómo lo sabes.

Repaso mixto

60. Identifica los pares de fracciones equivalentes en esta lista.

$$\frac{1}{3} \quad \frac{7}{12} \quad \frac{2}{9} \quad \frac{8}{10} \quad \frac{28}{48} \quad \frac{20}{25} \quad \frac{6}{27} \quad \frac{12}{36}$$

Escribe cada fracción en los términos más pequeños.

61. $\frac{48}{80}$ **62.** $\frac{140}{196}$ **63.** $\frac{198}{231}$ **64.** $\frac{140}{315}$

65. Sin graficar, decide cuáles de estas ecuaciones representan rectas paralelas. (Supón que q está en el eje horizontal.) Explica.

a. $2p = 3q + 5$

b. $p = 3q^2 + 5$

c. $p = 1.5q - 7.1$

d. $p = 3q + 3$

Determina si los tres puntos de cada conjunto son colineales.

66. $(1, {}^{-}1.6), (5, 0), (6, 0.4)$

67. $(7, {}^{-}4), (3, {}^{-}1), ({}^{-}2, 2.75)$

Escribe una ecuación cuadrática para cada tabla.

68.

x	y
$^{-}3$	$^{-}9$
$^{-}2$	$^{-}4$
$^{-}1$	$^{-}1$
0	0
1	$^{-}1$
2	$^{-}4$
3	$^{-}9$

69.

x	y
$^{-}3$	59
$^{-}2$	54
$^{-}1$	51
0	50
1	51
2	54
3	59

70.

x	y
$^{-}3$	18
$^{-}2$	8
$^{-}1$	2
0	0
1	2
2	8
3	18

71. Jonas y Julia hicieron un experimento en el que dejaron caer una pelota de goma desde varias alturas y midieron la altura a la que rebotaba la pelota. Aquí están los datos que recopilaron.

Altura de la caída (pulg)	6	7	10	14	16	18	20	24	26	30
Altura del rebote (pulg)	2	2.5	4	5	6	6.5	7	8.5	10	12

a. Haz una gráfica de los datos con la altura de la caída en el eje horizontal.

b. Dibuja una recta que pase por la mayoría de los puntos, y usa tu gráfica para escribir una ecuación de la recta.

c. Ahora calcula la media de las alturas de caída y la media de las alturas de rebote de los datos en la tabla.

d. Grafica el punto que tiene a estas dos medias como sus coordenadas y ajusta la recta que dibujaste en la Parte b para que pase por este punto. Escribe una ecuación para tu nueva recta.

Capítulo 3 Repaso & autoevaluación

Resumen del capítulo

VOCABULARIO
***en*ésima raíz**
factor de crecimiento
factor de desintegración
notación científica
números irracionales
números racionales
números reales
radical
raíz cuadrada

En este capítulo, comenzaste a revisar los exponentes enteros y las leyes de exponentes. También estudiaste las relaciones exponenciales, de crecimiento y de desintegración.

Después trabajaste con las raíces cuadradas de números. Generalizaste el concepto de raíces cuadradas para las raíces cúbicas, cuartas raíces, e incluso raíces más altas. También aprendiste la diferencia entre los números racionales e irracionales.

Estrategias y aplicaciones

Las preguntas en esta sección te ayudarán a revisar y aplicar ideas importantes y estrategias desarrolladas en este capítulo.

Entiende exponentes enteros

1. Supón que y es un entero positivo.

a. Explica lo qué significa x^y.

b. Explica cómo se relacionan x^y y x^{-y}.

2. Supón que r es un número no igual ni a 0 ni a 1. ¿Cómo decidirías cuál es mayor, r^{11} ó r^{21}, en cada uno de los siguientes casos? Explica tus respuestas.

a. r es mayor que 1.

b. r está entre 0 y 1.

c. r está entre $^-1$ y 0.

d. r es menor que $^-1$.

Entiende la notación científica

3. ¿Cuál es mayor, 2.3×10^{32} ó 3.2×10^{23}? Explica.

4. El átomo de un elemento se compone de protones, neutrones y electrones. La masa en reposo de un protón es 1.7×10^{-24} gramos. La masa en reposo de un electrón es 9.1×10^{-28} gramos. Contesta estas preguntas sin usar tu calculadora.

a. ¿Cuántos gramos más de masa tiene un protón que un electrón?

b. ¿Cuántas veces más masa tiene un protón que un electrón?

Reconoce y describe relaciones exponenciales

5. Determina cuál de estas ecuaciones describe una relación exponencial. Para cada relación exponencial, indica si es de crecimiento o de desintegración.

$$y = 3(x^4) \qquad y = 3(4^x) \qquad y = 3x + 4$$

$$y = \frac{1}{4x} \qquad y = \left(\frac{1}{4}\right)^x \qquad y = x^4$$

Para las Preguntas 6 a la 8, contesta las Partes a, b y c.

a. Identifica si la relación descrita es exponencial.

b. Explica tu razonamiento.

c. Si la relación es exponencial, escribe una ecuación que la describa.

6. Un torneo de damas con 2,048 concursantes se ha organizado en varias rondas. En cada ronda, cada concursante juega con un oponente. Sólo los ganadores continúan a la siguiente ronda. Considera la relación entre el número de ronda (Ronda 1, Ronda 2, y así sucesivamente) y el número de concursantes que juega en esta ronda.

7.

La palabra *módem* es una versión corta de *modulador-demodulador.*

8. Los *módems* son dispositivos que permiten que las computadoras "hablen" con otras computadoras a través de una línea de teléfono. Al pasar de los años, las mejoras técnicas han permitido que los módems se comuniquen a velocidades cada vez más rápidas.

Cada vez que las velocidades de los módem aumentaron, Elisa compró uno nuevo. Su primer módem tenía una velocidad de sólo 1,200 kilobytes por segundo (kps). La tabla muestra la velocidad de cada uno de sus módems. Considera la relación entre el número de módem y su velocidad.

Número de módem	Velocidad (kps)
1	1,200
2	2,400
3	4,800
4	9,600
5	14,400
6	28,800
7	33,600
8	57,600

Entiende las leyes de exponentes

9. **¡Pruébalo!** Al completar las Partes a y b, demuestra que la potencia de una ley de potencias funciona cuando el exponente es un entero positivo y el otro es un entero negativo. Supón que a es un número positivo y b y c son enteros positivos.

a. Demuestra que $(a^b)^{-c} = a^{-bc}$.

b. Ahora demuestra que $(a^{-b})^c = a^{-bc}$.

Entiende las raíces

10. Explica por qué hay dos valores de x para los cuales $x^2 = 16$, pero sólo un valor de x para el cual $x = \sqrt{16}$. ¿Cuál es el valor de x en cada caso?

11. ¿Por qué $^-3$ es la quinta raíz de $^-243$?

Identifica los números racionales e irracionales

12. Escribe cada número como una razón de dos enteros, si es posible, e identifica el número como racional o irracional.

a. $0.\overline{4}$

b. 0.4

c. $\sqrt{0.4}$

d. $\sqrt{0.4} \cdot \sqrt{10}$

Demuestra tus destrezas

Evalúa o reduce cada número sin usar tu calculadora.

13. 0.4^3

14. $\left(\frac{2}{3}\right)^4$

15. 8^{-3}

16. $\left(\frac{2}{3}\right)^{-4}$

17. $\sqrt{121}$

18. $\sqrt{32}$

19. $\sqrt[3]{^-1{,}000}$

20. $\sqrt[3]{0.027}$

21. $\sqrt[5]{32}$

22. $2\sqrt[7]{(^-3)^{14}}$

23. $\frac{1}{3}\sqrt{27}$

24. $\sqrt[x]{13^x}$

Escribe cada expresión con un solo exponente y una sola base. Supón que x no es cero.

25. $a^3 \cdot b^3$

26. $(2x)^4 \cdot (2x)^{-7}$

Reduce cada expresión lo más que puedas. Cuando sea necesario, supón que la variable no es negativa.

27. $\sqrt{52}$

28. $^-\sqrt{70}$

29. $\sqrt{18x^3}$

30. $3m\sqrt{4m^6}$

CAPÍTULO 4

Resuelve ecuaciones

Matemáticas en la vida diaria

Programación La programación matemática es una herramienta de amplia utilidad en una variedad de campos. La mayoría de los conocimientos matemáticos que hemos estudiado fueron descubiertos hace varios siglos. Sin embargo, la programación matemática apareció a finales de la década de 1940, después de la Segunda Guerra Mundial.

Los problemas que se resuelven con programación matemática también se conocen como problemas de optimización, porque están relacionados con la búsqueda de una solución óptima; es decir, con la búsqueda de la solución que permita obtener el valor máximo o mínimo, para variables como la ganancia, el costo o el tiempo. Estos problemas a menudo incluyen varias ecuaciones y desigualdades con muchas variables. Las compañías petroleras usan este tipo de programación para determinar la mejor manera de mezclar los componentes del petróleo y obtener gasolina. Esta técnica también se usa para calcular la cantidad mínima de comida que requieren los astronautas, de modo que reciban una nutrición apropiada durante un viaje en el transbordador espacial, debido al espacio limitado dentro del transbordador.

Piensa al respecto Escribe algunas de las variables que una compañía fabricante debe considerar para maximizar sus ganancias.

Carta a la familia

Estimados alumno(a) y familiares:

El siguiente capítulo que estudiaremos, explica cómo resolver ecuaciones. Esta es una de las destrezas matemáticas más importantes y de uso más frecuente. Se aplica en ciencias sociales, física, química, biología y en la vida cotidiana. Resolver ecuaciones permite calcular cuántos galones de gasolina se requieren para recorrer 500 millas. Los científicos que envían un satélite al espacio, los economistas que efectúan pronósticos sobre la economía y el ciudadano común que está calculando el pago de sus impuestos tienen que resolver complicadas ecuaciones.

En años anteriores, aprendimos diversos métodos para resolver ecuaciones. En este capítulo, repasaremos y profundizaremos esos métodos y los usaremos para resolver desigualdades y sistemas de dos ecuaciones y dos variables. Aprenderemos también a usar una calculadora graficadora para obtener la solución aproximada de ecuaciones y sistemas de ecuaciones.

Las desigualdades son comunes en la vida cotidiana. Por ejemplo, si tienen \$5.00 y van a la tienda para comprar marcadores cuyo precio individual es \$1.95, y almohadillas para entintar sellos, cuyo precio individual es de \$0.95, la siguiente desigualdad

$$1.95m + 0.59p \leq 5.00$$

les indica las diferentes combinaciones del número de marcadores y almohadillas para entintar que podrán comprar. En este ejemplo, comprar 1 marcador y 5 almohadillas ó 2 marcadores y 2 almohadillas, satisfacen la desigualdad.

También aprenderemos a resolver sistemas de ecuaciones con dos variables. En estos casos, tendremos que hallar el par de valores que satisfaga a *ambas* ecuaciones. Por ejemplo:

> Durante un juego de baloncesto, Corrine anotó un total de 23 puntos al encestar 10 veces. Algunos de sus tiros valieron dos puntos y otros valieron tres puntos. ¿Cuántos tiros de cada tipo encestó Corrine?

Para contestar esta pregunta, debemos resolver el siguiente sistema de ecuaciones, donde x representa el número de tiros de 2 puntos y y representa el número de tiros de 3 puntos:

$$x + y = 10 \quad \text{y} \quad 2x + 3y = 23$$

Vocabulario Aprenderemos varios términos nuevos a lo largo de este capítulo:

eliminación | **sustitución**
desigualdad | **sistema de ecuaciones**

¿Qué pueden hacer en el hogar?

Pídanle a su hijo(a) que les muestre algunas de las ecuaciones que está resolviendo, así como los métodos que está usando para resolverlas. Estimulen a su hijo(a) para que piense en cómo podría usar esta destreza fuera de la escuela.

4.1 Más sobre ecuaciones

La solución de problemas matemáticos con frecuencia significa escribir y resolver ecuaciones. Probablemente ya hayas visto varias estrategias para resolver ecuaciones.

Piensa & comenta

Describe algunas estrategias que podrías usar para resolver esta ecuación.

$$6\left(\frac{2(2x-6)}{4}\right) = 12$$

He aquí tres métodos para resolver ecuaciones que probablemente ya has usado.

- *Conjetura, verifica y mejora:* Conjetura la solución, reemplaza tu conjetura en la ecuación, verifícala y usa el resultado para mejorar tu conjetura, si es necesario.
- *Vuelta atrás:* Empieza con el valor de salida y trabaja al revés para encontrar el valor de entrada.
- *Haz lo mismo en ambos lados:* Aplica la misma operación matemática en ambos lados de la ecuación, hasta que la solución sea fácil de ver.

En esta lección, vas a repasar dos de estos métodos: vuelta atrás y hacer lo mismo en ambos lados.

Investigación 1 Repasa los métodos para resolver ecuaciones

Supón que quieres resolver una ecuación que consta de una expresión algebraica en un lado y un número en el otro, como esta ecuación:

$$2\left(\frac{2n}{6} - 1\right) = 16$$

La técnica de vuelta atrás será probablemente un buen método de solución para este tipo de ecuaciones.

EJEMPLO

Resuelve $2\left(\frac{2n}{6} - 1\right) = 16$ usando vuelta atrás.

Piensa en n como la entrada y 16 como la salida. Haz un flujograma para mostrar las operaciones necesarias para llegar de la entrada a la salida.

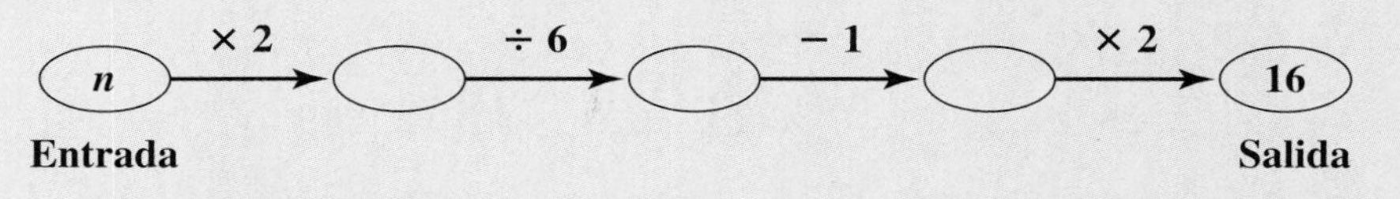

Este flujograma muestra que multiplicas la entrada por 2, divides el resultado entre 6, restas 1 y después multiplicas por 2. El valor de salida es 16. Para usar la vuelta atrás, empieza desde la salida y trabaja al revés, *deshaciendo* cada operación, hasta que encuentres la entrada.

El valor en el cuarto óvalo se multiplica por 2 para obtener 16, de manera que este valor debe ser 8.

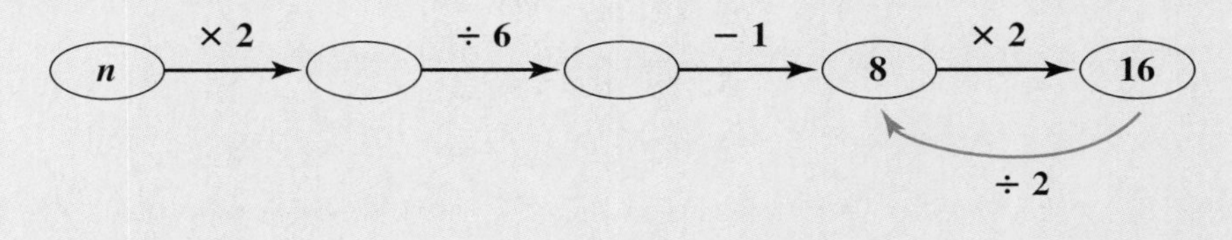

El número 1 se resta del valor en el tercer óvalo para obtener 8, de manera que este valor debe ser 9.

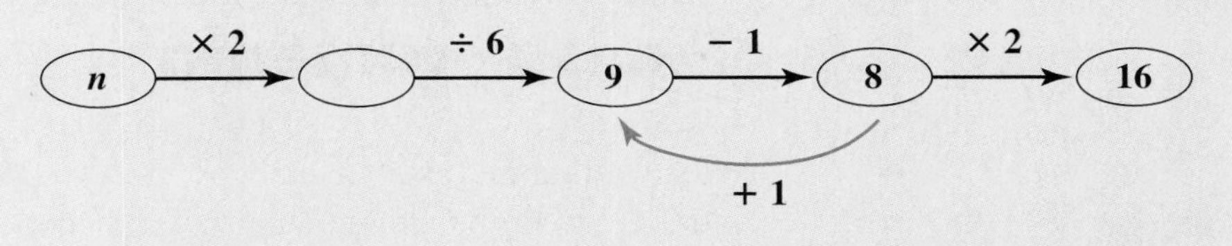

El valor en el segundo óvalo se divide entre 6 para obtener 9, de manera que este valor debe ser 54.

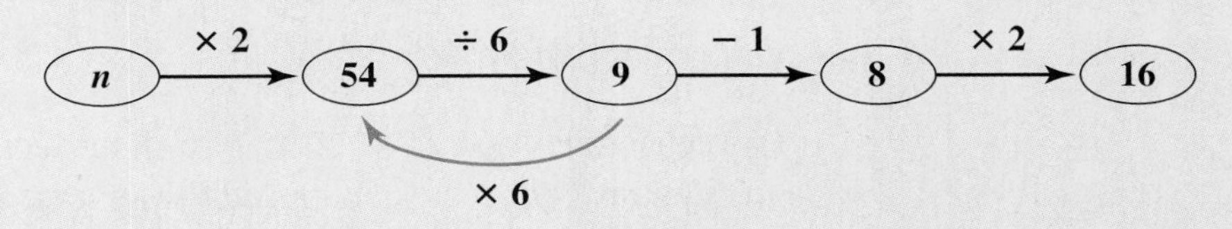

La entrada se multiplica por 2 para obtener 54, de manera que la entrada debe ser 27. Así que la solución de $2\left(\frac{2n}{6} - 1\right) = 16$ es 27.

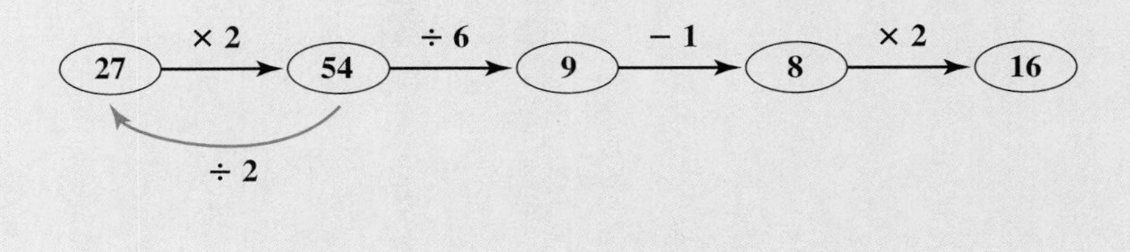

Serie de problemas A

Resuelve cada ecuación usando vuelta atrás. Verifica cada solución reemplazándola en la ecuación original.

1. $3\left(\frac{n}{2} - 1\right) = 15$
2. $\frac{2(n + 1) - 3}{4} = 5$
3. $2\left(\frac{n}{4} - 3\right) + 1 = 5$

Para ecuaciones sencillas, podrías usar la vuelta atrás mentalmente. Es posible que piensas en resolver $\frac{n}{3} + 1 = 4$ de la siguiente manera:

> *Esta ecuación quiere decir "divide entre 3 y después suma 1", lo cual da 4. Para usar la vuelta atrás, "resta 1" para pasar de 4 a 3 y después "multiplica por 3" para llegar a 9.*

Resuelve cada ecuación mentalmente, si puedes. Si tienes problemas, usa lápiz y papel. Verifica cada solución reemplazándola en la ecuación.

4. $6(3m - 4) = 12$
5. $\frac{3m}{4} + 4 = 12$
6. $\frac{3(n + 4)}{6} = 12$

Algunas ecuaciones no se pueden resolver directamente usando vuelta atrás.

Piensa & comenta

Héctor trata de resolver $3a + 4 = 2a + 7$ usando la técnica de vuelta atrás, pero no puede entender cómo hacer un flujograma. ¿Por qué crees que tiene problemas?

¿Cómo podrías resolver $3a + 4 = 2a + 7$?

Las ecuaciones que no se pueden resolver fácilmente usando la técnica de vuelta atrás con frecuencia pueden resolverse haciendo lo mismo en ambos lados.

EJEMPLO

Resuelve $3a + 4 = 2a + 7$ haciendo lo mismo en ambos lados.

$3a + 4 = 2a + 7$

$a + 4 = 7$ después de restar $2a$ de ambos lados

$a = 3$ después de restar 4 de ambos lados

Serie de problemas B

Resuelve cada ecuación haciendo lo mismo en ambos lados. Verifica tus soluciones.

1. $3a - 4 = 2a + 3$
2. $11b - 6 = 9 + 6b$
3. $7 - 5x = 12 - 3x$
4. $3y + 7 = 7 - 2y$

A veces, necesitas reducir una ecuación antes de poder resolverla.

Serie de problemas C

1. Dado que un lado de esta ecuación es un número, Tala pensó que podría resolverla usando la vuelta atrás.

$$4(3x + 2 - 2x + 2) = 20$$

   a. Tala dibujó un flujograma para esta ecuación pero no pudo deducir cómo usar la vuelta atrás para resolverla. ¿Por qué crees que tuvo problemas?

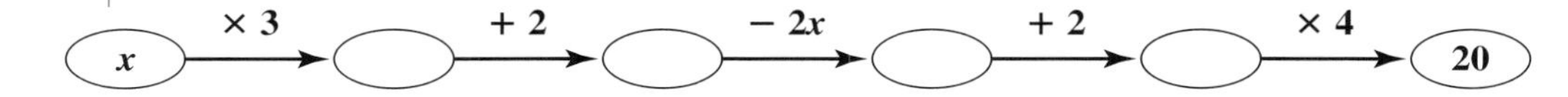

   b. Tala pensó que la ecuación podía resolverse más fácilmente si ella la reducía de manera que x apareciera sólo una vez. Reduce la ecuación y después resuélvela usando la vuelta atrás.

Reduce cada ecuación y resuélvela usando cualquier método que elijas. Verifica tus soluciones.

2. $5(2a - 3) + 2a + 3 = 0$
3. $^{-}6(8 - 3n) + 2n = {}^{-}8$
4. $2k + 2\left(\frac{k}{4} - 3\right) - k + 1 = 25$

Los constructores usan a menudo los flujogramas para organizar todos los pasos relacionados con un proyecto de construcción.

Serie de problemas D

Ahora trata de aplicar las técnicas para resolver ecuaciones en la solución de problemas.

1. Mikayla dice: —Estoy pensando en un número. Cuando le resto 3, multiplico el resultado por 8 y después lo divido entre 3 y me da 32. ¿Cuál es mi número?

2. Neva y Owen coleccionan figuras de acción. Owen tiene cinco veces más el total de figuras que tiene Neva. Owen también tiene 60 más que Neva. Escribe una ecuación para calcular el número de figuritas que Neva y Owen tienen cada uno.

3. La suma de cuatro números enteros consecutivos es 150.

a. Sea x el primer número. Escribe expresiones para representar los otros tres números.

b. Escribe y resuelve una ecuación para encontrar los cuatro números.

4. La suma de tres números *pares* consecutivos es 78.

a. Sea n el primer número par. Escribe expresiones para los dos siguientes números pares.

b. Escribe y resuelve una ecuación para encontrar los tres números.

5. Una distribuidora de videos tiene 800 copias de un nuevo video para distribuirlas entre cuatro tiendas. Piensa darles a las dos primeras tiendas el mismo número de copias. La tercera tienda recibirá tres veces la cantidad de cualquiera de las primeras dos. La cuarta tienda recibirá 20 más que cualquiera de las primeras dos.

a. ¿Cuántas copias recibirá cada tienda?

b. El distribuidor tiene 700 copias de otro video que quiere distribuir usando la misma regla. ¿Cuántas copias crees que debería darle a cada tienda? Explica tu respuesta.

Comparte & resume

1. ¿Podrías resolver todos los problemas de vuelta atrás de la Serie de problemas A haciendo lo mismo en ambos lados?

2. Escribe una ecuación, semejante a las de la Serie de problemas A, que pueda resolverse con la vuelta atrás. Resuelve tu ecuación primero usando la vuelta atrás y después haciendo lo mismo en ambos lados, registra cada paso de tus soluciones. ¿Qué relaciones notaste entre los dos métodos?

Investigación de laboratorio ▶ # Sistemas horarios

La aritmética y el álgebra con los que estás familiarizado implican el *sistema de números reales.* Este sistema incluye todos los números de la recta numérica y las operaciones matemáticas como la adición, sustracción, multiplicación y división.

En esta investigación, explorarás los sistemas numéricos llamados *sistemas horario.* Aunque los sistemas horario incluyen también la sustracción, multiplicación y división, trabajarás sólo con la adición.

Decir la hora

Nuestro método de decir la hora usa las horas del. 1 al 12. Un sistema numérico que se basa en la forma en que decimos la hora puede llamarse *sistema horario de 12 horas.*

Supón que ahora son las 4 en punto.

1. Considera las horas en las siguientes 8 horas.

a. ¿Qué hora será en 2 horas? ¿En 4 horas? ¿En 7 horas?

b. ¿Cómo encontraste la respuesta a la Parte a?

2. Ahora considera las horas *más allá* de las 8 horas a partir de ahora.

a. ¿Qué hora será en 10 horas? ¿En 12 horas? ¿En 20 horas?

b. ¿Cómo encontraste la respuesta a la Parte a?

c. ¿Qué hora será en 21 horas? ¿En 35 horas?

3. Lydia dice que ella podría calcular la hora en h horas después de las 4 en punto al calcular $4 + h$ y restando 12 hasta que la respuesta esté entre 1 y 12.

a. Explica por qué funciona su método.

b. ¿Puedes encontrar un método más rápido para calcular la hora h horas después de las 4 en punto? Si es así, descríbelo. Después ilustra tu método y úsalo para calcular la hora 50 horas después de las 4 en punto.

4. Tus respuestas para las Preguntas 1 y 2 de la Parte a deberían haber estado entre 1 y 12.

a. Explica por qué.

b. El sistema horario de 12 horas incluye sólo enteros. ¿Cuántos números tiene este sistema?

Datos de interés

Los primeros relojes, usados por los antiguos egipcios, eran relojes de sombra, una primera versión de los relojes de sol.

Adición en el sistema horario de 12 horas

Puedes escribir ecuaciones de adición en el sistema horario de 12 horas, así como lo haces en el sistema de números reales. Por ejemplo, en la Parte a de la Pregunta 2, encontraste que, en el sistema horario de 12 horas, $4 + 10 = 2$.

5. Copia y completa la tabla para mostrar *todas* las sumas posibles en el sistema horario 12 de horas.

+	12	1	2	3	4	5	6	7	8	9	10	11
12												
1												
2												
3												
4												
5												
6												
7												
8												
9												
10												
11												

Datos de interés

Hasta finales del siglo XVI, el único reloj que tenían los marineros era el reloj de arena.

En el sistema horario de 12 horas, el 12 se comporta como el 0 en el sistema de números reales: cuando sumas 12 a un número el resultado es igual al número original. Debido a esta propiedad del 12, es conveniente renombrarlo como 0. Tacha los números 12 en tu tabla y reemplázalos con 0.

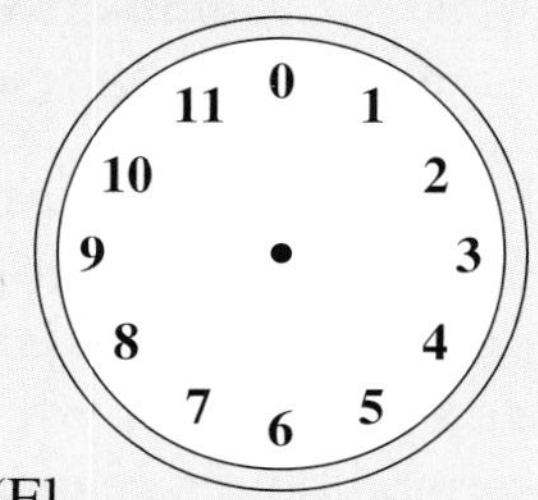

6. Calcula la suma en el sistema horario de 12 horas. (El sistema horario de 12 horas ahora consta de números enteros del 0 al 11.)

a. $4 + 8$ **b.** $0 + 5$ **c.** $6 + 11$

7. Encuentra la diagonal de los 0 en tu tabla. ¿Qué par de números suman 0?

8. Debido a que suman 0, los pares de números que identificaste en la Pregunta 7 son *inversos aditivos.*

a. ¿Cuál es el inverso aditivo de 5 en el sistema horario de 12 horas?

b. ¿Cuál es el inverso aditivo de 6 en el sistema horario de 12 horas?

Resuelve cada ecuación con el sistema horario de 12 horas.

9. $x + 4 = 3$ **10.** $y + 5 = 5$

11. $1 + x = 0$ **12.** $4 + p = p$

Los relojes atómicos, que dan la hora basándose en la frecuencia de ondas electromagnéticas emitidas por ciertos átomos, pueden tener la precisión de alrededor de 1 segundo en más de un millón de años.

Adición en el sistema horario de 6 horas

La esfera de este reloj es para el sistema horario de 6 horas.

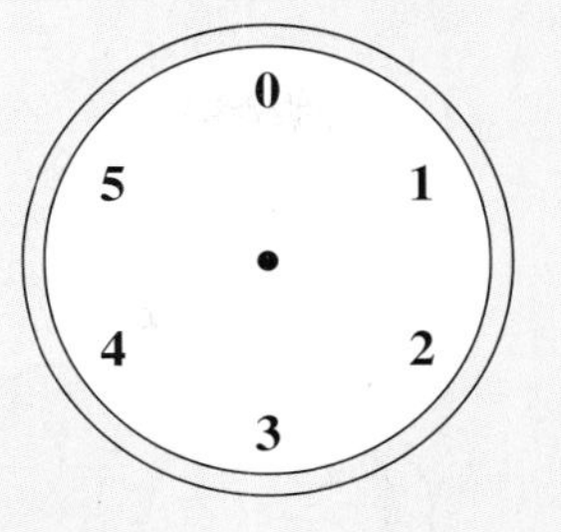

El sistema horario de 6 horas funciona de forma semejante a la del sistema horario de 12 horas. Por ejemplo:

$$1 + 3 = 4 \qquad 2 + 4 = 0 \qquad 3 + 5 = 2$$

13. Crea una tabla de adición para el sistema horario de 6 horas.

+	0	1	2	3	4	5
0						
1						
2						
3						
4						
5						

14. ¿Qué pares de números suman 0 en el sistema horario de 6 horas?

Calcula cada suma en el sistema horario de 6 horas.

15. $4 + 5$

16. $2 + 3$

17. $5 + 1$

18. $(3 + 4) + (0 + 1)$

19. ¿Cuál es el inverso aditivo de 4 en el sistema horario de 6 horas?

Resuelve cada ecuación con el sistema horario de 6 horas. Recuerda que sólo puedes usar los números del 0 al 5 en tus soluciones.

20. $x + 5 = 0$

21. $3 + y = 3$

Usando la idea del inverso aditivo, Marcus pensó en una manera de resolver ecuaciones en el sistema horario de 6 horas.

Usa el método de Marcus para resolver cada ecuación. Muestra tus soluciones.

22. $1 + j = 0$ **23.** $k + 2 = 1$ **24.** $m + 3 = 1$

¿Qué has aprendido?

25. La adición funcionaría de manera semejante en otros sistemas horarios como el de 12 horas y el de 6 horas.

a. Elige otro sistema horario para investigar. Dibuja la esfera del reloj de tu sistema.

b. Haz una tabla que muestre todas las sumas posibles de tu sistema.

c. ¿Cuál es el inverso aditivo de 2 en tu sistema horario?

26. Elabora y resuelve tres ecuaciones de adición (por ejemplo, $x + 3 = 1$) para tu sistema horario.

27. Escribe una explicación para otro alumno sobre cómo resolver ecuaciones de adición en tu sistema.

28. Explica en qué se diferencia la adición dentro del sistema horario de la adición en el sistema de números reales.

Ejercicios por tu cuenta

Practica & aplica

Resuelve cada ecuación usando la vuelta atrás. (Usa la vuelta atrás mentalmente si puedes.) Verifica tus soluciones.

1. $5(n - 2) = 45$ **2.** $2(n - 5) = 7$ **3.** $\frac{n}{2} + 5 = 7$

4. $3(4m - 6) = 12$ **5.** $\frac{3m - 3}{6} = 12$ **6.** $3\left(\frac{m}{6} - 4\right) = 12$

Resuelve cada ecuación haciendo lo mismo en ambos lados.

7. $2x + 3 = x + 5$ **8.** $7y - 4 = 4y - 13$

Reduce y resuelve cada ecuación.

9. $4 - 2(^{-}5a - 10) = 30$ **10.** $\frac{b - 2}{4} = \frac{6}{5}$

En los Ejercicios 11 al 14, escribe y resuelve una ecuación para encontrar el número de monedas que tiene cada amigo.

11. Ken tiene tres monedas más del doble que tiene Javier. Khalid tiene cinco monedas menos que Javier. Juntos tienen 50 monedas.

12. Da-Chun tiene cinco veces el número de monedas que tiene Austin. Da-Chun también tiene 16 más que Austin.

13. Kai tiene dos menos del doble de las monedas que tiene Ty. Kai también tiene 23 más que Ty.

14. Emilio tiene tres menos del doble de la cantidad que tiene Jacob. Latisha tiene 20 más de tres veces la cantidad que tiene Jacob. Juntos tienen 65.

15. Lindsey dice: —Estoy pensando en un número, si lo multiplico por 5, le resto 4 y después multiplico el resultado por 2, me da 62. ¿Cuál es mi número?

16. Hannah entrega cajas de masa para pizza a 5 pizzerías todos los jueves. Normalmente le entrega la misma cantidad de cajas a cada tienda. El fin de semana anterior al gran juego, ella recibe llamadas de los 5 restaurantes que le solicitan varias cantidades de masa.

- La Sam's Pizzeria quiere el doble del número habitual de cajas.
- Pizza House quiere tres cajas extras.
- Pizza Pit quiere seis cajas extras.
- La Paul's Pizza Parlor cerrará debido al partido y desea reducir por la mitad su pedido normal.
- Pizza Heaven quiere la cantidad habitual.

Hannah saca el total de los pedidos y dice, —No sé si tengo las 64 cajas de masa que necesito. ¿Cuántas cajas de masa recibe habitualmente cada restaurante?

Conecta & amplía

17. Escribe dos ecuaciones que no puedan resolverse directamente usando la vuelta atrás. Explica por qué no funciona este método.

18. Evan hizo este patrón de mondadientes, Describió el patrón con la ecuación $t = 5n - 3$, donde t es el número de mondadientes en la Etapa n.

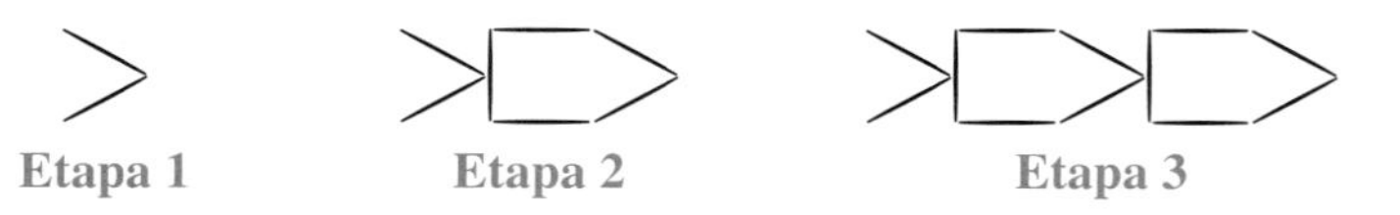

a. Explica cómo se relaciona cada parte de la ecuación al patrón de mondadientes.

b. ¿Cuántos mondadientes necesitaría Evan para la Etapa 10? ¿Para la Etapa 100?

c. Evan usó 122 mondadientes para hacer una etapa de su patrón. Escribe y resuelve una ecuación para encontrar el número de etapa.

d. ¿Hay alguna etapa del patrón compuesta por 137 mondadientes? Explica tu respuesta.

e. ¿Hay alguna etapa del patrón compuesta por 163 mondadientes? Explica tu respuesta.

f. Evan tiene 250 mondadientes y quiere hacer el patrón con etapas más grande que pueda. ¿Cuál es la etapa más grande que puede hacer? Explica tu respuesta.

¿Cómo decides si resuelves una ecuación usando la vuelta atrás o haciendo lo mismo en ambos lados?

19. Recuerda que el valor absoluto de un número es su distancia desde el cero dentro de la recta numérica. Puedes resolver ecuaciones con valores absolutos. Por ejemplo, las soluciones de la ecuación $|x| = 8$ son los dos números que estén a una distancia del 8 al 0 en la recta numérica, 8 y $^-8$.

Resuelve cada ecuación.

a. $|a| = 2.5$

b. $|2b + 3| = 8$

c. $|9 - 3c| = 6$

d. $\frac{|5d|}{25} = 1$

e. $|^-3e| = 15$

f. $20 + |2.5f| = 80$

20. Tamika y Lydia estaban haciendo cintas de pelo para venderlas en la feria de manualidades. Tamika cortó siete segmentos de una longitud y tuvo 2 pies restantes. Lydia dice: —Estoy cortando segmentos del doble de largo de los tuyos. Si la longitud de tus cintas hubiera sido de 1 pie de largo, yo podría haberle cortado cuatro segmentos.

Partiendo de su conversación, determina de qué tamaño eran los segmentos de Lydia y Tamika.

21. Se usaron nueve baldosas cuadradas para cubrir un piso que tiene un área de 36 pies cuadrados.

a. Escribe y resuelve una ecuación para calcular las dimensiones de las baldosas.

b. Dibuja y etiqueta una ilustración para mostrar cómo podrían usarse estas nueve baldosas para un piso que mide 3 por 12 pies. Suponte que, si lo necesitas, puedes cortar los baldosas por la mitad.

Repaso mixto

22. Identifica tres pares de ecuaciones equivalentes.

a. $p = 2q - 4$ **b.** $p - 2q = 4$

c. $p - 2q - 4 = 0$ **d.** $^-2p = 8 + 4q$

e. $^-p - 4 = 2q$ **f.** $0.5p = q - 2$

23. Enumera cuatro números que sean mayores que $^-2$ y menores que 1.

Cada tabla representa una ecuación lineal. Menciona si cada relación está aumentando o disminuyendo.

24.

x	y
1	2
$^-2$	3.5
2	1.5
$^-3$	4
0	2.5
$^-1$	3

25.

x	y
1	3.2
$^-4$	2.2
0	3
$^-1$	2.8
$^-3$	2.4
$^-2$	2.6

26.

x	y
$^-4$	0.5
0	$^-0.5$
$^-1$	$^-0.25$
$^-3$	0.25
$^-2$	0
1	$^-0.75$

27. Escribe 64,256 y 1,024 con exponentes enteros y la misma base.

28. Ordena estas expresiones en dos grupos de manera que las expresiones en cada grupo sean iguales unas a otras.

$$m^3 \qquad \left(\frac{1}{m}\right)^3 \qquad m^{-3} \qquad \left(\frac{1}{m}\right)^{-3} \qquad \frac{1}{m^3} \qquad m \div m^4$$

Desigualdades

El signo de igualdad, =, expresa una comparación entre dos cantidades: dice que dos cantidades son *iguales.* La tabla enumera otros símbolos matemáticos que has usado para expresar comparaciones.

Símbolo	Quiere decir	Ejemplos
$<$	es menor que	$5 < 7$ $\quad 4 + 8 < 15$ $\quad ^-17 < {^-4} \cdot 3$
$>$	es mayor que	$7 > 5$ $\quad 80 > 20 + 9$ $\quad 3^4 > 2^4$
$\leq$	es menor que o igual a	$5 \leq 7$ $\quad 6 \cdot {^-5} \leq {^-30}$ $\quad \frac{1}{3} \leq \frac{1}{2}$
$\geq$	es mayor que o igual a	$7 \geq 5$ $\quad 10^8 \geq 10^7$ $\quad \frac{1}{3} \geq \frac{3}{9}$

VOCABULARIO
desigualdad

Los enunciados matemáticos que usan estos símbolos para comparar cantidades se llaman **desigualdades.** Las desigualdades anteriores sólo comparan números. También has usado desigualdades para comparar expresiones que incluyen variables.

- El enunciado $x > 7$ significa que el valor de la variable x es mayor que 7. Algunos valores posibles para x son 7.5, 12, 47 y 1,000.
- El enunciado $n - 3 \leq 12$ significa que el valor de "n menos 3" es menor que o igual a 12. Los valores posibles para n son 15, 1.2, 0 y $^-5$.

Piensa & comenta

¿En qué se parece o se diferencia el significado de $7 < x$ al de $x > 7$?

A veces, es conveniente combinar dos desigualdades como éstas:

$$7 < x < 10$$

¿Qué crees que signifique $7 < x < 10$?

¿Cómo podrías escribir $7 < x < 10$ como dos desigualdades unidas por la conjunción *y?*

Enumera tres valores de x que satisfagan la desigualdad $7 < x < 10$.

Los termostatos se usan para controlar la temperatura de un cuarto o un edificio. ¿Cómo crees que el termostato podría usar las desigualdades para hacer esto?

Investigación 1 Describe desigualdades

El problema en esta investigación te dará más práctica para trabajar con desigualdades.

Serie de problemas A

1. Enumera seis números enteros que satisfagan la desigualdad $n + 1 < 11$.
2. Considera este enunciado: k es menor que o igual a 14 y mayor que 9.
   a. Escribe el enunciado en símbolos.
   b. Enumera todos los números enteros para los que la desigualdad de la Parte a sea verdadera.
3. Considera la desigualdad $15 \leq m \leq 18$.
   a. Escribe la desigualdad en palabras.
   b. Enumera todos los números enteros para los que la desigualdad sea verdadera.
   c. ¿Hay otros números, no necesariamente números enteros, para los que la desigualdad es verdadera? Si es así, proporciona algunos ejemplos. ¿Cuántos son?
4. Si consideras sólo los valores de números enteros para n, cuatro de los cinco enunciados a continuación representan los mismos valores. ¿Qué desigualdad *no* es equivalente a las otras?

   $10 < n < 20$ $\quad$ $11 \leq n \leq 19$ $\quad$ $11 \leq n < 20$

   $11 < n < 19$ $\quad$ $10 < n \leq 19$

Enumera seis valores (no necesariamente números enteros) que satisfagan cada desigualdad o par de desigualdades.

5. $10.2 < p < 14.7$
6. $q \geq 12$ y $q > 15$
   (Los valores de q deben hacer que *ambas* desigualdades sean verdaderas.)
7. $20 \geq |r| \geq 17.75$
8. $3s > 12$
9. $t > 0$ y $t^2 \leq 16$

Recuerda

El valor absoluto de un número es su distancia desde el 0 en la recta numérica:

$|3| = 3 \quad |{}^{-}3| = 3$

Escribirás desigualdades para representar situaciones que se describen en palabras.

Serie de problemas B

Escribe una desigualdad o par de desigualdades para describir cada situación. Asegúrate de que tus respuestas sean lo más específicas y completas en lo posible.

1. Una caja de cerillos contiene al menos 48 pero menos de 55 cerillos. Escribe una desigualdad para el número de cerillos n en la caja.

2. Tamika espera que de 100 a 120 personas compren boletos para el festival de talentos. Cada boleto cuesta \$5. Escribe una desigualdad para representar la cantidad total de dinero m que espera recibir de la venta de boletos.

3. Cuatro amigos: Sandy, Mateo, Felisa y Destiny están comparando su estatura. Sandy, quien tiene 155 cm de altura, es la más baja. Mateo tiene 165 cm de altura. Felisa no es tan alta como Mateo. Destiny es al menos tan alta como Mateo. Escribe desigualdades para representar las alturas de Felisa y Destiny, F y D.

4. La tienda Completely Floored pavimentado vende baldosas cuadradas en una variedad de tamaños, con lados de longitudes en una gama de 2 cm a 20 cm. Escribe una desigualdad para representar la gama de las posibles áreas a, en centímetros cuadrados de las baldosas.

5. A Rondell le toma 15 minutos el caminar a la escuela, con 2 minutos de más o de menos. Escribe una desigualdad del tiempo t que tarda Rondell en caminar a la escuela.

6. La plataforma de carga del camión de José está a 120 cm sobre el suelo. Cada capa de cartón que él carga le añade 40 cm a la altura. Su camión cargado debe poder pasar bajo un puente peatonal que tiene 4 metros de altura.

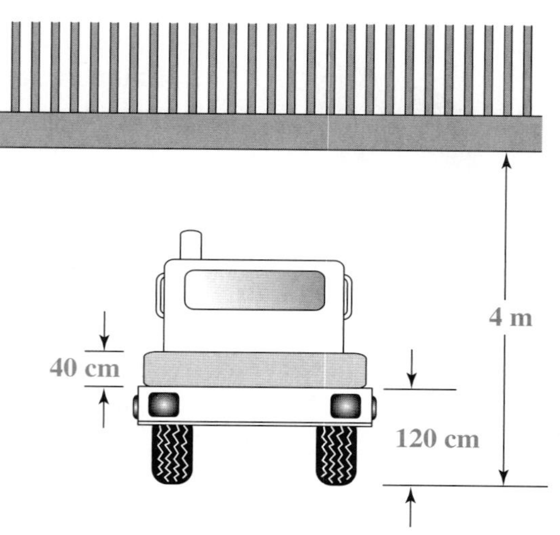

a. Escribe una expresión para la altura del trailer cuando lleva n capas de cartón.

b. Usa tus expresiones para escribir una desigualdad que relacione la altura del camión cargado con la altura del puente.

7. Las familias de Chelsea y sus cuatro amigas están organizando una fiesta para el decimosexto cumpleaños de las chicas. Ellos estiman que gastarán \$7 por la comida de una persona y \$3 por las bebidas, más \$200 por contratar a un disk jockey. La cantidad total que han presupuestado es de \$500.

a. Sea p el número de personas que pueden invitar. Escribe una expresión para el costo de la fiesta por p personas.

b. Usa tus expresiones para escribir una desigualdad que relacione los costos, el número de personas y el presupuesto de las familias.

8. Un arquitecto estimó que el área máxima del piso para un ascensor cuadrado en un edificio es de 4 m^2. Las regulaciones de construcción requieren que el área mínima sea de 2.25 m^2. Escribe una desigualdad para las posibles longitudes de los lados s para el piso del ascensor.

Comparte & resume

Inventa una situación que pueda representarse con una desigualdad. Expresa tu desigualdad en símbolos.

Investigación 2 Resuelve desigualdades

La mayoría de las ecuaciones que has resuelto tenían una o dos soluciones. Sin embargo, las desigualdades pueden tener muchas soluciones. De hecho, ¡con frecuencia tienen un número infinito!

En el Problema 8 de la Serie de problemas A, encontraste algunas de las soluciones de la desigualdad $3s > 12$. Por ejemplo, los valores 4.5, 7 y 10 satisfacen $3s > 12$. De hecho, cualquier valor mayor que 4 satisfará esta desigualdad, pero ciertamente no puedes enumerarlos a todos.

Por esta razón, las soluciones de una desigualdad a menudo se dan como otra desigualdad. Por ejemplo, puedes expresar todas las soluciones de $3s > 12$ al escribir $s > 4$.

Serie de problemas C

1. Resuelve cada ecuación o desigualdad. Es decir, calcula el valor o valores de a que hagan cumplir la ecuación o desigualdad.

   a. $3a - 10 = 35$ b. $3a - 10 > 35$ c. $3a - 10 < 35$

2. Así fue como Tamika razonó en el Problema 1.

   a. Prueba por lo menos cuatro valores para a. ¿Parece correcta la conclusión de Tamika?

   b. Usa esta gráfica de $y = 3a - 10$ para explicar por qué la conclusión de Tamika es correcta.

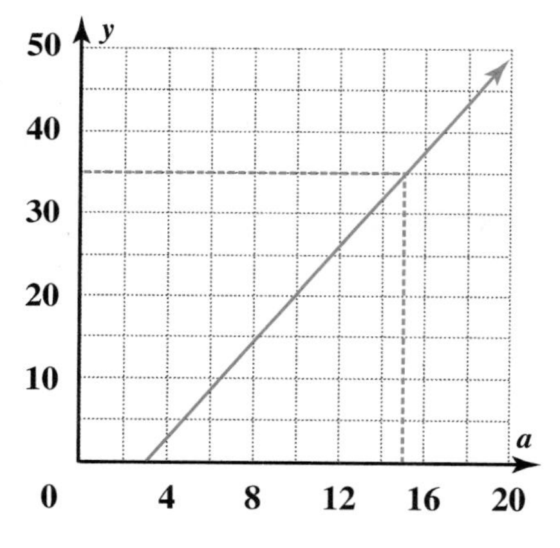

Usa el método de Tamika para resolver cada desigualdad.

3. $5a + 7 < 42$

4. $\frac{b}{7} + 1 \geq 6$

5. $4c - 3 > 93$

6. $^-6(d + 1) \geq 24$

Piensa & comenta

Para resolver una desigualdad lineal de la forma $mx + b < c$ o $mx + b > c$ para x, donde a, b y c son constantes, puedes resolver la ecuación relacionada $mx + b = c$ y después probar sólo un valor mayor o menor que la solución. Explica por qué funciona este método.

Ben resolvió la desigualdad $3a - 10 < 35$ haciendo lo mismo en ambos lados.

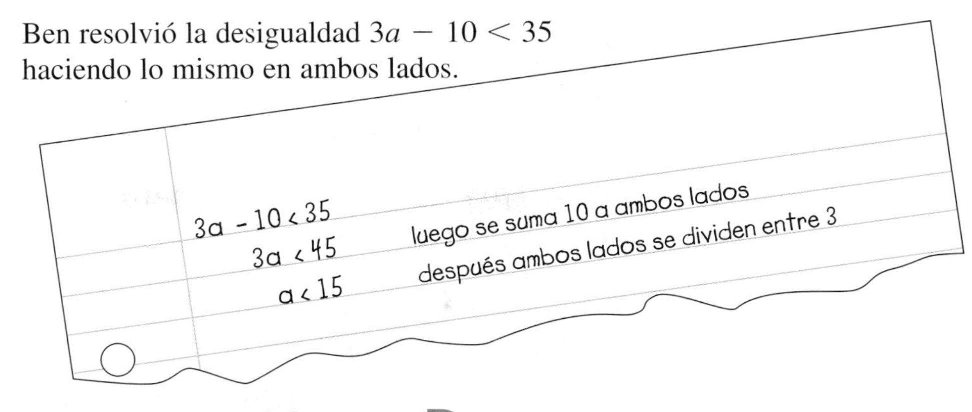

Serie de problemas D

Usa el método de Ben (hacer lo mismo en ambos lados) para resolver cada desigualdad. Después soluciona la desigualdad con el método de Tamika (soluciona la ecuación relacionada y prueba un valor mayor o menor que la solución.) Si obtienes soluciones diferentes, di cuál es correcta.

1. $7x + 2 \geq 100$

2. $^-7x + 2 \leq 100$

3. Considera estas desigualdades.

$$5 < 6 \qquad ^-4 > {^-10} \qquad 16 \geq 2 \qquad ^-7 < 4$$

a. Multiplica ambos lados de cada desigualdad por un número negativo. ¿La desigualdad resultante es verdadera? Si no, ¿cómo puedes cambiar el símbolo de la desigualdad para hacerla verdadera?

b. Ahora *divide* ambos lados de cada desigualdad anterior entre un número negativo. ¿La desigualdad resultante es verdadera? Si no, ¿cómo puedes cambiar el símbolo de la desigualdad para hacerla verdadera?

c. Usa lo que descubriste en las Partes a y b y explica por qué los métodos de Ben y Tamika algunas veces dan diferentes resultados.

d. ¿Cómo puedes alterar el método de Ben para que siempre dé la solución correcta?

Resuelve cada desigualdad.

4. $2b > 15$

5. $^-2c > 15$

6. $12 + 6d \leq 54$

7. $12 - 6e \leq 54$

8. $^-3(f - 12) < {^-93}$

9. $\frac{5g}{-7} + 1 \geq -\frac{23}{7}$

10. Resuelve la desigualdad $0 < 1 - u < 1$. Explica tu método de solución.

Comparte & resume

Supón que uno de tus compañeros se ha ausentado durante esta investigación. Explícale, por escrito, cómo resolver una desigualdad lineal y descríbele algunos errores comunes que debe evitar.

Investigación 3 Grafica desigualdades

Puedes usar una gráfica de recta numérica para mostrar los valores que satisfagan desigualdades.

EJEMPLO

Esta recta numérica muestra la solución de la desigualdad $^{-}3 \leq n < 1$. El círculo relleno indica que $^{-}3$ está incluido en la solución. El círculo abierto indica que 1 *no* está incluido. La línea gruesa muestra que todos los números entre $^{-}3$ y 1 están incluidos.

−3 −2 −1 0 1 2 3

Enseguida está la gráfica de $x \geq 1$. La flecha indica que la solución se extiende hacia la derecha, más allá de la parte de la recta numérica que se muestra.

−3 −2 −1 0 1 2 3

Esta es una gráfica de $|z| \leq 2$. Muestra que los valores de z menores o iguales a 2 y mayores o iguales a $^{-}2$ son soluciones de la desigualdad.

−3 −2 −1 0 1 2 3

Serie de problemas E

1. Considera la desigualdad $0 < b < 4.7$.

a. Enumera todos los valores *enteros* que satisfagan la desigualdad.

b. Usa tu respuesta de la Parte a como ayuda para graficar *todos* los valores que satisfagan $0 < b < 4.7$.

2. En las Partes a, b, c y d, considerarás las desigualdades $x < 10$ y $x > 5$. Dibuja una gráfica recta numérica para cada parte.

a. Grafica todos los valores de x para los que $x < 10$.

b. Grafica todos los valores de x para los que $x > 5$.

c. Grafica todos los valores de x para los que $x < 10$ *y* $x > 5$.

d. Grafica todos los valores de x para los que $x < 10$ *ó* $x > 5$.

e. Explica cómo las conjunciones *y* y *o* afectan a las gráficas de las Partes c y d

Las normas que rigen el tamaño para la pesca de ciertas especies de peces en aguas públicas, con frecuencia se pueden enunciar como desigualdades. En el 1999 en Florida, podías quedarte con un pez tambor negro que hubieras pescado sólo medía más de 14 pulgadas y no más de 24 pulgadas.

MATERIALES
papel cuadriculado

3. En las Partes a, b y c considerarás las desigualdades $c \geq 10$ y $c \leq 5$. Dibuja una gráfica para cada parte.

a. Grafica todos los valores de c para los cuales $c \geq 10$ y $c \leq 5$.

b. Grafica todos los valores de c para los cuales $c \geq 10$ ó $c \leq 5$.

c. Explica cómo las conjunciones *y* y *o* afectan a las gráficas de las Partes a y b.

4. Considera desigualdades con valores absolutos.

a. Grafica todos los valores de m que satisfagan la desigualdad $|m| \geq 2.5$.

b. Grafica todos los valores de t que satisfagan la desigualdad $|t| < 3$.

5. Ahora considera la desigualdad $x^2 < 16$.

a. Enumera todos los valores *enteros* que satisfagan la desigualdad.

b. Usa tu respuesta de la Parte a para ayudarte a graficar *todos los valores de x* que satisfagan la desigualdad $x^2 \leq 16$.

c. Expresa la solución de $x^2 \leq 16$ como una desigualdad.

Resuelve cada desigualdad y grafica la solución en una recta numérica.

6. $\frac{2p}{5} < 10$

7. $^-2(k - 5) \leq 10$

Puedes mostrar las soluciones de una ecuación de dos variables como $y = 2x + 3$ con una gráfica de la ecuación. Cualquier punto (x, y) en la gráfica satisface la ecuación. Ahora aprenderás a graficar desigualdades con dos variables.

Serie de problemas F

1. Grafica la ecuación $y = x$.

2. Enumera las coordenadas de tres puntos que estén sobre la recta $y = x$ y tres puntos que estén abajo de la recta.

3. ¿Cuál de las desigualdades $y > x$ o $y < x$, describe las coordenadas de los puntos que están sobre la recta $y = x$?

4. ¿Cuál de las desigualdades $y > x$ o $y < x$, , describe las coordenadas de los puntos que están debajo de la recta $y = x$?

5. Con base en tu respuesta a los Problemas 3 y 4, predice si cada punto dado está arriba, abajo o sobre la recta $y = x$. Prueba cada predicción trazando el punto.

a. (5, 11) **b.** (7, 3) **c.** $(0, ^-6)$ **d.** (1, 1)

6. Enumera tres pares (x, y) que hagan verdadera la desigualdad $y > 3x$.

7. Grafica la ecuación $y = 3x$. Después traza los puntos que enumeraste en el Problema 6. ¿En dónde aparecen en tu gráfica?

Puedes usar lo que aprendiste en la Serie de problemas F para graficar desigualdades.

EJEMPLO

Grafica la desigualdad $y > 3x$.

Primero grafica la *ecuación* $y = 3x$. Usa una línea punteada porque los puntos de la recta no hacen verdadera la desigualdad. Después sombrea el área que contiene los puntos que hace verdadera la *desigualdad* $y > 3x$. Viste en la Serie de problemas F que estos son los puntos arriba de la recta.

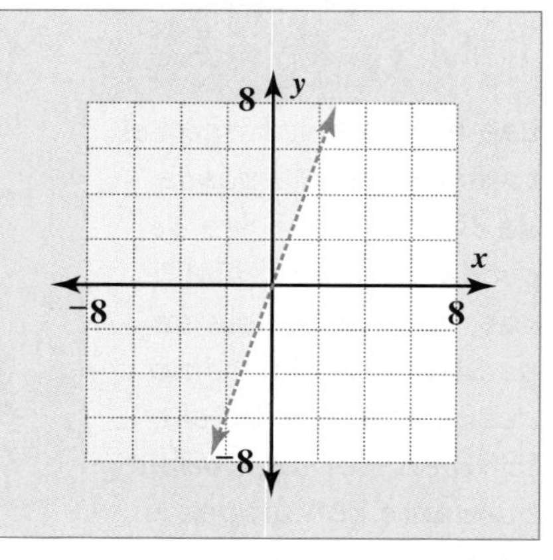

MATERIALES
papel cuadriculado

Serie de problemas G

Grafica cada desigualdad.

1. $y < 2x + 3$ **2.** $y > x + 2$ **3.** $y \leq {}^-4x$

Reto Grafica cada una de estas desigualdades no lineales.

4. $y \geq x^2$ **5.** $y < x^2 - 1$

Comparte & resume

1. Considera estos enunciados.

$$x \geq a \text{ y } x \leq b \qquad x \geq a \text{ o } x \leq b$$

a. Describe en qué se diferencian la gráfica de la recta numérica de "$x \geq a$ y $x \leq b$" y la gráfica de la recta numérica de "$x \geq a$ o $x \leq b$."

b. Da valores de a y b para los que la gráfica de la recta numérica de "$x \geq a$ o $x \leq b$" incluya todos los números.

c. Da valores de a y b para los que la gráfica de la recta numérica de "$x \geq a$ y $x \leq b$" no incluya números.

2. Explica los pasos que se usan para graficar una desigualdad con dos variables. Ilústralos con un ejemplo diferente a los dados en el texto.

Ejercicios por tu cuenta

Practica & aplica

1. Enumera seis números enteros que satisfagan la desigualdad $n - 2 > 5$.

2. Considera la desigualdad $^{-}4 < x \leq 0$.

a. Enumera todos los valores enteros que satisfagan la desigualdad.

b. Enumera tres no enteros que satisfagan la desigualdad.

Enumera cinco valores que satisfagan cada desigualdad. Incluye valores negativos y positivos, si es posible.

3. $^{-}2n \geq 6$

4. $p^2 < 4$

5. $6 < x < 7$

6. $y > 5$ y $y > 12$

7. $m - 3 > 9$

8. $1 \leq {}^{-}x \leq 5$

9. $|q| < 5$

10. $0 \leq |b| \leq 6$

11. $|s| - 5 \geq 6$

12. Isabel dice que se tardaría menos de una hora y media, pero no más de 2 horas, en terminar su tarea. Escribe una desigualdad para expresar el número de horas, h, que Isabel cree se tardará en hacer su tarea.

13. Sareeta gana $0.12 por cada panfleto que entrega. Ella cree que puede entregar entre 500 y 750 panfletos el domingo. Escribe una desigualdad de la cantidad de dólares, d, que Sareeta espera ganar el domingo.

14. El Servicio de entregas Dan cobra $9 por enviar cualquier paquete que pese 5 libras o menos. El Sr. Valenza quiere enviar una caja a su hija en la universidad, que contiene cajas metálicas con galletas. Cada caja metálica pesa 0.75 de libra y el material del paquete pesa aproximadamente 1 libra.

a. Escribe una expresión para representar el peso de la caja, usando t para representar el número de cajas metálicas dentro de la caja.

b. Usa tu expresión para escribir una desigualdad que represente el número de cajas metálicas que el Sr. Valenza puede enviar por $9.

15. Los miércoles por la noche son especiales en la galería de videos: los clientes pueden pagar $3.50 por entrar a la galería y después sólo $0.25 por usar cualquier juego. Roberto llevó $7.50 a la galería y todavía le quedó con un poco de dinero cuando se fue. Escribe una desigualdad para esta situación, usa n para representar la cantidad de juegos que usó Roberto.

16. Resuelve cada ecuación o desigualdad.

a. $1 - x = 0$

b. $1 - x < 0$

c. $1 - x > 0$

17. Resuelve cada ecuación o desigualdad.

a. $1 - d = 1$ **b.** $1 - d < 1$ **c.** $1 - d > 1$

Resuelve cada desigualdad.

18. $5(e - 2) > 10$

19. $\frac{f}{2} + 5 > 10$

20. $\frac{g + 2}{5} > 10$

21. $^{-}3 \leq h - 2 \leq 1$

22. Considera la desigualdad $^{-}7 \leq x < {}^{-}1.3$.

a. Enumera todos los valores enteros que satisfagan la desigualdad.

b. Grafica *todos* los valores que satisfagan la desigualdad.

23. Considera la desigualdades $m < {}^{-}3$ y $m \geq 0$.

a. Grafica todos los valores de m para los cuales $m < {}^{-}3$ y $m \geq 0$.

b. Grafica todos los valores de m para los cuales $m < {}^{-}3$ ó $m \geq 0$.

24. Considera la desigualdades $y \leq 3$ y $y \geq {}^{-}4$.

a. Grafica todos los valores de y para los cuales $y \leq 3$ y $y \geq {}^{-}4$.

b. Grafica todos los valores de y para los cuales $y \leq 3$ ó $y \geq {}^{-}4$.

25. Grafica todos los valores de r para los cuales $|r - 3| \geq 3$.

26. Considera la desigualdad $x^3 \leq 27$.

a. Expresa la solución de $x^3 \leq 27$ como una desigualdad.

b. Grafica la solución en una recta numérica.

Grafica la solución de cada desigualdad en una recta numérica.

27. $-\frac{3p}{4} < 6$

28. $12 - 5q \geq 32$

Grafica cada desigualdad.

29. $y < 3x + 7$

30. $y \leq {}^{-}3x - 7$

31. $y > {}^{-}2x + 4$

32. ¿Cómo cambiarías esta gráfica de $y = x^2 + 3$ para representar $y > x^2 + 3$?

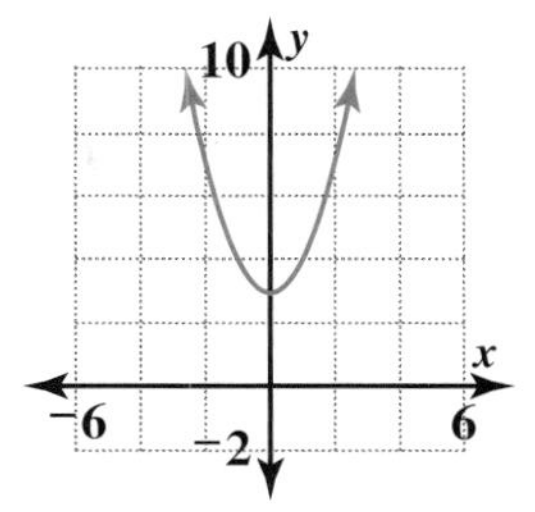

33. Grafica la desigualdad $y \geq {}^{-}x^2$.

34. **Deportes** En el boxeo amateur de los EE.UU. los boxeadores compiten en categorías que dependen de su peso. Cinco de las 12 categorías de peso oficiales se enumeran a continuación. Copia y completa la tabla para expresar los rangos de peso de cada categoría como una desigualdad.

Categorías de peso	Rangos de peso (libras)	Desigualdad
Peso súper pesado	arriba de 201	
Peso pesado	179–201	
Peso welter	140–147	$140 \leq w \leq 147$
Peso pluma	120–125	
Peso mosca	abajo de 107	

35. Megan está escribiendo un juego de computadoras en que un jugador, parado en el balcón de una casa embrujada, deja caer globos de agua sobre los fantasmas que estén abajo. El jugador elige el lugar en donde el globo caerá y después lo tira.

Ya que el agua salpica, el juego de Megan le da puntos al jugador si el fantasma está en algún punto dentro del cuadrado donde el globo cae. El cuadrado se extiende hasta las 15 unidades desde el centro y en las cuatro direcciones. Es decir, si las dos coordenadas del fantasma están a 15 unidades o menos del centro, el jugador se anota un punto.

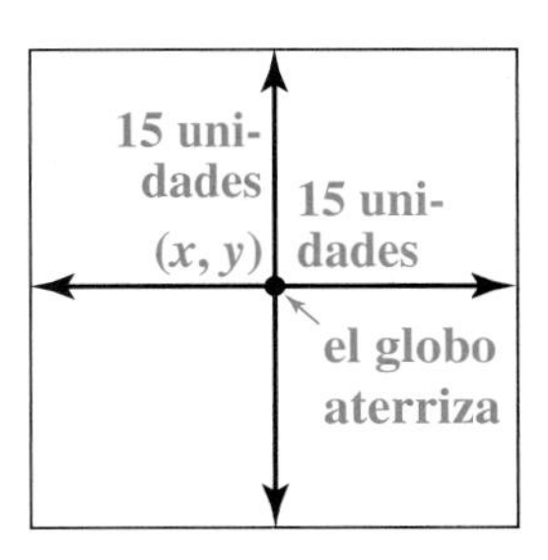

Supón que el globo cae a (372, 425). El fantasma más cercano tiene las coordenadas (x, y) y cuenta como un punto en el juego. Usa desigualdades para describir los valores posibles para x y y. (Ayuda: Vas a necesitar dos desigualdades, una para x y otra para y. ¿Crees que deberías poner "y" o "o" entre ellas?)

Describe en qué se diferencia el graficar una desigualdad y graficar una ecuación.

Cuando dibujas una gráfica, tienes que decidir el rango de los valores a mostrar en cada eje. Cada ejercicio a continuación te proporciona una ecuación y un rango de valores para el eje x. Usa una desigualdad para describir el rango de valores que deberías mostrar en el eje y, y explica cómo lo decidiste. (Quizá te pueda ayudar tratar de dibujar las gráficas.)

36. $y = 2x + 7$ cuando $0 \leq x \leq 10$

37. $y = 2x - 10$ cuando $^{-}5 \leq x \leq 5$

38. $y = x^2 + 1$ cuando $^{-}5 \leq x \leq 5$

39. $y = {}^{-}2x$ cuando $^{-}5 < x < 0$

40. **Ciencia física** El tono de un sonido depende de la frecuencia de las ondas sonoras. Los sonidos de un tono alto tienen frecuencias más altas que los sonidos de tono bajo. La mayoría de los animales, pueden oír un rango de frecuencias mucho más alto del que pueden producir. La tabla muestra los rangos de frecuencia que varios animales pueden producir y oír.

Animal	Frecuencias de los sonidos que producen (hertz)	Frecuencias de sonido que escuchan (hertz)
Ser humano	$85 \leq f \leq 1{,}100$	$20 \leq f \leq 20{,}000$
Murciélago	$10{,}000 \leq f \leq 120{,}000$	$1{,}000 \leq f \leq 120{,}000$
Perro	$452 \leq f \leq 1{,}080$	$15 \leq f \leq 50{,}000$
Saltamontes	$7{,}000 \leq f \leq 100{,}000$	$100 \leq f \leq 15{,}000$

Fuente: *World Book Encyclopedia,* Vol. 18. Chicago: World Book Inc., 1997.

a. Haz una gráfica recta numérica que muestre el rango de frecuencias que un saltamontes puede producir pero no oír.

b. Haz una gráfica recta numérica que muestre el rango de frecuencias que un perro puede oír pero que un ser humano no puede producir.

c. Haz una gráfica recta numérica que muestre el rango de sonidos que un murciélago puede producir y que un perro puede oír.

d. Haz una gráfica recta numérica que muestre el rango de frecuencias que un perro y que un saltamontes pueden producir.

41. **Reto** Usa una gráfica para resolver la desigualdad $x^2 < x$. Explica cómo encontraste tu respuesta.

42. Haz una gráfica que muestre los valores para los que $y < 3x + 2$ y $y > x + 5$.

Repaso **mixto**

Escribe cada ecuación en la forma $y = mx + b$.

43. $^{-}2y = 14x + \frac{1}{2}(6x + 12)$

44. $\frac{1}{5}(10x + 5) - 2 + 9x - 3y = y$

45. $\frac{6(x - 7)}{2(3 - y)} = 0.4$

Vuelve a plantear cada expresión tan simplemente como puedas.

46. $0.5a^3 \cdot 3a^3$ **47.** $m^7 \cdot m^{-5} \cdot b^5$ **48.** $(2x^{-2})^2$

49. $(^{-}m^2n)^4$ **50.** $(a^m)^n \cdot (b^3)^0$ **51.** $\frac{(x^2y^{-3})^{-2}}{(xy)^4}$

52. Geoff reunió \$65 por cada milla que caminó en una reciente campaña de recolección de fondos para estudios del cáncer, en adición a los \$100 que donó él mismo. Escribe una ecuación para la relación entre el número de millas que Geoff caminó, m, y la cantidad total de dinero que reunió, r.

53. Relaciona cada gráfica a una ecuación.

a. $y = x^2 - 3$

b. $y = x^2 + 3$

c. $y = x^2$

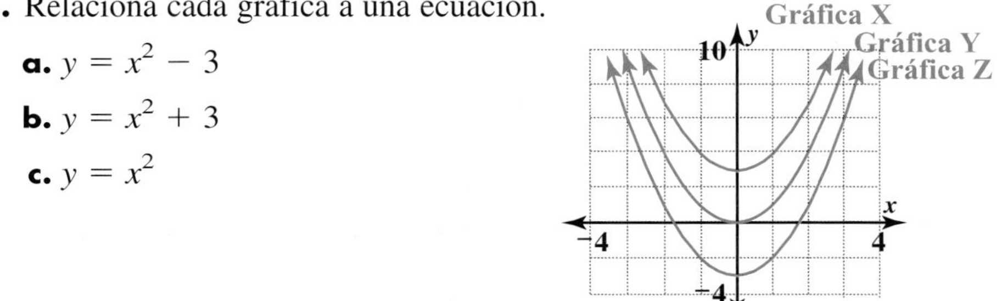

54. Examina cómo este patrón aumenta de tamaño de una etapa a la siguiente.

a. Copia y completa la tabla.

Etapa, n	0	1	2	3
Segmentos de recta, s	2	8		

b. ¿Qué tipo de relación es ésta?

c. Escribe una ecuación para describir la relación entre la cantidad de segmentos de recta en una etapa, s, y el número de la etapa, n.

4.3 Usa gráficas y tablas para resolver ecuaciones

Algunas ecuaciones pueden resolverse con varios métodos, de manera que puedes elegir el método más fácil o rápido, o el que te guste más. Ya has resuelto ecuaciones usando la vuelta atrás, haciendo conjeturas, verificando y mejorando, y haciendo lo mismos en ambos lados.

En esta lección, aprenderás a encontrar soluciones aproximadas de ecuaciones con el uso de la calculadora graficadora. También aprenderás a cómo usar gráficas para determinar cuántas soluciones tiene una ecuación.

MATERIALES

calculadora graficadora

Explora

Grafica $y = 3x + 3$ en tu calculadora. Usa la ventana estándar ($^{-}10 \leq x \leq 10$ y $^{-}10 \leq y \leq 10$).

Usa la gráfica para estimar la solución de cada una de estas ecuaciones. Explica lo que hiciste para encontrar las respuestas.

$$3x + 3 = 0 \qquad 3x + 3 = {}^{-}6$$

Grafica $y = 3x^2 - 3$ en la misma ventana como $y = 3x + 3$.

Usa tu gráfica para estimar la solución de cada una de estas ecuaciones. Explica cómo encontraste las respuestas.

$$3x^2 - 3 = 0 \qquad 3x^2 - 3 = {}^{-}6$$

Usa las dos gráficas para resolver la ecuación $3x + 3 = 3x^2 - 3$. Explica lo que hiciste para encontrar tu respuesta.

Investigación 1 Calcula valores a partir de una grafica

Si los cuerpos, como una pelota de tenis, se lanzan o proyectan en línea recta hacia arriba, aquéllos con una velocidad inicial más rápida irán más alto. La fuerza de gravedad frenará cada cuerpo hasta que momentáneamente alcance su altura máxima y entonces el cuerpo empezará a caer. La fórmula

$$h = vt - 16t^2$$

aproxima la altura del cuerpo arriba de su punto inicial a un cierto tiempo. Sea h la altura del objeto en pies, t el tiempo en segundos y v la *velocidad* inicial, en pies por segundo. Esta fórmula presume que la altura inicial es a nivel del suelo e ignora complicaciones como la resistencia del aire.

Galileo Galilei (1564–1642) fue el primero en descubrir las leyes matemáticas que rigen la caída de los cuerpos y la altura desde la que caen.

Supón que alguien deja caer una pelota de tenis al suelo. La pelota rebota en línea recta hacia arriba, con una velocidad de 30 pies por segundo (cerca de 20.5 millas por hora) a medida que se aleja del suelo. En este caso $v = 30$, tanto la altura de la pelota como el rebote vienen dados por

$$h = 30t - 16t^2$$

donde t es el tiempo en segundos después de que la pelota se aleja del suelo.

Puedes usar la fórmula para calcular la altura h de la pelota para diversos tiempos t. Por ejemplo, después de medio segundo, o al tiempo $t = 0.5$, la fórmula da

$$h = 30(0.5) - 16(0.5)^2$$
$$h = 15 - 4$$
$$h = 11$$

De manera que la pelota está a 11 pies sobre el nivel del suelo 0.5 segundos después de que se aleja del suelo.

La gráfica muestra la relación entre h y t para la ecuación $h = 30t - 16t^2$. Puedes ver en la gráfica que la pelota tiene una altura de 11 metros cuando el tiempo es 0.5 segundo.

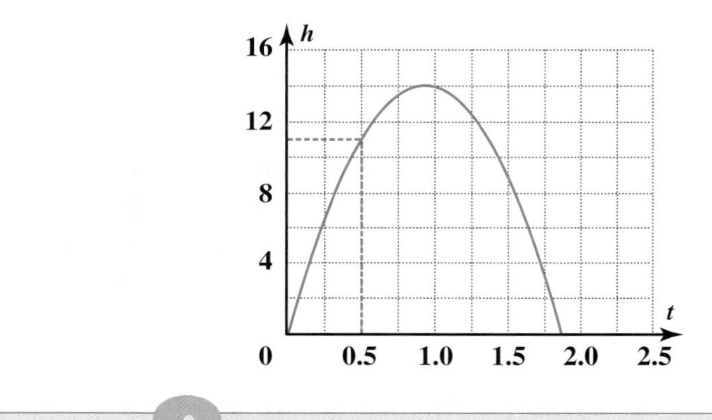

Piensa & comenta

Después de observar la gráfica de $h = 30t - 16t^2$, Evan dijo que la pelota no rebotó en línea recta hacia arriba. ¿Por qué crees que dijo esto?

¿Tiene razón? Explica.

MATERIALES
calculadora graficadora

Serie de problemas A

1. Puedes dibujar la gráfica de $h = 30t - 16t^2$ en tu calculadora. Cuando introduces la ecuación, usa x para t y y para h.

a. Grafica la ecuación $y = 30x - 16x^2$ en la ventana estándar ($^-10 \leq x \leq 10$ y $^-10 \leq y \leq 10$). Describe la gráfica.

b. Encuentra una ventana nueva que te permita identificar los puntos junto a la gráfica de $y = 30x - 16x^2$. Haz un boceto de la gráfica. Etiqueta los valores máximo y mínimo en cada eje.

c. Estima las coordenadas de los puntos más altos en la gráfica.

2. Puedes usar la opción Trace en tu calculadora para estimar cuándo la pelota golpea el piso.

a. ¿Cuál es el valor de h cuando la pelota está en el suelo?

b. Estima los valores de t que dan este valor de h.

c. Escribe le ecuación que necesitarías resolver para encontrar el valor de t cuando la pelota esté en el piso.

d. Verifica tus estimaciones de la Parte b, reemplazándolas en la ecuación. ¿Tus estimaciones son exactas a tus soluciones?

Debido a que deben ser extremadamente precisas, las ecuaciones para calcular la altura y velocidad de un cohete consideran factores como la resistencia del aire y la masa decreciente del cohete a medida que quema combustible.

3. Acerca de la trayectoria de la pelota, ¿qué te dice el hecho de que la ecuación tiene dos soluciones?

4. La opción de Zoom en tu calculadora te permite ver más de cerca cualquier parte de la gráfica. Para ver cómo funciona, empieza con tu gráfica del Problema 1.

Ya usaste la opción Trace para estimar cuándo la pelota golpea el suelo por segunda vez. Ahora puedes usar la opción Zoom para obtener una mejor estimación. Selecciona Zoom In del menú Zoom y enfócate en donde la curva cruza el eje x.

Usa una vez más la opción Trace en esta nueva gráfica para tratar de obtener una estimación más precisa de una solución de $30t - 16t^2 = 0$. Verifica tu estimación reemplazándola por t en la ecuación $30t - 16t^2 = 0$. Si tu estimación no es exacta acércate una vez más y refina tu estimación de nuevo.

5. Para la fórmula $h = 30t - 16t^2$, escribe una desigualdad que muestre los valores que t puede tener. Explica tu desigualdad.

MATERIALES
calculadora graficadora

Serie de problemas B

1. ¿Cómo podrías usar esta gráfica de $h = 30t - 16t^2$ para estimar la solución de $30t - 16t^2 = 3$?

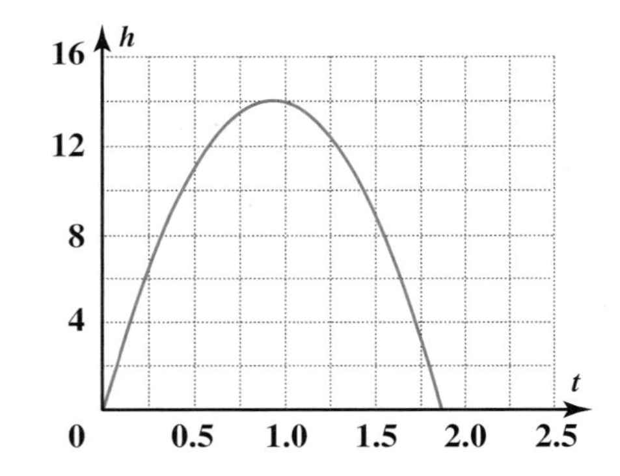

2. Evan dice que inmediatamente podría indicar, debido a la gráfica, que hay exactamente dos soluciones de la ecuación $30t - 16t^2 = 3$. ¿Cómo lo supo?
3. Usa las opciones Zoom y Trace de tu calculadora para encontrar la solución aproximada de $30t - 16t^2 = 3$ a la centésima más cercana.
4. ¿Qué te dice la solución de $30t - 16t^2 = 3$ sobre la trayectoria de la pelota?
5. Bharati dice que la ecuación $30t - 16t^2 = 20$ no tiene solución. ¿Cómo puede deducirlo de la gráfica?
6. Escribe otra ecuación de la forma $30t - 16t^2 = ?$ que no tenga soluciones.
7. ¿Cuántas soluciones tiene $30t - 16t^2 = 10$?
8. ¿Hay un valor de c que haría que la ecuación $30t - 16t^2 = c$, tenga exactamente una solución? Si es así, explica cómo encontrarla usando la gráfica y da el valor.
9. Para la fórmula $h = 30t - 16t^2$, escribe una desigualdad que muestre los valores que h puede tener. Explica tu desigualdad.

Comparte & resume

1. ¿Cómo puedes usar la calculadora graficadora para ayudarte a estimar soluciones de ecuaciones? Ilustra tu respuesta, escribiendo una ecuación y encontrando las soluciones aproximadas a la centésima más cercana.
2. ¿Cuántas soluciones son posibles para una ecuación de la forma $30x - 16x^2 = c$, donde c es una constante?

Investigación 2 ▶ Usa tablas para resolver ecuaciones

En la Investigación 1, estimaste soluciones de ecuaciones haciendo gráficas en una calculadora. Ahora usarás la opción de Table que tiene tu calculadora para hacer el proceso de conjetura, verifica y mejora más sistemático.

Un arte que ha existido por siglos, los tapices, son telas de algodón coloridas y exquisitamente tejidas. Hoy en día, se usan con frecuencia para decorar las paredes de casas y oficinas.

Piensa & comenta

Sonia fabrica y vende grandes tapices. Un nuevo cliente quiere un tapiz en un área de 4 metros cuadrados. Sonia decide que tendrá una forma rectangular y una longitud de 1 metro más largo que su ancho.

- Si x representa el ancho del tapiz en metros, ¿qué ecuación puede resolver Sonia para encontrar el largo y ancho del tapiz?
- Sonia usa conjetura, verifica y mejora para tratar de encontrar el valor de x. Primero traza una anchura, x, de 1 metro y calcula que el área sería de 2 m^2. Después encuentra que para una anchura de 2 m, el área sería de 6 m^2. ¿Qué podría usar Sonia como su tercera conjetura para x?
- Usa el método de conjetura, verifica y mejora para encontrar el valor de x a la décima más cercana de un metro. Ten presente tus conjeturas y las áreas resultantes.
- Despeja x a la centésima más cercana de un metro.
- ¿Cómo sabes si el valor que encontraste para el ancho te dará un área más cercana a los 4 m^2 que cualquier otro valor al centésimo más cercano?
- ¿Cómo podrías calcular un valor de x que te dé una aproximación todavía más cercana a un área de 4?

En Piensa & comenta de la página 245, escogiste una primera conjetura para x y después mejoraste tu conjetura paso a paso. Las calculadoras graficadoras tienen opciones que te permiten examinar muchas conjeturas en una ojeada.

MATERIALES

calculadora graficadora

La letra griega *delta*, Δ, se usa para representar el *aumento* entre valores consecutivos en una secuencia. En muchas calculadoras, Δ se usa para indicar la cantidad del cambio en la variable *x* de una hilera a la siguiente, dentro de una tabla.

EJEMPLO

Intenta resolver el problema de Sonia con la opción Table. (Sigue este ejemplo con tu calculadora.)

- En la pantalla Table Setup, pon el valor x como valor inicial en 0 y el aumento en 1.
- Introduce la ecuación de Sonia en la forma $y = x(x + 1)$ o $y = x^2 + x$.
- Observa la pantalla de la Table para ver qué valor o valores de x dan valores de y más cercanos a 4.

X	Y_1
0	0
1	2
2	6
3	12
4	20
5	30
6	42

La tabla de la derecha muestra parte de lo que puede aparecer en tu pantalla.

En la tabla, puedes ver que x debe estar entre 1 y 2 ya que los valores y correspondientes van del 2 al 6.

Para explorar dos valores entre 1 y 2, usa la Configuración de la tabla para mostrar los valores de x con aumentos más pequeños.

- En la pantalla Table Setup, coloca el valor inicial x en 1 y el aumento en 0.1.

Cuando regreses a la pantalla de la Table, deberías ver una tabla como la de la derecha.

X	Y_1
1	2
1.1	2.31
1.2	2.64
1.3	2.99
1.4	3.36
1.5	3.75
1.6	4.16

Ahora puedes ver que la solución tiene un valor x entre 1.5 y 1.6.

En la Serie de problemas C, usarás el método que se muestra en el ejemplo para estimar x más precisamente.

MATERIALES

calculadora graficadora

Serie de problemas C

1. En el Ejemplo, la tabla muestra que el ancho del tapiz de Sonia debe estar entre 1.5 y 1.6 metros. Puedes usar la Table Setup y de nuevo mejorar la precisión de x al lugar de las centésimas.

a. ¿Qué valores de x y qué aumento deberías usar para obtener una estimación más exacta para x?

b. Ajusta los valores de x y el aumento en la Table Setup y después mira la tabla una vez más. Tendrás que deslizarte línea a línea hacia abajo para ver todos los valores que necesites. Copia y completa la tabla de la izquierda.

x	y
1.5	3.75
1.51	
1.52	
1.53	
1.54	
1.55	
1.56	
1.57	
1.58	
1.59	
1.6	

c. ¿Entre qué par de valores de x está la solución? ¿Cuál de estos te da un área más cercana a 4? Explica.

d. ¿Cuáles serán la anchura y longitud del tapiz al centímetro más cercano?

2. Puedes usar la Table Setup de nuevo y mejorar la precisión de la estimación de x al lugar de las milésimas (el milímetro más cercano).

a. ¿Qué deberías introducir, en la Table Setup, como valor x inicial y aumento?

b. ¿Entre qué par de valores de x se sitúa la respuesta exacta?

c. ¿Cuál de los dos valores da una mejor aproximación? ¿Cómo lo sabes?

3. Otro cliente quiere un tapiz con un área de 6 metros cuadrados y una longitud 2 metros más grande que el ancho.

a. Escribe una ecuación que represente el área del tapiz, usa x para representar el ancho.

b. Usa la Table y la opción Table Setup para calcular el ancho al centímetro más cercano. Por cada nueva tabla que examines, registra los dos valores de x que te den áreas más cercanas al 6.

Tejido de algodón y seda de finales del siglo XV, éste es una de la serie de seis tapices tituladas *La dama y el unicornio.*

Usarás la opción de la Table para aproximar soluciones de ecuaciones cuadráticas. Aprenderás a cómo encontrar soluciones exactas de ecuaciones cuadráticas en el Capítulo 7.

MATERIALES
calculadora graficadora

Serie de problemas D

Cada ecuación a continuación tiene dos soluciones. Usa la opción Table de tu calculadora para aproximar las soluciones al centésimo más cercano (quizá tengas que deslizarte línea a línea a través de la tabla). Verifica cada respuesta y reemplázala en la ecuación.

1. $2m(m - 5) = 48$

2. $3t(t - 5) = 48$

3. Ya que algunas ecuaciones cuadráticas tienen dos soluciones, es posible que hayas explorado una segunda solución de cada ecuación para el área de los tapices de Sonia.

a. ¿Cómo podrías usar una tabla de la calculadora graficadora para determinar si existe otra solución de $x(x + 1) = 4$?

b. Determina si hay una segunda solución de $x(x + 1) = 4$. Si es así, estímala a la centésima más cercana. Reemplaza tu solución y verifícala.

c. Determina si hay una segunda solución de $x(x + 2) = 6$. Si es así, estímala a la centésima más cercana. Reemplaza tu solución y verifícala.

d. ¿Podría usar Sonia las soluciones que encontraste en las Partes b y c para diseñar un tapiz? Explica tu respuesta.

Comparte & resume

Piensa cómo puedes resolver estas ecuaciones.

i. $2w - 3 = 3w - 7$ **ii.** $x^3 - 2x^2 = 5$

iii. $3y(2y + 3) - 15 = 0$ **iv.** $5 = 3z + 1$

1. ¿Qué ecuaciones resolverías usando el método de hacer lo mismo en ambos lados o el de vuelta atrás? Explica.

2. ¿Qué ecuaciones resolverías con la opción Table de tu calculadora? Explica.

Ejercicios por tu cuenta

Practica & aplica

1. **Ciencia física** Una pelota se lanza en línea recta hacia arriba desde el nivel del suelo con una velocidad inicial de 50 pies por segundo. La fórmula $h = 50t - 16t^2$ proporciona su altura h en pies encima del suelo en t segundos después de que es lanzada.

   a. Dibuja una gráfica de esta fórmula con el tiempo en el eje horizontal y la altura en el eje vertical. Muestra $0 \leq t \leq 4$ y $0 \leq h \leq 40$.

   b. ¿Cuál es el valor aproximado de t cuando la pelota golpea el suelo?

   c. ¿Aproximadamente a qué altura llega la pelota antes de que empiece a caer?

   d. ¿Después de aproximadamente cuántos segundos la pelota alcanza su máxima altura?

2. Supón que la fórmula $h = 30t - 16t^2$ te proporciona la altura en pies del rebote vertical de una pelota, donde t es el tiempo en segundos desde que la pelota se aleja del suelo. A continuación se muestra una gráfica de esta ecuación.

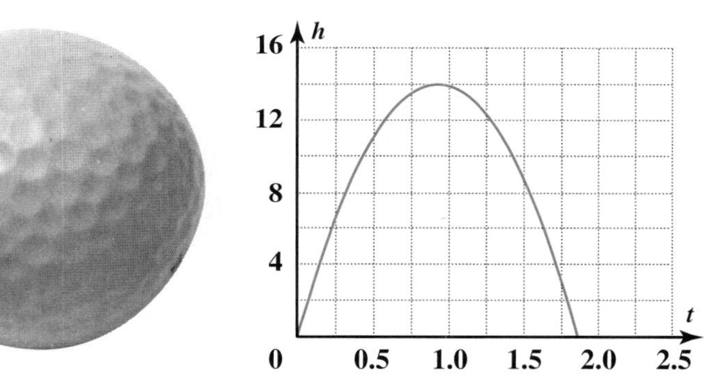

   a. En su camino ascendente, la pelota alcanzó cierta altura a el 0.5 segundo. De nuevo, alcanzó esta altura en su camino descendente, ¿Cómo podrías determinar a qué hora la bola alcanzó su altura en su camino descendente?

   b. ¿Cuál es el valor aproximado a la centésima más cercana de este tiempo?

3. En la Investigación 1, encontraste que el valor máximo de $30t - 16t^2$ es aproximadamente 14. El valor exacto es 14.0625. Escribe una ecuación o una desigualdad para mostrar los valores de h para los que $h = 30t - 16t^2$ tiene cada número dado de soluciones.

   a. dos **b.** ninguna **c.** una

4. Dibuja una gráfica de $y = x^2 - 4x + 2$. Usa tu gráfica para encontrar un valor de d de manera que la ecuación $x^2 - 4x + 2 = d$ tenga cada número de soluciones dado.

   a. dos **b.** una **c.** ninguna

5. Resuelve la ecuación $(x + 2)(x - 3) = 14$, construyendo una tabla de valores. Usa valores enteros de x entre $^-6$ y 6.

6. Resuelve la ecuación $k^2 - k + 3 = 45$, construyendo una tabla de valores. Usa valores enteros de x entre $^-9$ y 9.

7. Examina esta tabla.

t	$t(t - 3)$
$^-2$	10
$^-1$	4
0	0
1	$^-2$
2	$^-2$
3	0
4	4
5	10
6	18
7	28

a. Usa la tabla para estimar las soluciones de $t(t - 3) = 5$ al entero más cercano.

b. Si estuvieras buscando soluciones haciendo una tabla con una calculadora, ¿qué tendrías que hacer para encontrar las soluciones a la décima más cercana?

c. Encuentra dos soluciones de $t(t - 3) = 5$ a la décima más cercana.

8. La ecuación $x^3 + 5x^2 + 4 = 5$ tiene una solución entre $x = 0$ y $x = 1$. Encuentra esta solución a la décima más cercana.

9. Esta es una gráfica de $y = 0.1x^2 + 0.2x + 1$.

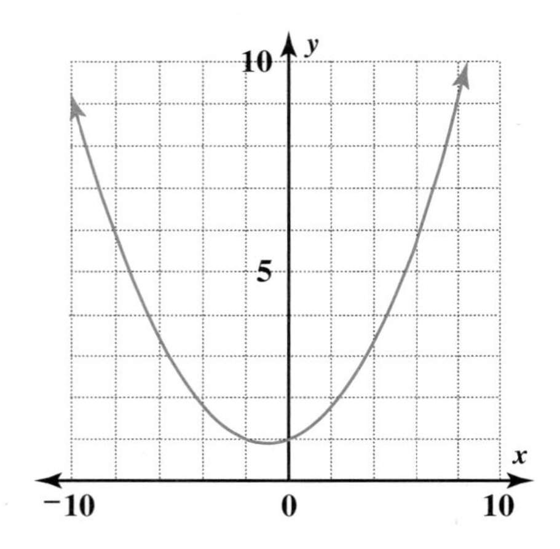

a. ¿Entre qué pares de valores enteros de x se sitúan las soluciones de $0.1x^2 + 0.2x + 1 = 4$?

b. Calcula ambas soluciones de $0.1x^2 + 0.2x + 1 = 4$ en centésimas.

Conecta & amplía

10. **Ciencia física** La fórmula $h = vt - 16t^2$ aproxima la altura de un cuerpo arriba de su punto inicial t segundos, después de que empieza a moverse en línea recta hacia arriba con una velocidad inicial de v pies/s.

    Para una pelota que se lanza, el punto inicial generalmente será alguna distancia arriba del suelo, como a 5 pies. De manera que la altura de la pelota por encima del suelo será dada por esta fórmula, donde s es la altura inicial (a $t = 0$) y v es la velocidad:

$$h = vt - 16t^2 + s$$

    a. Escribe una ecuación que describa la altura h de la pelota después de t segundos si se lanza en línea recta hacia arriba con una velocidad inicial de 30 pies por segundo desde 5 pies por encima del suelo.

    b. ¿Qué ecuación resolverías para encontrar cuánto tardará la pelota en llegar al suelo?

    c. ¿Qué ecuación resolverías para encontrar cuánto tardará la pelota en volver a su altura inicial?

Datos de interés

Para determinar con precisión la altura a la que va cayendo un paracaidista, debe calcularse la resistencia del aire, que depende de la velocidad del paracaidista y el área de la sección transversal.

11. Un objeto que se deja caer, igual a uno que se lanza hacia arriba, será atraído hacia abajo por la fuerza de gravedad. Sin embargo, su velocidad inicial será 0. Si se ignora la resistencia del aire, puedes estimar la altura h, del objeto a t tiempo con la fórmula $h = s - 16t^2$, donde s es la altura inicial en pies.

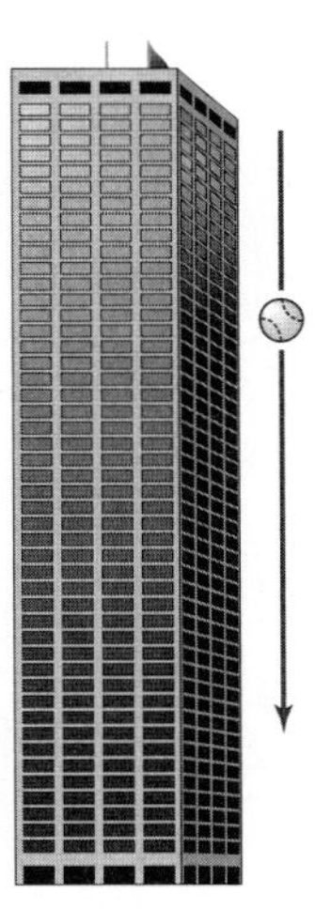

    a. Si una pelota de béisbol se deja caer desde una altura de 100 pies, ¿qué ecuación resolverías para determinar los segundos que pasarían antes de que la pelota golpee el suelo

    b. Resuelve la ecuación.

12. Un alpinista lanzó un gancho desde la base de un acantilado. La cima del acantilado está a 100 pies arriba del alpinista. Usa la fórmula para la altura de un cuerpo lanzado, $h = vt - 16t^2$, para responder estas preguntas. (Suponte que el gancho se lanza en línea recta y, si sube lo suficiente, llegará a la cima del acantilado mientras desciende.)

a. ¿Puede el gancho alcanzar la cima del acantilado si su velocidad inicial es 70 pies por segundo ó 70 pps? Explica.

b. Calcula una velocidad inicial que sea suficiente para que el gancho alcance la cima del acantilado.

c. A una velocidad inicial de 100 pps, ¿qué altura por encima de la cima, alcanzará el gancho?

d. A una velocidad inicial de 100 pps, ¿cuánto tiempo pasará hasta que, en su descenso, el gancho alcance la cima del acantilado?

13. Un gato de una tira cómica empuja un piano hacia fuera de la ventana de un cuarto piso que está a aproximadamente a 50 pies sobre la acera.

a. Un cuerpo cae de una distancia de $s = 16t^2$ pies en t segundos. ¿Cuánto tardará en caer el piano antes de que golpee la acera?

b. Supón que el gato intenta aplastar a su enemigo, el ratón, en la acera de abajo. Pero el ratón saca un trampolín de su bolsillo y el piano rebota hacia el gato a una velocidad inicial de 100 pies por segundo.

La altura h del piano t segundos después de que golpea el trampolín puede calcularse con la fórmula $h = 100t - 16t^2$. Grafica esta ecuación y usa tu gráfica para estimar cuánto se tardará el piano en regresar a la ventana del cuarto piso.

14. Desmond quiere hacer un marco grande para fotografías, con una tira de madera de 20 pies de largo.

a. Sea w el ancho del marco. Escribe una ecuación que provea la altura del marco h en términos del ancho w.

b. Expresa el área que encierra el marco en términos del ancho.

c. ¿Qué dimensiones le daría Desmond al marco para que encierre la mayor área posible?

d. ¿Qué dimensiones le daría Desmond al marco para que encierre la menor área posible?

e. Si el área que encierra es de aproximadamente 15 pies cuadrados, determina las dimensiones del marco a la décima más cercana de un pie.

15. Dos objetos se proyectan, desde el suelo, en línea recta hacia arriba exactamente al mismo tiempo. Un objeto se libera a una velocidad inicial de 20 pies por segundo. El otro se libera a 30 pies por segundo. Las dos ecuaciones que relacionan las alturas de los objetos en tiempo t son $y_1 = 20t - 16t^2$ y $y_2 = 30t - 16t^2$. Estas son las gráficas de estas ecuaciones.

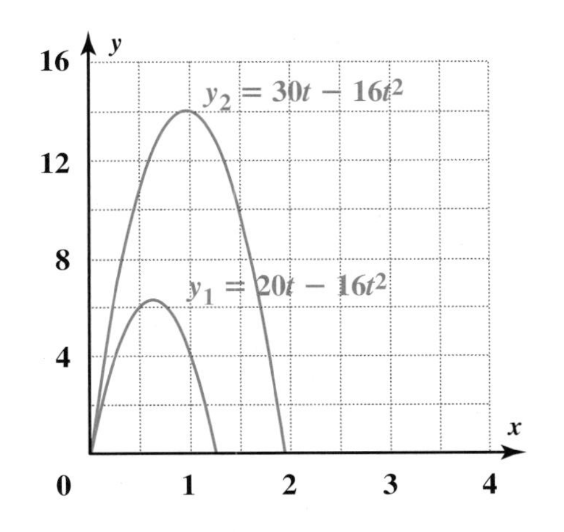

a. Escribe dos ecuaciones que podrías resolver para encontrar los tiempos a los que los objetos golpean el suelo.

b. Estos dos objetos golpean el suelo a diferentes tiempos. Usa una calculadora para encontrar la diferencia exacta entre los tiempos.

En tus **propias palabras**

Describe cómo graficar una ecuación te puede ayudar a estimar su solución.

16. A continuación, se muestran las gráficas de $y_1 = 4 - (x - 2)^2$ y $y_2 = (x + 2)^2 - 4$.

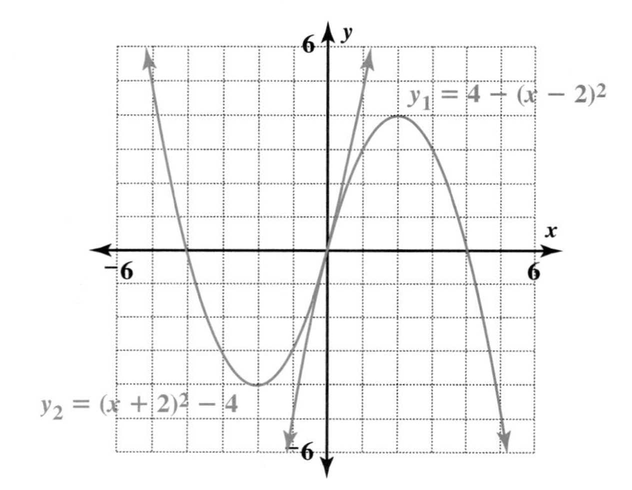

a. El valor máximo de y_1 es 4. Explica cómo puedes identificar el valor máximo de una parábola con una tabla de valores.

b. El valor mínimo de y_2 es $^-4$. Explica cómo puedes identificar el valor mínimo de una parábola con una tabla de valores.

c. Para cada ecuación, haz una tabla de los valores de x y y para valores de x entre $^-3$ y 3. Sin graficar, determina si cada ecuación tiene un valor y máximo o mínimo y menciona cuál es.

i. $y = 21 - 4x - x^2$

ii. $y = (x - 2)^2 - 1$

iii. $y = 8 + 2x - x^2$

Repaso mixto

Encuentra una ecuación de la recta que cruza los puntos dados.

17. $(9, {}^-0.5)$ y $({}^-1, 4.5)$

18. $(1, {}^-2)$ y $({}^-4, {}^-3)$

Recuerda que para las ecuaciones lineales, las primeras diferencias son constantes; y que para las ecuaciones cuadráticas, las segundas diferencias son constantes. Determina si la relación en cada tabla podría ser lineal, cuadrática o ninguna de las dos.

19.

x	y
$^-3$	$^-4$
$^-2$	1
$^-1$	4
0	5
1	4
2	1

20.

x	y
$^-3$	7
$^-2$	2
$^-1$	$^-1$
0	$^-2$
1	$^-2$
2	$^-1$

21.

x	y
$^-3$	0
$^-2$	$^-0.5$
$^-1$	$^-1$
0	$^-1.5$
1	$^-2$
2	$^-2.5$

El dato sobre el valor de g es invaluable para los científicos que trabajan con los satélites que giran en órbita alrededor de la Tierra.

22. Ciencia física Los cuerpos que caen lo hacen cada vez más rápido, o *aceleradamente,* debido a la fuerza de gravedad. La aceleración dada a la gravedad se representa por g. Cerca de la superficie de la Tierra, g tiene un valor de aproximadamente 9.806 metros por segundos al cuadrado, ó 9.806 m/s^2.

Altura, h (m)	Valores de g (m/s^2)
0	9.806
1,000	9.803
4,000	9.794
8,000	9.782
16,000	9.757
32,000	9.71

A medida que un cuerpo se aleja de la superficie de la Tierra, la fuerza de gravedad disminuye, de manera que el valor de g disminuye. La tabla muestra los valores aproximados de g para diferentes alturas sobre la superficie de la Tierra.

a. Grafica los datos en ejes como los que se muestran a continuación.

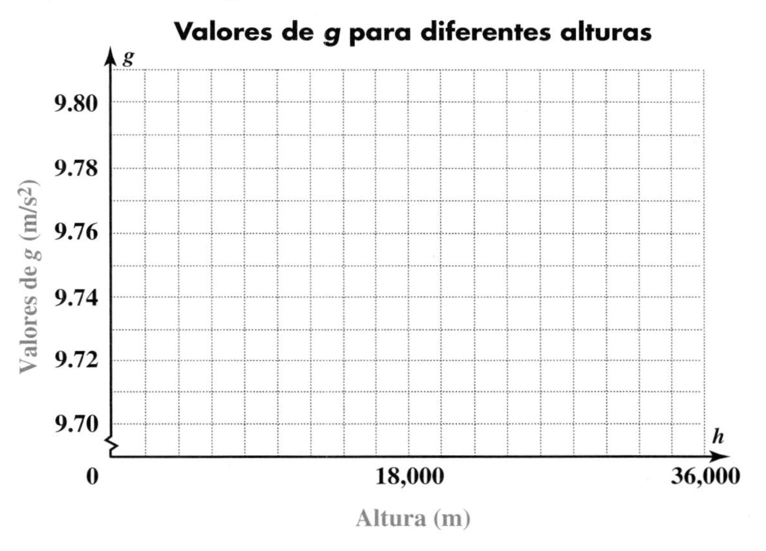

b. ¿Parecen los datos ser aproximadamente lineales?

c. Dibuja una recta que se adapte a los datos lo mejor posible, y encuentra una ecuación de tu recta.

d. Usa tu ecuación o gráfica para predecir el valor de g a una altura de 1,000,000 m.

Geometría Encuentra el volumen y el área de superficie de cada sólido.

23. **24.**

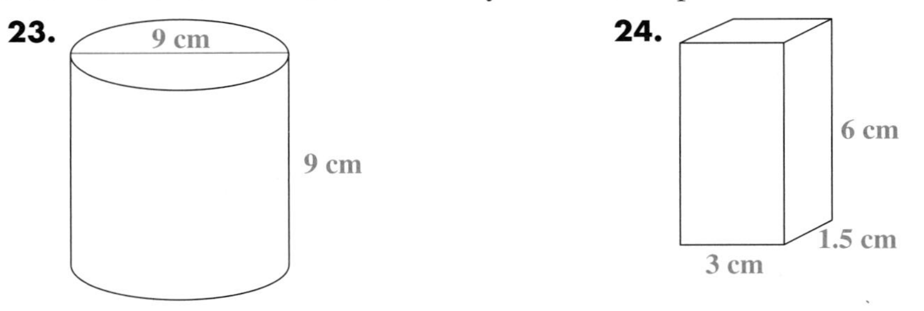

4.4 Resuelve sistemas de ecuaciones

Puedes pensar en una ecuación como una condición que una variable o variables deben satisfacer. Por ejemplo, la ecuación $x + 2y = 6$ establece que la suma de x y $2y$ debe ser igual a 6. Un número infinito de pares de valores satisfacen esta condición, como (0, 3), (2, 2) y ($^-2.3$, 4.15).

Cuando hay una segunda ecuación o condición que las mismas variables deben satisfacer, algunas veces sólo un par satisface *ambas* ecuaciones. Por ejemplo, la única solución que tanto $x + 2y = 6$ y $x = y$ satisfacen es (2, 2).

En la siguiente actividad, tú y tus compañeros harán "gráficas humanas" para encontrar los pares de valores que satisfagan dos ecuaciones.

Explora

Escoge un equipo de nueve alumnos para hacer la primera gráfica. El equipo debe seguir estas reglas:

- Pónganse en línea a lo largo del eje x, del $^-4$ al 4.
- Multiplica por 2 el número en que estés parado y resta 1.
- Cuando tu maestro diga "¡Adelante!" camina hacia adelante o atrás del valor de y igual a tu resultado a partir del paso anterior.

Describe la "gráfica" resultante. ¿Cuál es su ecuación? Haz que dos alumnos expliquen por qué sus coordenadas son la solución de esta ecuación.

A continuación, harás dos gráficas en la misma cuadrícula. Elige dos equipos de nueve alumnos. El Equipo 1 debe seguir sus instrucciones y permanecer en sus puntos mientras el Equipo 2 sigue sus instrucciones.

Equipo 1: Gráfica de $y = 2x$

- Ponte en línea a lo largo del eje x.
- Multiplica por 2 el número en que estás parado.
- Cuando tu maestro diga "¡Adelante!" camina hacia adelanteo atrás ese número de pasos.

Equipo 2: Gráfica de $y = {}^-x + 3$

- Ponte en línea a lo largo del eje x.
- Multiplica por $^-1$ el número en que estás parado y súmale 3.
- Cuando tu maestro diga "¡Adelante!" camina hacia adelanteo atrás ese número de pasos.

¿Están algunos alumnos tratando de pararse en los mismos puntos? Si comparten puntos en la misma gráfica, ésta debe ser una solución de ambas ecuaciones. Verifica que sea verdad.

Ahora elige dos nuevos equipos y haz una nueva gráfica humana para encontrar pares ordenados que sean las soluciones de $y = 3x$ y $y = x + 4$.

Investigación 1 Grafica sistemas de ecuaciones

VOCABULARIO
sistema de ecuaciones

MATERIALES
papel cuadriculado
calculadora graficadora

En el Explora, encontraste un par (x, y) que era la solución de dos ecuaciones. A un grupo de dos o más ecuaciones se le llama **sistema de ecuaciones.** Una solución de un sistema de ecuaciones es un grupo de valores que hacen verdaderas a todas las ecuaciones.

En la Serie de problemas A, vas a concentrarte en el método de graficar para resolver sistemas de ecuaciones.

Serie de problemas A

1. Considera estas cinco ecuaciones.

i. $2x + 3 = 7$

ii. $x^2 + 5x + 6 = 0$

iii. $(x - 2)^2 = 0$

iv. $2x + y = 7$

v. $3x - y = 3$

a. Cada una de las Ecuaciones i, ii y iii contienen una variable. ¿Cuántas soluciones tiene cada ecuación? Encuentra las soluciones con cualquier método de tu elección.

b. Tanto las Ecuaciones iv como la v presentan dos variables. ¿Cuántas soluciones tiene cada ecuación? ¿Podrías enumerarlas? Explica por qué sí o por qué no.

c. Considera las Ecuaciones iv y v. ¿Podrías graficar las soluciones de $2x + y = 7$? ¿Puedes graficar las soluciones de $3x - y = 3$? Explica.

d. Dibuja las gráficas de $2x + y = 7$ y de $3x - y = 3$. ¿En qué punto se encuentran?

e. ¿Qué valores de x y y hacen que $2x + y = 7$ y $3x - y = 3$ sean verdaderas? Es decir, ¿cuál es la solución de este sistema de ecuaciones? ¿Cómo se relaciona este valor a tu respuesta de la Parte d?

En los Problemas 2 y 3, resuelve el sistema de ecuaciones lineales con este método:

- Vuelve a escribir cada ecuación de manera que y esté sola en un lado.
- Grafica ambas ecuaciones en tu calculadora.
- Si las rectas se encuentran, estima las coordenadas x y y de su intersección. Esta quizá no sea una solución exacta, pero te dará una estimación de la solución.
- Verifica que estos valores satisfagan ambas ecuaciones.

2. $2y - x = 20$ y $2x = 5 - y$

3. $y = 4$ y $x + y = {}^{-}1$

4. Considera estas dos ecuaciones.

$$x + y = 5 \qquad 2x = 12 - 2y$$

a. Grafica ambas ecuaciones en un par de ejes.

b. ¿Se intersecan las gráficas?

c. ¿Cómo podrías verificar tu respuesta de la Parte b observando las ecuaciones?

d. ¿Tiene solución este sistema de ecuaciones? ¿Cómo lo sabes?

5. Haz tu propio sistema de ecuaciones para el que pienses que no haya solución.

6. Considera estas tres ecuaciones.

$$4x + 2y = 7 \qquad y = {}^{-}2x + 5 \qquad 3x = 5y - 4$$

a. Selecciona dos que formen un sistema de ecuaciones que no tenga solución.

b. Selecciona dos que formen un sistema sin solución.

7. Considera este sistema de ecuaciones.

$$2x - y = 4 \qquad 5x - 2.5y = 10$$

a. La pendiente de la recta para cada ecuación es 2. ¿Cuántas soluciones crees que tendrá este sistema?

b. Sin usar la calculadora, dibuja las gráficas de las ecuaciones.

c. ¿Qué observas en las dos gráficas?

d. ¿Cuántas soluciones crees que tiene este sistema?

e. ¿Por qué crees que este sistema de ecuaciones es diferente al sistema del Problema 4?

8. Ben tiene el doble de años que su hermano pequeño, Alex. Hace cuatro años, Ben tenía cuatro veces más la edad de su hermano Alex.

a. Escribe dos ecuaciones que relacionen las edades de Alex y Ben.

b. Encuentra, con una gráfica, las edades de Ben y Alex.

MATERIALES

calculadora graficadora

Los fabricantes necesitan resolver sistemas de ecuaciones por muchas razones. Por ejemplo, una compañía que construye puertas debe hacerlo para determinar la cantidad de vidrio, madera y aluminio necesaria para la producción de una semana en particular.

Serie de problemas B

Es posible encontrar soluciones de sistemas de ecuaciones que no sean lineales.

1. Usa la gráfica para resolver este sistema de ecuaciones. Vuelve a plantear estas ecuaciones antes de graficarlas, si es necesario. ¿Cuántas soluciones puedes encontrar?

$$y - x - 1 = 0 \qquad y = x^2 - 3x + 4$$

2. Considera la ecuación $x + 1 = x^2 - 3x + 4$.

a. Sigue estos pasos para resolver esta ecuación con una tabla:

- Introduce dos ecuaciones, $y_1 = x + 1$ y $y_2 = x^2 - 3x + 4$, en la calculadora.
- Usa las opciones TableSet y Table para hacer tablas de dos ecuaciones.
- Examina la tabla para los valores de x en los que y_1 y y_2 sean iguales. Haz tablas nuevas, con aumentos más pequeños si es necesario.

b. ¿Cómo se relacionan las soluciones de esta ecuación con lo que encontraste en el Problema 1? Explica por qué las soluciones están relacionadas así.

c. Ahora usa una tabla o gráfica para resolver $x^2 - 4x + 3 = 0$. ¿En qué se diferencian las soluciones de esta ecuación con tu resultado de la Parte a? Explica.

Comparte & resume

1. Describe cómo estimar la solución de un sistema de dos ecuaciones usando una gráfica.

2. Describe cómo podrías crear un sistema de ecuaciones lineales sin solución.

Investigación 2 Problemas que incluyen sistemas de ecuaciones

A veces, las soluciones de un problema práctico requieren plantear y resolver un sistema de ecuaciones. En esta investigación, vas a usar gráficas para encontrar soluciones a dichos problemas.

MATERIALES
papel cuadriculado

Explora

Dos librerías reciben pedidos por catálogo. Cada una cobra el precio estándar por los libros, pero tienen diferentes cargos en el servicio de entrega. La librería Gaslight cobra una tarifa de $3 por pedido más $1 por libro, mientras que la librería Crimescene cobra $5 por pedido y $0.50 por libro.

Para cada librería, escribe una ecuación que describa cómo se relaciona el costo de envío y con el número de libros x. Después grafica ambas ecuaciones en los mismos ejes.

¿Bajo qué circunstancias ordenarías en Gaslight? ¿Cuándo ordenarías en Crimescene? ¿Hay circunstancias en las que no haya diferencia en qué librería comprar?

¿Qué otras cosas podrías considerar (no matemáticas) cuando trates de decidir?

MATERIALES
papel cuadriculado

Serie de problemas C

En la tienda Shikara's Music Emporium, se venden casetes a $10 y discos compactos a $15.

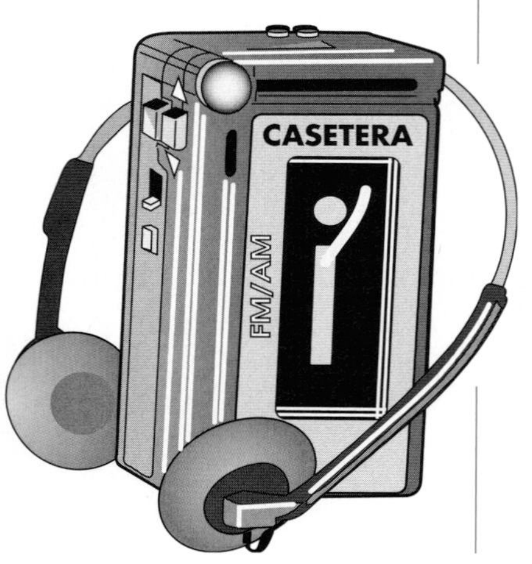

1. La familia de Kai compró 16 artículos. Enumera algunos valores posibles para la cantidad de casetes t y discos compactos d que compraron.
2. Escribe una ecuación que describa la cantidad total de artículos que compró la familia de Kai.
3. Traza puntos en una cuadrícula para mostrar los pares (t, d) que satisfacen la ecuación en el Problema 2. Recuerda, t y d deben ser números enteros.
4. Supón que en lugar de decirte cuántos artículos compraron, Kai te dijo que su familia gastó $220. Enumera algunos valores posibles para el número de casetes t y el número de discos compactos d que tengan un precio total de $220.

5. Escribe una ecuación para relacionar la cantidad total de dólares que la familia de Kai gastó en casetes y discos.

6. En la misma cuadrícula, traza todos los pares de valores en números enteros que satisfacen la ecuación en el Problema 5. Quizá quieras usar un color o símbolo diferentes para estos puntos.

7. Usa tu gráfica para encontrar los valores posibles de t y d si los enunciados de los Problemas 1 y 4 son verdaderos.

MATERIALES
papel cuadriculado

Serie de problemas D

La dueña de un comercio de sombreros tiene *gastos fijos* de $3,000 por semana. Ella tiene estos gastos independientemente del número de sombreros que fabrique.

El resto de los gastos son *costos variables,* como materiales y mano de obra. Estos costos son proporcionales al número de sombreros que fabrique. Por ejemplo, en una semana en que se fabricaron y vendieron 500 sombreros, sus costos variables fueron $7,500. En una semana en que se fabricaron 1,000 sombreros, fueron $15,000.

Todos los sombreros se vendieron a tiendas por departamentos a $20 cada uno.

1. Escribe una ecuación que relacione el ingreso i con la cantidad de sombreros vendidos n.

2. Considera los costos del fabricante de sombreros.

   a. Escribe una expresión de los *costos variables* a para producir n sombreros. Es decir, si la tienda fabrica n sombreros en una semana, ¿cuáles serán los costos variables?

   b. Escribe una ecuación que relacione el costo total por semana, c, y la cantidad de sombreros fabricados y vendidos en una semana, n. Recuerda que el costo total incluye tanto los costos variables como los gastos fijos.

3. La diferencia entre el costo y el ingreso es la ganancia del dueño. Si el fabricante no tiene ventas, ella aún tendrá que pagar los costos fijos, y consecuentemente tendrá una gran pérdida. Si tiene muchas ventas, fácilmente cubrirá sus costos y tendrá una buena ganancia.

   a. En una semana particular, la fabricante de sombreros hizo y vendió 500 sombreros. ¿Obtuvo ganancias o pérdidas? ¿De cuánto?

   b. En otra semana, ella hizo y vendió 1,000 sombreros. ¿Obtuvo ganancias o pérdidas? ¿De cuánto?

Recuerda
Si dos artículos x y y son proporcionales, están relacionados por una ecuación lineal $y = mx$, donde m es una constante.

4. En algún punto entre la ausencia de ventas y una gran cantidad de ventas existe un número de ventas llamado *punto de equilibrio.* Este es el punto en que los costos y los ingresos son iguales, entonces no hay ganancias ni pérdidas.

a. En un par de ejes, grafica la ecuación para el ingreso y las ganancias. Rotula cada gráfica con su ecuación. Necesitarás leer las cantidades de tu gráfica, de manera que usa una escala apropiada y sé tan preciso como puedas.

b. ¿Cómo puedes usar tu gráfica para estimar el punto de equilibrio?

c. De tu gráfica, estima el número de sombreros que el fabricante necesita hacer y vender cada semana para estar en equilibrio. Calcula los costos e ingresos para ese número de artículos y verifica tu estimado. Mejora tu estimado si es necesario.

d. Usa tu gráfica para estimar el número de sombreros que se necesitan vender cada semana para tener una ganancia de $1,000 por semana. Calcula los costos e ingresos para ese número de artículos y verifica tu estimado. Mejora tu estimado si es necesario.

e. Usa las ecuaciones que escribiste en los Problemas 1 y 2 para escribir una ecuación que proporcione el valor de n en que los costos e ingresos sean iguales. Resuelve tu ecuación para encontrar el punto de equilibrio.

Comparte & resume

1. Describe una situación que requeriría resolver un sistema de ecuaciones para encontrar la respuesta.

2. ¿Cuál es la relación entre una gráfica que describe el ingreso y los gastos de un negocio en particular? ¿Y el punto de equilibrio para ese negocio?

3. ¿Cuál es la relación entre un sistema de ecuaciones que describe el ingreso y los gastos de un negocio en particular? ¿Y el punto de equilibrio para ese negocio?

Investigación 3 Resuelve sistemas de ecuaciones mediante sustitución

Puedes encontrar o estimar la solución de un sistema de ecuaciones al graficar las ecuaciones y encontrar las coordenadas de los puntos en donde se intersecan las gráficas. También puedes resolver sistemas al trabajar con las ecuaciones algebraicamente. Para ver cómo funciona esto, considera la situación que se describe a continuación.

La mamá de Ana la llevó a comprar calcetines nuevos.

Para calcular el costo de cada tipo de calcetines, puedes escribir y resolver un sistema de ecuaciones. Sea x el precio de los calcetines lisos y sea y el precio de los calcetines de diseñador.

Los calcetines de diseñador cuestan $1 más que el doble del costo de los calcetines lisos.

$$y = 2x + 1$$

El precio de 3 pares de calcetines lisos y 1 par de calcetines de diseñador es $11.

$$3x + y = 11$$

Para calcular el costo de los calcetines, necesitas encontrar un par (x, y) que es una solución para ambos $y = 2x + 1$ y $3x + y = 11$. Es decir, necesitas resolver este sistema de ecuaciones:

$$y = 2x + 1 \qquad 3x + y = 11$$

Piensa & comenta

Las gráficas de $y = 2x + 1$ y $3x + y = 11$ se muestran a la derecha.

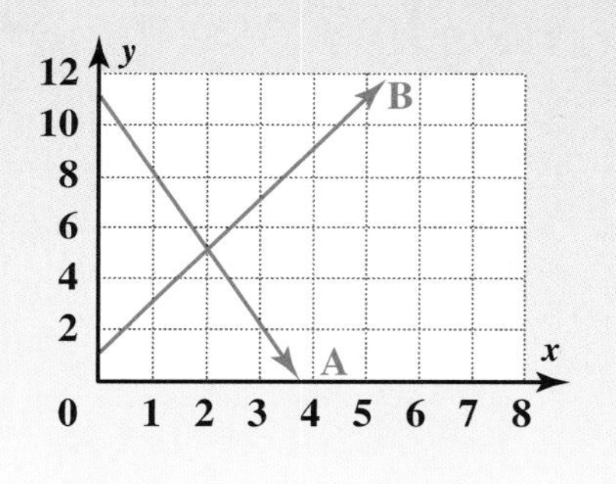

- ¿Qué gráfica es cuál?
- Usa la gráfica para resolver el sistema de ecuaciones. ¿Cuánto cuesta cada tipo de calcetines?

También puedes resolver este sistema algebraicamente. La primera ecuación dice que y debe ser igual a $2x + 1$. Como el valor de y debe ser el mismo en *ambas* ecuaciones, puedes *reemplazar* $2x + 1$ por y en la segunda ecuación. Esto te da una ecuación lineal con una sola variable, que ya sabes cómo resolver.

$$3x + y = 11 \Rightarrow 3x + (2x + 1) = 11$$
$$5x + 1 = 11$$
$$5x = 10$$
$$x = 2$$

De manera que $x = 2$, y como $y = 2x + 1$, sabes que $y = 5$. Esto significa que los calcetines lisos cuestan \$2 y los calcetines de diseñador cuestan \$5. Verifica esta solución al reemplazarla en *ambas* ecuaciones.

VOCABULARIO
sustitución

Este método algebraico para determinar soluciones se llama **sustitución** porque implica *reemplazar* una expresión de una ecuación para una variable en otra ecuación.

Serie de problemas E

Usa la sustitución para resolver cada sistema de ecuaciones. Verifica cada solución al reemplazarla en ambas ecuaciones originales.

1. $a = 3 - b$
$4b + a = 15$

2. $x = 2 - y$
$8y + x = 16$

3. Evan sugirió resolver el Problema 1 al reemplazar $3 - b$ para a en la *primera* ecuación. ¿Funcionará el método de Evan? Explica por qué sí o por qué no.

Como descubrirás a continuación, algunas veces debes rescribir una de las ecuaciones en un sistema antes de que puedas determinar cuál expresión reemplazar.

MATERIALES
calculadora graficadora

Serie de problemas F

1. Considera este sistema de ecuaciones.

$$x + y = 8 \qquad 4x - y = 7$$

a. Vuelve a escribir una de estas ecuaciones para que y quede sola en un lado.

b. Resuelve el sistema por sustitución. Verifica tu solución, reemplazándola dentro de las ecuaciones originales.

2. Para resolver el sistema en el Problema 1, pudiste haber vuelto a escribir la primera ecuación, para dejar x sola a un lado. Resuelve el sistema de esta forma. ¿Obtuviste la misma respuesta?

3. Carinne anotó 23 puntos en el juego de básquetbol de anoche. En total, 10 de sus tiros entraron; algunos fueron de 2 puntos y los otros fueron de 3 puntos. Sea a la cantidad de tiros de 2 puntos y b la cantidad de tiros de 3 puntos.

a. Escribe una ecuación para el total de tiros que entraron.

b. Escribe una ecuación del total de puntos que Carinne anotó.

c. ¿Cuántos tiros de 2 puntos anotó Carinne? ¿Cuántos tiros de 3 puntos?

4. Considera este sistema de ecuaciones.

$$y - 2x = 3 \qquad 2y + 5x = 27$$

a. Grafica las ecuaciones en tu calculadora y estima el punto de intersección.

b. Resuelve el sistema de ecuaciones con sustitución. Compara tu solución con la aproximación que encontraste en la Parte a.

c. ¿Qué ventaja tiene el resolver ecuaciones lineales con sustitución sobre el resolverlas graficando?

Comparte & resume

Describe los pasos para resolver un sistema de dos ecuaciones por sustitución.

Investigación 4 Resuelve sistemas de ecuaciones mediante eliminación

Resolver sistemas de ecuaciones con *eliminación* es algunas veces más fácil que resolverlas con sustitución. El método de eliminación usa la idea de hacer lo mismo en ambos lados de la ecuación.

Piensa & comenta

Considera este sistema de ecuaciones.

$$5x + 4 = 13 + 3y$$
$$2x = 3y$$

Para resolver el sistema Gabriela primero intentó lo siguiente:

$$\begin{array}{r} 5x + 4 = 13 + 3y \\ -\ 2x \qquad\qquad -\ 3y \\ \hline 3x + 4 = 13 \end{array}$$

Gabriela dijo que estaba haciendo lo mismo en ambos lados de la primera ecuación. ¿Es cierto? Explica.

De alguna manera, lo que hizo Gabriela fue restarle a la primera ecuación la segunda. Al hacer esto, ¿qué variable *eliminó* Gabriela?

¿De qué manera crees que el eliminar esta variable le ayudará a encontrar la solución?

Si $3x + 4 = 13$, sabemos que $x = 3$. El reemplazar este valor dentro de cualquiera de las ecuaciones originales te da $y = 2$. Por lo tanto, la solución de este sistema es (3, 2).

VOCABULARIO
eliminación

Al restar o sumar ecuaciones algunas veces puedes eliminar una variable y resolverla por la otra. A este proceso se le llama método de **eliminación.**

A veces vas a necesitar volver a escribir una o varias ecuaciones antes de que puedas eliminar una de las variables. El ejemplo en la página siguiente te demuestra esta técnica.

EJEMPLO

Resuelve el sistema que consiste en Ecuaciones A y B.

① El coeficiente de y en la Ecuación A es $^{-}4$, de manera que multiplica ambos lados de la Ecuación B por 2, para que $^{-}2y$ sea $^{-}4y$. Vuelve a escribir las 2 ecuaciones.

② Ahora resta la nueva Ecuación C de la Ecuación A, como lo hizo Gabriela en Piensa & comenta. Ya que $^{-}4y - (^{-}4y) = 0$ la variable y ha sido eliminada de las ecuaciones.

Esto deja sólo una ecuación con x como variable. Resuelve para x, que da la ecuación $x = 20$.

③ Ahora reemplaza ese valor en cualquiera de las ecuaciones originales para encontrar el valor de y.

$7x - 4y = 100$ [A]
$3x - 2y = 40$ [B]

① $7x - 4y = 100$ [A]
$6x - 4y = 80$ [C]

② $7x - 6x = 100 - 80$
$x = 20$

③ Reemplaza $x = 20$ en [B]:
$3(20) - 2y = 40$
$-2y = -20$
$y = 10$

Verifica en la Ecuación [A] y en la Ecuación [B].
De modo que la solución del sistema es (20, 10).

Datos de interés

Las personas en distintas profesiones usan los sistemas de ecuaciones en su trabajo. Los fabricantes de alimento para animales de granja podrían determinar la cantidad de varios ingredientes de un alimento en particular, por ejemplo, para estar seguros de que contengan ciertas proporciones de proteína, fibra y grasa.

Piensa & comenta

En el Ejemplo, x pudo haber sido seleccionada como la variable a eliminar; pero parecía más fácil eliminar y. ¿Por qué sería esto?

Serie de problemas G

1. Considera este sistema. Debes poder resolverlo simplemente *sumando* las ecuaciones para eliminar y. Inténtalo. ¿Cuál es la solución?

$$9x - 2y = 3$$
$$3x + 2y = 9$$

Confirma que las ecuaciones en cada par sean equivalentes. Explica qué debes hacer en ambos lados de la primera ecuación para obtener la segunda ecuación.

2. $3m + 2 = 13.5$
   $12m + 8 = 54$
3. $x + 4y = 2$
   $2x = {}^{-}8y + 4$
4. $7d + 1 = 4p$
   $21d = 12p - 3$

Recuerda

Las ecuaciones *equivalentes* tienen las mismas soluciones. Siempre puedes transformar una ecuación a un equivalente al aplicar el método de hacer lo mismo en ambos lados, mientras no multipliques por 0.

Lo primero al usar el método de eliminación es decidir cómo eliminar una de las variables. El truco es escribir ecuaciones (que sean equivalentes a las que empezaste) en las que los coeficientes de una de las variables sean opuestos o iguales.

5. Considera estos cuatro sistemas de ecuaciones.

   i. $x + 2y = 9$ [A]
      $3x + y = 7$ [B]

   ii. $7x - y = 4$ [C]
       $2x + 3y = 19$ [D]

   iii. $35x - 6y = 1$ [E]
        $7x + 3y = 10$ [F]

   iv. $5x + 3y = 42$ [G]
       $2x + 8y = 78$ [H]

   a. Observa el Sistema i. Podrías eliminar x reemplazando la Ecuación A con una ecuación equivalente que contenga el término $3x$ o ${}^{-}3x$. ¿Qué le harías a la Ecuación A? ¿Qué obtendrías?

   b. Para el sistema i, podrías elegir eliminar y en lugar de x. ¿Cómo podrías hacerlo?

   c. Observa el Sistema ii. ¿Qué variable eliminarías? ¿Qué ecuación volverías a escribir? ¿Qué harías luego?

   d. Para el Sistema iii, indica cuál variable eliminarías y cómo lo harías.

   e. Para el Sistema iv, necesitarás escribir equivalencias para ambas ecuaciones. ¿Qué variable elegirías eliminar, y cómo lo harías?

6. Resuelve los Sistemas i, iii y iv con eliminación. Verifica que cada solución se ajuste a ambas ecuaciones.

El reemplazar y eliminar funciona para cualquier sistema de ecuaciones lineales. Aunque algunos problemas son más fáciles de resolver con un método que con el otro.

MATERIALES
papel cuadriculado

Serie de problemas H

Resuelve de dos maneras cada sistema de ecuaciones, primero con *sustitución* y después con *eliminación.* En cada caso, compara las dos aproximaciones por comodidad, velocidad y probabilidad de errores. Para cada sistema de ecuaciones, ¿crees que un método sea mejor? Explica.

1. $3x = y + 7$
$5x = 9y + 41$

2. $5x - 3y = 10$
$15x + 6y = 30$

3. Rima esta desconcertada. Ha tratado de resolver este sistema de ecuaciones con sustitución y eliminación, pero ninguno de los dos métodos parece funcionar.

$$x + y = 4$$
$$3x + 3y = 11$$

a. Trata de resolver las ecuaciones con una gráfica. Explica por qué Rima tiene problemas.

b. Trata de resolver las ecuaciones con sustitución. ¿Qué sucede?

c. Ahora resuelve las ecuaciones con eliminación ¿Qué sucede?

d. Rima descubrió que había copiado las ecuaciones de manera incorrecta. Este es el sistema correcto.

$$x + y = 4$$
$$3x + 3y = 12$$

Resuelve este sistema de ecuaciones con sustitución, eliminación o con gráficas.

Comparte & resume

1. Inventa un sistema de ecuaciones lineales que sea fácil de resolver con sustitución. Explica por qué crees que la sustitución es un buen método.

2. Inventa un sistema de ecuaciones lineales que sea fácil de resolver con eliminación. Explica por qué crees que la eliminación es un buen método.

3. Inventa un sistema de ecuaciones lineales que no tenga solución. Explica por qué no tiene solución.

Investigación de laboratorio

Usa la hoja de cálculos para resolver problemas con dos variables

MATERIALES

computadora con programa de hoja de cálculos (1 por grupo.)

Jeans Universe tienen una gran venta de apertura.

Como parte de la gran celebración de apertura, Jeans Universe hizo una rifa. Lydia ganó un cupón de regalo de $150, que quiere gastar en pantalones y camisetas. Cuando pensaba cuántos artículos de cada uno compraría, se hizo varias preguntas:

- *¿Cuántos pares de pantalones y camisetas debería comprar para gastar todo lo que pueda de mi cupón? ¿Y si quiero comprar al menos uno de cada uno?*
- *Si quiero comprar el mismo número de pantalones y camisetas, ¿cuántos puedo comprar de cada uno? ¿Y si quiero comprar dos camisetas por cada par de pantalones? ¿Dos pares de pantalones por cada camiseta?*
- *Mi madre dijo, —Realmente no creo que necesites más de 5 camisetas nuevas. ¿Cuántos pares de pantalones y camisetas puedo comprar sin pasarme del límite?*

Prepara una hoja de cálculos

Lydia ha tenido problemas en resolver estas preguntas porque hay muchas posibles combinaciones. Ella preparó la siguiente hoja de cálculos para ayudarse a registrar las posibilidades.

Cuando Lydia complete su hoja de cálculos, mostrará los costos de varias combinaciones de pantalones y camisetas. Por ejemplo, la Celda F7 mostrará los costos de tres pares de pantalones y cuatro camisetas.

	A	B	C	D	E	F	G	H	I
1					**Pantalones**	**24.95**			
2			0	1	2	3	4	5	6
3		0							
4		1							
5		2							
6		3							
7		4							
8	**Camisetas**	5							
9	**11.95**	6							
10		7							
11		8							
12		9							
13		10							
14		11							
15		12							

1. Como ayuda para llenar la hoja de cálculos, Lydia decidió que necesitaba una ecuación que muestre cómo el costo total c depende del número de pares de pantalones j y el número de camisetas t que compre. ¿Qué ecuación debe usar?

Entonces Lydia introdujo las fórmulas en las Celdas C3–I3.

	A	B	C	D	E	F	G	H	I
1					**Pantalones**	**24.95**			
2			0	1	2	3	4	5	6
3		0	=24.95*0+ 11.95*B3	=24.95*1+ 11.95*B3	=24.95*2+ 11.95*B3	=24.95*3+ 11.95*B3	=24.95*4+ 11.95*B3	=24.95*5+ 11.95*B3	=24.95*6+ 11.95*B3

2. Explica qué hacen las fórmulas en las Celdas C3–I3.

3. Prepara tu hoja de cálculos como la de Lydia. Usa el formato actual para los números en las Hileras 3–15 de las Columnas C–I. ¿Qué valores aparecen en las Celdas C3–I3?

Ahora selecciona las siete Celdas con fórmulas C3–I3, y usa el comando Fill Down para copiar las fórmulas a la Hilera 15. Ahora debes tener valores en todas las celdas de tu tabla.

4. Observa las fórmulas en las celdas de la Columna D.

a. ¿Qué partes de la fórmula cambian a medida que mueves la columna de una celda a la otra? ¿Qué partes de la fórmula se mantienen iguales?

b. ¿Qué hacen las fórmulas en la Columna D?

Usa la hoja de cálculos

Puedes usar los valores de tu hoja de cálculos para contestar las preguntas de Lydia.

5. ¿Qué combinación de camisetas y pantalones le permitirá a Lydia gastar lo más que pueda de su cupón de $150? ¿Cuánto gastaría?

6. ¿Qué combinación de camisetas y pantalones le permitirá a Lydia gastar lo más que pueda de su cupón de $150, si ella quiere comprar al menos un artículo de cada uno? ¿Cuánto gastaría?

7. ¿Qué combinación debería comprar si quiere la misma cantidad de camisetas y pantalones? ¿Cuánto gastaría?

8. ¿Qué combinación debería comprar si quiere el doble de camisetas que de pantalones? ¿Cuánto gastaría?

9. ¿Qué combinación debería comprar si quiere el doble de pantalones que de camisetas? ¿Cuánto gastaría?

10. Si quiere comprar un máximo de cinco camisetas, ¿qué combinación debería comprar? ¿Cuánto gastaría?

Inténtalo otra vez

¿Y si en lugar de pantalones y camisetas Lydia decide comprar dos artículos diferentes, como pantalones cortos y camisa cuello de tortuga o tenis y calcetines? En lugar de crear una hoja de cálculos para cada par de artículos, Lydia cambió su hoja de cálculos de manera que funcionara con cualquier par de precios.

Observa que, en la hoja de cálculos original, el valor en la Celda F1 es el costo de un par de pantalones y el valor en la Celda A9 es el costo de una camiseta. Lydia usó esta información para entrar nuevas fórmulas dentro de las Celdas C3–I3. Ella también cambió la etiqueta "Pantalones" por "Artículo 1" y la etiqueta "Camiseta" por "Artículo 2".

	A	B	C	D	E	F	G	H	I
1					**Artículo 1**	**24.95**			
2			0	1	2	3	4	5	6
3		0	=$F$1*0+ $A$9*B3	=$F$1*1+ $A$9*B3	=$F$1*2+ $A$9*B3	=$F$1*3+ $A$9*B3	=$F$1*4+ $A$9*B3	=$F$1*5+ $A$9*B3	=$F$1*6+ $A$9*B3
4		1							
5		2							
6		3							
7		4							
8	**Artículo 2**	5							
9	**11.95**	6							
10		7							
11		8							
12		9							
13		10							
14		11							
15		12							

En vez de 24.95 y 11.95, las fórmulas nuevas usaron $F$1 y $A$9. El símbolo $ le indica a la hoja de cálculos que use el valor como *constante,* en la celda indicada.

- $F$1 le indica a la hoja de cálculos que use el valor de la Celda F1, 24.95, como constante.
- $A$9 le indica a la hoja de cálculos que use el valor de la Celda A9, 11.95, como constante.

Cuando una fórmula con una constante se copia de una celda a otra, la hoja de cálculos no "actualiza" la constante para reflejar nuevas hileras o columnas.

Prepara tu hoja de cálculos de esta nueva manera.

- Introduce las nuevas fórmulas que se muestran en las Celdas C3–I3.
- Selecciona las Celdas C3–I3 y llena todas las columnas hasta la Hilera 15.

11. Observa cómo cambian las fórmulas al moverte hacia abajo en la Columna D.

a. ¿Qué partes de la fórmula cambian al moverte de celda a celda? ¿Qué partes de la fórmula permanecen iguales?

b. ¿Qué hacen las fórmulas en la Columna D?

Al simplemente cambiar los precios en las Celdas F1 y A9, ahora Lydia puede encontrar los precios fácilmente para combinaciones de 2 artículos cualesquiera.

Supón que los pantalones cortos cuestan $19.95 y las camisas de cuello de tortuga cuestan $13.95. Actualiza tu hoja de cálculos para mostrar las combinaciones de estos dos artículos.

- Escribe "Pantalones cortos" en la Celda E1 y "Camiseta de cuello de tortuga" en la Celda A8.
- Escribe el precio de los pantalones cortos, $19.95, en la Celda F1 y el precio de la camiseta de cuello de tortuga $13.95 en la Celda A8.

12. Kai ganó un cupón de regalo de $75. Él quiere gastar lo más posible en pantalones cortos y camisas de cuello de tortuga. ¿Qué debe comprar? ¿Cuánto gastará?

13. Tamika quiere comprar sombreros y calcetines con su cupón de regalo de $30. Los sombreros cuestan $6.75; los calcetines son de $2.95 el par. Altera tu hoja de cálculos para mostrar las combinaciones de los precios de los sombreros y calcetines.

¿Cuántos artículos de cada uno debe comprar Tamika para gastar lo más posible de su cupón de regalo? ¿Cuánto gastará?

14. Trabaja con un compañero para inventar un problema de una situación que presente una combinación de dos artículos con diferentes precios y escribe algunas preguntas sobre la situación. Usa tu hoja de cálculos para resolver tus preguntas.

¿Qué aprendiste?

15. Imagina que tienes un empleo de medio tiempo en una librería. Actualmente ganas $6.25 por hora, pero esperas un aumento pronto. Diseña una hoja de cálculos que puedas usar para estar al tanto de las horas que trabajas y del dinero que ganas diariamente en una semana. Tu hoja de cálculos debe tener las siguientes características.

- Debe permitirte introducir el número de horas que trabajas cada día, de lunes a domingo.
- Debe calcular automáticamente los dólares que ganas diariamente, así como el total por semana.
- Debe usar una constante para tu salario por horas, de manera que puedas actualizarlo fácilmente cada vez que obtengas un aumento.

El salario mínimo federal por hora se estableció en 1938 en 25¢ por hora. Sesenta y cinco años después el salario mínimo se había elevado entre $5 y $5.15 por hora.

Ejercicios por tu cuenta

Practica & aplica

1. Hay seis maneras de relacionar estas cuatro ecuaciones.

i. $y = 2x + 4$ **ii.** $y + 2x = {}^{-}4$

iii. $x = 4 - \frac{y}{2}$ **iv.** $2y - 4x = 10$

a. Predice qué par de ecuaciones no tiene una solución común.

b. Verifica tu respuesta de la Parte a al graficar con cuidado ambas ecuaciones en cada par que seleccionaste. Explica cómo las gráficas verifican o no tu predicción.

c. Predice qué par, si hay alguno, tiene una solución común.

d. Verifica tu resultado de la Parte c al graficar ambas ecuaciones en cada par que seleccionaste. Explica cómo las gráficas verifican o no tu predicción.

e. Usa tus gráficas para encontrar una solución común a cada par de ecuaciones que enumeraste en la Parte c.

2. Cheryl y Felipe tienen cada uno algunas llaves en sus llaveros. Cheryl dice, —Tengo el doble de las que tú tienes. Felipe dice, —Si me dieras cuatro tendremos el mismo número.

a. Escribe dos ecuaciones que relacionen la cantidad de llaves que tiene cada uno.

b. ¿Cuántas llaves tiene Cheryl? ¿Cuántas tiene Felipe?

3. Un grupo de amigos entró a un restaurante. Ninguna mesa era lo suficientemente grande para sentar al grupo, de manera que los amigos acordaron sentarse en varias mesas separadas. Ellos querían sentarse en grupos de 5 pero no había suficientes mesas: 4 no tendrían lugar para sentarse. Alguien sugirió que se sentaran en grupos de 6 lo que llenará todas las mesas con 2 asientos extra en una mesa.

Responde estas preguntas para encontrar cuántas personas hay en el grupo y cuántas mesas están disponibles.

a. Escribe un sistema de dos ecuaciones que describan la situación.

b. Resuelve tu sistema de ecuaciones. ¿Cuántos amigos hay en el grupo y cuántas mesas están disponibles? Verifica tu trabajo.

Centro Rockefeller,
New York City

4. **Ciencia física** Un ciclista que conduce de Boston a la ciudad de New York mantiene una velocidad constante de 18 millas por hora. A la hora de haber comenzado el ciclista, un carro salió desde el mismo lugar viajando por el mismo camino a una velocidad promedio de 50 millas por hora.

   a. Si el carro y la bicicleta viajan en la misma dirección, ¿a qué distancia estará cada uno de Boston en una hora y media después de que el ciclista salió del pueblo? ¿Quién estará a la cabeza?

   b. Después de 2 horas, ¿quién estará a la cabeza?

   c. En el mismo par de ejes, dibuja una gráfica de distancia-tiempo para el carro y la bicicleta. Coloca la distancia, desde Boston en millas, en el eje horizontal. Coloca el tiempo desde que el ciclista salió de Boston, en horas, en el eje vertical.

   d. Usa tu gráfica para determinar la distancia aproximada, de Boston, a la que estaba el carro cuando sobrepasó a la bicicleta.

   e. Aproximadamente, ¿cuánto tiempo había conducido el ciclista cuando el carro lo alcanzó?

   f. Escribe una ecuación que relacione la distancia en millas de la bicicleta desde Boston con el tiempo en horas después de que salió el ciclista. Usa las mismas variables, escribe otra ecuación que relacione la distancia del carro de Boston con el tiempo después de que salió el ciclista.

   g. Si buscaras el par de valores que se ajusta a tus ecuaciones, ¿qué representarían esos valores?

5. Resuelve uno de estos sistemas de ecuaciones al dibujar una gráfica. Resuelve el otro por sustitución.

   a. $f + g = 20$
   $3f + g = 28$

   b. $y - x = 3$
   $2y + 3x = 16$

6. La suma de dos números es 31. Uno de los números es 9 más que el otro.

   a. Escribe un sistema de dos ecuaciones que relacione los números.

   b. Resuelve el sistema para encontrar los números.

7. **Economía** Andre compró 11 libros en una venta de libros usados. Algunos costaron 25¢ cada uno, otros costaron 35¢ cada uno. Andre gastó $3.15.

   a. Escribe un sistema de dos ecuaciones que describa esta relación y resuélvelo con sustitución.

   b. ¿Cuántos libros de cada precio compró Andre?

Usa eliminación para resolver los sistemas de ecuaciones en los Ejercicios 8 al 11, verifica tus soluciones. Proporciona la siguiente información:

- qué variable eliminaste
- si sumaste o restaste ecuaciones
- la solución

8. $x + y = 12$
$x - y = 6$

9. $3p + 2q = 13$
$3p - 2q = {}^{-}5$

10. $5a + 4b = 59$
$5a - 2b = 23$

11. $9s + 2t = 3$
$4s + 2t = 8$

Resuelve por eliminación los sistemas de ecuaciones en los Ejercicios 12 al 15, verifica tus soluciones. Proporciona la siguiente información:

- qué ecuación o ecuaciones volviste a plantear
- cómo volviste a plantear cada ecuación
- si sumaste o restaste ecuaciones
- la solución

12. $3m + n = 7$ [A]
$m + 2n = 9$ [B]

13. $6x + y = {}^{-}54$ [C]
$2x - 5y = {}^{-}50$ [D]

14. $2a + 5b = 12$ [E]
$3a + 2b = 7$ [F]

15. $y = \frac{3}{4}x - 4$ [G]
$4y = 2x + 3$ [H]

Conecta & amplía

16. **Economía** El representante de un grupo rock quiere estimar, basado en experiencias anteriores, la cantidad de boletos para el próximo concierto que se venderán por adelantado y la cantidad de boletos que se venderán en la puerta, la misma noche del concierto.

En un concierto reciente, la sala con 1,000 asientos estaba llena. Los boletos que se vendieron por adelantado costaron $30, los que se vendieron en la puerta costaron $40 y el total de la venta de los boletos fue de $38,000.

a. Escribe un sistema de dos ecuaciones que represente esta información.

b. En un par de ejes, dibuja las gráficas de las ecuaciones.

c. Usa tus gráficas para estimar el número de ventas por adelantado y el número de ventas en la puerta que se hicieron esa noche.

d. Verifica que tus estimaciones se ajusten a las condiciones y reemplázalas dentro de ambas ecuaciones.

17. Tres turistas salieron de un hotel una mañana y se dirigieron en la misma dirección. Tyrone, el peatón, se levantó temprano y salió con un paso constante. Manuela, la ciclista, se quedó dormida y salió dos horas después. Kevin alcanzó el autobús media hora después de que salió Manuela. Estas tres gráficas muestran sus distancias a través del tiempo.

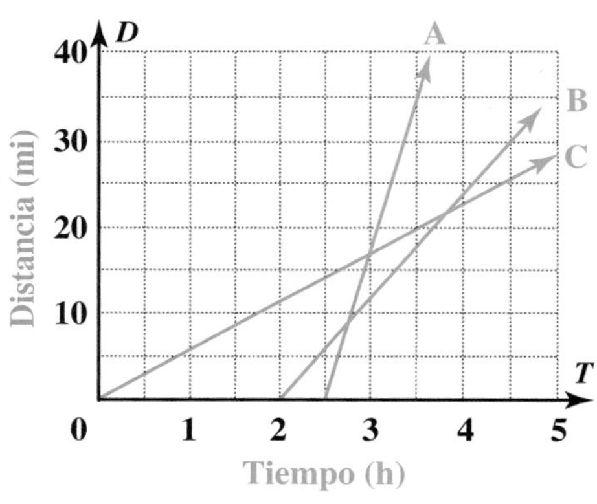

a. Relaciona cada gráfica con el turista que representa.

b. ¿Cuándo y dónde Manuela sobrepasó a Tyrone? ¿Cuándo y dónde Kevin sobrepasó a Manuela? ¿Cuándo y dónde Kevin sobrepasó a Tyrone?

c. De las gráficas, estima la velocidad a la que viajó cada turista.

d. Escribe ecuaciones para las tres rectas.

e. ¿Qué sistema de ecuaciones resolverías para determinar cuándo y dónde Manuela sobrepasó a Tyrone? Verifica tu respuesta al resolver el sistema y comparar la solución con tu respuesta de la Parte b.

18. Inventa una situación con dos variables que se puedan expresar en términos de dos ecuaciones lineales. Escribe y resuelve las ecuaciones para proporcionar la respuesta al problema.

19. Dibuja una gráfica para resolver este sistema de ecuaciones cuadráticas.

$$y = x^2 \qquad\qquad y = 4 - 3x^2$$

20. **Historia** Resuelve este problema que planteó Mahavira, un matemático hindú que vivió alrededor del año 850 A.D.

El precio combinado de 9 cidras y 7 feronias aromáticas es 107; de nuevo, el precio combinado de 7 cidras y 9 feronias aromáticas es 101. ¡Oh tú aritmético! Dime rápidamente el precio de una cidra y de una feronia, habiendo separado los precios claramente.

21. Rachel y Cuong van a la feria. Rachel tiene \$13.50 para gastar y calcula que ella gastará todo su dinero si se sube a cuatro paseos y juega tres veces. Coung tiene \$15.50 y calcula que gastará todo su dinero si se sube a dos paseos y juega cinco veces.

a. Elige variables y escribe ecuaciones para escribir esta situación.

b. Usa sustitución para calcular el costo de subirse a un paseo y de jugar.

En tus
propias
palabras

Has usado tres métodos para resolver sistemas de ecuaciones en esta lección: graficar, reemplazar y eliminar. Explica cómo decides qué método de solución usar cuando resuelves un sistema particular de ecuaciones.

22. **Economía** Para el concierto de una escuela un negocio de imprenta pequeño cobra \$8 por imprimir 120 boletos y \$17 por imprimir 300 boletos. Ambos de estos costos totales incluyen un costo fijo y un costo unitario por boleto. Es decir, el costo por n boletos es $c = A + Bn$, donde A es el cargo fijo del negocio por cada pedido y B es el cargo por boleto.

a. Con el hecho de que cuesta \$8 mandar a imprimir 120 boletos, escribe una ecuación en que A y B sean las únicas cantidades desconocidas.

b. Para escribir una segunda ecuación, usa el costo de \$17 por 300 boletos.

c. Usa el método de sustitución para determinar los cargos fijos y variables del negocio.

23. Evan y su hermano pequeño Keenan comparan sus colecciones de cedés. Prepara dos ecuaciones y resuélvelas por eliminación para determinar cuántos cedés tiene cada uno.

24. **Economía** Las familias Pérez y Searle fueron al cine. Los precios de admisión fueron \$9 para los adultos y \$5 para los niños, y fue un total de \$62 para las 10 personas que fueron.

a. Escribe dos ecuaciones para representar esta situación.

b. Resuelve tu sistema por eliminación para determinar cuántos adultos y cuántos niños fueron al cine.

25. Puedes usar un sistema de ecuaciones para determinar la ecuación de una recta cuando conoces 2 puntos sobre la recta. Este ejercicio te ayudará a determinar una ecuación que pasa a través de los puntos $(1, {}^{-}2)$ y $(3, 4)$.

a. La ecuación de una recta siempre se puede escribir en la forma $y = mx + b$. Reemplaza $(1, {}^{-}2)$ en $y = mx + b$ para determinar una ecuación que use m y b.

b. Reemplaza el punto $(3, 4)$ en $y = mx + b$ para determinar una segunda ecuación.

c. Determina la solución común para las dos ecuaciones de las Partes a y b. Úsalas para escribir una ecuación para la recta.

d. Usa la misma técnica para determinar una ecuación de la recta que pasa a través de los puntos $({}^{-}1, 5)$ y $(3, {}^{-}3)$. Verifica tu respuesta al confirmar que ambos puntos satisfacen tu ecuación.

Repaso mixto

La intersección x es el valor de x en que la recta cruza el eje x. Determina una ecuación para la recta con la intersección x y la pendiente dadas.

26. La intersección x 5, pendiente $^-2$

27. La intersección x $^-2.5$, pendiente 0.5

Para cada tabla menciona si la relación entre x y y podría ser lineal, cuadrática, o una variación inversa, escribe una ecuación para la relación.

28.

x	0.5	2	4	5	20
y	5	1.25	0.625	0.5	0.125

29.

x	0.5	2	4	5	20
y	$^-1.25$	2.5	7.5	10	47.5

30.

x	1	2	3	4	5
y	0.25	1	2.25	4	6.25

Recuerda

La circunferencia de un círculo es $2\pi r$, donde r es el radio.

Geometría Determina el volumen de cada tanque cilíndrico.

31. un tanque con una altura de 9 m y una circunferencia de 19 m

32. un tanque con una circunferencia de 34 m y una altura igual al doble de su radio

Recuerda

Las figuras congruentes deben ser exactamente de la misma forma y tamaño. En las figuras semejantes, los lados correspondientes tienen longitudes que comparten una razón común y los ángulos correspondientes son congruentes.

Geometría Indica si las figuras de cada par son congruentes, semejantes, ambas o ninguna de las anteriores.

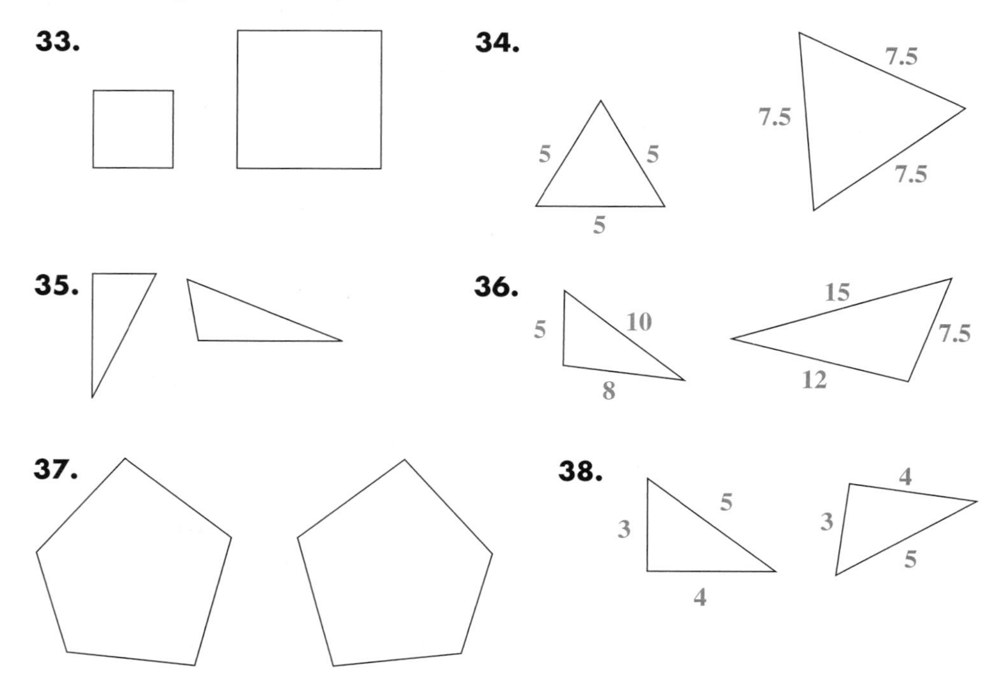

Resumen del capítulo

VOCABULARIO
desigualdad
eliminación
sistema de ecuaciones
sustitución

Empezaste este capítulo repasando métodos para resolver ecuaciones como preparación para resolver desigualdades. La graficación se introdujo como una forma de entender desigualdades y para resolver ecuaciones. Aprendiste a usar la calculadora graficadora y las tablas para estimar soluciones de ecuaciones.

También descubriste que la *solución* de un sistema de ecuaciones es un grupo de valores que satisface todas las ecuaciones en el sistema. Encontraste soluciones de sistemas graficando y usando los métodos algebraicos de sustitución y eliminación.

MATERIALES
papel cuadriculado
calculadora graficadora

Estrategias y aplicaciones

Las preguntas en esta sección te ayudarán a repasar y aplicar las ideas y estrategias importantes desarrolladas en este capítulo.

Usa métodos algebraicos para resolver ecuaciones

1. Explica cómo resolver una ecuación usando la vuelta atrás. Ilustra tu explicación con un ejemplo.

2. Explica cómo resolver una ecuación haciendo lo mismo en ambos lados. Ilustra tu explicación con un ejemplo.

3. La suma de tres números consecutivos es 57. Escribe y resuelve una ecuación para encontrar los tres números.

Entiende y resuelve desigualdades

4. Enumera todos los números enteros que hagan estas dos desigualdades verdaderas.

$$t < 8 \qquad 2 < t \leq 10$$

5. Escribe la siguiente desigualdad en palabras y proporciona todos los valores en números enteros para x que hagan verdadero el enunciado.

$$8 < x \leq 11$$

6. Una pequeña tienda de videos ha determinado que sus ganancias mensuales deben ser *al menos* $1,300 a fin de mantenerse en el negocio. Las películas se rentan a $2 cada una. Los gastos del negocio, incluyendo la renta, son de $800 por mes.

Usa la fórmula *ventas totales* – *gastos* = *ganancia* para escribir y resolver una desigualdad que muestre cuántas películas, m, deben rentarse mensualmente para que la tienda siga en el negocio.

7. Un salón de banquetes hace cenas para grupos grandes. El costo de la renta del salón por una noche es de \$1,500 más \$40 por persona.

Escribe y resuelve una desigualdad que responda esta pregunta: *Rod y Masako piensan festejar la recepción de su boda en este salón de banquetes. ¿Cuántas personas pueden invitar si su presupuesto total para la renta del salón es de \$7,500?*

Grafica desigualdades

8. Considera estos dos enunciados.

$$x > 3 \text{ ó } x < 5 \qquad\qquad x > 3 \text{ y } x < 5$$

a. ¿El grupo de valores que satisface "$x > 3$ ó $x < 5$" incluye 3 y 5? Dibuja una gráfica recta numérica para ilustrar tu respuesta.

b. ¿El grupo de valores que satisface "$x > 3$ y $x < 5$" incluye 3 y 5? Usa una gráfica recta numérica para ilustrar tu respuesta.

9. Explica los pasos que implican graficar una desigualdad con dos variables. Da un ejemplo para ilustrar tus pasos.

Usa gráficas para estimar soluciones de ecuaciones

10. Explica cómo puedes usar las opciones Trace y Zoom de tu calculadora como ayuda para estimar ecuaciones.

11. Usa esta gráfica para estimar la altura de un cuerpo a través del tiempo, a la décima más cercana, el tiempo en que $h = 5$.

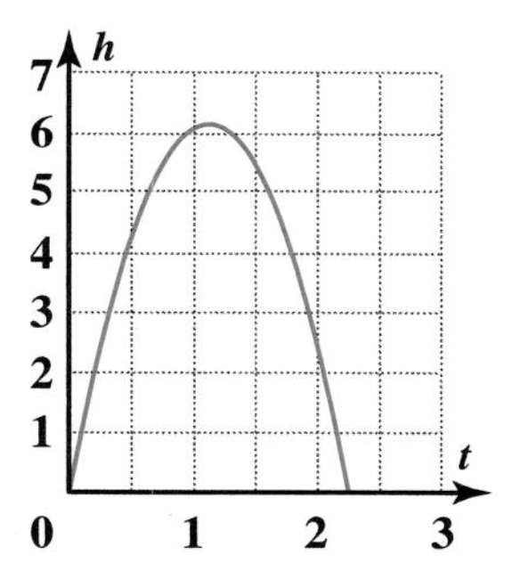

12. Dibuja una gráfica de $y = 4x - 0.5x^2$. Calcula un valor de c para el que $4x - 0.5x^2 = c$ tenga sólo una solución.

Usa tablas para estimar las soluciones de ecuaciones

13. Esta tabla de valores es para la ecuación $y = x^2 + x$. ¿Entre cuáles dos valores de x esperarías encontrar una solución para $x^2 + x = \frac{11}{4}$?

x	y
1	2
1.1	2.31
1.2	2.64
1.3	2.99
1.4	3.36
1.5	3.75
1.6	4.16

14. La ecuación $0.5x^2 - x - 1 = 3 - x^2$ tiene dos soluciones. En esta tabla, $y_1 = 0.5x^2 - x - 1$ y $y_2 = 3 - x^2$. ¿Qué información te da esta tabla sobre las soluciones?

x	y_1	y_2
$^-3$	6.5	$^-6$
$^-2$	3	$^-1$
$^-1$	0.5	2
0	$^-1$	3
1	$^-1.5$	2
2	$^-1$	$^-1$
3	0.5	$^-6$

Resuelve sistemas de ecuaciones gráfica y algebraicamente

15. Usa una gráfica para encontrar soluciones de este sistema de ecuaciones. Si es necesario, vuelve a escribir las ecuaciones antes de graficarlas.

$$y - 1 = {}^{-}x \qquad\qquad y - x^2 = {}^{-}1$$

16. Dos tiendas de materiales de construcción competidoras tienen diferentes precios de bloques de concreto. La Tienda A cobra \$0.75 por bloque y \$15 por entrega. La Tienda B cobra \$1.05 por bloque pero la entrega es gratis.

a. Para cada tienda de materiales de construcción, escribe una ecuación que represente el costo total por bloques, C, relacionado con el número de bloques comprados, b. Después grafica ambas ecuaciones en el mismo grupo de ejes.

b. ¿Bajo qué circunstancias ordenarías bloques de concreto de la Tienda A? ¿De la B? ¿Hay circunstancias en las que no haya diferencia sobre en cuál tienda comprar?

17. Resuelve este sistema de ecuaciones usando la sustitución o la eliminación. Di qué método usas y explica por qué lo elegiste.

$$2x - 2y = 5 \qquad\qquad y = {}^{-}x - 3$$

Demuestra tus destrezas

18. Resuelve esta ecuación usando el método de la vuelta atrás. Verifica tu solución.

$$\tfrac{1}{3}\left(3 + \tfrac{x}{2}\right) - 1 = 4$$

19. Resuelve esta ecuación haciendo lo mismo en ambos lados. Verifica tu solución.

$$1 - 2p = 2 + 2p$$

Resuelve cada desigualdad.

20. $3(j + 1) - 2(2 - j) \leq 9$

21. $6(k - 5) - 2 \leq 10$

22. $^{-}2(b + 1) > {}^{-}5$

23. En una recta numérica, grafica todos los valores x para los que $x \leq {}^{-}1$ ó $x > 2$.

24. Grafica la solución de esta desigualdad en una recta numérica.

$$\frac{t}{2} + 2 > 3$$

Grafica cada desigualdad.

25. $y \geq x - 2$

26. $y < {}^{-}2x + 1$

27. Usa una calculadora y una tabla de valores, en la forma de intervalo desde $^{-}3$ a 7 para estimar las dos soluciones de esta ecuación a la centésima más cercana.

$$0.5x(0.5x - 2) = 2$$

28. Usa una tabla de valores para resolver esta ecuación a la centésima más cercana. Si hay más de una solución, encuéntralas y verifica ambas.

$$2x^2 - x = 2x + 1$$

29. Usa la sustitución para resolver este sistema de ecuaciones. Verifica tu solución.

$$x = y + 8$$
$$3y + 1 = 2x$$

30. Usa la eliminación para resolver este sistema de ecuaciones. Verifica tu solución.

$$4x - 10y = 2$$
$$3x + 5y = 9$$

Resuelve cada sistema de ecuaciones. Verifica tus soluciones.

31. $^{-}x + 1 = y$
$y - x = 2$

32. $3x = 3y + 1$
$x = 1 - y$

33. $3.5y - 1.5x = 6$
$^{-}3y + x = 3$

CAPÍTULO 5

Geometría de transformación

Matemáticas en la vida diaria

Una historia de simetría La simetría es el equilibrio que se obtiene al repetir una misma figura o forma básica de algún diseño, en un patrón regular. A través de la historia, muchas culturas han usado diseños simétricos para adornar sus vestidos, su cerámica o sus artesanías. Es probable que uno de los ejemplos más sobresalientes del uso de la simetría en el arte, sea el trabajo realizado por el artista holandés M.C. Escher.

Piensa al respecto ¿Qué diseño básico repetitivo puedes observar en la obra artística de Escher, cuyo trabajo se muestra en la parte superior derecha de esta página?

Carta a la familia

Estimados alumno(a) y familiares:

En el siguiente capítulo de matemáticas, estudiaremos la *geometría de transformaciones*. Veremos las cuatro transformaciones básicas que se pueden aplicar a objetos bidimensionales: reflexión (voltear), rotación, traslación (deslizar hacia otra posición) y dilatación (ampliar o reducir de tamaño). Estas transformaciones nos permitirán mover un objeto, cambiarlo de posición o ponerlo sobre otro objeto que tenga la misma forma. Aprenderemos a identificar estas transformaciones, a describirlas y a aplicarlas en la creación de diseños geométricos.

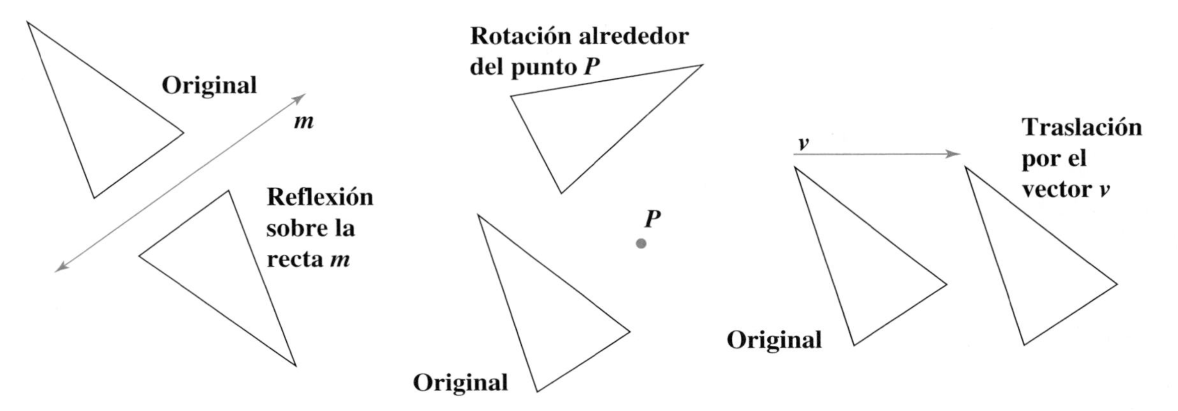

Algunos de los más interesantes patrones de bordes, diseños de papel tapiz y patrones de colchas se crean combinando transformaciones.

Vocabulario Aprenderemos los siguientes términos nuevos en este capítulo:

dilatación
imagen
eje de reflexión
eje de simetría
mediatriz
reflexión sobre una recta
simetría de reflexión
rotación
simetría de rotación
dibujo a escala
factor de escala
transformación
traslación
vector

¿Qué pueden hacer en el hogar?

Durante la clase, su hijo(a) usará transformaciones para crear diseños. Pueden pedirle a su hijo(a) que les muestre algunos de sus diseños. Igualmente, presten atención a los patrones o figuras simétricas así como a los patrones de figuras dilatadas que encuentren en edificios, papel tapiz, textiles y otros sitios en el hogar y sus alrededores. ¡Es sorprendente el número de ejemplos que existen!

5.1 Reflexión

VOCABULARIO
transformación

En este capítulo, aprenderás sobre cuatro tipos de transformaciones. *Transformar* significa cambiar. Una **transformación** es una manera de tomar una figura y crear una figura nueva que sea semejante o congruente a la original.

Una manera útil de comenzar a pensar sobre las transformaciones es a través de la simetría. La *simetría* es una forma de equilibrio de las figuras y objetos. Cuando los arqueólogos y los antropólogos estudian diferentes culturas, a menudo, observan la simetría de los diseños de la alfarería y otras artesanías. Los químicos y físicos estudian cómo se relaciona la simetría en los arreglos de átomos y moléculas con sus funciones. Los artistas con frecuencia usan simetría en sus creaciones.

El jarrón Maricopa por Mary Juan, c década de 1940. Cortesía de la Academia de Ciencias de California, Colección Elkus, catálogo #370-1820.

MATERIALES

tijeras

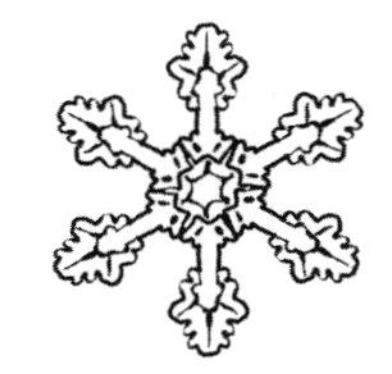

Explora

Sigue estas instrucciones para crear un diseño simétrico de un "copo de nieve".

- Comienza con una hoja de papel cuadrada. Dóblala por la mitad en una dirección y, de nuevo, por la mitad en la otra dirección. Esto formará un cuadrado más pequeño.

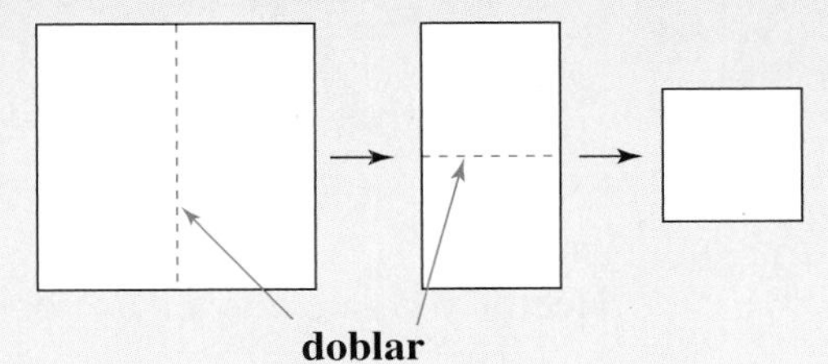

- A lo largo de cada orilla del cuadrado doblado, dibuja una figura simple: algo como lo que se muestra.

- Corta las figuras que dibujaste y desdobla el cuadrado.

Describe las maneras en que tu diseño de copo de nieve se ve "equilibrado" o simétrico.

Investigación 1 Ejes de simetría

VOCABULARIO

simetría lineal
eje de simetría
simetría de reflexión

Hay diferentes tipos de simetría. Un tipo es la **simetría de reflexión,** también llamada **simetría lineal.** Con este tipo de simetría, se puede dibujar una recta entre las dos mitades de una figura o entre dos copias de una figura. La recta es como un espejo entre ellas, con la mitad de una imagen idéntica a la otra mitad, pero volteada. La recta se llama **eje de simetría.**

Las líneas punteadas a continuación son ejes de simetría.

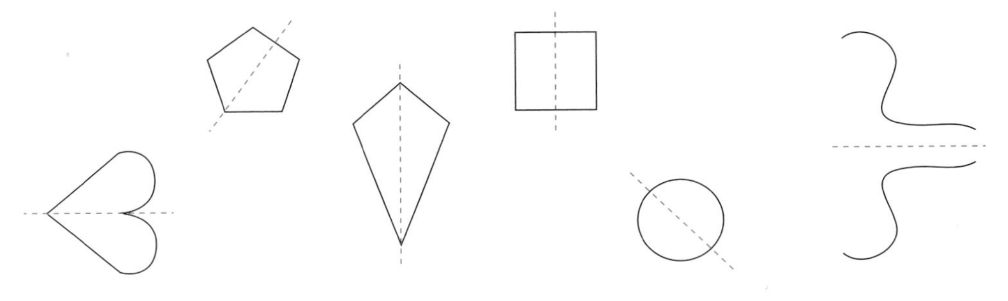

Las líneas punteadas a continuación *no* son ejes de simetría. Aunque éstas cortan las figuras por la mitad, no crean mitades "especulares".

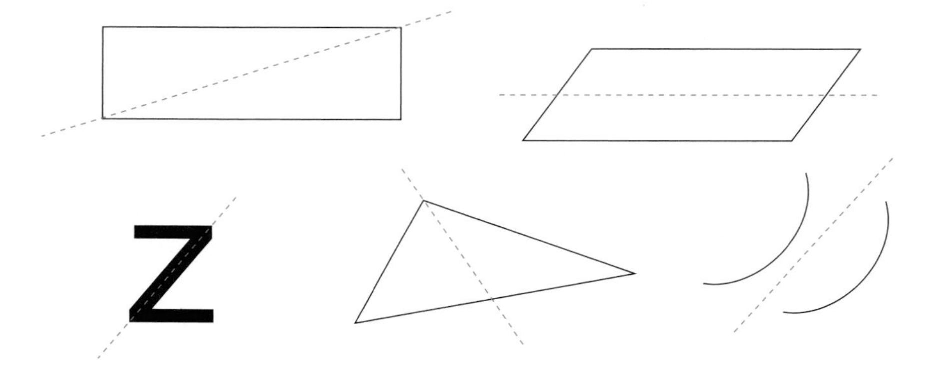

Héctor y Dante conversan sobre cómo determinar ejes de simetría.

MATERIALES
geoespejo

Serie de problemas A

Para cada figura, determina todos los ejes de simetría que puedas y registra cuántos ejes de simetría tiene la figura. Después bosqueja la figura y muestra los ejes de simetría.

1. Éste es un triángulo equilátero. (Los tres lados son de la misma longitud.)

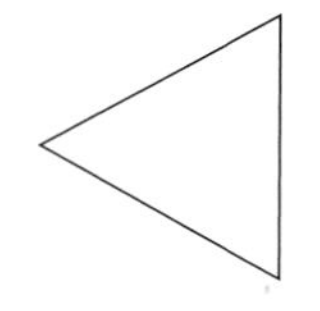

2. Éste es un triángulo escaleno. (Los tres lados tienen diferentes longitudes.)

3. Estos son dos polígonos traslapados.

4. Éste es un rectángulo.

5. Éste es un círculo.

6. Éste es un paralelogramo.

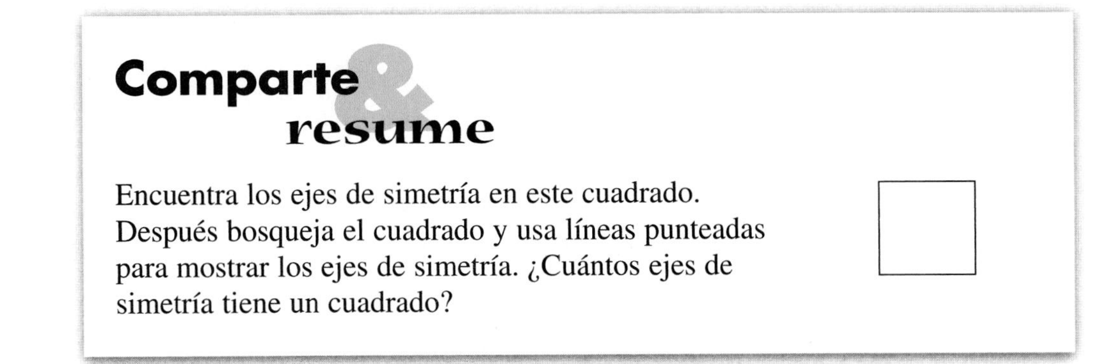

Comparte & resume

Encuentra los ejes de simetría en este cuadrado. Después bosqueja el cuadrado y usa líneas punteadas para mostrar los ejes de simetría. ¿Cuántos ejes de simetría tiene un cuadrado?

VOCABULARIO
reflexión sobre una recta

Puedes crear figuras con simetría de reflexión mediante una transformación: una **reflexión sobre una recta.** Supón que tienes una figura y una recta.

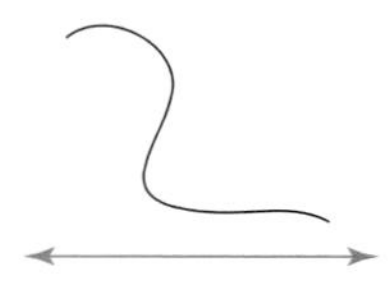

Imagina que la recta es el eje de simetría y que la curva es solamente la mitad de la figura. La otra mitad es la *reflexión* de la curva.

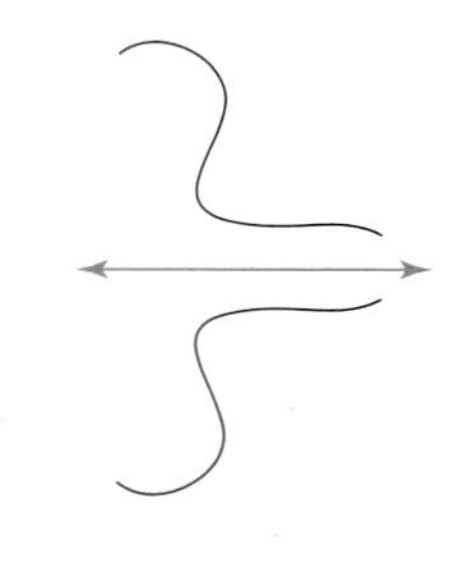

VOCABULARIO
eje de reflexión
imagen

La reflexión de una figura es su imagen especular. La recta actúa como un espejo y se llama **eje de reflexión.** El resultado de una reflexión, o de una transformación, se llama una **imagen.**

Cada punto en la figura original tiene una imagen. En una reflexión, la imagen de un punto P es el punto que coincide con el punto P, visto a través de un geoespejo o cuando doblas a lo largo de un eje de reflexión.

La imagen del punto P se llama punto P', se dice "P prima". En el siguiente dibujo, los puntos P' y Q' son imágenes de los puntos P y Q.

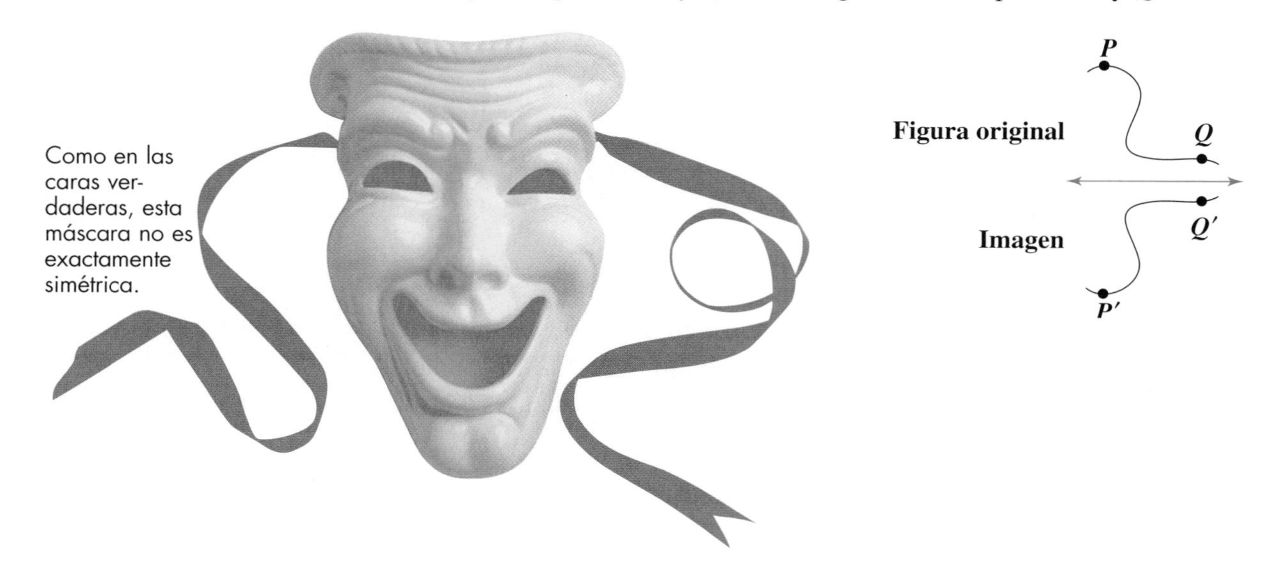

Como en las caras verdaderas, esta máscara no es exactamente simétrica.

Tamika usa su geoespejo para reflejar la Figura S sobre la recta.

MATERIALES

- geoespejo
- transportador
- regla métrica

Serie de problemas B

Los Problemas 1 al 3 muestran una figura y un eje de reflexión. Copia cuidadosamente cada figura. Después, usa un geoespejo para reflejar la figura sobre la recta para crear la imagen. Marca la imagen del punto A y nómbrala A'. Haz tus dibujos tan exactos como puedas.

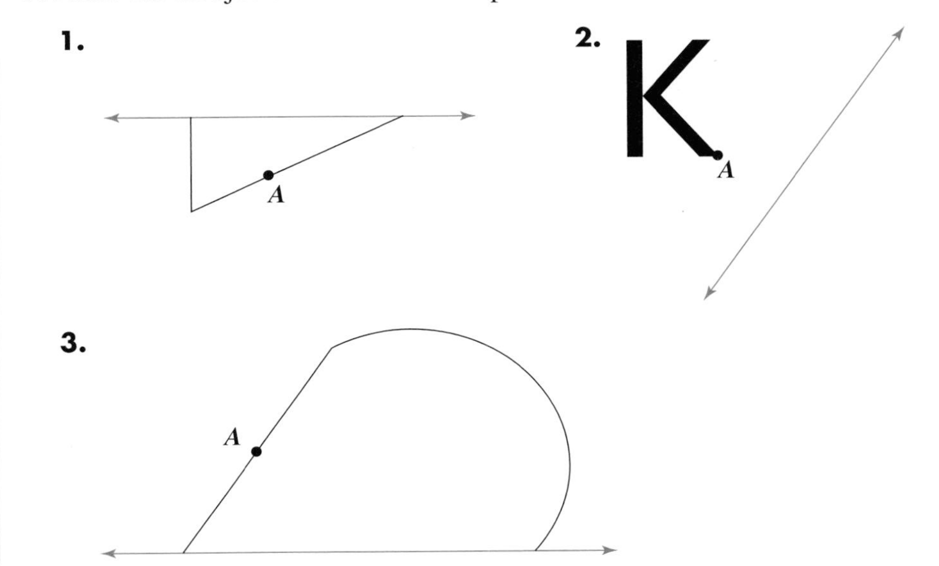

4. Cuando reflejas una figura sobre una recta, ¿es la imagen que creas *congruente* a la original (del mismo tamaño y forma), *semejante* a la original (de la misma forma, pero posiblemente de diferente tamaño), o *ninguna de las dos?* Explica cómo lo sabes.

5. Para cada dibujo que hiciste en los Problemas 1 al 3, conecta los puntos A y A' con una recta. Mide el ángulo entre cada eje de reflexión y el Segmento AA' $(\overline{AA'})$. ¿Cuáles son las medidas?

6. Para cada dibujo que hiciste en los Problemas 1 al 3, mide:

a. la longitud del segmento entre el punto A y el eje de reflexión

b. la longitud del segmento entre el punto A' y el eje de reflexión

7. Haz una conjetura acerca de las relaciones entre el eje de reflexión y el segmento que conecta un punto con su imagen.

VOCABULARIO
mediatriz

Las rectas llamadas *mediatrices* son particularmente útiles al trabajar con reflexiones. La **mediatriz** de un segmento tiene dos características importantes.

- Se encuentra con el segmento en su punto medio (ésta *biseca* el segmento).
- Es perpendicular al segmento.

Esta recta es perpendicular a $\overline{AA'}$ pero no es una bisectriz de éste.

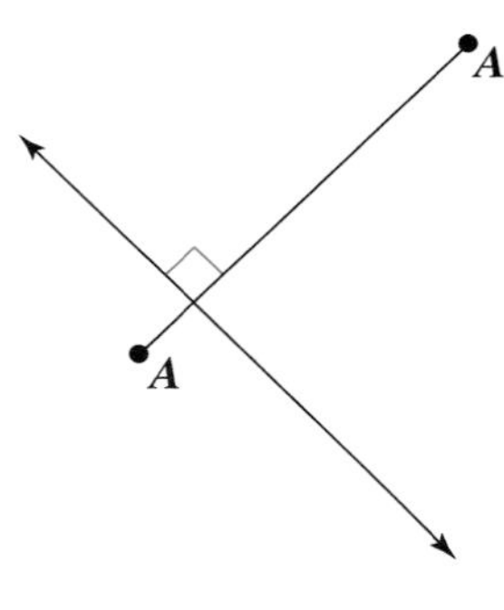

no es una mediatriz

Esta recta biseca $\overline{AA'}$ pero no es perpendicular a éste.

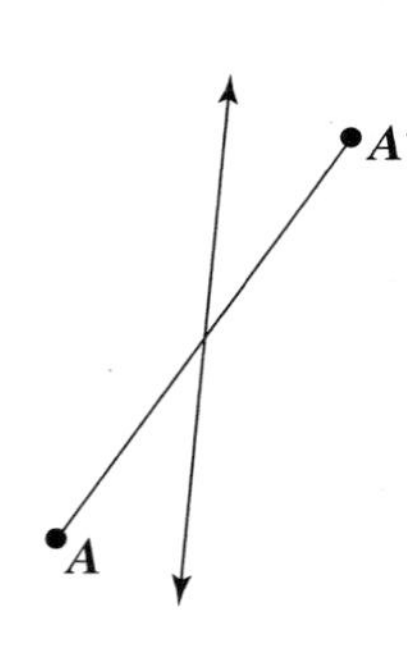

no es una mediatriz

Esta recta es una mediatriz de $\overline{AA'}$.

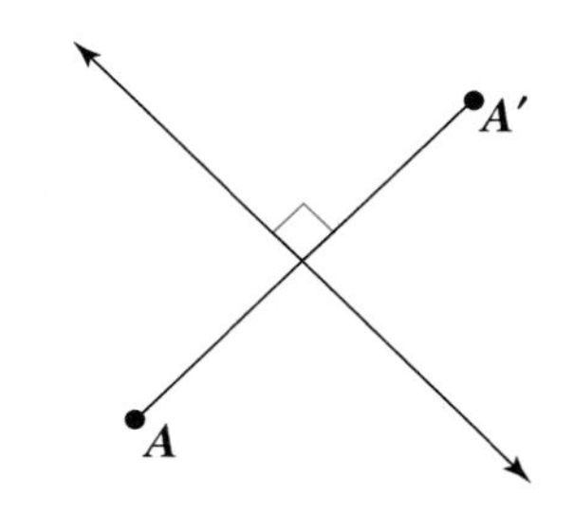

mediatriz

MATERIALES

- papel de calcar
- regla
- transportador
- geoespejo

Serie de problemas C

1. Copia cada segmento y dibuja una mediatriz de éste.

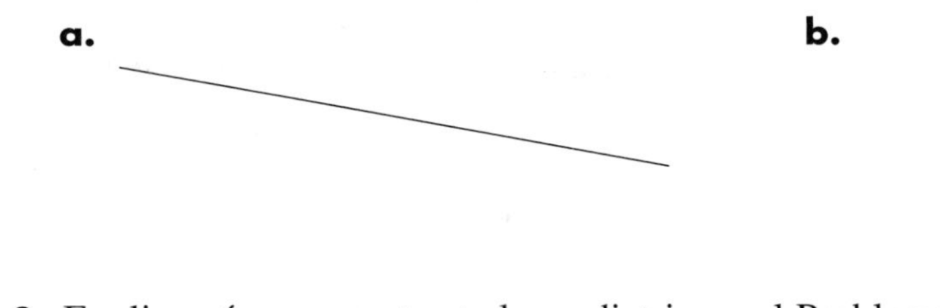

2. Explica cómo encontraste la mediatriz en el Problema 1.
3. ¿Cuántas mediatrices tiene un segmento?

Comparte & resume

Describe una relación entre un eje de reflexión y el segmento que une un punto a su imagen reflejada. Usa la idea de la mediatriz en tu descripción.

Investigación 3 El método de la mediatriz

Aún si no tienes un geoespejo a mano, puedes reflejar un punto sobre una recta, con el *método de la mediatriz.* Si el punto A' es la imagen de un punto A en la figura con un eje de simetría, el eje de simetría es la mediatriz del segmento que conecta los puntos.

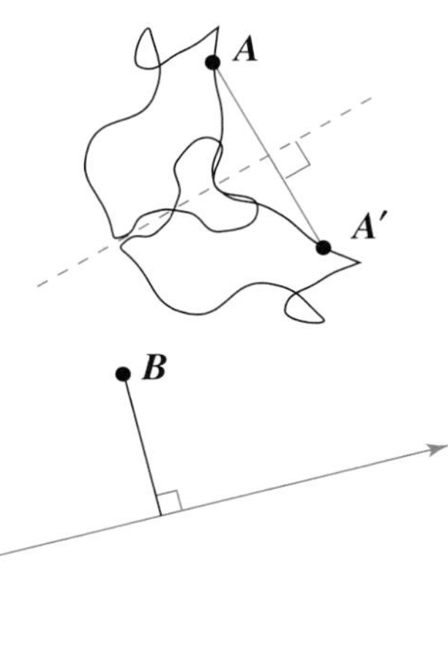

Para reflejar un punto B sobre una recta con el método de la mediatriz, dibuja un segmento desde el punto B, perpendicular a la recta.

Continúa el segmento más allá de la recta, hasta que dupliques su longitud. Al otro extremo del segmento, marca la imagen del punto, punto B'.

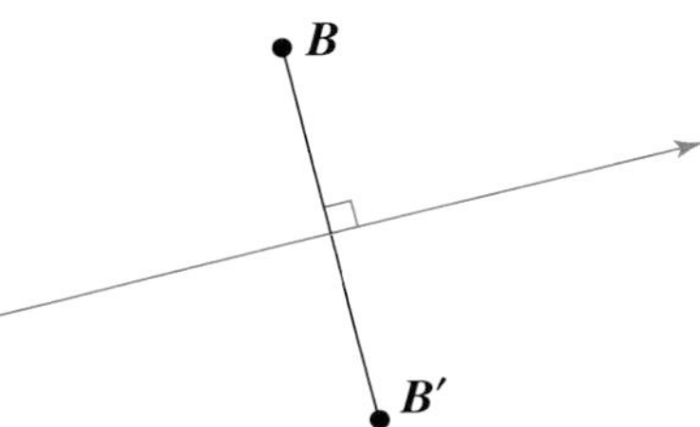

Piensa & comenta

Supón que quieres reflejar $\triangle ABC$ sobre la recta *m*.

¿Cuáles puntos reflejarías? ¿Por qué?

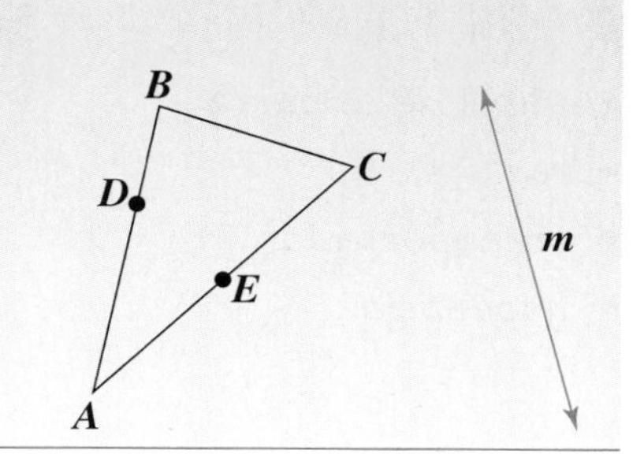

MATERIALES

- papel de calcar
- regla
- transportador
- geoespejo (opcional)

Serie de problemas D

Para cada problema, copia la figura y la recta. Usa el método de la mediatriz para reflejar la figura sobre la recta. Usa un geoespejo o pliega la figura para verificar tu trabajo.

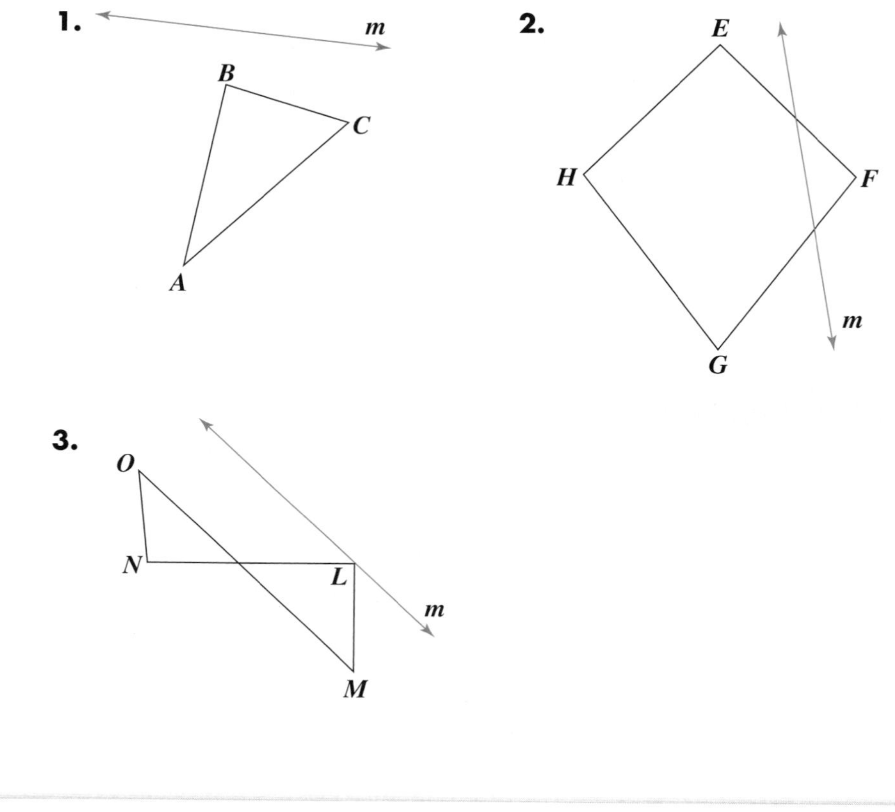

Comparte & resume

Aquí hay un triángulo y una recta. Explica cómo usarías el método de la mediatriz para reflejar el triángulo sobre la recta.

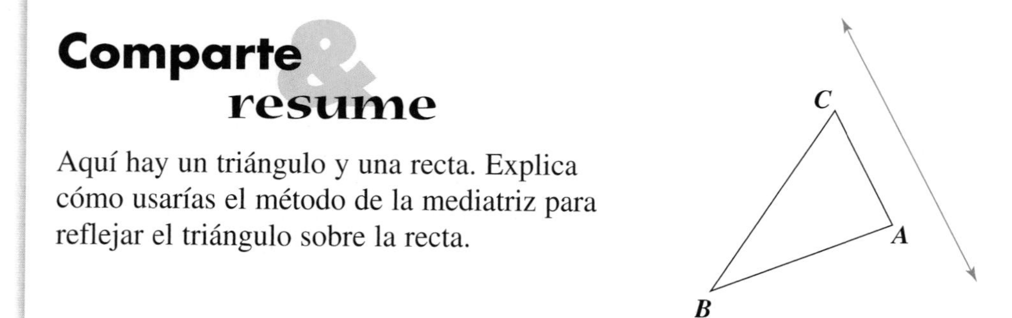

Ejercicios por tu cuenta

Practica & aplica

Recuerda

Un *trapecio isósceles* es un trapecio con dos lados opuestos no paralelos que tienen la misma longitud.

En los Ejercicios 1 al 4, copia la figura y dibuja todos los ejes de simetría que puedas. Verifica los ejes que dibujaste doblando el papel.

1. Éste es un triángulo isósceles.

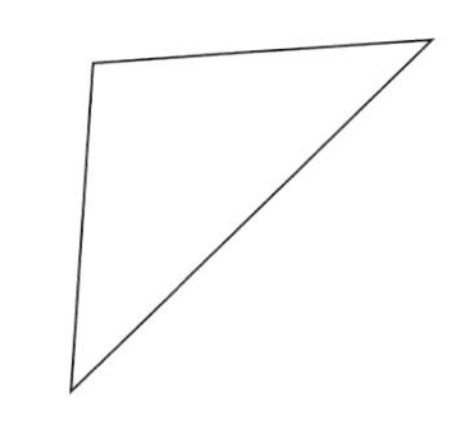

2. Éste es un trapecio isósceles.

3. Ésta es una elipse.

4. Éste es un trapecio.

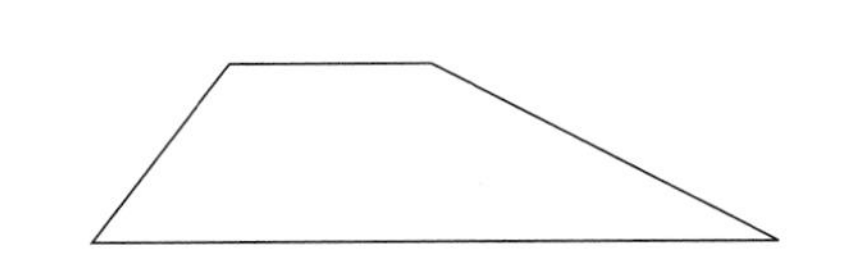

Los Ejercicios 5 y 6 muestran la figura original y un eje de reflexión.

- Copia la figura.
- Refleja la figura sobre el eje y dibuja la imagen.
- Marca la imagen del punto A y nómbrala punto A'.

5.

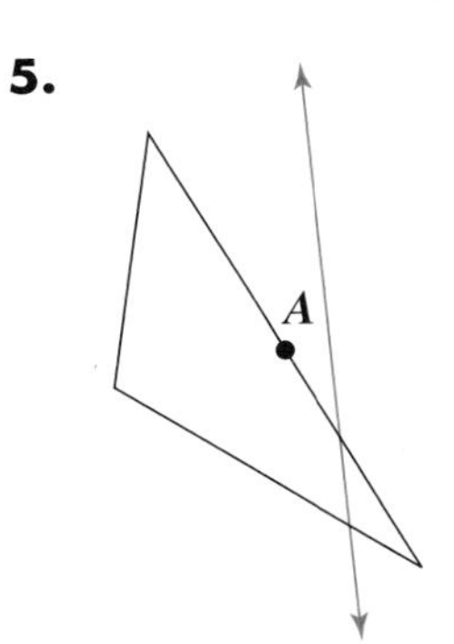

6.

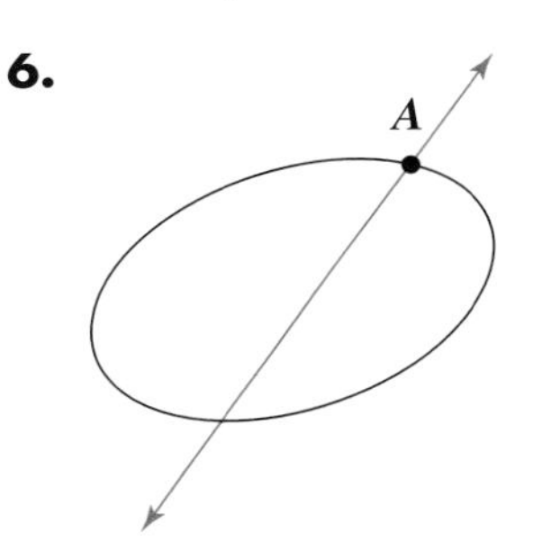

7. Esta figura muestra dos ejes de reflexión.

- Copia la figura.
- Refleja la figura sobre una línea para crear una imagen.
- Ahora refleja ambas figuras: la original y la imagen sobre el otro eje.

Copia cada segmento y dibuja su mediatriz.

8. **9.**

10. Copia esta figura.

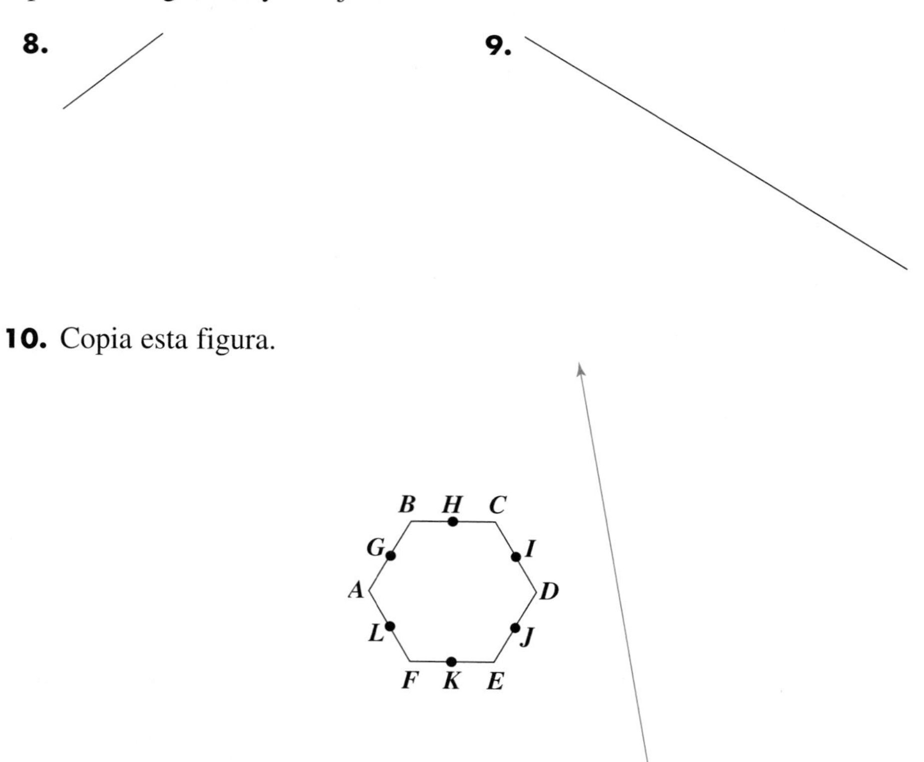

a. Refleja la figura sobre la recta usando el método de la mediatriz.

b. ¿Cuál es el número mínimo de puntos que tienes que reflejar por este método para ser capaz de dibujar la imagen completa? Explica.

11. Copia esta figura.

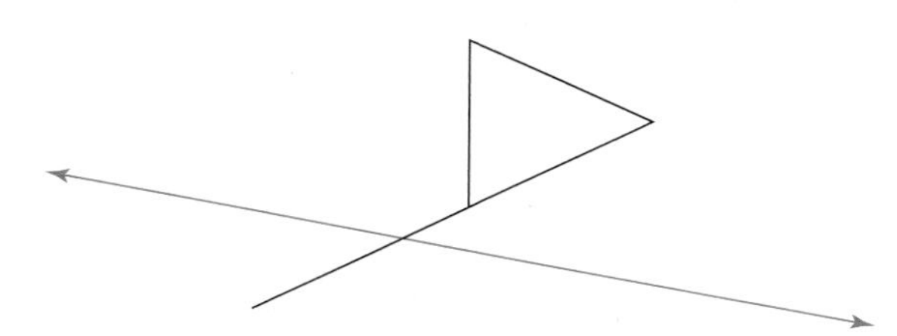

a. Refleja la figura sobre la recta usando el método de la mediatriz.

b. ¿Cuál es el número mínimo de puntos que tienes que reflejar por este método para ser capaz de dibujar la imagen completa? Explica.

12. Crea un copo de nieve de papel con cuatro ejes de simetría. Verifica los ejes de simetría doblando el papel.

13. De manera parecida a los ejes de simetría para figuras bidimensionales, los objetos tridimensionales pueden tener *planos* de simetría. Por ejemplo, un cubo tiene nueve planos de simetría, incluyendo estos tres:

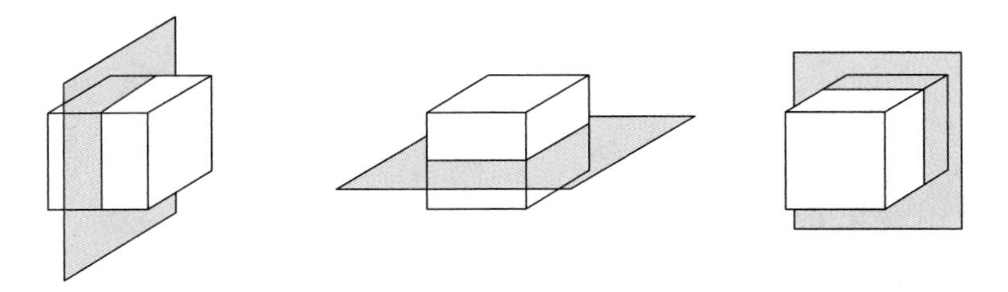

a. ¿Cuántos planos de simetría tiene una pirámide cuadrada regular? Descríbelos o dibújalos.

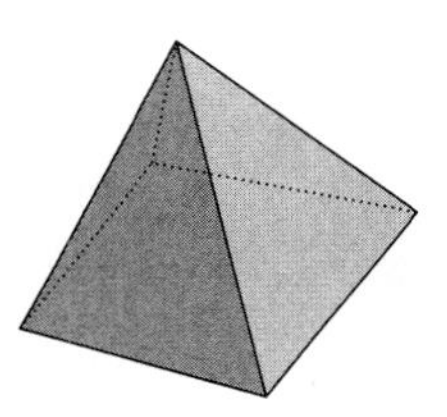

b. ¿Cuántos planos de simetría tiene una esfera? Descríbelos o dibújalos.

c. ¿Cuántos planos de simetría tiene un prisma hexagonal? Descríbelos o dibújalos.

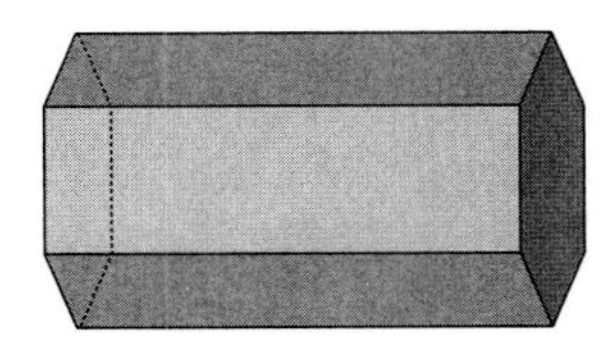

¿Cuántos planos de simetría tiene este cofre del tesoro?

14. **Deportes** Bianca disfruta jugando billar. Al final de un juego apretado que ella jugó, las únicas bolas en la mesa eran la bola 8 y la bola blanca. Era el turno de Bianca. Para ganar, todo lo que tenía que hacer era mandar la bola ocho dentro de un bolsillo de su elección.

Bianca golpeó la bola blanca, la cual chocó con la bola 8, la impulsó en la dirección que se muestra, cayó en el bolsillo correcto y Bianca ganó el juego.

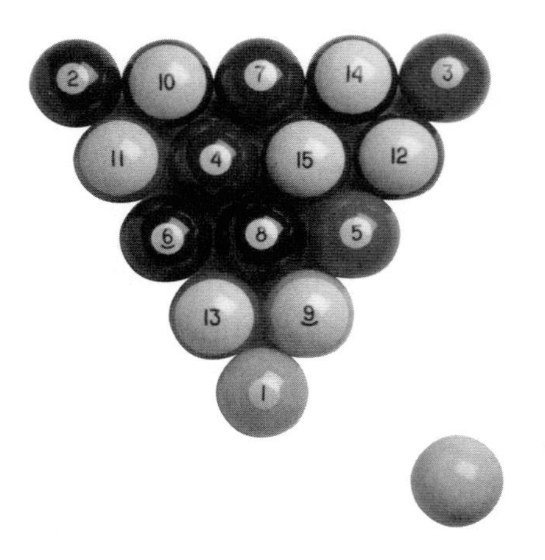

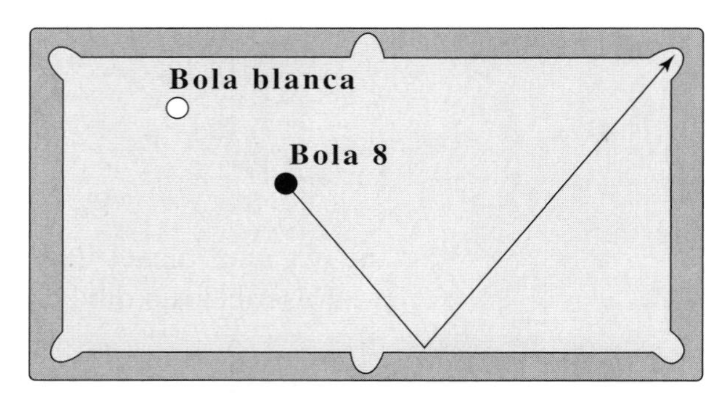

a. ¿Era de alguna manera simétrico el camino recorrido por la bola? De ser así, determina el eje de simetría.

b. Bianca dijo que los ángulos formados por el lado de la mesa y la trayectoria de la bola 8, de ida y vuelta son siempre iguales unos a los otros. ¿Es esto cierto en este caso? ¿Cómo lo sabes?

15. Kai dijo que para reflejar esta estrella sobre la recta, sólo necesita reflejar cinco puntos.

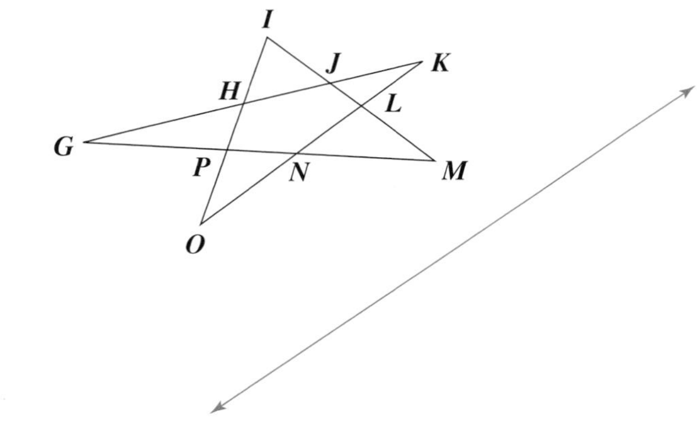

¿Tiene razón Kai? De ser así, explica cómo puede dibujar la imagen. Si no, explica por qué no lo podría hacer.

16. Enumera tres cosas naturales o artificiales que tengan ejes de simetría.

En tus propias palabras

Encuentra un dibujo, diseño u objeto en tu casa que tenga por los menos un eje de simetría. Descríbelo o dibújalo, e indica cada eje de simetría.

17. Copia esta figura.

a. Usa el método de la mediatriz para reflejar el círculo sobre la recta. ¿Cuántos puntos reflejaste?

b. Dobla para verificar tu trabajo. ¿Coinciden exactamente las figuras?

c. ¿Cuál es el número mínimo de puntos que debes reflejar con este método para reflejar la figura completa? Explica.

Repaso mixto

Evalúa cada expresión si $a = 2$ y $b = 3$.

18. 4^a **19.** $\left(\frac{1}{9}\right)^a$ **20.** $\left(9 \cdot \frac{1}{b}\right)^b$ **21.** $\left(\frac{b}{a} \cdot \frac{a}{b}\right)^a$

Escribe una ecuación para una recta que sea paralela a la recta dada.

22. $y = 7x - 6$ **23.** $2x = 4y$ **24.** $x = {}^-2$

25. **Geometría** Hay 360° en un círculo completo. Sin usar un transportador, haz coincidir cada ángulo con una de las siguientes medidas de ángulos.

30° 270° 100° 50° 220° 80°

a. **b.** **c.**

d. **e.** **f.**

26. La tabla muestra la manera en que se diseminaría cierto parche de hongos. Inicialmente, el hongo cubría un área de 12 mm^2.

a. Escribe una ecuación para el área A cubierta por el hongo, después de w semanas.

b. ¿Durante qué semana se habrá diseminado el hongo para cubrir un área de por lo menos 3,000 mm^2?

Semana	Área (mm^2)
0	12
1	24
2	48
3	96
4	192

5.2 Rotación

En la Lección 5.1, observaste de cerca la simetría de reflexión o simetría lineal. Estos diseños muestran otro tipo de simetría.

Piensa & comenta

Examina las figuras anteriores. ¿De qué manera parece razonable decir que estas figuras tienen simetría?

Investigación 1 Simetría de rotación

Al principio de la Lección 5.1, examinaste la simetría de un copo de nieve de papel. Probablemente te diste cuenta que tenía simetría de reflexión, pero quizás no te hayas percatado que tu creación también tenía otro tipo de simetría.

Serie de problemas A

MATERIALES
- tijeras
- papel de calcar
- alfiler

Sigue estas instrucciones para crear otro copo de nieve de papel.

1. Comienza con una hoja cuadrada de papel.

   a. Dóblala por la mitad tres veces como se muestra.

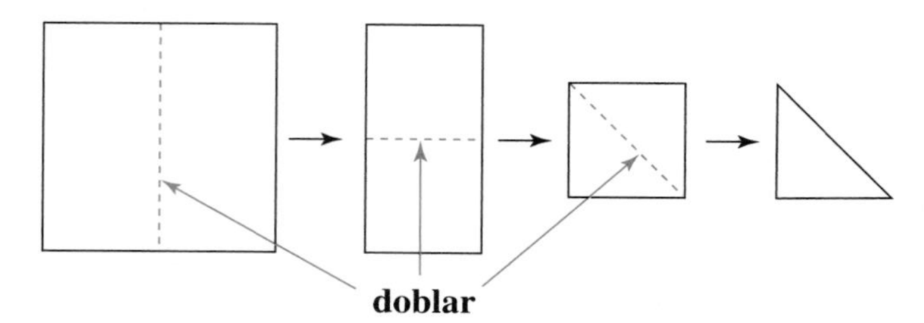

b. En cada lado del triángulo doblado, dibuja algunas figuras. Por ejemplo, podrías dibujar figuras como éstas:

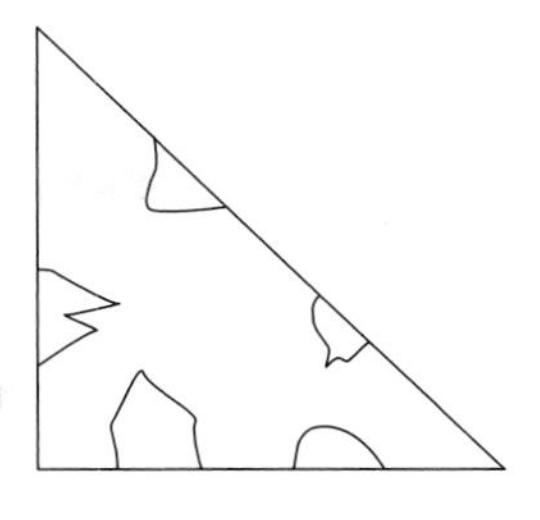

c. Corta a lo largo de las rectas que dibujaste y después desdobla el papel. El siguiente copo de nieve se hizo con el diseño anterior:

Ahora, coloca tu copo de nieve de papel sobre una hoja de papel de calcar. Copia el diseño, trazando a lo largo de las aristas, incluyendo los agujeros.

2. Asegura con el alfiler los centros de tu copo de nieve y tu trazo. *Rota* (gira) el copo de nieve sobre su centro hasta que el diseño en el papel de calcar coincida con el diseño del copo de nieve. ¿Tuviste que darle una vuelta completa al copo de nieve?

3. Rota de nuevo el copo de nieve, hasta que el diseño coincida una vez más. ¿Has regresado el papel a la posición que tenía antes del Problema 2? De no ser así, rótalo de nuevo, hasta que coincidan los diseños. ¿Cuántas veces tienes que girar el copo de nieve antes de darles toda la vuelta?

4. ¿Cuántos *grados* debiste rotar el copo de nieve cada vez para lograr que coincidieran los diseños?

Recuerda
Una vuelta completa tiene 360°.

VOCABULARIO
simetría de rotación

Una figura tiene **simetría de rotación** si puedes copiar la figura, rotar la copia sobre un punto central *sin darle toda la vuelta* y encontrar un lugar donde la copia coincide exactamente con el original. El *ángulo de rotación,* el ángulo más pequeño que necesitas girar la copia para que coincida con el original, debe ser menor que 360°.

MATERIALES
- regla
- transportador

Serie de problemas B

Cada una de estas figuras tiene simetría de rotación. Determina el ángulo de rotación de cada figura.

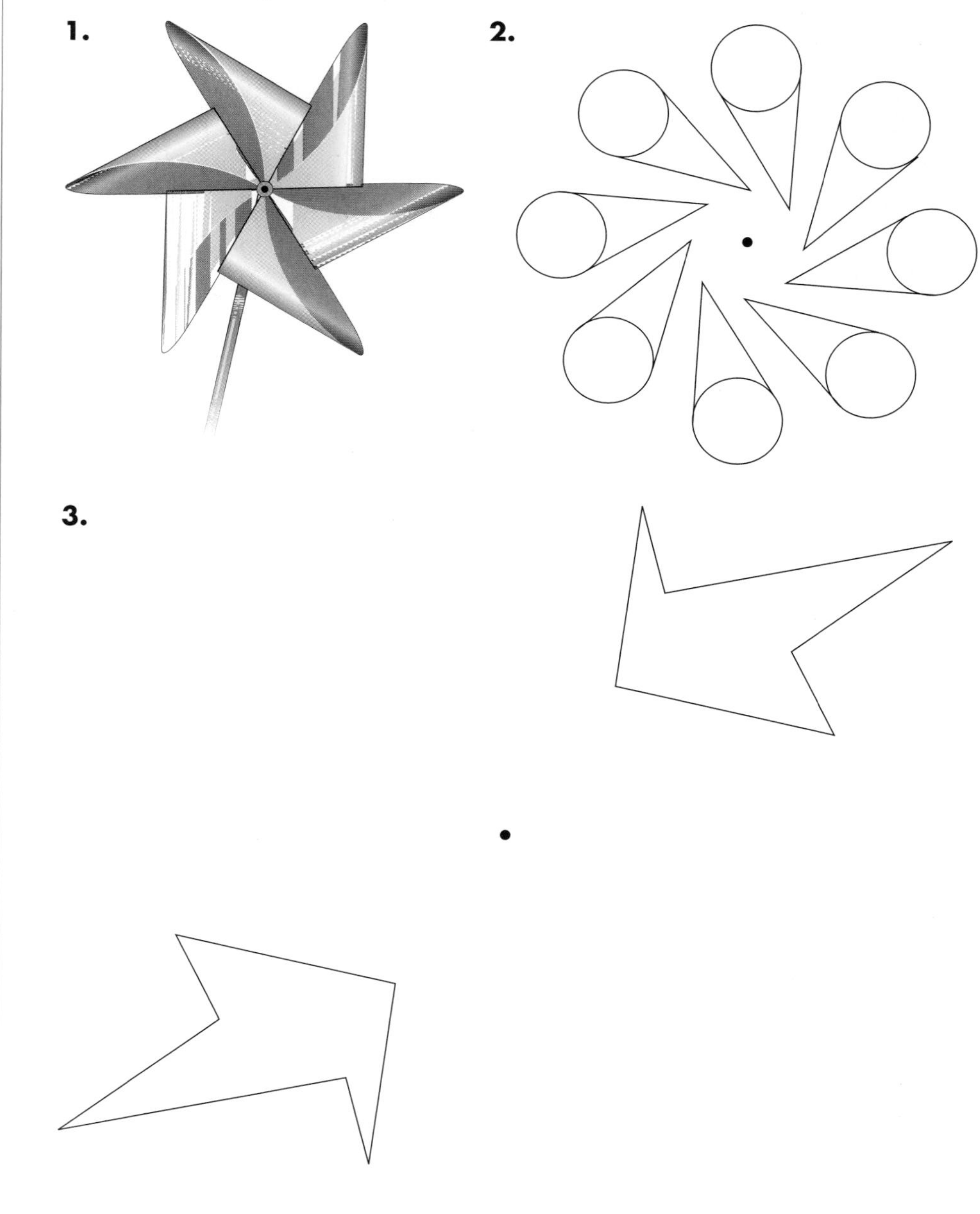

Comparte & resume

Observa de nuevo las figuras en la Serie de problemas B. Haz una conjetura sobre la relación entre el ángulo de rotación y el número de elementos idénticos en la figura.

Investigación 2 Rotación como una transformación

Para crear tus propios diseños usando la simetría de rotación, necesitas tres cosas: (1) una figura, llamada el *elemento de diseño básico;* (2) un centro de rotación; (3) un ángulo de rotación.

Por convención, los ángulos de rotación suponen que una figura se rota en *sentido contrario* al de las manecillas del reloj. Para indicar rotación en sentido de las manecillas del reloj, usa un signo negativo.

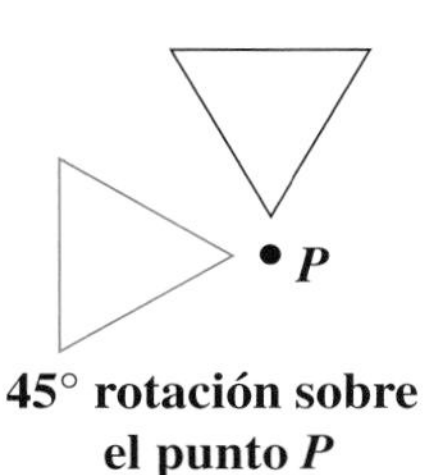

45° rotación sobre el punto *P*

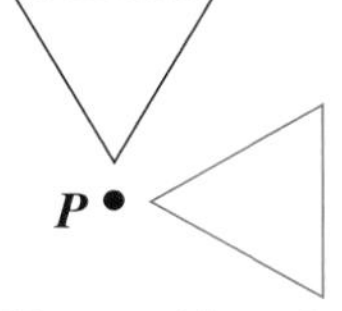

−45° rotación sobre el punto *P*

MATERIALES
- papel de calcar
- transportador
- alfiler

Serie de problemas C

Crearás un diseño al girar la siguiente figura. La figura es tu elemento de diseño y el punto es el centro de rotación. Para este diseño, usarás un ángulo de rotación de 60°.

1. Comienza copiando esta figura, incluyendo el punto *P* y la línea de referencia.

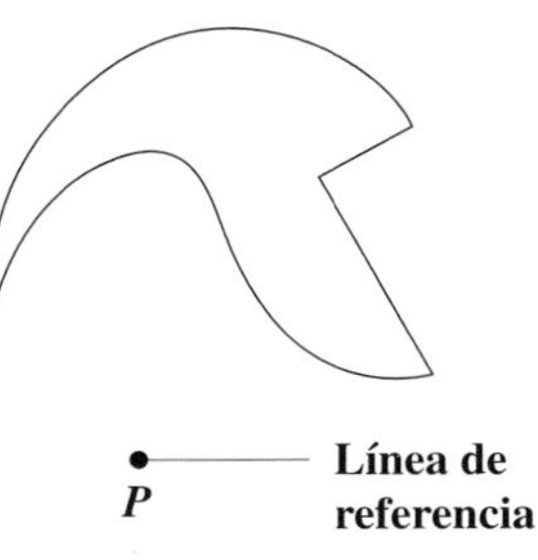

2. Dibuja un nuevo segmento con el punto *P* como un extremo y forma un ángulo de 60° con la línea de referencia. Rotúlalo como Segmento 1. Después dibuja y rotula cuatro segmentos más a partir del punto *P*, cada uno forma un ángulo de 60° con el segmento previo, como se muestra aquí.

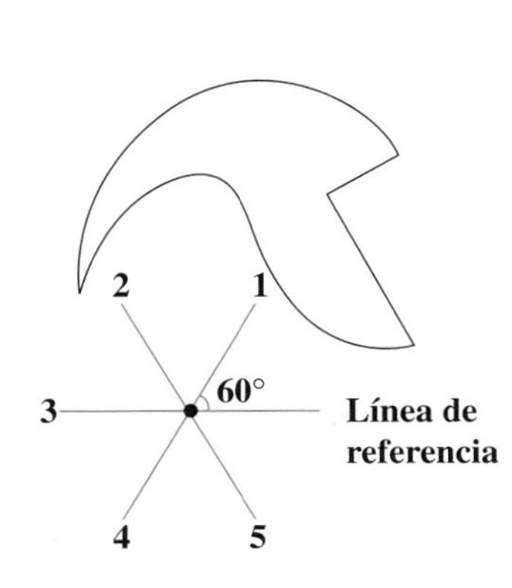

3. Pon una hoja de papel de calcar sobre tu figura. Junta con el alfiler los papeles a través del centro de rotación. Traza la figura, incluye la línea de referencia, pero *no* traces los Segmentos 1 al 5.

4. Ahora, rota tu trazo hasta que la línea de referencia de tu trazo esté directamente sobre el Segmento 1. Traza de nuevo la figura original. Tu trazo ahora debe verse como se muestra a la derecha.

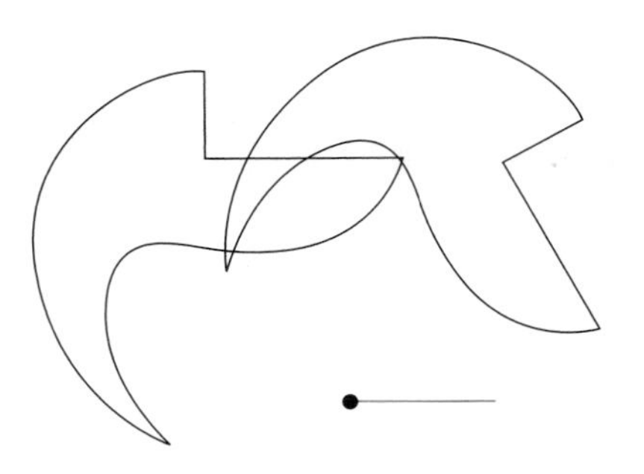

5. Rota tu trazo hasta que la línea de referencia del trazo esté directamente sobre el Segmento 2. Traza de nuevo la figura original.

6. Repite el proceso. Rota para localizar la línea de referencia sobre el siguiente segmento y traza la figura. Haz esto hasta que la línea de referencia en el trazo esté sobre la línea de referencia original.

VOCABULARIO
rotación

En la Lección 5.1, aprendiste acerca de la transformación mediante reflexión. Ahora has usado la segunda transformación, la **rotación.** Cada vez que giraste el elemento de diseño básico y lo trazaste, hiciste una rotación.

MATERIALES
- *papel de calcar*
- *transportador*

Serie de problemas D

Usa el elemento de diseño dado, el centro de rotación y el ángulo de rotación para crear un diseño con simetría de rotación.

1. ángulo de rotación: 120°
2. ángulo de rotación: 90°

3. ¿Tienen ejes de simetría tus diseños completos? De ser así, ¿dónde?

Comparte & resume

1. Cuando reflejas una figura sobre una recta una vez, creas un diseño con simetría de reflexión. Si rotas una figura alrededor de un punto una vez, ¿crea siempre esto un diseño con simetría de rotación?

2. Observa los diseños que creaste en la Serie de problema D. ¿Existe un patrón entre el número de elementos idénticos en los diseños terminados y el ángulo de rotación? De ser así, ¿cuál es?

Investigación 3 El ángulo de rotación

En la Investigación 2, usaste la transformación de *rotación* para crear figuras con simetría de rotación. Ahora, observarás detenidamente una parte importante de estas transformaciones: el *ángulo de rotación.*

MATERIALES
- papel de calcar
- regla
- transportador
- lápices de colores (opcional)

Serie de problemas E

El $\triangle A'C'D'$ es la imagen del $\triangle ACD$ cuando se rota cierto ángulo sobre el punto *P*. Haz cuidadosamente una copia de la figura completa.

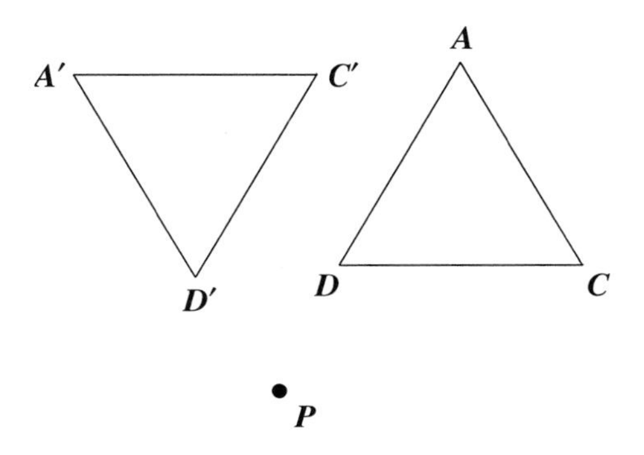

1. Considera el punto A y su imagen, el punto A'.

a. Dibuja el $\overline{AP}$ y el $\overline{A'P}$. Para estos segmentos, puedes usar un color diferente a los que usaste para hacer tu dibujo.

b. Mide los dos segmentos que acabas de dibujar. ¿Qué encuentras?

c. Mide el $\angle APA'$.

2. Ahora considera el punto C y su imagen, el punto C'.

a. Agrega $\overline{CP}$ y $\overline{C'P}$ a tu figura. De nuevo, puedes querer usar un color diferente.

b. Mide estos dos segmentos. ¿Qué encuentras?

c. Mide el $\angle CPC'$.

3. Finalmente, considera el punto D y su imagen, el punto D'.

a. Agrega $\overline{DP}$ y $\overline{D'P}$ a tu figura.

b. Mide estos dos segmentos. ¿Qué encuentras?

c. Mide el $\angle DPD'$.

4. Compara los tres ángulos que mediste. ¿Qué percibes?

El logotipo de reciclaje, con sus flechas que giran infinitamente, tiene simetría de rotación. (¿Puedes determinar el ángulo de rotación?)

MATERIALES

- regla
- transportador

Serie de problemas F

1. Bosqueja esta figura. Usa lo que descubriste en la Serie de problemas E para girar la figura sobre el punto *P*, usando 140° como ángulo de rotación.

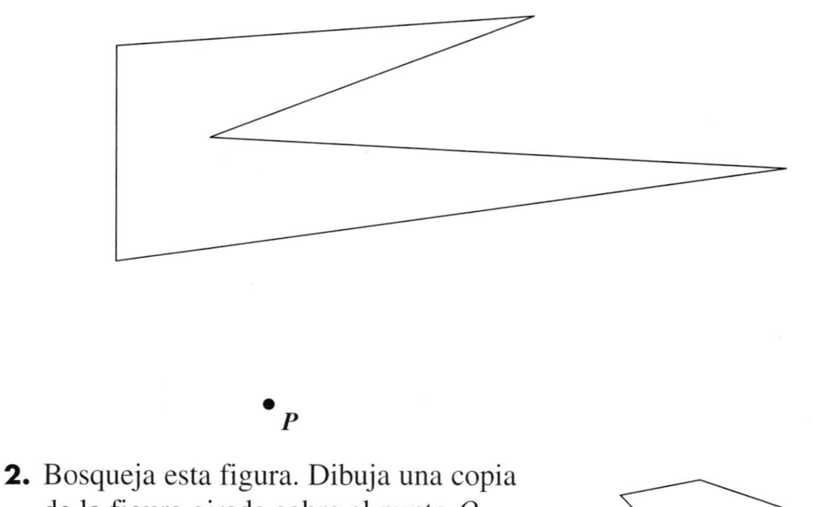

2. Bosqueja esta figura. Dibuja una copia de la figura girada sobre el punto *Q*, usando $^{-}80°$ como ángulo de rotación. Recuerda: Un ángulo de rotación negativo significa una rotación en sentido contrario a las manecillas del reloj.

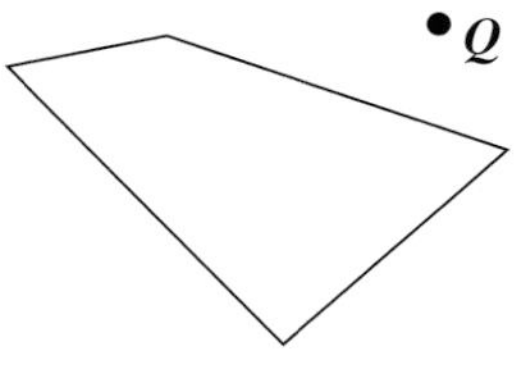

3. ¿Cuando rotas una figura, ¿es la imagen *congruente* a la original, *semejante* a la original, o *ninguna de las dos*? Explica cómo lo sabes.

Comparte & resume

Supón que tienes un transportador, una regla o un lápiz, pero no tienes otro papel. Se te pide rotes el segmento de la derecha, usando el punto como el centro de rotación.

1. ¿Qué información adicional necesitas?
2. Supón que te dan la información que necesitas. ¿Cómo realizarás la rotación del segmento?

Ejercicios por tu cuenta

Practica & aplica

1. Copia esta figura en papel de calcar. Después, rota el trazo hasta que la copia coincida con el original.

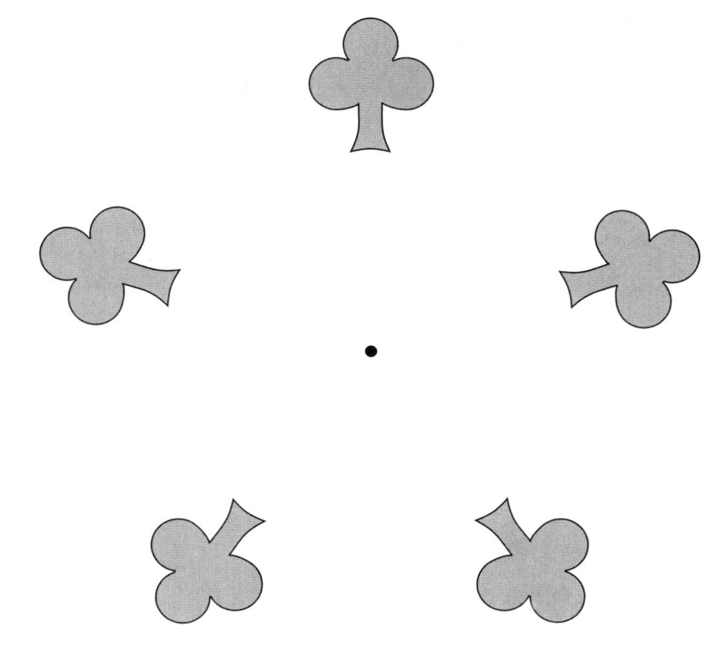

a. ¿Cuántas veces tienes que rotar el trazo y hacerlo coincidir con el original, para regresar a la posición inicial?

b. ¿Cuál es el ángulo de rotación?

c. Describe cómo se relaciona el ángulo de rotación con el número de elementos idénticos.

Datos de interés

A continuación se muestran tres letras del alfabeto que tienen simetría de rotación. ¿Puedes encontrar las otras?

S O N

2. Copia esta figura en papel de calcar. Después rota el trazo hasta que la copia coincida con el original.

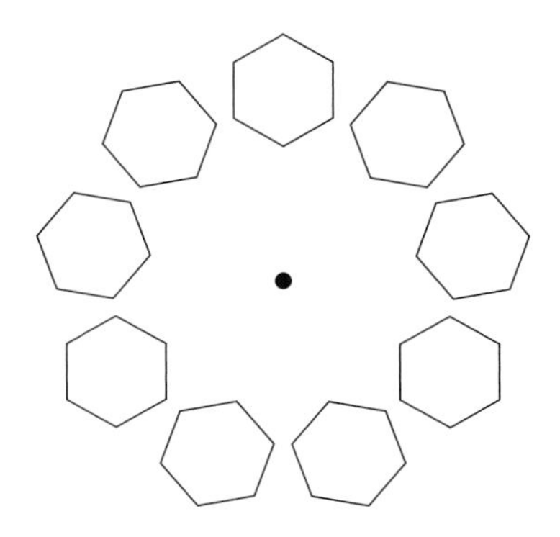

a. ¿Cuántas veces tienes que rotar el trazo y hacerlo coincidir con el original, para regresar a la posición inicial?

b. ¿Cuál es el ángulo de rotación?

c. Describe cómo se relaciona el ángulo de rotación con el número de elementos idénticos.

3. Usa el siguiente como tu elemento de diseño.

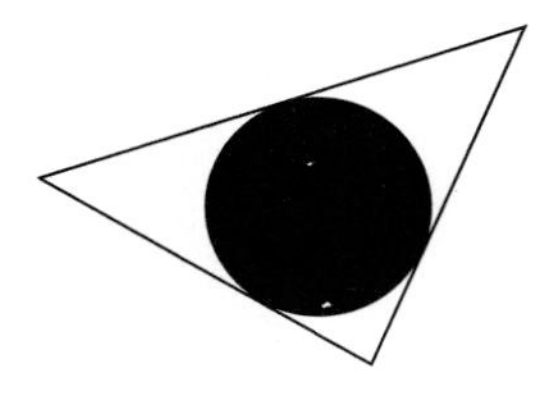

a. Elige un centro de rotación y haz un diseño con un ángulo de rotación de 72°. Usa papel de calcar si lo necesitas.

b. Usa este elemento de diseño para hacer otro diseño con un ángulo de rotación de 72°. Usa un centro de rotación diferente.

4. Copia el $\overline{AB}$ y el punto *P*. Crea un diseño con simetría de rotación girando el segmento 60° sobre el punto *P* varias veces.

5. Copia el $\triangle ABC$ y rótalo $^{-}60°$ sobre el punto *Q*. Recuerda: Un ángulo de rotación negativo significa rotar en la dirección de las manecillas del reloj.

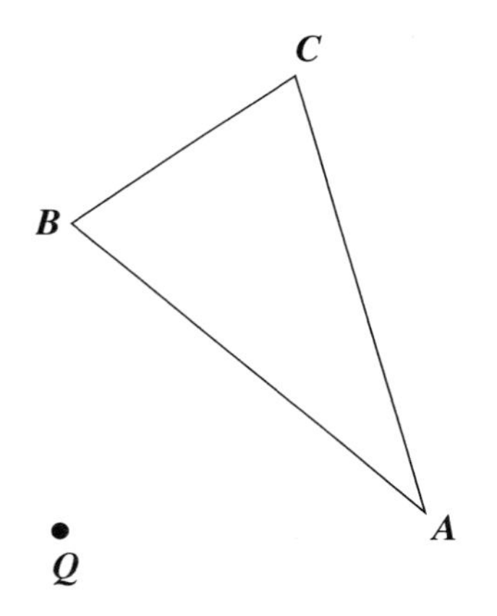

Haz tu trabajo para los Ejercicios 6 y 7 sin usar papel de calcar.

6. Dibuja un cuadrilátero *ABCD*. Elige un punto para que sea el centro de rotación y rota tu cuadrilátero 80° alrededor de este punto. Usa notación prima para rotular la imagen de los vértices. Por ejemplo, la imagen del vértice *A* será el vértice A'.

7. Dibuja un pentágono *EFGHI*. Elige un punto para que sea el centro de rotación y rota tu pentágono $^{-}130°$ alrededor del centro. Usa notación prima para rotular la imagen de los vértices. Por ejemplo, la imagen del vértice *E* será el vértice E'.

8. Haz un copo de nieve como el que hiciste en la Serie de problemas A (o usa el que ya hiciste). Desdóblalo completamente.

a. ¿Cuántos ejes de simetría tiene tu copo de nieve?

b. ¿Cuál es la relación entre tus dobleces y los ejes de simetría?

c. Dobla tu copo de nieve de nuevo. Elige un diseño que hayas cortado y haz un bosquejo de éste. Desdobla el copo de nieve y busca ese diseño, usa tu bosquejo para compararlos. ¿Cuántas copias de éste puedes encontrar? ¿Dónde están?

d. ¿Cuál es el ángulo de rotación de tu copo de nieve?

9. Los objetos tridimensionales pueden tener simetría de rotación. Un objeto tridimensional con simetría de rotación tiene un *eje de rotación* en vez de un centro de rotación.

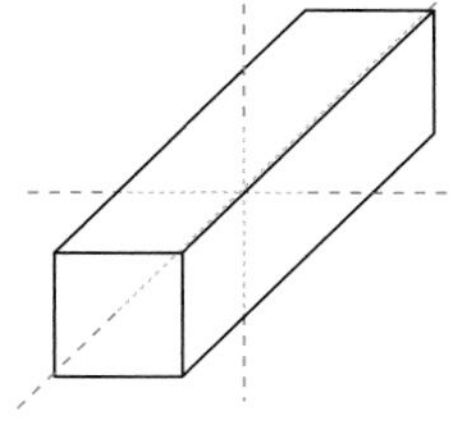

Mientras que una figura bidimensional sólo puede tener un centro de rotación, un objeto tridimensional puede tener más de un eje de rotación. Este prisma rectangular tiene tres ejes de rotación.

Recuerda
Los prismas se nombran según la forma de sus bases.

a. Las bases del siguiente prisma son triángulos equiláteros. ¿Cuántos ejes de rotación tiene este prisma triangular? Explica dónde están. (Si es necesario, puedes usar un diagrama para explicarlo.)

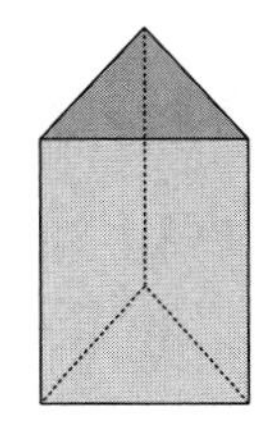

b. Para cada eje de rotación que encuentres, ¿cuál es el ángulo de rotación?

Describe en qué se parecen y en qué se diferencian la rotación y la reflexión. Da ejemplos.

10. Crea tu propio diseño con simetría de rotación.

a. ¿Cuál es el ángulo de rotación?

b. ¿Cuántos elementos idénticos tiene tu diseño?

c. ¿Tiene simetría de reflexión tu diseño? De ser así, ¿cuántos ejes de reflexión tiene?

11. Enumera por lo menos cuatro objetos o figuras, naturales o artificiales, que tengan simetría de rotación. ¿Cuál de tus ejemplos tiene también simetría lineal?

12. Si el ángulo de rotación para una figura con simetría de rotación es un entero, también es un factor de 360. Considera lo que podría suceder si intentaras crear una figura con una medida de ángulo que no fuera un factor de 360, tal como 135°.

Elige un punto A y un centro de rotación. Rota el punto A 135° y rota la imagen 135°. Sigue rotando las imágenes hasta que regreses al punto inicial. (Al realizar las rotaciones, pasarás el punto original, porque has dado una vuelta completa.)

a. ¿Cuántos círculos completos hiciste?

b. ¿Cuántas copias del punto tienes en tu dibujo?

c. Hay un ángulo de rotación más pequeño que 135° que podrías usar para crear este mismo diseño. ¿Cuál es su medida?

d. Ahora encuentra el *máximo común divisor* (MCD) de 135 y 360.

e. Divide 135 y 360 entre tu respuesta a la Parte d.

f. Compara tus respuestas para las Partes a, b y c con tus respuestas para las Partes d y e. ¿Qué percibes?

g. Supón que creaste una figura rotando un elemento de diseño 80° cada vez. ¿Qué ángulo de rotación tendrá el diseño final? Prueba tu respuesta rotando un solo punto.

Recuerda

El máximo común divisor es el número mayor que divide exactamente dos o más enteros.

Repaso mixto

Calcula el valor de c en cada ecuación.

13. $\sqrt[c]{8} = 2$ **14.** $\sqrt[c]{81} = 3$ **15.** $\sqrt[4]{1} = c$

16. Relaciona cada ecuación con una gráfica.

a. $x - \frac{3}{5} = 2y$

b. $3y - 4x - 1 = 8x - y$

c. $x + 5 = 4(y + 2)$

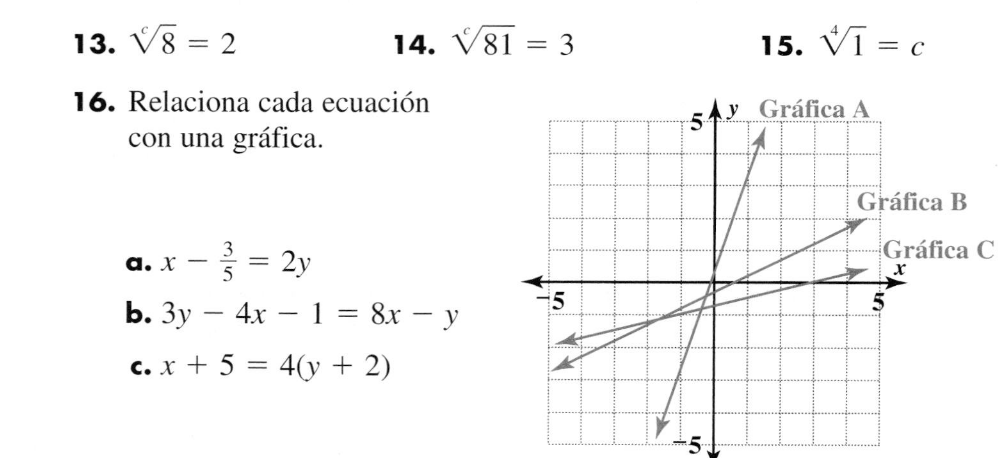

17. Escribe una ecuación para representar el valor de A en términos de t.

t	0	1	2	3	4
A	9	27	81	243	729

Traslación y combinación de transformaciones

VOCABULARIO
traslación

Ahora explorarás una tercera clase de transformaciones: la **traslación.** Puedes pensar acerca de trasladar una figura como moverla una distancia específica en una dirección específica. A diferencia de las rotaciones y reflexiones, la imagen de una traslación y la figura original tienen la misma *orientación,* es decir, la parte superior todavía es la parte superior y la parte inferior todavía es la parte inferior. La traslación también se conoce como *deslizamiento* o *desplazamiento.*

MATERIALES
regla

Piensa & comenta

Observa esta serie de figuras.

Si la figura original es la de la izquierda, ¿qué distancia se trasladó en cada etapa y en qué dirección?

Si la figura original es la de la derecha, ¿qué distancia se trasladó en cada etapa y en que dirección?

Investigación 1 Traslación

VOCABULARIO
vector

Para describir una traslación necesitas dar tanto una distancia como una dirección. Se pueden usar *vectores* para describir traslaciones. Un **vector** es un segmento de recta con una punta de flecha. La longitud del segmento te indica la distancia que se traslada y la punta de flecha da la dirección. Los dos vectores siguientes, por ejemplo, indican traslaciones de la misma longitud pero direcciones diferentes.

EJEMPLO

Traslada este hexágono usando el vector dado.

Primero, traza el hexágono y el vector. Extiende el vector con una recta punteada. Esta recta te ayudará a mantener la orientación de la figura.

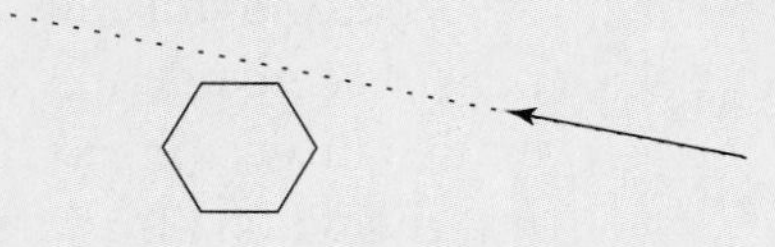

Ahora, desplaza el *original* en la dirección indicada por el vector, hasta que la *punta* del vector trazado toque la *cola* del vector original. Manteniendo el vector original bajo la línea punteada en el trazo, traza de nuevo el hexágono original y el vector.

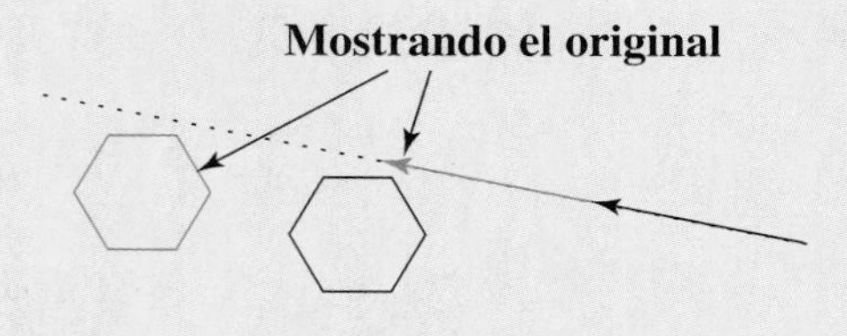

Si pudieras continuar este patrón infinitamente, en ambas direcciones, el resultado tendría *simetría de traslación.*

Puedes repetir el proceso. Al deslizar el hexágono original y el vector, coloca el vector original de manera que su cola toque la punta del segundo vector.

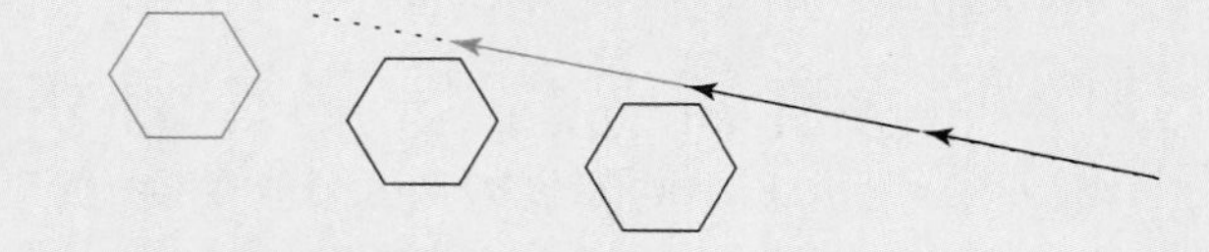

MATERIALES
papel de calcar

Serie de problemas A

Usa el vector dado para trasladar la figura y crear un diseño con cuatro copias de la figura.

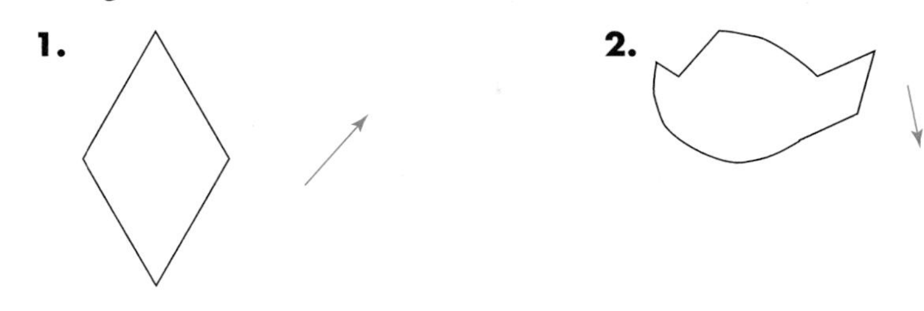

3. Ahora, dibuja tu propia figura y el vector de traslación. Usa papel de calcar para crear un diseño con por lo menos tres copias de tu figura.
4. ¿Son *congruentes, semejantes* o *ninguna de las dos* las figuras y sus imágenes trasladadas? Explica.

MATERIALES
- papel de calcar
- regla métrica

Serie de problemas B

Ahora examinarás más de cerca lo que sucede en una traslación. El triángulo ABC se ha trasladado por el vector dado para crear una imagen, el $\triangle A'B'C'$.

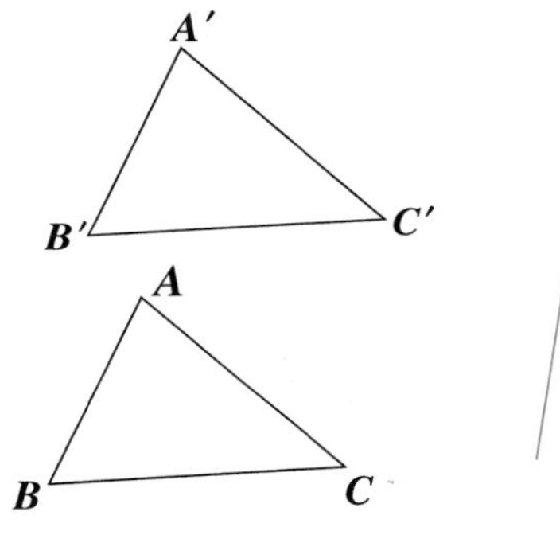

1. Dibuja la figura. En tu copia, conecta el punto A y su imagen, punto A'. También conecta los puntos B y C con sus imágenes.
2. Mide las longitudes de $\overline{AA'}$, $\overline{BB'}$ y $\overline{CC'}$. Compara estas longitudes con la longitud del vector.
3. Imagina que extiendes cada uno de los $\overline{AA'}$, $\overline{BB'}$ y $\overline{CC'}$ para formar rectas. Supón que también extendiste el vector para formar una recta. ¿Qué será cierto sobre estas cuatro rectas?
4. Supón que tienes un solo punto y un vector. ¿Cómo puedes trasladar el punto por un vector sin usar papel de calcar?

Datos de interés

Cada uno de estos diseños japoneses de márgenes implica simetría de traslación.

Comparte & resume

En tus propias palabras, explica qué es una *traslación.* Asegúrate de incluir la información necesaria para realizar una traslación.

Investigación 2 Combina transformaciones

¿Qué sucede cuando combinas dos transformaciones? Por ejemplo, supón que reflejas una figura y después reflejas su imagen.

MATERIALES

- papel de calcar
- geoespejo (opcional)
- transportador
- regla

Serie de problemas C

Considera lo que sucede cuando reflejas dos rectas que se intersecan. Copia cada figura. Refleja la figura sobre la recta l y después refleja su imagen sobre la recta m. Puedes usar un geoespejo para hacer las reflexiones.

1.

2.

3.

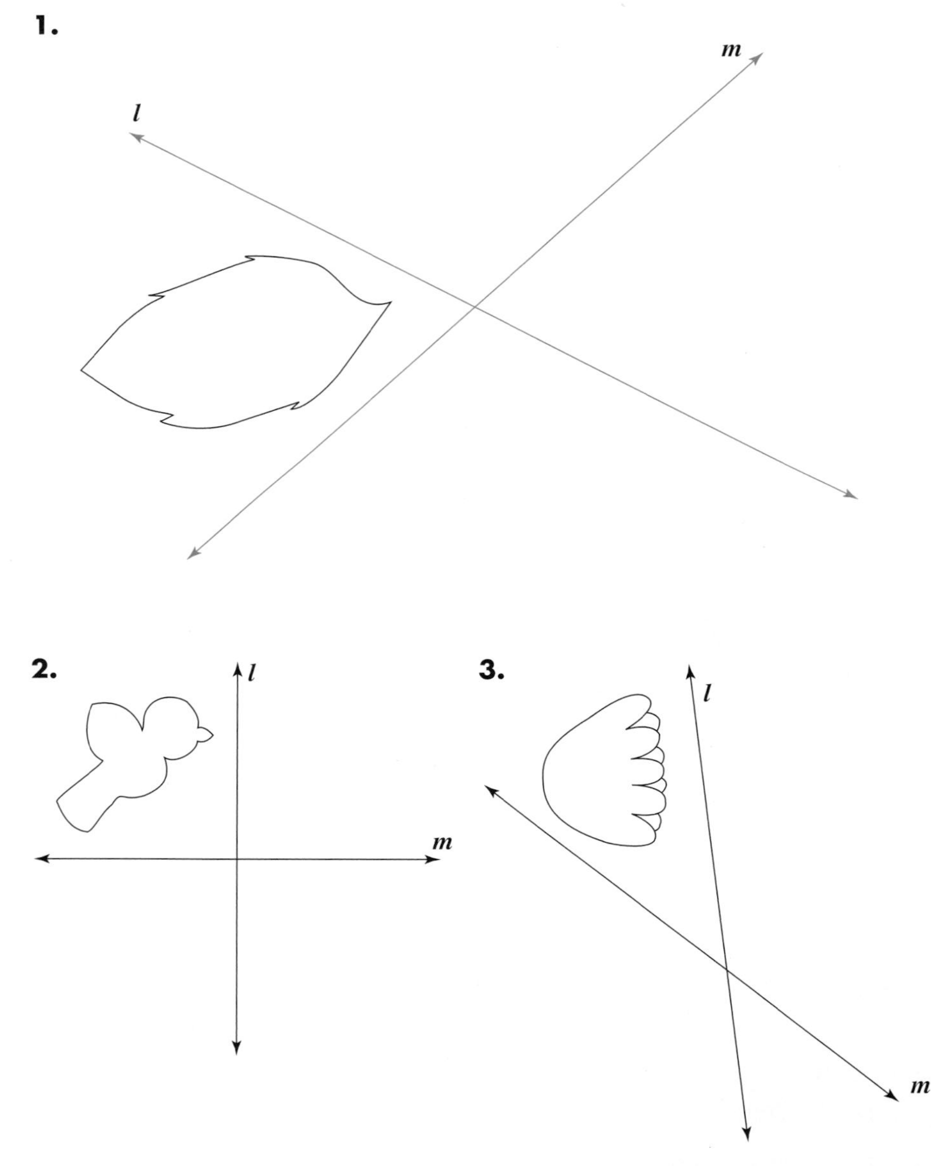

4. Las imágenes finales en los Problemas 1 al 3, se podrían haber creado con una sola transformación de la figura original. Describe esa transformación.

Has visto las combinaciones de dos reflexiones. Existen muchas otras maneras de combinar transformaciones. A continuación, explorarás cómo combinar una reflexión y una traslación.

MATERIALES
papel de calcar

Serie de problemas D

1. El vector $\boldsymbol{c}$ es paralelo al eje de reflexión, la recta m. Traza el $\triangle FGH$, el vector $\boldsymbol{c}$ y la recta m.

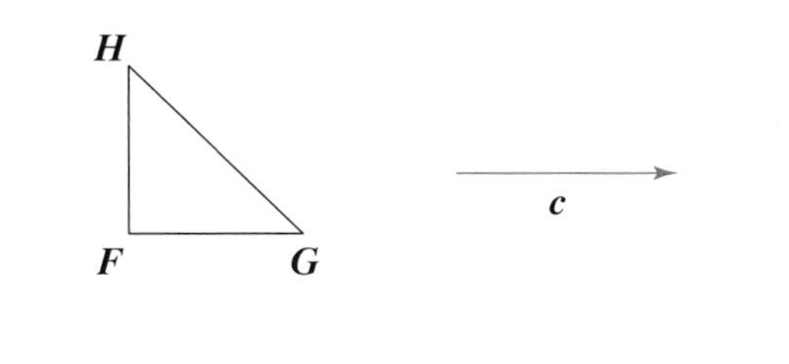

a. Refleja el $\triangle FGH$ sobre la recta m.

b. Traslada la imagen de la Parte a por el vector $\boldsymbol{c}$ para obtener una segunda imagen.

2. Ahora trata de invertir el orden de las transformaciones.

a. Traslada el $\triangle FGH$ del Problema 1 por el vector $\boldsymbol{c}$.

b. Refleja la imagen que creaste en la Parte a sobre la recta m.

3. ¿Qué percibes sobre la relación entre las imágenes finales en los Problemas 1 y 2?

La combinación de una reflexión sobre la recta y una traslación por un vector paralelo a esa recta se llama *reflexión deslizante.* Las huellas en la arena, las hojas en un tallo y los patrones en los bordes de un papel tapiz pueden mostrar una reflexión deslizante.

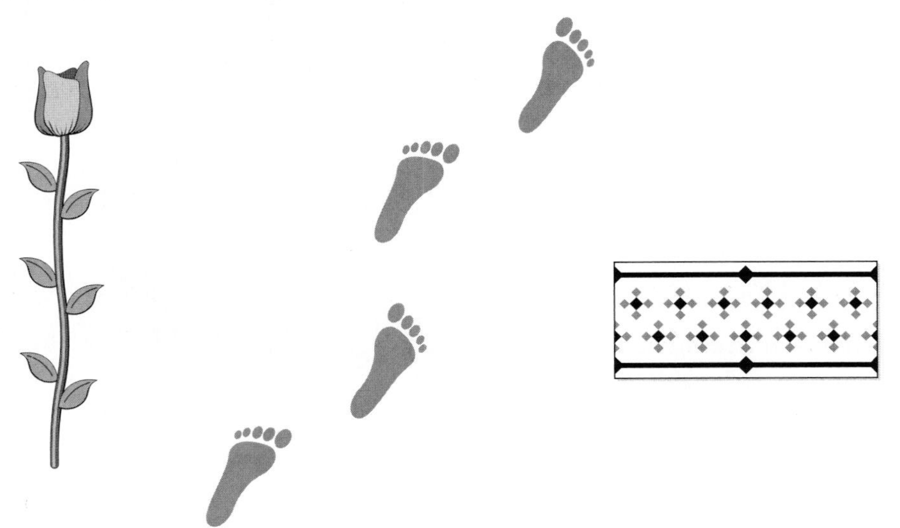

Comparte & resume

1. ¿Cuál es la relación entre la figura original y la imagen final cuando reflejas la figura sobre dos rectas que se intersecan?
2. Describe una reflexión deslizante y da un ejemplo de una.

Investigación de laboratorio ▶ Haz teselados

El artista holandés M. C. Escher (1898–1972) a menudo trasladó, rotó o reflejó figuras o colecciones de figuras para crear imágenes fascinantes.

Dibujo de simetría E71 por M.C. Escher. @ 1999 Cordon Art–Baarn–Holland. Todos los derechos estánreservados.

Datos de interés

Los temas matemáticos de simetría, rellenado del plano y aproximación al infinito son prominentes en muchos de los trabajos famosos de Escher.

Un diseño que usa una o más figuras para cubrir un plano sin dejar ningún espacio o traslape se llama *teselado.* Se pueden usar muchas figuras para *teselar*. Una de las figuras más fáciles de teselar es el cuadrado.

Puedes usar un cuadrado con las técnicas de reflexión, rotación y traslación para crear tu propio trabajo artístico de teselado.

MATERIALES

- *cuadrados de papel rígido*
- *tijeras*
- *cinta pegante*
- *cartulina*
- *marcadores o crayones*

Pruébalo

1. Comienza con una hoja cuadrada de papel. En un lado del cuadrado, dibuja una figura. La figura debe ser de una sola pieza que comience y termine en el mismo lado. Aquí hay unos ejemplos.

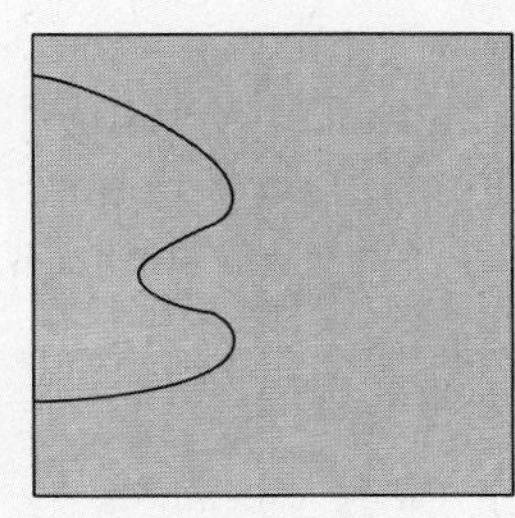

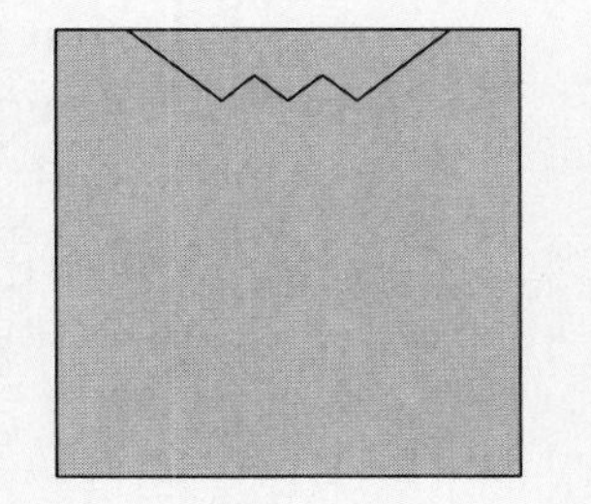

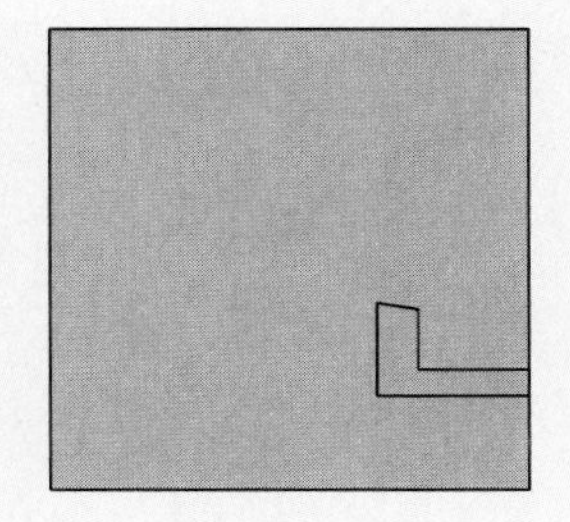

Corta cuidadosamente la figura que dibujaste, mantenla de una sola pieza.

2. Ahora tienes algunas opciones para mover tu figura.

- Puedes trasladarla al otro lado del cuadrado.

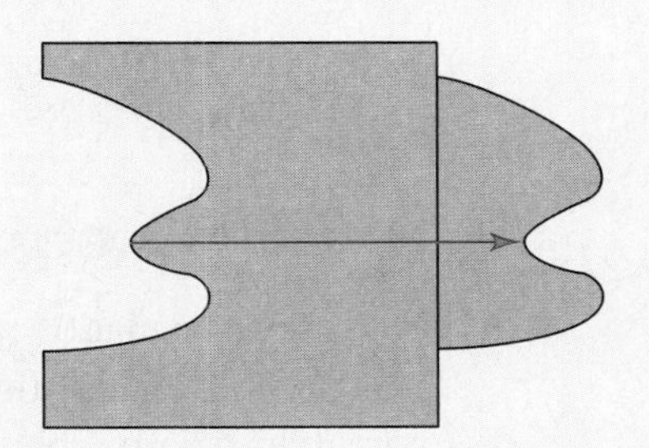

- Puedes trasladarla al otro lado del cuadrado, como se muestra y después reflejarla sobre una recta a través del centro del cuadrado y paralelamente a la dirección que trasladaste.

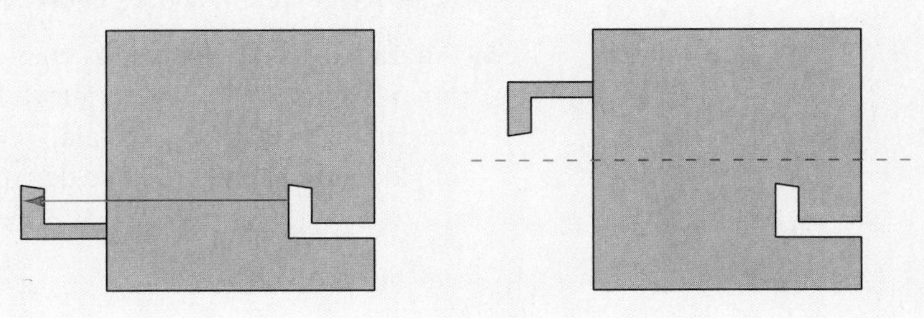

- Puedes rotarla 90° sobre uno de los vértices adyacentes a tu figura. La figura a continuación se ha trasladado sobre la esquina superior izquierda del cuadrado.

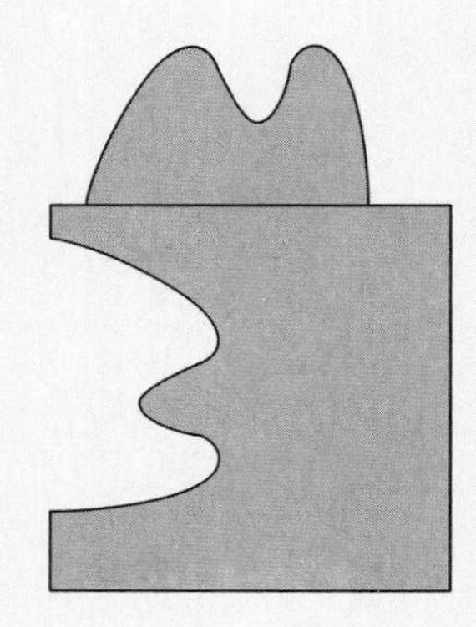

Elige una de estas tres opciones y pega la figura al cuadrado en el lugar donde la moviste.

3. Ahora puedes crear un teselado. Coloca tu figura en una hoja de papel grande o en cartulina y trázala. Después, decide cómo mover tu figura (mediante una traslación, rotación o alguna combinación de transformaciones) de manera que el recorte del trazo encaje con la pieza agregada a tu figura. Traza de nuevo la figura.

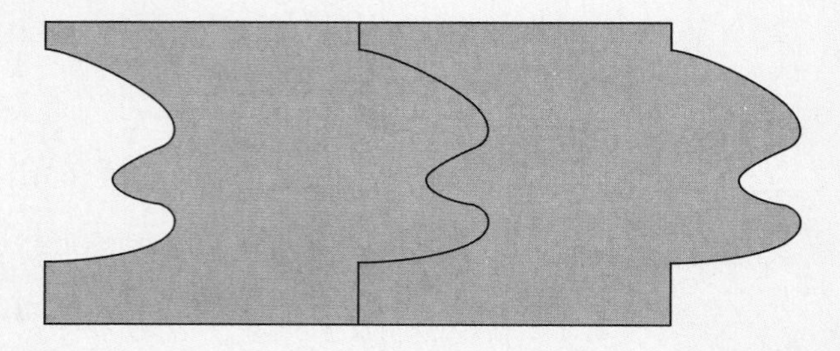

4. Repite el proceso varias veces, rellenando tu papel o cartulina con tu figura. ¡Tienes un teselado!

Pruébalo otra vez

Para crear teselados más interesantes, puedes cortar figuras de dos lados de un cuadrado. Después de crear el teselado, puedes colorear cada figura para que parezcan pájaros, peces, gente o cualquier otra cosa que te puedas imaginar.

5. Comienza con un nuevo cuadrado. En un lado del cuadrado, dibuja una figura. Corta la figura y trasládala, trasládala y refléjala, o rótala como se describe en el Paso 2. Vuelve a unir la figura al cuadrado.

6. Ahora has usado dos de los cuatro lados de tu cuadrado. Elige uno de los otros lados y dibuja la nueva figura. Corta la figura y trasládala, trasládala y refléjala, o rótala. Tendrás que elegir tu regla basándote en el lado del cuadrado que se deja para unirle la figura.

Por ejemplo, aquí hay una traslación de una figura y luego una traslación y una reflexión de otra figura.

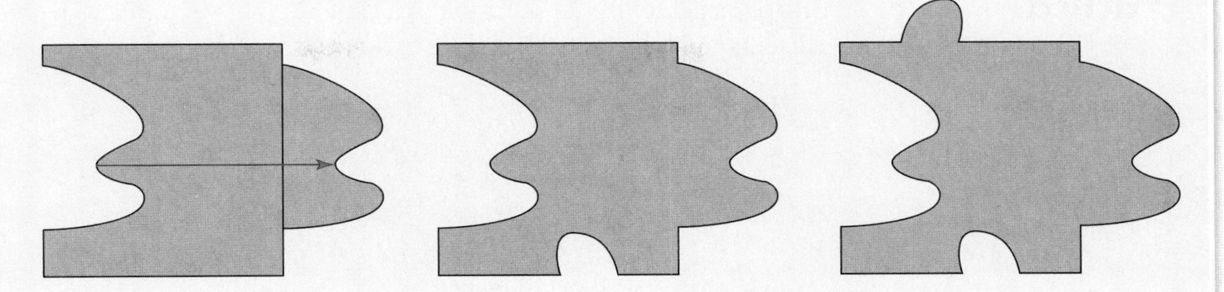

7. Traza tu figura en una hoja de papel grande o en cartulina.

a. Decide cómo mover la figura de manera que el *primer* corte del trazo encaje correctamente con la pieza unida. Trata la figura de nuevo.

b. Ahora mueve la figura de manera que el *segundo* corte encaje correctamente y trázala.

c. Continúa el proceso hasta que hayas creado un teselado. Decora las figuras de la manera que quieras.

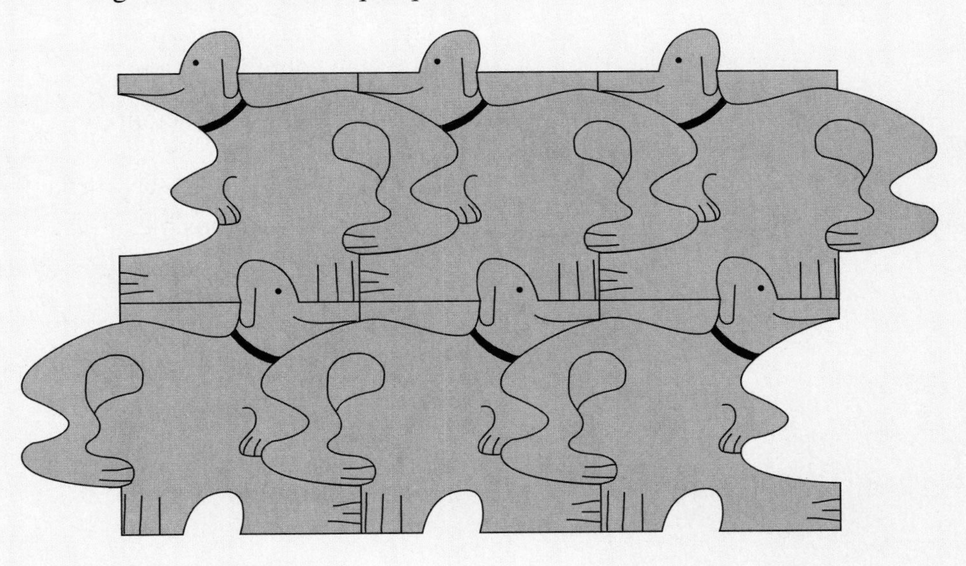

¿Qué aprendiste?

8. Supón que *trasladas* un recorte para crear una figura. ¿Cómo moverías la figura para hacer un teselado?

9. Supón que *trasladas y después reflejas* un recorte para crear una figura ¿Cómo moverías la figura para hacer un teselado?

10. Supón que *rotas* un recorte para crear una figura. ¿Cómo moverías la figura para hacer un teselado?

Ejercicios por tu cuenta

En los Ejercicios 1 al 3, traslada la figura por el vector dado para crear un diseño con tres elementos.

1.

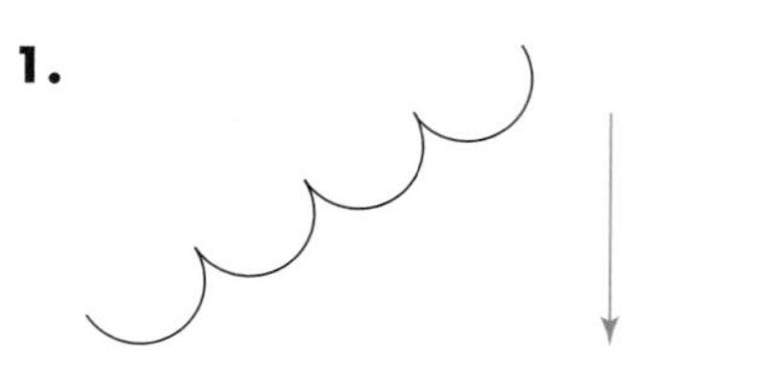

2.

3.

4. Alguien te pidió que reflejaras esta figura sobre la recta y que después reflejaras la imagen sobre la misma recta. Describe una manera más simple de encontrar la imagen final.

5. Copia cuidadosamente esta figura incluyendo las rectas l y m, que son perpendiculares.

a. Refleja la figura sobre la recta l y su imagen sobre la recta m.

b. Describe una transformación simple que te daría la misma imagen final. Provee tantos detalles como te sea posible.

l

m

6. Copia cuidadosamente esta figura.

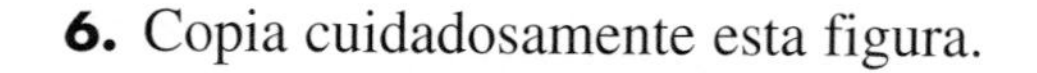

t

s

a. Refleja la figura sobre la recta t y refleja la imagen sobre la recta s.

b. Describe una transformación simple (reflexión, rotación o traslación) que te daría la misma imagen final. Provee tantos detalles como te sea posible.

7. Copia cuidadosamente esta figura.

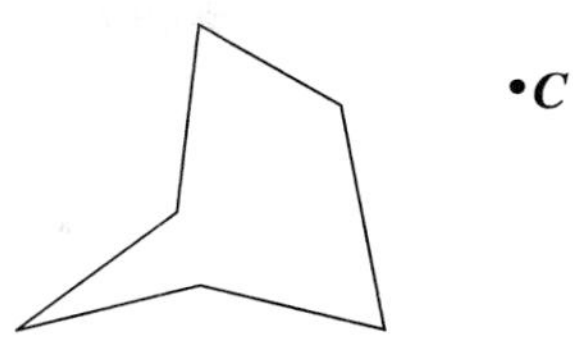

a. Rota la figura sobre el punto C a través de un ángulo de 30°. Después rota la imagen sobre el punto C a través de un ángulo de 40°.

b. ¿Cuál transformación sencilla de la figura original te daría la misma imagen final, como en la Parte a?

c. Ahora, rota la figura original sobre el punto C a través de un ángulo de 30° y rota la imagen sobre el punto C a través de un ángulo de $^{-}40°$.

d. ¿Cuál transformación sencilla de la figura original te daría la misma imagen final, como en la Parte c?

8. Copia cuidadosamente esta figura incluyendo el eje de reflexión y el vector. Sigue las instrucciones para realizar una reflexión deslizante.

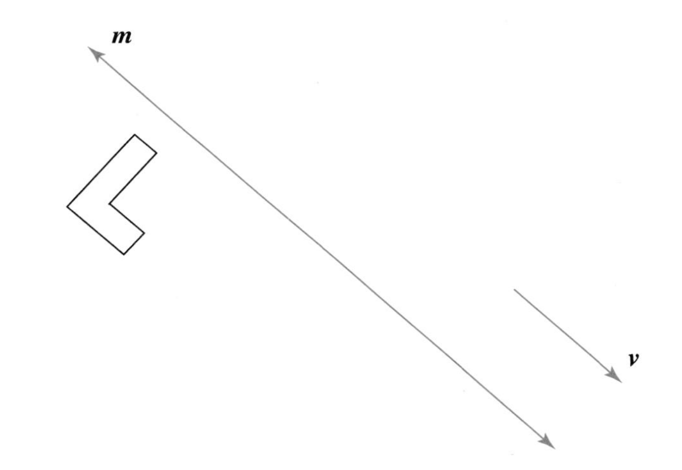

a. Refleja la figura sobre la recta m.

b. Para completar la reflexión deslizante, traslada la imagen por el vector $\mathbf{v}$.

c. Toma la imagen final de la Parte b y refléjala sobre la recta m. Después, traslada esta figura por el vector $\mathbf{v}$.

d. Tu imagen en la Parte c se puede crear con una sola transformación del original. Provee tanta información como te sea posible acerca de esa transformación.

Cada uno de los siguientes diseños de margen japoneses involucra reflexiones deslizantes.

En los Ejercicios 9 y 10, se trasladó la figura original (de color anaranjado). Determina la longitud y dirección de la traslación. Regístrala como un vector en tu papel.

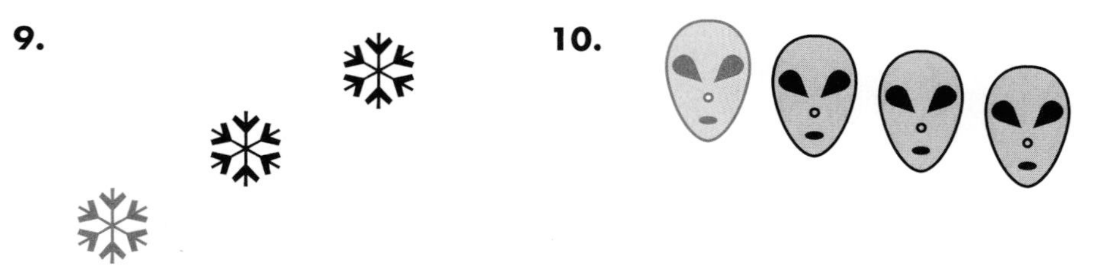

11. Tala y Evan hablan sobre esta figura.

Tala dijo que fue creada con una reflexión, pero Evan piensa que se creó con una traslación.

a. ¿Tendrá razón Tala? Trata de determinar un eje de reflexión que funcione.

b. ¿Tendrá razón Evan? Trata de determinar un vector de traslación que funcione.

c. Aquí hay un par de figuras que se podrían haber creado mediante traslación o reflexión. Determina el eje de reflexión y el vector de traslación que funcionen.

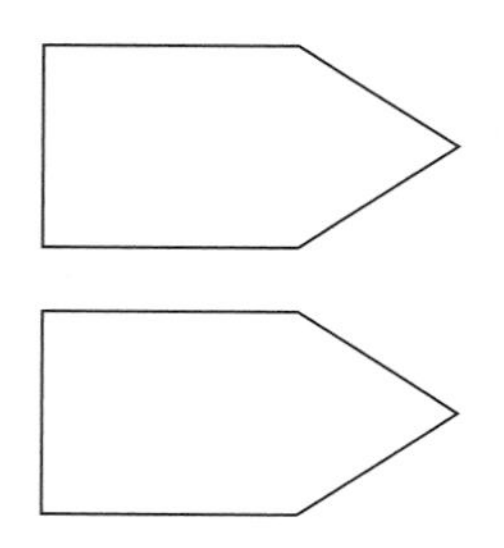

d. Crea un diseño que podría crearse mediante traslación o reflexión.

e. Una figura debe tener una clase de simetría particular para verse igual al ser reflejada o trasladada. Revisa de nuevo los elementos básicos de este ejercicio. ¿Qué clase de simetría se necesita?

12. En las Partes a, b y c, se da una ecuación. Las tres ecuaciones se grafican a la derecha. Dibuja cómo se vería cada gráfica trasladada por un vector dado.

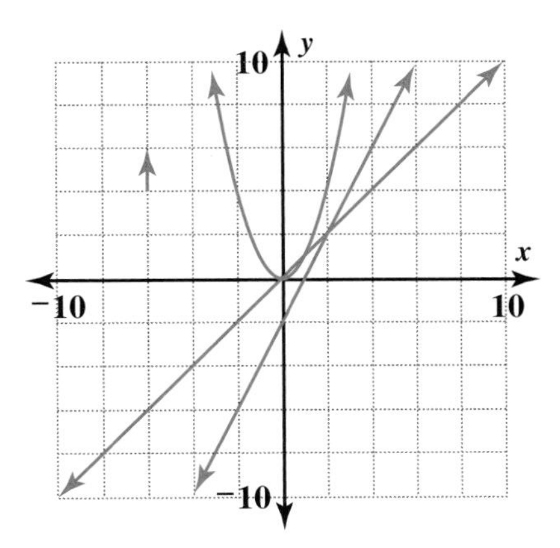

a. $y = x$

b. $y = x^2$

c. $y = 2x - 2$

d. Para las Partes a, b y c, escribe la ecuación de la nueva gráfica que creaste.

13. Supón que reflejaste esta figura sobre la recta p y reflejaste su imagen sobre la recta r.

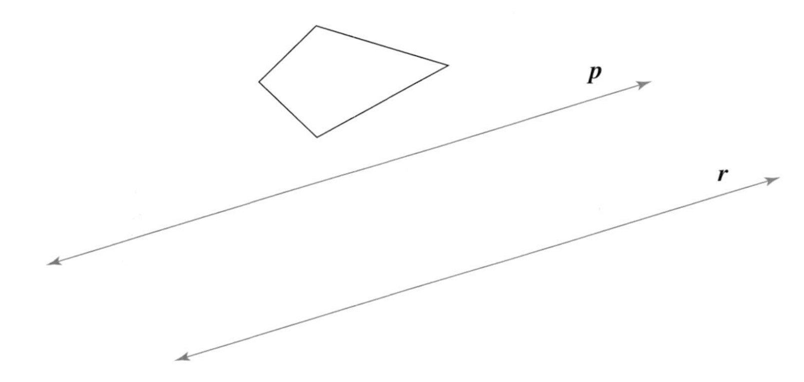

¿Cuál transformación simple: *reflexión, rotación* o *traslación,* daría la misma imagen final?

14. Deportes Jesse quiere lucirse con sus amigos con sus destrezas en los billares. Ella quita todas las bolas de la mesa, excepto la bola blanca.

Cuando una bola pega en la *banda,* o rebota, en el lado de la mesa, el ángulo que hace al alejarse de la banda es el mismo que el ángulo que hizo cuando se acercó a la banda.

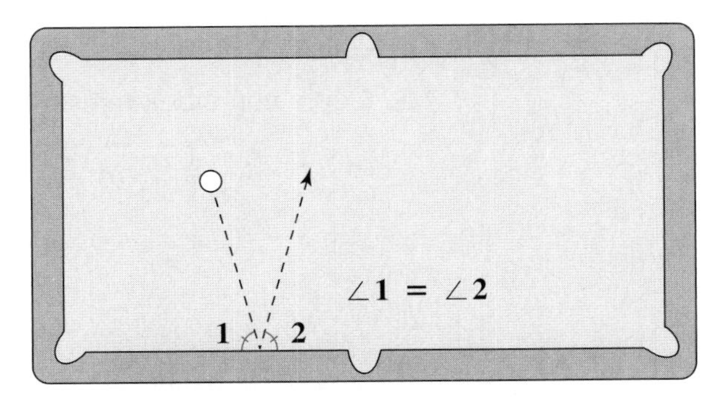

a. Las rectas a lo largo de las cuales viaja la bola se relacionan mediante simetría de reflexión. Usa la figura de la página 325 para determinar el eje de simetría.

b. Jesse retó a su amigo Marcus a meter la bola blanca en un bolsillo después de rebotarla exactamente dos veces en las bandas de la mesa. Marcus realizó la siguiente tacada que falló.

Copia cuidadosamente la siguiente mesa y determina la trayectoria que recorrió la bola. Marcus intentó meter la bola en el bolsillo lateral marcado.

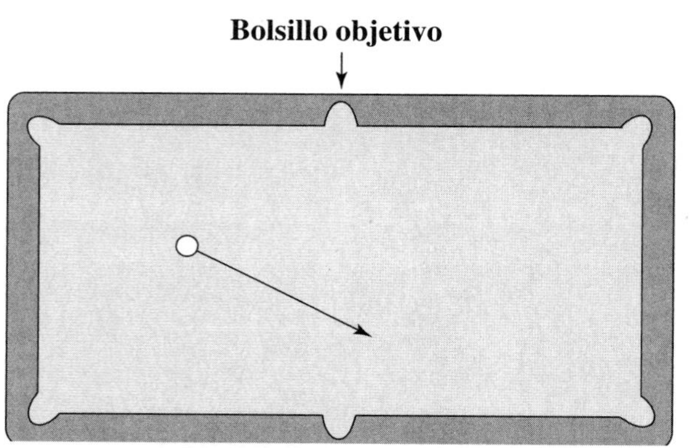

Supón que tienes dos triángulos congruentes en una hoja de papel. ¿Crees que siempre puedes transformar uno en el otro usando alguna combinación de traslaciones, rotaciones y reflexiones? Explica tu razonamiento.

c. Jesse usó su conocimiento de las reflexiones para estimar una tacada que funcionara. Completa estos pasos para determinar la tacada que Marcus debió haber usado.

- En otra hoja de papel copia la tabla y la bola de la Parte b.
- Imagina que la orilla interna de la banda derecha de la mesa es un eje de reflexión. Determina la imagen del bolsillo lateral objetivo cuando la reflejes sobre esa recta.
- Ahora imagina que la orilla interna de la banda inferior de la mesa es un eje de reflexión. Refleja la imagen del paso anterior sobre esta recta.
- Dibuja una recta que conecte esta imagen final con la bola blanca. Esta recta muestra la dirección en la que se debió haber hecho la tacada.
- Verifica la tacada determinando la trayectoria que debería seguir la bola.

15. Copia con cuidado esta figura.

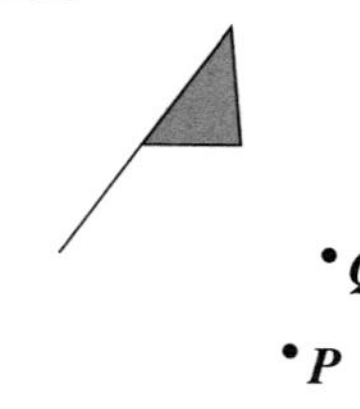

a. Rota la bandera 50° sobre el punto P y después rota la imagen $^{-}30°$ sobre el punto Q.

b. Extiende las astas de la bandera original de la imagen final hasta que se intersequen los dos segmentos. ¿Cuál es la medida del ángulo entre éstos?

c. Ahora rota la bandera original a través del ángulo que diste en la Parte b, usa el punto de intersección que creaste en la Parte b.

d. Ahora rota la bandera original una vez más. Usa la misma medida de ángulo de la Parte b, pero esta vez usa como centro de rotación *cualquier punto* que no hayas usado. (Por ejemplo, usa uno de los vértices de la bandera.)

e. Compara las imágenes en la Parte c y d y la imagen final de la Parte a. ¿Qué observas sobre sus orientaciones?

16. Reto Copia con cuidado esta figura.

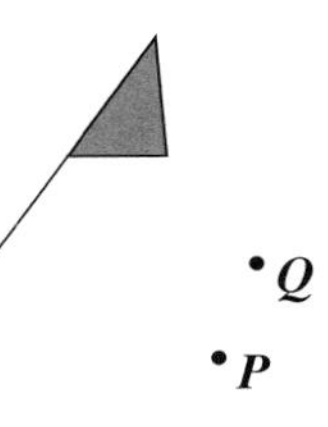

a. Rota la bandera 90° sobre el punto P. Después rota la imagen $^{-}90°$ sobre el punto Q. ¿Qué tipo de transformación sencilla de la bandera original daría la misma imagen final?

b. Haz una copia de la figura. Rota la bandera a 90° sobre el punto P y después rota la imagen 90° sobre el punto Q. ¿Qué transformación sencilla de la bandera original te daría la misma imagen final?

c. Ahora rota la bandera original 50° sobre el punto P y después rota la imagen $^{-}30°$ sobre el punto Q. (Si completaste el Ejercicio 15, te puedes referir a tu rotación en ese ejercicio.) Extiende las astas de tu bandera original y de la imagen final hasta que los dos segmentos se intersequen. ¿Cuál es la medida del ángulo entre éstas?

d. Agrega los dos ángulos de rotación de la Parte a. Después haz lo mismo para los pares de ángulos de las Partes b y c.

e. ¿Cómo están conectadas estas sumas con tus respuestas a las Partes a, b y c?

Repaso mixto

Determina el valor de m en cada ecuación.

17. $\sqrt[m]{512} = 8$

18. $\sqrt[3]{1{,}331} = m$

19. $\sqrt[3]{m} = 7$

20. $\sqrt[4]{m^4} = 10$

Reduce.

21. $\sqrt{50}$ **22.** $\sqrt{150}$ **23.** $\sqrt{162}$

24. $\sqrt{210{,}000}$ **25.** $\sqrt{147}$ **26.** $\sqrt{448}$

27. $2\sqrt{72}$ **28.** $0.1\sqrt{68}$ **29.** $^{-}1.1\sqrt{171}$

30. Recuerda que puedes usar la fórmula de la distancia para calcular la longitud de un segmento, donde (x_1, y_1) y (x_2, y_2) son las coordenadas de los extremos.

$$\text{distancia} = \sqrt{(x_2 - x_1)^2 + (y_2 - y_1)^2}$$

Usa la fórmula de la distancia para determinar la longitud de cada segmento.

a. Segmento A

b. Segmento B

c. Segmento C

d. Segmento D

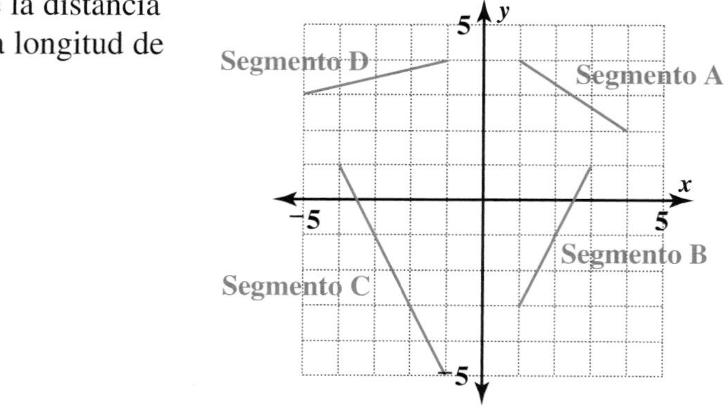

31. Devon dijo: —Yo pensé en un número y le resté 5. Multipliqué la respuesta por 6 y dividí el resultado entre $\frac{1}{2}$. La respuesta es 36. ¿Cuál fue mi número?

32. Ian dijo: —Yo pensé en un número, lo dupliqué y después le sumé 10. Yo multipliqué la respuesta por $^{-}0.5$ y dividí ese resultado entre 2. La respuesta fue $^{-}3.5$. ¿Cuál fue mi número?

33. Un tipo particular de girasol crece a una altura promedio de entre 7 y 10 pies. Escribe una desigualdad para expresar la altura promedio *h,* en pulgadas, de este tipo de girasol.

34. Boxed-In vende cajas de flete de forma cúbica con longitudes de arista en un rango de 12 centímetros a 1.5 metros. Escribe una desigualdad para representar el rango de los volúmenes posibles de *v,* en metros, para estas cajas.

35. Noventa y seis baldosas cubren un área de 6 por 12 pies.

a. Escribe una ecuación que te ayude a determinar la longitud lateral de una baldosa, *s.*

b. ¿Cuál es la longitud lateral, en pulgadas, de una de las baldosas?

Dilatación

VOCABULARIO
dilatación

Has estudiado tres transformaciones que crean figuras congruentes. La cuarta transformación, la **dilatación** (llamada a veces *dibujo a escala*), crea figuras que son semejantes pero no necesariamente congruentes a la original.

Recordarás que los lados que coinciden, o *correspondientes,* de polígonos semejantes, como los siguientes triángulos son proporcionales. Es decir, las longitudes de los lados comparten una razón común. Los ángulos correspondientes de figuras semejantes son congruentes.

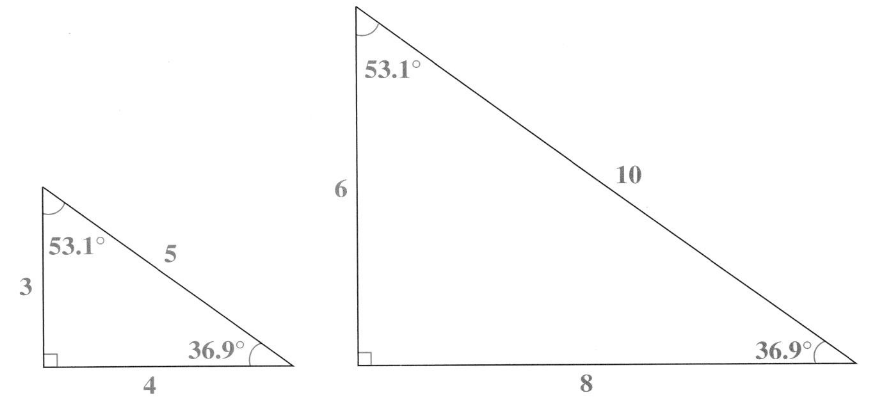

Recuerda
Los ángulos congruentes tienen la misma medida.

En esta lección, aprenderás dos maneras de crear figuras semejantes usando una dilatación.

MATERIALES
- papel cuadriculado
- regla
- transportador

Explora

Copia la silueta de la cabeza de un gato en una cuadrícula de coordenadas.

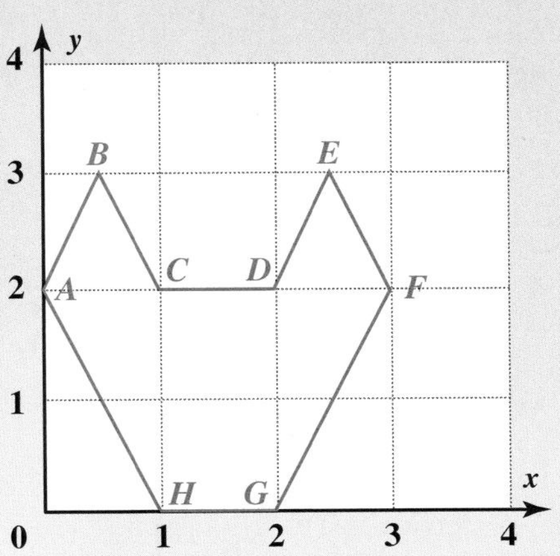

- Determina las coordenadas de cada punto.
- Multiplica las coordenadas de cada punto por 2, para crear los puntos A' a H'. En otras palabras, si las coordenadas del punto A son (x, y), las coordenadas del punto A' son $(2x, 2y)$.
- Grafica estos nuevos puntos en la misma cuadrícula y conéctalos en el mismo orden.

Acabas de *dibujar a escala* o *dilatar* la cabeza original del gato. ¿Es la nueva figura dilatada semejante a la original? ¿Cómo lo sabes?

Investigación 1 Dibujos a escala

VOCABULARIO
dibujo a escala
factor de escala

Al dilatar la cabeza del gato usaste el *método de coordenadas* para crear una figura semejante. Puedes usar este método (que implica multiplicar coordenadas de vértices por un número) para hacer *dibujos a escala* de figuras en una cuadrícula de coordenadas. Un **dibujo a escala** es un dibujo semejante a alguna figura original. El **factor de escala** es la razón entre las longitudes de los lados correspondientes de las figuras semejantes.

Cada par de figuras semejantes de diferentes tamaños tiene *dos* factores de escala asociados con las figuras. Uno describe la dilatación de la figura pequeña a la grande; y el otro describe la reducción de la figura grande a la pequeña.

Por ejemplo, todas las longitudes en tu dibujo a escala de la cabeza del gato son el doble de los lados correspondientes de la figura original, de manera que el factor de escala de la figura pequeña a la grande es 2. Y como las longitudes en la figura pequeña son $\frac{1}{2}$ de las longitudes en la figura grande, también puedes decir que el factor de escala de la grande a la pequeña es $\frac{1}{2}$.

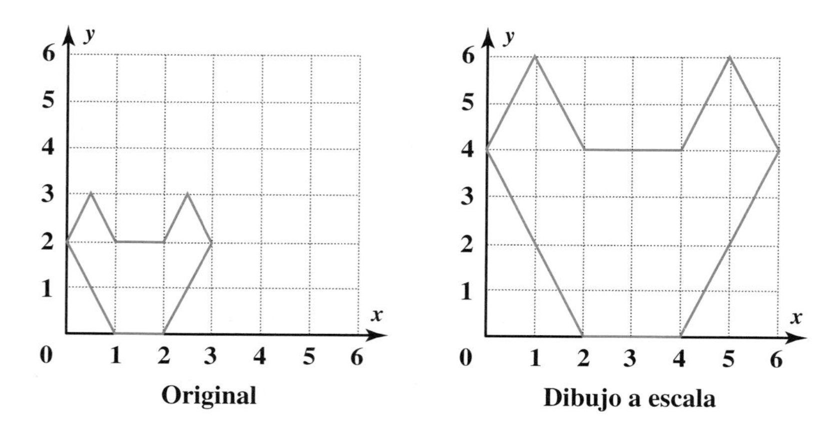

Original **Dibujo a escala**

MATERIALES

papel cuadriculado

Serie de problemas A

1. Reduce la siguiente figura por un factor de escala de $\frac{1}{3}$.

2. Reduce la siguiente figura por un factor de escala de 3.

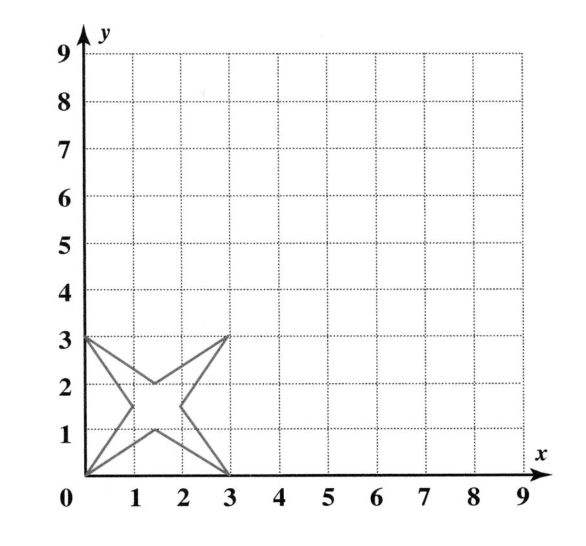

Algunos programas de computación para dibujo y animación usan una técnica parecida al método de coordenadas para crear dibujos a escala. El programa trata la pantalla como un plano de coordenadas y calcula la localización de los puntos. Los retroproyectores también hacen figuras semejantes, pero trabajan de manera diferente.

Los retroproyectores usan un bombillo brillante y una serie de lentes para proyectar figuras ampliadas sobre una pantalla. El propósito más importante de las lentes es enfocar la luz de manera que sólo salga de un punto. La luz enfocada pasa a través de la diapositiva y sobre la pantalla, esparciéndose para crear una imagen más grande.

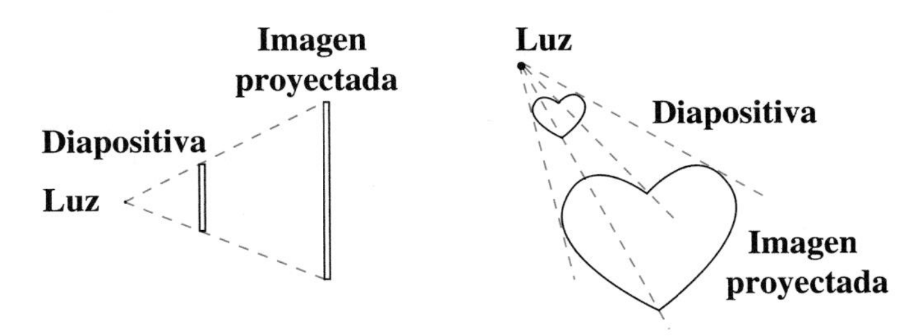

Puedes hacer dibujos a escala al aplicar esta técnica llamada *método de proyección.*

EJEMPLO

He aquí una manera de usar el método de proyección para hacer una figura semejante al polígono *ABCDE* con lados con la mitad de largo, es decir, para hacer una figura reducida a $\frac{1}{2}$.

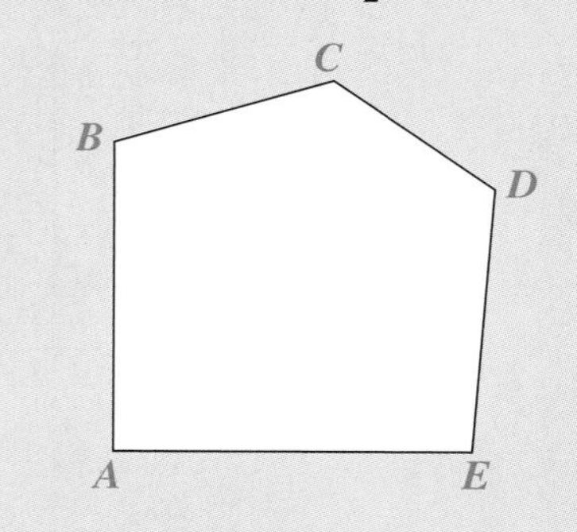

- Primero elige cualquier punto. Aunque el punto puede estar en el polígono, tal vez sea más fácil trabajar con un punto dentro o fuera de la figura, como el punto *F*.

  Después de elegir el punto, dibuja segmentos desde el punto hasta cada vértice del polígono.

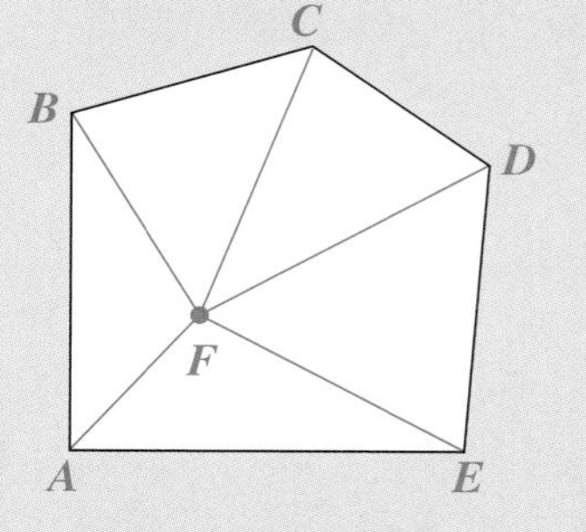

- Para cortar un polígono por la *mitad*, determina los *puntos medios* de los segmentos *FA* a *FE*.

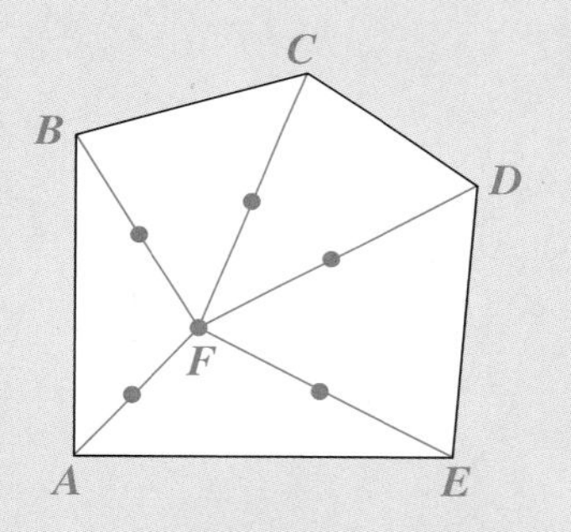

- Finalmente, conecta los puntos medios en orden para formar el nuevo polígono.

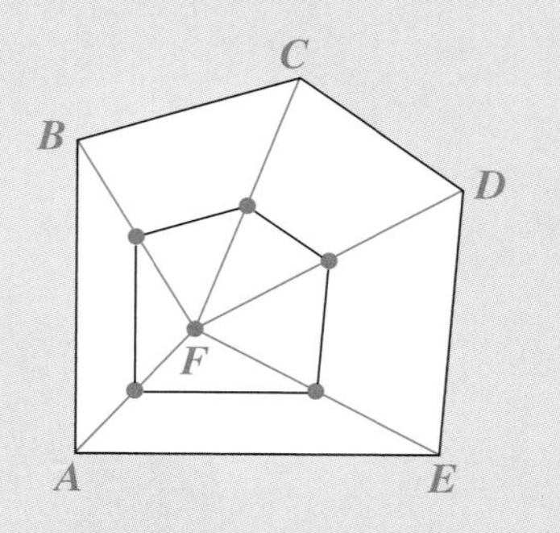

Un punto que te ayuda a formar una figura semejante, como el punto *F*, se llama *punto de proyección*.

Recuerda

El *punto medio* de un segmento es el punto que yace a mitad de camino entre los extremos de un segmento.

MATERIALES
- papel de calcar
- regla

Serie de problemas B

1. Usa el método de proyección para reducir este polígono por un factor de $\frac{1}{2}$.

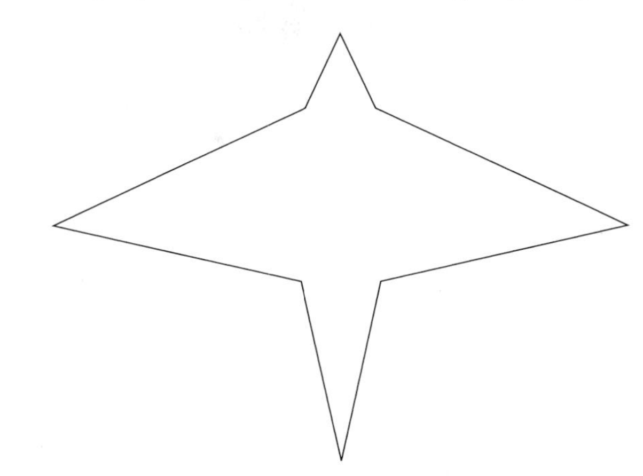

2. A continuación se muestra la figura de una casa.

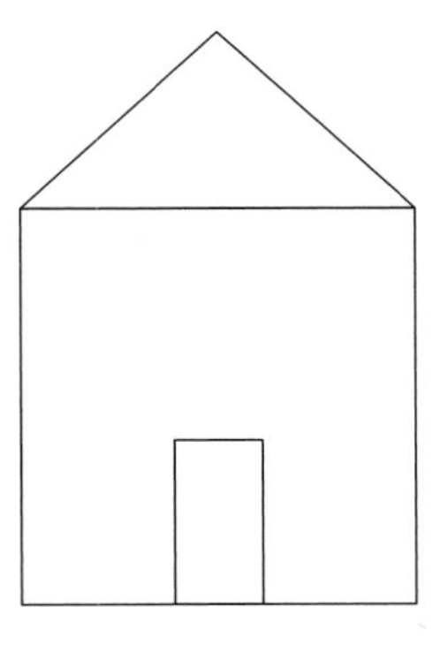

a. Usa el método de proyección para crear una figura semejante más pequeña que esta figura original.

b. Luego, modifica el método de proyección para ampliar la figura original por un factor de escala de 2.

Comparte & resume

A continuación, usarás los dos métodos que aprendiste para reducir esta figura.

1. Usa el método de coordenadas para reducir la figura a $\frac{1}{2}$.

2. Usa el método de proyección para reducir la figura a $\frac{1}{2}$. Usa el origen como el punto de proyección.

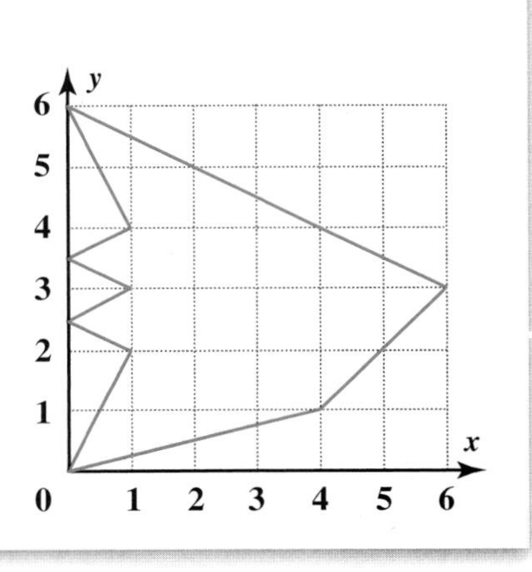

Ejercicios por tu cuenta

Practica & aplica

1. Santiago usó segmentos de recta para dibujar una figura en una cuadrícula de coordenadas. Después, multiplicó las coordenadas de todos los puntos por 1.5, graficó los puntos resultantes en una nueva cuadrícula y los conectó para formar una nueva figura.

a. Un segmento en el dibujo original de Santiago medía 2 pulgadas de largo. ¿De qué tamaño era el segmento correspondiente en el nuevo dibujo?

b. Un segmento en el nuevo dibujo medía 2 pulgadas de largo. ¿De qué tamaño era el segmento correspondiente en el dibujo original de Santiago?

2. Supongamos que usas el factor de escala dado en alguna Figura X para crear una Figura Y semejante. ¿Qué factor de escala utilizarías en la Figura Y para crear otra figura del mismo tamaño que la Figura X?

a. $\frac{1}{3}$ **b.** 5 **c.** 1

3. Considera cómo reducir una figura por un factor diferente a $\frac{1}{2}$.

a. Refiérete al Ejemplo en la página 332. ¿Cuál paso implica la $\frac{1}{2}$ de la distancia o longitud?

b. ¿Cómo podrías cambiar ese paso para crear una figura con lados de $\frac{1}{3}$ de largo como la original?

c. Inténtalo. Usa el método de proyección para reducir este polígono por un factor de $\frac{1}{3}$.

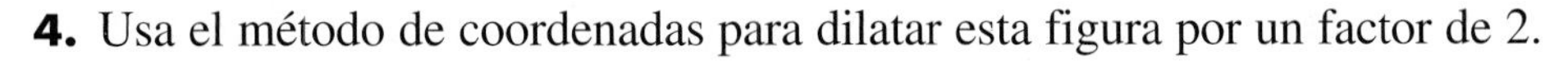

4. Usa el método de coordenadas para dilatar esta figura por un factor de 2.

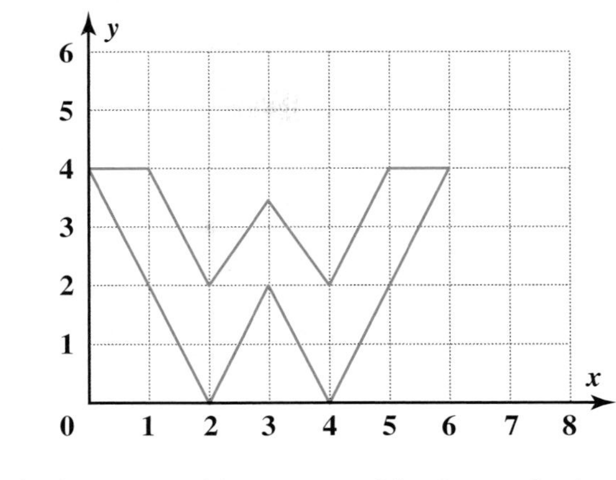

5. Usa el método de proyección para cambiar la escala de esta figura.

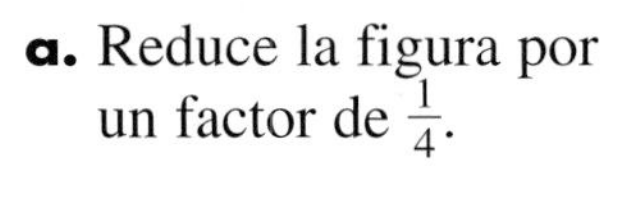

a. Reduce la figura por un factor de $\frac{1}{4}$.

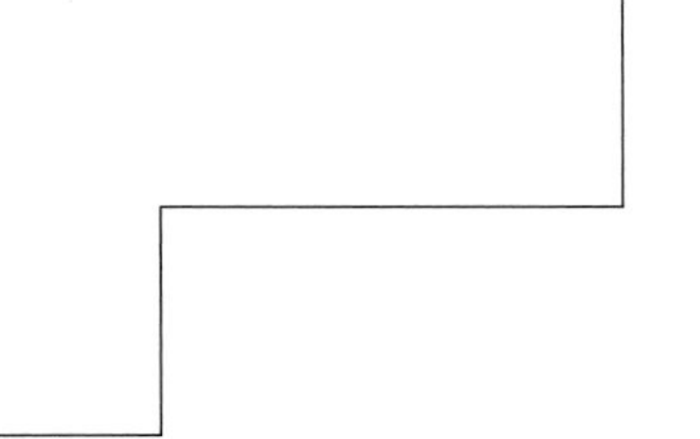

b. Dilata la figura que creaste en la Parte a por un factor de 4.

c. ¿En que se diferencia la figura que creaste en la Parte b de la original?

6. Considera esta figura.

a. Usa un factor de escala de $\frac{1}{3}$ para reducir esta figura.

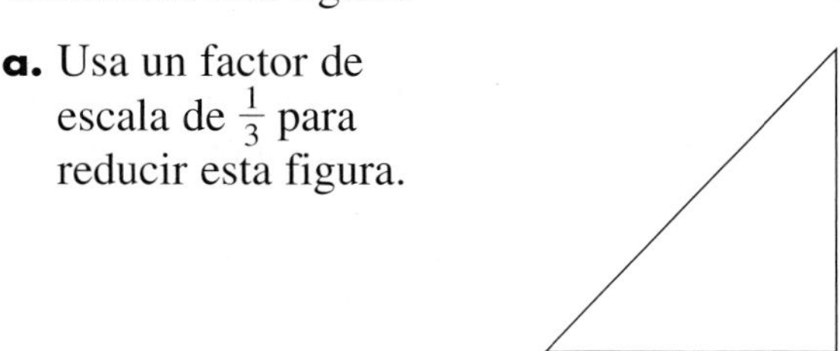

b. Ahora amplía la figura de tu respuesta a la Parte a por un factor de escala de 6.

c. Compara tu respuesta a la Parte b con la figura original. ¿Qué factor de escala cambiaría la figura original a esta nueva figura?

Conecta & amplía

7. Usa segmentos de recta para dibujar una figura de tu invento en una cuadrícula de coordenadas. Amplía tu figura con el método de coordenadas. Indica el factor de escala que uses. Verifica el factor de escala de la figura original a la ampliación, revisando por lo menos dos pares de segmentos de recta.

8. Brian dilató la figura a la izquierda para obtener la figura de la derecha.

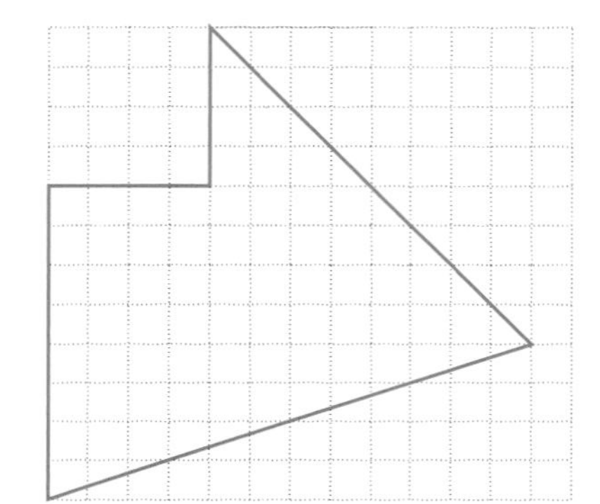

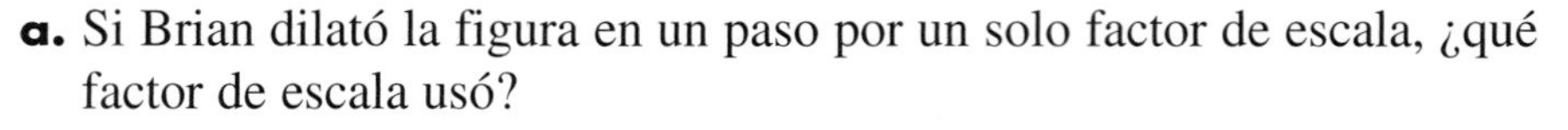

a. Si Brian dilató la figura en un paso por un solo factor de escala, ¿qué factor de escala usó?

b. Si Brian dilató la figura en dos pasos con dos factores de escala, ¿qué par de factores de escala podría haber usado? Enumera tres posibilidades.

9. ¿Qué obtendrías si usaras el método de coordenadas para dilatar una figura por un factor de 0?

Datos de interés

Esta técnica de dibujo en perspectiva no se conocía hasta el Renacimiento. La inventó el arquitecto italiano Brunelleschi, quien vivió hace aproximadamente 600 años.

10. Bellas artes Los *dibujos en perspectiva* parecen tridimensionales. El método de proyección para hacer dibujos a escala se relaciona con el método para hacer dibujos en perspectiva.

En tu propio papel, sigue los siguientes pasos para hacer un dibujo en perspectiva de una caja. Usa un lápiz.

a. Comienza dibujando un rectángulo. Éste será el frente de tu caja.

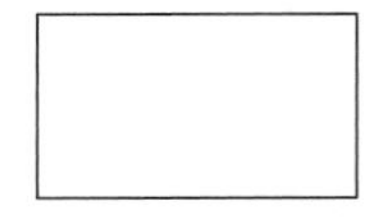

b. Elige un punto fuera de tu rectángulo. Este punto se llama *punto de fuga* para tu dibujo. Conecta cada vértice con ese punto y después determina el punto medio de cada segmento conectado.

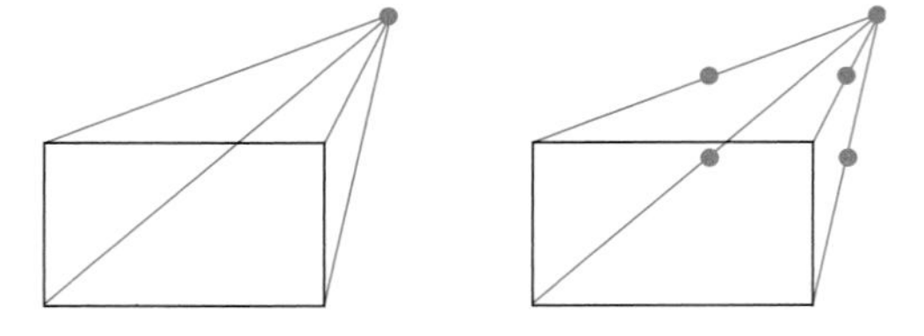

Dibuja una figura simple y haz una copia a escala de ésta. Explica tu método, asegurándote de indicar el factor de escala que uses. Después, demuestra cómo alguien más puede probar que tus dos figuras son semejantes.

Recuerda

Hay 5,280 pies en una milla.

En esta pintura, las partes superiores e inferiores de los árboles forman dos líneas que se intersecan en un punto llamado *punto de fuga*.

c. Conecta entre sí, en orden, los cuatro puntos medios que determinaste en la Parte b. Esto te da la parte posterior de la caja. Después, borra las líneas que los conectan con el punto de fuga.

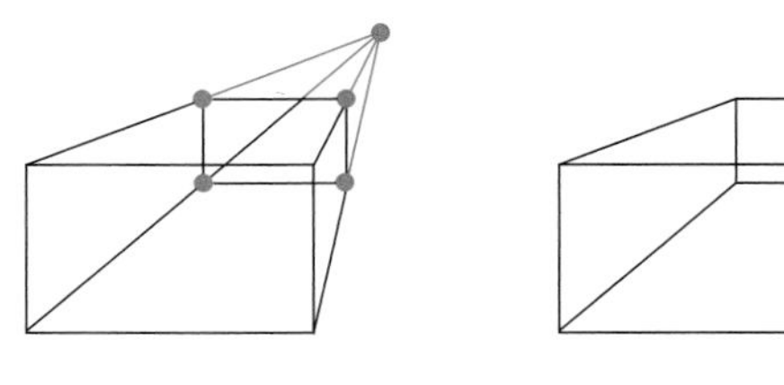

d. Para definir más la caja, borra las líneas que deberían estar ocultas en la parte de atrás de la caja o hazlas punteadas.

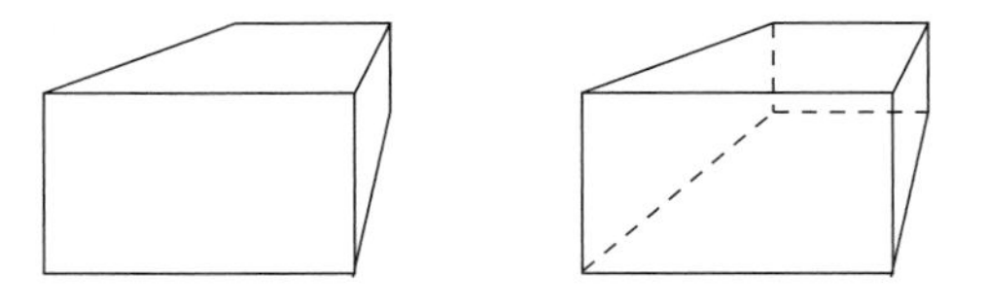

e. Sigue los mismos pasos para hacer un dibujo en perspectiva de un prisma triangular. Esta vez, comienza con un triángulo (en vez del rectángulo) y sigue las instrucciones de las Partes a, b, c y d.

f. En este método de dibujo tridimensional, ¿en qué paso creas un par de figuras semejantes? Explica.

11. Cada lado del Mile Square Park en Fountain Valley, California, mide exactamente una milla. Los funcionarios públicos de la ciudad quieren crear un mapa del parque que muestre a los visitantes la ubicación de las áreas de recreo, los bebederos, los baños y los senderos. Quieren que el mapa quepa en una hoja de papel estándar ($8\frac{1}{2}$ pulg por 11 pulg).

Debido a que los funcionarios públicos quieren que el mapa sea fácil de leer, éste debe ser lo más grande posible, es decir, el factor de escala del mapa al parque debe ser tan pequeño como sea posible. Si consideras sólo números enteros para los factores de escala, ¿cuál es el factor de escala más pequeño posible que podrían usar?

12. Tecnología Muchas fotocopiadoras reducen o amplían las figuras automáticamente. Sin embargo, las fotocopiadoras a menudo sólo tienen un número limitado de factores de escala. Supón que usas una fotocopiadora que tiene tres ajustes para reducir o ampliar: 50%, 150% y 200%.

a. Supón que quieres reducir una figura por un factor de escala de $\frac{1}{4}$. ¿Cómo lo harías?

b. Supón que quieres ampliar una figura por un factor de escala de 3. ¿Cómo lo harías?

c. ¿Cómo podrías reducir una figura al 75% de su tamaño original?

Repaso **mixto**

Determina el valor de t en cada ecuación.

13. $t^4 = 81$ **14.** $t^5 = 32$ **15.** $3^t = 729$ **16.** $4^t = 1{,}024$

17. **Ciencia biológica** En 1999, el árbol más alto del mundo era una secoya en Montgomery Woods State Reserve en el norte de California. El árbol mide 367.5 pies de alto.

a. Se estima que el árbol tiene de 600 a 800 años. ¿En promedio, cuántas pulgadas creció el árbol, por año, durante su vida?

b. Una secoya cercana mide 363.4 pies de alto. ¿Qué porcentaje de la altura del árbol más alto es este árbol?

Escribe una ecuación para representar el valor de y en términos de x.

18.

x	y
0	1.2
1	2.4
2	4.8
3	9.6
4	19.2

19.

x	y
1	21
2	63
3	189
4	567
5	1,701

20. **Estadística** Considera este conjunto de datos.

14.5 15.6 18.1 16.2 15.9

a. Determina la media y la mediana de este conjunto de datos.

b. ¿Qué valores puedes agregar al conjunto de datos de modo que la mediana permanezca igual, pero la media sea más grande?

c. ¿Qué par de valores puedes agregar al conjunto *original* de datos de modo que la media permanezca igual, pero la mediana sea más grande?

Geometría Escribe una expresión para el volumen de cada cilindro.

21. **22.**

Recuerda

El volumen de un cilindro es el área de su base multiplicada por su altura.

Coordenadas y transformaciones

Ya sabes cómo usar coordenadas para graficar relaciones. Las coordenadas son útiles para describir la posición de una figura geométrica y para realizar transformaciones. En esta lección, aprenderás cómo crear reflexiones y rotaciones con las reglas para las coordenadas.

MATERIALES
papel cuadriculado

Explora

Copia el siguiente triángulo en papel cuadriculado.

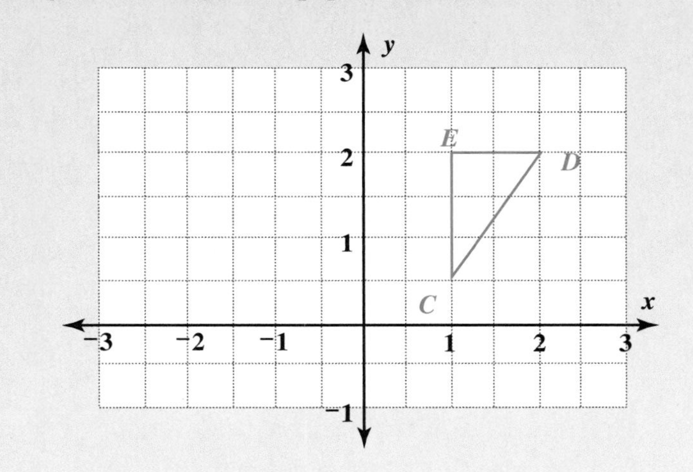

Transforma cada vértice del triángulo usando esta regla: $(x, y) \rightarrow (^{-}x, y)$. Esta regla dice dos cosas:

- La coordenada x de la imagen es lo opuesto de la coordenada x original.
- La coordenada y de la imagen es lo mismo que la coordenada y original.

Describe cómo se relaciona la imagen de la figura original: ¿Es una *reflexión,* una *rotación* o una *traslación*? Provee tanta información como te sea posible sobre la transformación, como por ejemplo, el eje de reflexión o el vector de traslación.

Investigación 1 Reflexión y rotación con coordenadas

El observar figuras en los ejes de coordenadas te puede ayudar a pensar sobre reflexiones y rotaciones.

MATERIALES

- papel cuadriculado
- geoespejo (opcional)
- transportador (opcional)
- papel de calcar (opcional)

Serie de problemas A

Cada uno de los Problemas 1 al 3 muestra una figura en un plano de coordenadas y una regla para aplicarla a las coordenadas. Para cada problema, haz las Partes a a la d para crear una imagen de la figura.

a. Explica la regla en palabras.

b. Calcula las coordenadas de cada vértice y copia la figura en papel cuadriculado.

c. Aplica la regla dada en las coordenadas de cada vértice para calcular los vértices de la imagen.

d. En el mismo grupo de ejes, grafica cada punto de la imagen. Conéctalos en orden.

1. Regla: $(x, y) \rightarrow (x, ^{-}y)$

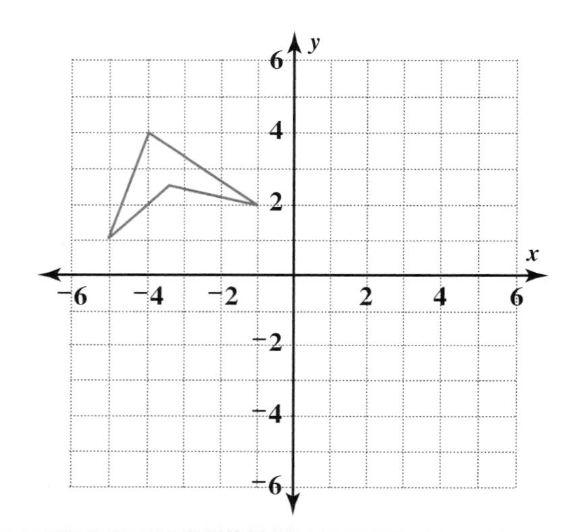

Microcircuitos diminutos como éste reemplazaron miles de redes enteras de miles de transistores y otros componentes eléctricos e hicieron posible la computadora personal. ¿Qué tipos de simetría puedes ver en este microcircuito?

2. Regla: $(x, y) \rightarrow (y, x)$

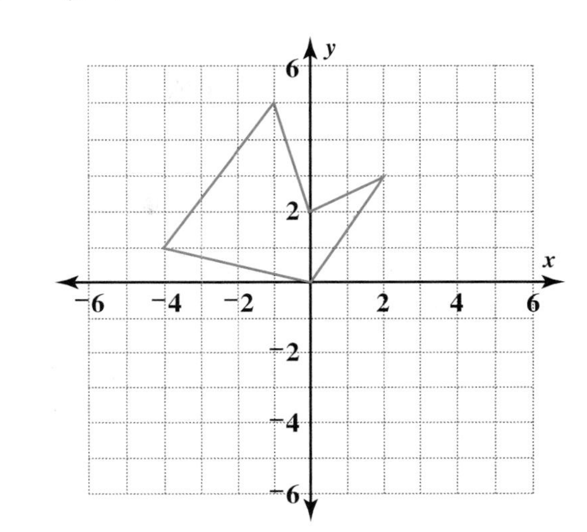

3. Regla: $(x, y) \rightarrow (^{-}y, x)$

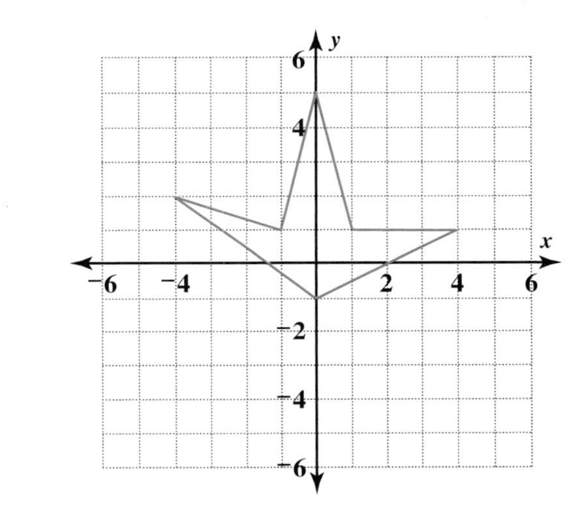

4. Compara las figuras originales y las imágenes en los Problemas 1 al 3.

a. ¿Para cuáles problemas puedes obtener la imagen mediante una *reflexión* de la figura original? Para cada uno de éstos indica el eje de reflexión. Puedes usar tu geoespejo para verificar.

b. ¿Para cuáles problemas puedes obtener la imagen mediante una *rotación* de la figura original? Para cada uno de éstos, indica el centro y el ángulo de rotación. Puedes usar papel para calcar y un transportador para verificar.

MATERIALES

papel cuadriculado

Serie de problemas B

En esta serie de problemas, encontrarás una regla para una transformación dada.

1. El triángulo ABC tiene vértices A (2, 5), B ($^-2$, 4) y C (0, 3). Cierta transformación de estos vértices da A' ($^-5$, 2), B' ($^-4$, $^-2$) y C' ($^-3$, 0).

a. Dibuja los dos triángulos en una cuadrícula.

b. ¿Es ésta una reflexión o una rotación? Si es una reflexión, indica el eje de reflexión. Si es una rotación, indica el centro y el ángulo de rotación.

c. ¿Cuál es la imagen de (x, y) bajo esta transformación?

2. Considera una reflexión sobre la recta $y = {^-x}$.

a. Refleja el punto (1, 0) sobre esta recta. ¿Cuáles son las coordenadas de la imagen?

b. Refleja el punto (0, 1) sobre la recta. ¿Cuáles son las coordenadas de la imagen?

c. Si reflejas un punto (x, y) sobre la recta, ¿cuáles serán las coordenadas de su imagen? Verifica tu respuesta reflejando el $\triangle ABC$ del Problema 1 sobre la recta y compara las coordenadas de la imagen con las coordenadas de la figura original.

Comparte & resume

1. Si reflejas el punto ($^-2$, 4.3) sobre el eje y, ¿cuáles serán las coordenadas de su imagen?

2. Si rotas el punto (1, 3) alrededor del origen a un ángulo de 90° de rotación, ¿cuáles serán las coordenadas de su imagen?

3. Explica cómo supiste que la transformación del Problema 1 de la Serie de problemas B era una rotación.

4. Explica cómo escribiste la regla para la reflexión del Problema 2 de la Serie de problemas B.

Investigación 2 Traslación con coordenadas

En la Investigación 1, viste cómo puedes aplicar una regla a las coordenadas de una figura para rotar o reflejar esa figura en el plano. De manera parecida, algunas reglas producirán una traslación de una figura.

MATERIALES
papel cuadriculado

Serie de problemas C

Cada uno de los Problemas 1 al 3 muestra una figura en un plano de coordenadas y una regla para aplicarla a las coordenadas. Para cada problema, sigue estos pasos para crear una imagen de la figura.

- Determina las coordenadas de cada vértice y copia la figura en el papel cuadriculado.
- Aplica la regla dada a cada vértice en las coordenadas para determinar los vértices de la imagen.
- En el mismo grupo de ejes, grafica cada imagen de los puntos. Conéctalos en orden.

1. Regla: $(x, y) \rightarrow (x + 2, y)$. Es decir, para obtener la imagen del punto, suma 2 a la coordenada x y deja igual la coordenada y.

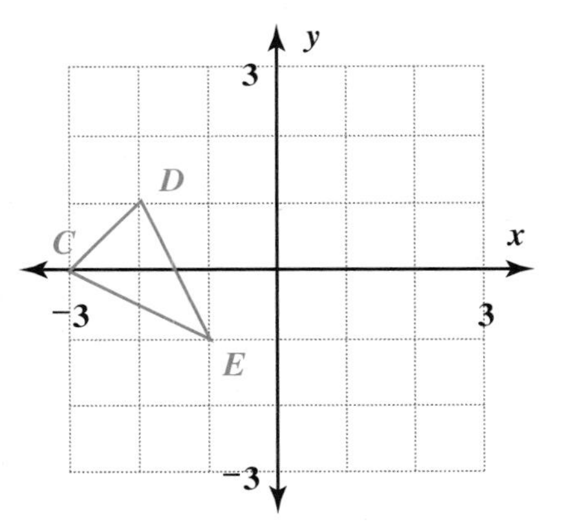

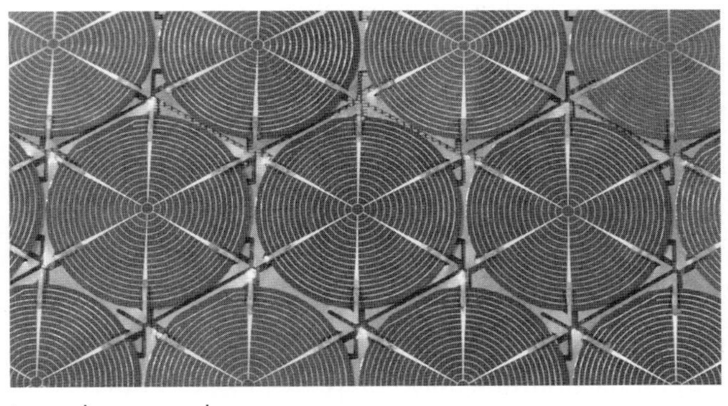

Los colectores solares controlan la energía del Sol para usos tales como el calentamiento de casas y piscinas. ¿Qué tipos de simetría puedes ver en este colector solar?

2. Regla: $(x, y) \rightarrow (x, y + 3)$

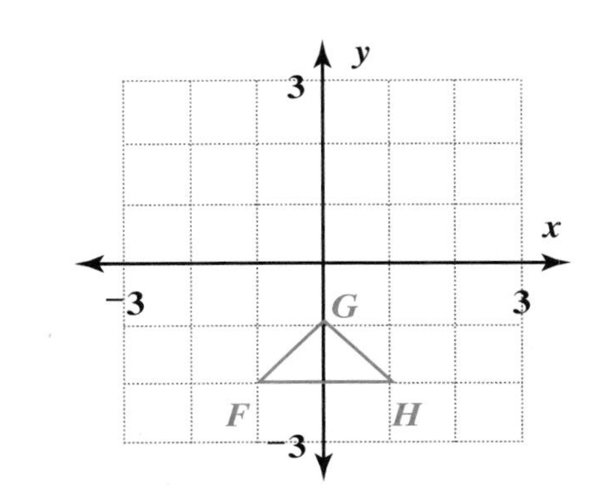

3. Regla: $(x, y) \rightarrow (x - 2, y - 2)$

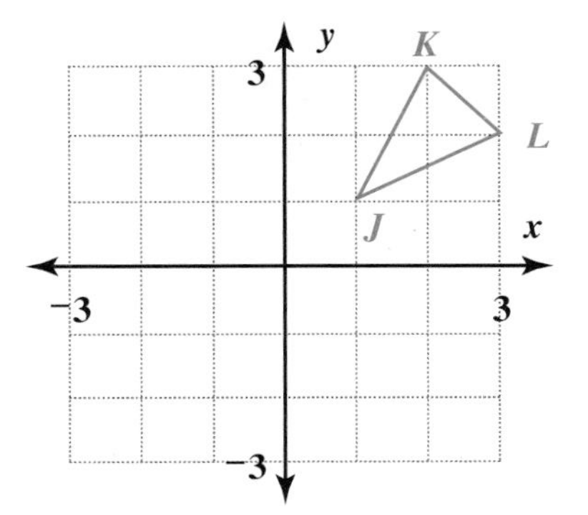

Piensa & comenta

Todas las reglas que has visto para traslaciones tienen la misma forma: suma algún número a la coordenada x y suma algún otro número a la coordenada y. Los números sumados podrían ser positivos, negativos ó 0.

¿Qué tipo de números sumarías a cada coordenada de un punto para mover el punto

- derecho hacia abajo (no a la izquierda o a la derecha)?
- hacia arriba y a la izquierda?

MATERIALES
papel cuadriculado

Serie de problemas D

Ahora practicarás con la escritura de reglas para dar una traslación deseada.

1. Aquí hay un cuadrilátero en un plano de coordenadas.

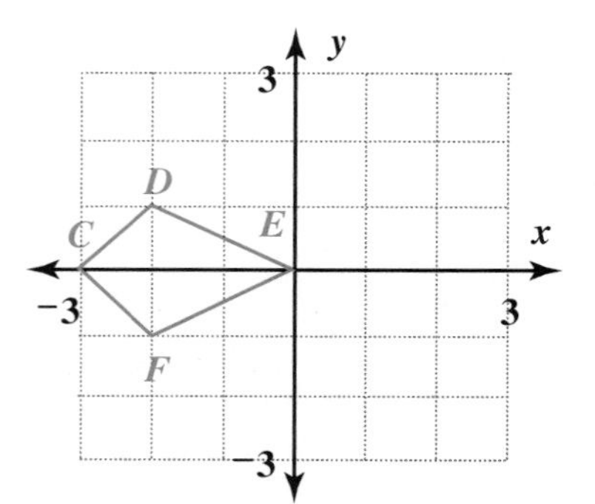

a. Copia el cuadrilátero en papel cuadriculado. Después dibuja una imagen del cuadrilátero que sea trasladado 2 unidades a la derecha y 1 unidad hacia abajo.

b. ¿Qué regla realizada en las coordenadas crearía esta traslación?

2. Aquí hay un triángulo en un plano de coordenadas.

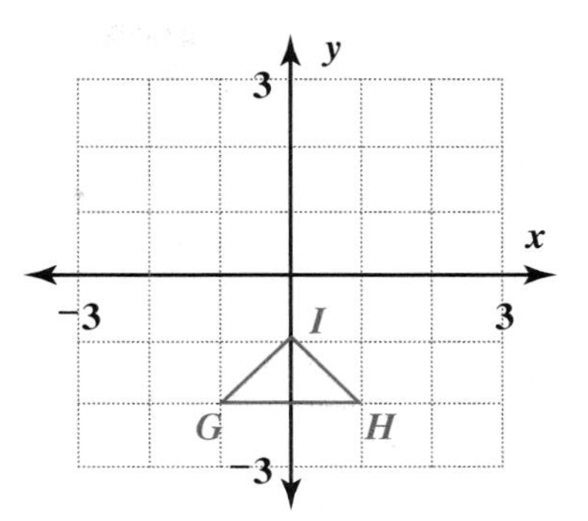

a. Copia el triángulo en papel cuadriculado. Después, dibuja una imagen del triángulo que se haya trasladado 2 unidades a la derecha y 1 unidad hacia arriba.

b. Escribe la regla de coordenadas para describir la traslación en la Parte a.

c. Traslada la *imagen* 2 unidades hacia arriba y 3 unidades a la izquierda.

d. Escribe la regla de coordenadas para describir la traslación en la Parte c.

e. Compara la imagen que creaste en la Parte c con la figura original. ¿Existe una traslación sencilla que crearía esa imagen a partir de la original? De ser así, describe la traslación y explica cómo se relaciona a las dos traslaciones que realizaste por separado.

MATERIALES

papel cuadriculado

Comparte & resume

1. Escribe una regla de coordenadas para una traslación que mueve un punto 5 unidades a la derecha y 7 unidades hacia abajo.

2. Inventa tu propia regla para trasladar una figura. Escríbela como una regla de coordenadas y demuestra cómo funciona en una copia de la siguiente figura.

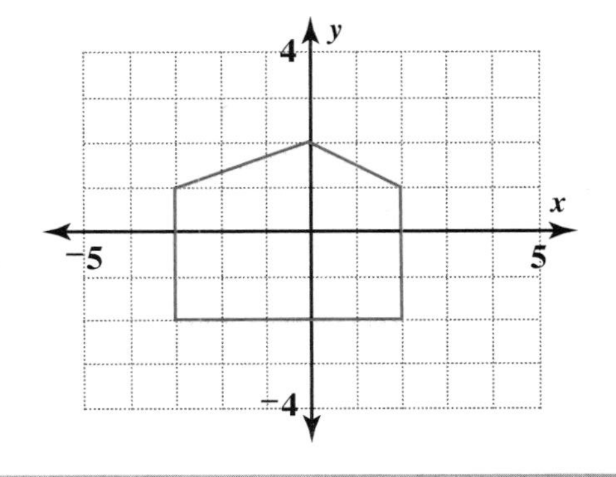

Ejercicios por tu cuenta

Practica & aplica

Para los Ejercicios 1 y 2 completa las Partes a, b, c, d y e.

a. Explica la regla en palabras.

b. Determina las coordenadas de cada vértice y copia la figura en papel cuadriculado.

c. Aplica la regla dada a las coordenadas de cada vértice para determinar los vértices de la imagen.

d. En el mismo conjunto de ejes, grafica cada punto de la imagen. Conéctalos en orden.

e. Compara la imagen con la original: ¿Es una reflexión, una rotación, una traslación o alguna otra transformación?

1. Regla: $(x, y) \rightarrow (^-x, ^-y)$

2. Regla: $(x, y) \rightarrow (^-x, y)$

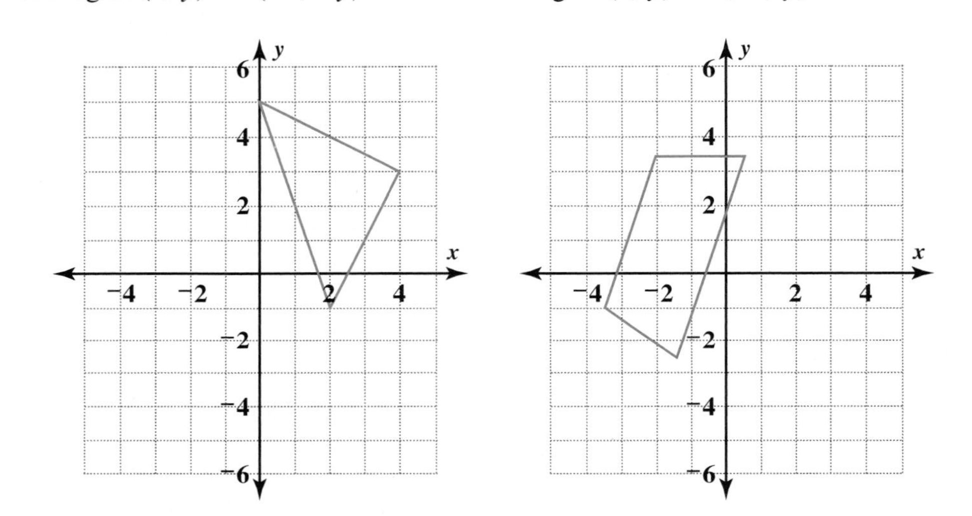

3. Se aplicó una regla al cuadrilátero original *ABCD* para crear el cuadrilátero imagen *A′B′C′D′*.

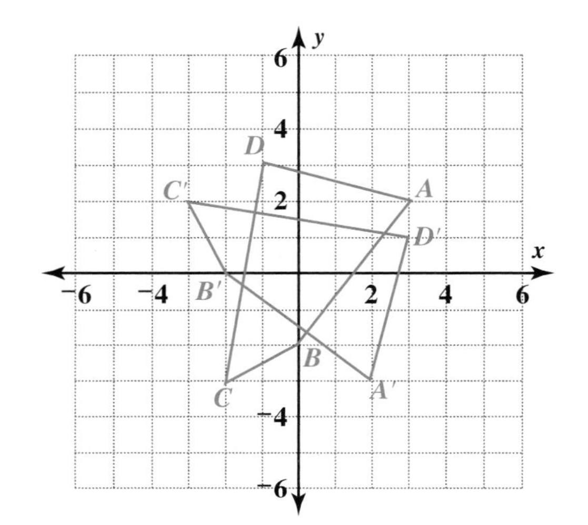

a. Copia la tabla y después súmale las coordenadas de cada punto. Recuerda, el punto A' es la imagen del punto A. El punto B' es la imagen del punto B, y así sucesivamente.

Puntos	Coordenadas originales	Coordenadas de la imagen
A, A'		
B, B'		
C, C'		
D, D'		

b. Escribe la regla que crea las coordenadas de la imagen, a partir de las coordenadas originales.

c. ¿Produce la regla una reflexión, una rotación, una traslación o alguna otra transformación?

Para los Ejercicios 4 y 5, completa las Partes a, b, c y d.

a. Determina las coordenadas de cada vértice y copia la figura en papel cuadriculado.

b. Aplica la regla dada a las coordenadas de cada vértice para determinar las imágenes de los vértices.

c. En el mismo conjunto de ejes, grafica cada punto. Conéctalos en orden.

d. Compara la imagen con la original: ¿Es una reflexión, una rotación, una traslación o alguna otra transformación?

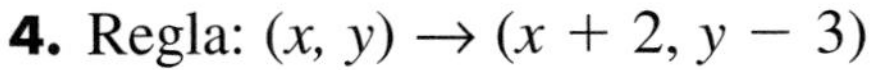
4. Regla: $(x, y) \rightarrow (x + 2, y - 3)$

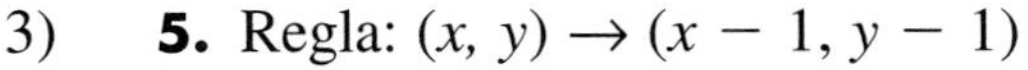
5. Regla: $(x, y) \rightarrow (x - 1, y - 1)$

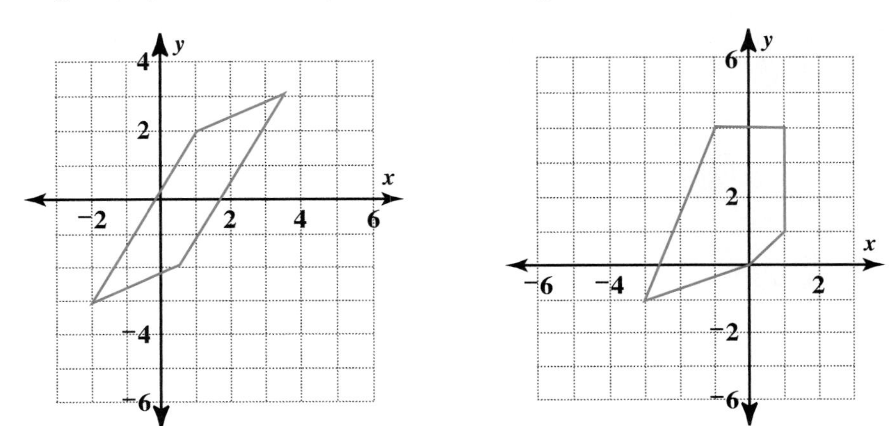

6. Supón que trasladas una figura según esta regla:

$$(x, y) \rightarrow (x + 2, y - 3)$$

Después, trasladas la imagen según esta regla:

$$(x, y) \rightarrow (x - 1, y - 1)$$

¿Dónde está la imagen final en relación con la figura original?

Conecta & amplía

7. En las Lecciones 5.1 y 5.2 pudiste haber hecho conjeturas de que las reflexiones y las rotaciones producen figuras congruentes a las figuras originales. Si tienes una regla que produce una reflexión o una rotación, puedes usar la fórmula de la distancia para verificar que los segmentos queden a la misma distancia.

   a. Copia la cuadrícula y el siguiente segmento. Después, usa la regla $(x, y) \rightarrow (x, ^{-}y)$ para crear un nuevo segmento reflejado sobre el eje x.

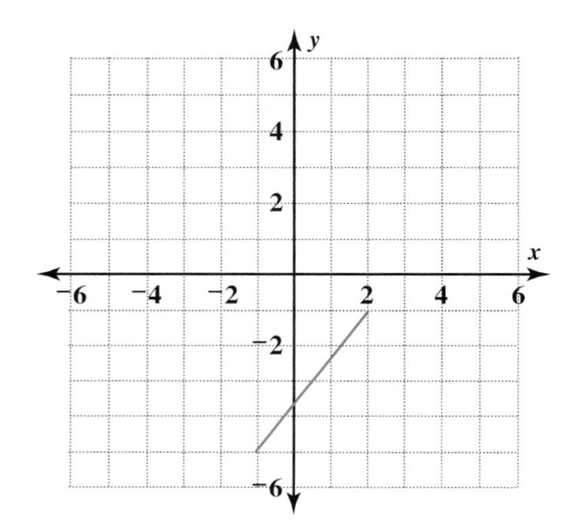

   b. Usa la fórmula de la distancia para calcular la longitud del segmento original.

   c. Usa la fórmula de la distancia para calcular la longitud de la imagen del segmento. ¿Es igual a la original?

   d. Piensa cómo crear reflexiones usando un geoespejo o mediante dobleces. Explica por qué la longitud de un segmento no cambiaría cuando lo reflejas sobre *cualquier* recta.

Recuerda

Para calcular la longitud de un segmento, usa la fórmula de la distancia:

$$d = \sqrt{(x_2 - x_1)^2 + (y_2 - y_1)^2}$$

8. Considera lo que ocurre cuando reflejas una gráfica lineal.

a. Grafica la recta $y = 2.5x + 4$.

b. En los mismos ejes, dibuja las imágenes de esta recta después de una reflexión sobre el eje x.

c. Escribe una ecuación para la nueva recta.

d. En los mismos ejes, dibuja la imagen de la recta original, después de una reflexión sobre el eje y.

e. Escribe una ecuación para la nueva recta.

f. ¿Qué observas sobre las dos imágenes que dibujaste?

g. ¿Apoyan tu observación en la Parte f tus ecuaciones para las Partes c y e? Explica.

9. Considera lo que sucede cuando rotas una gráfica lineal 180°.

a. Grafica la recta $y = 2x + 4$.

b. En la misma cuadrícula, dibuja la imagen de la recta con una rotación de 180° centrada en el origen.

c. ¿Qué observas acerca de la imagen de la recta y la recta original?

d. Escribe una ecuación para la nueva recta.

e. ¿Apoya tu observación en la Parte c tu ecuación en la Parte d? Explica.

10. Dibuja la gráfica de $y = x^3$. Después, dibuja una imagen de esta recta con una rotación de 180° alrededor del origen. ¿Qué observas?

Cuando te miras en un espejo plano, los rayos luminosos se reflejan de regreso hacia ti creando la imagen con la cual estás bien familiarizada(o).

Has aprendido sobre dos tipos de reglas simbólicas. Un tipo, la *ecuación*, describe una relación entre dos variables. El segundo tipo describe la *transformación* de un punto original a un punto imagen. Da un ejemplo de cada tipo de regla. ¿En qué se diferencian?

Recuerda

Para calcular la longitud de un segmento, usa la fórmula de la distancia:

$$d = \sqrt{(x_2 - x_1)^2 + (y_2 - y_1)^2}$$

11. Aquí hay otra regla para aplicar a las coordenadas:

$$(x, y) \rightarrow (x + 0, y + 0)$$

Esto quiere decir, suma 0 a ambas coordenadas x y y. Esto se llama la *transformación identidad.*

a. Explica qué hace la regla.

b. ¿Por qué crees que esta transformación tiene el nombre *identidad*?

c. La transformación identidad anterior está escrita como una traslación. ¿Qué rotación da el mismo resultado? Es decir, ¿qué ángulo de rotación podrías usar y cuál centro de rotación?

d. ¿Existe una reflexión sencilla que pudiera dar el mismo resultado que la transformación identidad? De ser así, dibuja un triángulo y el eje de reflexión apropiado.

e. ¿Existe una transformación que pudiera dar el mismo resultado que la transformación identidad? De ser así, ¿por qué número multiplicarías las coordenadas?

12. En la Lección 5.3, quizás hayas hecho la conjetura que las traslaciones producen figuras congruentes a las figuras originales. Si tienes una regla que produce una traslación, puedes usar la fórmula de la distancia para verificar que los segmentos tengan la misma longitud.

a. Copia la cuadrícula y el segmento de la derecha. Después, usa la regla $(x, y) \rightarrow (x + 3, y + 1)$ para crear un nuevo segmento trasladado 3 unidades a la derecha y 1 unidad hacia arriba.

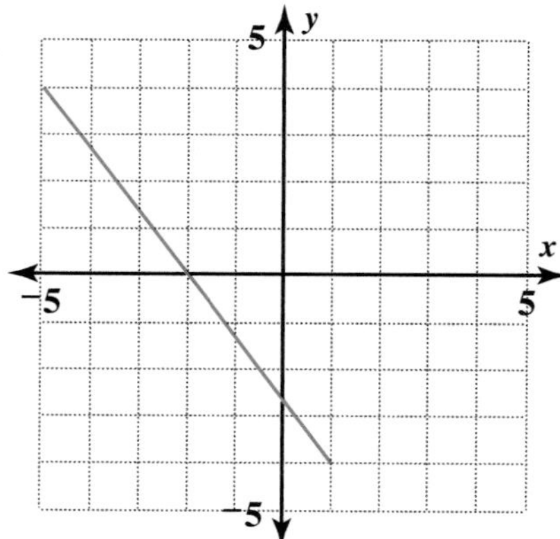

b. Usa la fórmula de la distancia para calcular la longitud del segmento original.

c. Ahora calcula la longitud del segmento imagen. ¿Es igual que la original?

d. Piensa sobre cómo crear traslaciones con papel de calcar. Explica por qué la longitud de un segmento no cambiaría al trasladarlo por *cualquier* vector.

13. Copia esta figura.

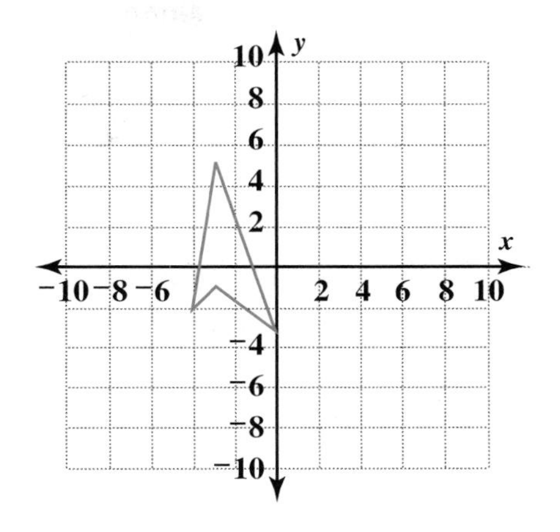

a. Usa la regla $(x, y) \rightarrow (^{-}x, y - 3)$ para crear una imagen del cuadrilátero.

b. Describe la regla de transformación aplicada. ¿Es una rotación, una reflexión, una traslación, una transformación o una reflexión deslizante?

Repaso mixto

Indica si la relación en cada tabla podría ser lineal.

14.

x	0	1	2	3	4
y	2.2	0	$^{-}2.2$	$^{-}4.4$	$^{-}6.6$

15.

x	0	1	2	3	4
y	$^{-}2$	2	$^{-}4$	4	$^{-}6$

16.

x	0	1	2	3	4
y	4.1	13.1	22.1	31.1	40.1

17. Devon tiene 100 metros de hilo de pescar. Ella corta el hilo por la mitad, guarda una hebra en su caja de pesca y corta la segunda hebra por la mitad de nuevo. Ella continúa cortando de este modo.

a. Copia y completa la tabla para esta situación.

Número de cortes	0	1	2	3	4	5
Longitud del hilo (m)	100					

b. ¿Qué tipo de relación es ésta?

18. Estadística Para su catorceavo cumpleaños, el abuelo de Fran le va a regalar su colección de historietas. El abuelo le explica que él ha organizado las historietas por año de publicación, en seis categorías, las cuales usan con frecuencia los coleccionistas. Fran contó el número de historietas en cada categoría.

Categoría	Años cubiertos	Número de historietas
Anteriores al siglo de oro	1896–1937	21
Siglo de oro	1938–1945	117
Posteriores al siglo de oro	1946–1949	32
Anteriores al siglo de plata	1950–1955	93
Siglo de plata	1956–1969	67
Posteriores al siglo de plata	1970–presente	23

a. Haz una gráfica circular para representar el número de historietas en cada categoría. Escribe el porcentaje de cada sección en la gráfica, redondeando al 0.1% más cercano.

b. La colección contiene 32 historietas para los cuatro años posteriores al siglo de oro o un promedio de 8 historietas por año. ¿Qué categoría contiene la mayor parte de las historietas por año? ¿Qué contiene la menor parte? Para cada una de éstas, ¿cuál es el número promedio de historietas por año?

c. ¿Suman 100% los porcentajes de tu gráfica? De no ser así, ¿por qué crees que no suman 100%?

Resumen del capítulo

VOCABULARIO
dibujo a escala
dilatación
eje de reflexión
eje de simetría
factor de escala
imagen
mediatriz
reflexión sobre una recta
rotación
simetría de reflexión
simetría de rotación
simetría lineal
transformación
traslación
vector

En este capítulo, estudiaste la geometría de transformación. Aprendiste cómo realizar cuatro transformaciones: *reflexión, rotación, traslación* y *dilatación.* También aprendiste a reconocer diseños usando ambos tipos simetría: de reflexión y de rotación.

Tres de las traslaciones: la reflexión, la rotación y la traslación producen imágenes congruentes a las figuras originales. La dilatación produce imágenes semejantes pero no necesariamente congruentes.

Estrategias y aplicaciones

Las preguntas en esta sección te ayudarán a repasar y aplicar las ideas y estrategias importantes desarrolladas en este capítulo.

Reconoce simetría de reflexión y de rotación

Cada una de las figuras en las Preguntas 1 a la 3 poseen simetría de reflexión, simetría de rotación o ambas. Copia cada figura y después contesta las Partes a, b y c.

a. Determina el tipo o tipos de simetría que tiene la figura.

b. Indica el eje o ejes de simetría y el centro de rotación, si lo hay.

c. Si la figura tiene simetría de rotación, determina el ángulo de rotación.

1.

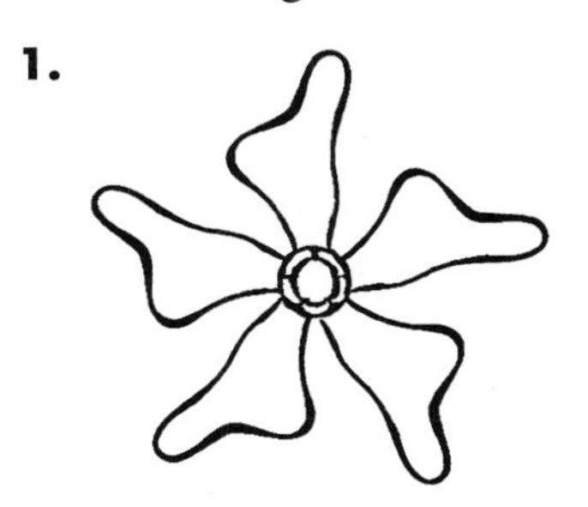

2.

3.

Realiza reflexiones

Aprendiste a reflejar figuras usando tres métodos: doblar, usar un geoespejo y usar una mediatriz.

4. Elige uno de estos tres métodos y explica en tus propias palabras cómo reflejar una figura usando ese método.

5. Una regla particular para reflejar una figura en una cuadrícula de coordenadas cambia una coordenada original (x, y) en la coordenada imagen $(^-y, ^-x)$. ¿Cuál es el eje de reflexión para esta regla?

Realiza rotaciones

Dos de los métodos que aprendiste para rotar figuras son usar papel para calcar y usar un transportador y una regla.

6. Elige uno de estos dos métodos y explica en tus propias palabras cómo usarlo para rotar una figura alrededor de un punto con un ángulo de rotación dado.

7. Una regla particular para rotar una figura en una cuadrícula de coordenadas cambia una coordenada original (x, y) a la imagen de la coordenada $(^-y, x)$. ¿Cuáles son el centro y el ángulo de rotación para esta regla?

Realiza traslaciones

8. Explica en tus propias palabras cómo trasladar una figura por un vector dado.

9. Una regla particular para trasladar una figura en una cuadrícula de coordenadas cambia una coordenada original (x, y) en la coordenada imagen $(x + 4, y - 3)$. En la cuadrícula de coordenadas, muestra el vector de traslación para esta regla.

Realiza dilataciones

En este capítulo, aprendiste dos métodos para dilatar figuras: el método de coordenadas y el método de proyección.

10. Elige uno de estos métodos. Explica en tus propias palabras cómo usar este método para dilatar una figura por un factor de escala dado.

11. Un polígono tiene un vértice en el punto (8, 6). Una versión dilatada del polígono tiene un vértice correspondiente en el punto (12, 9). ¿Qué factor de escala se usó para dilatar el polígono original?

Combina transformaciones

12. La Figura Z es la imagen de la Figura A.

a. Halla una manera de transformar la Figura A en la Figura Z usando *dos* transformaciones.

b. ¿Importa el orden en que realices las transformaciones?

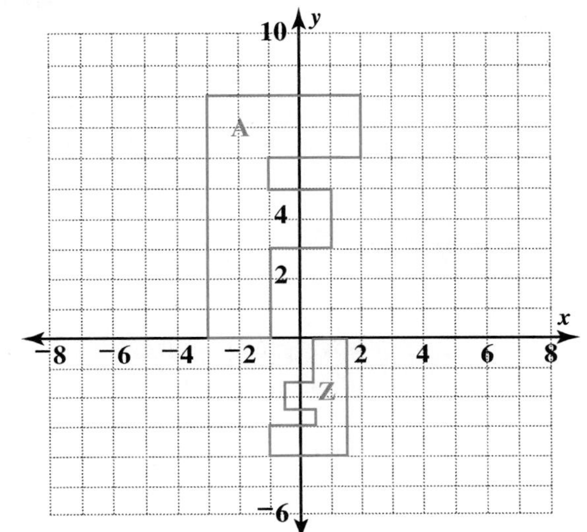

Demuestra tus destrezas

13. Copia esta figura. Refleja la figura a través de la recta usando un método diferente al descrito en la Pregunta 4.

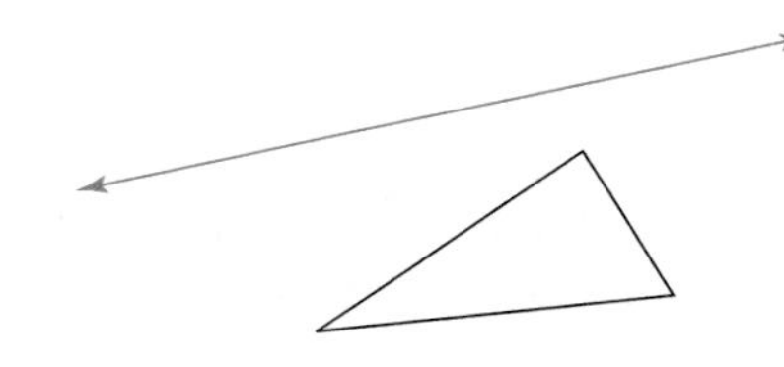

14. Copia esta figura. Rota la figura sobre el punto P con un ángulo de rotación de $^{-}40°$. Usa el método que no describiste en la Pregunta 6.

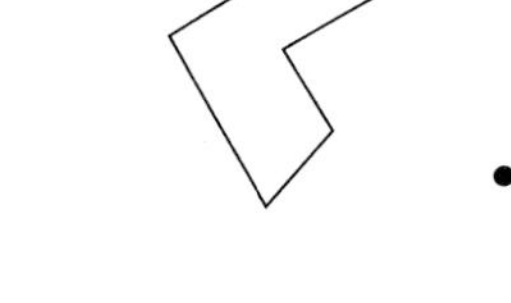

15. Copia esta figura. Traslada la figura por el vector dado.

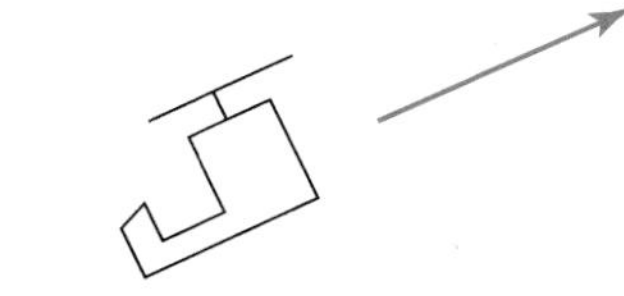

16. Copia esta figura en papel cuadriculado. Amplía la figura por un factor de escala 3. Usa el método que no describiste en la Pregunta 10.

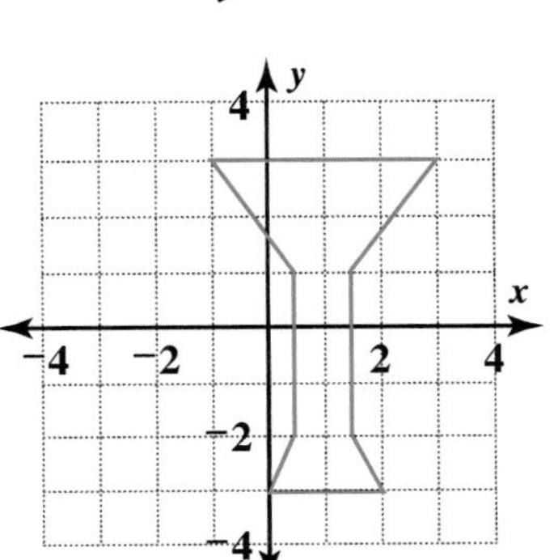

Trabaja con expresiones

Matemáticas en la vida diaria

Levantamiento de pesas ¿Puedes levantar un elefante de 10,000 libras? ¡Claro que sí, pero primero debes encontrar una palanca lo suficientemente larga y lo suficientemente fuerte! El uso de palancas permite aplicar mayor fuerza, que la que se puede aplicar con los brazos solamente.

Supón que el elefante está situado a 4 pies de distancia del fulcro. La cantidad de fuerza que necesitarías aplicar equivaldría a $F = \frac{40{,}000}{d}$, en la cual d es la distancia entre el fulcro y el punto donde se aplica la fuerza.

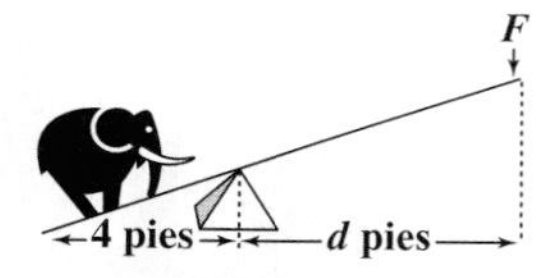

Si tu palanca tuviera la misma longitud que el árbol más grande de la Tierra (alrededor de 368 pies), ¡sólo necesitarías aplicar 110 libras de fuerza a la palanca, para levantar el elefante!

Piensa al respecto ¿Qué crees que representa el número 40,000 de la ecuación $F = \frac{40{,}000}{d}$?

Carta a la familia

Estimados alumno(a) y familiares:

Estamos a punto de iniciar un nuevo tema en la clase de matemáticas. En esta ocasión, su hijo(a) escribirá, reducirá y trabajará con *expresiones algebraicas*. La mayor parte de este capítulo les será familiar y les hará recordar sus propios estudios de álgebra.

El álgebra es una de las herramientas más poderosas de las matemáticas. Parte de su utilidad, y de su belleza, es el modo en que permite plantear y resolver problemas, sin necesidad de hacer mucho trabajo. Por ejemplo:

> La entrada a un cine cuesta $4.50 para adultos y la mitad del precio para niños, además, tienes un cupón de $3 de descuento. ¿Cuánto pagarás en total? La respuesta es $[4.50x + 2.25(4) − 3] donde x representa el número de adultos.

Lo primero que haremos en este capítulo es aprender a multiplicar expresiones como $x(x + 5)$ y $(x + 1)(x + 5)$, usando un *modelo geométrico.* Por ejemplo, para calcular el área del rectángulo mayor de la siguiente figura se puede multiplicar el largo por el ancho, o $x(x + 3)$. Aunque también se puede obtener calculando primero el área del cuadrado, $x \cdot x$ o x^2 y luego sumar el área del rectángulo pequeño $x \cdot 3$ ó $3x$ ó 3x, lo que resulta en $x^2 + 3x$. Esto demuestra que $x(x + 3) = x^2 + 3x$.

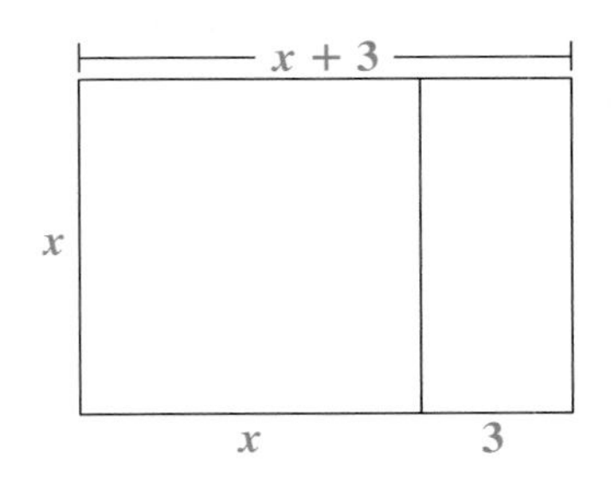

Vocabulario Aprenderemos los siguientes términos nuevos en este capítulo:

binomio **desarrollar** **términos semejantes**

¿Qué pueden hacer en el hogar?

Durante el estudio de este capítulo, su hijo(a) estudiará situaciones concretas y modelos geométricos que le facilitarán el entendimiento de *por qué* los cálculos con símbolos se hacen de la manera en que se hacen. Pídanle a su hijo(a) que les explique lo que está estudiando, mediante modelos geométricos y símbolos, para que profundice aún más su comprensión del tema.

6.1 Reordena expresiones algebraicas

A veces, las ideas tomadas de la geometría pueden esclarecer ciertos aspectos del álgebra. En esta investigación, observarás un modelo geométrico que incluye rectángulos como ayuda para trabajar con expresiones algebraicas y para reducirlas.

Piensa & comenta

Este rectángulo se puede considerar como un cuadrado con una franja agregada a un lado. El ancho del rectángulo grande es 1 unidad más larga que su altura.

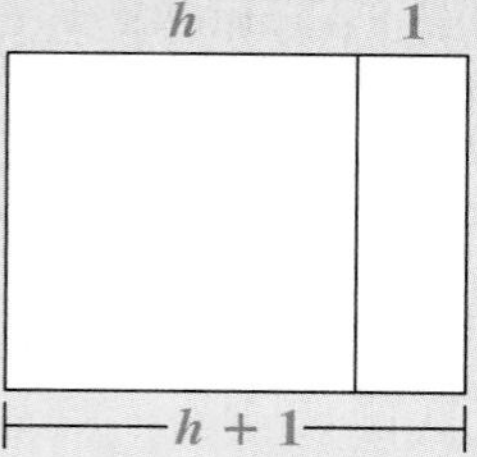

Si cortas y separas el rectángulo grande, obtienes un cuadrado y un rectángulo pequeño con las siguientes dimensiones.

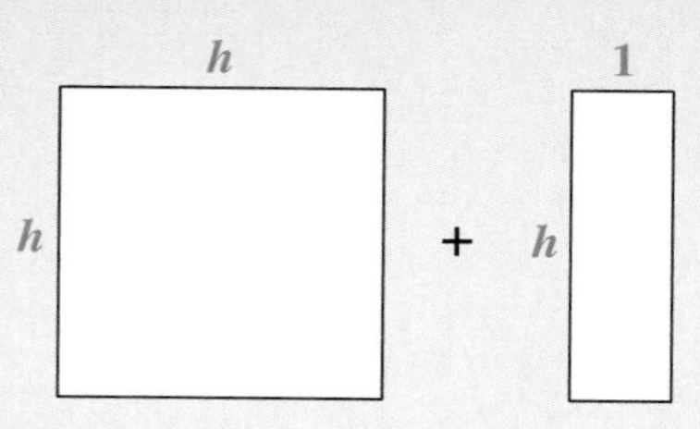

- ¿Cuál es el área del cuadrado?
- ¿Cuál es el área del rectángulo pequeño?
- Usa las expresiones que escribiste anteriormente, escribe una expresión para el área del rectángulo grande.
- ¿Qué indica esto acerca de $h(h + 1)$ y $h^2 + h$? ¿Por qué?

Los diagramas de rectángulo, como los anteriores, son modelos geométricos que te pueden ayudar a averiguar cómo funciona la propiedad distributiva. Es decir, te pueden ayudar a entender por qué $a(b + c) = ab + ac$.

VOCABULARIO
desarrollar

Al uso de la propiedad distributiva para multiplicar los factores a y $(b + c)$ se le llama **desarrollar** la expresión. Por ejemplo, para desarrollar la expresión $2(x + 1)$, multiplica 2 por $(x + 1)$ para obtener $2x + 2$. La expresión desarrollada de $h(h + 1)$ es $h^2 + h$.

Investigación 1 Usa modelos geométricos

En esta investigación, usarás modelos de rectángulos para representar expresiones algebraicas.

Serie de problemas A

1. Uno de los rectángulos en este diagrama tiene un área de $x(x + 3)$.

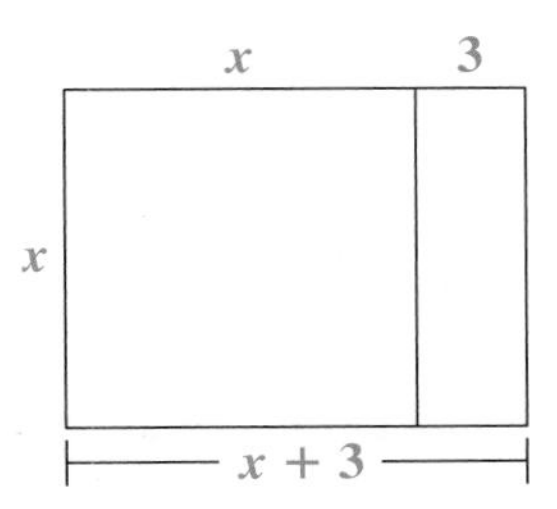

   a. Copia el diagrama e indica el rectángulo que tiene el área $x(x + 3)$.

   b. Usa tu diagrama para desarrollar la expresión $x(x + 3)$. Explica lo que hiciste.

2. Dante y Héctor hacen otro diagrama de rectángulo.

   a. Escribe una expresión para contestar la pregunta de Dante.

   b. ¿Tiene razón Héctor? Explica tu razonamiento.

3. En este diagrama, se quitó el rectángulo sombreado del cuadrado.

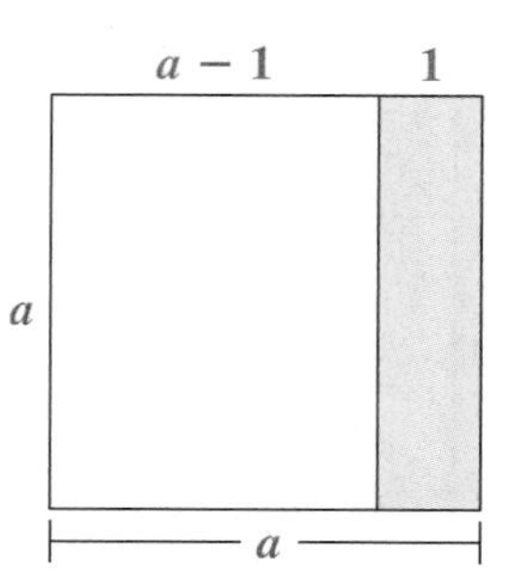

Explica dos maneras en que puedes usar el diagrama para hallar la expresión del área del rectángulo que no está sombreada. Da tus expresiones.

4. Usa la propiedad distributiva para volver a plantear cada expresión. Después haz un diagrama de rectángulo que muestre por qué las dos expresiones son equivalentes. Sombrea para indicar la eliminación de la región de un área.

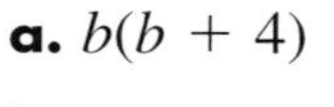

a. $b(b + 4)$

b. $m(m - 6)$

Ahora explorarás combinaciones más complejas de rectángulos y las expresiones algebraicas que representan.

Serie de problemas B

1. Comienza con un cuadrado con lado de longitud x. Crea un rectángulo grande agregando otro cuadrado del mismo tamaño y una franja de 1 unidad.

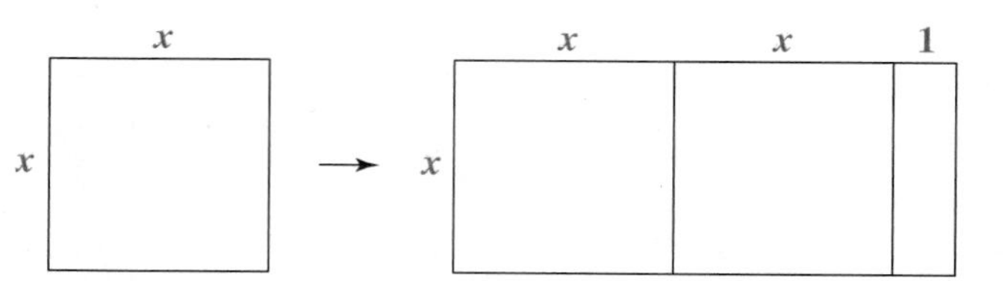

a. ¿Cuál es la altura del rectángulo grande?

b. Escribe una expresión reducida para el ancho del rectángulo grande.

c. Usa las dimensiones de la Partes a y b para escribir una expresión para el área del rectángulo grande.

d. El rectángulo grande está compuesto de dos cuadrados y un rectángulo más pequeño. Escribe una expresión para el área de cada una de las partes. Después usa las áreas para escribir una expresión para el área del rectángulo grande, reduciéndolo si es necesario.

e. Tus dos expresiones para el área del rectángulo grande, para las Partes c y d, son equivalentes. Escribe una ecuación que manifieste esto y después usa la propiedad distributiva para verificar tu ecuación.

2. Comienza con un cuadrado cuyo lado mida x, agrega otro cuadrado del mismo tamaño y *elimina* una franja de 1 unidad de ancho.

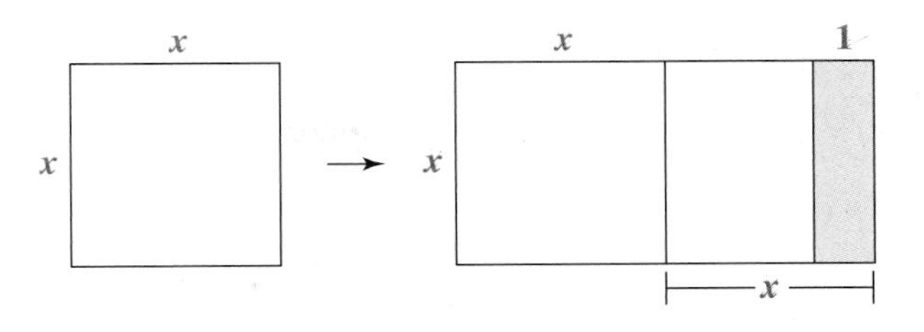

Usa el diagrama para ayudar a explicar por qué $x(2x - 1) = 2x^2 - x$.

3. Ahora comienza con un cuadrado cuyo lado mida x y haz un rectángulo con lados $2x$ y $x + 1$.

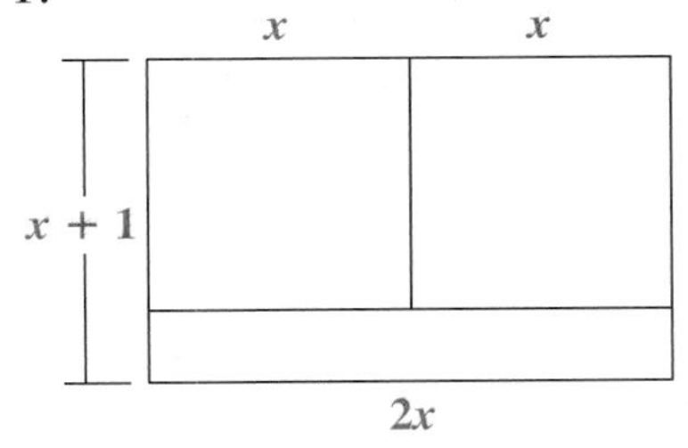

a. Usa la propiedad distributiva para desarrollar $2x(x + 1)$.

b. Usa el diagrama para explicar por qué tu desarrollo es equivalente a la expresión original.

4. Haz un diagrama de rectángulo que modele cada expresión. Usa el diagrama como ayuda para escribir la expresión en una forma diferente.

a. $2a(a - 1)$

b. $b^2 - 3b$

c. $c^2 + 2c$

5. Desarrolla cada expresión.

a. $3a(a + 4)$

b. $2m(3m - 2)$

c. $4x(3 + 2x)$

Comparte & resume

Según la propiedad distributiva, $a(b + c) = ab + ac$. Usa un modelo de rectángulo para explicar por qué la propiedad distributiva tiene sentido.

Investigación 2 Reduce expresiones

En la Investigación 1, aprendiste a desarrollar expresiones eliminando los paréntesis. Para facilitar el uso de las expresiones desarrolladas, puedes reducirlas.

Piensa & comenta

El siguiente es el plano es de una sala. Imagina que quieres comprar una alfombra nueva para la habitación. Todas las dimensiones están en pies.

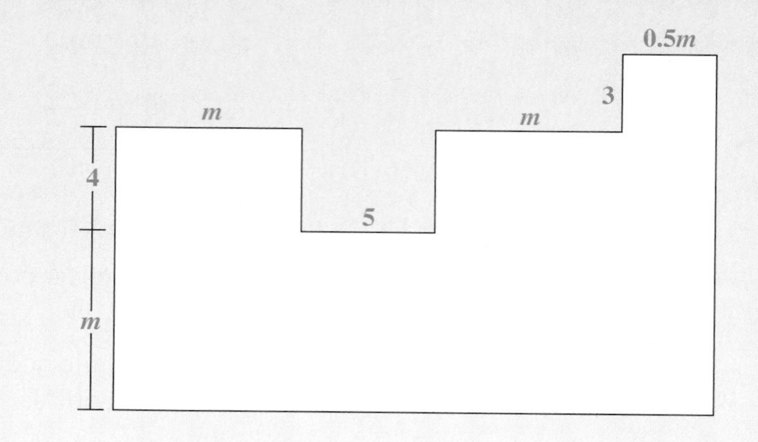

- Escribe una expresión para el área del piso.
- Tamika escribió esta expresión para el área del piso:

$$m^2 + 4m + 5m + m^2 + 4m + 3.5m + 0.5m^2$$

  ¿Es correcta su expresión?

- Evalúa la expresión de Tamika cuando $m = 6$.

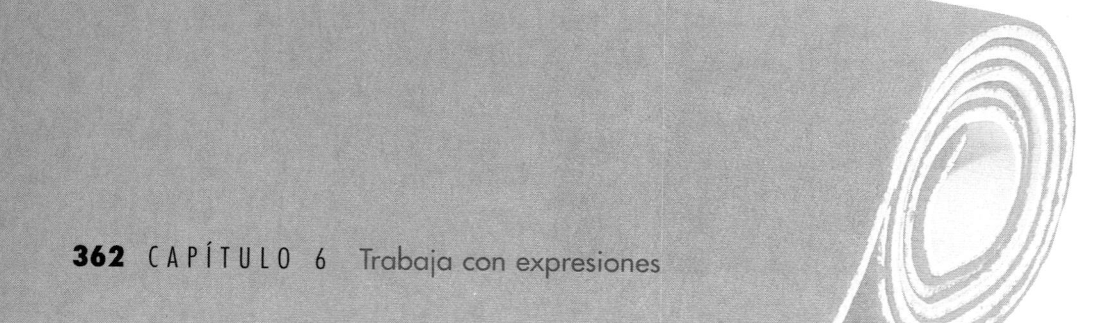

La expresión del área de Tamika tiene varios términos, pero puedes escribir una expresión equivalente con la que sea más fácil trabajar.

Por ejemplo, considera esta expresión:

$$k + 4k^2 + 3 - 2k^3 + 2k - 16 - 6k^4 + 3k^2 + 7k^3 + 19k^8$$

Dos de los términos son k y $2k$. Puedes razonar que su suma es $3k$, aunque no sepas lo que representa k. Un número más dos veces ese número es tres veces ese número, sea cual sea el número.

VOCABULARIO
términos semejantes

A k y $2k$ se les llama *términos semejantes.* Los **términos semejantes** tienen la misma variable elevada a la misma potencia; se pueden sumar o restar y después escribirse como un sólo término. Por ejemplo, en las expresiones anteriores,

$$4k^2 + 3k^2 = 7k^2 \qquad \text{y} \qquad {}^{-}2k^3 + 7k^3 = 5k^3$$

De manera parecida, 3 y $^{-}16$ son términos semejantes porque ambos son constantes (términos sin variables) y se pueden combinar para dar $^{-}13$. Como los términos $^{-}6k^4$ y $19k^8$ son diferentes uno del otro y diferentes a los otros términos, permanecen solos.

Puedes volver a plantear la expresión reducida como

$$19k^8 - 6k^4 + 5k^3 + 7k^2 + 3k - 13$$

Fíjate que, en las expresiones anteriores, los términos se ordenan según el exponente de la variable k.

Serie de problemas C

1. ¿Cuáles de estas expresiones son equivalentes a la expresión $p + 2p - p + 6 - 3 + 2p$?

$3p \qquad 7p \qquad 4p + 3 \qquad 6p + 3 \qquad 2p + 3 + 2p \qquad 4p - 3$

2. ¿Cuáles de estas expresiones son equivalentes a la expresión $y(2y + 3) - 5 + 2y - 2 + 3y^2 + 7$?

$10 \qquad 2y^2 + 3y^2 + 5y \qquad 10y^2 \qquad 12y + 14 \qquad 5y^2 + 5y$

Evan trató de reducir las siguientes expresiones, pero cometió algunos errores. Para cada una, indica si la expresión reducida es correcta. De no serlo, identifica el error de Evan y escribe la expresión correcta.

3. $x + x + 7 = 2x + 7$

4. $m^2 + m^2 - 4 = m^4 - 4$

5. $2 + b + b^2 = 2 + b^3$

6. $3 - b^2 + b(b + 2b) = 2b^2 + 3$

7. Copia la expresión que escribiste para el área del piso en Piensa & comenta, en la página 362.

   a. Escribe la expresión en la forma más reducida que puedas.

   b. ¿Cuántos pies cuadrados de alfombra necesitas, si m mide 6 pies?

   c. En Piensa & comenta, evaluaste la expresión de Tamika cuando $m = 6$. Qué fue más fácil, ¿evaluar la expresión de Tamika o tu expresión de la Parte a?

8. Lana y Keenan redujeron $5a^2 + 10 - 4a^2 - 5 + 3a^2$ a $3a^2 + 5$. Lana verificó la respuesta reemplazando 0 por a. Halló que ambas expresiones eran igual a 5 cuando a es 0 y concluyó que son equivalentes.

   Keenan preguntó, —¿Pero qué sucede cuando reemplazamos el 2? Al usar $a = 2$, halló que la primera expresión es igual a 21 y que la expresión reducida es igual a 17.

   a. ¿Redujeron correctamente Lana y Keenan? Explica.

   b. Lana y Keenan probaron la equivalencia de las expresiones al reemplazar el mismo valor en cada expresión, para ver si daban el mismo resultado. ¿Crees que funcionaría la prueba? ¿Qué aprendiste de los resultados de sus pruebas?

MATERIALES

calculadora graficadora

Serie de problemas D

Reduce cada expresión lo más que puedas.

1. $3(x + 1) + 7(2 - x) - 10(2x - 0.5)$
2. $3a + 2(a - 6) + \frac{1}{2}(8 - 4a)$
3. $3y + 9 - (2y - 9) - y$
4. $(x^2 - 7) - 2(1 - x + x^2)$

Recuerda

Restar un número es lo mismo que sumar su opuesto; por ejemplo, $3 - 5 = 3 + {}^{-}5$.

En esta tabla de adición, la expresión en cada celda blanca es la suma de las primeras expresiones en esa fila y columna. Por ejemplo, la suma de a^2 y $a(a - 1)$ es $a^2 + a(a - 1) = a^2 + a^2 - a = 2a^2 - a$.

+	a	$a(a - 1)$
$a - 1$	$2a - 1$	$a^2 - 1$
a^2	$a^2 + a$	$2a^2 - a$

5. Copia y completa esta tabla hallando las expresiones que faltan.

+		$2a(a - 5)$	$a(2a + 1)$
		$2a^2 - 9a$	
$a(a + 1)$	$a^2 + 2a + 3$		
			$3a^2 + 5a$

6. Al completar la siguiente expresión, crea una expresión que se reduzca a $4x - 3$.

$$3(x^2 + x - 2) + 2(\_\_\_\_\_\_\_\_\_\_\_\_\_\_\_\_)$$

7. Lucita y Mikayla están analizando esta ecuación.

$$y = 2x^2 + 5x + 4 - 2(x^2 + 1) - 3x$$

Mikayla dice que es una ecuación cuadrática porque tiene términos x^2. Lucita graficó la ecuación y cree que no es cuadrática.

a. Grafica la ecuación. Basándote en la gráfica, ¿qué tipo de relación parece representar esta ecuación: lineal, cuadrática, cúbica, recíproca, exponencial o alguna otra?

b. ¿Cómo podrías estar seguro del tipo de relación que representa esta ecuación?

Comparte & resume

¡Deja perplejo a tu compañero! Escribe una expresión que se reduzca a una de estas tres expresiones.

$$3x - 1 \qquad 5x + 2 \qquad 3x^3 - 7x - 2$$

Incluye por lo menos cinco términos en tu expresión, con un máximo de dos términos con números solos e incluye algunos términos con variables elevadas a una potencia. Cuando termines, intercambia con tu compañero y averigua cuál expresión, de las anteriores, es equivalente a la de tu compañero.

Investigación de laboratorio ▶ Haz los cortes

MATERIALES
- papel cuadriculado de 1 cm
- tijeras

En esta forma de la H, a y b son números positivos y los ángulos son todos ángulos rectos.

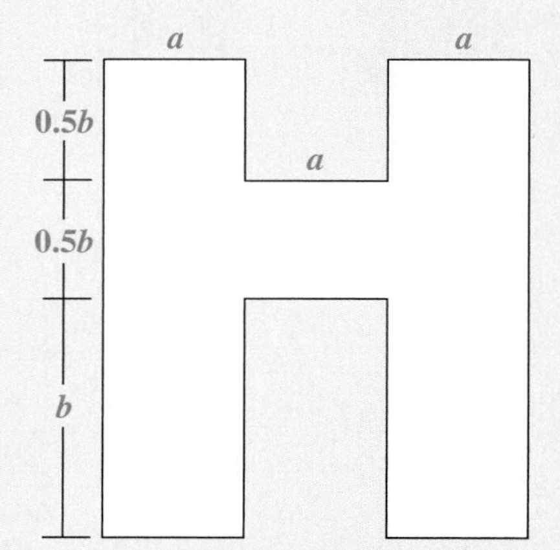

Analiza la forma H

1. En un papel cuadriculado, traza la forma de una H en que $a = 1$ cm y $b = 2$ cm.

2. Calcula el perímetro y el área de tu forma H.

3. Escribe una expresión algebraica para el perímetro de tu forma H en términos de a y b.

4. Escribe una expresión para el área de tu forma H en términos de a y b.

5. Usa tu expresión de la Pregunta 3 para calcular el perímetro de tu forma H cuando $a = 1$ cm y $b = 2$ cm. ¿Corresponde con la respuesta a la Pregunta 2?

6. Ahora, usa tu expresión de la Pregunta 4 para calcular el área de tu forma H cuando $a = 1$ cm y $b = 2$ cm. ¿Corresponde con la respuesta a la Pregunta 2?

Transforma la forma H

7. Crea una nueva figura, diferente a la forma H, con un área semejante a la de la forma H que se mostró anteriormente, pero con un perímetro diferente.

a. Traza tu figura.

b. Escribe una expresión algebraica para el área de tu figura. ¿Es equivalente a la expresión para el área de la forma H, de la Pregunta 4?

c. Escribe una expresión para el perímetro de tu figura.

d. La expresión del perímetro de la figura que trazaste probablemente sea muy diferente a la expresión del perímetro para la H. Trata de calcular los valores de a y b para los cuales los perímetros de las dos figuras sean los mismos. Si calculas tales valores, ¿significa que los perímetros de las formas generales son equivalentes? Explica.

8. Ahora considera una figura que tenga el mismo perímetro que la forma H, pero diferente área.

   a. Dibuja la figura.

   b. Escribe una expresión para el perímetro de tu figura. ¿Es equivalente la expresión para el perímetro de la forma H?

   c. Escribe una expresión para el área de tu figura.

   d. ¿Hay algunos valores de a y b para los cuales las áreas de las dos figuras sean las mismas? (Para contestar esta pregunta, escribe y resuelve una ecuación.)

Haz un rectángulo

Copia la forma H de la página 366, córtala en trozos y reordena las piezas para formar un rectángulo. Registra las longitudes de los lados de tus trozos en términos de a y b. Necesitarás esta información después.

9. Dibuja el rectángulo que formaste de la forma H y rotula las longitudes de los lados.

Haz una predicción

10. Sin hacer ningún cálculo, piensa en qué se parece el perímetro de la forma H original con el perímetro de tu rectángulo. ¿Son iguales o diferentes?

11. Sin hacer ningún cálculo, piensa en qué se parece el área de la forma H original con el área de tu rectángulo. ¿Son iguales o diferentes?

Verifica tu predicción

12. Escribe una expresión para el perímetro de tu rectángulo en términos de a y b. Verifica tu predicción de la Pregunta 10. ¿Hay valores específicos de a y b que harían los perímetros iguales? ¿Diferentes?

13. Escribe una expresión para el área de tu rectángulo en términos de a y b. Verifica tu predicción de la Pregunta 11. ¿Hay valores específicos de a y b que harían las áreas iguales? ¿Diferentes?

¿Qué aprendiste?

14. Jenny cree que si aumentas el perímetro de una figura, también debes aumentar el área. Escribe una carta para explicarle si tiene razón y por qué. Puedes incluir ejemplos o ilustraciones.

Ejercicios por tu cuenta

Practica & aplica

1. Comienza con un cuadrado cuyo lado mida x cm. Imagina que extiendes la longitud de un lado a 7 cm.

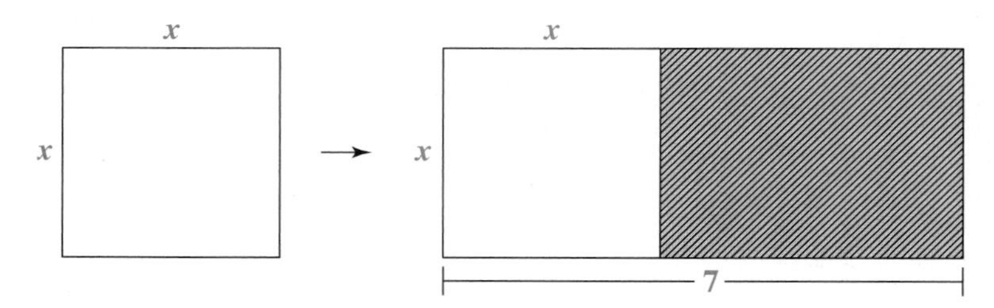

a. ¿Cuál es el área del cuadrado original? ¿Cuál es el área del nuevo rectángulo grande?

b. Usa las áreas que calculaste para escribir una expresión para el área del rectángulo a rayas.

c. Ahora escribe expresiones para el ancho y el largo del rectángulo a rayas.

d. Usa las dimensiones de la Parte c para escribir una expresión para el área del rectángulo a rayas.

e. ¿Qué sugieren tus respuestas a las Partes b y d acerca del desarrollo de $x(7 - x)$?

2. Usa la propiedad distributiva para desarrollar $3x(x - 2)$. Después, traza un diagrama de rectángulo y úsalo como ayuda para explicar por qué las dos expresiones son equivalentes.

Usa la propiedad distributiva para desarrollar cada expresión.

3. $3z(z + 1)$

4. $\frac{1}{2}x(x - 2)$

5. $t(2 - t)$

Haz un diagrama de rectángulo para relacionar cada expresión y úsalo para escribir la expresión en forma factorizada.

6. $2x^2 + x$

7. $2x^2 - x$

En tus **propias palabras**

Describe algunos de los pasos que sigues al reducir una expresión algebraica y explica cómo sabes cuándo tienes una expresión en su forma más reducida.

8. Este diagrama muestra el área cubierta de césped entre dos edificios y el andén rectangular en el medio y a lo largo del área. La longitud del área cubierta de césped es cuatro veces su anchura. Los bordes del andén miden 2.5 metros, a partir de los lados del rectángulo.

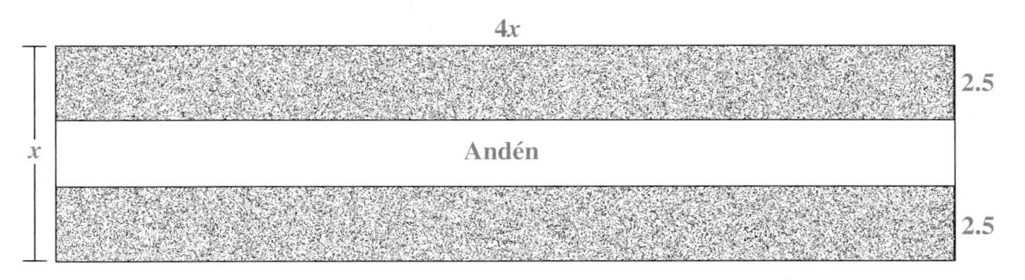

Escribe dos expresiones para el área del andén, una en forma factorizada y otra en forma desarrollada.

Escribe cada expresión lo más reducida que puedas.

9. $2a(a + 2) - 4a + 3$

10. $n(n + 1) - n$

11. $x(3 - 2x) + 2(x^2 - 4)$

12. $p(3p - 4) - 2(3 - 5p)$

13. $n(n^2 - 1) - n(1 - n)$

14. $q - 3q - 4q(1 - q)$

15. $2(c - 3) + c(c - 2)$

16. $2(c + 3) - c(c - 2)$

Reduce cada expresión e indica si es lineal, cuadrática, cúbica o ninguna de éstas.

17. $p(p + 1) - \frac{2}{p} + 2 + p^2 - \left(1 - \frac{2}{p}\right) - 1$

18. $w(1 - w) + 2w\left(\frac{1}{w}\right) - 2w - (1 - w^2)$

19. $6x - 2(1 + x) + 2\left(\frac{1}{x} - 1\right) - (4x - 1)$

20. Completa esta expresión para crear una expresión que se reduzca a $x + 2$.

$$^{-}4(x + x^2 - 1) + \underline{\qquad\qquad}$$

21. Clasifica estas expresiones en grupos de expresiones equivalentes.

a. $5(x^4 - 1) - 10 - 2x^4 + 5 - 5x^2 + 2x^4 + 2x^2 + 7$

b. $3x^5 + 2x^4 + 3x^2$

c. $5x^5 + 2(x^4 - x^5) - 10 - 2x + 3x^2 + 2x + 3 + 7$

d. $^-3x^2 - 3 + 5x^4$

e. $x + 4 + 5(x + x^2) - 8 + 2x - 10x + 5 - 2x - 5x^2$

f. $3(x^5 + x^2) + 2(x^4 + 3x) - 6x$

Conecta & amplía

Para cada expresión, copia el diagrama y sombrea un área que corresponda a la expresión.

22. $(2x)^2$

23. $2x^2$

24. $x(2x + 1)$

25. $2x + 2$

26. $(2x + 2)^2$

27. $x(2x + 2)$

Desarrolla cada expresión.

28. $x(a - b + c)$

29. $\frac{k}{7}(21a - 0.7)$

30. $\frac{x}{3}\left(\frac{a}{2} - \frac{b}{3} + \frac{c}{4}\right)$

31. $4w(4w - 2x - 1)$

32. Este diagrama muestra un cajón y el gabinete que lo rodea. El cajón mide 2 pulgadas más de ancho que de alto y hay 1 pulgada entre el cajón y el exterior del gabinete por todos lados. La longitud tanto del cajón como de su gabinete es y.

Escribe dos expresiones equivalentes para el volumen del cajón, una en forma factorizada y una en forma desarrollada.

Hueco de 1 pulgada

33. Ben y Lucita están analizando expresiones algebraicas.

a. Después de eliminar la franja de 1 cm, hay dos maneras de doblar el resto del papel. Para cada posibilidad, escribe una expresión para el área del trozo final (después de que el papel se dobló y cortó por la mitad). ¿Son equivalentes estas expresiones? Explica.

b. Ben planteó un nuevo problema: *Imagina un cuadrado con lados de x longitud. Dobla el cuadrado por la mitad, córtalo y bota una mitad. Ahora elimina una franja de 1 cm de la mitad que queda. Escribe una expresión para el área del trozo que queda.*

Lucita dijo que hay dos maneras de interpretar las instrucciones de Ben. Halla las dos maneras y escribe una expresión para cada una. ¿Son equivalentes las dos expresiones? Explica.

34. Un albañil hizo una pila de ladrillos de 16 capas de altura. Cada capa tiene tres ladrillos acomodados en los patrones que se muestran a continuación, a la izquierda. Cada ladrillo es el doble de largo que de ancho y tiene $1\frac{1}{2}$ pulgadas de espesor menos que su ancho.

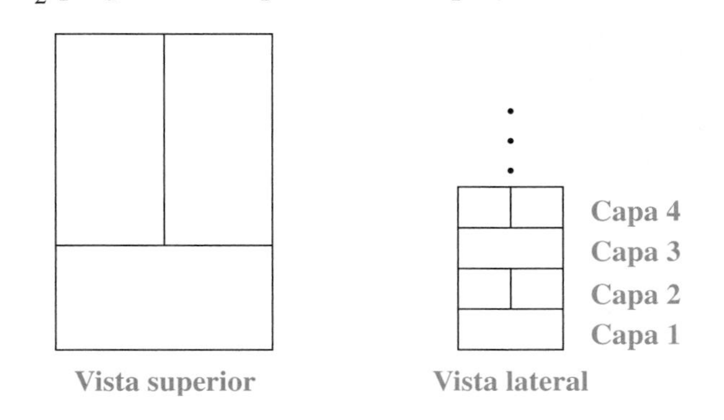

a. ¿Cuántos ladrillos hay en la pila de 16 capas?

b. Escribe una expresión para el volumen de la pila usando w para el ancho de cada ladrillo.

Repaso mixto

35. Halla una ecuación para la recta a través de los puntos (3, 2) y (8, $^-5$).

Haz un bosquejo que muestre la forma general y la ubicación de la gráfica de cada ecuación.

36. $y = x^2 + 3$ **37.** $y = \frac{2}{x}$ **38.** $y = x^3 - 1$

Reduce cada expresión tanto como sea posible.

39. $\sqrt{34}$ **40.** $\sqrt{99x^4}$ **41.** $^-\sqrt{60b}$

Usa la propiedad distributiva para volver a plantear cada expresión sin paréntesis.

42. $^-(3n - 4)$ **43.** $3p(4 - p)$ **44.** $^-k(^-k - k)$

45. Probabilidad En el juego de backgammon hay dos jugadores, uno con fichas negras y el otro con fichas blancas. Si caen en un espacio ocupado por una ficha opuesta sola, los jugadores pueden eliminar del tablero una de las fichas de su oponente. El oponente puede regresar la ficha al tablero en uno de los seis espacios, si uno de los seis no tiene más de 1 de las fichas del otro primer jugador.

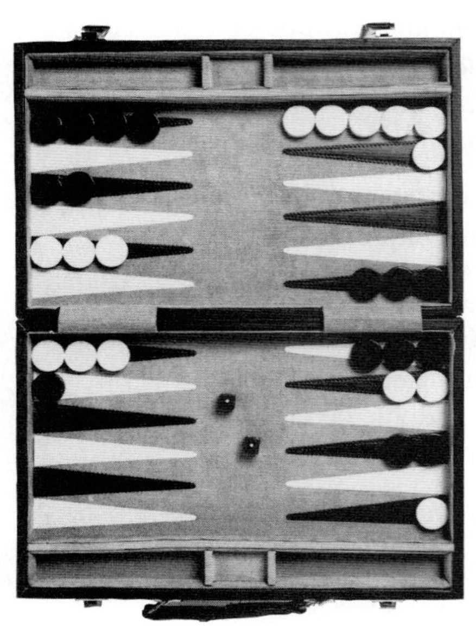

Por ejemplo, en el siguiente tablero, la ficha blanca puede entrar si sale 5 ó 3. Si sale 3, se elimina la ficha negra en ese espacio.

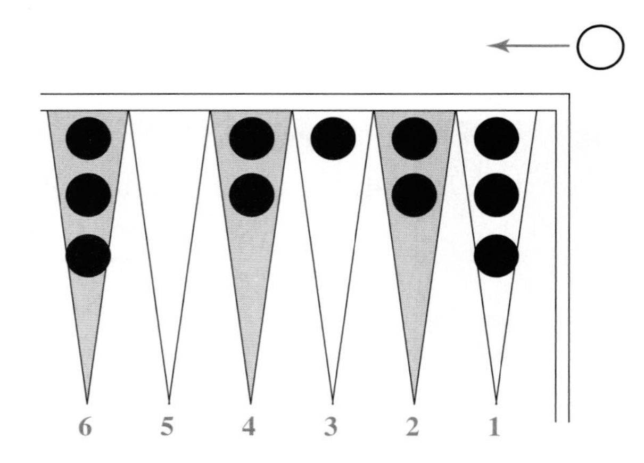

En cada turno, cada jugador lanza dos dados normales.

a. ¿Cuál es la probabilidad de que la ficha blanca pueda entrar al tablero en este turno? Es decir, ¿cuál es la probabilidad de que salga 5 ó 3 en cualquiera de los dos dados?

b. ¿Cuál es la probabilidad de que la ficha blanca saque a una ficha negra al entrar? Es decir, ¿cuál es la probabilidad de que salga 3 en cualquiera de los dos dados?

c. ¿Cuál es la probabilidad de que la ficha blanca *no pueda* entrar al tablero en este turno?

6.2 Desarrolla productos de binomios

En la Lección 6.1, examinaste diagramas de rectángulo que consistían en un cuadrado con una franja rectangular que se agregaba o quitaba de un lado. ¿Qué ocurrirá si agregas o quitas *dos* franjas rectangulares?

Piensa & comenta

Comienza con un cuadrado con lado de m cm de longitud. Agrega una franja de 3 cm en un lado.

Ahora agrega una franja de 1 cm al lado adyacente del nuevo rectángulo.

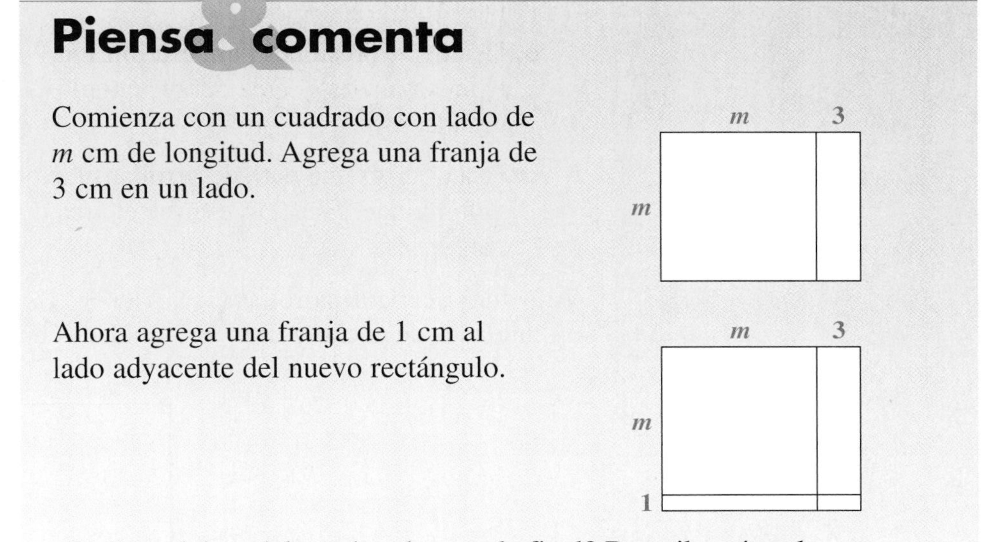

¿Cuál es el área del rectángulo grande final? Describe cómo la calculaste. ¿Hay otras maneras de calcular este área?

VOCABULARIO
binomio

En la Lección 6.1, usaste la propiedad distributiva para multiplicar expresiones de las formas $m(m + a)$ y $m(m - a)$. Es decir, calculaste los productos de un número o variable y un binomio. Un **binomio** es la suma o diferencia de dos términos diferentes.

La expresión $x + 5$ es un binomio porque es la suma de dos términos diferentes. De igual manera, $x^2 - 7$ es un binomio; es la diferencia de dos términos que no se pueden combinar en un término.

Expresiones como $x^2 + x - 1$ y x^2 tienen más o menos de dos términos, de modo que no son binomios. La expresión $x + 2x$ no es un binomio tampoco: sus términos son términos semejantes y la expresión es equivalente a $3x$.

El área final del rectángulo grande en Piensa & comenta es el producto de *dos* binomios: $m + 3$ y $m + 1$. En esta lección, aprenderás a multiplicar dos binomios.

Investigación 1 Usa modelos geométricos para multiplicar binomios

El modelo geométrico que usaste para pensar en cómo multiplicar un término y un binomio, se puede adaptar para multiplicar dos binomios.

Serie de problemas A

1. Observa este rectángulo.

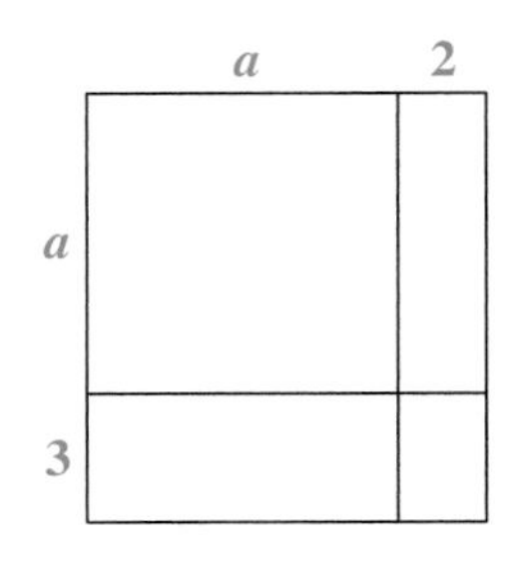

a. Escribe dos expresiones, una para el largo del rectángulo grande y otra para el ancho.

b. Usa tus expresiones para escribir una expresión para el área del rectángulo grande.

c. Usa el diagrama para desarrollar tu expresión para el área del rectángulo grande. Es decir, escribe el área del rectángulo grande sin usar paréntesis.

2. Arturo quería desarrollar $(x + 4)(x + 3)$. Hizo un rectángulo de $x + 4$ unidades de ancho y de $x + 3$ unidades de alto.

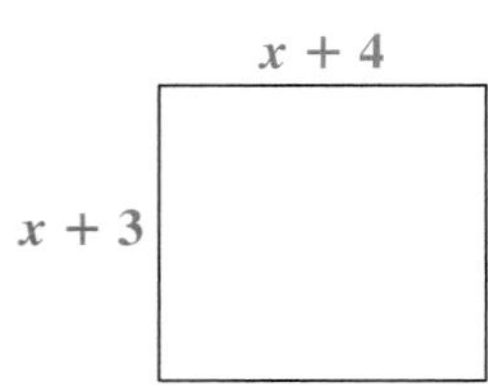

Después, trazó líneas para dividir el rectángulo en cuatro partes.

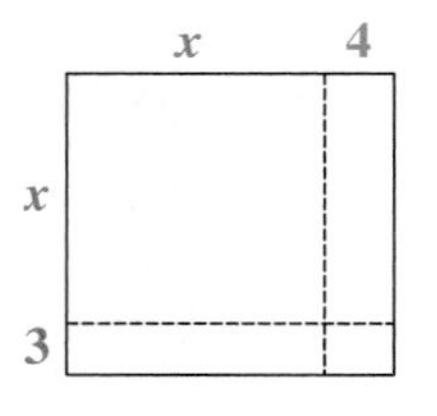

A continuación, Arturo escribió:
Área del rectángulo grande $= (x + 4)(x + 3)$.

Después calculó el área de cada una de las cuatro partes más pequeñas y las usó para escribir otra expresión para el área del rectángulo grande. Finalmente, redujo su expresión combinando términos semejantes. ¿Cuál fue su expresión final?

3. Para las Partes a, b y c, haz lo siguiente:

- Modela el producto con un diagrama de rectángulo.
- Usa tu diagrama como ayuda para desarrollar la expresión.

a. $(m + 7)(m + 2)$

b. $(w + 2)^2$

c. $(2n + 3)(n + 1)$

4. Cierto rectángulo tiene un área de $y^2 + 6y + 3y + 18$.

a. Haz un diagrama de rectángulo que modele esta expresión.

b. Usa el diagrama como ayuda para volver a plantear la expresión del área como un producto de dos binomios.

5. **Reto** Otro rectángulo tiene un área de $y^2 + 5y + 6$.

a. Haz un diagrama de rectángulo que modele esta expresión.

b. Usa el diagrama como ayuda para volver a plantear la expresión del área como el producto de dos binomios.

Comparte & resume

Ben cree que $(n + 3)(n + 5) = n^2 + 15$. Muéstrale por qué está equivocado. Incluye un diagrama de rectángulo que modele el desarrollo correcto de $(n + 3)(n + 5)$.

A la derecha hay un modelo geométrico del carbono-60. Esta molécula se compone de 60 átomos de carbono interconectados, ordenados en 12 pentágonos y 20 hexágonos. Debido a su semejanza estructural al domo geodésico (que se muestra a la extrema derecha), diseñado por el arquitecto estadounidense R. Buckminster Fuller; se le llamó *buckminsterfulereno.*

Investigación 2 Multiplica binomios que presenten adición

Los modelos de rectángulo te pueden ayudar a entender cómo funciona la propiedad distributiva. Por ejemplo, a continuación se usa la propiedad distributiva y un diagrama de rectángulo para desarrollar la expresión $m(m + 3)$.

$$\begin{aligned} m(m + 3) &= m \cdot m + m \cdot 3 \\ &= m^2 + 3m \end{aligned}$$

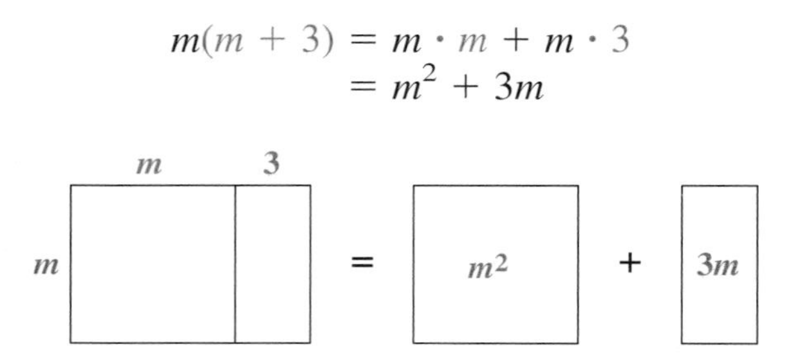

También puedes usar la propiedad distributiva y los diagramas de rectángulo para desarrollar expresiones como $(m + 2)(m + 3)$. Sólo piensa en $m + 2$ de la misma manera en que pensaste acerca de la primera variable m en la expresión $m(m + 3)$ anterior. Es decir, multiplica $m + 2$ por cada término en $m + 3$:

$$\begin{aligned} (m + 2)(m + 3) &= (m + 2) \cdot m + (m + 2) \cdot 3 \\ &= m(m + 2) + 3(m + 2) \end{aligned}$$

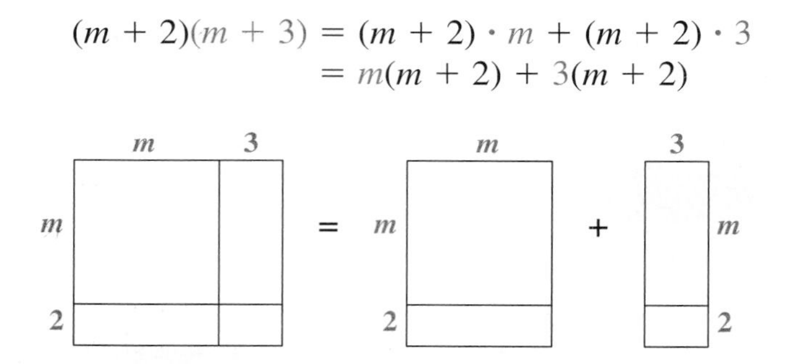

Entonces, la propiedad distributiva se puede usar para reducir cada término. Comienza reduciendo el primer término, $m(m + 2)$:

$$\begin{aligned} m(m + 2) &= m \cdot m + m \cdot 2 \\ &= m^2 + 2m \end{aligned}$$

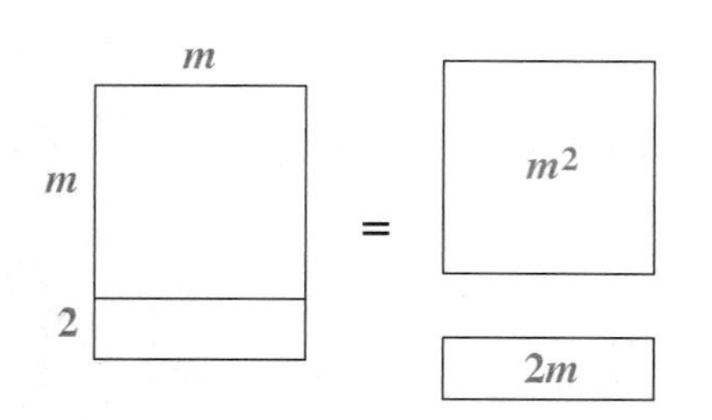

Y después reduce el segundo término, $3(m + 2)$:

$$\begin{aligned} 3(m + 2) &= 3 \cdot m + 3 \cdot 2 \\ &= 3m + 6 \end{aligned}$$

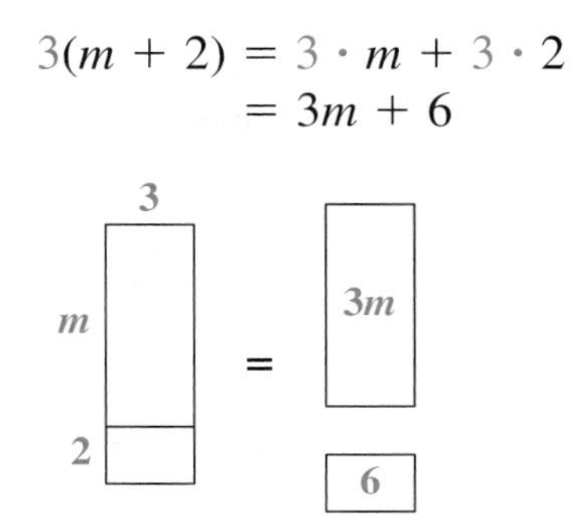

Finalmente, junta todo y combina términos semejantes:

$$\begin{aligned} (m + 2)(m + 3) &= m(m + 2) + 3(m + 2) \\ &= m^2 + 2m + 3m + 6 \\ &= m^2 + 5m + 6 \end{aligned}$$

Serie de problemas B

Para cada problema, haz lo siguiente:

- Desarrolla la expresión usando la propiedad distributiva.
- Haz un diagrama de rectángulo para modelar la expresión y verificar tu desarrollo.

1. $(x + 3)(x + 4)$

2. $(k + 5)^2$

3. $(x + a)(x + b)$

Serie de problemas C

1. Completa la tabla reemplazando el valor de x en esta ecuación.

$$y = x(x + 1) - 3(x + 1)(x + 2) + 3(x + 2)(x + 3) - (x + 3)(x + 4)$$

x	0	1	2	3	4	5
y						

2. Haz una conjetura acerca del valor de y para otros valores de x. Prueba tu conjetura con otros números; incluye algunos decimales y números negativos. Revisa tu conjetura si es necesario.

3. **¡Pruébalo!** Usa tu conocimiento sobre el desarrollo de productos de binomios para mostrar que tu conjetura es verdadera.

Comparte & resume

Usa la propiedad distributiva para desarrollar $(a + b)(c + d)$. Haz un diagrama de rectángulo y explica cómo muestra que tu desarrollo es correcto.

Investigación 3 Multiplica binomios que presenten sustracción

Has usado modelos de rectángulo para pensar en cómo multiplicar binomios que presenten expresiones con adiciones en la forma $(a + b)(c + d)$. Ahora aprenderás a desarrollar productos de binomios que presenten sustracciones.

EJEMPLO

Aquí hay una manera de crear un diagrama de rectángulo para representar $(d - 1)(d + 3)$.

Primero haz un cuadrado con lado de longitud d.

d

d

Después resta una franja de 1 cm de un lado y agrega una franja de 3 cm en el lado adyacente.

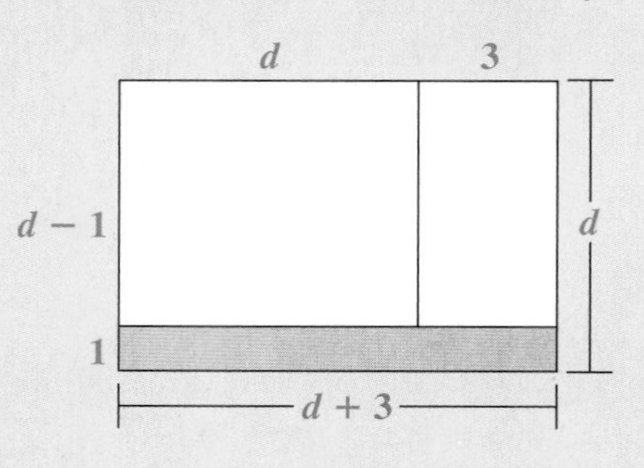

El rectángulo sin sombrear que queda tiene un área de $(d - 1)(d + 3)$.

Piensa & comenta

Desarrolla la expresión $(d - 1)(d + 3)$, usa ya sea la propiedad distributiva o el diagrama del ejemplo de la página 378. Describe cómo hallaste la respuesta.

Serie de problemas D

Para cada expresión que sigue, haz lo siguiente:

- Desarrolla la expresión usando la propiedad distributiva.
- Haz un diagrama de rectángulo que represente la expresión. Sombrea las áreas para indicar que se están eliminando.
- Usa tu diagrama para verificar que el desarrollo es correcto.

1. $(b - 2)(b + 3)$

2. $(a + 1)(a - 4)$

3. $(2 + e)(3 - e)$

4. Cierto rectángulo tiene un área de $y^2 + 5y - 2y - 10$.

a. Haz un diagrama de rectángulo que represente esta expresión.

b. Escribe el área de este rectángulo como un producto de dos binomios.

Ahora usarás la propiedad distributiva para desarrollar productos de dos binomios en los que ambos implican adición.

Serie de problemas E

Desarrolla cada expresión, usa la propiedad distributiva y después combina términos semejantes. Tu respuesta final no debe contener paréntesis ni términos semejantes.

1. $(x - 4)(x - 5)$

2. $(R - 2)^2$

3. $(2 - f)(3 - f)$

4. $(a - 2b)(3a - b)$

Ahora aplicarás lo que has aprendido acerca del desarrollo de productos de binomios para analizar algunos trucos con números.

Serie de problemas F

Recuerda

Un *contraejemplo* es un ejemplo para el cual no funciona una conjetura.

Lydia cree que encontró algunos trucos con números.

¡Pruébalo! En los Problemas 1 y 2, determina si el truco de Lydia funciona realmente. Si así es, pruébalo. Si no, da un contraejemplo.

1. Lydia dijo, —Toma cuatro enteros consecutivos cualquiera. Multiplica el número menor y el mayor, después multiplica los dos números que quedan. Si restas el primer producto del segundo, siempre obtendrás 2.

Por ejemplo, para los enteros 3, 4, 5 y 6, los productos del número menor y el mayor, 3 y 6, es 18. Los productos de los dos números restantes, 4 y 5 es 20. La diferencia entre estos productos es 2. (Ayuda: Si el entero menor es x, ¿cuáles son los otros tres enteros?)

2. Lydia dijo, —Toma tres enteros consecutivos cualquiera y multiplícalos. Su producto es divisible entre 4. Por ejemplo, el producto de 4, 5 y 6 es 120, lo cual es divisible entre 4.

3. Éste es otro truco con números que propuso Lydia: —Toma cualesquiera dos enteros pares consecutivos; multiplícalos y súmales 1. El resultado es siempre un cuadrado perfecto. Por ejemplo, 4 y 6 se multiplican para dar 24; se suma 1 para obtener 25, lo cual es un cuadrado perfecto.

a. Como ambos números son pares, tienen 2 como factor. Supón que el número menor es $2x$. ¿Cuál es el número mayor?

b. Usa $2x$ y la expresión que escribiste en la Parte a, para hallar la expresión resultante, la cual Lydia dice que es siempre un cuadrado perfecto.

c. Suponte que el resultado en la Parte b es un cuadrado perfecto. Trata de hacer un diagrama de rectángulo que muestre el binomio que se puede elevar al cuadrado para obtener ese producto.

d. ¿Qué binomio se eleva al cuadrado en la Parte c?

e. ¿Has probado que el truco de Lydia funciona siempre? Explica.

Comparte & resume

Usa la propiedad distributiva para desarrollar $(a - b)(c + d)$. Después haz un diagrama de rectángulo para mostrar por qué tu desarrollo es correcto.

Investigación 4 Atajos para multiplicar binomios

Has estado usando la propiedad distributiva y diagramas de rectángulo para pensar en cómo multiplicar dos binomios. ¿Has notado algún patrón en tus cálculos? En esta investigación, analizarás patrones que te pueden ayudar a multiplicar binomios rápida y eficazmente.

Ésta es la forma en que Mikayla multiplicó $(2x + 7)(x - 3)$.

Serie de problemas G

Usa el método de Mikayla para multiplicar cada par de binomios.

1. $(y + 6)(y - 3)$
2. $(p + 4)(p + 3)$
3. $(t - 11)(t - 3)$
4. $(2x + 1)(3x + 2)$
5. $(2n + 3)(2n - 3)$

Piensa & comenta

¿Por qué funciona el método de Mikayla?

He aquí la forma como Tamika aborda estos problemas.

Serie de problemas H

Usa el método de Tamika para multiplicar cada par de binomios.

1. $(y + 7)(y - 4)$
2. $(p + 1)(p - 5)$
3. $(t - 4)(t - 4)$
4. $(2x - 1)(x - 2)$
5. $(3n + 2)(2n - 3)$

Piensa & comenta

¿Por qué funcionó el método de Tamika?

En la siguiente serie de problemas, aplicarás lo que has aprendido acerca de cómo desarrollar binomios.

Serie de problemas I

Para cada ecuación, realiza las Partes a y b.

a. Decide si la ecuación es verdadera para todos los valores de x, para algunos, pero no todos los valores de x o para ningún valor de x.

b. Explica cómo sabes que tu respuesta es correcta. Si la ecuación es verdadera para algunos pero no todos los valores de x, indica qué valores la hacen verdadera.

1. $(x - 2)(x - 3) = 0$

2. $(x + 3)(x + 2) = x^2 + 5x + 6$

3. $(x - b)^2 = x^2 - 2xb + b^2$

4. $(x + 3)(x - 1) = x^2 + 2x + 3$

5. $(x - 3)(x + 3) = x^2 - 6x - 9$

6. Brian piensa que ha encontrado algunos patrones de números en un calendario. Dice que sus patrones funcionan para cualquier cuadro de 2 por 2 en un calendario, como los tres que se muestran aquí. Decide si cada uno de sus patrones funciona y justifica tus respuestas.

JULIO						
				1	2	3
4	5	6	7	8	9	10
11	12	13	14	15	16	17
18	19	20	21	22	23	24
25	26	27	28	29	30	31

a. Calcula el producto de cada diagonal. Su diferencia positiva es siempre 7. Por ejemplo, para el cuadro que contiene 2, 3, 9 y 10, los productos de las diagonales son $2 \cdot 10 = 20$ y $3 \cdot 9 = 27$. Su diferencia es $27 - 20 = 7$.

b. Calcula el producto de cada columna. Su diferencia positiva es siempre 12. Por ejemplo, para el cuadro que contiene 2, 3, 9 y 10, los productos de las columnas son $2 \cdot 9 = 18$ y $3 \cdot 10 = 30$. Su diferencia es $30 - 18 = 12$.

c. Calcula los productos de cada fila. Su diferencia es siempre par. Por ejemplo, para el cuadro que contiene 2, 3, 9 y 10, los productos de las filas son $2 \cdot 3 = 6$ y $9 \cdot 10 = 90$. Su diferencia es $90 - 6 = 84$, lo cual es par.

Comparte & resume

Has visto varios métodos de desarrollar el producto de dos binomios.

1. Selecciona el método que más te guste y explica cómo usarlo para desarrollar $(2x + 3)(x - 1)$.

2. ¿Por qué te gusta el método que seleccionaste?

Ejercicios por tu cuenta

Practica & aplica

1. Este diagrama muestra un rectángulo con área de $(a + 10)(a + 2)$.

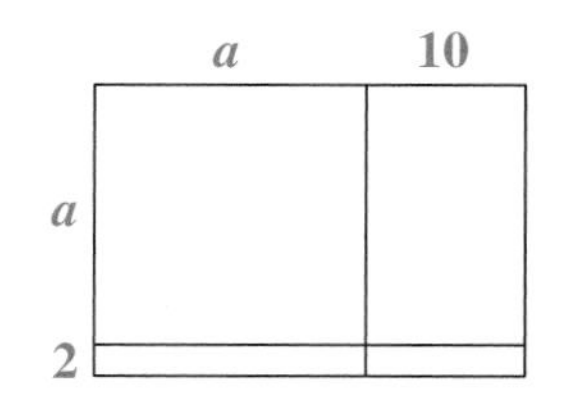

a. Escribe una expresión para el área de cada una de las cuatro regiones.

b. Usa tu respuesta de la Parte a para desarrollar la expresión para el área del rectángulo grande. Es decir, expresa el área sin usar paréntesis. Reduce tu respuesta combinando términos semejantes.

2. Este diagrama muestra un rectángulo con área de $(y + 9)(y + 8)$.

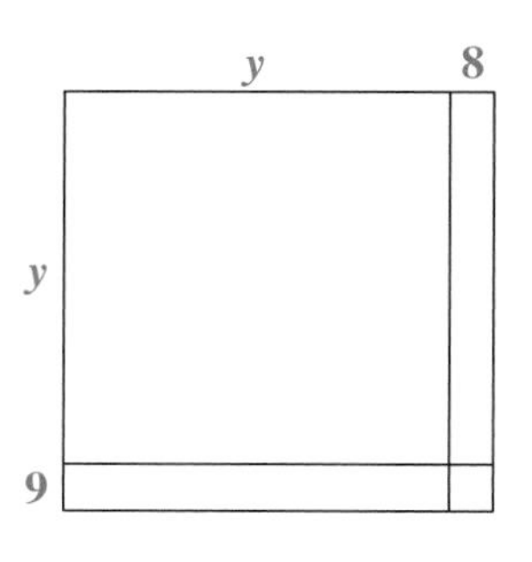

a. Escribe una expresión para el área de cada una de las cuatro regiones.

b. Usa tu respuesta de la Parte a para desarrollar la expresión para el área del rectángulo grande. Es decir, expresa el área sin usar paréntesis. Reduce tu respuesta combinando términos semejantes.

Haz un diagrama de rectángulo para modelar cada producto y después usa tu diagrama para desarrollar el producto. Reduce tu respuesta combinando términos semejantes.

3. $(3 + 2k)(4 + 3k)$

4. $(1 + 4x)(x + 2)$

5. Cierto rectángulo tiene un área de $y^2 + 5y + 2y + 10$.

a. Haz un diagrama de rectángulo que modele esta expresión.

b. Usa el diagrama como ayuda para volver a plantear la expresión del área como el producto de dos binomios.

6. Cierto rectángulo tiene un área de $2y^2 + 6y + y + 3$.

a. Haz un diagrama de rectángulo que modele esta expresión.

b. Usa el diagrama como ayuda para volver a plantear la expresión del área como el producto de dos binomios.

7. Considera la expresión $(p + 3)(p + 5)$.

a. Usa la propiedad distributiva para desarrollar la expresión.

b. Haz un diagrama de rectángulo para modelar la expresión y verificar tu desarrollo.

Usa la propiedad distributiva para desarrollar cada expresión.

8. $(1 + 3a)(5 + 10a)$

9. $3\left(2x + \frac{1}{3}\right)(x + 2) - (x + 3)(1 + x)$

10. $\left(s + \frac{1}{4}\right)(3s + 1) - \left(\frac{1}{4} + s\right)(1 + s)$

Haz un diagrama de rectángulo para modelar cada producto. Después, usa tu diagrama para desarrollar el producto. Reduce tu respuesta combinando términos semejantes.

11. $(x + 3)(x - 3)$

12. $(p - 4)(3p + 2)$

13. Considera la expresión $(h - 2)(h + 2)$.

a. Usa la propiedad distributiva para desarrollar la expresión.

b. Haz un diagrama de rectángulo que represente la expresión. Sombrea las áreas que se están eliminando. Usa tu diagrama para verificar que tu desarrollo es correcto.

Usa la propiedad distributiva para desarrollar cada expresión.

14. $(x - 7)(x - 2)$

15. $(3 - g)(4 - g)$

16. $(4 - 2p)(4 - p)$

17. $(2w + 1)(w - 6)$

18. $(1 - 5q)(2 + 2q)$

19. $(3v - 5)(v + 1)$

20. Cierto rectángulo tiene un área de $y^2 - 4y + 8y - 32$.

a. Haz un diagrama de rectángulo que represente esta expresión.

b. Usa el diagrama como ayuda para volver a plantear la expresión del área como producto de dos binomios.

21. **Reto** Cierto rectángulo tiene un área de $2y^2 + 4y - 3y - 6$.

a. Haz un diagrama de rectángulo que represente esta expresión.

b. Usa el diagrama como ayuda para volver a plantear la expresión del área como el producto de dos binomios.

¡Pruébalo! Determina si cada uno de los siguientes trucos con números funciona. De ser así, pruébalo. Si no, da un contraejemplo.

22. Toma tres números consecutivos cualquiera. Multiplica el menor y el mayor. Su producto es igual al cuadrado del número del medio, menos 1.

23. Piensa en dos números impares consecutivos cualesquiera. Eleva al cuadrado ambos números y resta el resultado del menor del resultado del mayor. El resultado es siempre divisible entre 6.

Desarrolla cada expresión. Reduce tu desarrollo si es posible.

24. $(4x + 1)(4x - 1)$

25. $(r - 12)(r - 12)$

26. $(2x + 2)(x - 2)$

27. $(4x + 1)^2$

28. $(5M + 5)^2$

29. $(n + 1)^2 + (n - 1)^2$

Decide si la ecuación es verdadera para todos los valores de x, para algunos, pero no todos los valores de x o para ningún valor de x.

30. $(x + 3)(x - 4) = x^2 + 7x - 12$

31. $(2x + 1)(x - 1) = 2x^2 - x - 1$

32. $(3x + 1)(3x - 1)x = 9x^3 - x - 1$

JULIO						
				1	2	3
4	5	6	7	8	9	10
11	12	13	14	15	16	17
18	19	20	21	22	23	24
25	26	27	28	29	30	31

33. Después de trabajar con los problemas del calendario en la Serie de problemas I, Chapa escribió uno:—Selecciona un bloque de tres fechas en una columna (de manera que todos estén en el mismo día de la semana). Eleva al cuadrado la fecha del medio y resta el producto de la primera y la última fecha. El resultado es siempre 49.

¿Funciona siempre el truco de Chapa? De ser así, muestra por qué. Si no, da un contraejemplo.

Conecta & amplía

34. Considera esta gráfica.

a. Escribe una expresión para el área de la región no sombreada.

b. Escribe dos expresiones, una con paréntesis y otra sin ellos, para el área de la región sombreada.

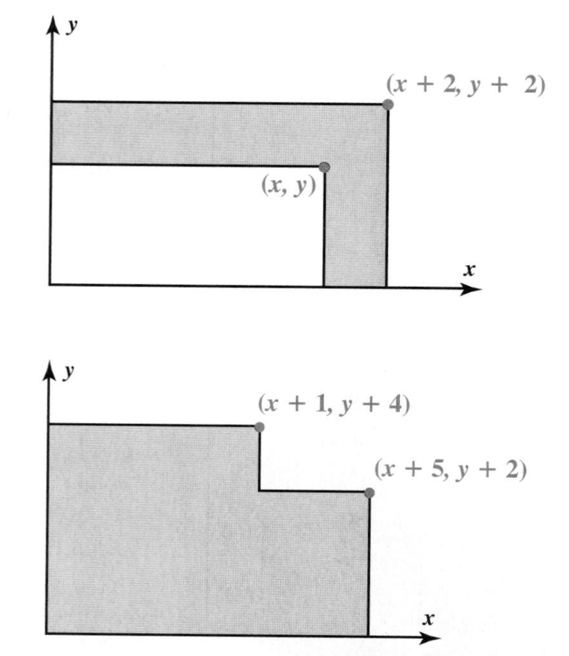

35. Escribe una expresión para el área de la región sombreada en esta gráfica.

Desarrolla cada expresión. Reduce tus resultados combinando términos semejantes.

36. $(1 + x^2)(x + y) + (1 + y)(x + y) - x^2(x + y) - xy$

37. $2(x + y) + x(3 + y)(x + 2)$

En tus **propias palabras**

Explica por qué $(x + a)(x + b) \neq x^2 + ab$. Usa tanto un diagrama de rectángulo como la propiedad distributiva.

Un *trinomio* es una expresión con tres términos diferentes. Desarrolla los siguientes productos de un trinomio por un binomio. Un diagrama de rectángulo te puede ser de utilidad.

38. $(x + y + 1)(x + 1)$

39. $(a + b + 1)(a + 2)$

40. $(x + y + 2)(x + 1)$

41. Considera el producto $(2x + y)(x + 2y)$.

a. Desarrolla la expresión usando la propiedad distributiva.

b. Haz un diagrama de rectángulo que represente la expresión. Usa el diagrama para verificar que tu desarrollo sea correcto.

42. Este bloque de madera tiene una longitud y y una base cuadrada con lados de longitud x. Un carpintero corta el bloque de madera dos veces, quitando dos franjas de los lados adyacentes. Cada corte elimina $1\frac{1}{8}$ pulgadas.

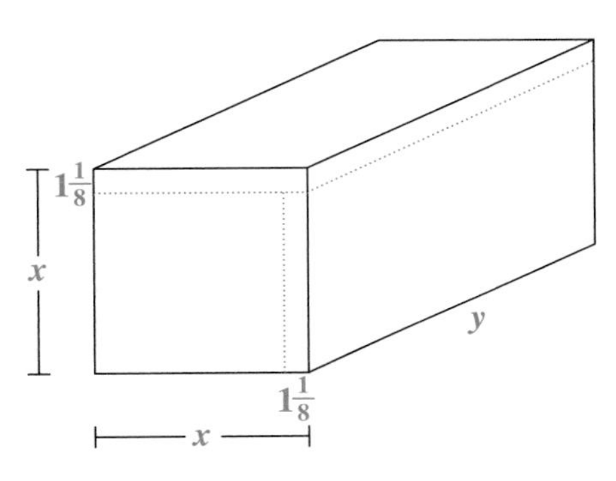

a. Escribe una expresión para el volumen de la madera antes de que se haga cualquier corte.

b. Escribe una expresión, sin paréntesis, para el volumen de la madera después de hacer los cortes.

43. Considera el producto $(2a + 3)(3a - 4)$.

a. Desarrolla y después reduce la expresión.

b. Haz un diagrama de rectángulo para representar la expresión. Usa el diagrama para verificar que tu desarrollo sea correcto.

Desarrolla los siguientes productos de un trinomio por un binomio.

44. $(x + y + 1)(x - 1)$

45. $(x - y - 1)(x + 1)$

46. $(x + y - 2)(x - 1)$

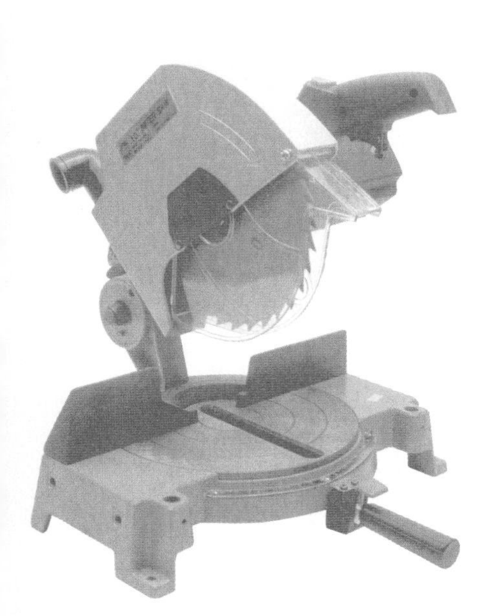

47. Sinopsis Desarrolla y reduce las expresiones de las Partes a, b, c y d.

a. $(x - 3)^2$ **b.** $(x - 4)^2$

c. $(x - 5)^2$ **d.** $(x - a)^2$

e. Busca un patrón relacionado con las formas factorizadas y desarrolladas en las expresiones de las Partes a, b y c. Describe un atajo para desarrollar el cuadrado de la diferencia de un binomio.

48. Considera la expresión $y^2 - 9$.

a. Escribe la expresión como el producto de dos binomios.

b. Crea un diagrama para ilustrar $y^2 - 9$ como un área rectangular.

Desarrolla y después reduce cada expresión.

49. $(n + 2)^2 - n(n + 4)$

50. $(n + p)^2 - n(n + 2p)$

Repaso mixto

Resuelve cada ecuación.

51. $\frac{2x}{3} - 7 = 3$ **52.** $3K + \frac{4}{5} = \frac{1}{5}$ **53.** $3.2 - 2b = 1.1$

54. Copia la figura y el vector. Traslada la figura usando el vector.

55. Grafica la desigualdad $y > 3x + 2$.

56. Supón que r es un número entre $^-1$ y 0. Ordena estos números del menor al mayor.

$r \qquad r^{-3} \qquad r^2 \qquad r^3$

Indica si el patrón en cada tabla se puede describir mejor con una relación *lineal,* una *cuadrática,* una *exponencial* o una *recíproca.*

57.

x	y
$^-2$	6
$^-1$	1
0	$^-2$
1	$^-3$
2	$^-2$

58.

a	b
$^-3$	$^-4$
$^-1$	$^-12$
1	12
3	4
5	2.4

59.

s	n
$^-2$	$0.\bar{1}$
$^-1$	$0.\bar{3}$
0	1
1	3
2	9

Resuelve cada proporción.

60. $\frac{8}{3} = \frac{x}{9}$ **61.** $\frac{18}{y} = \frac{4}{10}$ **62.** $\frac{9.2}{3.6} = \frac{2.3}{w}$

63. **Economía** Cuando los estudiantes empiezan a asistir a la universidad, por lo general, reciben solicitudes de tarjetas de crédito. Algunos estudiantes usan las tarjetas de crédito para amueblar o decorar sus dormitorios o departamentos y, se endeudan rápidamente. Desafortunadamente, las tarjetas de crédito con frecuencia tienen tasas de interés muy altas.

Supón que Jay carga \$2,000 por equipo electrónico y libros a una tarjeta de crédito que tiene una tasa de interés del 18% por año, lo cual es 1.5% por mes.

a. Si Jay no paga nada de los \$2,000, ¿cuánto interés se agregará a su cuenta a fin de mes?

b. Jay cree que puede pagar \$100 por mes de su cuenta. Supón que continúa con este plan y no hace más cargos a su cuenta. (¡Ésa puede ser una gran suposición!) Copia y completa las tablas para mostrar cuánto debe todavía después de 6 meses. El interés agregado cada mes se basa en la proporción no pagada en la cuenta del mes anterior.

Mes	Saldo	Interés agregado	Cantidad pagada	Nuevo saldo
1	\$2,000.00	—	\$100.00	\$1,900.00
2	1,900.00		100.00	
3			100.00	

c. ¿Cuánto dinero pagó Jay a la compañía de su tarjeta de crédito?

d. ¿En cuánto ha disminuido Jay la deuda original de \$2,000?

e. ¿Cuánto dinero ha pagado Jay de interés?

Patrones en los productos de binomios

Has aprendido varios métodos para desarrollar los productos de binomios. Algunos binomios tienen productos con patrones identificables. El reconocimiento de estos patrones te facilitará tu trabajo.

Explora

Desarrolla y reduce cada producto.

$(x + 1)^2 = (x + 1)(x + 1) =$

$(x + 2)^2 =$

$(x + 3)^2 =$

$(x + 4)^2 =$

Describe el patrón que ves en tu trabajo. Usa los patrones para predecir el desarrollo de $(x + 10)^2$.

Verifica tu predicción para desarrollar y reducir $(x + 10)^2$.

Investigación 1 Eleva binomios al cuadrado

En esta investigación, aprenderás algunos atajos para desarrollar cuadrados de binomios.

Serie de problemas A

1. Aplica los patrones que descubriste en Explora para desarrollar estos cuadrados de binomios.

a. $(m + 9)^2$ **b.** $(m + 20)^2$ **c.** $(m + 0.1)^2$

2. Aplica el patrón para predecir el desarrollo de $(x + a)^2$. Verifica tu respuesta usando la propiedad distributiva.

3. Usa el patrón que descubriste para explicar, sin hacer ningún cálculo, por qué $100^2 \neq 93^2 + 7^2$. ¿Es 100^2 mayor que o menor que $93^2 + 7^2$?

4. En el Problema 3, viste que $(93 + 7)^2 \neq 93^2 + 7^2$. ¿Existe cualquier valor de x o de a para los cuales $(x + a)^2$ *sean* iguales a $x^2 + a^2$? De ser así, ¿cuáles son? ¿Cómo lo sabes?

Acabas de estudiar expresiones de la forma $(a + b)^2$. A continuación analizarás expresiones de la forma $(a - b)^2$.

Serie de problemas B

1. Recuerda que $(x - 1)^2$ se puede considerar como $(x + {}^{-}1)^2$.

   a. Usa este hecho, junto con tus hallazgos en la Serie de problemas A, para desarrollar $(x - 1)^2$.

   b. Verifica tu respuesta de la Parte a usando la propiedad distributiva para desarrollar $(x - 1)^2$.

2. Desarrolla cada expresión usando el método que prefieras.

   a. $(m - 9)^2$ b. $(m - 20)^2$ c. $(m - 0.1)^2$

3. ¿Cuál es el desarrollo de $(x - a)^2$?

4. Usa un diagrama de rectángulo para explicar tu respuesta al Problema 3.

Hasta ahora has visto que estos dos enunciados son verdaderos:

$$(a + b)^2 = a^2 + 2ab + b^2 \qquad (a - b)^2 = a^2 - 2ab + b^2$$

Las variables a y b pueden representar cualquier expresión. Por ejemplo:

$$(2x + 3y)^2 = (2x)^2 + 2 \cdot 2x \cdot 3y + (3y)^2 = 4x^2 + 12xy + 9y^2$$

Serie de problemas C

Desarrolla cada expresión.

1. $(3m + 2)^2$

2. $(2x - y)^2$

3. $(2m - 4n)^2$

4. **Reto** $(g^2 - a^4)^2$

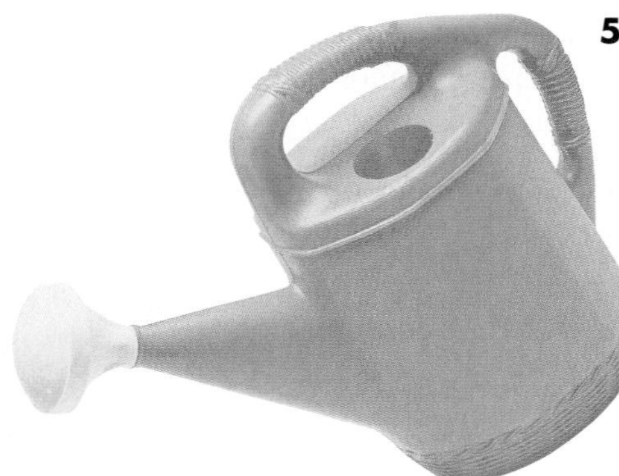

5. Imagina un jardín cuadrado rodeado por un borde de baldosas cuadradas que miden 1 unidad por 1 unidad. Es posible una variedad de tamaños.

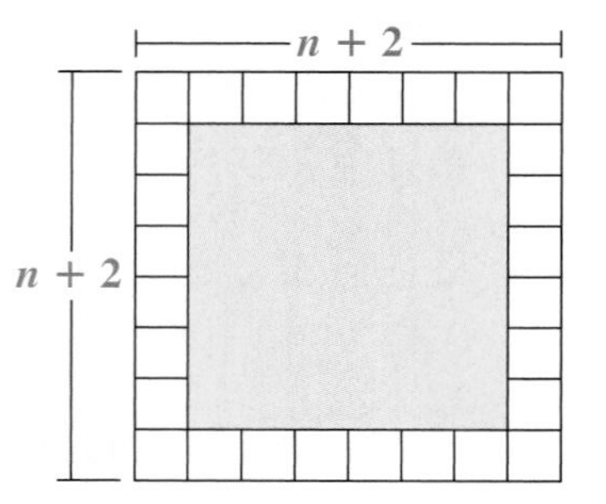

a. El jardín tiene lados de longitud n, sin incluir las baldosas, en donde n es divisible entre la longitud de la baldosa. Escribe una expresión para el área de la tierra cubierta tanto por el jardín como por las baldosas.

b. Escribe una expresión para el número de baldosas que se necesitan para el jardín de la Parte a.

6. **¡Pruébalo!** Evan notó que cuando calculó la diferencia entre 3^2 y 4^2, el resultado fue impar: $16 - 9 = 7$. Esto también es verdadero para la diferencia de 6^2 y 7^2: $49 - 36 = 13$. Hizo la conjetura de que la diferencia de cuadrados de números consecutivos es siempre impar.

Prueba la conjetura de Evan, si es posible. Si no, da un contraejemplo.

Comparte & resume

Bharati está confundida acerca de cómo elevar un binomio al cuadrado. Ella cree que para cualquier número a y b,

$$(a + b)^2 = a^2 + b^2 \text{ y } (a - b)^2 = a^2 - b^2$$

Escríbele una carta que explique por qué ella está equivocada. Incluye los desarrollos correctos de $(a + b)^2$ y $(a - b)^2$ en tu carta.

Investigación 2 Diferencias de cuadrados

En la Investigación 1, usaste un atajo para desarrollar cuadrados de binomios como $(a + b)^2$ y $(a - b)^2$. En esta investigación, hallarás un atajo para un tipo diferente de producto de binomios.

Serie de problemas D

1. Desarrolla cada expresión.

a. $(x + 10)(x - 10)$

b. $(k + 3)(k - 3)$

c. $(S + 1)(S - 1)$

d. $(x + 5)(x - 5)$

e. $(2t + 5)(2t - 5)$

f. $(3y - 7)(3y + 7)$

2. ¿En qué se parecen los factores de los productos originales del Problema 1?

3. ¿En qué se parecen los desarrollos de los productos del Problema 1?

4. **¡Pruébalo!** Desarrolla $(x + a)(x - a)$ y muestra que el patrón que notaste en el Problema 3 será siempre verdadero para este tipo de producto.

5. Si la expresión se ajusta al patrón de productos del Problema 1, desarróllala usando el patrón que describiste en el Problema 3. Si no se ajusta al patrón, escríbelo.

a. $(x + 20)(x - 20)$

b. $(b + 1)(b - 1)$

c. $(n - 2.5)(n - 2.5)$

d. $\left(2m - \frac{1}{2}\right)\left(m + \frac{1}{2}\right)$

e. $(J + 0.2)(J - 0.2)$

f. $(z + 25)(z - 100)$

g. $\left(2n - \frac{1}{3}\right)\left(2n + \frac{1}{3}\right)$

h. $(3 - p)(3 + p)$

6. Halla dos binomios con un producto de $x^2 - 49$.

7. Algunos llaman a las expresiones desarrolladas que escribiste en los Problemas 1 y 5 *diferencias de cuadrados.* Explica por qué tiene sentido este nombre.

EJEMPLO

El atajo que hallaste en la Serie de problemas D puede ayudarte a hacer algunos cálculos que parecen difíciles con asombrosa rapidez.

Serie de problemas E

1. Muestra cómo usar el método de Lydia para calcular $99 \cdot 101$ sin usar la calculadora.

Usa una diferencia de cuadrados para calcular cada producto. Verifica los primeros hasta que te sientas seguro de que lo estás haciendo correctamente.

2. $49 \cdot 51$

3. $28 \cdot 32$

4. $43 \cdot 37$

5. $35 \cdot 25$

6. $4.1 \cdot 3.9$

7. $^{-}14 \cdot 16$

¿Para cuáles de los siguientes productos crees que usar una diferencia de cuadrados sería un método de cálculo razonable? Si parece razonable, calcula el producto.

8. $41 \cdot 38$

9. $99 \cdot {}^{-}101$

10. $10\frac{1}{4} \cdot 9\frac{3}{4}$

11. $1.2 \cdot {}^{-}0.7$

12. Piensa acerca de los productos para lo cuales sería útil usar las diferencias de cuadrados.

a. Haz un conjunto de tres problemas de multiplicación para los cuales querrías usar una diferencia de cuadrados. ¡Sé audaz! Hazlas tú mismo y anota las respuestas.

b. Da tus problemas a un compañero para que las resuelva mientras que tú resuelves el conjunto de tu compañero. Verifica si estás de acuerdo con las respuestas y que el método funciona bien para esos problemas.

13. Si combinas el método de las diferencias de cuadrados de cálculo rápido con algunos otros trucos matemáticos, puedes hacer aún más cálculos sorprendentes mentalmente.

a. Considera el producto $32 \cdot 29$.

i. Explica por qué $32 \cdot 29 = 31 \cdot 29 + 29$.

ii. Ahora usa el patrón de la diferencia de cuadrados como ayuda para calcular el valor de $31 \cdot 29$.

iii. Finalmente, usa el producto de 31 por 29 para calcular $32 \cdot 29$.

b. Calcula $21 \cdot 18$ mentalmente.

c. ¿Cómo hallaste la respuesta de la Parte b?

Comparte & resume

1. Supón que quieres desarrollar una expresión que contiene dos binomios multiplicados entre sí.

a. ¿Cómo sabes si puedes aplicar el atajo que usaste para desarrollar algunos de los productos en el Problema 5 de la Serie de problemas D? Escribe dos productos no desarrollados para ayudar a mostrar lo que quieres decir.

b. Describe el atajo que usaste para escribir el desarrollo.

2. Tal vez hayas notado que cuando multiplicas dos binomios, algunas veces terminas con otro binomio y otras veces con una expresión con tres términos o un *trinomio.*

a. Inventa un producto de dos binomios que resulte en un binomio.

b. Inventa un producto de dos binomios que resulte en un trinomio.

Ejercicios por tu cuenta

Practica & aplica

Desarrolla y reduce cada expresión.

1. $(a + 5)^2$ **2.** $(m + 11)^2$ **3.** $(x + 2.5)^2$

4. $(t - 11)^2$ **5.** $(p - 2.5)^2$ **6.** $(2.5 - k)^2$

7. $\left(q - \frac{1}{4}\right)^2$ **8.** $(g^2 - 1)^2$ **9.** $(s^2 - y^2)^2$

10. $(3f + 2)^2$ **11.** $(3x + y)^2$ **12.** $(3m - 2n)^2$

13. Imagina una piscina rectangular con el fondo hecho de baldosas cuadradas grandes. La piscina tiene 25 baldosas más de largo que de ancho. Alrededor de la orilla, en la parte de arriba de la piscina, el borde está hecho de las mismas baldosas cuadradas de una baldosa de ancho.

a. Sea n el número de baldosas a lo ancho del fondo de la piscina. Escribe una expresión para el número total de baldosas en el fondo de la piscina.

b. Escribe una expresión para el número de baldosas en el fondo de la piscina y en el borde.

Desarrolla y reduce cada expresión.

14. $(10 - k)(10 + k)$ **15.** $(3h - 5)(3h + 5)$

16. $(0.4 - 2x)(0.4 + 2x)$ **17.** $\left(\frac{1}{5} + k\right)\left(\frac{1}{5} - k\right)$

Escribe cada expresión como el producto de binomios.

18. $4x^2 - 1$ **19.** $16 - 25x^2$ **20.** $x^2 - y^2$

Escribe cada producto como una diferencia de cuadrados y usa esta forma para calcular el producto.

21. $35 \cdot 45$ **22.** $27 \cdot 33$

23. $207 \cdot 193$ **24.** $111 \cdot 89$

Mira retrospectivamente tu trabajo del Problema 13 de la Serie de problemas E, en la página 395. Combina el método de la diferencia de cuadrados con adición para calcular cada producto.

25. $12 \cdot 9$ **26.** $37 \cdot 25$

Conecta & amplía

Desarrolla y reduce cada expresión.

27. $\left(\frac{x}{2} + \frac{y}{2}\right)^2$

28. $(3 - xy)^2$

29. $(xy - x)^2$

30. $(2xy - 1)^2 + (2xy - y)^2$

31. Escribe una expresión sin paréntesis para el área del triángulo sombreado.

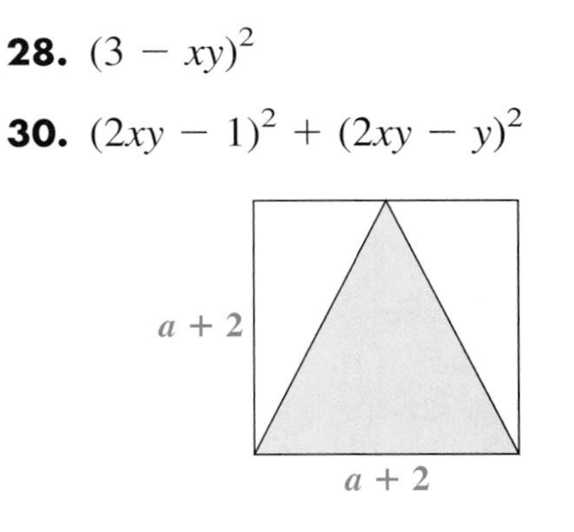

32. **Reto** ¿Para cuáles valores de x y a es $(x + a)^2 > x^2 + a^2$? Justifica tu conclusión. (Ayuda: Desarrolla la expresión del lado izquierdo de la desigualdad.)

Desarrolla y reduce cada expresión.

33. $(x^2 - y^2)(x^2 + y^2)$

34. $(1 - y^3)(1 + y^3)$

35. $(xy - x)(xy + x)$

Calcula los valores de a y b que hacen verdadera cada ecuación.

36. $2x^2 + 7x + 3 = (a + bx)(3 + x)$

37. $20 - x - x^2 = (a + x)(b - x)$

38. $21 - 23x + 6x^2 = (3 - ax)(7 - bx)$

39. **Ciencia física** Se lanza un cuerpo hacia arriba a una altura de 4 pies por encima del suelo. La velocidad inicial del cuerpo es de 30 pies por segundo. La ecuación relacionada con la altura del cuerpo, en pies, y el tiempo t, en segundos, desde que se soltó es $h = 30t - 16t^2 + 4$.

a. Calcula a y b para hacer verdadera esta ecuación:

$$30t - 16t^2 + 4 = (2 - t)(a + bt)$$

b. El enunciado $xy = 0$ es verdadero siempre que uno de los factores, x o y, sea igual a 0. Por ejemplo, las soluciones para $(k - 1)(k + 2) = 0$ son 1 y $^-2$, porque estos valores hacen los factores $k - 1$ y $k + 2$ igual a 0. Usa este hecho y tu resultado de la Parte a para hallar dos soluciones para la ecuación $30t - 16t^2 + 4 = 0$.

c. Una de tus soluciones te indica a qué hora el cuerpo caerá al suelo. ¿Qué solución es ésta y cómo lo sabes?

En tus **propias palabras**

Escribe dos problemas de multiplicación que parezcan difíciles, pero que puedas resolver con facilidad mentalmente usando diferencias de cuadrados. Explica cómo el uso de las diferencias de cuadrados puede ayudarte a calcular los productos.

40. Este rectángulo se divide en tres regiones triangulares. Halla una expresión sin paréntesis para cada una de las tres áreas.

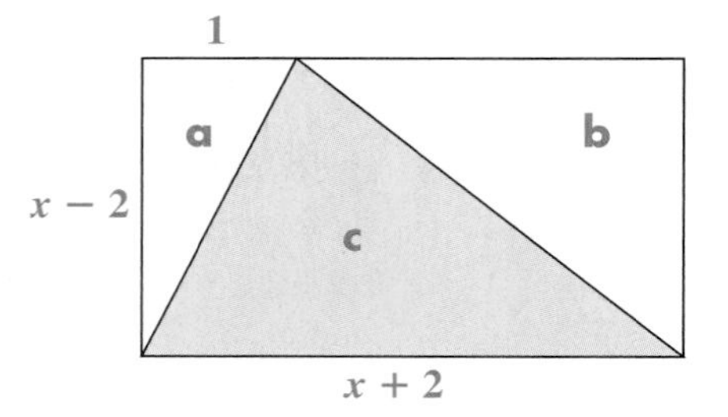

41. Reto Katie y Gilberto usaron papel y tijeras para convencerse de que $(a + b)(a - b)$ es realmente igual a $a^2 - b^2$.

a. Gilberto empezó con este rectángulo de papel. Escribió rótulos en el rectángulo para representar las longitudes.

a
b
a - b

Gilberto luego cortó el rectángulo y lo reordenó.

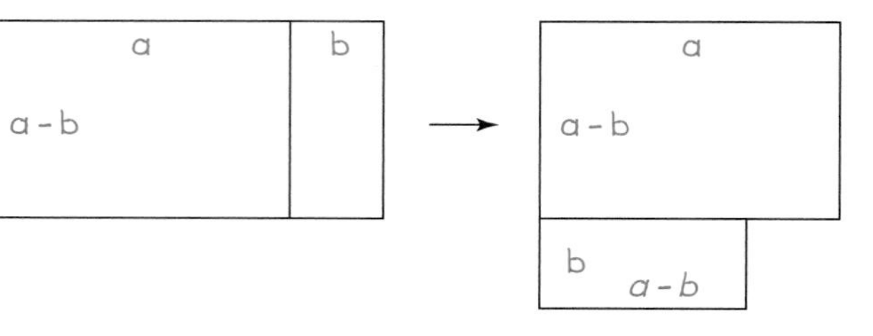

Explica por qué esto muestra que $(a + b)(a - b)$ es igual a $a^2 - b^2$.

b. Katie comenzó con este cuadrado de papel.

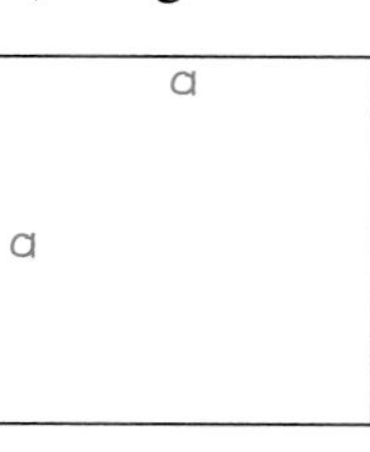

Después, cortó el cuadrado y lo reordenó.

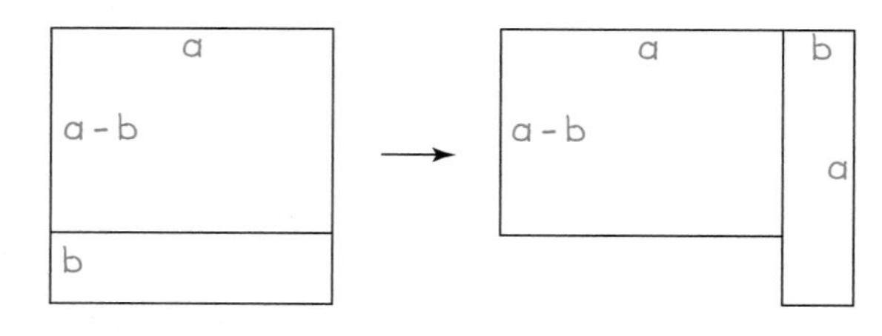

Explica por qué esto muestra que $(a + b)(a - b)$ es igual a $a^2 - b^2$. Ayuda: Las áreas de los dos diagramas anteriores deben ser iguales, de modo que las expresiones que representan esas áreas deben ser iguales.

42. **Reto** Prueba que para una ecuación cuadrática, $y = ax^2 + bx + c$, la segunda diferencia en una tabla con entradas consecutivas debe ser constante. Ayuda: Supón que las entradas de la tabla son x, $x + 1$, $x + 2$, $x + 3$, y así sucesivamente. ¿Cuáles son las salidas correspondientes?

Repaso mixto

Reduce cada fracción.

43. $\frac{21}{99}$ **44.** $\frac{15}{75}$ **45.** $\frac{63}{210}$

Las tablas describen una relación lineal, una relación exponencial y una variación inversa. Escribe una ecuación que describa cada relación.

46.

x	y
$^{-}2$	500
$^{-}1$	200
0	80
1	32
2	12.8

47.

x	y
$^{-}6$	$^{-}4$
$^{-}3$	$^{-}8$
$^{-}2$	$^{-}12$
2	12
3	8

48.

x	y
$^{-}4$	10
$^{-}3$	3
$^{-}1$	$^{-}11$
2	$^{-}32$
3	$^{-}39$

49. Dibuja una gráfica de $y = \frac{1}{x}$.

50. Para la escuela, Georgia compró un paquete que contiene 16 piezas idénticas de arcilla. Ella quería compartir la arcilla con algunos amigos durante el recreo.

a. Georgia quiere dividir la arcilla equitativamente entre sus amigos. Si ella invita a tres amigos a compartir la arcilla, ¿cuántos trozos recibirá cada amigo (incluyendo a Georgia)?

b. Si Georgia invita a cinco amigos a compartir la arcilla, ¿cuántos trozos recibirá cada amigo (incluyendo a Georgia)?

c. Escribe una fórmula dando el número de trozos n que recibirá cada amigo (incluyendo a Georgia), si Georgia comparte con f amigos.

d. Usa tu expresión de la Parte c para despejar n cuando f es 3 y cuando f es 5. Si tus respuestas no corresponden con las de las Partes a y b, encuentra los errores que hayas cometido y corrígelos.

Trabaja con fracciones algebraicas

En lecciones anteriores, descubriste varias herramientas para trabajar más eficazmente con expresiones algebraicas. Ahora, añadirás a tu juego de herramientas al aprender a trabajar con fracciones que presenten expresiones algebraicas. Viste fracciones como éstas en el Capítulo 2, cuando estudiaste la variación inversa.

Piensa & comenta

Justo antes de las vacaciones de verano, Adriana le pidió prestados $100 a su tía favorita para comprarse un par de patines en línea. Los disfrutó tanto que pidió prestados otros $100 para comprar un par para su hermana menor. Acordó pagar d dólares por mes y su tía aceptó no cobrar interés.

Escribe una fracción algebraica para expresar cuántos meses le tomará a Adriana pagar los primeros $100.

¿Cuál de estas expresiones muestra cuántos meses le tomará a Adriana pagar toda la deuda?

$\frac{d}{200}$ $\quad\frac{d}{100}$ $\quad\frac{100}{2d}$ $\quad\frac{200}{2d}$

$\frac{100}{d}$ $\quad\frac{200}{d}$ $\quad\frac{100}{d}+\frac{100}{d}$

Investigación 1 Entiende las fracciones algebraicas

MATERIALES

calculadora graficadora

Cuando usas expresiones con fracciones algebraicas, a veces las expresiones parecen no tener sentido para todos los valores de las variables. En esta investigación, explorarás algunas situaciones en las que esto es importante.

Serie de problemas A

El denominador del lado derecho de esta ecuación tiene cuatro factores.

$$y = \frac{24}{(x-1)(x-2)(x-3)(x-4)}$$

1. ¿Cuál es el valor de y si $x = 5$? ¿Y si $x = 6$?
2. ¿Qué sucede con el valor de y si $x = 1$? ¿Y si $x = 2$? ¿Hay otros valores de x para los cuales sucede esto?
3. Selecciona un número menor que 5 para el cual y tenga un valor. ¿Cuál es el valor de y si usas el valor de x que seleccionaste?
4. Observa otra vez la ecuación anterior.
   a. Usa tu calculadora para hacer una tabla para la relación comenzando con $x = 0$, en incrementos de 0.25. Copia los resultados en una tabla en tu propio papel. Usa la calculadora para ayudar a rellenar tu tabla para los valores de x hasta $x = 5$.

      ¿Cómo muestra tu tabla qué valores de x no tienen sentido?
   b. Ahora, usa tu calculadora para graficar la relación usando valores de x de $^-1$ a 5 y valores de y de $^-100$ a 100. Dibuja la gráfica.

      ¿Qué sucede con la gráfica para los valores de x que no tienen sentido?

Las fracciones algebraicas no tienen sentido *matemático* para los valores de las variables que hacen el denominador igual a 0, en otras palabras, *no están definidas* para esos valores.

MATERIALES

calculadora graficadora

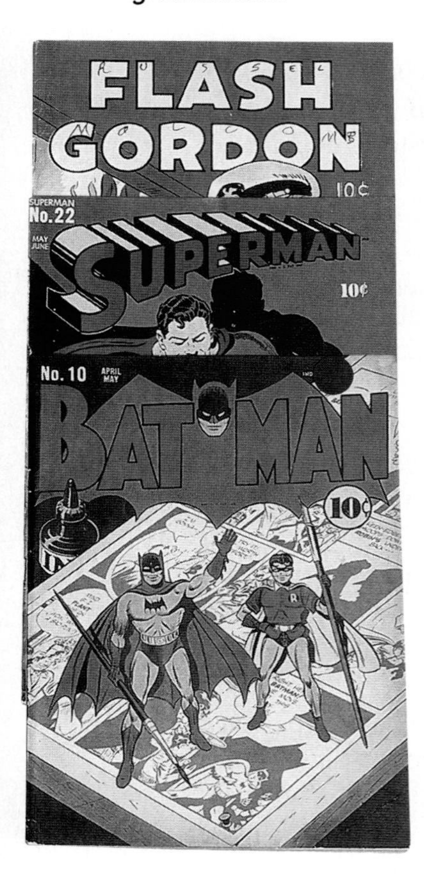

Serie de problemas B

Carlota y Ling asistieron a una subasta para recaudar fondos, esperando conseguir algunos libros de comiquitas de colección. Ambas dijeron que no pagarían más de x dólares por cada libro de comiquitas.

Carlota compró algunos libros de comiquitas que de verdad quería, cada uno por $5 menos de lo que había fijado como precio máximo. Pagó $120 por todo. Los libros que quería Ling costaban más y terminó pagando $5 más de lo que había fijado para cada libro. Gastó $100 en total.

1. Explica lo que cada expresión significa en términos de la historia de la subasta.

a. x **b.** $x + 5$ **c.** $x - 5$

2. Escribe una expresión que represente el número de libros de comiquitas que compró Ling. Después, escribe una expresión que represente el número que compró Carlota.

3. Esta expresión algebraica representa el número total de libros de comiquitas que compraron las amigas.

$$\frac{100}{x+5} + \frac{120}{x-5}$$

Lee cada comentario acerca de esta expresión y decide si el estudiante tiene razón. Si el estudiante no tiene razón, explica su error.

a. Mikayla: "Aunque no puedes ir a una subasta intentando pagar $^{-}$\$10 por libro de comiquitas, la expresión es *matemáticamente* razonable cuando x tiene un valor de $^{-}10$. La expresión entonces tiene un valor de $^{-}28$".

b. Ben: "La expresión no tiene ningún sentido porque cuando $x = 5$, uno de los denominadores es 0 y no puedes dividir entre 0".

c. Héctor: "La expresión tiene sentido *matemático* para todos los valores, excepto 5 y $^{-}5$".

d. Tamika: "En la situación de una subasta, sólo podemos pensar en pagar algunos números positivos de dólares por un libro de comiquitas. Por lo tanto, para esta historia, la expresión tiene sentido sólo para los valores positivos de x, excepto 5, por supuesto".

e. Tala: "No podemos usar sólo *cualquier* valor positivo de x en la expresión. Por ejemplo, si $x = 7$, Ling habría pagado $x + 5 = \$12$ por libro de comiquitas, lo que significa que habría tenido que comprar ocho y un tercio de libro".

f. Kai: "La expresión tiene sentido *matemático* para cualquiera de los valores de x excepto 5 y $^{-}5$. Sin embargo, en la situación de la subasta, hay sólo un pequeño número de respuestas razonables".

4. Considera el enunciado de Kai. Calcula todos los posibles valores de x, dada la situación de la subasta. Supón que x es un número entero.

5. Ahora usa la calculadora para hacer una tabla y una gráfica para $y = \frac{100}{x+5} + \frac{120}{x-5}$. Usa valores de x de $^{-}10$ a 10 y valores de y de $^{-}100$ a 100. Para la tabla, comienza con $x = {}^{-}10$ y usa un aumento de 1.

¿Cómo muestran la gráfica y la tabla los valores de x para los que la expresión no tiene *sentido matemático*?

Comparte & resume

1. Cuando buscas una expresión para una situación, ¿cuál es la diferencia entre el *sentido matemático* y el *sentido en el contexto de la situación*? Da ejemplos si esto te ayuda a explicar tu punto de vista.
2. Considera la situación de la subasta en la Serie de problemas B.
   a. ¿En qué tuviste que pensar cuando tratabas de determinar los valores que tenían sentido *matemático*?
   b. ¿En qué tuviste que pensar cuando tratabas de determinar los valores que tenían sentido en el *contexto* de la situación?

Investigación 2 Reordena fracciones algebraicas

Al trabajar con fracciones numéricas, a veces, quieres escribirlas de maneras diferentes. Por ejemplo, para calcular $\frac{1}{2} + \frac{1}{3}$, es útil volver a plantear el problema como $\frac{3}{6} + \frac{2}{6}$.

Piensa & comenta

Tamika trató de escribir expresiones equivalentes para tres fracciones algebraicas. ¿Cuáles de éstas son correctas y cuáles incorrectas? ¿Cómo lo sabes?

$\frac{3}{12m} = \frac{1}{4m}$ $\qquad \frac{2}{m+2} = \frac{1}{m+1}$ $\qquad \frac{2x}{x^2} = \frac{2}{x}$

Las expresiones que escribió Tamika correctamente son versiones *reducidas* de las fracciones originales. En una fracción reducida, el numerador y el denominador no tienen factores en común.

Hay varias estrategias para reducir fracciones. Por ejemplo, para reducir $\frac{15}{18}$, puedes factorizar el numerador y el denominador:

$$\frac{15}{18} = \frac{3 \cdot 5}{3 \cdot 6} = \frac{3}{3} \cdot \frac{5}{6} = \frac{5}{6}$$

Otro método es dividir el numerador y el denominador entre un factor común, en este caso 3:

$$\frac{15}{18} = \frac{\frac{15}{3}}{\frac{18}{3}} = \frac{5}{6}$$

También puedes usar estas estrategias para reducir expresiones algebraicas.

EJEMPLO

- Para reducir $\frac{5}{5x + 15}$, factoriza el numerador y el denominador.

$$\frac{5}{5x + 15} = \frac{5}{5(x + 3)} = \frac{5}{5} \cdot \frac{1}{x + 3} = \frac{1}{x + 3}$$

O, divide el numerador y el denominador entre su factor común.

$$\frac{5}{5x + 15} = \frac{\frac{5}{5}}{\frac{5x + 15}{5}} = \frac{1}{x + 3}$$

- Para reducir $\frac{5a^2}{10a}$, factoriza el numerador y el denominador.

En dos pasos

$$\frac{5a^2}{10a} = \frac{5 \cdot a^2}{5 \cdot 2 \cdot a} = \frac{5}{5} \cdot \frac{a^2}{2 \cdot a} = \frac{a^2}{2a}$$

$$\frac{a^2}{2a} = \frac{a \cdot a}{2 \cdot a} = \frac{a}{a} \cdot \frac{a}{2} = \frac{a}{2}$$

En un paso

$$\frac{5a^2}{10a} = \frac{5 \cdot a \cdot a}{5 \cdot 2 \cdot a} = \frac{5}{5} \cdot \frac{a}{a} \cdot \frac{a}{2} = \frac{a}{2}$$

O, divide tanto el numerador como el denominador entre sus factores comunes.

En dos pasos

$$\frac{5a^2}{10a} = \frac{\frac{5a^2}{5}}{\frac{10a}{5}} = \frac{a^2}{2a} = \frac{\frac{a^2}{a}}{\frac{2a}{a}} = \frac{a}{2}$$

En un paso

$$\frac{5a^2}{10a} = \frac{\frac{5a^2}{5a}}{\frac{10a}{5a}} = \frac{a}{2}$$

Serie de problemas C

Reduce cada fracción.

1. $\frac{6x^2y}{18x}$ **2.** $\frac{2}{2a + 4}$ **3.** $\frac{x}{x^2 + 2x}$

Escribe dos fracciones que se puedan reducir a la fracción dada.

4. $\frac{1}{3 + a}$ **5.** $\frac{x}{2}$ **6.** $\frac{5y}{z}$

Calcula cada producto. Reduce tus respuestas.

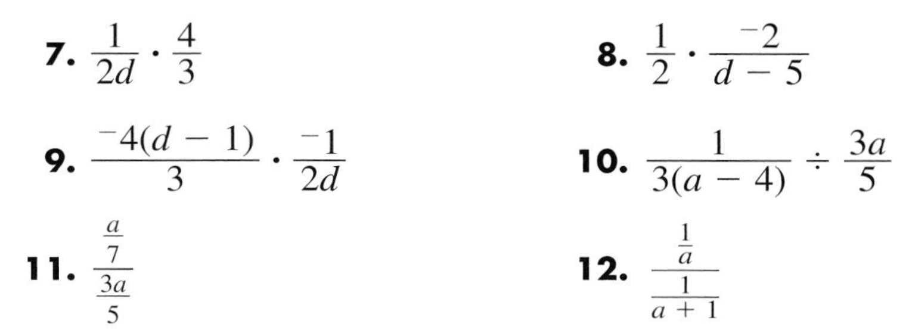

7. $\frac{1}{2d} \cdot \frac{4}{3}$ **8.** $\frac{1}{2} \cdot \frac{^-2}{d - 5}$

9. $\frac{^-4(d - 1)}{3} \cdot \frac{^-1}{2d}$ **10.** $\frac{1}{3(a - 4)} \div \frac{3a}{5}$

11. $\frac{\frac{a}{7}}{\frac{3a}{5}}$ **12.** $\frac{\frac{1}{a}}{\frac{1}{a + 1}}$

Recuerda

Dividir $\frac{a}{b}$ entre $\frac{c}{d}$ es lo mismo que multiplicar $\frac{a}{b}$ por el recíproco de $\frac{c}{d}$:

$$\frac{\frac{a}{b}}{\frac{c}{d}} = \frac{a}{b} \cdot \frac{d}{c}$$

Usarás lo que has aprendido para analizar varios trucos con números.

Serie de problemas D

Brian inventó cuatro trucos con números. Para cada uno, haz lo siguiente:

- Verifica si el truco funciona *siempre* o si no es así. Si funciona siempre, explica por qué.
- Si no funciona siempre, ¿funciona sólo con pocas excepciones? Si así es, ¿cuáles son las excepciones? Explica por qué funciona para todos los números, que no sean esas excepciones.
- Si no funciona nunca o funciona sólo para unos cuántos números, explica cómo lo sabes.

1. *Truco con números 1:* Escoge un número, cualquier número. Multiplícalo por 2 y eleva al cuadrado el resultado. Suma 12. Después divide entre 4 y resta el cuadrado del número que escogiste al principio. Tu resultado es 3.

2. *Truco con números 2:* Escoge un número, cualquier número. Súmale 2 y eleva el resultado al cuadrado. Multiplica el nuevo número por 6 y después resta 24. Divide entre el número que escogiste. Divide otra vez entre 6 y después resta 4. Tu resultado es el número que escogiste.

3. *Truco con números 3:* Escoge un número, cualquier número. Multiplica tu número por 3 y después réstale 4. Divide entre 2 y suma 5. El resultado es 6.

4. **Reto** *Truco con números 4:* Escoge un número, cualquier número. Súmale 6 y multiplica el resultado por el número que escogiste. Después suma 9. Ahora divide entre 3 más que el número seleccionado y, después, resta el número que escogiste. Tu resultado es 3.

Comparte & resume

Evan redujo cada fracción como se muestra. Verifica sus respuestas. Indica si hizo el problema correctamente. Si no, explica en qué está equivocado y cómo hallar el resultado correcto.

1. $\frac{3}{x + 3} = \frac{1}{x + 1}$
2. $\frac{a}{a + 4} = \frac{1}{4}$
3. $\frac{5a}{3} \div \frac{3}{a} = \frac{5a}{3} \cdot \frac{a}{3} = \frac{5a^2}{9}$
4. $\frac{12t^2}{35} \cdot \frac{21}{16t} = \frac{9t}{20}$

Ejercicios por tu cuenta

Practica & aplica

1. Considera esta ecuación.

$$y = \frac{2 - x}{(x - 2)(x + 1)}$$

a. ¿Para qué valores de x está indefinida y?

b. Explica cómo podrías usar la información de la Parte a como ayuda para hacer una gráfica de la ecuación.

2. Cada mañana, la gerente de un restaurante compra \$300 de pescado fresco en el mercado. Una mañana ,compró pescado que estaban vendiendo a d dólares la libra. La siguiente mañana el precio había aumentado \$2 por libra.

a. Escribe una expresión para la cantidad de pescados, en libras, que la gerente compró la primera mañana.

b. Escribe una expresión para la cantidad de pescados, en libras, que la gerente compró la segunda mañana.

c. Escribe una ecuación para la cantidad total de pescados que la gerente compró esos dos días.

d. ¿Para qué valores de d, si los hay, no tiene sentido *matemático* tu expresión de la Parte c?

e. ¿Para qué valores adicionales de d, si los hay, no tiene sentido tu expresión en esta situación?

Recuerda

tasa · tiempo = distancia

o

$$\text{tiempo} = \frac{\text{distancia}}{\text{tasa}}$$

3. Cada viernes, un repartidor conduce su camión 120 millas en la ciudad para repartir y después regresar. Un viernes en particular, condujo en la ciudad al límite de velocidad anunciado, s. Sin embargo, en el viaje de regreso, manejó más lentamente debido a una construcción en la carretera y tuvo que viajar a 15 millas por hora menos del límite de velocidad.

a. Escribe una expresión para el tiempo que le tomó conducir en la ciudad.

b. Escribe una expresión para el tiempo que le tomó el viaje de regreso.

c. Escribe una ecuación para el tiempo total que le llevó conducir de ida y vuelta.

d. ¿Para qué valores de s, si los hay, no tiene sentido *matemático* tu expresión de la Parte c?

e. ¿Para qué valores adicionales de s, si los hay, no tiene sentido tu expresión en esta situación?

Reduce cada fracción.

4. $\frac{12m}{2m}$

5. $\frac{2x}{4xy}$

6. $\frac{20a^2b}{16ab^2}$

7. $\frac{3k}{k^2 - 6k}$

Reduce cada fracción.

8. $\frac{1 + a}{a(1 + a)}$

9. $\frac{3(x + 1)}{6}$

10. $\frac{nm}{m^2 + 2m}$

11. $\frac{3ab}{a^2b^2 - 3ab}$

Calcula cada producto o cociente. Reduce tus respuestas.

12. $\frac{1}{3} \cdot \frac{1}{a}$

13. $\frac{4}{3} \cdot \frac{d}{2}$

14. $\frac{1}{5a} \cdot \frac{3a^2}{2}$

15. $\frac{1}{a} \div \frac{1}{a}$

16. $\frac{m}{4} \div \frac{4}{m}$

17. $\frac{^-1(x - 2)}{3(2 - x)}$

Para los trucos con números de los Ejercicios 18 y 19, haz lo siguiente:

- Verifica si el truco funciona *siempre.* Si es así, explica por qué.
- Si no funciona siempre, ¿funciona sólo con pocas excepciones? Si es así, ¿cuáles son las excepciones? Explica por qué funciona para todos los números, que no sean esas excepciones.
- Si no funciona nunca o funciona sólo para unos cuántos números, explica cómo lo sabes.

18. Escoge un número. Réstale 1 y eleva al cuadrado el resultado. Réstale 1 otra vez. Divide entre tu número. Suma 2. El resultado es tu número original.

19. Escoge un número. Súmale 3 y eleva al cuadrado el resultado. Réstale 4. Divide entre el número que es 1 más que el número que escogiste. Réstale 5 al resultado. El resultado es el número que escogiste.

Conecta & amplía

20. Considera esta ecuación.

$$y = \frac{2k^2 - 3k}{k^2 - k}$$

a. ¿Para qué valores de k, si los hay, no tiene valor y?

b. Explica qué le sucederá a la gráfica de la ecuación en los valores que calculaste en la Parte a.

21. **Ciencia física** Todos los cuerpos se atraen entre sí con la fuerza llamada *gravedad.* El matemático inglés Isaac Newton descubrió esta fórmula al calcular la fuerza gravitatoria entre dos cuerpos:

$$F = G\left(\frac{Mm}{r^2}\right)$$

En la fórmula, F es la fuerza gravitatoria entre dos cuerpos, M y m son las masas de los cuerpos, r es la distancia entre ellos y G es un número fijo llamado *constante gravitatoria.*

En tus **propias palabras**

Describe una situación que se pueda representar con fracciones algebraicas. (Analiza los problemas de esta lección si necesitas ideas.) Comenta los valores para los cuáles tu expresión no tiene sentido matemático y los valores para los que tu expresión no tiene sentido en el contexto de la situación.

a. ¿Cómo cambia la fuerza gravitatoria entre dos cuerpos si se duplica la masa de uno de los cuerpos? ¿Si la masa de uno de los cuerpos se triplica?

b. ¿Cómo cambia la fuerza gravitatoria entre dos cuerpos si se duplicala distancia entre los cuerpos? ¿Si se triplica la distancia?

c. Supón que se duplican las masas de dos cuerpos y también la distancia entre los cuerpos. ¿Cómo afecta esto la fuerza gravitatoria entre los cuerpos?

Reduce cada expresión.

22. $\dfrac{4k - 2}{2k^2 + 4k - 2}$

23. $\dfrac{(u - 3)(u + 2)(u - 1)}{^{-}1(3 - u)(1 - u)}$

24. Considera esta ecuación.

$$y = \frac{24}{2 - 5x}$$

a. ¿Para qué valores de x, no tiene valor y? Explica.

b. ¿Para qué valores de x, será positiva y? Explica.

c. ¿Para qué valores de x, será negativa y? Explica.

d. ¿Para qué valores de x, será y igual a 0? Explica.

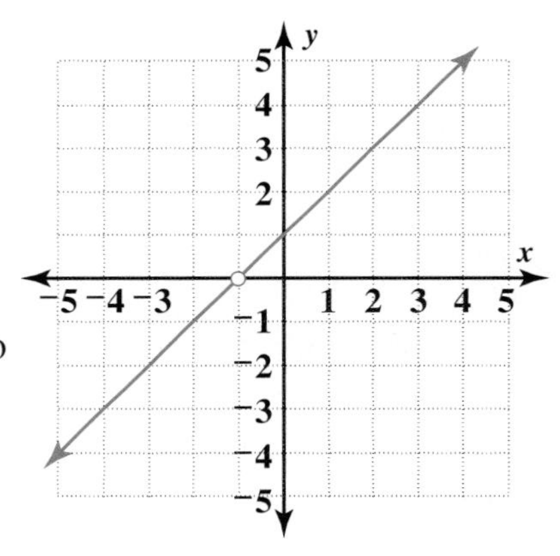

25. La ecuación $y = \frac{(x+1)^2}{x+1}$ se puede reducir a $y = x + 1$ para todos los valores de x excepto $^-1$ (lo que hace el denominador 0). La gráfica de $y = \frac{(x+1)^2}{x+1}$ se parece a la gráfica de $y = x + 1$, pero con un círculo abierto en el punto donde $x = {}^-1$.

Usa esta idea para graficar cada ecuación.

a. $y = \frac{4x^3}{2x}$ **b.** $y = \frac{4x^2 + 2x}{2x}$

26. ¿Para qué valores de m es verdadero que $\frac{1}{m} > \frac{1}{m+1}$? Explica.

Repaso mixto

Evalúa cada expresión.

27. $\frac{2}{3} + \frac{5}{8}$ **28.** $\frac{3}{10} - \frac{1}{4}$ **29.** $\frac{3}{7} - \frac{8}{3}$

30. $\frac{2}{3} \cdot \frac{5}{8}$ **31.** $\frac{3}{10} \div \frac{1}{4}$ **32.** $\frac{3}{7}\left(\frac{8}{3}\right)$

Vuelve a plantear cada expresión usando una sola base y un solo exponente.

33. $27x^3$ **34.** $a^{12} \cdot (a^2)^{-7}$ **35.** $\frac{32}{c^5}$

36. Estadística Gerry encuestó 5 restaurantes de comida rápida acerca del número de calorías en los varios tipos de sándwiches que venden. Trazó sus resultados en un histograma. Por ejemplo, la primera barra en su gráfica revela que dos de los sándwiches tenían de 200 a 299 calorías.

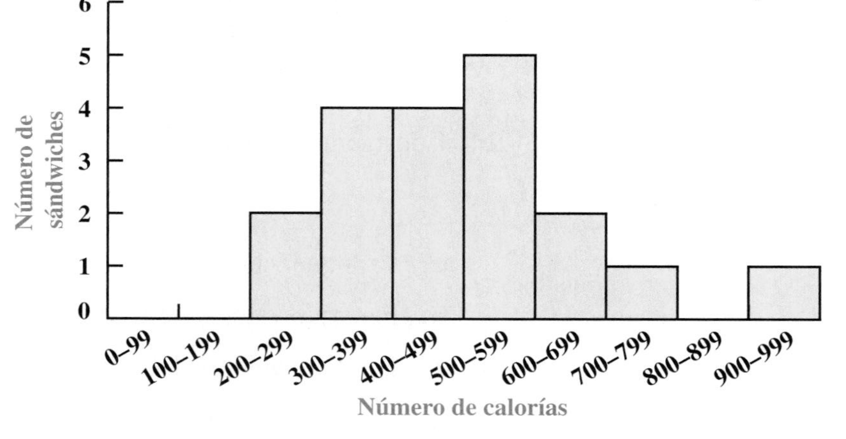

a. ¿Para cuántos sándwiches diferentes recopiló datos Gerry?

b. Estima la mediana de estos datos. Explica tu respuesta.

c. ¿Qué te indica el histograma acerca de los sándwiches de estos restaurantes?

Suma y resta fracciones algebraicas

Has sumado y restado fracciones en las cuales tanto el numerador como el denominador son números. En esta lección, aplicarás lo que sabes para sumar fracciones con variables.

Piensa & comenta

Considera estas fracciones y números mixtos.

$$1\frac{1}{2} \qquad \frac{2}{3} \qquad \frac{3}{8} \qquad \frac{3}{10} \qquad 2\frac{5}{12}$$

- Escoge dos de los números y súmalos. Describe cómo calculaste el denominador común y la suma.
- Escoge dos de las fracciones que quedan y resta la menor de la mayor. Describe cómo calculaste el denominador común y la diferencia.
- Finalmente, resta la fracción que queda de 10. Describe cómo calculaste el denominador común y la diferencia.

Investigación 1 Combina fracciones algebraicas

Ahora, usarás lo que sabes sobre fracciones con números para sumar y restar fracciones algebraicas con variables.

Serie de problemas A

1. Copia y completa esta tabla de adición.

+			$\frac{3}{4}$
$\frac{1}{2}$		2	
			1
$\frac{3}{5}$	$\frac{11}{5}$		

Calcula cada suma o diferencia.

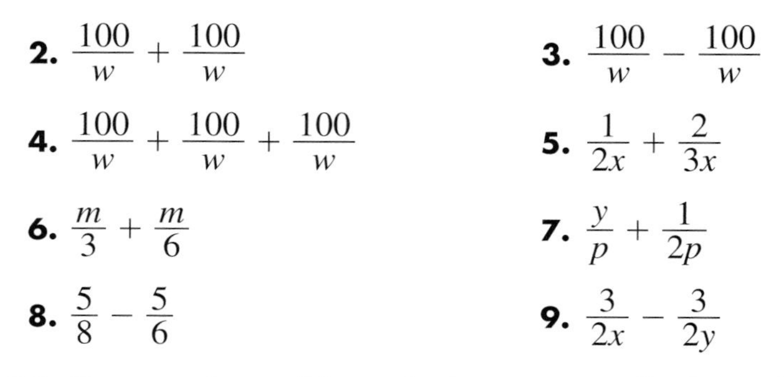

2. $\frac{100}{w} + \frac{100}{w}$

3. $\frac{100}{w} - \frac{100}{w}$

4. $\frac{100}{w} + \frac{100}{w} + \frac{100}{w}$

5. $\frac{1}{2x} + \frac{2}{3x}$

6. $\frac{m}{3} + \frac{m}{6}$

7. $\frac{y}{p} + \frac{1}{2p}$

8. $\frac{5}{8} - \frac{5}{6}$

9. $\frac{3}{2x} - \frac{3}{2y}$

10. Dave puede escribir a máquina un promedio de n palabras por minuto. Escribe una expresión para el número de minutos que le toma a Dave escribir a máquina

a. 400 palabras.

b. 200 palabras.

c. 1,000 palabras.

d. Suma tus expresiones de las Partes a, b y c. ¿Qué representa la suma en términos de la situación de escribir a máquina?

Cuando sumas o restas fracciones algebraicas, hay muchas manera de calcular un denominador común.

EJEMPLO

Evan, Tala y Lucita tienen diferentes métodos para sumar $\frac{14}{8x}$ y $\frac{3}{4x}$.

Ten en mente los tres métodos anteriores a medida que trabajas en la siguiente serie de problemas.

Serie de problemas B

1. Copia y completa la siguiente tabla de adición.

+			$\frac{8}{15x}$
$\frac{1}{3x}$		$\frac{2}{x}$	
	$\frac{5}{4x}$		
	$\frac{3}{5x}$	$\frac{53}{30x}$	

Calcula cada suma o diferencia.

2. $\frac{6}{3x^2} - \frac{2}{2x^2}$

3. $\frac{2}{4t} - \frac{2t}{3}$

4. $\frac{3}{6m} + \frac{4m}{8m^2}$

5. Camila y Lakita ganan dinero los fines de semana pintando casas. Le toma a Camila $2n$ minutos para pintar 1 metro cuadrado ella sola; y a Lakita le toma $3n$ minutos.

   a. Escribe una expresión para la cantidad de área que Camila pinta en 1 minuto. Haz lo mismo para Lakita.

   b. ¿Cuánta área pintarán las amigas en 1 minuto si trabajan juntas? Escribe tu expresión como una sola fracción algebraica.

   c. Si las amigas trabajan juntas para pintar una habitación con 40 m^2 de pared, ¿cuánto tiempo les llevará el trabajo? Muestra cómo hallaste la respuesta.

Comparte & resume

Considera estos cinco términos.

$c \qquad 2 \qquad 3 \qquad 2c^2 \qquad 3c^2$

1. Crea cuatro problemas de adición y sustracción con fracciones cuyo numerador y denominador estén formados por estos términos (por ejemplo, $\frac{c}{2} + \frac{3}{3c^2}$). Usa cada término sólo una vez en un problema. Después, intercambia problemas con tu compañero(s) y resuelve sus problemas.

2. Usa los términos para crear un problema de adición o sustracción con una suma o diferencia de 3.

Investigación 2 Estrategias para sumar y restar fracciones algebraicas

Ahora aprenderás más acerca de sumar y restar fracciones algebraicas.

Serie de problemas C

1. Calcula cada suma sin usar la calculadora.

a. $\frac{1}{1} + \frac{1}{2}$ **b.** $\frac{1}{2} + \frac{1}{3}$ **c.** $\frac{1}{3} + \frac{1}{4}$ **d.** $\frac{1}{4} + \frac{1}{5}$

2. Busca un patrón en las sumas del Problema 1. Úsalo para calcular $\frac{1}{5} + \frac{1}{6}$ sin realmente calcular la suma.

3. En cada parte del Problema 1, ¿cómo se relaciona el denominador de la adición con los denominadores de las dos fracciones que se suman?

4. En cada parte del Problema 1, ¿cómo se relaciona el numerador de la adición con los denominadores de las dos fracciones que se suman?

5. Usa los patrones que observaste para hacer una conjetura acerca de esta suma.

$$\frac{1}{m} + \frac{1}{m+1}$$

6. Considera otra vez la suma $\frac{1}{5} + \frac{1}{6}$.

a. Si esta suma es igual a $\frac{1}{m} + \frac{1}{m+1}$, ¿cuál es el valor de m?

b. Usa tu conjetura del Problema 5 y el valor de m de la Parte a para sumar $\frac{1}{5} + \frac{1}{6}$. ¿Corresponde el resultado con tu predicción en el problema 2?

c. Para verificar tu resultado, calcula la suma hallando un denominador común y sumando.

7. **¡Pruébalo!** Trata de probar que tu conjetura es verdadera.

Datos de interés

Los antiguos egipcios preferían fracciones con 1 en el numerador, llamadas *fracciones unitarias*. Expresaban otras fracciones, usando jeroglíficos, como las sumas de fracciones unitarias. Por ejemplo, $\frac{21}{30}$ se podría expresar como $\frac{1}{3} + \frac{1}{5} + \frac{1}{6}$.

EJEMPLO

Ésta es la manera en que Lydia consideró la suma de $\frac{1}{m}$ y $\frac{1}{m+1}$.

"Cuando sumo $\frac{1}{m}$ y $\frac{1}{m+1}$, uso un denominador común de $m(m + 1)$, el producto de dos denominadores."

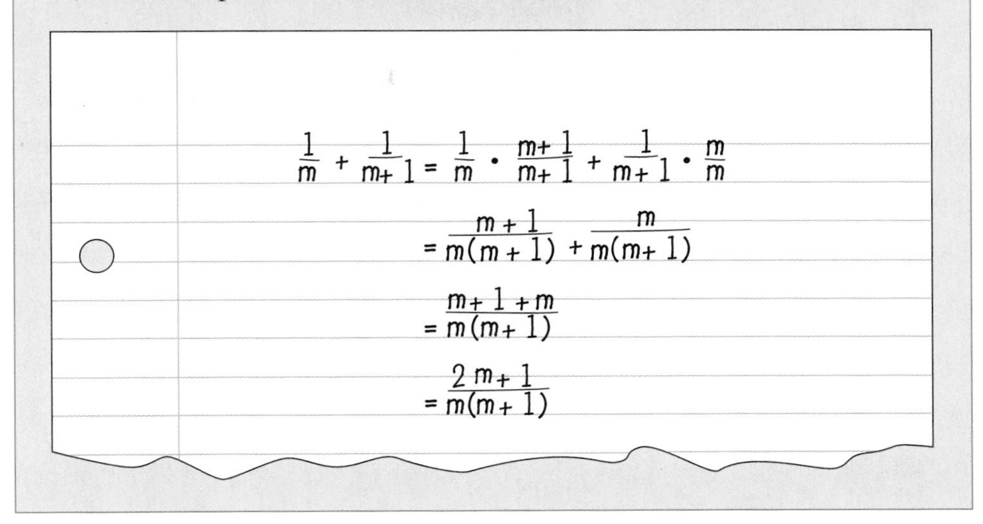

Serie de problemas D

Comenta la estrategia de Lydia con tu compañero(a). Asegúrate de entender cómo viene cada renglón del anterior.

1. ¿Por qué Lydia multiplicó la primera fracción por $\frac{m+1}{m+1}$?

2. ¿Por qué multiplicó la segunda fracción por $\frac{m}{m}$?

3. Ben dijo, —Tengo un método más fácil para sumar $\frac{1}{m}$ y $\frac{1}{m+1}$. Esto es lo que hice.

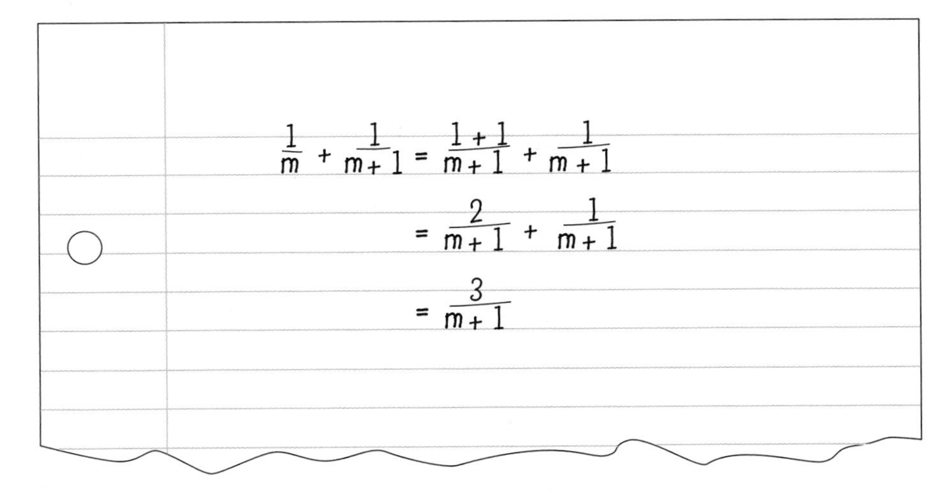

¿Es correcto el método de Ben? Explica.

Cuando se suman o restan fracciones algebraicas, con frecuencia, lo más fácil es dejar el numerador y el denominador en forma factorizada. Conocer los factores te permite reconocer e identificar los factores comunes más fácilmente.

EJEMPLO

Suma:

$$\frac{2x}{x(x-1)} + \frac{5}{(x-1)(x+2)}$$

Los denominadores factorizados facilitan la reducción de la primera fracción y también facilitan hallar un denominador común.

Puedes reducir la primera fracción dividiendo el numerador y el denominador entre x. Luego, puedes usar $(x-1)(x+2)$ como denominador común de las fracciones resultantes.

$$\begin{aligned}\frac{2x}{x(x-1)} + \frac{5}{(x-1)(x+2)} &= \frac{2}{x-1} + \frac{5}{(x-1)(x+2)} \\ &= \frac{2}{x-1} \cdot \frac{x+2}{x+2} + \frac{5}{(x-1)(x+2)} \\ &= \frac{2(x+2)+5}{(x-1)(x+2)} \\ &= \frac{2x+9}{(x-1)(x+2)}\end{aligned}$$

Serie de problemas E

Calcula cada suma o diferencia. Reduce tus respuestas si es posible.

1. $\frac{1}{m} + \frac{2}{m+1}$

2. $\frac{4}{m} - \frac{1}{m-1}$

3. $\frac{4}{b+2} + \frac{b}{b+3}$

4. $\frac{2(x+1)}{x(x+1)} - \frac{1}{x-3}$

5. $\frac{10}{x+4} + \frac{3x}{9x^2}$

6. $\frac{2x}{x-1} - \frac{x+1}{x+3}$

7. Considera estos problemas de sustracción.

$$\frac{1}{2} - \frac{1}{3} \qquad \frac{1}{3} - \frac{1}{4} \qquad \frac{1}{4} - \frac{1}{5}$$

a. Calcula cada diferencia.

b. Usa el patrón en tus respuestas de la Parte a para resolver este problema de sustracción sin realmente calcular la diferencia.

$$\frac{1}{5} - \frac{1}{6}$$

c. Usa el patrón para calcular esta diferencia.

$$\frac{1}{m} - \frac{1}{m+1}$$

d. **¡Pruébalo!** Usa el álgebra para mostrar que tu respuesta en la Parte c es correcta.

Comparte & resume

En el Ejemplo de la página 415, Lydia explica cómo piensa respecto a la suma de fracciones algebraicas. Calcula la siguiente diferencia y explica cómo consideras *su* solución.

$$\frac{1}{x+1} - \frac{1}{2x}$$

Investigación 3 Resuelve ecuaciones con fracciones

Ya has resuelto ecuaciones con fracciones algebraicas. Por ejemplo, en años anteriores, has resuelto proporciones como éstas:

$$\frac{x}{2} = \frac{9}{6} \qquad \frac{50}{3.6} = \frac{11}{m}$$

Piensa & comenta

Describe algunas maneras en que podrías resolver cada una de estas ecuaciones.

$$\frac{x}{2} = \frac{9}{6} \qquad \frac{50}{3.6} = \frac{11}{m}$$

MATERIALES
calculadora graficadora

Serie de problemas F

Resuelve cada ecuación usando el método que prefieras. Usa diferentes métodos para diferentes ecuaciones.

1. $\frac{3x - 6}{4} = x - 8$

2. $\frac{t}{2} + \frac{t}{3} = {}^{-}1$

3. $\frac{4a}{5} - \frac{2 - a}{4} = 30$

4. $\frac{p}{5} - p = {}^{-}0.4$

5. ¿Qué fracción sumada a $\frac{2x - 1}{4}$ es igual a $\frac{x^2 - 4}{4}$?

6. ¿Qué fracción restada de $\frac{k + 3}{5}$ es igual a $\frac{k - 3}{15}$?

7. Evan estimó la solución de la ecuación $\frac{n + 7}{2} + \frac{n}{3} = 10$ hallando la intersección de las gráficas de estas dos ecuaciones.

$$y = \frac{n + 7}{2} + \frac{n}{3} \qquad y = 10$$

a. Explica por qué funciona el método de Evan.

b. Grafica ambas ecuaciones en la misma ventana de tu calculadora y usa las gráficas para estimar la solución.

c. Verifica tu estimación resolviendo la ecuación original. Usa el método que prefieras.

Todas las ecuaciones en la Serie de problemas F contienen una o más fracciones con variables en el numerador. Al resolver ecuaciones con variables en los denominadores, necesitas verificar que las “soluciones” no hagan que los denominadores en la ecuación original sean igual a 0.

EJEMPLO

Resuelve la ecuación $\frac{5x + 10}{x + 2} = \frac{3}{x + 1}$.

Una manera de resolver esta ecuación es "limpiar" las fracciones multiplicando ambos lados por un denominador común:

$$\frac{(x+2)(x+1)}{1} \cdot \frac{5x+10}{x+2} = \frac{3}{x+1} \cdot \frac{(x+2)(x+1)}{1}$$

y después reduciendo la ecuación resultante:

$$\frac{x+2}{x+2} \cdot (x+1)(5x+10) = 3(x+2) \cdot \frac{x+1}{x+1}$$

$$1 \cdot (x+1)(5x+10) = 3(x+2) \cdot 1$$

$$5x^2 + 15x + 10 = 3x + 6$$

El hacer un lado de la ecuación igual a 0 te permitirá resolverla gráficamente.

$$5x^2 + 12x + 4 = 0$$

En este caso, la ecuación reducida es cuadrática. Puedes estimar la solución si graficas $y = 5x^2 + 12x + 4$ y hallas los puntos donde $y = 0$.

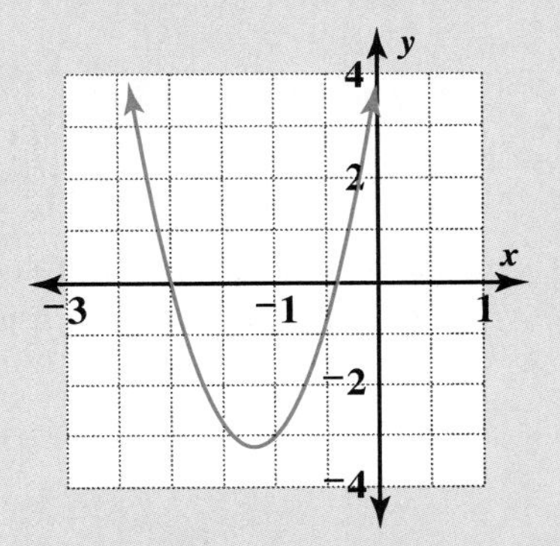

Las soluciones son aproximadamente $^-2$ y $^-0.4$. Verifica estos valores *en la ecuación original.* Como $^-2$ hace el denominador $\frac{5x + 10}{x + 2}$ igual a 0, ésta *no* es una solución de la ecuación original. El número $^-0.4$ hace la ecuación original verdadera, de modo que, $^-0.4$ es una solución; $^-2$ no lo es.

A medida que resuelves las siguientes ecuaciones, asegúrate de verificar que tus soluciones no hagan ninguno de los denominadores en la ecuación original igual a 0.

MATERIALES
calculadora graficadora (opcional)

Serie de problemas G

Resuelve cada ecuación usando cualquier método. Usa diferentes métodos para diferentes ecuaciones. Para estimar las soluciones, es posible que necesites una gráfica para algunos de ellos.

1. $\frac{10}{7} = \frac{k+1}{k-3}$

2. $\frac{6-2x}{x-3} = 8$

3. $\frac{2}{g+1} - \frac{2}{g-1} = 4$

4. $\frac{20-a}{a^2-4} = \frac{5}{a-2} + \frac{3}{a+2}$

5. $0 = \frac{2}{s+3} + \frac{s}{s+2}$

6. $\frac{^-60 - 12z}{z+5} = {^-120}$

Comparte & resume

Selecciona un problema de la Serie de problemas G y explica cómo lo resolviste, de manera que un estudiante que haya estado ausente lo pueda entender.

Ejercicios por tu cuenta

Practica & aplica

Calcula cada suma o diferencia.

1. $\frac{9}{8} - \frac{8}{9}$

2. $\frac{x}{4} + \frac{y}{2}$

3. $\frac{2xy}{3} - \frac{1}{6}$

4. $\frac{1}{x} + \frac{2}{x^2}$

5. $\frac{c}{a} - \frac{a}{c}$

6. Después de las clases, Marcus y su hermana Annette tienen trabajos de medio tiempo en un supermercado. Annette puede apilar hasta 500 latas en z minutos en el exhibidor al final del pasillo. Marcus trabaja la mitad de rápido que Annette y apila 500 latas en $2z$ minutos.
   a. Escribe una expresión para averiguar cuántas latas puede apilar Marcus en 1 minuto.
   b. Escribe una expresión para averiguar cuántas latas puede apilar Annette en 1 minuto.
   c. Trabajando juntos, ¿cuántas latas pueden apilar Marcus y Annette en 1 minuto? Expresa tu respuesta como una sola fracción algebraica.
   d. El gerente de la tienda les ha pedido a los dos que hagan un exhibidor usando 750 latas. ¿Cuánto tiempo les llevará?

7. Esperanza y Jasmine manejan las mismas 300 millas de camino en carros separados. Esperanza conduce un promedio de n millas por hora. Jasmine conduce 1.5 veces más rápido.
   a. Escribe una expresión para el tiempo que le toma a Jasmine conducir las 300 millas.
   b. Presume que Jasmine y Esperanza salieron al mismo tiempo. Escribe una expresión para la diferencia en tiempo entre la llegada de Jasmine al destino final y la llegada de Esperanza.
   c. Escribe una expresión para el tiempo total que ambas mujeres pasaron viajando.

8. Copia y completa esta tabla de adición.

$+$	$\frac{5}{2x}$	$\frac{4}{x}$	$2x$
$\frac{1}{4x}$			
$-\frac{2}{3x}$			
$\frac{3+x}{2}$			

Calcula cada suma o diferencia.

9. $\frac{1}{m} - \frac{2}{m+1}$

10. $\frac{4}{m} + \frac{1}{m+1}$

11. $\frac{3}{d} + \frac{4}{d+1}$

12. $\frac{3}{c} - \frac{4}{c-1}$

13. $\frac{a}{a+4} + \frac{3a}{5}$

14. $\frac{x^2}{x^2-1} - \frac{1}{x^2-1}$

15. $\frac{5}{k} - \frac{5}{k+1}$

16. $\frac{2y-1}{4} - \frac{y}{2}$

Resuelve cada ecuación usando cualquier método.

17. $\frac{2x}{3} + \frac{1}{4} = x - 1$

18. $\frac{v-2}{3} + \frac{v}{2} = 10$

19. $\frac{n+1}{n-1} = 3$

20. $\frac{2-u}{u+1} = 5$

21. $\frac{8}{w+5} - \frac{2}{w+5} = \frac{2}{w} + \frac{1}{w+5}$

22. $\frac{3}{c-1} + \frac{3}{c+1} = \frac{21-c}{c^2-1}$

23. ¿Qué fracción sumada a $\frac{r+1}{r}$ es igual a 1?

24. ¿Qué fracción restada de $\frac{2-x}{7}$ es igual a $\frac{x}{14}$?

25. ¿Qué fracción restada de $\frac{1}{v}$ es igual a $\frac{3v}{2}$?

Conecta & amplía

26. **Economía** Meg gana \$70 por w horas recogiendo fruta, su amiga Rashid, quien tiene más experiencia y trabaja más rápido, gana \$80 por w horas. Juntas ganan \$1,000 por semana.

Escribe una breve explicación para cada expresión.

a. $\frac{70}{w}$ **b.** $\frac{80}{w}$ **c.** $\frac{70}{w} + \frac{80}{w}$

d. $\frac{150}{w}$ **e.** $1{,}000 \div \frac{150}{w}$ **f.** $1{,}000 \div \frac{70}{w}$

g. $1{,}000 \div \frac{80}{w}$

Suma o resta.

27. $\frac{c}{ab} - \frac{a}{bc}$

28. $\frac{2x}{2y} + \frac{y}{x}$

29. $\frac{G+1}{G-1} - \frac{2}{G+1}$

30. $\frac{4-2y}{6} + \frac{y}{4}$

31. $\frac{1}{x^2y} + \frac{1}{xy}$

32. $\frac{1}{p} + \frac{1}{p^2} + \frac{1}{y}$

33. $\frac{1}{xc} + 1 - \frac{1}{c}$

34. $\frac{a+1}{1} + \frac{1}{a-1}$

35. $2 - \frac{2}{s+1} - \frac{s}{s+1}$

36. $\frac{1}{m} + \frac{1}{m+1} + \frac{1}{m+2}$

37. $\frac{1}{m} - \frac{1}{m+1} - \frac{1}{m+2}$

38. La Srta. Díaz condujo 135 millas para visitar a su madre. Ella sabía que habían aumentado el límite de velocidad 10 mph, después de las primeras 75 millas, pero no podía recordar cuáles eran los límites de velocidad.

a. Escribe una expresión que represente la cantidad de tiempo que le tomará a la Srta. Díaz conducir las primeras 75 millas si viaja al límite de velocidad de x mph.

b. Escribe una expresión que represente la cantidad de tiempo que le tomará viajar las 60 millas restantes al nuevo límite de velocidad.

c. Escribe una expresión para el tiempo total que la Srta. Díaz pasa conduciendo. Combina las partes de tu expresión en una sola fracción algebraica.

Escribe un problema de adición que tenga dos fracciones algebraicas con expresiones algebraicas diferentes en sus denominadores. Explica paso por paso cómo sumar las dos fracciones.

Resuelve cada ecuación usando cualquier método.

39. $\frac{p+2}{2} + \frac{p-1}{5} = p + 1$

40. $\frac{r-8}{3} + \frac{r-5}{2} = r - 5$

41. $\frac{T-1}{4} + \frac{2-T}{3} + \frac{T+1}{2} = 3$

42. $\frac{v-2}{4} + \frac{2}{v-1} + \frac{1}{2} = \frac{v^2-9}{4v-4}$

43. $\frac{Z-5}{2} - \frac{3}{Z+5} = \frac{(Z+1)(Z-3)}{2Z+10}$

44. $\frac{3}{x-3} + \frac{4}{x+3} = \frac{21-x}{x^2-9}$

45. Jing gana x dólares por embolsar abarrotes en el mercado local. También trabaja como tutora de matemáticas. Su tasa por hora de tutoría es de \$2 más que el doble de su tasa por hora en el mercado.

La semana pasada Jing ganó \$51.75 en el mercado y \$40.50 en la tutoría. Se dio cuenta de que si hubiera pasado todas las horas trabajando en la tutoría habría ganado, ¡\$162! Escribe y resuelve una ecuación para calcular la tasa por hora de Jing en cada trabajo.

46. Para dos números A y B,

$$\frac{5x+1}{x^2-1} = \frac{A}{x+1} + \frac{B}{x-1}$$

a. ¿Cuál es el denominador común para $\frac{A}{x+1}$ y $\frac{B}{x-1}$?

b. Suma $\frac{A}{x+1} + \frac{B}{x-1}$ usando el denominador común que calculaste en la Parte a. Escribe la suma sin paréntesis.

c. Explica por qué puedes usar este sistema para calcular los valores de A y B:

$$A + B = 5$$
$$^{-}A + B = 1$$

d. Resuelve el sistema y calcula A y B.

Repaso mixto

Evalúa sin usar calculadora.

47. $\sqrt{(^{-}18)^2}$

48. $^{-}\sqrt{7^2}$

49. $^{-}(\sqrt{64})^2$

50. $(^{-}\sqrt{49})^2$

51. ¿Cuáles de las siguientes son iguales? Halla todos los pares que correspondan.

a. 12 **b.** 12^{-1} **c.** $4\sqrt{\frac{1}{9}}$

d. $4\left(\frac{1}{3}\right)^{-1}$ **e.** $\sqrt{\frac{4}{9}}$ **f.** el recíproco de 12

52. **Geometría** Esta figura tiene tanto simetría de reflexión como simetría de rotación.

a. ¿Cuántos ejes de simetría tiene?

b. ¿Cuál es el ángulo de rotación?

53. Una figura tiene un área de a cm^2. ¿Qué área tendría una ampliación de la figura usando un factor de escala de f?

Reescribe cada ecuación en la forma $y = mx + b$.

54. $2(y + x) + 1 = 3x - 2y + 3$

55. $6y + \frac{3}{7}x - 2 = 0$

56. $8 = {}^{-}(3x + 4) + (4 - y) - (2y + 10)$

57. En 1999, en Estados Unidos empezaron a acuñar series de monedas de 25 centavos cuyos reversos están diseñados por diferentes estados. Chris empezó a coleccionar monedas, apartándolas del resto de sus monedas de vuelto.

Para la época en que acuñaron las monedas para el cuarto estado, Chris ya tenía varias de Delaware, New Jersey y Pennsylvania. Al contarlas descubrió que tenía 3 veces tantas monedas de Delaware como de Pennsylvania. El número de monedas de New Jersey que tenía era 7 veces más que la mitad del número de las monedas de Delaware.

a. Selecciona una variable y úsala para expresar el número de monedas de 25 centavos de cada tipo que tenía Chris.

b. En conjunto, Chris había ahorrado $12.75 en monedas de 25 centavos. Escribe y resuelve una ecuación para calcular cuántas monedas tenía de cada tipo.

El U.S. Mint decidió acuñar 5 monedas de 25 centavos de los estados, en el orden en que éstos ratificaron la constitución y fueron admitidos a la Unión. La moneda de 25 centavos para Nueva York, el undécimo estado admitido a la Unión, fue la primera que se acuñó en el año 2001.

Resumen del capítulo

VOCABULARIO
binomio
desarrollar
términos semejantes

En este capítulo, aprendiste a desarrollar y reducir expresiones algebraicas. Dos temas principales fueron el uso de la propiedad distributiva y el trabajo con fracciones algebraicas.

Resolviste problemas de multiplicación de binomios que requerían el uso de la propiedad distributiva para desarrollar el producto y después reducir combinando términos semejantes. Al enfocar tu atención en las fracciones algebraicas, descubriste que las podías reducir, sumar y restar usando los mismos métodos que usaste para las fracciones numéricas.

Terminaste el capítulo resolviendo ecuaciones que requirieron que aplicaras todas tus nuevas destrezas.

Estrategias y aplicaciones

Las preguntas en esta sección te ayudarán a repasar y a aplicar las ideas y estrategias importantes que se desarrollaron en este capítulo.

Usa modelos geométricos para desarrollar expresiones

1. Haz un diagrama de rectángulo que modele la expresión $(x + 3)(x + 6)$. Úsalo para desarrollar el producto de estos binomios.

2. Haz un diagrama de rectángulo que modele la expresión $(3t - 1)(t + 1)$. Úsalo para desarrollar el producto de estos binomios.

3. Considera la gráfica.

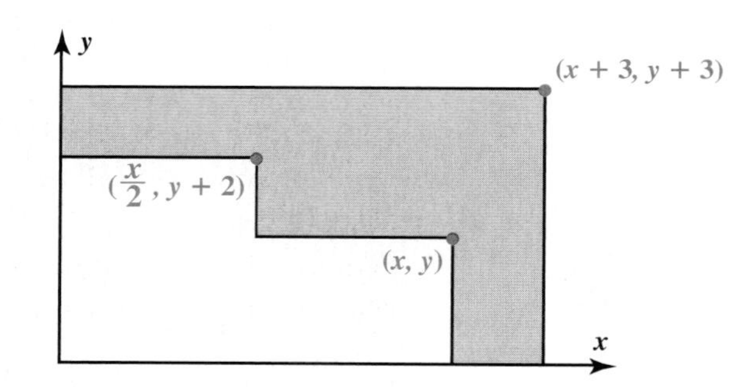

a. Escribe una expresión para el área de la región no sombreada.

b. Escribe una expresión, con y sin paréntesis, para el área de la región sombreada.

impactmath.com/chapter_test

Usa la propiedad distributiva para desarrollar expresiones

4. Describe los pasos que se requieren para reducir $x(1 - x) + (1 - x)(3 - x)$. Da la expresión reducida.

5. Reduce la expresión $(x^2 - 1)(y^2 - 1) - (1 + xy)(1 + xy)$.

6. La *moldura* es una franja de madera que se coloca en la base de la pared para dar a una habitación una apariencia de "acabado". El diagrama muestra el plano de una habitación con una moldura de 1 pulgada de espesor a lo largo de las orillas. Las medidas están en pulgadas.

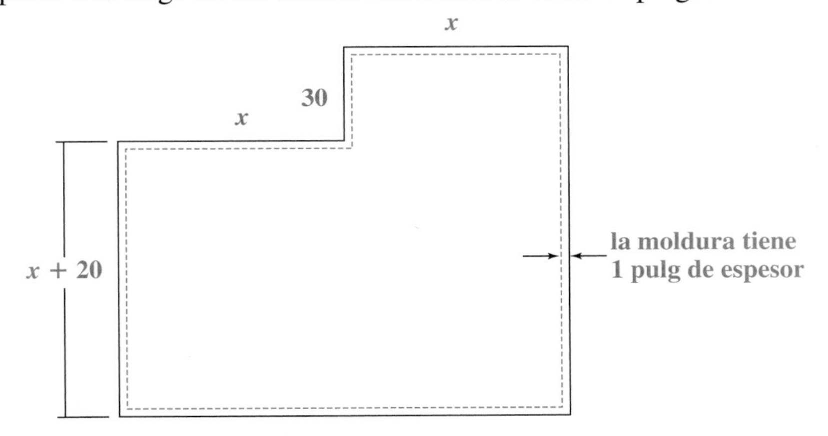

a. Escribe una expresión para el área del piso antes de que se instalara la moldura. Reduce tu expresión tanto como sea posible.

b. Escribe una expresión para el área del piso que queda, después de instalar la moldura. Reduce tu expresión tanto como sea posible.

Desarrolla expresiones de las formas $(ax + b)^2$, $(ax - b)^2$ y $(ax + b)(ax - b)$

7. Considera expresiones de la forma $(ax + b)^2$.

a. Describe un atajo para desarrollar tales expresiones y explica por qué funciona.

b. Usa tu atajo para desarrollar $(x + 13)^2$.

8. Considera expresiones de la forma $(ax - b)^2$.

a. Describe un atajo para desarrollar tales expresiones y explica por qué funciona.

b. Usa tu atajo para desarrollar $\left(\frac{x}{2} - 1.5\right)^2$.

9. Considera expresiones de la forma $(ax + b)(ax - b)$.

a. Describe un atajo para desarrollar tales expresiones y explica por qué funciona.

b. Usa tu atajo para desarrollar $(xy + 3)(xy - 3)$.

10. Vuelve a plantear $24 \cdot 26$ como el producto de dos binomios y después usa el patrón de la "diferencia de cuadrados" para calcular el producto.

Reduce expresiones con fracciones algebraicas

Reduce cada expresión y explica cada paso.

11. $\frac{^-3x}{9 - 6x}$

12. $\frac{15xy}{3x^3y^3}$

Resuelve expresiones con fracciones algebraicas

13. Considera la ecuación $\frac{1}{x+1} + \frac{2}{x-1} = \frac{8}{x^2-1}$.

a. Describe el primer paso que darías para resolver esta ecuación.

b. Resuelve la ecuación.

14. Considera la ecuación $\frac{k}{k-1} - \frac{5}{2} = \frac{1}{k-1}$.

a. Resuelve la ecuación.

b. Explica por qué es especialmente importante verificar tus soluciones cuando resuelves ecuaciones con fracciones algebraicas.

15. Cada semana, un tren de carga entrega cereales en un puerto a 156 millas de distancia. La semana pasada, el tren viajó al puerto a una velocidad promedio de s millas por hora. En el viaje de regreso, el tren llevaba vagones vacíos y pudo viajar a un promedio de 16 millas por hora más rápido.

a. Escribe una expresión para el tiempo que le tomó al tren llegar al puerto.

b. Escribe una expresión para el tiempo que le tomó el viaje de regreso.

c. El viaje de ida y vuelta tomó 10.4 horas. Escribe una ecuación para calcular el valor de s. Resuelve tu ecuación.

Demuestra tus destrezas

Vuelve a plantear cada expresión sin paréntesis.

16. $^{-}6(x + 1) + 2(5 - x) - 9(1 - x)$

17. $^{-}a(1 - 3a) - (2a^2 - 5a)$

18. $(2b + 1)(4 + b)$

19. $(x + 1)(5 - x)$

20. $(2c - 8)(c - 2)$

21. $(2x + y)(y - xy)$

22. $(L - 8)^2$

23. $(x - xy)(x + xy)$

Reduce cada expresión.

24. $\frac{14x^2y^2}{2xy}$

25. $(5xy - 2)(1 - 2x)$

26. $(d + 2)(1 - d) + (1 - 2d)(3 - d)$

27. $\frac{5n}{n - 1} + \frac{3n}{2n - 2}$

28. $\frac{b}{3} + \frac{b - 1}{b + 1} - \frac{b}{2b + 2}$

29. $\frac{1}{k - 1} - \frac{1}{k + 2}$

Resuelve cada ecuación.

30. $\frac{3}{x + 4} = \frac{2}{x - 4}$

31. $\frac{^{-}2x + 2}{x - 1} = {^{-}3}$

CAPÍTULO 9

Resuelve ecuaciones cuadráticas

Matemáticas en la vida diaria

Supermodelos La mayoría del trabajo de los programadores de computadoras depende de las ecuaciones y las expresiones matemáticas que forman parte del software que diseñan. Por ejemplo, muchos juegos de computadora y de video deben modelar el movimiento de cuerpos en el aire, como una pelota en un juego de béisbol, fútbol americano, fútbol o golf; o el movimiento de flechas y otros proyectiles—¡quizás hasta un globo lleno de agua! El movimiento de estos cuerpos se conoce como *trayectoria* y se puede modelar usando ecuaciones cuadráticas.

Piensa al respecto Imagina la trayectoria de una pelota de fútbol americano que ha sido pateada para tratar de anotar un gol de campo. ¿Puedes describir su trayectoria?

Carta a la familia

Estimados alumno(a) y familiares:

En el siguiente capítulo de la clase de matemáticas, estudiaremos la solución de ecuaciones cuadráticas. En este tipo de ecuaciones, la variable principal está elevada al cuadrado y se puede expresar en la forma $ax^2 + bx + c = 0$, donde a, b y c son constantes.

Las ecuaciones cuadráticas son un tema muy importante en matemáticas y en las ciencias en general. Sirven para describir el movimiento de cuerpos en el espacio, como una pelota de baloncesto, un automóvil, los satélites y los cohetes. También sirven para determinar la forma de las antenas de radar, las antenas parabólicas y los espejos que se usan en los telescopios.

Aprenderemos y practicaremos tres importantes métodos para resolver ecuaciones cuadráticas: solución de cuadrados perfectos, factorización y el uso de la fórmula cuadrática.

- Aprenderemos a identificar un cuadrado perfecto, expresión que equivale a una expresión lineal simple, multiplicada por sí misma:

$$x^2 + 4x + 4 = (x + 2)(x + 2) = (x + 2)^2$$
$$4x^2 - 12x + 9 = (2x - 3)(2x - 3) = (2x - 3)^2$$

- Otro método importante para resolver ecuaciones cuadráticas es la factorización. Este método sirve cuando la ecuación cuadrática equivale al producto de dos expresiones lineales diferentes:

$$x^2 - 8x + 15 = (x - 5)(x - 3)$$
$$2x^2 - 8x - 10 = (2x + 2)(x - 5)$$

- El tercer método es el uso de la fórmula cuadrática. Esta fórmula sirve para resolver no sólo ecuaciones que sean cuadrados perfectos o que sean fácilmente factorizables, sino toda ecuación cuadrática que se pueda expresar en la forma $ax^2 + bx + c = 0$.

Vocabulario En este capítulo, aprenderemos los siguientes nuevos términos:

factorización **trinomio**

¿Qué pueden hacer en el hogar?

El conocimiento de las ecuaciones cuadráticas le permitirá su hijo(a) dominar uno de los temas más importantes del álgebra. El trabajo es abstracto, pero el dominio de este tema le ayudará a su hijo(a) en sus estudios futuros de álgebra. Estimúlenle a que les muestre los problemas en los que estamos trabajando y a que les explique los métodos que está aprendiendo.

7.1 Resuelve usando la vuelta atrás

Como lo sabes, la vuelta atrás es un proceso paso a paso para anular operaciones. Para poder resolver una ecuación usando la vuelta atrás, debes saber cómo anular adiciones, sustracciones, multiplicaciones y divisiones. Para usar la vuelta atrás en la solución de ecuaciones no lineales, como quiera, necesitas anular otras operaciones también.

Piensa & comenta

Para estar seguro, ¿cómo verificarías que una operación realmente *anula* otra? Da un ejemplo para ilustrar tu razonamiento.

¿Qué harías para anular cada una de estas operaciones?

- encontrar la raíz cuadrada de un número
- encontrar el recíproco de un número
- cambiar el signo de un número
- aumentar un número positivo a la *en*ésima potencia, como, 2^3

Datos de interés

Las ecuaciones cuadráticas se usan en muchos contextos. Por ejemplo, $h = 1 + 2t - 4.9t^2$ podría darte la altura en metros al tiempo t en segundos de alguien que al brincar en un trampolín tiene una velocidad inicial de 2 m/s.

Investigación 1 Usa la vuelta atrás con nuevas operaciones

En esta investigación, pondrás en práctica las ideas referentes a anular operaciones de Piensa & comenta.

Serie de problemas A

Ben está resolviendo la ecuación $\sqrt{2x - 11} = 5$.

Kai dice que el flujograma de Ben debería realmente ser como éste:

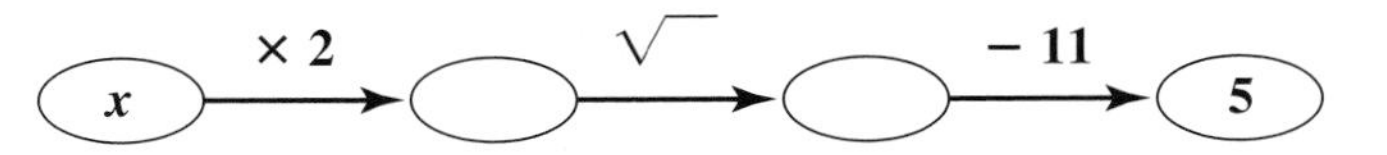

Recuerda
El signo $\sqrt{\ }$ se refiere a las raíces cuadradas no negativas de un número, si es que existe.

1. ¿Cuál es el error en el flujograma de Kai?

2. ¿Qué ecuación resolverías al usar la vuelta atrás con el flujograma de Kai?

3. Considera la ecuación $\sqrt{3x + 7} = 8$.

a. Dibuja un flujograma para la ecuación.

b. Usa la vuelta atrás para resolver. Verifica tu respuesta, reemplazándola dentro de la ecuación.

4. Este flujograma es para la expresión $\frac{24}{s-2}$.

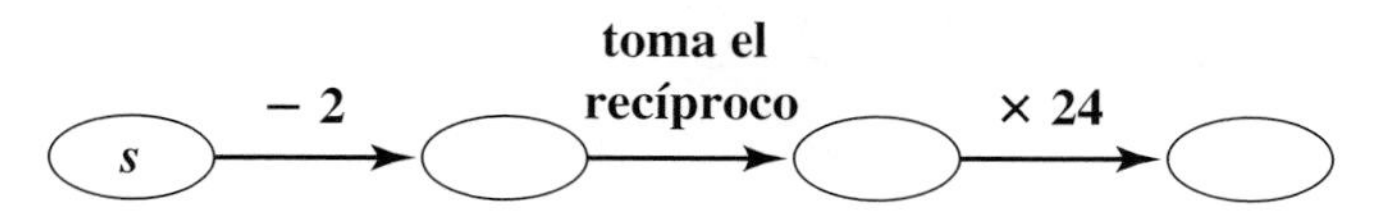

a. Trata de usar el flujograma con unos cuantos números para ver cómo funciona. Registra tus resultados.

b. Este flujograma es para la ecuación $\frac{24}{k-2} = 8$.

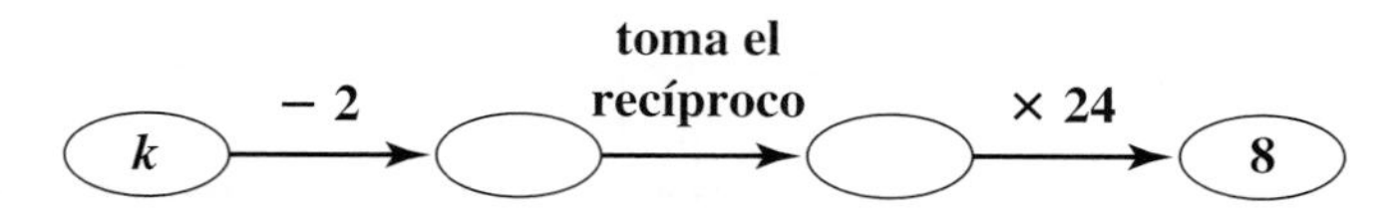

Usa la vuelta atrás para resolver. Reemplaza tu solución dentro de la ecuación y verifica que sea correcta.

5. Este flujograma es para la ecuación $3 - p = 1$. El símbolo $+/-$ significa que tomas el opuesto del valor, de tal manera que cambie su signo.

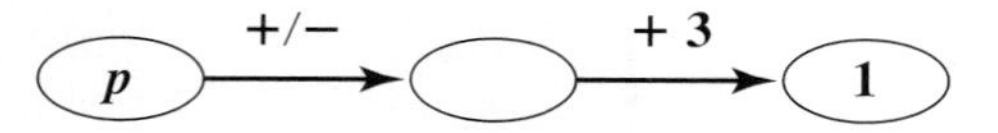

a. Resuelve la ecuación usando la vuelta atrás.

b. Ben hizo este flujograma para $3 - p = 1$, pero se estancó cuando trató de usar la vuelta atrás. ¿Por qué no puedes usar este flujograma para resolver la ecuación?

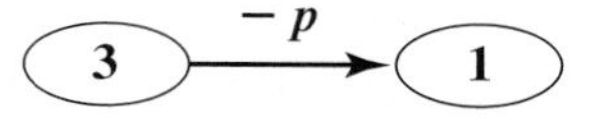

6. Este flujograma es para la expresión $\frac{2(3-t)}{4}$.

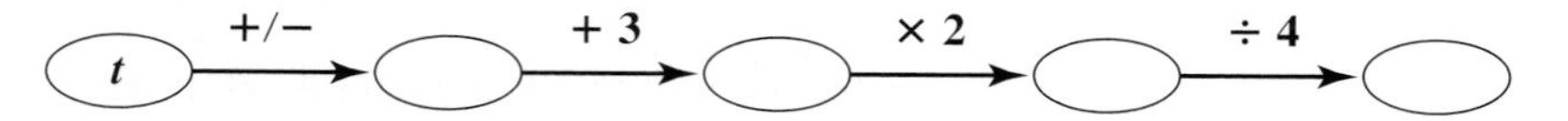

a. Prueba el flujograma con unos cuantos números para ver cómo funciona.

b. Este flujograma es para la ecuación $\frac{2(3-t)}{4} = 5$.

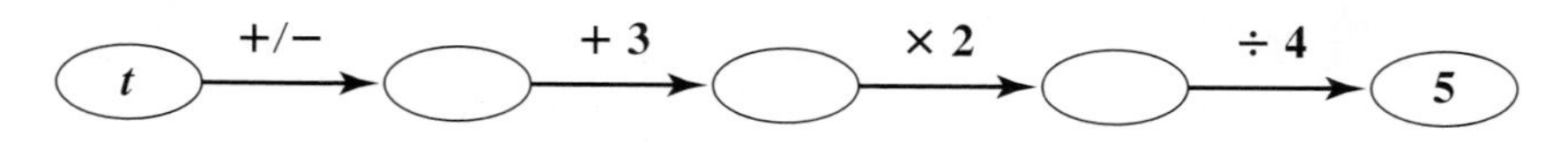

Usa la vuelta atrás para resolver y verifica que sean correctas.

c. ¿Qué operación anula la de "cambiar el signo"?

7. Al cambiar el signo de un número puedes pensar en multiplicar por $^{-}1$. Por ejemplo, $^{-}x = {}^{-}1 \cdot x$.

a. Regularmente, ¿cómo anulas la multiplicación por un número?

b. ¿Qué te sugieren los resultados de la Parte c del Problema 6 sobre otro modo para anular multiplicaciones por $^{-}1$?

Serie de problemas B

Resuelve cada ecuación usando la vuelta atrás.

1. $\frac{4}{x} = 0.125$

2. $\frac{8 - z}{2} = 9$

3. $\frac{7 - m}{2} = 3$

4. $5\left(20 - \frac{a}{4}\right) = 85$

5. Considera esta ecuación.

$$\frac{12}{3s - 1} = 6$$

   a. Dibuja un flujograma para la ecuación.

   b. Resuelve la ecuación usando la vuelta atrás y verifica tu solución.

6. Katie dibujó este flujograma.

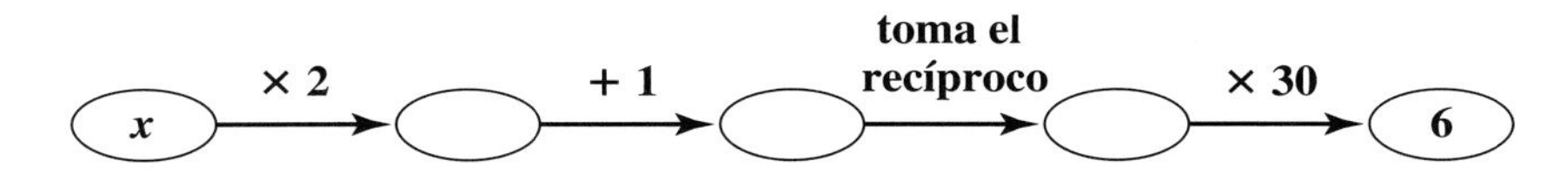

   a. ¿Qué ecuación se puede resolver con el flujograma de Katie?

   b. Resuelve la ecuación y verifica tu solución.

Comparte & resume

En esta investigación, aprendiste a cómo anular una operación extrayendo la raíz cuadrada, tomando el recíproco y cambiando el signo de un número.

1. Escribe una expresión que pueda resolverse usando la vuelta atrás y que use estas tres operaciones. Encuentra la solución de tu ecuación.

2. Intercambia ecuaciones con un compañero y trata de resolver su ecuación. Verifica tu solución con la sustitución.

Investigación 2 La vuelta atrás con potencias

En esta investigación, extenderás los tipos de ecuaciones en los que puedes usar la vuelta atrás.

Piensa & comenta

Este flujograma es para la ecuación $x^2 = 9$. Para resolver esta ecuación usando la vuelta atrás, debes anular la operación de elevar al "cuadrado" sacando la raíz cuadrada.

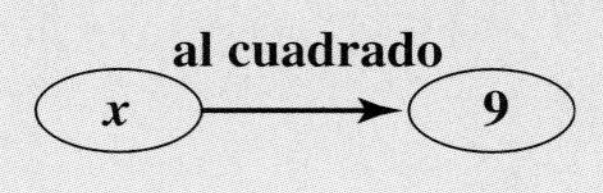

- ¿Cuántas soluciones hay para $x^2 = 9$? ¿Cómo lo sabes?

Ahora considera la ecuación $(d - 2)^2 = 25$.

- Escribe las operaciones, en el orden que usarías para evaluar la expresión $(d - 2)^2$ de algunos valores de d.
- Dibuja un flujograma para la ecuación $(d - 2)^2 = 25$.
- Esta ecuación tiene dos soluciones. ¿Qué paso dentro de tu flujograma hace posible que haya dos resultados? Explica.
- A medida que uses la vuelta atrás más allá de los pasos que hagan que dos soluciones sean posibles, hay dos valores posibles para cada óvalo. Piensa en una forma dentro de la que podrías mostrar dos valores en cada paso y después encuentra las dos soluciones de la ecuación.

Serie de problemas C

1. Considera la ecuación $(a + 5)^2 = 25$.

a. Dibuja un flujograma para la ecuación.

b. Resuelve $(a + 5)^2 = 25$ usando la vuelta atrás y verifica tu resultado con sustitución. ¿Puedes encontrar más de una ruta para usar la vuelta atrás (y entonces más de una solución)?

Para cada ecuación, dibuja un flujograma. Resuelve la ecuación usando la vuelta atrás y verifica tus resultados.

2. $2(b - 4)^2 + 5 = 55$

3. $3(c - 5)^2 - 5 = 7$

Datos de interés

La *bujía-pie* mide la cantidad de luz bajo un área de 1 pie cuadrado. Originalmente fue definida con una vela estándar que ardía a un pie de distancia de la superficie.

Resuelve cada ecuación.

4. $(d - 2)^2 - 20 = 44$

5. $\sqrt{(2p - 3)^2 - 5} = 2$

6. $3(6 - T)^3 - 1 = 23$

7. $(e - 3)^4 = 81$

8. Cuando los cineastas filman en el exterior durante la noche, con frecuencia usan reflectores para iluminar a los actores y el escenario. La relación entre la luminosidad de un cuerpo F (medida en *bujías-pie*) y su distancia d (medida en pies) a partir de la fuente de luz sigue una *ley de cuadrados inversos.* Para un reflector particular de 2,000 vatios, la fórmula podría ser

$$F = \frac{360{,}000}{d^2}$$

a. ¿Por qué crees que se llama ley de cuadrados inversos?

b. Calcula la luminosidad de $d = 10, 20, 30$ y 50.

c. Explica los efectos en la luminosidad de un cuerpo al acercarse o alejarse de la fuente de luz.

d. Dibuja un flujograma para la fórmula de la luminosidad.

e. Usa la vuelta atrás para resolver la ecuación

$$120 = \frac{360{,}000}{d^2}$$

¿Qué te indica el resultado?

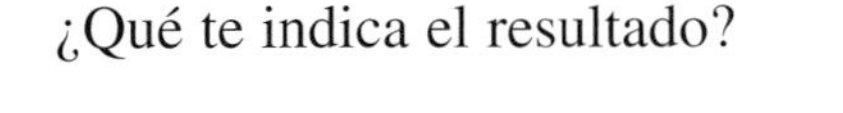

Serie de problemas D

1. Considera esta ecuación.

$$(x - 3)^2 - 5 = 0$$

   a. Muestra que $3 + \sqrt{5}$ y $3 - \sqrt{5}$ son soluciones de esta ecuación.

   b. Los valores $3 + \sqrt{5}$ y $3 - \sqrt{5}$ son soluciones *exactas* de la ecuación. Debido a que $\sqrt{5}$ es un número irracional, cuando lo escribes en forma decimal, estás dando una *aproximación,* sin importar cuántos lugares decimales uses.

   Escribe cada solución de la Parte a como un decimal preciso de dos lugares.

Para cada ecuación, da las soluciones exactas y las soluciones aproximadas correctas de dos lugares decimales.

2. $h^2 - 5 = 45$

3. $(2m - 3)^2 + 7 = 9$

4. $3(J + 5)^2 - 2 = 7$

Comparte & resume

Usa la vuelta atrás para resolver esta ecuación. Explica lo que hiciste en cada paso y registra cualquier lugar en el que hayas tenido un cuidado especial.

$$2(3b - 4)^2 + 1 = 19$$

Ejercicios por tu cuenta

Practica & aplica

1. Considera la ecuación $^{-}\sqrt{2x - 1} = {}^{-}7$.

a. Dibuja un flujograma para la ecuación.

b. Resuelve la ecuación usando la vuelta atrás.

Resuelve cada ecuación.

2. $\sqrt{3x + 1} = 4$

3. $\frac{2}{3p - 1} = 5$

4. $\sqrt{a} = 1.5$

5. $\sqrt{2 - q} = 2.5$

6. $5\sqrt{\frac{z}{5} - 1} = 4$

7. $\frac{9}{4 - 7d} = 18$

8. $2(x - 4)^2 + 5 = 7$

9. $b^2 - 5 = 44$

10. $c^2 - 20 = 44$

11. $(L - 2)^2 - 5 = 44$

12. $(q - 2)^2 + 8 = 44$

13. $y^3 = 27$

14. $3(2w - 3)^2 - 5 = 70$

15. $(2t - 3)^2 - 20 = 44$

16. $y^3 = {}^{-}27$

17. $(x + 2)^3 = 64$

Conecta & amplía

18. Un hombre que controla un robot con el ojo de una cámara, lo ha enviado a un edificio en llamas para que recupere una caja fuerte llena de dinero. Él le ha dado este grupo de comandos:

```
20 pies hacia delante.
Doblar a la derecha.
15 pies hacia delante.
Doblar a la izquierda.
30 pies hacia delante.
Doblar a la derecha.
25 pies hacia delante.
Recoge la caja fuerte.
```

El robot está parado ahora dentro de la casa en llamas sosteniendo la caja fuerte, pero el hombre que lo controla se ha enfermado con el humo y te han pedido que tú traigas al robot de regreso. Usa lo que sabes sobre la vuelta atrás para escribir un grupo de comandos que hagan salir al robot de la casa en llamas y que saque la caja fuerte.

En tus
propias palabras

Explica cómo puedes decidir si una ecuación se puede resolver correctamente usando la vuelta atrás. Después proporciona el ejemplo de una ecuación que pueda resolverse directamente al usar la vuelta atrás y un ejemplo de una que no pueda.

19. Mary Ann usó su calculadora para calcular $\sqrt{2}$, anotó el resultado y luego lo borró de la calculadora. Después usó su calculadora para elevar al cuadrado el número que había anotado y obtuvo 1.99998.

Mary Ann concluyó que elevar al cuadrado no anula exactamente el sacar la raíz cuadrada. ¿Estás de acuerdo con ella? ¿Qué le dirías?

20. Muchas ecuaciones no se pueden resolver correctamente usando la vuelta atrás. Algunas manifiestan la variable más de una vez; otras incluyen variables como exponentes.

Éstas son algunas ecuaciones que no se pueden resolver correctamente al usar la vuelta atrás.

$$f^2 = f + 1 \qquad x = \sqrt{x} + 1 \qquad k^2 + k = 0$$
$$1.1^B = 2 \qquad \frac{1}{x} = x^2 + 2$$

Para cada ecuación a continuación, escribe *sí* si puede resolverse usando la vuelta atrás o escribe *no* si no puede resolverse con este método.

a. $5 = \sqrt{x - 11}$

b. $4^d = 9$

c. $3g^2 = 5$

d. $\sqrt{x + 1} = x - 4$

21. Usa la vuelta atrás para resolver las ecuaciones de las Partes a y b.

a. $(3x + 4)^2 = 25$

b. $(3x + 4)^2 = 0$

c. ¿Cuántas soluciones encontraste para cada ecuación? ¿Puedes explicar la diferencia?

22. Usa la vuelta atrás para resolver las ecuaciones de las Partes a y b.

a. $(\sqrt{x})^2 = 5$

b. $\sqrt{x^2} = 5$

c. ¿Cuántas soluciones encontraste para cada ecuación? ¿Puedes explicar la diferencia?

Repaso mixto

Desarrolla cada expresión.

23. $3(3a - 7)$

24. $^-2b(8b - 0.5)$

25. $9c(^-8 + 7c)$

26. $(d + 3)(d + 6)$

27. $(2e - 4)(e - 6)$

28. $(3f + 10)(9f - 1)$

29. $(g + 7)^2$

30. $(3h - 1)^2$

31. $(2j + 2)^3$

32. $(3k - 2m)^2$

Geometría Calcula el área de cada rectángulo.

35. **Ciencia biológica** Enumera las cantidades aproximadas de material vegetal seco que cada tipo de hábitat produce en 1 año.

Hábitat	Material vegetal (gramos) producido por metro cuadrado
Arrecife de coral	2,500
Pluviselva	2,200
Bosque tropical templado	1,250
Sabana	900
Mar abierto	125
Semidesierto	90

Fuente: *Ultimate Visual Dictionary of Science.* London: Dorling Kindersley Limited, 1998.

a. Un gramo es equivalente a 0.035 de onza y 1 metro es equivalente a 1.09361 yardas. Determina cuántas onzas de material vegetal produce una yarda cuadrada del arrecife de coral típico en 1 año. Muestra cómo encontraste tu respuesta.

b. Escribe dos declaraciones diferentes que comparen la cantidad de material vegetal producido en una pluviselva con el producido en un bosque tropical templado.

c. El mar Báltico cubre aproximadamente 422,000 kilómetros cuadrados. Aproximadamente, ¿cuántos kilogramos de material vegetal se producen en el mar Báltico en un año? Muestra cómo encontraste tu respuesta.

Recuerda

1 km = 1,000 m
1 kg = 1,000 g

7.2 Resuelve con factorización

Algunas ecuaciones cuadráticas se pueden resolver fácilmente usando la vuelta atrás. Un segundo método de solución, la factorización, puede usarse para resolver otras ecuaciones cuadráticas con bastante facilidad.

Cuando una ecuación cuadrática consta de un producto de dos factores a un lado del signo de igualdad y del 0 al otro lado, tal como

$$(x - 2)(x + 5) = 0$$

las soluciones se pueden encontrar con exactitud. Esto se debe a que el 0 tiene una propiedad especial.

Piensa & comenta

Si el producto de dos factores es 0, ¿qué debe ser verdadero sobre los factores?

Encuentra todos los valores de k que satisfagan la ecuación $k(k - 3) = 0$. Explica cómo sabes que has encontrado todos.

Ahora encuentra todos los valores de x que satisfagan $(x - 2)(x + 5) = 0$. Explica cómo los encontraste.

Investigación 1 Factoriza expresiones cuadráticas

Ahora vas a usar las ideas de Piensa & comenta para resolver algunas ecuaciones escritas como un producto igual a 0.

Serie de problemas A

Encuentra todas las soluciones de cada ecuación.

1. $(t - 1)(t - 3) = 0$

2. $(s + 1)(2s + 3) = 0$

3. $x(3x + 7) = 0$

4. $(p + 4)(p + 4) = 0$

5. Usa la misma idea y encuentra las soluciones de esta ecuación.

$$(2x + 1)(x + 8)(x - 1) = 0$$

Ya has visto la facilidad con la que puedes resolver ecuaciones que están escritas como productos de factores iguales a 0. Algunas veces puedes volver a escribir una ecuación de esta forma para que la solución sea fácil de encontrar.

VOCABULARIO
factorización

En el Capítulo 6, aprendiste a *desarrollar* un producto de dos binomios, como $(x + 3)(x - 2)$. El reverso de este proceso (volver a escribir una expresión como un producto de factores) se llama **factorización.** Por ejemplo, la expresión $x^2 + x - 6$ se puede factorizar en $(x + 3)(x - 2)$.

Piensa & comenta

Quizá recuerdes del Capítulo 6 que la expresión $(3x + 4)(3x - 4)$ puede volverse a escribir como $9x^2 - 16$ cuando se desarrolla. Una expresión como $9x^2 - 16$ se llama *diferencia de dos cuadrados.* ¿Puedes explicar por qué?

Ahora piensa en invertir el desarrollo. ¿Cómo factorizarías $4a^2 - 25$? Es decir, ¿cómo lo volverías a escribir como el producto de dos factores?

VOCABULARIO
trinomio

En el Capítulo 6, también aprendiste a cómo elevar al cuadrado un binomio y volverlo a escribir como un **trinomio,** una expresión con 3 términos diferentes. Por ejemplo:

$$(x - 5)^2 = x^2 - 10x + 25 \qquad (b + 5)^2 = b^2 + 10b + 25$$

Vuelve a plantear cada trinomio a continuación como el cuadrado de un binomio.

$$c^2 + 4c + 4 \qquad 16d^2 - 8d + 1$$

Un trinomio como $16d^2 - 8d + 1$ se llama *trinomio cuadrado perfecto.* ¿Puedes explicar por qué?

Recuerda
Restar un número significa que el coeficiente es negativo. Por ejemplo, en la expresión $16x^2 - 8x + 1$ el coeficiente de x es $^-8$.

¿Cuál de estos cuatro trinomios son cuadrados perfectos?

$$x^2 + 6x + 9 \qquad k^2 - 8k + 25$$

$$4y^2 + 4y + 4 \qquad 49s^2 - 28s + 4$$

Observando sólo los coeficientes ¿Cómo puedes determinar si *cualquier* trinomio en la forma $ax^2 + bx + c$ es un cuadrado perfecto?

Serie de problemas B

En los Problemas 1 al 8, indica si la expresión cuadrática a la izquierda del signo de igualdad es la diferencia de dos cuadrados, o un trinomio de cuadrado perfecto. De serlo, vuelve a escribir la ecuación en forma factorizada y resuélvela. Y si no es una de estas formas especiales, explica cómo sabes que no lo es.

1. $x^2 - 64 = 0$

2. $p^2 + 64 = 0$

3. $x^2 - 16x - 64 = 0$

4. $k^2 - 16k + 64 = 0$

5. $9y^2 - 1 = 0$

6. $9m^2 + 6m + 1 = 0$

7. $9g^2 - 4g - 1 = 0$

8. $y^2 + 9 = 0$

Cada ecuación a continuación tiene dos variables. Si la expresión cuadrática es la diferencia de dos cuadrados, o un trinomio cuadrado perfecto, vuelve a escribir la ecuación en forma factorizada y resuelve para *a*. Si no es de ninguna forma especial, explica cómo sabes que no lo es.

9. $a^2 + 9b^2 = 0$

10. $a^2 - 4ab + 4b^2 = 0$

11. $4a^2 - b^2 = 0$

Comparte & resume

1. Da un ejemplo de un trinomio cuadrado perfecto. Después da un ejemplo de una expresión cuadrática que sea la diferencia de dos cuadrados. Explica cómo sabes que tus expresiones están en la forma correcta.

2. Explica por qué las únicas soluciones de $4x^2 - 9 = 0$ son $x = 1.5$ y $x = {}^-1.5$.

Datos de interés

Las ecuaciones cuadráticas se usan con frecuencia para describir el cambio de posición de un cuerpo a través del tiempo. Por ejemplo, la ecuación $d = 25 - 3t^2$ puede describir la distancia a la que esta una hiena de un conejo después de t segundos si empezó a correr hacia el conejo a 25 metros de distancia de él.

Investigación 2 Practica con factorización

Si una expresión cuadrática es igual a 0 y se puede factorizar fácilmente, encontrar sus factores es una forma eficaz de resolver la ecuación. En esta investigación, aprenderás algunas nuevas estrategias para determinar si una expresión cuadrática puede factorizarse con facilidad y para factorizarla cuando puedas. Por ejemplo, considera esta expresión:

$$x^2 + 8x + 12$$

Si dicha expresión se puede factorizar, puede volverse a escribir como el producto de dos expresiones lineales:

$$(x + m)(x + n)$$

Al multiplicar términos obtienes

$$x^2 + (m + n)x + mn$$

Puedes usar esta idea como ayuda para factorizar cualquier expresión cuadrática en la que a, el coeficiente de la variable al cuadrado, sea igual a 1.

EJEMPLO

¿Puede factorizarse $x^2 + 8x + 12$? Si es así, resuelve la ecuación $x^2 + 8x + 12 = 0$.

Primero compara la forma desarrollada de $(x + m)(x + n)$ con la expresión dada:

$$x^2 + 8x + 12$$

$$x^2 + (m + n)x + mn$$

Si $x^2 + 8x + 12$ se puede factorizar en la forma $(x + m)(x + n)$, el producto de m y n debe ser 12 y su suma debe ser 8. Los únicos dos números que se ajustan a esta condición son 6 y 2. Esto quiere decir que la expresión *puede* factorizarse y la ecuación puede volverse a escribir como:

$$(x + 2)(x + 6) = 0$$

Entonces, la ecuación $x^2 + 8x + 12 = 0$ tiene dos soluciones, $^-2$ y $^-6$.

En esta investigación, considerarás sólo casos en los que m y n sean enteros.

Serie de problemas C

Haz lo siguiente para los Problemas 1 al 6:

- Piensa en la expresión como un caso especial de $(x + m)(x + n)$ y plantea los valores de m y n.
- Usa el hecho de que $(x + m)(x + n) = x^2 + (m + n)x + mn$ para desarrollar la expresión.

1. $(x + 7)(x + 1)$

2. $(x + 2)(x + 5)$

3. $(x - 4)(x - 5)$

4. $(x + 2)(x - 3)$

5. $(x - 2)(x + 3)$

6. $(x + 5)(x - 4)$

Para los Problemas 7 al 10, usa el hecho de que $(x + m)(x + n) = x^2 + (m + n)x + mn$ para hacer lo siguiente:

- Determina a qué son iguales $m + n$ y mn. Para esto, encuentra los valores de m y n.
- Vuelve a escribir la expresión como el producto de dos binomios. Desarrolla el producto para verificar el resultado.

7. $x^2 + 7x + 6 = (x + \_\_)(x + \_\_)$

8. $x^2 - 7x + 6 = (x - \_\_)(x - \_\_)$

9. $x^2 - 4x - 12 = (x - \_\_)(x + \_\_)$

10. $x^2 + 4x - 12 = (x - \_\_)(x + \_\_)$

Usa el método demostrado en el Ejemplo de la página 445 para resolver estas ecuaciones.

11. $x^2 - 10x + 16 = 0$

12. $x^2 + 6x - 16 = 0$

Datos de interés

En la *ecuación cuadrática* $x = 10t + \frac{1}{2}(2.5)t^2$ describe la distancia en metros recorrida por un motociclista que empieza desde cierto punto a una velocidad de 10 m/s y aumenta su velocidad o *acelera* a una tasa de 2.5 m/s^2.

Piensa & comenta

Kai organizó las posibilidades para factorizar trinomios.

Usa la aproximación de Kai para factorizar estas expresiones.

$x^2 + 11x + 10$ $\quad$ $x^2 - 7x + 10$ $\quad$ $x^2 - 3x - 10$

Explica qué sucede si usas la aproximación de Kai con $x^2 + 6x + 10$.

Serie de problemas D

Factoriza cada expresión cuadrática con el método de Kai, o declara si no se puede factorizar usando su método.

1. $x^2 + 6x + 5$

2. $b^2 + 4b - 5$

3. $w^2 - 2w + 1$

4. $t^2 + 9t - 18$

5. $s^2 - 10s - 24$

6. $c^2 - 4c + 5$

7. Usa la aproximación de Kai para resolver la ecuación $w^2 + 4w - 12 = 0$.

Si cada término de una expresión cuadrática tiene un factor común, volver a escribirlo puede facilitar la factorización. Por ejemplo, $2x^2 + 12x + 10$ se puede volver a escribir como $2(x^2 + 6x + 5)$, que se factoriza como $2(x + 1)(x + 5)$.

Encuentra el factor común para cada expresión y después factoriza cada expresión tanto como sea posible.

8. $3a^2 + 18a + 15$

9. $2b^2 + 8b - 10$

10. $4x^2 - 8x + 8$

11. $5t^2 + 25t - 70$

Reto Algunas veces una expresión cuadrática se puede factorizar aunque el coeficiente de x^2 no sea 1 y los términos no tengan un factor común. Por ejemplo, $2x^2 - 9x + 9$ se puede factorizar como $(2x - 3)(x - 3)$. Usa estrategias como las que usaste antes para factorizar estas expresiones.

12. $3x^2 - 11x - 4$

13. $8x^2 + 2x - 3$

Comparte & resume

Si se te proporcionara una expresión cuadrática para factorizar, ¿qué pasos seguirías para factorizarla o para determinar que no se puede factorizar con enteros?

Investigación 3 Resuelve cuadráticas por factorización

A veces puedes reordenar los términos en una expresión cuadrática para ver cómo se puede factorizar la expresión, o si se puede factorizar del todo.

Piensa & comenta

La Sra. Torres le dio a su grupo un acertijo numérico.

¿Por qué la sugerencia de Tamika es buena? ¿Qué ecuación cuadrática debería encontrar la clase cuando terminen de reordenarla?

¿Se puede factorizar la ecuación cuadrática? Si es así, ¿cuáles con los factores?

¿Con qué números pudo haber empezado la Sra. Torres? Verifica tu respuesta en el acertijo numérico original.

Recuerda

Cuando resuelvas una ecuación que incluya ecuaciones algebraicas, siempre verifica que las soluciones aparentes no generen denominadores iguales a 0 en la ecuación original.

Serie de problemas E

Reoderna cada ecuación de manera que puedas resolverla con factorización. Encuentra la solución.

1. $4a + 3 = 6a + a^2$

2. $b^2 - 12 = 4b$

3. $c(c + 4) + 3c + 12 = 0$

4. $d + \frac{6}{d} = 5$

5. $\frac{(x + 3)(x - 2)^2}{x - 2} = 3x - 3$ (Ayuda: Reduce primero la fracción.)

6. Kenyon desafió a su maestra, la Srta. Hiroshi, con un acertijo numérico: "Estoy pensando en un número. Si multiplica mi número por 2 más que el número, el resultado será 1 menos que cuatro veces mi número".

a. Escribe una ecuación para el acertijo de Kenyon y después usa la factorización para resolverla. Verifica que tu respuesta se ajuste al acertijo.

b. Kenyon espera que su maestra encuentre dos soluciones a su acertijo. ¿Por qué no lo hizo?

7. Una alfombra rectangular tiene un área de 15 metros cuadrados. Su longitud es dos metros más que su ancho.

a. Escribe una ecuación para mostrar la relación entre el área de la alfombra y su ancho.

b. Resuelve tu ecuación. Explica por qué sólo una de las soluciones es útil para calcular las dimensiones de la alfombra.

c. ¿Cuáles son las dimensiones de la alfombra?

8. Cuando se le suma 20 a un número, el resultado es el cuadrado del número. ¿Cuál podría ser el número? Muestra cómo encontraste tu respuesta.

9. La suma de los cuadrados de dos enteros consecutivos es 145. Encuentra todos los enteros posibles. Muestra cómo encontraste tu respuesta.

10. Gabriela trataba de resolver la ecuación $(x + 1)(x - 2) = 10$. Así es como pensó:

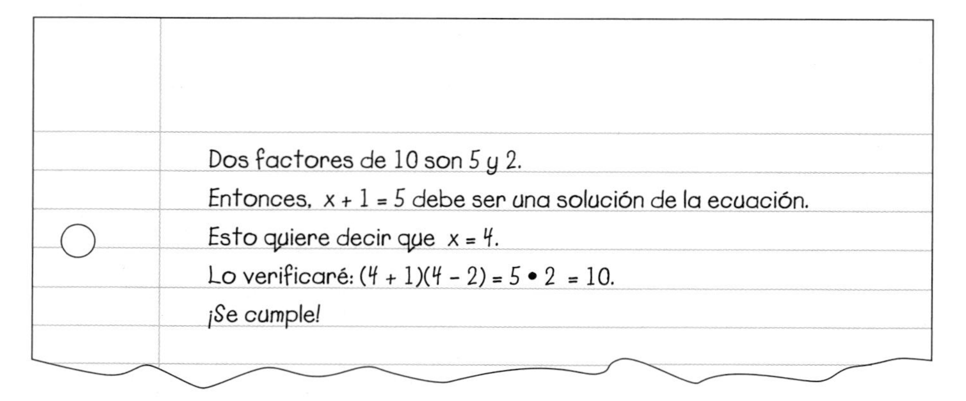

a. ¿Qué habría pasado si Gabriela hubiera dicho que $x - 2 = 5$?

b. ¿Crees que el método de Gabriela es una fórmula eficaz de resolver una ecuación cuadrática? Explica.

c. Resuelve la ecuación de Gabriela, $(x + 1)(x - 2) = 10$. Para empezar, desarróllala y después reordénala. Verifica cada solución.

d. Resuelve $(x + 5)(x - 2) = 30$.

Datos de interés

La ecuación cuadrática $K = \frac{1}{2}(64)v^2$ proporciona la energía cinética de un paracaidista con una masa de 64 kg (cerca de 141 libras) que cae del cielo con una velocidad v en m/s.

Comparte & resume

1. Invento un problema de áreas que requiera resolver una expresión cuadrática.

2. Trata de resolver tu problema mediante factorización. Si puedes, proporciona las soluciones de la ecuación y después responde la pregunta. Si no, explica por qué la expresión no puede factorizarse.

Ejercicios por tu cuenta

Practica & aplica

Resuelve cada ecuación.

1. $(x + 5)(x + 7) = 0$
2. $(x - 5)(x + 7) = 0$
3. $(x - 5)(x - 7) = 0$
4. $(x + 5)(x - 7) = 0$

En los Ejercicios 5 al 14, indica si la expresión a la izquierda en el signo de igualdad es una diferencia de cuadrados o un trinomio cuadrado perfecto. Si lo es, indica cuál es y después factoriza la expresión y despeja x en la ecuación. Si la expresión no es ninguna de las dos formas, escríbelo.

5. $x^2 - 49 = 0$
6. $x^2 + 49 = 0$
7. $x^2 + 14x - 49 = 0$
8. $x^2 - 14x + 49 = 0$
9. $49 - x^2 = 0$
10. $x^2 + 14x + 49 = 0$
11. $a^2x^2 + 4ab + b^2 = 0$
12. $a^2x^2 + 4abx + 4b^2 = 0$
13. $m^2x^2 - n^2 = 0$
14. $m^2x^2 + n^2 = 0$

Factoriza cada expresión cuadrática que pueda factorizarse con enteros. Identifica aquellas que no y explica por qué no pueden factorizarse.

15. $d^2 - 15d + 54$
16. $g^2 - g - 6$
17. $z^2 + 2z - 6$
18. $h^2 - 3h - 28$
19. $2x^2 - 8x - 10$
20. $3c^2 - 9c + 6$

Resuelve cada ecuación factorizando con enteros, si es posible. Si una ecuación no puede resolverse de esta manera, explica por qué.

21. $k^2 + 15k + 30 = 0$
22. $n^2 - 17n + 42 = 0$
23. **Reto** $2b^2 - 21b + 10 = 0$
24. **Reto** $8r^2 + 5r - 3 = 0$
25. $4x + x^2 = 21$
26. $h^2 + 12 = 3h$
27. $14e = e^2 + 24$
28. $g^2 + 64 = 16g$
29. $u^2 + 5u = 36$
30. $(x + 3)(x - 4) = 30$
31. $\frac{(x + 1)^3}{x + 1} = 5x + 5$ (Ayuda: Reduce la fracción primero.)
32. Carlos multiplicó un número por sí mismo y después le sumó 6. El resultado era 5 veces el número original. Escribe y resuelve una ecuación para encontrar el número inicial.

Conecta & amplía

33. Debido a que el 7 no es un cuadrado perfecto, la expresión $4x^2 - 7$ no se parece a la diferencia de dos cuadrados. Pero 7 es el cuadrado de *algo*.

a. ¿De qué número es cuadrado 7?

b. ¿Cómo puedes usar la respuesta de la Parte a para factorizar $4x^2 - 7$ dentro del producto de dos binomios?

34. Geometría Cada una de estas expresiones representa una de las áreas sombreadas a continuación.

i. $D^2 - d^2$ **ii.** $\pi(r + w)^2 - \pi r^2$

iii. $(d + w)^2 - d^2$ **iv.** $4r^2 - \pi r^2$

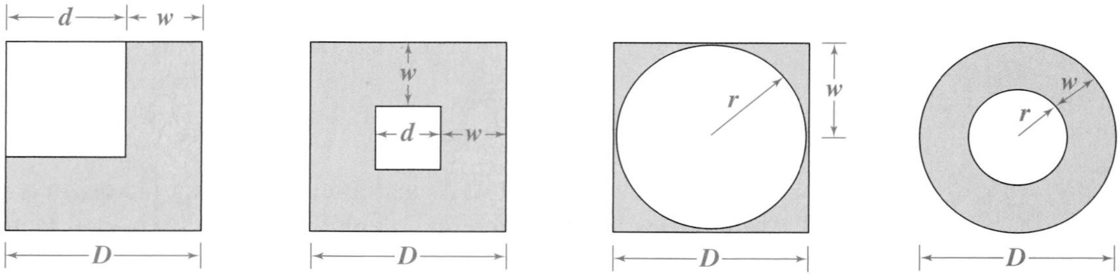

Figura A

Figura B

Figura C

Figura D

a. Relaciona cada expresión con una de las áreas sombreadas de manera que *cada* figura esté relacionada a una expresión diferente.

b. Escribe cada expresión en su forma factorizada. Obtén los factores comunes si es posible.

Factoriza la expresión a la izquierda de cada ecuación tanto como sea posible y encuentra todas las soluciones posibles. Te ayudará el recordar que $x^4 = (x^2)^2$, $x^8 = (x^4)^2$ y $x^3 = x(x^2)$.

35. $x^4 - 1 = 0$

36. $x^8 - 1 = 0$

37. $x^3 - 16x = 0$

38. $x^3 - 6x^2 + 9x = 0$

39. $x^4 - 2x^2 + 1 = 0$

40. $x^4 + 2x^2 + 1 = 0$

Resuelve cada ecuación. Asegúrate de verificar tus resultados. (Ayuda: Factoriza primero el numerador.)

41. $\dfrac{x^2 + 6x + 9}{x + 3} = 10$

42. $\dfrac{16x^2 - 81}{4x + 9} = 31$

Enumera los pasos que seguirías para resolver una ecuación cuadrática por medio de factorización, o para decidir si no puede resolverse de esta manera.

43. **Reto** Cuando verificas expresiones algebraicas, algunas veces la expresión reducida no es equivalente a la original para todos los valores de la variable. Por ejemplo, considera esta expresión:

$$\frac{5a + 10}{a^2 - 4}$$

a. Factoriza el denominador. ¿Para qué valores de a la expresión es indefinida? Es decir, ¿para qué valores el denominador es igual a 0?

b. Ahora escribe la ecuación anterior en forma factorizada para el numerador y el denominador. Asegúrate de buscar factores comunes en los términos.

c. Reduce la fracción.

d. Ahora trata de evaluar la fracción usando cada valor que haga que la fracción original sea indefinida. (Encontraste esos valores en la Parte a.)

e. Seguramente observaste en la Parte d que la fracción reducida no es equivalente a la fracción original para *todos* los valores de a. Explica por qué sucede esto.

f. Cuando reduces una fracción algebraica, seguramente notas que cualquier valor de la variable ocasiona que la fracción reducida sea diferente a la original. Por ejemplo, la fracción $\frac{x(x + 1)}{3x}$ puede reducirse como $\frac{x + 1}{3}$, donde $x \neq 0$.

Reduce la fracción $\frac{2m + 1}{4m^2 - 1}$.

44. Los Numkena construyen un pequeño patio cuadrado, con bloques cuadrados de 1 pie de largo. Ellos compraron los bloques justos para construir el patio, pero después de construirlo decidieron que era muy pequeño.

Para extenderse a lo largo y a lo ancho del patio en d pies, han comprado 24 bloques más. La longitud original del patio era 5 pies.

a. Dibuja un diagrama para representar esta situación. Asegúrate de mostrar ambos patios, el nuevo y el original.

b. Escribe una ecuación para representar esta situación.

c. Reduce tu ecuación y resuélvela para despejar d, la cantidad a la cual aumentó el largo y el ancho del patio. Verifica tu respuesta.

45. Los *números triangulares* son una sucesión de números que empieza

$$1, 3, 6, 10, \ldots$$

Los números en esta sucesión representan la cantidad de puntos en una serie de formas triangulares.

T, el número de puntos en el Triángulo n, viene dado por esta ecuación cuadrática:

$$T = \frac{1}{2}(n^2 + n)$$

Algunos de los siguientes números son números triangulares. Para cada valor posible de T, prepara una ecuación y trata de despejar n por medio de la factorización. Si una ecuación no se puede factorizar usando enteros, T no puede ser un número triangular. Indica qué números no son triangulares.

a. 55 **b.** 120 **c.** 150 **d.** 200 **e.** 210

46. Geometría En el Capítulo 2, aprendiste que el número de diagonales en un polígono de n lados, viene dado por la ecuación $D = \frac{n^2 - 3n}{2}$. A continuación, se muestran unos ejemplos.

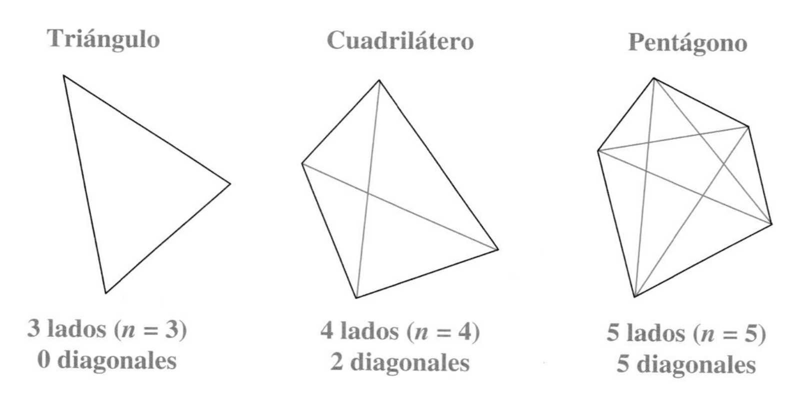

Algunos de los siguientes números son los números diagonales en un polígono. Para cada valor posible de D, plantea una ecuación y trata de despejar n mediante factorización. Si una ecuación no se puede factorizar con enteros, D no puede ser el número de diagonales en un polígono. Indica cuáles valores no pueden ser la cantidad de diagonales en un polígono.

a. 20 **b.** 30 **c.** 35 **d.** 50 **e.** 54

Repaso **mixto**

Resuelve cada ecuación haciendo lo mismo en ambos lados.

47. $\frac{3k - 5}{5} + k = 5 + k$

48. $7.5a - 6 = 5a + 4$

Determina si los puntos en cada grupo son colineales. Explica cómo lo sabes.

49. $(^-2, 13), (1.5, ^-4.5), (3, ^-12)$

50. $(^-1, ^-4.2), (3, 0.6), (4, 1.6)$

Determina si los valores en cada tabla podrían representar una relación lineal, una relación cuadrática o ninguna de la dos. Explica tus respuestas.

51.

x	$^-3$	$^-2$	$^-1$	0	1	2	3
y	$^-12.6$	$^-9.2$	$^-5.8$	$^-2.4$	1	4.4	7.8

52.

x	$^-3$	$^-2$	$^-1$	0	1	2	3
y	$^-24$	$^-13$	$^-6$	0	4	5	6

53.

x	$^-3$	$^-2$	$^-1$	0	1	2	3
y	0	$^-2$	$^-2$	0	4	10	18

54. Astronomía Un año luz, la distancia que recorre la luz en un año, es 5.88×10^{12} millas. Contesta estas preguntas sin usar tu calculadora.

a. La estrella Alfa Centauro está a unos 4 años luz de la Tierra. Escribe esta distancia en millas usando la notación científica.

b. La estrella Betelgeuse está a unos 500 años luz de la Tierra. Escribe esta distancia en millas, usando la notación científica.

c. Supón que un rayo de luz va de la Tierra a Betelgeuse y otro rayo de luz va de la Tierra a Alfa Centauro. ¿Qué distancia tuvo que viajar el rayo que fue a Betelgeuse?

Menciona si cada figura tiene simetría de reflexión, simetría de rotación o ambas.

55. **56.** **57.**

7.3 Completa el cuadrado

La factorización es una herramienta muy útil para resolver ecuaciones, pero los factores y los cuadrados no siempre son fáciles de encontrar. En las Lecciones 7.3 y 7.4, vas a aprender algunas técnicas que te permitirán resolver *todas* las ecuaciones cuadráticas.

Ya has usado la estrategia de "hacer lo mismo en ambos lados" para resolver ecuaciones lineales. En esta estrategia, escribes una serie de ecuaciones equivalentes que tienen las mismas soluciones que la ecuación original pero son más fáciles de resolver. También puedes usar esta estrategia con ecuaciones que contengan raíces cuadradas.

EJEMPLO

Resuelve $\sqrt{3m + 7} = 5$.

$3m + 7 = 25$ después de elevar al cuadrado ambos lados

$3m = 18$ después de restar 7 en ambos lados

$m = 6$ después de dividir ambos lados entre 3

Piensa & comenta

¿Por qué ambos lados se elevaron al cuadrado en el primer paso de la solución del Ejemplo?

En general, ¿qué "mismas cosas" sabes que puedes hacer en ambos lados para resolver una ecuación?

¿Obtendrías una ecuación equivalente si sumaras 1 al numerador de las fracciones en ambos lados de una ecuación? Inténtalo con $\frac{x}{2} = \frac{2x}{4}$.

¿Qué le sucede a una ecuación (como $x = 2$) cuando multiplicas ambos lados por x? ¿Tiene la nueva ecuación las mismas soluciones?

¿Qué le sucede a un grupo de soluciones cuando multiplicas ambos lados de una ecuación (como $x = 2$) por 0?

¿Qué efecto tendría en una ecuación el hecho de que ambos lados se elevaran al cuadrado? Por ejemplo, empieza por $x = 5$.

Cuándo sacas la raíz cuadrada de ambos lados de una ecuación, ¿qué deberías hacer para conservar el mismo número de soluciones? Por ejemplo, empieza con $w^2 = 36$.

Investigación 1 Encuentra cuadrados perfectos

Si puedes reodernar una ecuación cuadrática dentro de la forma de una expresión cuadrática que tenga un cuadrado perfecto en un lado y una constante en el otro, puedes resolver la ecuación, sacando la raíz cuadrada de ambos lados.

EJEMPLO

Resuelve la ecuación $x^2 + 2x + 1 = 7$.

Primero, observa que $x^2 + 2x + 1$ es igual a $(x + 1)^2$, entonces la ecuación $x^2 + 2x + 1 = 7$ puede resolverse sacando la raíz cuadrada de ambos lados:

$$(x + 1)^2 = 7$$
$$\sqrt{(x + 1)^2} = \sqrt{7} \text{ ó } {}^{-}\sqrt{7}$$

Para escribir "$\sqrt{7}$ ó ${}^{-}\sqrt{7}$" más fácilmente, usa el $\pm$ símbolo: $\pm\sqrt{7}$ que se refiere a ambos números, $\sqrt{7}$ y ${}^{-}\sqrt{7}$.

$$\sqrt{(x + 1)^2} = \pm\sqrt{7}$$
$$x + 1 = \pm\sqrt{7}$$
$$x = {}^{-}1 \pm \sqrt{7}$$

De manera que las soluciones son ${}^{-}1 + \sqrt{7}$ y ${}^{-}1 - \sqrt{7}$.

Recuerda

Una ecuación *exacta* no incluye aproximaciones. Por ejemplo, $x = \sqrt{2}$ es una solución exacta de $x^2 = 2$, mientras $x = 1.414$ es una solución aproximada a la milésima más cercana.

Serie de problemas A

Encuentra las soluciones exactas de cada ecuación, si es posible, usando cualquier método.

1. $(x - 3)^2 = 36$
2. $(k - 1)^2 - 25 = 0$
3. $2(r - 7)^2 = 32$
4. $(a - 4)^2 + 2 = 0$
5. $2(b - 3)^2 + 5 = 55$
6. $3(2c + 5)^2 - 63 = 300$
7. $(x - 4)^2 = 3$
8. $2(r - 3)^2 = {}^{-}10$
9. $4(x + 2)^2 - 3 = 0$
10. Encuentra las soluciones aproximadas de las ecuaciones en los Problemas 7 y 9 a la milésima más cercana.

Para usar los métodos de solución demostrados en el ejemplo de la página 457, necesitas poder reconocer expresiones cuadráticas que puedan volverse a escribir como cuadrados perfectos. Trabajaste con este tipo de *trinomios cuadrados perfectos* en la última lección.

Serie de problemas B

1. ¿Cuáles de éstos son cuadrados perfectos?

a. $x^2 + 6x + 9$ **b.** $b^2 + 9$ **c.** $x^2 + 6x + 4$

d. $m^2 + 12m - 36$ **e.** $m^2 - 12m + 36$ **f.** $y^2 + y + \frac{1}{4}$

g. $r^2 - 16$ **h.** $1 + 2r + r^2$ **i.** $y^2 - 2y - 1$

2. ¿Cuáles de estos son cuadrados perfectos?

a. $4p^2 + 4p + 1$ **b.** $4q^2 + 4q + 4$ **c.** $4s^2 - 4s - 1$

d. $4t^2 - 4t + 1$ **e.** $4v^2 + 9$ **f.** $4w^2 + 12w + 9$

3. Describe cómo puedes determinar si una expresión es un cuadrado perfecto, sin factorizarla.

Supón que conoces los términos x^2 y x en una expresión cuadrática y quieres convertirla en un trinomio cuadrado perfecto al añadirle una constante. ¿Cómo puedes encontrar el término que falta?

EJEMPLO

Si $x^2 + 20x +$ ___ es un cuadrado perfecto, entonces

$$x^2 + 20x + \_\_\_ = (x + ?)^2$$

Como el término medio de la expansión es el doble del producto del coeficiente de x y el término constante en el binomio ha sido elevado al cuadrado,

$$20 = (2)(1)(?)$$
$$10 = ?$$

Entonces, el cuadrado perfecto debe ser $(x + 10)^2$ ó $x^2 + 20x + 100$.

La ecuación cuadrática $W = \frac{1}{2}kx^2$ describe la cantidad de trabajo (en una unidad llamada *joules*) necesaria para alargar un resorte x cm más allá de su longitud normal. El valor de k depende de la fuerza del resorte.

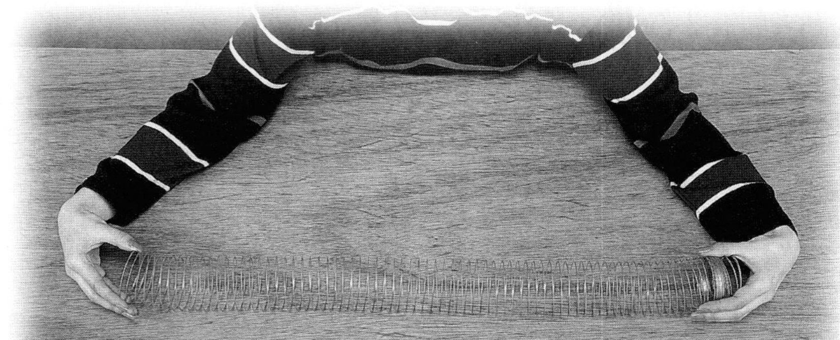

Serie de problemas C

Completa cada expresión cuadrática para convertirla en un cuadrado perfecto. Después escribe la expresión completa en forma factorizada.

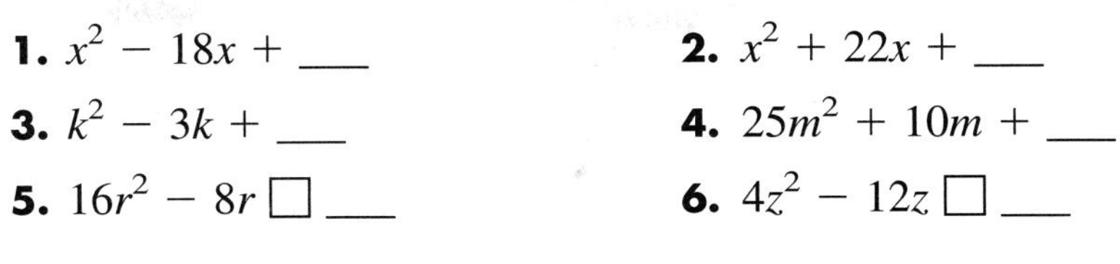

1. $x^2 - 18x +$ ___

2. $x^2 + 22x +$ ___

3. $k^2 - 3k +$ ___

4. $25m^2 + 10m +$ ___

5. $16r^2 - 8r$ ☐ ___

6. $4z^2 - 12z$ ☐ ___

Comparte & resume

1. ¿Por qué es útil buscar cuadrados perfectos en expresiones cuadráticas?

2. ¿Cómo puedes reconocer un trinomio cuadrado perfecto?

Investigación 2 Resuelve cuadráticas completando el cuadrado

En la Serie de problemas A, aprendiste que es fácil resolver una ecuación cuadrática con un cuadrado perfecto de un lado y una constante en el otro. También puedes resolver ecuaciones que tengan cuadrados perfectos con una constante sumada o restada. Se puede usar una técnica llamada *completar el cuadrado* para reodernar ecuaciones cuadráticas dentro de esta forma.

En la Serie de problemas C, encontraste que la constante debía sumarse para transformar una expresión cuadrática en un cuadrado perfecto. Con la misma idea, algunas expresiones que no son cuadrados perfectos se pueden volver a escribir como cuadrados perfectos con una constante sumada o restada.

EJEMPLO

$x^2 + 6x + 10$ no es un cuadrado perfecto. Para que $x^2 + 6x +$ ___ sea un cuadrado perfecto la constante sumada debe ser 9, porque $x^2 + 6x + 9$ es un cuadrado perfecto. (¿Te das cuenta por qué?)

Esto quiere decir que $x^2 + 6x + 10$ es 1 más que un cuadrado perfecto. Podemos usar esto para volver a escribir la expresión como un cuadrado más 1:

$$\begin{aligned} x^2 + 6x + 10 &= (x^2 + 6x + 9) + 1 \\ &= (x + 3)^2 + 1 \end{aligned}$$

Serie de problemas D

Vuelve a escribir cada expresión como un cuadrado con una constante sumada o restada.

1. $x^2 + 6x + 15 = x^2 + 6x + 9 + \_\_\_ = (x + 3)^2 + \_\_\_$

2. $k^2 - 6k + 30 = k^2 - 6k + 9 + \_\_\_ = (k - 3)^2 + \_\_\_$

3. $s^2 + 6s - 1 = s^2 + 6s + 9 - \_\_\_ = (s + \_\_\_)^2 - \_\_\_$

4. $r^2 - 6r - 21 = r^2 - 6r + 9 \square \_\_\_ = (r \square \_\_\_)^2 \square \_\_\_$

5. $m^2 + 12m + 30$

6. $h^2 - 5h$

7. $9r^2 + 18r - 20$

8. $9n^2 - 6n + 11$

Marcus y Lydia quieren resolver la ecuación $x^2 - 6x - 40 = 0$.

Este método de resolver ecuaciones se llama *completar el cuadrado.*

Serie de problemas E

Encuentra la solución exacta de cada ecuación completando el cuadrado.

1. $x^2 - 8x - 9 = 0$

2. $w^2 - 8w + 6 = 0$

3. $9m^2 + 6m - 8 = 0$

¿Qué puedes hacer si el coeficiente de una variable al cuadrado no es un cuadrado? Una aproximación es hacer primero lo mismo en ambos lados para producir una ecuación equivalente con 1 (u otro número al cuadrado) como el coeficiente de una variable al cuadrado.

Serie de problemas F

1. Para resolver $2x^2 - 8x - 1 = 0$, puedes dividir ambos lados entre dos, lo que resulta en la ecuación equivalente $x^2 - 4x - \frac{1}{2} = 0$. Resuelve esta ecuación equivalente y completa la solución.
2. Usa el método del Problema 1 para resolver $2m^2 - 12m + 7 = 0$.
3. Considera la ecuación $18x^2 - 12x - 3 = 0$.
   a. Trata de dividir la ecuación entre 18 para que el coeficiente de x^2 sea igual a 1.
   b. Ahora piensa en el coeficiente 18. Encuentra otro número con el que puedas dividir 18 para obtener un cuadrado perfecto. Divide la ecuación entre ese número.
   c. Usa tu respuesta de la Parte a o la Parte b para resolver la ecuación.
4. Explica por qué $x^2 + 64 = 16x$ tiene sólo una solución.
5. Explica por qué $g^2 - 4g + 11 = 0$ no tiene soluciones.

Comparte & resume

1. Proporciona un ejemplo de una ecuación cuadrática que no sea un cuadrado perfecto pero que sea fácil de resolver completando el cuadrado. Resuelve tu ecuación.
2. Supón que tienes una ecuación en la forma $y = ax^2 + bx + c$ para la que el coeficiente de x^2 no es un cuadrado perfecto. ¿Cómo puedes resolver la ecuación? Ilustra tu respuesta con un ejemplo.

Ejercicios por tu cuenta

Practica & aplica

Resuelve cada ecuación.

1. $(x + 3)^2 = 25$

2. $(r - 8)^2 + 3 = 52$

3. $(2m + 1)^2 - 4 = 117$

4. $3(x - 3)^2 = 30$

5. $^-2(y - 7)^2 + 4 = 0$

6. $4(2z + 3)^2 - 2 = {}^-1$

Completa cada expresión cuadrática de manera que sea un cuadrado perfecto. Después escribe la expresión completa en forma factorizada.

7. $x^2 - 8x \square \underline{\quad}$

8. $b^2 + 9b \square \underline{\quad}$

9. $81d^2 - 90d \square \underline{\quad}$

Vuelve a escribir cada expresión como un cuadrado con una constante sumada o restada.

10. $r^2 - 6r + 1 = r^2 - 6r + 9 + \underline{\quad} = (r \square \underline{\quad})^2 - \underline{\quad}$

11. $r^2 + 6r + 6 = (r \square \underline{\quad})^2 \square \underline{\quad}$

12. $p^2 - 16p + 60$

13. $g^2 - 3g - 1$

14. $a^2 + 10a + 101$

15. $4x^2 + 4x + 2$

Resuelve cada ecuación completando el cuadrado.

16. $m^2 + 2m - 11 = 0$

17. $b^2 - 3b = 3b + 7$

18. $x^2 - 6x = {}^-5$

19. $a^2 + 10a + 26 = 0$

20. $2x^2 + 4x - 1 = 0$

21. $2u^2 + 3u - 2 = 0$

La aceleración, en m/s^2, de un ciclista que desciende una colina podría darse por la ecuación cuadrática $a = 0.12 - 0.0006v^2$, donde v es la velocidad de la bicicleta en m/s.

22. Stephen, Consuela y Kwame crearon un acertijo numérico, cada uno, para su maestro, el Sr. Karnowski.

- Stephen dice, "Estoy pensando en un número. Si le resta 1 a mi número, eleva al cuadrado el resultado y le suma 5, obtendrá 4".
- Consuela dice, "Estoy pensando en un número. Si le resta 1 a mi número, eleva al cuadrado el resultado y le suma 1, obtendrá 1".
- Kwame dice, "Estoy pensando en un número. Si duplica el número, le resta 5, eleva al cuadrado el resultado y le suma 1, obtendrá 10".

Después de pensar en estos acertijos, el Sr. Karnowski dijo, "Uno de sus acertijos tiene una solución, uno de ellos tiene dos soluciones y otro no tiene solución".

¿Qué acertijo es cuál? Escribe una ecuación para cada acertijo y explica tu respuesta.

23. **Deportes** Brianna y Lucita están jugando tenis. En un voleo, la altura de la bola h, en pies, podría describirse con la siguiente ecuación, donde t es el tiempo en segundos desde el momento en que Brianna golpeó la pelota:

$$h = {}^{-}16(t - 1)^2 + 20$$

Asume que Lucita dejará que la pelota rebote una vez, ¿cuándo golpeará el suelo? Escribe y resuelve una ecuación como ayuda para que respondas esta pregunta. Da tu respuesta a la centésima de segundo más cercana.

24. Cuando empiezas el proceso para completar el cuadrado de una ecuación, debes poder decir, sin resolverla, si la ecuación tiene solución.

a. Expresa cada una de estas con un cuadrado perfecto más una constante. Sin resolverla, decide si la ecuación tiene una solución y explica tu respuesta.

i. $x^2 + 6x + 15 = 0$

ii. $x^2 + 6x + 5 = 0$

b. Enuncia una regla para determinar si una ecuación de la forma $(x + a)^2 + c = 0$ tiene soluciones. Explica tu regla.

25. Geometría Una pintura rectangular tiene una área de 25 metros cuadrados. Uno de los lados es 2 pies más largo que el otro.

a. Rápidamente estima valores aproximados para las longitudes laterales de la pintura. ¿Tus estimaciones te proporcionaron un área que era demasiado grande o demasiado pequeña?

b. Escribe una ecuación que relacione los lados y el área de la pintura y resuélvela con precisión completando el cuadrado.

c. Compara tu respuesta de la Parte b con tu aproximación de la Parte a.

26. Historia Cuando el famoso matemático alemán Gauss era niño, sorprendió a su maestra al calcular rápidamente la suma de los enteros del 1 al 100. Él se percató de que podría calcular la suma sin sumar todos los números, sólo agrupando los 100 números en pares.

Para que veas un atajo en el cálculo de esta suma, observa las dos listas del 1 al 100, con una en orden inverso.

1	2	3	4	5	6	7	...	50	...	94	95	96	97	98	99	100
100	99	98	97	96	95	94	...	51	...	7	6	5	4	3	2	1

a. ¿Cuál es la suma de cada par?

b. ¿Cuántos pares hay?

c. ¿Cuál es la suma de todos estos pares?

d. ¿Cuántas veces se cuenta cada uno de los enteros del 1 al 100 en esta suma?

e. Considera tus respuestas de las Partes c y d. ¿Cuál es la suma de los enteros del 1 al 100?

f. Explica cómo puedes usar este mismo razonamiento para encontrar la suma de los enteros de 1 a n para cualquier valor de n. Escribe una fórmula para s, la suma de los primeros enteros positivos n.

g. Chloe sumó varios números consecutivos empezando desde el 1 y encontró una suma de 91. Escribe una ecuación que puedas usar para encontrar los números que sumó. Resuelve tu ecuación completando el cuadrado. Verifica tu respuesta con la fórmula.

¿Por qué los cuadrados perfectos son útiles para resolver ecuaciones cuadráticas?

Repaso **mixto**

Identifica los valores de *a*, *b* y *c* en cada ecuación, reodernándolos en la forma de la ecuación cuadrática general, $ax^2 + bx + c = 0$.

27. $2x^2 - 7x = {}^{-}5$

28. $8a + 2 = 9a^2$

29. $4.5k^2 + 3k = {}^{-}3 + k + k^2$

30. ${}^{-}m - 2 = m^2 - m - 3$

31. $4 = {}^{-}p^2$

32. $7 - w^2 = w + 2.5w^2$

Grafica cada desigualdad en una cuadrícula separada como la que se muestra.

33. $y \geq x - 3$

34. $y < 3 - x$

35. $y \leq 1.5x + 3$

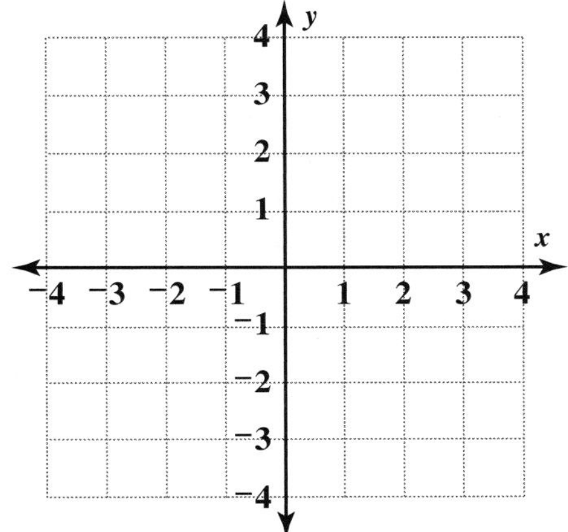

36. **Geometría** Relaciona cada sólido con su nombre. (Ayuda: En aquéllos en los que estés inseguro, piensa qué significa su término.)

a. pirámide cuadrada

b. cono

c. cilindro

d. prisma triangular

e. prisma oblicuo

f. prisma hexagonal

g. octaedro

h. tetraedro

i. semiesfera

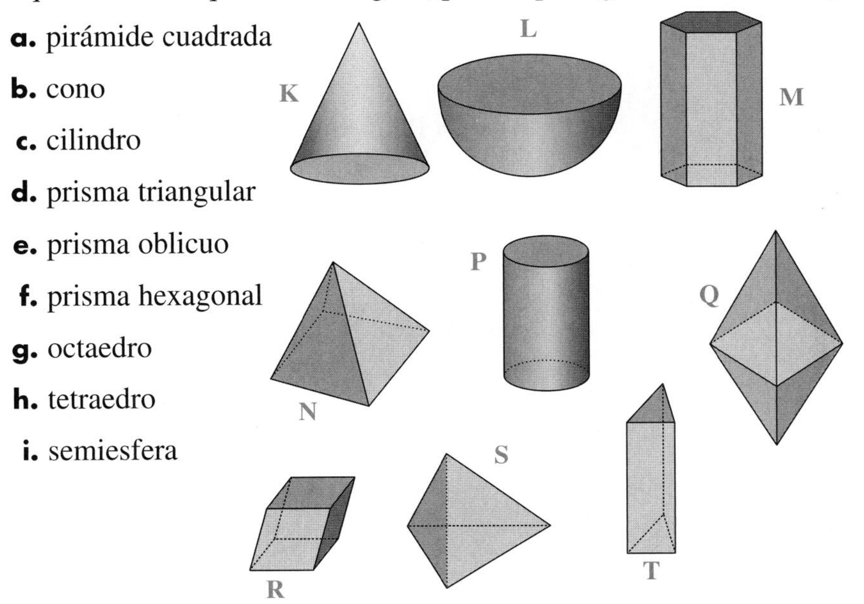

7.4 La fórmula cuadrática

Has visto que algunas ecuaciones cuadráticas son más fáciles de resolver que otras. Algunas se pueden resolver rápidamente factorizando o sacando la raíz cuadrada en ambos lados. Cualquier ecuación cuadrática se puede resolver completando el cuadrado, pero no siempre es evidente lo que debe hacerse.

Vuelve a observar el proceso de resolver una ecuación completando el cuadrado. La ecuación cuadrática general

$$ax^2 + bx + c = 0$$

se resuelve a continuación completando el cuadrado. Para que puedas ver cada paso más fácilmente, a un lado de la ecuación general, se resuelve una ecuación cuadrática específica.

Ecuación general	**Ecuación específica**
$ax^2 + bx + c = 0$	$2x^2 + 8x + \frac{1}{2} = 0$

Paso 1: Divide entre a.

$x^2 + \frac{b}{a}x + \frac{c}{a} = 0$	$x^2 + 4x + \frac{1}{4} = 0$

Paso 2: Completa el cuadrado.

$x^2 + \frac{b}{a}x + \frac{b^2}{4a^2} + \frac{c}{a} - \frac{b^2}{4a^2} = 0$	$x^2 + 4x + 4 + \frac{1}{4} - 4 = 0$

Paso 3: Reoderna.

$x^2 + \frac{b}{a}x + \frac{b^2}{4a^2} = \frac{b^2}{4a^2} - \frac{c}{a}$	$x^2 + 4x + 4 = \frac{15}{4}$
$\left(x + \frac{b}{2a}\right)^2 = \frac{b^2 - 4ac}{4a^2}$	$(x + 2)^2 = \frac{15}{4}$

Paso 4: Saca la raíz cuadrada de ambos lados.

$x + \frac{b}{2a} = \frac{\pm\sqrt{b^2 - 4ac}}{2a}$	$x + 2 = \pm\frac{\sqrt{15}}{2}$

Paso 5: Resta la constante sumada a x.

$x = \frac{^{-}b \pm \sqrt{b^2 - 4ac}}{2a}$	$x = {^{-}2} \pm \frac{\sqrt{15}}{2}$

A principios del siglo XVII, matemáticos de la India resolvieron ecuaciones cuadráticas completando el cuadrado y escribiendo la fórmula cuadrática.

Este proceso proporciona una fórmula que puede usarse para encontrar las soluciones de cualquier ecuación cuadrática.

La fórmula cuadrática

Las soluciones de $ax^2 + bx + c = 0$ son

$$x = \frac{^-b \pm \sqrt{b^2 - 4ac}}{2a}$$

Es decir las soluciones son

$$x = \frac{^-b + \sqrt{b^2 - 4ac}}{2a} \quad \text{y} \quad x = \frac{^-b - \sqrt{b^2 - 4ac}}{2a}$$

Piensa & comenta

Usa la fórmula cuadrática para resolver esta ecuación.

$$x^2 + 3x - 5 = 0$$

Ahora resuelve la ecuación completando el cuadrado. ¿Te dio el mismo resultado? ¿Qué método te parece más sencillo?

Investigación 1 Usa la fórmula cuadrática

Esta investigación te ayudará a aprender a usar la fórmula cuadrática.

Serie de problemas A

Haz lo siguiente para los Problemas 1 al 8:

- Identifica los valores de *a, b* y *c* que se refieren en la fórmula cuadrática. Vuelve a escribir la ecuación en la forma $ax^2 + bx + c = 0$.
- Resuelve la ecuación con la fórmula cuadrática.

1. $2x^2 + 3x = 0$

2. $7x^2 + x - 3 = 0$

3. $3 - x^2 + 2x = 0$

4. $6x + 2 = x^2$

5. $2x^2 = x - 5$

6. $x^2 - 12 = 0$

7. $x^2 = 5x$

8. $x(x - 6) = 3$

9. Considera la ecuación $x^2 + 3x + 2 = 0$.

a. Resuelve la ecuación con factorización.

b. Ahora usa la fórmula cuadrática para resolver la ecuación.

c. ¿Qué método te parece más fácil?

d. ¿Cuál de los Problemas 1 al 8 podrías resolver con factorización?

Serie de problemas B

Haz lo siguiente para cada problema:

- Resuelve la ecuación con cualquier método que te guste. Verifica tus respuestas.
- Si no resolviste la ecuación con factorización, decide si podrías haber usado factorización para resolverla.

1. $x^2 - 5x + 6 = 0$

2. $w^2 - 6w + 9 = 0$

3. $t^2 + 4t + 1 = 0$

4. $x^2 - x + 2 = 0$

5. $k^2 + 4k + 2 = 0$

6. $3g^2 - 2g - 2 = 0$

7. $z^2 - 12z + 36 = 0$

8. $2e^2 + 7e + 6 = 0$

9. $x^2 + x = 15 - x$

10. $3n^2 + 14 = 8n^2 + 3n$

Comparte & resume

1. ¿Cuál es la relación entre la fórmula cuadrática y el proceso de completar el cuadrado?

2. Has aprendido varios métodos para resolver ecuaciones cuadráticas: la vuelta atrás, factorización, completar el cuadrado y la fórmula cuadrática.

a. ¿Cuál de éstos sólo puede usarse en algunas ecuaciones cuadráticas?

b. ¿Cuál de éstos se puede usar en todas las ecuaciones cuadráticas?

3. Cuando se te da una ecuación cuadrática para resolver, ¿cómo seleccionas un método para resolverla?

Investigación 2 Aplica la fórmula cuadrática

En el Capítulo 4, examinaste ecuaciones cuadráticas en situaciones específicas y estimaste soluciones usando la calculadora graficadora. Ahora vas a aplicar la fórmula cuadrática para resolverlas con exactitud.

Serie de problemas C

En algunos de estos problemas, la fórmula cuadrática dará dos soluciones. Asegúrate de que tus respuestas sean lógicas en el contexto del problema.

1. Josefina, que hace tapices, tiene un cliente que quiere un tapiz con un área de 4 metros cuadrados. Josefina decide que tendrá forma rectangular y longitud de 1 metro más de largo que de ancho.

a. Escribe una ecuación para representar los requerimientos del cliente y la decisión de Josefina.

b. Usa la fórmula cuadrática para calcular el ancho y el largo del tapiz. Expresa tu respuesta de dos formas, exacta y al centímetro más cercano.

2. Otro cliente quiere un tapiz rectangular con un área de 6 m^2, pero ella insiste en que la longitud sea exactamente 2 metros más que el ancho.

Escribe y resuelve una ecuación que represente esta situación. Da las dimensiones exactas del tapiz y después estima las dimensiones al centímetro más cercano.

3. Jesse lanzó una súper bola al suelo y ésta rebotó en línea recta hacia arriba con una velocidad inicial de 30 pies por segundo. La fórmula $h = 30t - 16t^2$ proporciona la altura h, en pies, t segundos después de que la pelota se alejó del suelo. Escribe y resuelve una ecuación para encontrar el valor de t cuando la pelota vuelve a golpear el suelo.

Recuerda

Las ecuaciones de movimiento como $h = 30t - 16t^2$ y $h = {}^-16t^2 + 20$ sólo dan estimaciones de las posiciones de los objetos porque ignoran la resistencia del aire.

4. Cuando se lanza un objeto hacia arriba en línea recta, su altura h en pies después de t segundos se puede estimar con la fórmula $h = s + vt - 16t^2$, donde s es la altura inicial (a $t = 0$) y v es la velocidad inicial. En el Problema 3, s era 0 pies y v era 30 pies por segundo, de manera que la altura de la pelota se estimó en $h = 30t - 16t^2$.

Supón que Jesse lanzó la pelota hacia arriba en lugar de rebotarla, de manera que la altura de la pelota cuando $t = 0$ era 5 pies arriba del suelo pero la velocidad inicial seguía siendo 30 pies/s.

a. Escribe una ecuación que describa la altura h de la pelota de Jesse después de t segundos.

b. Escribe y resuelve una ecuación para calcular cuánto tardará la pelota en tocar el suelo.

5. Si se deja caer un objeto con una velocidad inicial 0, su altura se puede aproximar al sumar su altura inicial más ${}^-16t^2$, que representa el efecto de gravedad. Por ejemplo, la altura de una roca que se deja caer de 20 pies sobre el nivel del suelo se puede aproximar con la fórmula $h = {}^-16t^2 + 20$.

Escribe y resuelve una ecuación para determinar cuántos segundos tardará en golpear el suelo una roca que se deja caer desde 100 pies sobre el nivel del suelo.

Serie de problemas D

El pueblo de Seaside, que ahora sólo tiene pocos y pequeños hoteles, está considerando otorgar permiso para la construcción de un centro turístico grande a lo largo la costa. Algunos residentes están a favor del plan porque traerá ingresos a la comunidad. Otros están en contra. Dicen que desestabilizará su estilo de vida. El consejo estatal de turismo tiene una fórmula para calcular la clasificación turística, T, de un área basándose en dos factores: U, una clasificación de singularidad y A, la clasificación de comodidad.

1. La clasificación de comodidad, A, se usa para evaluar el grado de atractivo de un destino turístico, incluyendo lo fácil que es encontrar un lugar para quedarse. Seaside actualmente tiene una clasificación de 5. Se estima que por cada 100 camas que el centro turístico abra para los turistas, A aumentará en 2 puntos.

Si el centro turístico tiene p cientos de camas, ¿cuál es el estimado para la nueva clasificación de comodidad?

2. La escala de clasificación de singularidad, U, se usa para evaluar las características especiales que atraerán a los turistas. Seaside actualmente tiene una clasificación de singularidad alta, 20, porque a menudo se observan delfines cerca de las playas locales. Un comité ha recopilado evidencias de que un aumento de turistas evitará que los delfines se acerquen a la costa. Ellos estiman que por cada 100 camas que abra el centro turístico, U caerá 2 puntos.

Si el centro turístico tiene p cientos de camas, ¿cuál es el estimado para la nueva clasificación de singularidad?

3. La clasificación total de turismo, T, se calcula al multiplicar A y U.

a. ¿Cuál es la clasificación de turismo actual del pueblo?

b. Escribe una expresión en términos de p para la clasificación estimada de turismo si se añaden p cientos de camas.

c. Usa tu expresión para la Parte b para decidir para qué valores de p no habría cambio en la clasificación de turismo. (Ayuda: Escribe y resuelve una ecuación.)

d. ¿Para qué número de camas el centro turístico causará una disminución en la clasificación de turismo?

e. El consejo del pueblo de Seaside cree que la alteración del estilo de vida del pueblo no puede justificarse a menos que el desarrollo resultara en un aumento en la clasificación de turismo de al menos 140 puntos.

i. Usa tu expresión de la Parte b para decidir para qué valores de p esperarías lograr una clasificación de turismo de 140 puntos.

ii. ¿Qué valores de p darán una clasificación de turismo *por encima* de los 140 puntos?

f. ¿Qué recomendarías que hiciera el consejo?

Comparte & resume

Explica los pasos implicados en usar una fórmula cuadrática para resolver una ecuación.

Investigación 3 ¿Qué te indica $b^2 - 4ac$?

En algunas situaciones, quizá estés más interesado en saber *cuántas* soluciones tiene una ecuación cuadrática que en cuáles son las soluciones *exactas.* Por ejemplo, supón que estás pensando en la altura a la que llega una pelota, en diferentes momentos, después de haberla lanzado. Podrías resolver una ecuación cuadrática para calcular el momento en que la pelota alcanza cierta altura. Pero si sólo quieres saber *si* alcanzó la altura y no te interesa saber *cuándo,* la pregunta que quieres contestar es

Recuerda

La fórmula cuadrática es $x = \frac{-b \pm \sqrt{b^2 - 4ac}}{2a}$.

¿Tiene esta ecuación alguna solución?

Sólo necesitas una parte de la fórmula cuadrática, la expresión $b^2 - 4ac$, para responder esta pregunta.

Piensa & comenta

Has visto ejemplos de ecuaciones cuadráticas que no tienen soluciones. Algunas veces, esto es fácil de determinar sin usar la fórmula cuadrática. Da un ejemplo de este tipo de ecuaciones y explica cómo sabes que no tienen soluciones.

Algunas ecuaciones cuadráticas tienen exactamente una solución. Da algunos ejemplos.

Claro que muchas ecuaciones cuadráticas tienen dos soluciones. Da un ejemplo.

Serie de problemas E

Ahora vas a investigar la relación entre el valor de $b^2 - 4ac$ y el número de soluciones de $ax^2 + bx + c = 0$.

1. La ecuación $x^2 + 1 = 0$ no tiene soluciones.

a. Explica por qué es verdad esto.

b. ¿Cuál es el valor de $b^2 - 4ac$ para esta ecuación? ¿Es positivo, negativo ó 0?

c. Da otro ejemplo de otra ecuación cuadrática que sepas que no tiene soluciones. Encuentra el valor de $b^2 - 4ac$ para tu ejemplo: ¿es positivo, negativo ó 0?

2. La ecuación $(x - 3)(x + 5) = 0$ tiene dos soluciones.

a. Expresa esta ecuación en la forma $ax^2 + bx + c = 0$ y encuentra el valor de $b^2 - 4ac$. ¿Es positivo, negativo ó 0?

b. Da otro ejemplo de una ecuación cuadrática con dos soluciones. Encuentra el valor de $b^2 - 4ac$ para tu ecuación.

3. La expresión $x^2 + 2x + 1$ es un trinomio cuadrado perfecto ya que es igual a $(x + 1)^2$. La ecuación $x^2 + 2x + 1 = 0$ tiene una solución.

a. El valor de $b^2 - 4ac$ para esta ecuación, ¿es positivo, negativo ó 0?

b. Da otro ejemplo de una ecuación cuadrática con una solución. El valor de $b^2 - 4ac$ para tu ecuación, ¿es positivo, negativo ó 0?

4. Como ya sabes, una ecuación cuadrática puede tener cero, una o dos soluciones. Este problema te ayudará a explicar la relación entre el valor de $b^2 - 4ac$ y el número de soluciones que tiene una ecuación.

a. ¿En dónde ocurre la expresión $b^2 - 4ac$ dentro de la fórmula cuadrática?

b. ¿Qué valor o valores debe tener $b^2 - 4ac$ para que la fórmula cuadrática no tenga soluciones? Explica.

c. ¿Qué valor o valores debe tener $b^2 - 4ac$ para que la fórmula cuadrática tenga una solución? Explica.

d. ¿Qué valor o valores debe tener $b^2 - 4ac$ para que la fórmula cuadrática tenga dos soluciones? Explica.

Datos de interés

La aceleración de los pasajeros en este juego mecánico podría calcularse con la ecuación cuadrática $a = 0.2v^2$, donde a es la aceleración hacia el centro del juego mecánico en m/s^2 y v es la velocidad en m/s.

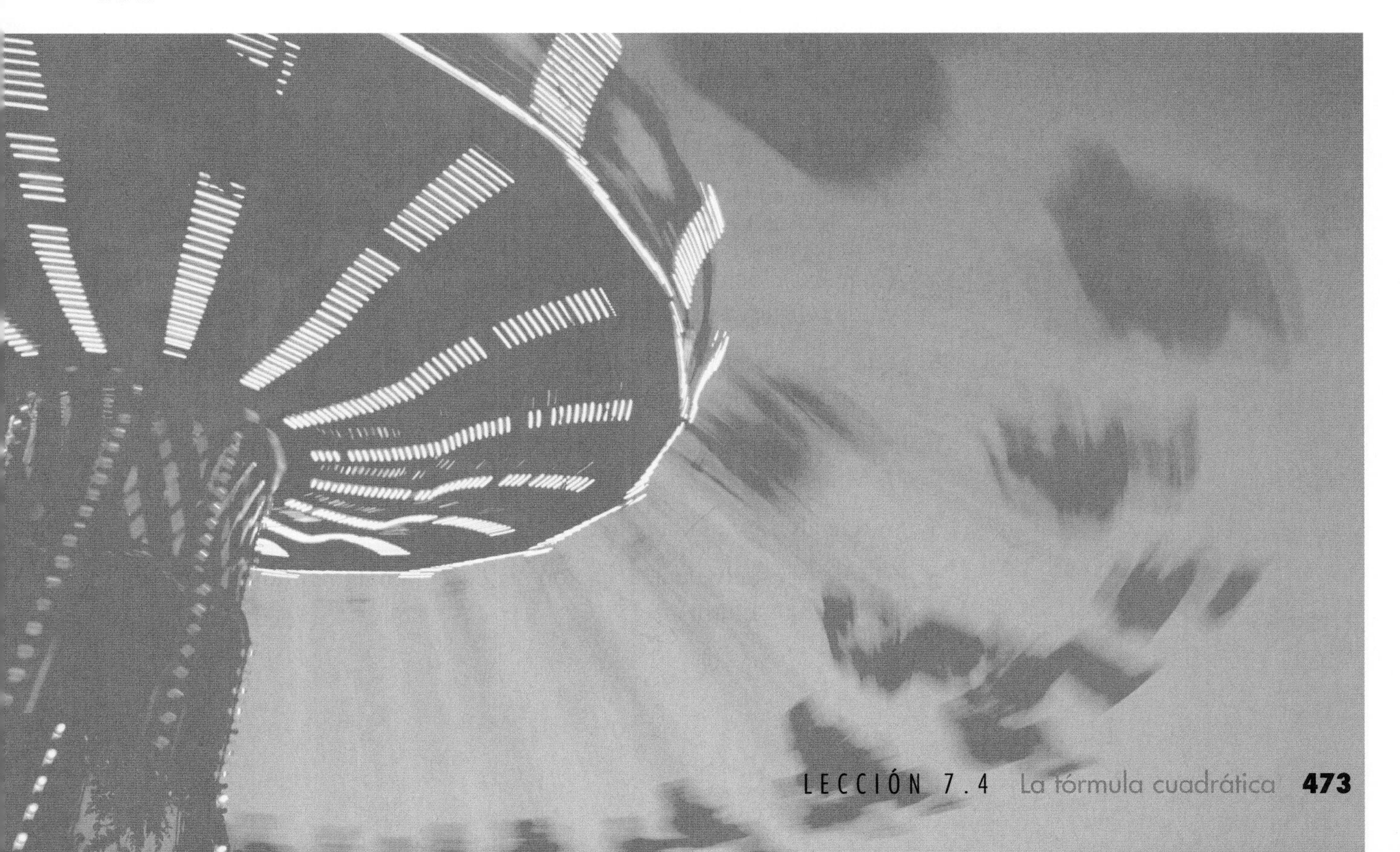

Serie de problemas F

Encuentra el número de soluciones que tiene cada ecuación.

1. $2x^2 - 9x + 5 = 0$

2. $3x^2 - 7x + 9 = 0$

En la Serie de problemas C, Jesse rebotó una súper pelota con una velocidad de 30 pies por segundo cuando se alejaba del suelo. La fórmula $h = 30t - 16t^2$ proporciona la altura de la pelota, donde t es el tiempo en segundos desde el momento en que la pelota se aleja del suelo.

3. Puedes usar lo que sabes sobre la fórmula cuadrática para calcular la altura a la que viajará la pelota. Primero observa si la pelota alcanzará los 100 pies.

a. ¿Qué ecuación resolverías para saber si la pelota alcanzó los 100 pies y cuándo lo hizo?

b. Escribe tu ecuación en la forma $at^2 + bt + c = 0$.

c. ¿Cuál es el valor de $b^2 - 4ac$ para tu ecuación?

d. ¿Alcanzará la pelota los 100 pies? Explica.

4. **Reto** Esta gráfica de $h = 30t - 16t^2$ puede ayudarte a determinar hasta dónde llegará la pelota.

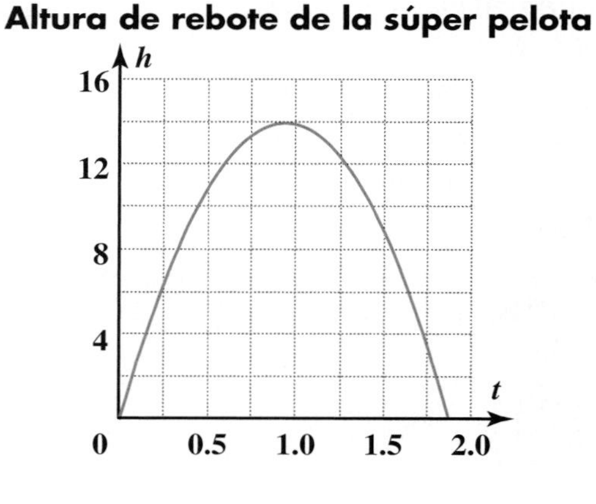

a. Supón que M es la altura máxima que alcanza la pelota. Escribe una ecuación que represente el momento en que la pelota está a esta altura.

b. Escribe tu ecuación en la forma $at^2 + bt + c = 0$.

c. ¿Cuántas soluciones tendrá esta ecuación? Ayuda: Observa la gráfica.

d. ¿Qué sabes acerca del valor de $b^2 - 4ac$ para una ecuación cuadrática con el número de soluciones que esta ecuación tiene?

e. Usa tu respuesta de la Parte d como ayuda para encontrar el valor de M. Muestra cómo encontraste tu respuesta.

f. ¿A qué altura viajó la pelota?

g. Escribe y resuelve una ecuación para saber cuánto tardó la pelota en llegar a esta altura.

Comparte & resume

1. Sin realmente resolverla, ¿cómo puedes saber si una ecuación cuadrática tiene una o dos soluciones o no tiene ninguna solución?
2. En una relación cuadrática en la forma $y = ax^2 + bx + c$ ¿cómo puedes saber si y alguna vez tiene un cierto valor d?

Investigación de laboratorio ▶ La razón áurea

MATERIALES
- regla
- papel cuadriculado (opcional)

En esta investigación, vas a trabajar con una razón que ha sido muy importante desde los antiguos griegos. Sorprendentemente, la razón se presenta en muchos lugares, incluyendo las matemáticas, el arte, la música, la arquitectura y la genética.

¿Qué te gusta?

1. Estos son algunos rectángulos ¿Cuál crees que es el más "atractivo visualmente"? (No necesitas razones para contestar; sólo di cuál te gusta.)

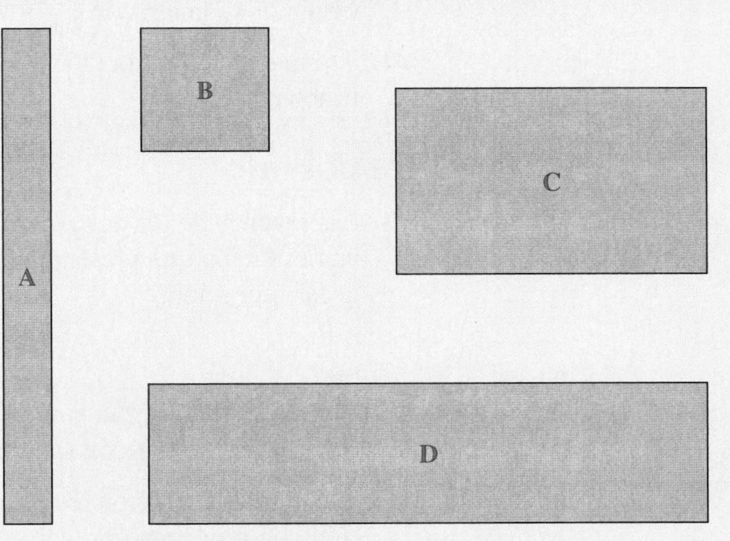

2. Dibuja algunos otros rectángulos que tengan formas que te agraden. Explica por qué crees que una forma es más agradable que otra.

Muchas personas piensan que el Rectángulo C (y los rectángulos geométricamente similares a él) es el más agradable visualmente. Se llama *rectángulo áureo* y la razón de sus lados (la razón de su lado largo a su lado corto) es la *razón áurea.*

Recuerda

En las figuras semejantes los lados correspondientes tienen longitudes que comparten una razón común y los ángulos correspondientes son congruentes.

Una propiedad especial de un rectángulo áureo es, que cuando le añaden un cuadrado a su lado más largo, de manera que forme un nuevo rectángulo, la forma nueva es similar a la original. Entonces, el nuevo rectángulo es un rectángulo áureo y sus lados están en la razón áurea.

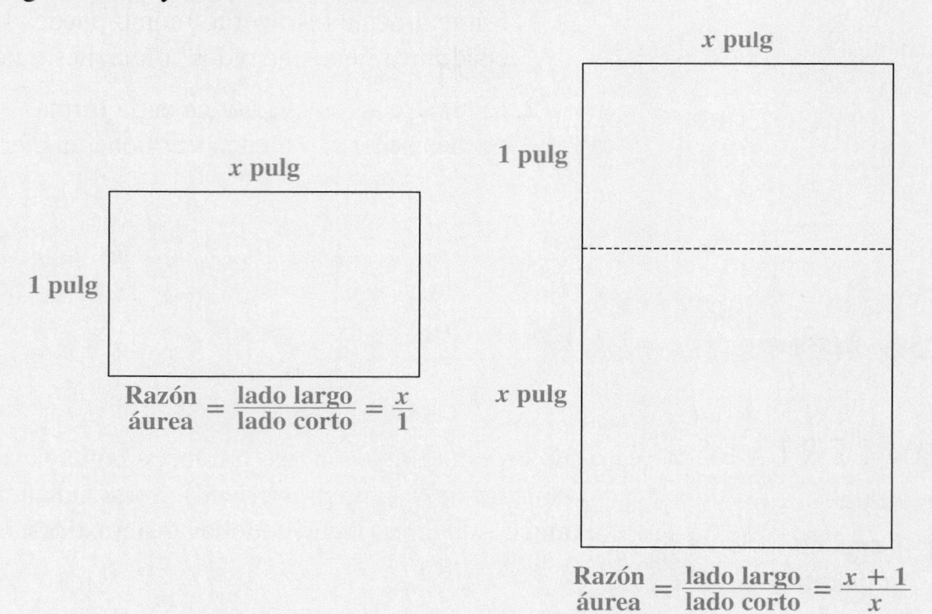

Pruébalo

3. Mide las dimensiones de los dos rectángulos anteriores y determina si tienen la misma razón $\frac{\text{lado largo}}{\text{lado corto}}$. ¿Cuál es la razón?

4. Ahora encuentra la razón $\frac{\text{lado largo}}{\text{lado corto}}$ de cada rectángulo que dibujaste en el Problema 2.

Resuélvelo

5. Las razones de los dos rectángulos anteriores deben ser iguales. Escribe una ecuación que presente las razones iguales entre sí. Es decir, completa esta ecuación:

$$\frac{x}{1} = \underline{\qquad\quad}$$

6. Ahora escribe tu ecuación en la forma $ax^2 + bx + c = 0$. (Ayuda: Necesitarás pensar cómo sacar x del denominador.)

7. Encuentra la solución exacta de tu ecuación y después expresa la solución a la milésima más cercana.

8. ¿Son lógicas tus dos soluciones? Explica.

9. ¿Cuál es el valor de la razón áurea?

10. Compara el valor de la razón áurea con las razones que mediste en la Pregunta 3. ¿Qué observas?

11. Ahora compara los valores de la razón áurea de las medidas que hiciste en tus propios rectángulos de la Pregunta 4. ¿Qué observas?

Un paso más

12. Con papel para graficar o papel ordinario y una regla, puedes dibujar un rectángulo que casi sea un rectángulo áureo.

a. *Paso 1:* En la esquina superior izquierda de la página, empieza con un cuadrado con lados de una unidad de longitud. ¿Cuál es la razón de los lados?

b. *Paso 2:* Añade otro cuadrado contiguo al primero para formar un rectángulo más grande. ¿Cuál es la razón de los lados de este nuevo rectángulo?

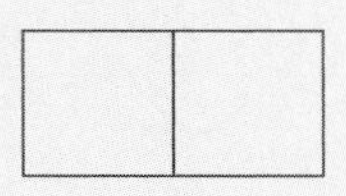

c. *Paso 3:* Añade un cuadrado contiguo al lado más largo del rectángulo para construir un rectángulo aún más grande. ¿Cuál es la razón $\frac{\text{lado largo}}{\text{lado corto}}$ de este nuevo rectángulo?

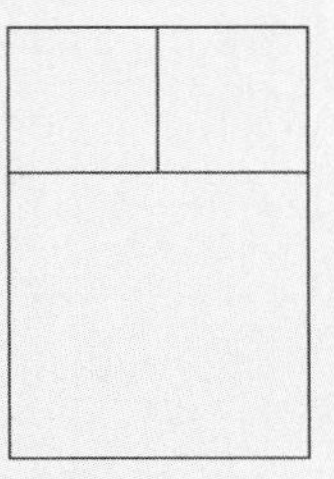

d. En tu papel, repite el Paso 3 tantas veces como puedas. ¿Cuál es la razón para el rectángulo final que hiciste? Compara este valor con la razón áurea que calculaste en el Problema 9.

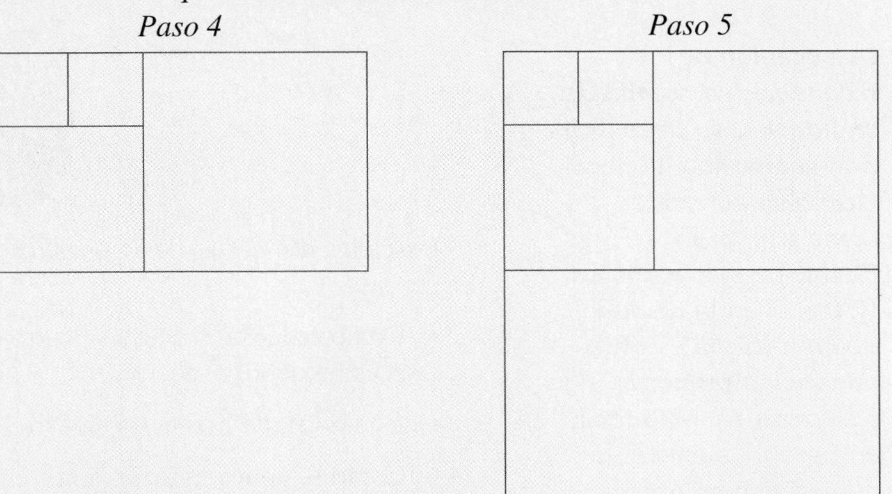

13. Observa las dimensiones de los rectángulos que hiciste en el Problema 11.

- El primero es 1×1.
- Los siguientes cuatro son 1×2, 2×3, 3×5 y 5×8.
- Enumera sólo las más pequeñas dimensiones en cada rectángulo dada la *sucesión de Fibonacci:*

$$1, 1, 2, 3, 5, 8, \ldots.$$

Busca un patrón en la sucesión de Fibonacci. ¿Cuáles son los dos siguientes números? ¿Cómo los encontraste?

14. Calcula la sucesión de razones de los números Fibonacci hasta la razón $\frac{\text{décimo número Fibonacci}}{\text{noveno número Fibonacci}}$ o $\frac{F_{10}}{F_9}$. Se calculan las dos primeras a continuación.

$$\frac{F_2}{F_1} = \frac{1}{1} = 1 \qquad \frac{F_3}{F_2} = \frac{2}{1} = 2$$

15. Compara las razones de la razón áurea. ¿Qué observas?

Descubre más

16. La razón áurea y los números Fibonacci aparecen en muchos contextos, tanto dentro como fuera de las matemáticas. Por ejemplo, las piñas tienen escamas en grupos de 8, 13 y 21 hileras.

Busca las respuestas de algunas de estas preguntas en la biblioteca o en Internet.

- ¿Cómo se hacen presentes dentro de la naturaleza la razón áurea y la sucesión de Fibonacci?
- ¿Cómo usaron Leonardo da Vinci y otros artistas la razón áurea?
- ¿Cómo se aplica la razón áurea en la arquitectura?
- ¿Cómo se usa la razón áurea en la música?

La sucesión de Fibonacci fue nombrada en honor a su descubridor, Leonardo Fibonacci (también conocido como Leonardo Pisano), quien nació en 1170 d.C. en la ciudad de Pisa (Italia). Él fue una de las primeras personas en introducir, en Europa, el sistema numérico hindú-arábico, que usa los dígitos del 0 al 9 y un punto decimal.

Ejercicios por tu cuenta

Practica & aplica

Resuelve cada ecuación con la fórmula cuadrática, si es posible.

1. $2x^2 + 5x = 0$

2. $5x^2 + 7x + 4 = 0$

3. $c^2 - 10 = 0$

4. $b^2 + 10 = 0$

5. Resuelve la ecuación $9x^2 - 16 = 0$ con factorización y con la fórmula cuadrática.

6. **Geometría** El área de una fotografía es 320 centímetros cuadrados. Su longitud es 2 cm más que el doble de su ancho. Escribe y resuelve una ecuación para encontrar sus dimensiones.

7. **Ciencia física** Supón que, en algún punto durante el vuelo de un cohete, la altura h en metros, sobre el nivel del mar t segundos después de haber despegado depende de t de acuerdo con la fórmula $h = 2t(60 - t)$.

a. ¿En cuántos segundos después de haber despegado, el cohete regresará al nivel del mar?

b. Escribe y resuelve una ecuación para encontrar el momento en que el cohete estará a 1,200 m sobre el nivel del mar.

Encuentra el número de soluciones para cada ecuación cuadrática sin realmente resolver la ecuación. Explica cómo sabes que tus respuestas son correctas.

8. $x^2 + 2x + 3 = 0$

9. $x^2 - 2x - 3 = 0$

10. $9x^2 + 12x + 4 = 0$

11. Se lanza una pelota en línea recta hacia arriba con una velocidad inicial de 40 pies por segundo desde 5 pies sobre el nivel del suelo. $h = 40t - 16t^2 + 5$ es la ecuación que describe la altura h de la pelota después de t segundos.

a. ¿Alcanzará la pelota una altura de 100 pies? Explica.

b. ¿Alcanzará una altura de 15 pies? Explica.

c. **Reto** Encuentra la altura máxima de la pelota.

Conecta & amplía

12. Cuando Lourdes resolvió la ecuación $2x^2 - 13x = 24$, se sorprendió al encontrar que las soluciones eran exactamente 8 y $^-1.5$. Ben dijo que creía que esto significaba que la ecuación podía haberse resuelto por factorización.

a. Escribe una ecuación cuadrática en forma factorizada que tenga las soluciones 8 y $^-1.5$.

b. Desarrolla las factorizaciones para escribir una ecuación sin paréntesis. ¿Estaba Ben en lo correcto? (Ayuda: Si tu ecuación contiene una fracción, intenta multiplicarla por su denominador para obtener como coeficiente sólo enteros.)

c. Escribe una ventaja y una desventaja de usar la fórmula cuadrática para resolver la ecuación $2x^2 - 13x = 24$.

13. Considera la ecuación $3x + \frac{1}{x} = 4$.

a. ¿Ves algunas soluciones evidentes para esta ecuación?

b. Ahora resuelve la ecuación con la fórmula cuadrática. (Ayuda: Primero escribe una ecuación cuadrática equivalente.) Verifica tus soluciones en la ecuación original.

Reto Aunque estas ecuaciones no sean cuadráticas, la fórmula cuadrática puede ayudarte a resolverlas. Trata de resolverlas y explica tu razonamiento.

14. $(x^2 - 2x - 2)^2 = 0$

15. $x^3 - 2x^2 - 2x = 0$

16. Historia Este es un problema planteado por el matemático hindú Bhaskara en el sigo XII:*

La octava parte, al cuadrado, de una tribu de monos, estaba saltando en el campo y deleitándose con su ejercicio. Los doce monos restantes podían verse en la colina, entretenidos con su charla. ¿Cuántos eran en total?

Es decir, toma $\frac{1}{8}$ del tropel completo y eleva al cuadrado el resultado. Ese número de monos, junto con los doce en la colina, forman el tropel completo. ¿Cuántos monos hay en el tropel? Muestra tu trabajo.

*Fuente: Victor Katz. *A History of Mathematics: An Introduction.* Reading, Mass.: Addison-Wesley, 1998.

En tus **propias palabras**

Describe la relación entre la gráfica de $y = ax^2 + bx + c$ y las soluciones de la ecuación $ax^2 + bx + c = d$. Si la ecuación $ax^2 + bx + c = d$ no tiene soluciones, ¿qué nos indica sobre la gráfica?

17. En el Capítulo 4, resolviste desigualdades que presentaban relaciones lineales. Para este problema, usa las mismas ideas para resolver desigualdades que involucran relaciones cuadráticas.

a. Primero usa la fórmula cuadrática para resolver $x^2 - 3x - 7 = 0$.

b. Usa la información de la Parte a como ayuda para graficar $y = x^2 - 3x - 7$. Traza algunos puntos adicionales.

Usa tus soluciones y gráficas para resolver cada desigualdad.

c. $x^2 - 3x - 7 < 0$

d. $x^2 - 3x \geq 7$

e. $x^2 - 3x \leq 7$

18. Considera la relación cuadrática $y = x(x - 1)$.

a. ¿Para qué valores de x es $y = 0$?

b. Para los valores de x entre los que enumeraste en la Parte a, ¿es y positiva o negativa?

c. ¿Puede alguna vez y ser igual a $^-1$? Explica.

d. ¿Puede alguna vez y ser igual a 1? Explica.

e. Bosqueja una gráfica de esta relación.

f. **Reto** Con lo que sabes de la fórmula cuadrática y de tu gráfica, encuentra el valor *mínimo* de y.

19. **Reto** Quizá hayas resuelto este problema en el Capítulo 4. Ahora puedes usar lo que sabes de la fórmula cuadrática para resolverlo de otra manera.

Jermaine quiere construir un marco grande con una tira de madera de 20 pies.

a. Expresa la altura y el área del marco en términos de su ancho.

b. Bosqueja una gráfica de la relación entre el área y el ancho. ¿Hay un área máxima o mínima?

c. Usa la fórmula cuadrática para encontrar el área mínima o máxima del marco de Jermaine. Explica cómo encontraste tu respuesta.

d. ¿Qué dimensiones dan esta área?

Repaso mixto

Escribe una ecuación para representar los valores de B en términos de r:

20.

r	B
0	3
1	0.6
2	0.12
3	0.024
4	0.0048

21.

r	B
0	12
1	4.8
2	1.92
3	0.768
4	0.3072

En los Ejercicios 22 y 23, escribe una ecuación para representar la situación.

22. **Economía** el saldo b en una cuenta de ahorros al final de cualquier año t si se depositan $5,000 inicialmente y la cuenta gana 8% de interés por año

23. **Ciencia biológica** el número de bacterias b que quedan en una muestra después de 24 horas si un dieciseisavo del resto de la colonia de las bacterias c muere cada hora

24. Describe cómo cambian los valores y de cada gráfica a medida que aumenta el valor de x.

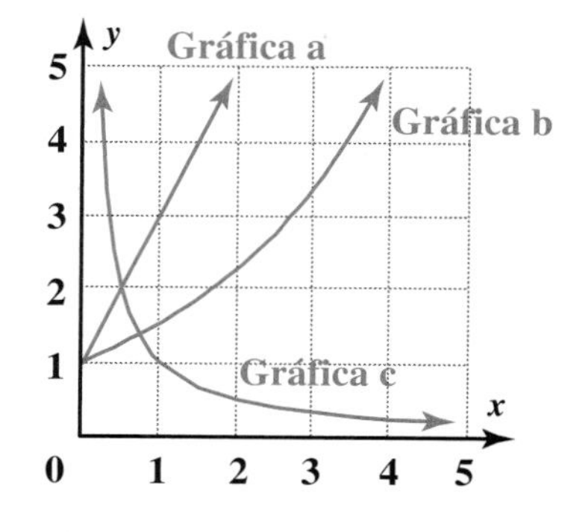

a. Gráfica a

b. Gráfica b

c. Gráfica c

25. **Probabilidad** Kendra llena un frasco con 100 fichas, algunas azules y otras anaranjadas. Le pidió a Ignacio que adivinara cuántas fichas de cada color había en el frasco.

a. Ignacio metió la mano sin mirar y sacó 10 fichas, 4 azules y 6 anaranjadas. ¿Qué conjetura razonable podría hacer él para calcular el número de fichas de cada color?

b. Ignacio sacó 5 fichas más y todas fueron anaranjadas. ¿Qué conjetura razonable podría hacer ahora él para calcular el número de fichas de cada color?

c. Kendra le dice a Ignacio que de hecho hay tres veces más fichas anaranjadas que azules. ¿Cuántas hay de cada una?

Resumen del capítulo

VOCABULARIO
factorización
trinomio

Las expresiones cuadráticas pueden resolverse con varios métodos. En este capítulo, empezaste usando la vuelta atrás para resolver ecuaciones cuadráticas de una forma particular así como ecuaciones que requieren calcular recíprocos, sacar raíces cuadradas y cambiar signos. También aprendiste a cómo resolver algunas ecuaciones cuadráticas al *factorizar* y usar el hecho que cuando un producto es igual a 0, al menos uno de los factores debe ser igual a 0.

Como estos métodos no se pueden aplicar a todas las ecuaciones cuadráticas, también aprendiste a cómo *completar el cuadrado* y usar la *fórmula cuadrática:*

$$x = \frac{^-b \pm \sqrt{b^2 - 4ac}}{2a}$$

Estrategias y aplicaciones

Las preguntas de esta serie te ayudarán a revisar y aplicar las ideas y estrategias importantes desarrolladas en este capítulo.

Usa la vuelta atrás para anular raíces cuadradas, cuadrados, recíprocos y cambios de signo

1. Identifica la operación que anula cada operación dada. Observa las advertencias, si las hay, que debes hacer para anular una operación dada.

a. sacar la raíz cuadrada

b. obtener el recíproco

c. cambio de signo

d. elevar al cuadrado

Indica si puedes resolver cada ecuación directamente usando la vuelta atrás. Si es así, dibuja un flujograma y calcula la solución. Si no, explica por qué no.

2. $\sqrt{2x + 3} - 4 = 7$

3. $\frac{24}{y - 7} = 4$

4. $3a - \sqrt{2a + 3} - 4 = 7$

5. $3(v - 1)^2 + v = 8$

6. $3 - (11w - 3) = 72$

7. $(4n + 5)^2 - 3 = 6$

Resuelve ecuaciones con factorización

Menciona si puedes resolver cada ecuación por factorización con enteros. Si puedes, hazlo y muestra tu trabajo. Si no, explica por qué no.

8. $g^2 + 3g = ^-6$

9. $81x^2 + 1 = ^-18x$

10. $3k^2 - 5k - 12 = 12 + 2k^2$

11. $4w^2 - 9 = 0$

12. $(x + 5)(x - 1) = ^-8$

13. $2s^2 - 4s + 2 = 0$

Resuelve ecuaciones cuadráticas completando el cuadrado

14. Explica qué quiere decir resolver "completando el cuadrado". Usa la ecuación $4x^2 + 20x - 8 = 0$ para ilustrar tu explicación.

15. Da un ejemplo de una ecuación cuadrática que sea posible, pero no fácil de resolver completando el cuadrado.

Entiende y aplica la fórmula cuadrática

16. ¿Cómo se derivó la fórmula cuadrática? Es decir, ¿qué técnica o método se usó y en qué ecuación?

17. Supón que a, b, c y d son números no iguales a 0. Explica por qué la solución de $ax^2 + bx + c = d$ no es $x = \frac{^-b \pm \sqrt{b^2 - 4ac}}{2a}$.

18. ¿Cómo puedes determinar el número de soluciones de una ecuación cuadrática en la forma $ax^2 + bx + c = 0$ usando el valor de $b^2 - 4ac$?

La ecuación cuadrática $F = 0.4v^2$ proporciona la resistencia (en una unidad llamada *newtons*) del aire en una carrera de autos, donde v es la velocidad del carro en m/s.

Demuestra tus destrezas

Factoriza cada expresión.

19. $a^2 + 3a$ **20.** $2b^2 - 2$ **21.** $c^2 + 14c + 49$

22. $8d^2 - 8d + 2$ **23.** $e^2 + 8e - 9$ **24.** $f^2 + 7f + 10$

Escribe una expresión equivalente para la expresión dada completando el cuadrado.

25. $4g^2 + 12g - 3$ **26.** $h^2 - 10h + 7$ **27.** $2j^2 + 24j$

Menciona cuántas soluciones tiene cada ecuación. (No las resuelvas.)

28. $k^2 + 10 = 20k - 90$

29. $2m^2 + 3m + 3 = {}^-5$

Si es posible, resuelve cada ecuación.

30. $\sqrt{3n + 1} = 13$

31. $\frac{60}{^-(2p - 3)} = 12$

32. $(7q + 3)(q - 8) = 0$

33. $(10r + 4)(5r + 4) = {}^-2$

34. $4s^2 + 3s - 40 = 3s - 41$

35. $t^2 - 100 = 0$

36. $2u^2 - 4u = 14$

37. $9v^2 - 3 = 4v^2 + 32$

38. $5w^2 = 8w$

39. $3 - 9x - x^2 = 17$

CAPÍTULO 8

Las funciones y sus gráficas

Matemáticas en la vida diaria

Aplanando el mundo Hacer un mapa preciso del planeta es difícil porque hay que representar en dos dimensiones, una superficie que en realidad es tridimensional. Las funciones matemáticas conocidas como *proyecciones* permiten a los cartógrafos hacer mapas. Una proyección asigna a cada punto en una esfera tridimensional, un punto sobre una superficie bidimensional, logrando con esto, *aplanar* el mundo.

Existen diferentes tipos de proyecciones, algunas de ellas crean mapas muy interesantes. La proyección de Mercator usada como imagen de fondo en estas dos páginas, exagera el área de las masas de tierra más alejadas del ecuador, como Groenlandia y la Antártica. En este tipo de mapa, Groenlandia muestra un tamaño parecido al del continente de África, cuando su superficie real sólo equivale al 7% de la superficie de África. La proyección interrumpida de Goode reduce esta distorsión, pero fragmenta los océanos y la Antártica.

Piensa al respecto ¿Recuerdas las redes que estudiaste en geometría? ¿En qué se parecen las redes de sólidos geométricos a una proyección?

ECUADOR

Mapa de proyección interrumpida de Goode

Carta a la familia

Estimados alumno(a) y familiares:

En el siguiente capítulo, vamos a estudiar funciones y sus gráficas. El concepto de función es esencial en el álgebra y ha sido uno de los hilos conductores principales a lo largo de este curso, aunque no hemos usado todavía el término *función.*

Una manera de entender cómo actúan las funciones, es imaginarlas como una máquina que al recibir una entrada (un número u otra cosa), produce una salida. La salida debe ser *única*. Esto significa que para cada entrada, sólo existe una determinada salida. Además, la salida debe ser *consistente,* es decir, se debe obtener la misma salida cada vez que se usa una misma entrada. Por ejemplo, en la máquina que se muestra en la figura, si la entrada fuera 3, la máquina lo multiplicaría por 5 y la salida sería 15. Cada vez que la entrada sea 3, la salida será 15.

Las funciones a menudo se expresan como enunciados matemáticos. Por ejemplo, todas las siguientes reglas describen la función representada por la máquina anterior: multiplica por 5.

$$y = 5x \qquad f(x) = 5x \qquad g(t) = 5t$$

Una vez que hayamos estudiado las funciones como máquinas de entrada y salida, empezaremos a usar gráficas para calcular los valores máximo y mínimo de una función y usaremos funciones para resolver problemas. Por ejemplo, si se tiene 6 metros de cerca para construir un corral para conejos y se quiere cercar la mayor cantidad de área posible, podemos usar la función $A(L) = L(3 - L)$ y determinar que cada lado de la cerca debe medir 1.5 metros.

Vocabulario Aprenderemos los siguientes términos nuevos en este capítulo:

dominio	**rango**
función	**intersección *x***

¿Qué pueden hacer en el hogar?

Es probable que durante las siguientes semanas su hijo(a) muestre interés por funciones y gráficas. Pueden ayudarle a pensar en situaciones que se puedan representar como funciones. Por ejemplo:

Entrada: la cuenta de un restaurante	Salida: propina del 15%
Entrada: la medida del lado de un cuadrado	Salida: el área del cuadrado
Entrada: número de adultos que asisten al cine	Salida: ganancias totales, el boleto cuesta $8

8.1 Funciones

En tus estudios de álgebra has analizado muchas relaciones entre variables, relaciones como éstas:

Un carro que viaja por la carretera a 55 millas por hora por t horas cubrirá una distancia de $55t$ millas. Esto se puede representar con la ecuación $d = 55t$.

Cuando un *quarterback* arroja el balón, su altura en yardas cuando ha recorrido d yardas se podría describir con la ecuación $h = 2 + 0.8d - 0.02d^2$.

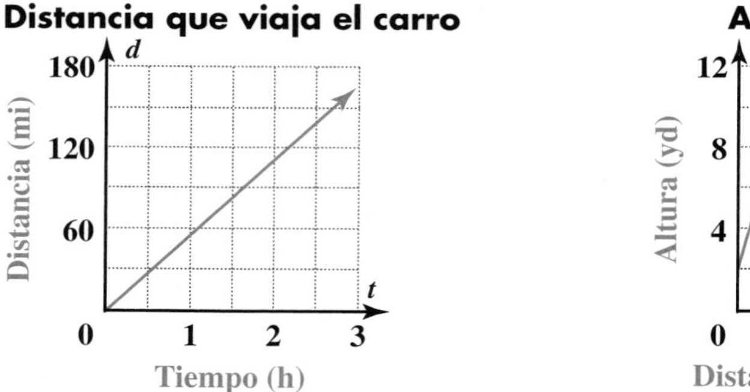

Altura del balón

VOCABULARIO
función

Muchas de las relaciones que estudiaste, incluyendo las anteriores, tienen un nombre especial: se llaman *funciones.* En las matemáticas, una **función** es una relación entre la variable de entrada y la variable de salida en la que hay sólo una salida por cada entrada.

- En el ejemplo del carro, la variable de entrada es el tiempo consumido en la carretera. La variable de salida es la distancia recorrida. Como sólo puede haber una distancia recorrida para un tiempo dado, la relación es una función. En este caso, la distancia recorrida es una *función del* tiempo.
- En el ejemplo de fútbol americano, la variable de entrada es la distancia horizontal recorrida por la pelota, la variable de salida es la altitud de la pelota. Como sólo puede haber una altitud para una distancia horizontal dada, la relación es una función. En este caso, la altitud es una *función de* la distancia horizontal.

Una manera de pensar sobre una función es imaginar una máquina que toma una entrada, un número, una palabra u otra cosa (dependiendo de lo que sea la función) y produce una salida.

Por ejemplo, supón que pusiste 10 dentro de una máquina de funciones para el ejemplo de fútbol americano. Como la máquina es una función, la salida debe ser *única.* Si pones 10 en la máquina, te puede dar una salida de 8, pero no te puede dar un 8 junto con algún otro número.

Para una máquina de funciones, la salida debe ser consistente. O sea, la máquina siempre debe dar la misma salida para la misma entrada. Si obtienes una salida de 8 para una entrada de 10, entonces cada vez que pongas 10 dentro de la máquina, la salida será 8.

Es posible que dos (o más) entradas produzcan la misma salida. Por ejemplo, la máquina de la función balón-altitud producirá 8 cuando pongas 10 ó 30 dentro de ésta. (¡Inténtalo!)

entrada: 10
entrada: 30
$h = 2 + 0.8d - 0.02d^2$
salida: 8

Si más de una salida es posible para una entrada dada, la relación *no* es una función. Por ejemplo, una máquina que produce las raíces cuadradas de números positivos no puede ser una función, porque cada número positivo tiene *dos* raíces cuadradas.

Piensa & comenta

Aquí hay algunos ejemplos de funciones. Para cada función, explica por qué sólo hay una salida posible para cada entrada.

- Entrada: un número
  Salida: el doble de ese número
- Entrada: el nombre del estado
  Salida: la capital del estado

- Entrada: un entero
  Salida: clasificación como par o impar
- Entrada: el número de seguro social de una persona
  Salida: la fecha de nacimiento de esa persona
- Entrada: la longitud del lado de un cuadrado
  Salida: el área de ese cuadrado
- Entrada: una palabra
  Salida: la primera letra de esa palabra

¿Cuáles de las funciones anteriores dan las mismas salidas para diferentes entradas? Explica.

Las siguientes relaciones *no* son funciones. Para cada una explica por qué habría más de una salida para algunas entradas.

- Entrada: un número
  Salida: un número menor que ese número
- Entrada: un número entero
  Salida: un factor de ese número
- Entrada: una persona
  Salida: el nombre del abuelo de esa persona
- Entrada: el nombre de una ciudad
  Salida: el nombre del estado en el que se puede encontrar esa ciudad
- Entrada: la longitud del lado de un rectángulo
  Salida: el área de un rectángulo
- Entrada: una palabra
  Salida: esa palabra con las letras reordenadas

Investigación 1 ▶ Máquinas de funciones

Puedes describir una función de varias maneras, tales como usar palabras, símbolos o máquinas. En esta investigación, pensarás sobre las funciones como máquinas.

Serie de problemas A

Dos máquinas que desempeñan una operación cada una, se han conectado para formar una función más complicada, llamada Función A. La Función A toma una entrada, la duplica, y después produce 7 más que ese resultado como una salida.

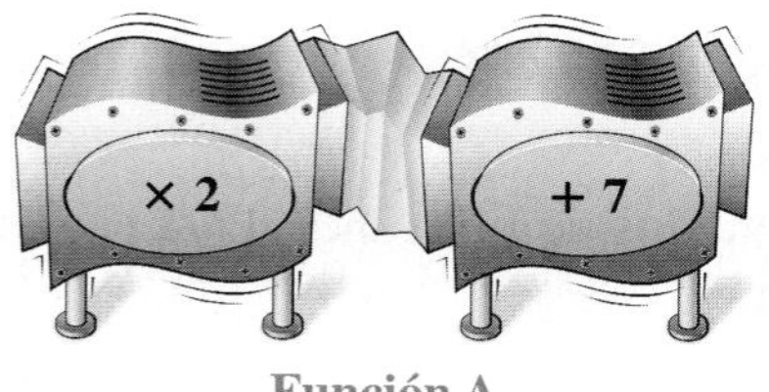

Función A

1. Si la entrada es 5, ¿cuál es la salida?

2. Si la entrada es $^{-}4$, ¿cuál es la salida?

3. Si la salida es $^{-}10$, ¿cuál podría haber sido la entrada?

4. ¿Hay más de una respuesta para el Problema 3? Explica por qué sí o por qué no.

5. Si la entrada es algún número x, ¿cuál es la salida?

6. La Función A se llama una *función lineal.* Explica por qué eso tiene sentido.

7. La Función B se representa por esta conexión de máquinas. ¿Es la misma que la Función A? Explica.

Función B

8. Si es posible, describe una conexión que "anulará" la Función A. Es decir, crea una conexión de manera que si pones un número en la Función A y después pones la salida en tu conexión, *siempre* obtendrás tu número original. Si no es posible, explica por qué no.

Serie de problemas D

Kenneth piensa sobre una regla para cambiar un número en otro número. Él se pregunta si su regla es una función.

1. Haz una tabla de entrada/salida para la regla de Kenneth que muestre las salidas para al menos cuatro entradas.
2. ¿Es una función la regla de Kenneth? ¿Cómo lo puedes deducir?
3. Para las Partes a, b y c, decide qué funciones describen la regla de Kenneth.

   a. $y = (2x + 1)^2$
   $y = 2x^2 + 1$
   $y = 2(x + 1)^2$
   $y = (2x)^2 + 1$

   b. $m = (2n + 1)^2$
   $a = (2b + 1)^2$
   $p = (2t + 1)^2$

   c. $f(z) = 2(z + 1)^2$
   $g(x) = (2x + 1)^2$
   $p(t) = (2t + 1)^2$
   $j(k) = 1 + (2k)^2$

MATERIALES
calculadora graficadora

Serie de problemas E

Puedes graficar una función con la variable de entrada en el eje horizontal (el eje x) y la variable de salida en el eje vertical (el eje y).

1. Grafica la regla de Kenneth de la Serie de problemas D en tu calculadora.

   a. ¿Qué viste de entrada en la calculadora para la regla?

   b. Bosqueja la gráfica. Recuerda rotular los valores mínimos y máximos en cada eje.

Recuerda

Para que una relación sea una función, sólo puede haber una salida para una entrada dada.

2. Decide cuáles de las siguientes gráficas representan funciones. Explica cómo lo decidiste.

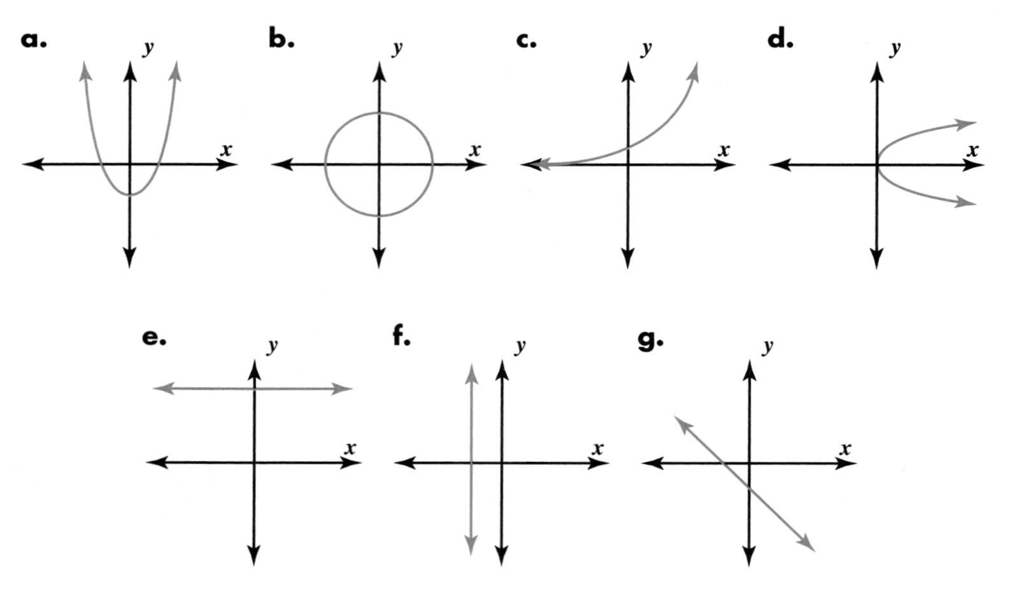

Cuando tienes una función tal como $f(x) = x^2$, es posible que quieras encontrar el valor de la función para diferentes valores de x.

EJEMPLO

Considera la función $f(x) = x^2$.

Si $x = 3$, entonces $f(3) = 3^2 = 9$. Calcular $f(3)$ es como poner 3 dentro de esta máquina:

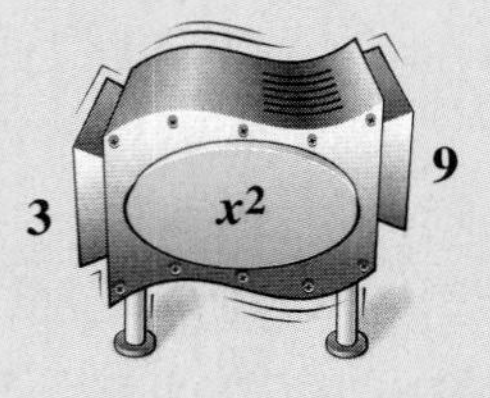

Si $x = {}^-10$, entonces $f({}^-10) = ({}^-10)^2 = 100$.

Recuerda, $f(2)$ no significa "f veces 2". Esto significa "usa 2 como la entrada para la máquina f" o "evalúa la función f con la entrada 2".

De los capítulos anteriores podrías recordar que la ecuación $d = 16t^2$ también se puede usar para describir la distancia recorrida por un cuerpo que cae. Las ecuaciones $d = 16t^2$ y $d = 4.9t^2$ describen la misma relación, sólo que la distancia está en pies en la primera ecuación y en metros en la segunda.

Serie de problemas F

La distancia que caen los paracaidistas, antes de abrir sus paracaídas es una función del tiempo desde que cayeron de un avión. La función se aproxima por $f(t) = 4.9t^2$, donde t es el tiempo en segundos y $f(t)$ es la distancia en metros.

1. ¿Qué representa $f(2)$ en una situación de paracaidismo? ¿Cuál es el valor numérico de $f(2)$?
2. ¿Cuánto ha caído un paracaidista después de 10 segundos?
3. En el contexto de esta situación, ¿tendría sentido calcular el valor de $f(^{-}3)$? Explica tu respuesta.

Algunas funciones sólo pueden tener ciertas entradas. En el problema del paracaidista, sólo tienen sentido números positivos como entradas, porque la función mide cuánto ha caído el paracaidista *después* de saltar.

Como otro ejemplo, he aquí una función que consideraste anteriormente:

- Entrada: un entero
  Salida: clasificación como par o impar

La entrada se describe como "un entero" porque los no enteros, tales como $\frac{3}{4}$ y $^{-}12.92$, no tienen sentido como entradas. No es razonable preguntar si tales números son pares e impares.

VOCABULARIO
dominio

El conjunto de entradas permisibles para una función se llama el **dominio** de la función. Si algunos números no son permitidos como entradas, decimos que *no están en el dominio* de la función.

Las hormigas se encuentran en todo el mundo excepto en las regiones polares. Se estima que hay 10,000 especies diferentes de hormigas y 10 millones de billones de hormigas individuales.

Piensa & comenta

Considera esta función: $r(x) = \frac{1}{x}$.

¿Qué números no están en el dominio de esta función? ¿Por qué?

Serie de problemas G

En los Problemas 1 al 5, describe el dominio de la función.

1. $f(x) = x^2$
2. $g(t) = \sqrt{t}$
3. $R(x) = \frac{1}{1 - x}$
4. $e(n)$ es el número de factores de n.
5. $q(p)$ es *sí,* si p es exactamente divisible entre 3 y *no* si p no es exactamente divisible entre 3.
6. El número de patas en un hormiguero es una función del número de hormigas en el hormiguero. Específicamente, el número de patas es 6 veces el número de hormigas.
   a. Si hay 2,523 hormigas en el hormiguero, ¿cuántas patas hay?
   b. ¿Cuáles números no pueden ser entradas para esta función del "número de patas"? Explica tu respuesta.
   c. Puedes describir esta función "número de patas" con símbolos algebraicos. Sea a el número de hormigas y escribe una función g de manera que $g(a)$ es el número de patas.

Comparte & resume

Una función particular se puede describir de varias maneras, inclusive con palabras, ecuaciones, tablas, gráficas y máquinas.

1. Describe, escribe o dibuja tres representaciones de esta función.

$$g(x) = 7 - 3x$$

2. ¿Hay algunos números que no están en el dominio de $g(x) = 7 - 3x$? Si es así, ¿qué números?

Investigación 3 Encuentra valores máximos de funciones

Las gráficas son muy útiles para encontrar los valores máximo y mínimo aproximados de las funciones. Por ejemplo, En el Capítulo 4, consideraste la máxima altura que podría alcanzar una pelota arrojada o rebotada. Un fabricante podría usar una función para predecir el precio que dará la máxima utilidad para un producto.

MATERIALES
calculadora graficadora

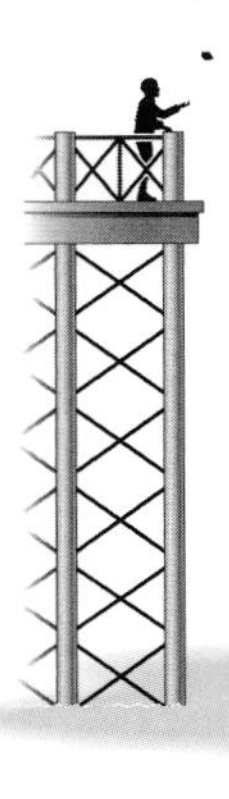

Serie de problemas H

Tala arrojó una piedra verticalmente desde la orilla de un muelle. La altura de la piedra arriba del nivel del agua es una función de t, donde t es el número de segundos después de que se arroja la piedra. La función, que mide altura en metros, es

$$h(t) = 15t - 4.9t^2 + 6$$

A la derecha se grafica esta relación.

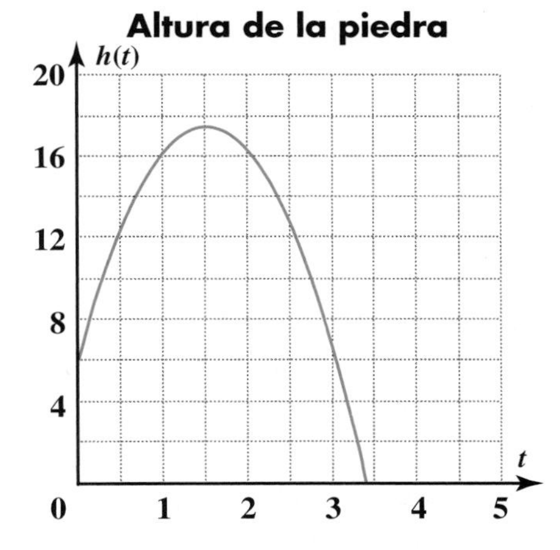

1. Cuando la piedra parte de la mano de Tala, ¿cuál es su altura sobre el agua? Explica cómo puedes encontrar la respuesta a partir de la ecuación o la gráfica.
2. ¿Cuál es la altura del muelle? Explica por qué tu respuesta es razonable.
3. ¿Cuándo está la piedra a una altura de 15 metros?
4. ¿Entre qué tiempos esta la piedra a más de 15 metros sobre el agua?
5. ¿Cuál es la máxima altura, en metros, que alcanza la piedra?
6. ¿Aproximadamente cuánto tiempo después de que se arroja la piedra ésta alcanza su máxima altura?
7. Usa las funciones Trace y Zoom de tu calculadora, para una mejor aproximación de la altura máxima de la piedra. Encuentra la altura máxima a la centésimas de metro más cercana.

MATERIALES

calculadora graficadora

Hay dos tipos de anestésicos. Los *anestésicos generales* actúan en el sistema nervioso central y afectan el cuerpo entero volviendo inconscientes a los pacientes. Los *anestésicos locales* sólo afectan una parte particular del cuerpo donde se inyectan o aplican.

Serie de problemas I

Una compañía que fabrica medicinas ha investigado la concentración de un anestésico local en el torrente sanguínea de un paciente. Encontraron que la concentración se puede calcular aproximadamente con la función

$$C(t) = \frac{21t}{t^2 + 1.3t + 2.9}$$

donde t es el número de minutos después de que se administra el anestésico y $C(t)$ es la concentración del anestésico, medido en gramos por litro. Una concentración más alta significa que es menos probable que el paciente sienta dolor.

1. Calcula $C(1)$, $C(6)$ y $C(10)$. ¿Qué representa cada uno de estos valores en términos de esta situación?
2. La gráfica muestra la relación entre $C(t)$ y t. Úsala para estimar la concentración máxima alcanzada por el anestésico.

Concentración de anestésico en el torrente sanguíneo

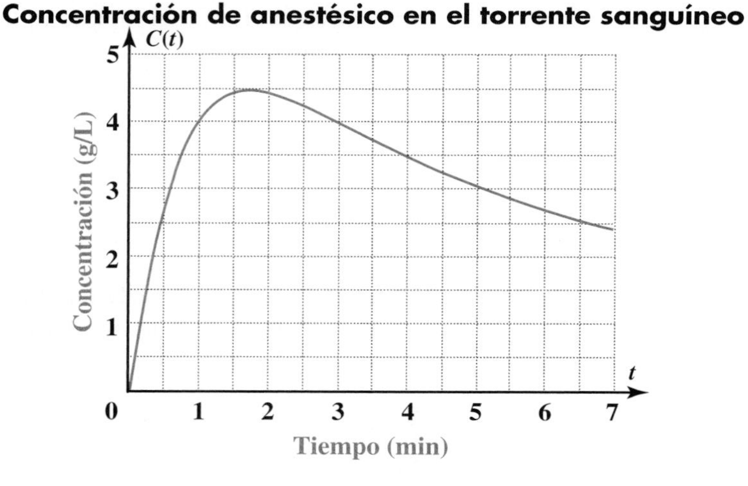

3. ¿Aproximadamente cuánto demora el anestésico en alcanzar la máxima concentración?
4. Usa la ecuación para dibujar tu propia gráfica en tu calculadora. Usa Zoom y Trace para calcular los Problemas 2 y 3 a la centésima más cercana de las unidades dadas (g/L y min).
5. Las muestras han demostrado que cuando la concentración alcanza 2 g/L, los pacientes reportan entumecimiento. ¿Aproximadamente cuánto tiempo después de la inyección sucede esto?
6. Un médico quiere suturar una herida en la mano de Jemma y cuenta con que la sutura tarde casi 3 minutos. ¿Cuánto tiempo debería esperar después de inyectar a Jemma con el anestésico antes de comenzar la sutura? Explica.

Comparte & resume

Decide si cada una de estas funciones tiene un valor máximo. Si es así, aproxima el valor máximo y la entrada que produce.

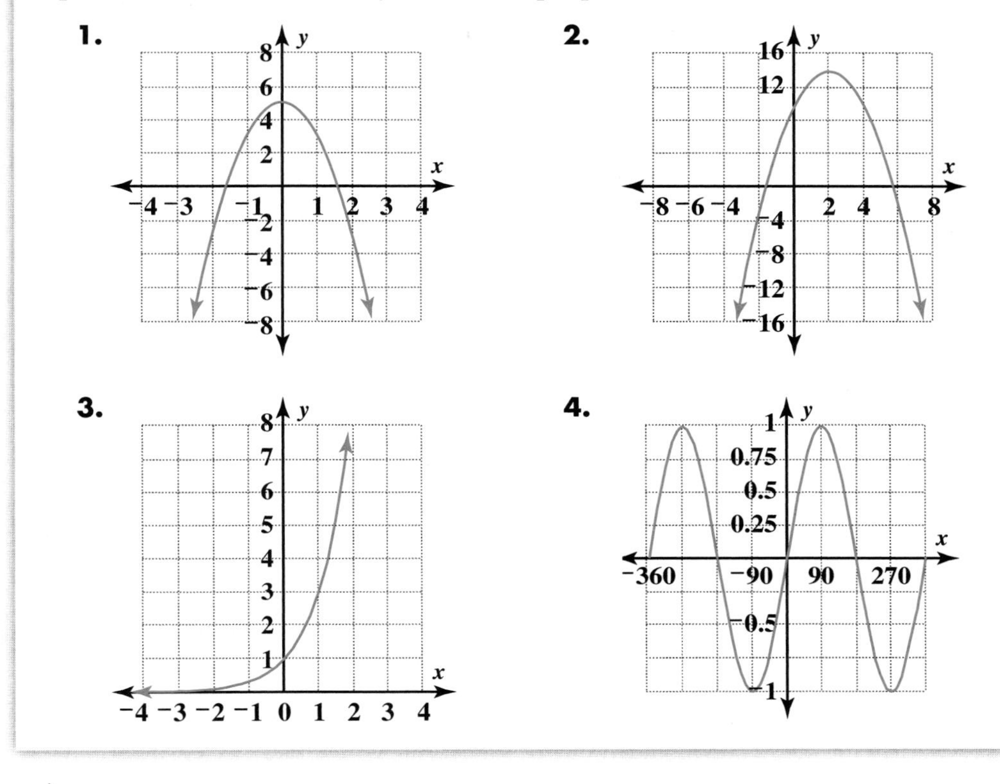

Investigación 4 Áreas máximas, longitudes mínimas

Estas figuras tienen el mismo perímetro pero áreas diferentes.

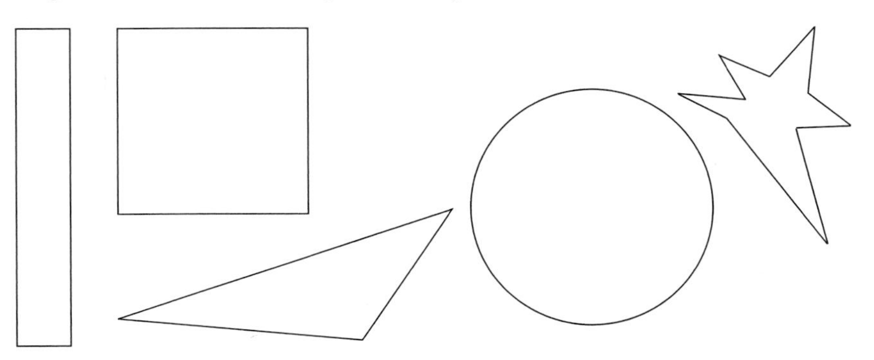

Los *geómetras* son matemáticos que se especializan en geometría.

A menudo, los granjeros, los constructores y los geómetras a menudo quieren maximizar el área de una forma para un perímetro dado. En esta investigación, considerarás el área máxima de forma rectangulares, con un perímetro dado. También considerarás el perímetro mínimo para un área dada.

MATERIALES
calculadora graficadora

Serie de problemas J

Keisha y su hermana gemela Monifa compraron unos conejillos de Indias. Ellas están construyendo un corral cercado para los animales. Tienen 6 metros de cerca y quieren darle a sus mascotas el mayor espacio posible.

Keisha dibujó algunas formas rectangulares posibles para el corral.

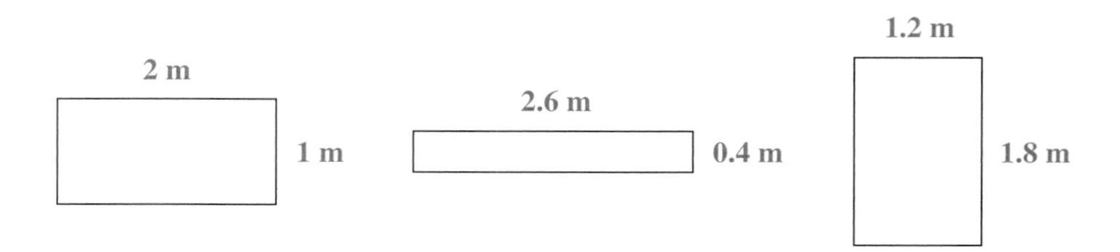

1. Las gemelas necesitan considerar dos dimensiones para un corral rectangular: longitud y ancho. Copia y completa la tabla que relaciona las longitudes y los anchos posibles, ambos medidos en metros. El perímetro total debe ser 6 metros en cada caso.

Longitud	0.5	1	1.5	2	2.5	3
Ancho	2.5	2				
Perímetro		6				

2. Si la longitud del rectángulo aumenta en cierta cantidad, ¿qué sucede con su ancho?

3. Escribe una ecuación que dé el ancho W para cualquier longitud L.

Tu ecuación muestra la relación entre una dimensión y la otra del corral rectangular. Sin embargo, debido a que Keisha y Monifa quieren determinar el área rectangular más grande que ellas pueden encerrar usando 6 metros de cerca. La relación matemática que necesitan es entre una de las dimensiones, tales como la longitud y el área.

Los conejillos de Indias son oriundos de Sudamérica y viven un promedio de ocho años.

4. Completa esta tabla, muestra las dimensiones y el área de algunos rectángulos posibles. Todas las medidas están en metros.

Longitud	0.5	1	1.5	2	2.5	3
Ancho	2.5					
Área	1.25					

5. Escribe una ecuación para la función A que da el área para la longitud L.

6. Usa tu calculadora para graficar la longitud del corral contra su área, con tu función para el Problema 5. Bosqueja tu gráfica. Recuerda rotular los valores máximo y mínimo de cada eje.

7. ¿De qué longitud y ancho debe ser el corral para producir la mayor área, a partir de 6 metros de corral? Usa la gráfica que dibujaste para aproximar tu respuesta.

MATERIALES
calculadora graficadora

Serie de problemas K

Una familia quiere construir un corral rectangular para sus pollos, con una pared de piedra, ya existente, como uno de los lados y cerca para los otros tres lados. Ellos decidieron hacerlo en un área de 40 m^2. Quieren saber qué forma de rectángulo dará a esta área una longitud mínima de cerca. He aquí algunas formas que están considerando.

$W = 2$ m, L; $W = 4$ m, L; $W = 8$ m, L; $W = 10$ m, L

1. Copia y completa la tabla. Si es necesario, intenta valores adicionales para el ancho, para determinar la menor cantidad de cerca requerida. Todas las medidas están en metros.

Ancho, W	2	4	8	10
Longitud, L				
Cantidad de cerca				

2. Expresa la longitud del corral en términos de W.

3. Usa tu expresión para el Problema 2 para escribir la cantidad de cerca como una función de W. Llama a tu función F.

$$F(W) = \_\_\_\_\_\_\_\_$$

4. Usa uno de los siguientes métodos para encontrar el ancho que requiere la menor cantidad de cerca:

   - Usa tu calculadora para graficar la longitud de la cerca contra el ancho, usando tu función del Problema 3. Aproxima el menor valor para la longitud.
   - Usa tu calculadora para suponer, verificar y mejorar.

MATERIALES

calculadora graficadora (opcional)

Comparte & resume

Héctor estaba experimentando con su calculadora, sumaba números positivos y sus recíprocos. Aquí hay unos ejemplos.

$$5 + \frac{1}{5} = 5.2 \qquad 0.1 + \frac{1}{0.1} = 10.1 \qquad 1.25 + \frac{1}{1.25} = 2.05$$

1. ¿Crees que haya un total mínimo que pueda producir haciendo esto? Si es así, ¿cuál es? Si no, explica por qué no. (Ayuda: Sea x el número y escribe una ecuación para expresar lo que está haciendo Héctor.)

2. ¿Crees que haya un total máximo que él pueda producir? Si es así, ¿cuál es? Si no, explica por qué no.

Investigación de laboratorio ▶ La caja más grande

MATERIALES

- tarjetas de 5 por 8 pulgadas
- regla
- tijeras
- calculadora graficadora
- cinta adhesiva

Tu maestro te dará tarjetas de 5 por 8 pulgadas. Puedes cortar cuadrados de las esquinas de la tarjeta y después doblar los lados para hacer una caja abierta (una caja sin tapa).

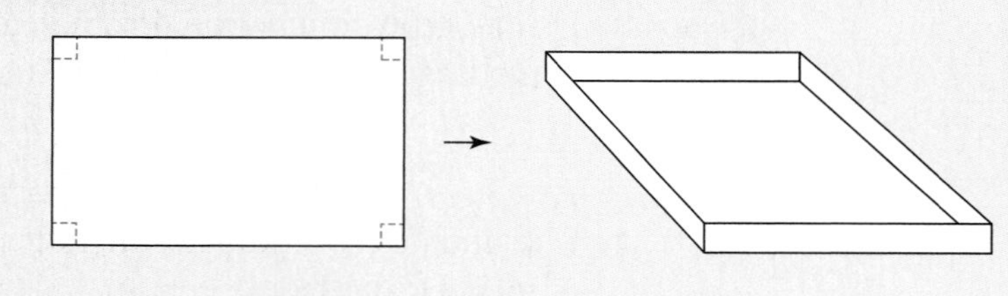

Debes hacer la caja con el mayor volumen posible.

Pruébalo

El volumen de tu caja dependerá de la longitud de los lados de los cuadrados que cortes.

1. Usa el método anterior para intentar crear una caja con el mayor volumen posible. Ten cuidado de cortar cuadrados del *mismo tamaño* en cada esquina. Anota las longitudes de los lados de los cuadrados que recortes, de manera que las puedas consultar más tarde.

2. Compara el volumen más grande que encontraste con el volumen más grande que encontraron otros en la clase. Anota la longitud de los lados de los cuadrados recortados de las cajas con el volumen más grande.

Recuerda

Para un prisma rectangular como una caja, el volumen es el área de la base por la altura.

Analiza la situación

3. Cada dimensión en tu caja depende de la longitud de los lados de los cuadrados que cortes. Copia y completa la tabla para cuadrados de diferentes longitudes laterales. Todas las dimensiones están en pulgadas.

Longitud lateral del cuadrado	0	0.5	1	1.5	2	2.5
Altura de la caja	0					
Longitud de la caja	8					
Ancho de la caja	5					

4. Agrega una fila a tu tabla, para calcular el volumen de la caja de cada longitud lateral del cuadrado. De las cajas enumeradas en la tabla, ¿cuál tiene el volumen más grande?

Por supuesto, hay más tamaños posibles para los cuadrados que los seis enumerados en la tabla anterior. Puedes usar funciones y gráficas para ayudarte a verificar *todas* las posibilidades.

5. Si la longitud lateral del cuadrado que cortaste es x, calcula cada una de las siguientes en términos de x.

a. la altura de la caja

b. la longitud de la caja

c. el ancho de la caja

d. el volumen de la caja

6. Basado en tu respuesta de la Parte d de la Pregunta 5, escribe una ecuación para la función que relaciona el volumen de la caja con la longitud lateral del cuadrado que cortaste. Llama v a tu función.

7. Usa tu calculadora para graficar la función del volumen y bosqueja la gráfica. Después usa Zoom y Trace para estimar el valor de x que da el volumen máximo.

¿Qué has aprendido?

Estimaste el volumen máximo de la caja abierta que puedes hacer de una tarjeta de 5 por 8 pulgadas. Supón que en vez de eso comienzas con una hoja estándar de papel, 8.5 por 11 pulgadas.

8. Usa lo que aprendiste en esta investigación de laboratorio para responder a estas preguntas. Muestra tu trabajo, incluyendo los bosquejos de cualquier gráfica que hagas.

a. ¿Qué tamaño de corte maximizará el volumen para una caja abierta hecha de una hoja estándar de papel?

b. ¿Cuál es el volumen más grande posible?

9. Usa una hoja ordinaria de papel y tus respuestas a la Pregunta 8 para crear la caja que piensas que tiene el volumen mayor. Pega las esquinas con cinta para hacerla resistente.

Ejercicios por tu cuenta

1. Considera esta máquina de funciones.

a. Si la entrada es 10, ¿cuál es la salida?

b. Si la entrada es $^{-}\frac{2}{3}$, ¿cuál es la salida?

c. Si la entrada es 1.5, ¿cuál es la salida?

d. Si la entrada es algún número x, ¿cuál es la salida?

e. Si la salida es $^{-}9$, ¿cuál es la entrada?

f. Supón que quieres una máquina de funciones que anule esta máquina. Es decir, si primero pones un número a través de la máquina "÷ 2" y después a través de tu nueva máquina, ésta *siempre* regresa tu número original. ¿Qué máquina de funciones logrará esto?

2. Considera esta máquina de funciones, que eleva al cuadrado la entrada.

a. Si la entrada es $\frac{4}{3}$, ¿cuál es la salida?

b. Si la entrada es $^{-}\frac{4}{3}$, ¿cuál es la salida?

c. Si la salida es 9, ¿cuál es la entrada?

d. Supón que quieres una máquina de funciones que anule esta máquina. Es decir, si primero pones un número a través de la máquina elevar "al cuadrado" y después a través de una nueva máquina, siempre produce tu número original. ¿Qué máquina de funciones logrará esto?

3. Considera esta conexión, Función F.

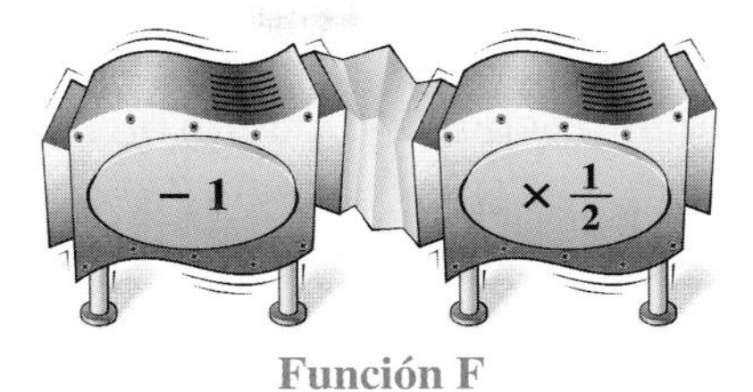

Función F

a. Si la entrada es 1.5, ¿cuál es la salida?

b. Si la entrada es $^-3$, ¿cuál es la salida?

c. Si la entrada es 11, ¿cuál es la salida?

d. Si la entrada es cualquier número x, ¿cuál es la salida?

e. Si la salida es $^-8$, ¿cuál es la entrada?

f. Supón que quieres una máquina de funciones que anule esta máquina. O sea, si pones un número a través de la máquina de Función F y después a través de tu nueva conexión, siempre producirá tu número original. ¿Qué máquina de funciones logrará esto?

Varios millones de personas juegan rugby en más de 100 países.

Menciona si cada ejemplo a continuación es una función y explica cómo lo decidiste.

4. Entrada: un círculo
Salida: la razón de la circunferencia al diámetro

5. Entrada: un equipo de rugby
Salida: un miembro del equipo

6. Entrada: un CD
Salida: una canción del CD

Determina si la relación que representa cada tabla de entrada/salida podría ser una función.

7.

Entrada	Salida
$^{-}3$	4
$^{-}2$	3
$^{-}1$	2
0	1
1	0
2	$^{-}1$
3	$^{-}2$

8.

Entrada	Salida
$^{-}3$	0
$^{-}2$	$^{-}2.828$ y 2.828
$^{-}1$	$^{-}2.236$ y 2.236
0	$^{-}3$ y 3
1	$^{-}2.236$ y 2.236
2	$^{-}2.828$ y 2.828
3	0

9.

Entrada	Salida
$^{-}3$	$\frac{1}{3}$
$^{-}2$	$\frac{1}{2}$
$^{-}1$	1
0	indeterminado
1	1
2	$\frac{1}{2}$
3	$\frac{1}{3}$

10. Considera esta regla: *Eleva un número al cuadrado, réstale 2 y después divídelo entre 2.*

a. Copia y completa la tabla con esta regla.

b. Traza una gráfica de la relación que se muestra en la tabla.

c. ¿Es esta regla una función? ¿Cómo lo sabes?

Entrada, I	Salida, O
$^{-}3$	
$^{-}2$	
$^{-}1$	
0	
1	
2	
3	

11. Cuando Kai entró a la clase de matemáticas, la siguiente tabla de funciones estaba en la pizarra. Kai pensó que los valores en la primera columna de la tabla eran entradas de funciones y que los valores de la segunda columna eran salidas.

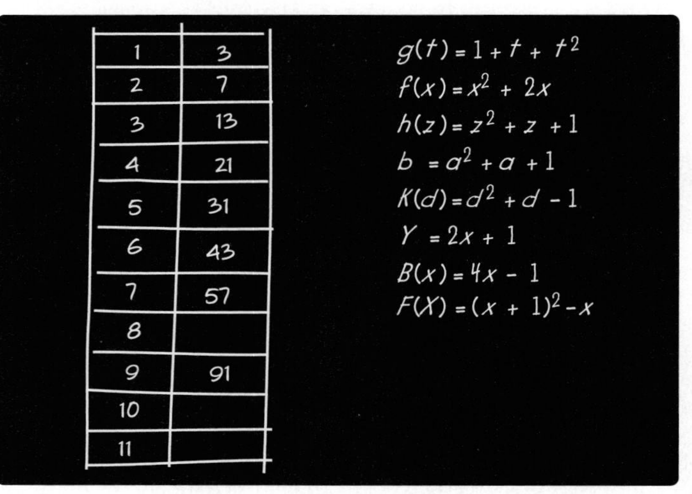

a. ¿Cuál de las funciones, si la hay, se podría mostrar en la tabla? Explica.

b. Completa la tabla calculando los valores faltantes de la función.

12. **Ciencia física** Una piedra cae desde la orilla de un acantilado a 600 metros de altura. La distancia, en metros, en que cae la roca es una función del tiempo en segundos y se puede aproximar con la función $s(t) = 4.9t^2$.

a. Calcula el valor de $s(8)$. En esta situación, ¿qué representa $s(8)$?

b. ¿Qué distancia ha caído la piedra después 9 segundos? ¿Después de 10 segundos?

c. ¿Cuándo golpea la piedra en el suelo?

d. ¿Cuál es el dominio de la función $s(t) = 4.9t^2$ en este contexto?

Describe el dominio de cada función.

13. $f(x) = 2^x$

14. $g(x) = \frac{1}{x+1}$

15. $h(x) = \frac{1}{x+1} + \frac{1}{x-1}$

16. ¿Cuáles de las siguientes no son gráficas de funciones? Explica cómo lo sabes.

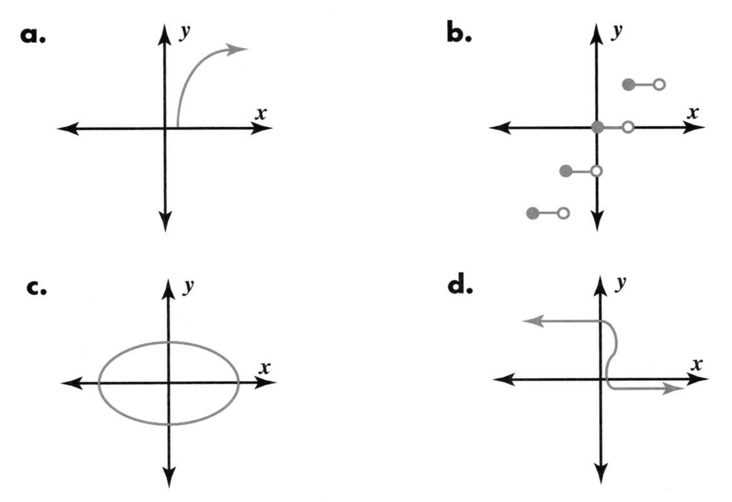

17. Supón que una persona arroja una piedra en línea recta hacia arriba, de manera que su altura h, en metros, viene dada por la función $h(t) = 6 + 20t - 4.9t^2$, donde t es el tiempo en segundos desde que suelta la piedra.

a. Calcula $h(4)$. ¿Qué representa esto en esta situación?

b. Calcula la altitud de la piedra después de 3 segundos.

c. Traza una gráfica de la altitud de la piedra en el tiempo.

d. Usa tu gráfica para aproximar la altitud máxima de la piedra. ¿Cuánto tarda la piedra en alcanzar esta altitud?

18. Economía La fiambrería ABC Deli vende emparedados de varios tipos, todos al mismo precio. La utilidad semanal de este pequeño negocio es una función del precio de sus emparedados. Esta relación entre la utilidad, P, en cientos de dólares y el precio por emparedado, s, en dólares viene dado por la ecuación:

$$P(s) = {}^{-}s(s - 7)$$

a. Completa la tabla para esta función.

b. Explica el significado de (7, 0) en términos de la utilidad de la fiambrería.

c. Extiende tu tabla para buscar el precio del emparedado que produzca la máxima utilidad.

d. ¿Cuál es la máxima utilidad que este negocio puede esperar en una semana?

s	$P(s)$
0	0
1	
2	
3	
4	
5	
6	
7	

Calcula el valor máximo para cada función y después determina el valor de entrada que produce ese valor máximo.

19. $f(t) = 200t - 5t^2$

20. $k(t) = 4 + 4t - 4t^2$

21. Marcus le dio a su hermano pequeño una tira de cartón de 8 metros, para hacer un fuerte rectangular para sus soldados de juguete.

a. Copia y completa la tabla que relaciona las longitudes y anchos posibles para el fuerte.

Longitud (m)	0.5	1	1.5	2	2.5	3	3.5
Ancho (m)							
Perímetro (m)							

b. Escribe una ecuación para la función que dé el ancho para cualquier longitud L. Llama W a la función.

c. Ahora agrega una fila a tu tabla, que muestre el área de algunos rectángulos posibles.

d. Escribe una ecuación para la función A que dé el área para la longitud L.

e. Usa tu función de la Parte d para bosquejar una gráfica para el área del fuerte en términos de su longitud.

f. ¿Qué dimensiones dan el área más grande para el fuerte?

22. Geometría Las canaletas de techo están diseñadas para conducir el agua de lluvia lejos del techo de una casa, para protegerla de un exceso de humedad.

Si cortas una canaleta y observas su vista lateral, puedes ver una *sección transversal.* Aquí hay algunas secciones transversales de las canaletas.

Nicky's Metalworks quiere producir algunas canaletas a partir de un rollo de metal de 39 cm de ancho. Ellos quieren que las canaletas tengan lados verticales. Nicky dibujó algunas secciones transversales posibles.

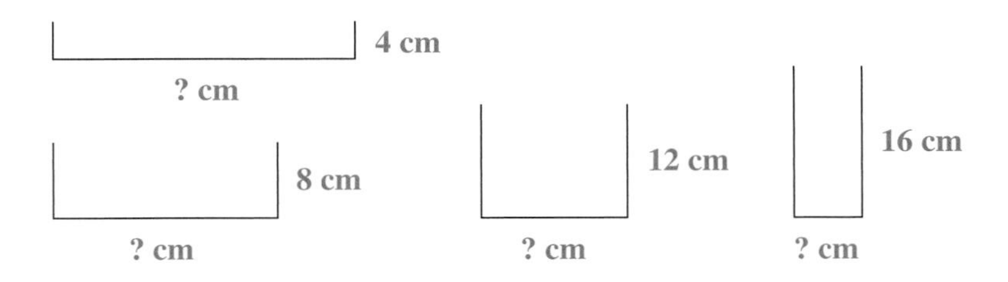

a. Para evitar que las canaletas se derramen durante lluvia fuerte, la compañía quiere que tengan el área de sección transversal lo más grande posible. Copia y completa la tabla para mostrar los anchos y las áreas para las canaletas de varias alturas.

Altura (cm), *h*	4	8	12	16
Ancho (cm), *w*				
Área (cm²), *A*				

b. Determina una fórmula para el ancho w en términos de la altura h.

c. Escribe una ecuación para el área de la sección transversal A, como una función de h.

d. Traza una gráfica de la función del área.

e. Estima la altura de la canaleta que da el área más grande.

23. Crea una máquina de funciones que produzca una salida de 3 más que el doble de cada entrada.

24. Crea una máquina de funciones que produzca una salida de 1 menos que un tercio de cada entrada.

25. Crea una máquina de funciones que devuelva un número impar para cada entrada de un número entero.

26. **Ciencia física** Piensa en la relación entre la temperatura de una taza de café caliente y el tiempo (en minutos), desde que se vertió el café.

   a. Traza una gráfica sobre cómo crees que luciría la relación entre temperatura y tiempo (Ayuda: Piensa en la tasa a la que se enfría el café. ¿Se enfría más rápido al principio?)

   b. ¿Es esta relación una función? Si es así, explica por qué.

27. **Geometría** La suma de los ángulos interiores de un polígono es una función del número de lados que tiene el polígono. Por ejemplo, la suma de los ángulos interiores de un triángulo es 180°, de un cuadrado es 360°, de un pentágono es 540° y de un hexágono es 720°.

   a. ¿Cuál es la suma de los ángulos interiores de un polígono con 12 lados (un dodecágono)? Usa el patrón en la suma de los ángulos para los polígonos mencionados anteriormente.

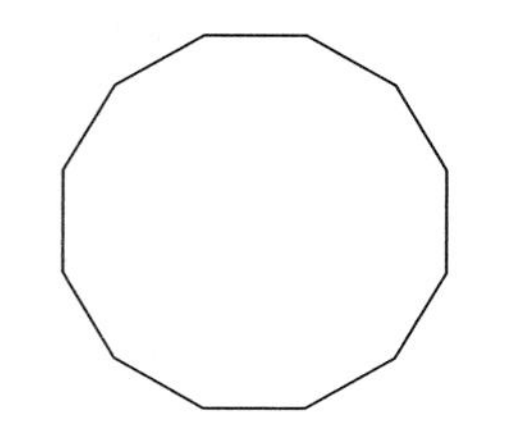

   b. Escribe una ecuación para la función que relacione el número de lados para la suma de ángulos. Llama g, a la función y usa s para representar el número de lados.

   c. ¿Cuál es el dominio de esta función? Explica tu respuesta.

En tus **propias palabras**

Da un ejemplo de una función que se pueda describir mediante una ecuación algebraica y un ejemplo de una función que no se pueda. Explica cómo sabes que ambos de tus ejemplos son funciones.

Reto En los Ejercicios 28 al 30, escribe una ecuación para una función f que *no* tenga los números dados en su dominio.

28. 3 y $^{-}3$

29. números negativos

30. números positivos

Usa la gráfica dada y una tabla de valores, si es necesario, para calcular el valor mínimo de cada función y la entrada que la produce.

31. $f(x) = x + x^2$

32. $f(x) = 1 - x + x^2$

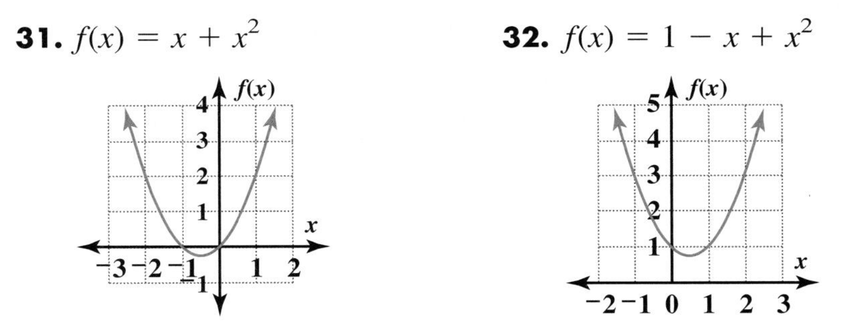

33. Puedes pensar en una *sucesión* como una función para la que las variables de entrada son los números naturales (1, 2, 3, 4, . . .). Por ejemplo, la sucesión de números pares enteros mayores que cero (2, 4, 6, 8, . . .) se puede dar con la función $f(n) = 2n$, donde 1, 2, 3, 4, . . . son las entradas.

a. Enumera los primeros siete términos de la sucesión descrita por la función $g(n) = \frac{1}{2^n}$, con n comenzando en 1.

b. Suma los primeros cinco términos de esta sucesión.

c. Suma los primeros seis términos de esta sucesión.

d. Suma los primeros siete términos de esta sucesión.

e. Supón que sumaras *todos* los términos de esta sucesión para un valor grande de n, como 100 términos. ¿Piensas que la suma de esta sucesión se acerca a un valor en particular o piensas que aumenta indefinidamente?

34. La suma de dos números es 1. ¿Cuál es el valor máximo de su *producto*? Explica.

35. **Economía** Una compañía que fabrica lápices de carbón para artistas ha decidido rediseñar las cajas de envío para los lápices. Los lápices tienen forma de prismas rectangulares, con una base de 0.25 por 0.25 de pulgada y una longitud de 8 pulgadas. El fabricante piensa embalar una docena de lápices en cada caja.

a. Calcula el volumen de un lápiz. Después calcula el volumen que debe contener cada caja, o sea, determina el volumen de 12 lápices.

b. Una dimensión de la caja debe ser la longitud de los lápices, 8 pulg. Usando x, y y 8 como las dimensiones de la caja, escribe una fórmula para el volumen que puede contener la caja.

c. Usa el volumen total de 12 lápices, junto con tu fórmula de la Parte b, para escribir una ecuación para y en términos de x.

La compañía quiere usar tan poco cartón como sea posible para hacer las cajas.

d. Escribe una fórmula para el área superficial S de la caja usando sólo x como la variable de entrada. Ignora el área de las solapas que mantienen unida la caja. (Ayuda: Puedes escribirla primero con x y y, después reemplaza y por una expresión en términos de x.)

e. Haz una tabla de valores que dé el área superficial de una caja de valores diferentes de x. Como los lápices tienen un ancho de 0.25 de pulgada, las dimensiones de la caja deben ser múltiplos de 0.25 de pulg, por ejemplo, 0.25 de pulg, 0.5 pulg y 0.75 de pulg.

f. ¿Qué dimensiones debería tener la caja si usa la mínima cantidad de cartón?

Repaso mixto

Elabora y resuelve una proporción para responder a cada pregunta.

36. ¿De qué número es 32.2 el 92%?

37. ¿Qué por ciento de 125 es 90?

38. ¿Cuál es el 81% de 36?

Escribe cada expresión en la forma 7^b.

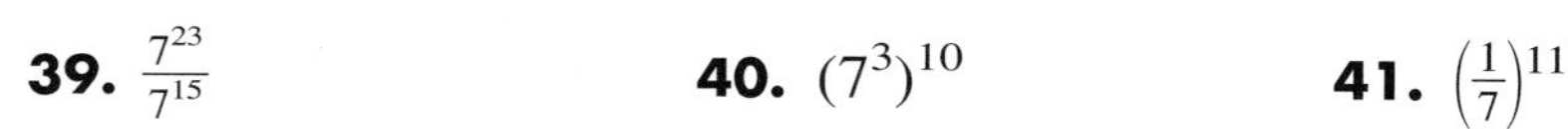

39. $\frac{7^{23}}{7^{15}}$ **40.** $(7^3)^{10}$ **41.** $\left(\frac{1}{7}\right)^{11}$

42. Una regla para trasladar una figura en una cuadrícula de coordenadas (x, y) a las imágenes de las coordenadas $(x - 2, y + 3)$. En una cuadrícula de coordenadas, muestra el vector de traslación para esta regla.

Recuerda

Una *traslación* es una transformación que mueve una figura cierta cantidad, en una dirección específica. No cambia el tamaño de la figura ni su orientación.

Relaciona cada ecuación con una de las gráficas.

43. $y = x^2 - 3$

44. $y = {}^{-}x^2$

45. $y = x^2$

46. $y = x^2 - 5x + 4$

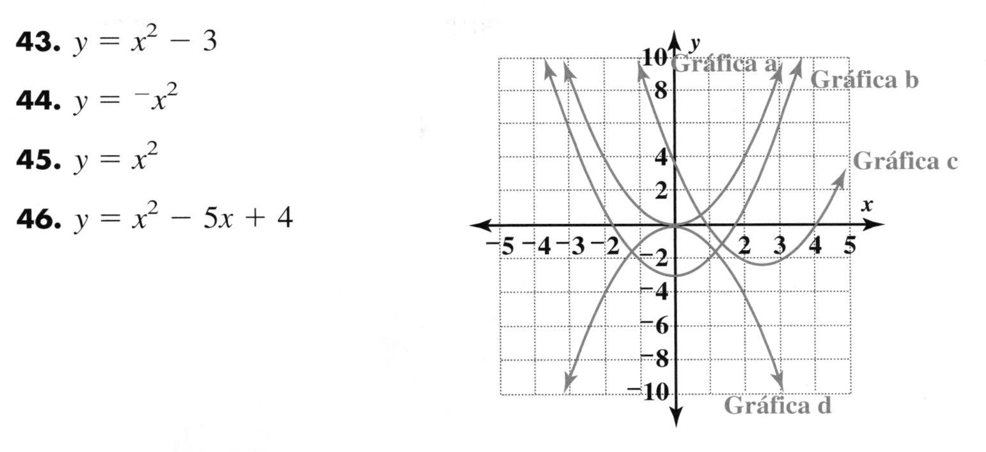

Vuelve a plantear cada expresión como un cuadrado con una constante sumada o restada.

47. $x^2 + 12x + 17 = x^2 + 12x + 36 - \_\_\_ = (x + 6)^2 - \_\_\_$

48. $k^2 - 14k + 70$

49. $b^2 + 5b - \frac{3}{4}$

50. **Geometría** Este es un mapa del parque Golden Gate en San Francisco.

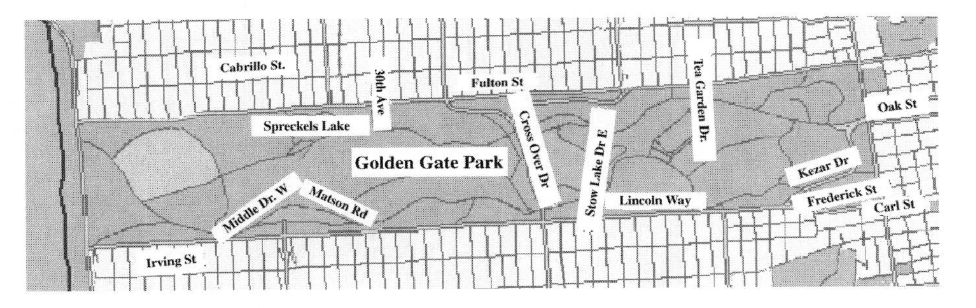

Recuerda

Hay 5,280 pies en 1 milla y 12 pulgadas en 1 pie.

a. Calcula el área del parque en este mapa, en pulgadas cuadradas. (Ayuda: El parque es muy parecido a un rectángulo. ¿Cuáles son las longitudes de los lados?)

b. El área del parque Golden Gate es aproximadamente 1,017 acres, o casi 1.59 millas cuadradas. Determina el factor de escala entre este mapa y el parque real. (Ayuda: Un factor de escala es una comparación de las misma unidades lineales, no cuadradas.)

c. ¿Aproximadamente cuántas millas de largo tiene la frontera norte (arriba) del parque Golden Gate, a lo largo de la calle Fulton?

8.2 Gráficas de funciones

La Srta. Torres dibujó las siguientes gráficas y tabla para demostrar a su clase que las gráficas de $f(x) = x^2$ y $g(x) = (x - 3)^2$ están relacionadas.

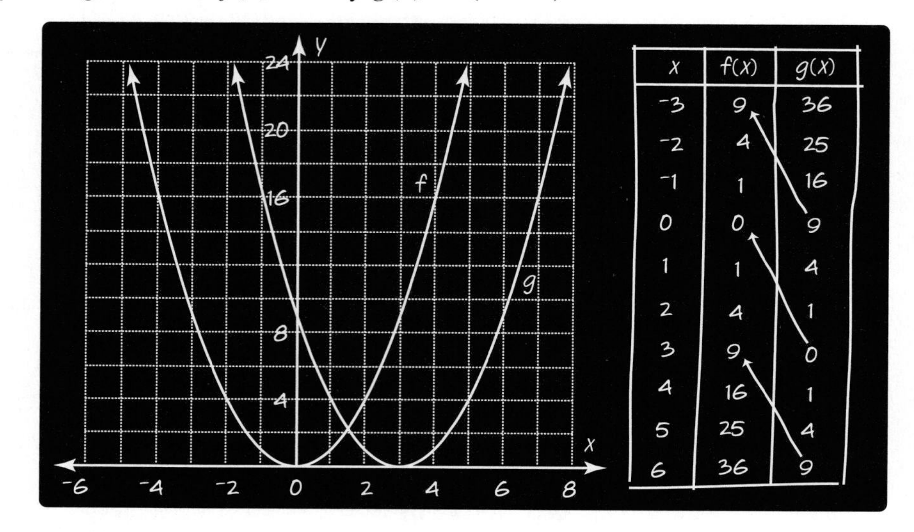

x	f(x)	g(x)
-3	9	36
-2	4	25
-1	1	16
0	0	9
1	1	4
2	4	1
3	9	0
4	16	1
5	25	4
6	36	9

La Srta. Torres después preguntó a la clase por qué las gráficas se veían así.

MATERIALES
- papel de calcar
- calculadora graficadora

Recuerda
Una *traslación* es una transformación que mueve una figura una cantidad específica en una dirección específica. No cambia ni el tamaño ni la orientación de la figura.

Piensa & comenta

¿Cuál de los cuatro comentarios de los estudiantes encuentras más útil para entender por qué las gráficas se ven así? Explica.

Describe en tus propias palabras por qué parece razonable que las gráficas de $g(x) = (x - 3)^2$ estén tres unidades a la derecha de la gráfica $f(x) = x^2$.

Traza la gráfica de $f(x) = x^2$. Pon tu trazo sobre la gráfica de $g(x) = (x - 3)^2$, alineando las parábolas. ¿Son congruentes las parábolas?

La gráfica de $g(x) = (x - 3)^2$ se relaciona con la de $f(x) = x^2$ por una translación. ¿Cuál es la dirección y distancia de la traslación?

Predice cómo lucirá la gráfica de $h(x) = (x + 4)^2$. Verifica tu predicción al graficar con tu calculadora.

¿Se relaciona por una traslación la gráfica de h con la gráfica de f? Si es así, especifica la dirección y la distancia de la traslación.

Investigación 1 Compara gráficas de funciones

En esta investigación, explorarás conjuntos de funciones relacionadas.

MATERIALES
calculadora graficadora

Serie de problemas A

Para los Problemas 1 y 2, haz las Partes a, b y c. Trabaja en parejas o grupos de cuatro. Tu grupo necesitará dos calculadoras graficadoras, una para cada problema.

a. Grafica las cuatro ecuaciones en la misma ventana, y haz un bosquejo rápido de las gráficas. No borres tus gráficas para el Problema 1 cuando continúes con el Problema 2, necesitarás ambos conjuntos para el Problema 3.

b. Describe en qué se parecen y diferencian las cuatro gráficas en el conjunto. Usa el concepto de traslación en tus comparaciones.

c. Escribe ecuaciones para dos funciones más que pertenezcan al conjunto.

1. $j(x) = (x + 1)^2$
$f(x) = x^2$
$g(x) = (x - 1)^2$
$h(x) = (x - 2)^2$

2. $j(x) = \frac{1}{x + 1}$
$f(x) = \frac{1}{x}$
$g(x) = \frac{1}{x - 1}$
$h(x) = \frac{1}{x - 2}$

3. Describe en qué se parecen y diferencian los dos conjuntos de gráficas.

4. ¿En qué gráfica encontrarías el punto (4, 9)? Explica.

Recuerda
Cuando hagas gráficas en tu calculadora, rotula las gráficas con sus nombres (tales como *j*, *f*, *g*, *h*) y rotula los valores mínimos y máximos en cada eje.

MATERIALES
calculadora graficadora

Serie de problemas B

Trabaja en parejas o grupos de cuatro para este conjunto de problemas.

1. Considera la función $f(x) = 2^x$.

a. Escribe ecuaciones para tres funciones g, h y j, de manera que sus gráficas tengan la misma forma que la gráfica de f, pero

i. g se traslada 2 unidades a la derecha de f.

ii. h se traslada 3 unidades a la derecha de f.

iii. j se traslada 3 unidades a la izquierda de f.

b. Grafica las cuatro funciones en la misma ventana y haz un bosquejo rápido de las gráficas.

2. Considera la función $f(x) = 2x^2$.

a. Escribe ecuaciones para tres funciones g, h y j, de manera que sus gráficas tengan la misma forma que la gráfica de f, pero

i. g se traslada 1 unidad a la derecha de f.

ii. h se traslada 2 unidades a la izquierda de f.

iii. j se traslada 3 unidades a la derecha de f.

b. Grafica las cuatro funciones en la misma ventana y haz un bosquejo rápido de las gráficas.

3. ¿En qué gráficas de los Problemas 1 y 2 encontrarías el punto $(^-3, 1)$? Explica cómo determinaste tu respuesta.

MATERIALES
calculadora graficadora

Serie de problemas C

Vuelve a trabajar en parejas o grupos de cuatro. Tu grupo requerirá dos calculadoras graficadoras. Para los Problemas 1 y 2, haz las Partes a, b y c.

a. Grafica las cuatro ecuaciones en la misma ventana y haz un bosquejo rápido de tus gráficas, recordando rotularlas. No borres tus gráficas del Problema 1 cuando continúes con el Problema 2.

b. Describe en qué se parecen y diferencian las cuatro gráficas. Usa el concepto de traslación en tus comparaciones.

c. Escribe dos funciones más que pertenezcan al conjunto.

1. $j(x) = 2^x - 1$

$f(x) = 2^x$

$g(x) = 2^x + 1$

$h(x) = 2^x + 2$

2. $j(x) = \frac{1}{x} - 1$

$f(x) = \frac{1}{x}$

$g(x) = \frac{1}{x} + 1$

$h(x) = \frac{1}{x} + 2$

3. Describe en qué se parecen y en qué se diferencian los dos conjuntos de gráficas.

4. ¿En qué gráfica encontrarías el punto $\left(3, \frac{4}{3}\right)$? Explica.

Comparte & resume

1. Supón que tienes la gráfica de una función f. Usas la regla de f para crear una nueva función g pero reemplazas la variable x por la expresión $x + h$, para una constante h. Si $f(x) = 2x$, por ejemplo, puedes reemplazar x por $x + 3$ para obtener $g(x) = 2(x + 3)$. Si $f(x) = 3x^2 - 2$, puedes reemplazar x por $x - 5$ para obtener $g(x) = 3(x - 5)^2 - 2$.

   Escribe un enunciado o dos que describan las diferencias y semejanzas entre las gráficas de f y g. Haz bosquejos como ayuda para tu explicación.

2. Supón que creas una función g al sumar una constante h a f, por ejemplo, $f(x) = 2x$ y $g(x) = 2x + 3$ ó $f(x) = 3x^2 - 2$ y $g(x) = 3x^2 - 7$. Describe las diferencias y semejanzas entre las gráficas de f y g. Incluye los bosquejos.

3. Supón que quieres saber si el punto(a, b) esté en la gráfica de una función. ¿Cómo lo podrías averiguar?

Investigación 2 Trabaja con gráficas

Anteriormente viste que los valores máximo o mínimo de una función cuadrática se pueden encontrar al observar el vértice de su gráfica, que es una parábola. También aprendiste que las parábolas son *simétricas,* éstas se pueden doblar en el eje de simetría, de tal manera que los dos lados coincidan.

Ahora examinarás las conexiones entre la gráfica y la ecuación de una función cuadrática. También aprenderás lo qué es el rango de una función y cómo se relaciona con el punto máximo o mínimo.

Piensa & comenta

Observa esta gráfica de $f(x) = (x - 2)^2 + 1$. Encuentra los valores de x para los que

$f(x) = 1$ $\quad f(x) = 2$ $\quad f(x) = 5$

Encuentra los valores de x para los que

$f(x) = 0$ $\quad f(x) = {}^{-}1$ $\quad f(x) = {}^{-}5$

Describe todos los valores posibles para $f(x)$.

Describe todos los valores para los que $f(x)$ nunca podrá ser.

VOCABULARIO
rango

Todos los valores posibles de *salida* para una función f son el **rango** de la función. Para la función graficada anteriormente, el rango es $f(x) \geq 1$. Sin importa lo que substituya a x, el valor de $f(x)$ siempre será mayor que o igual a 1, y cada valor mayor o igual a 1 tienen un valor de entrada. Los números menores a 1 no están en el rango de $f(x) = (x - 2)^2 + 1$.

Datos de interés

Un biólogo podría necesitar saber el rango de una función que modela la temperatura de un cuerpo de agua en el tiempo, para estudiar cómo afecta la temperatura del agua a un organismo que viva allí.

MATERIALES

calculadora graficadora (opcional)

Serie de problemas D

Para cada función, especifica el dominio (entradas posibles) y el rango (salidas posibles). Para algunas funciones, te puede ayudar hacer una gráfica con una calculadora.

1. $g(x) = 4^{x+2}$ (Ayuda: ¿Puede $g(x)$ ser negativa? ¿Cero?)
2. $h(s) = \frac{1}{s+3}$
3. $c(x) = {}^{-}3x + 4$
4. Entrada: un estado
   Salida: la capital del estado
5. Entrada: un número
   Salida: la parte entera de ese número (Por ejemplo, si la entrada es 4.5, la salida es 4; si la entrada es $^{-}3.2$, la salida es $^{-}3$.)

No siempre es fácil determinar el rango de una función. Puedes intentar unos cuántos valores lógicos y realizar unas conclusiones de las salidas, o puedes graficar la función. En la Serie de problemas E, verás cómo se relaciona el rango de una función cuadrática con su vértice. Para comenzar, considera cómo encontrar el vértice.

Recuerda

Una parábola tiene su valor máximo o mínimo en el vértice.

EJEMPLO

Esta gráfica es de la función $f(x) = (x - 2)^2 + 1$.

Para esta parábola, el eje de simetría es la línea $x = 2$.

El punto retorno, o *vértice,* es el punto de la gráfica donde $x = 2$. Cuando $x = 2$, $f(x) = (2 - 2)^2 + 1 = 1$, de manera que el vértice tiene las coordenadas (2,1).

MATERIALES
calculadora graficadora

Serie de problemas E

1. A continuación están las gráficas de estas funciones.

$f(x) = 3x^2$ $\qquad$ $g(x) = 3(x - 2)^2 + 4$

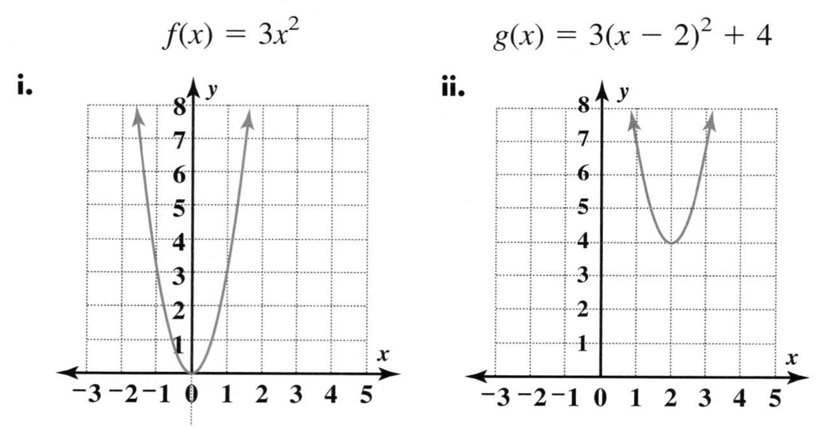

a. Sin usar tu calculadora, decide qué gráficas representan qué funciones.

b. Bosqueja las gráficas y dibuja el eje de simetría para cada una.

c. ¿Cuál es el vértice de cada gráfica?

d. Especifica el rango de cada función.

e. ¿Cómo se relaciona el rango de una función con el vértice?

Recuerda
El *rango* es el conjunto de todas las posibles salidas para una función.

2. Considera esta gráfica.

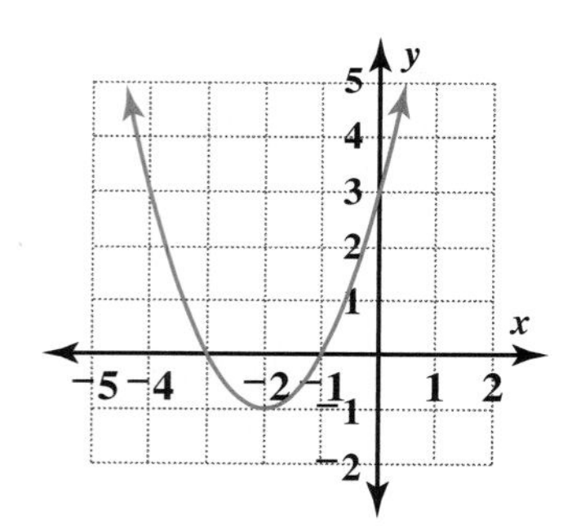

a. ¿Cuál es el eje de simetría de la gráfica? ¿Cuál es su vértice?

b. ¿Cuáles de estas funciones representa la gráfica? Explica cómo lo sabes.

$f(x) = (x + 2)^2 + 1$ $\qquad$ $g(x) = (x + 2)^2 - 1$

$h(x) = {}^{-}(x - 2)^2 + 1$ $\qquad$ $i(x) = (x - 2)^2 - 1$

c. Para cada función en la Parte b, específica el rango y el vértice.

d. ¿Cómo se relaciona el rango al punto máximo o mínimo de una función?

3. Responde a estas preguntas sobre la función $f(x) = (x - 3)^2 - 1$ sin dibujar una gráfica.

a. ¿Cuál es el eje de simetría?

b. ¿Cuál es el vértice?

4. Una parábola tiene un vértice en el punto (3, 4).

a. Escribe una ecuación para una función cuadrática, cuya gráfica tiene este vértice. Grafica para verificar tu respuesta.

b. ¿Hay otras parábolas en este vértice? Si las hay, menciona dos más. ¿Cuántas hay?

5. Supón que tienes gráficas de estas funciones cuadráticas.

$$f(x) = (x - h)^2 + k \qquad g(x) = x^2$$

a. ¿Cómo se relaciona la gráfica de f con la gráfica de g?

b. ¿Cuál es el vértice de g? ¿Cuál es el vértice de f?

Cuando una función cuadrática se escribe en una forma como

$$f(x) = 2(x - 3)^2 + 1$$

puedes predecir el eje de simetría y el vértice de la parábola sin dibujar una gráfica.

Es más difícil visualizar la gráfica cuando la función cuadrática se escribe en una forma como

$$f(x) = 2x^2 - 12x + 19$$

En este caso, es útil volver a escribir la función al completar el cuadrado, como lo hiciste en el Capítulo 7.

Las chispas de una antorcha de soldador viajan en trayectorias con forma de parábolas (ignorando el efecto del viento y otros factores).

MATERIALES
calculadora graficadora

Serie de problemas F

Para cada función, haz las Partes a, b, c y d.

a. Completa el cuadrado para volver a escribir $f(x) = ax^2 + bx + c$ en la forma $f(x) = a(x - h)^2 + k$.

b. Encuentra el eje de simetría de la gráfica f.

c. Calcula las coordenadas del vértice de la parábola.

d. Usa la forma rescrita de la función para bosquejar su gráfica. Verifícalo con una calculadora graficadora.

1. $f(x) = x^2 + 8x + 7$

2. $f(x) = {}^-x^2 + 4x + 1$ (Ayuda: Primero factoriza el $^-1$.)

3. $f(x) = x^2 - 6x - 3$

Comparte & resume

Describe la relación entre el rango de una función cuadrática y el vértice de la parábola a la que se relaciona.

Investigación 3 Usa intersecciones x

VOCABULARIO
intersección x

Recuerda que el valor y en el que una gráfica cruza el eje y se llama la intersección y. De la misma manera, los valores de x en los cuales una gráfica cruza el eje x se llaman **intersecciones x.**

Piensa & comenta

¿Cómo se relacionan las intersecciones x de una gráfica de una función f con las soluciones de $f(x) = 0$? Por ejemplo, ¿cómo se relaciona la intersección x de $f(x) = 3x + 7$ con la solución de $3x + 7 = 0$?

Sin hacer una gráfica, calcula la intersección x de estas funciones:

$h(x) = (3x + 1)(x - 4)$ $\qquad$ $j(x) = x^2 - 7x - 18$

Ahora explorarás cómo se relacionan algunas intersecciones x de una función cuadrática entre ellas y con el eje de simetría de una parábola.

MATERIALES
geoespejo

Serie de problemas G

La gráfica muestra la función $f(x) = 3x^2 - 3x - 6$.

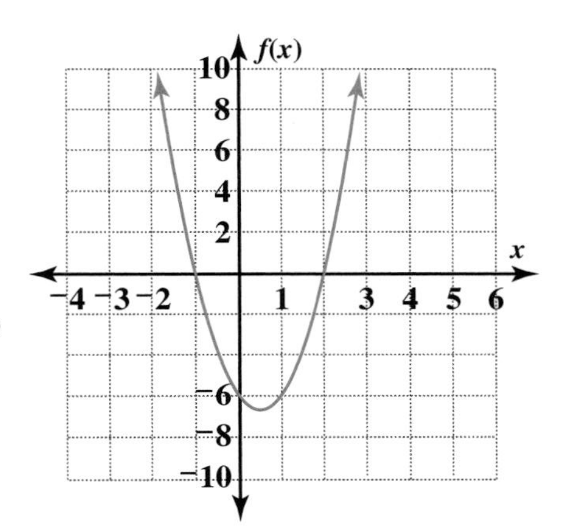

1. Estima las intersecciones x de f.
2. Encuentra el eje de simetría.
3. A cada lado del eje de simetría hay una intersección x. Usa tu geoespejo para encontrar la reflexión de la intersección x en el lado izquierdo del eje de simetría. ¿Qué es lo que percibes?
4. Calcula la distancia entre cada intersección x estimada y el eje de simetría.
5. Calcula los valores exactos para las intersecciones x al resolver la ecuación $3x^2 - 3x - 6 = 0$.
6. Verifica que la distancia entre la intersección x que encontraste en el Problema 5 y el eje de simetría es igual a tu respuesta del Problema 4.

Puedes calcular las intersecciones x y el vértice de la gráfica de una función cuadrática y usarlos para hacer un bosquejo rápido de la gráfica.

EJEMPLO

Traza una gráfica de la función $g(x) = (3x - 7)(x + 1)$ sin usar una calculadora.

Las intersecciones x de g son soluciones de $(3x - 7)(x + 1) = 0$. Como un factor debe ser 0, las soluciones son $\frac{7}{3}$ y $^-1$.

El vértice debe hallarse equidistante entre estas intersecciones x, de manera que su valor x sea la media de las soluciones: $\frac{\frac{7}{3} + {}^-1}{2} = \frac{2}{3}$. Como $g\left(\frac{2}{3}\right) = -\frac{25}{3}$, el vértice es $\left(\frac{2}{3}, -\frac{25}{3}\right)$.

Ahora grafica el vértice y los puntos donde la gráfica de g cruza el eje x, $\left(\frac{7}{3}, 0\right)$ y $(^-1, 0)$, y después dibuja una parábola a través de los tres puntos.

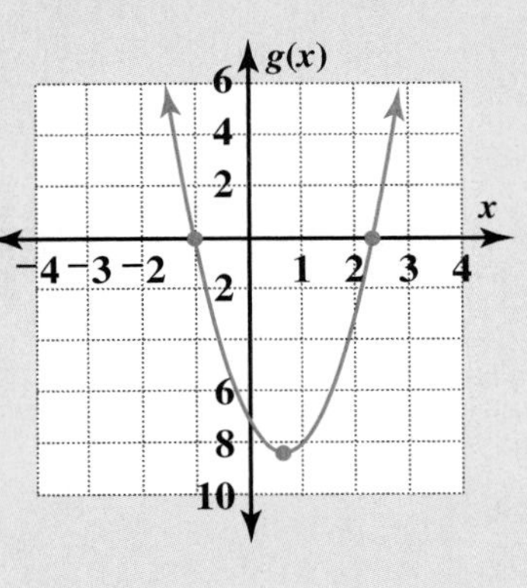

Serie de problemas H

Para las ecuaciones cuadráticas dadas en los Problemas 1 al 3, haz las Partes a, b y c.

a. Calcula las intersecciones x de f.

b. Usa las intersecciones x para determinar el vértice de la parábola.

c. Grafica los tres puntos de las Partes a y b, y después dibuja la parábola.

1. $f(x) = (x - 2)(x + 3)$

2. $f(x) = {}^{-}(x - 5)(2x + 1)$

3. $f(x) = x^2 - 3x - 40$

4. Angelo vio esta parábola en una calculadora graficadora e hizo un bosquejo de ésta para llevárselo a casa para la tarea. Cuando llegó a casa, había olvidado qué función había generado la parábola. Él recordó que intentaba resolver una ecuación como $(t + \_\_\_)(t - \_\_\_) = 0$.

¿Qué función usó, y cuáles son las soluciones a la ecuación de Angelo?

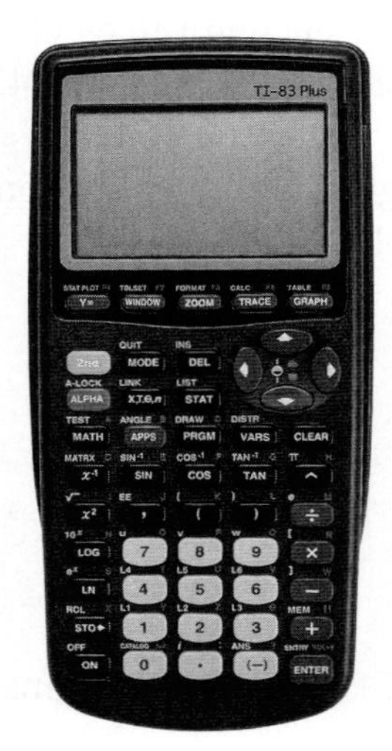

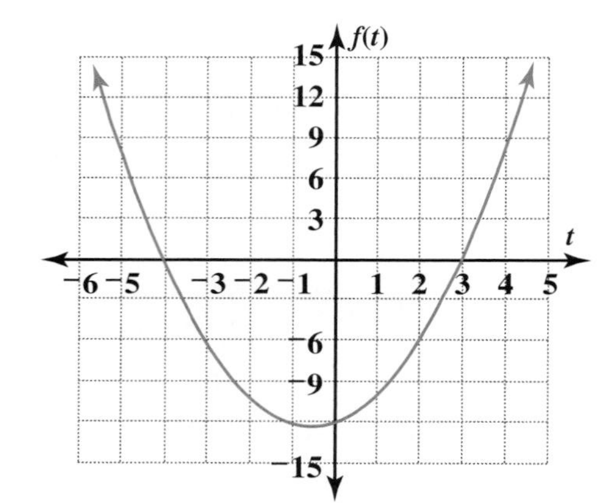

Comparte & resume

Explica cómo determinar las intersecciones x y el vértice de la gráfica de esta función.

$$f(x) = 3x^2 - 44x - 15$$

Investigación 4 Intersecciones de funciones

Supón que encuentras una ecuación que no sabes cómo resolver exactamente. *Hay* formas de calcular soluciones aproximadas.

Un buen método para calcular una solución aproximada es la siguiente:

- Piensa en cada lado de la ecuación como una función.
- Grafica las dos funciones.
- Determina el punto o los puntos donde se interseca la función.
- Verifica que el valor x (entrada) de cada punto de intersección de aproximadamente el mismo valor y (salida) para ambas funciones. Es decir, verifica que los dos lados de la ecuación original sean aproximadamente iguales con esa entrada.

EJEMPLO

Resuelve $x^3 = 5x + 10$.

- Primero piensa en cada lado de la ecuación como una función: $f(x) = x^3$ y $g(x) = 5x + 10$.
- Grafica las dos funciones.

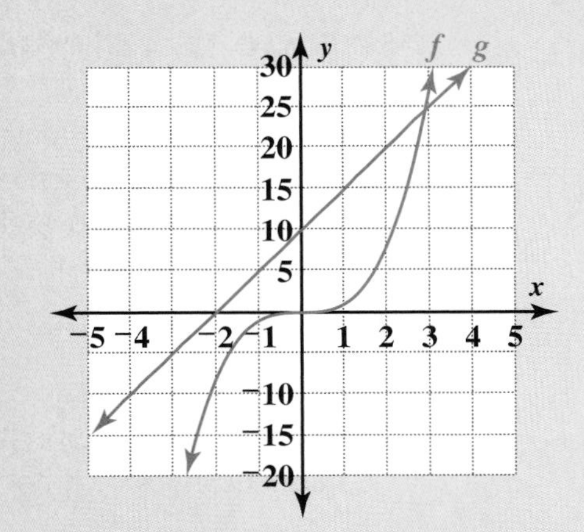

- Determina el punto o los puntos donde se intersecan las funciones. En este caso, sólo hay un punto, cerca de $x = 2.9$.
- Verifica: En $x = 2.9$, $f(x) = 24.389$ y $g(x) = 24.5$, de manera que los dos lados de la ecuación original sean aproximadamente iguales.

MATERIALES
calculadora graficadora

Serie de problemas I

Supón que te dan dos opciones de pago en un trabajo como niñera:

- Puedes ganar \$10 por hora por cada hora que trabajas.
- Puedes ganar \$2 si te quedas 1 hora, \$4 si te quedas 2 horas, \$8 si te quedas 3 horas y así sucesivamente. La cantidad que ganas se duplica por cada hora adicional que te quedes.

¿Hay algún número de horas para las cuales ganarás la misma cantidad con cualquier plan de pagos? En este grupo de problemas, explorarás esta pregunta.

1. Escribe una ecuación para una función L que describa ganar \$10 por hora. Usa h como la variable de entrada.

2. Escribe una ecuación para una función D que describa duplicar la cantidad que ganas por cada hora que te quedes. Usa h como la variable de entrada.

3. Grafica las dos funciones en una sola ventana. Bosqueja las gráficas y rotula qué gráfica coincide con qué función.

4. ¿Cuántas soluciones puedes encontrar para $L(h) = D(h)$? Usa Zoom y Trace para aproximar las soluciones.

5. Si tuvieras un trabajo de niñera, ¿cómo decidirías qué plan de pago escoger? Explica.

MATERIALES
calculadora graficadora

Serie de problemas J

En un plato de cultivo, una población de bacterias crece a una tasa del 10% cada hora. Hay 1,000 bacterias en el plato al principio del experimento. Una hora más tarde habrá 10 % de los 1,000 ó 100 bacterias más, para un total de 1,100 bacterias en el plato.

1. Haz una tabla para mostrar la población de bacterias después de 1 hora, 2 horas y 3 horas.

2. Escribe una ecuación para una función que represente cuántas bacterias habrá después de x horas. Llama p a la función.

Aunque solamente has evaluado expresiones exponenciales para enteros, es posible que los exponentes sean fracciones o decimales.

3. Después de un cierto tiempo, las bacterias se duplicarán en número. Es decir, $p(x) = 2{,}000$. ¿Después de cuántas horas sucederá esto? Usa tu calculadora graficadora para determinar una solución aproximada.

4. Explica cómo determinaste tu respuesta para el Problema 3.

5. ¿Qué ecuación resolverías para calcular cuántas horas se necesitan para que el número de bacterias en el plato se tripliquen? Determina una solución aproximada.

MATERIALES

calculadora graficadora

Serie de problemas K

Considera cómo resolverías la ecuación *cúbica* $x^3 = 2x - 0.5$.

1. Si usas el método de graficar dos funciones y calcular sus intersecciones, ¿qué par de funciones graficarías?

2. Grafica tus funciones. ¿Cuántas soluciones tiene $x^3 = 2x - 0.5$?

3. Aproxima todas las soluciones de la ecuación. Verifica los valores por sustitución.

4. Hakeem sugirió hacer lo mismo en ambos lados de la ecuación para obtener $x^3 - 2x + 0.5 = 0$ y después graficar la función $h(x) = x^3 - 2x + 0.5$.

   a. ¿Dónde buscarías para encontrar las soluciones de $x^3 - 2x + 0.5 = 0$?

   b. Grafica la función, y usa tu gráfica para estimar las soluciones.

   c. ¿Qué método prefieres: el método de Hakeem o graficar dos funciones y determinar las intersecciones?

Comparte & resume

Para cada ecuación, determina si puedes resolverla exacta o aproximadamente. Después resuélvela de la mejor manera que puedas.

1. $400k + 10 = 500k$

2. $3^G = 1.5G + 5$

3. $x^2 = \sqrt{x + 1}$

Ejercicios por tu cuenta

Practica & aplica

1. Traza una gráfica de cada función en la Parte a de un solo grupo de ejes. Usa un grupo de ejes diferente para hacer lo mismo para las funciones en la Parte b. Después responde las preguntas.

   a. $y = 2x$
   $y = 2(x + 1)$
   $y = 2(x + 2)$
   $y = 2(x + 3)$

   b. $y = 2(x - 1)$
   $y = 2(x - 1) + 1$
   $y = 2(x - 1) + 2$
   $y = 2(x - 1) + 3$

   c. Describe cómo las cuatro gráficas en la Parte a son como aquéllas en la Parte b.

   d. Describe cómo las cuatro gráficas en la Parte a son diferentes de aquéllas en la Parte b.

   e. Encuentra otra función que pertenezca al conjunto de las funciones en la Parte a y otra que pertenezca al conjunto en la Parte b.

   f. ¿Cuáles de las ocho gráficas contiene el punto (3, 7)? Explica cómo encontraste tu respuesta.

2. A continuación hay una gráfica de $f(x) = x^2 + 3x - 2$.

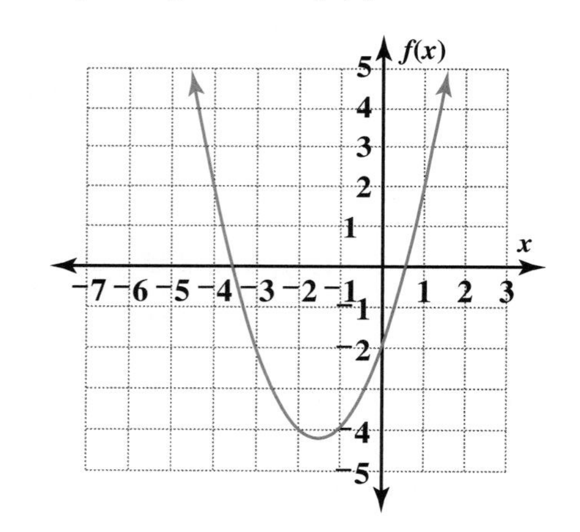

   a. Traza una gráfica de $g(x) = (x - 2)^2 + 3(x - 2) - 2$ y una de $h(x) = (x + 2)^2 + 3(x + 2) - 2$.

   b. ¿Cómo se relacionan las gráficas de g y h con la gráfica f?

En los Ejercicios 3 al 6, escribe una ecuación para la función g de manera que la gráfica de g tenga la misma forma que la gráfica de f.

3. La gráfica de g se traslada 5 unidades a la derecha de la gráfica $f(x) = \frac{1}{x}$.

4. La gráfica de g se traslada 3 unidades hacia arriba de la gráfica de $f(x) = x^2 + x - 2$.

5. La gráfica de g se traslada 1 unidad a la izquierda de la gráfica de $f(x) = \frac{1}{x - 3}$.

6. La gráfica de g se traslada 4 unidades a la izquierda de $f(x) = (x + 1)^2$.

Traza una gráfica de cada función y establece el dominio y el rango.

7. $f(x) = 4 - (x - 2)^2$

8. $g(x) = 5 - (x - 1)$

9. $f(x) = \frac{1}{x - 10}$

10. Considera estas funciones.

$$f(x) = 2x^2 + 1 \qquad g(x) = 2(x - 1)^2 + 2$$

a. ¿Cuáles son las coordenadas de los vértices para las gráficas de estas dos funciones?

b. ¿Cuál es el eje de simetría para cada una?

c. Traza las gráficas de ambas funciones en un grupo de ejes.

11. Considera esta gráfica.

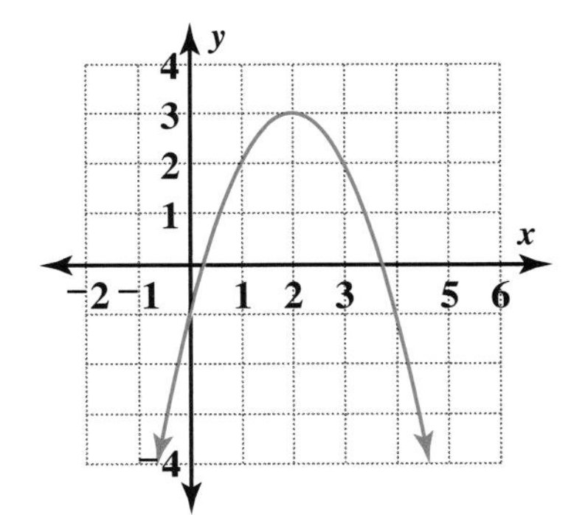

a. Identifica el eje de simetría y el vértice.

b. ¿Cuál de estas funciones representa la gráfica? Explica cómo lo sabes.

$f(x) = {}^{-}3 + (x - 2)^2 \qquad g(x) = 3 - (x + 2)^2 \qquad h(x) = 3 - (x - 2)^2$

Identifica el vértice, el eje de simetría, y el rango de cada función.

12. $f(x) = 4 - (x + 3)^2$

13. $g(p) = (p - 5)^2 - 9$

14. $h(x) = (x + 6)^2 - 3$

15. Considera una parábola con su vértice en $(^-2, 6)$.

a. Escribe una ecuación para una función cuadrática para una parábola con este vértice.

b. ¿Hay otras parábolas con este vértice? Si es así, menciona dos más. ¿Cuántas más hay?

En los Ejercicios 16 al 18, haz las Partes a, b y c.

a. Completa el cuadrado para volver a escribir $f(x) = ax^2 + bx + c$ en la forma $f(x) = a(x - h)^2 + k$.

b. Encuentra el eje de simetría de la gráfica f.

c. Calcula las coordenadas del vértice de la parábola.

16. $f(x) = x^2 - 2x - 6$

17. $f(x) = 3 + 4x - x^2$

18. $f(x) = x^2 + 8x - 1$

19. Considera esta gráfica de $f(x) = {}^-x^2 + 2x + 5$.

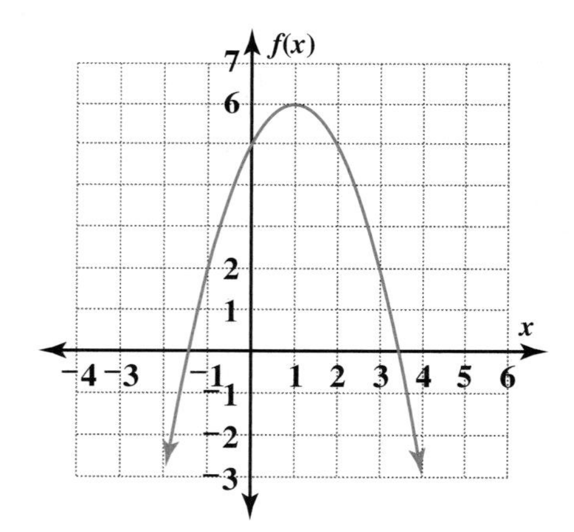

a. Usa la gráfica para encontrar soluciones aproximadas de $f(x) = 0$. Explica cómo encontraste tu respuesta.

b. Usa la fórmula cuadrática o completa el cuadrado para resolver $f(x) = 0$ exactamente. ¿Están cercanas tus aproximaciones?

c. Encuentra el vértice de la gráfica de f.

d. ¿Cuál es el eje de simetría de la gráfica de f?

e. Calcula la distancia entre cada solución de $f(x) = 0$ y el eje de simetría.

20. Considera esta gráfica de $f(x) = x^2 - \frac{1}{2}x - \frac{3}{16}$.

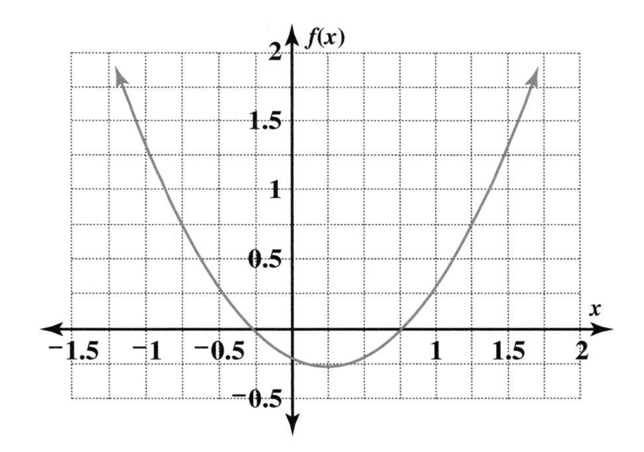

a. Usa la gráfica para calcular las soluciones aproximadas de $f(x) = 0$.

b. Usa la fórmula cuadrática o completa el cuadrado para resolver $f(x) = 0$ exactamente. ¿Están cercanas tus aproximaciones?

c. Encuentra el vértice de la gráfica de f.

d. ¿Cuál es el eje de simetría de la gráfica de f?

e. Calcula la distancia entre cada solución de $f(x) = 0$ y el eje de simetría.

Datos de interés

Un ingeniero podría requerir saber el rango de una función que modele el aumento en la longitud de las secciones de una vía férrea de acero, con respecto a la temperatura para determinar la separación a la que se deberían colocar.

En los Ejercicios 21 al 23, la gráfica de la función es una parábola. Haz las Partes a, b y c para cada ejercicio.

a. Encuentra la intersección x de la parábola.

b. Usa las intersecciones x para encontrar el eje de simetría y el vértice.

c. Usa las intersecciones x y el vértice para bosquejar la parábola.

21. $g(x) = (x - 3)(x + 0.5)$

22. $h(x) = (2x + 3)(x - 1)$

23. $f(x) = {}^{-}x^2 - 4x + 5$

En los Ejercicios 24 al 26, usa las gráficas para determinar cuántas soluciones tiene la ecuación.

24. $x^2 - 2x = 4 - x - x^2$

25. $x^2 - x - 2 = 1 - 2x - x^2$

26. $2 - x^2 = 1 - 2x^2$

Bosqueja las gráficas para encontrar soluciones aproximadas para cada ecuación.

27. $x^3 - 4x - 1 = x - 1$

28. $x^3 - 4x - 1 = x + 4$

29. $x^3 - 4x - 1 = 5 - x^2$

Conecta & amplía

30. Traza una gráfica para cada función en la Parte a en un solo grupo de ejes. Haz lo mismo para la Parte b, usando un nuevo grupo de ejes. Luego responde las preguntas. (Ayuda: Grafica puntos para bosquejar la gráfica de $y = \frac{1}{x^2}$, y usa esta gráfica para ayudarte a bosquejar las otras.)

a. $y = \frac{1}{x^2}$

$y = \frac{1}{(x - 2)^2}$

$y = \frac{1}{(x + 2)^2}$

b. $y = -\frac{1}{x^2}$

$y = 3 - \frac{1}{x^2}$

$y = 3 - \frac{1}{(x + 2)^2}$

c. Describe en qué se parecen las gráficas de la Parte a a aquéllas de la Parte b.

d. Describe en qué se diferencian las gráficas en la Parte a de aquéllas de la Parte b.

e. Encuentra otra función que pertenezca al conjunto de funciones en la Parte a y otra que pertenezca al conjunto en la Parte b.

31. **Ciencia física** Un lanzador localizado 6 pies arriba del nivel del piso dispara una pelota de goma verticalmente con una velocidad inicial de 60 pies por segundo. La ecuación que relaciona la altura de la pelota en el tiempo t es

$$h(t) = 6 + 60t - 16t^2$$

donde h está en pies y t está en segundos.

a. Traza una gráfica de h.

Otra pelota de goma se lanza 2 segundos después, con la misma dirección y velocidad inicial.

b. Supón que graficas la altura de la segunda pelota con el tiempo desde que la *primera* bola se lanzó en el eje horizontal. ¿Cómo se relaciona la segunda gráfica con la primera?

c. Escribe una ecuación para la altura de la segunda bola en el tiempo.

d. ¿La segunda pelota chocará con la primera pelota cuando la primera pelota está camino hacia arriba o hacia abajo? Explica cómo puedes decirlo a partir de las gráficas de las dos funciones.

Para cada función de f, escribe una nueva función g trasladada 2 unidades hacia abajo y 4 unidades a la izquierda de f.

32. $f(x) = 2^{x+1} - 1$

33. $f(x) = 2(x - 3)^2 + 1$

34. $f(x) = (x - 1)^3 - x + 1$

35. $f(x) = 1 + \frac{1}{x^2 + 1}$

36. **Geometría** Se usa un trozo de alambre de 20 cm de longitud para hacer un rectángulo.

a. Llama L a la longitud del rectángulo. Escribe una fórmula para el ancho W del rectángulo en términos de su longitud.

b. Escribe una función para el área A del rectángulo en términos de la longitud L.

c. Completa el cuadrado de la expresión cuadrática que escribiste para la Parte b. Usa la expresión rescrita para determinar las coordenadas del vértice de la gráfica de la Función A.

d. ¿Cuáles son las dimensiones de los lados de un rectángulo con el área máxima? ¿Cuál es el área de este rectángulo?

37. La expresión $\frac{2x^2}{x}$ es equivalente a $2x$ para todos los valores de x excepto 0 ($\frac{2x^2}{x}$ es indefinida para $x = 0$). La gráfica de $g(x) = \frac{2x^2}{x}$ se parece a la gráfica de $h(x) = 2x$ con un agujero en $x = 0$.

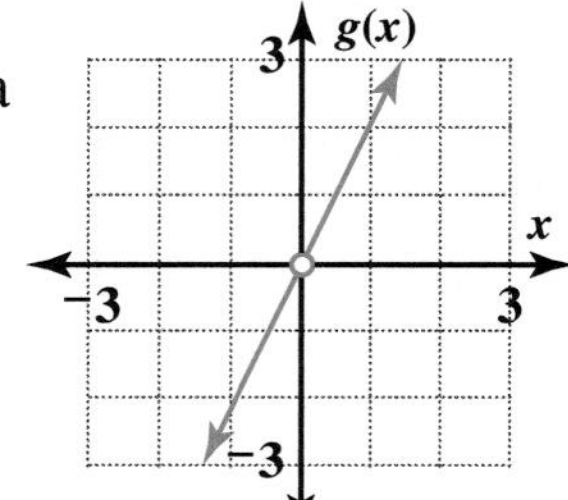

El dominio de g son todos los números reales excepto 0. El rango de g es todos los números reales excepto 0.

Ahora considera la función $f(x) = \frac{(x-2)(x+1)}{x-2}$. Traza una gráfica de f y da su dominio y rango.

En los Ejercicios 38 al 40, haz las Partes a, b y c.

a. Escribe la ecuación en la forma $f(x) = ax^2 + bx + c$. Luego completa el cuadrado para volver a escribirla en la forma $f(x) = a(x - h)^2 + k$.

b. Determina el eje de simetría de la gráfica de f.

c. Calcula las coordenadas del vértice de la parábola.

38. $f(x) = 2x^2 - 8x + 2x^2 - 1$

39. $f(x) = 1 + 4x - 2x^2$

40. $f(x) = {}^{-}x^2 - x - 1 - x - (2 + x)$

41. Traza una gráfica y úsala para explicar por qué la ecuación $3^x + 2 = 0$ no tiene soluciones.

42. La función cúbica $c(x) = x^3 + 2x^2 - x - 2$ se puede volver a escribir como $c(x) = (x + 2)(x + 1)(x - 1)$.

a. Encuentra las intersecciones x de c.

b. Encuentra la intersección y de c.

c. Usa la intersección para dibujar un bosquejo burdo de c.

43. Considera la ecuación $(x + 2)^2 - 2 = {}^{-}x^2 + 4$.

a. Usa el método para graficar dos funciones para estimar las soluciones de la ecuación.

b. Usa la función cuadrática para calcular las soluciones exactas de esta ecuación. ¿Estuvieron cercanas tus estimaciones?

En tus **propias palabras**

Explica cómo la representación gráfica te puede ayudar a resolver ecuaciones. ¿Cómo decidirías cuándo determinar soluciones aproximadas con una gráfica y cuándo encontrar la solución exacta con álgebra?

44. Traza una gráfica de $y = \frac{1}{x}$. Usa tu bosquejo para pensar sobre estas preguntas.

a. ¿Cuántas soluciones de $\frac{1}{x} = 5$ hay?

b. ¿Cuántas soluciones de $\frac{1}{x-5} = 5$ hay?

c. ¿Cuántas soluciones de $\frac{1}{x} = x$ hay? ¿De $\frac{1}{x} = {}^{-}x$?

d. ¿Cuántas soluciones de $\frac{1}{x} = x^2$ hay?

e. Usa el método de graficar dos funciones para mostrar las soluciones de $\frac{1}{x} = (x - 3)^2$. Usa tu gráfica para estimar esas soluciones.

45. Usa el método de graficar dos funciones y localizar los puntos de intersección para determinar por lo menos cuatro valores de x que satisfagan cada desigualdad.

a. $x^2 - 2x - 7 < 2x - 3$

b. $x^2 - 2x - 7 > 2x - 3$

46. Geometría El radio de un recipiente cilíndrico es 1 unidad menor que la longitud lateral de la base cuadrada de un recipiente rectangular.

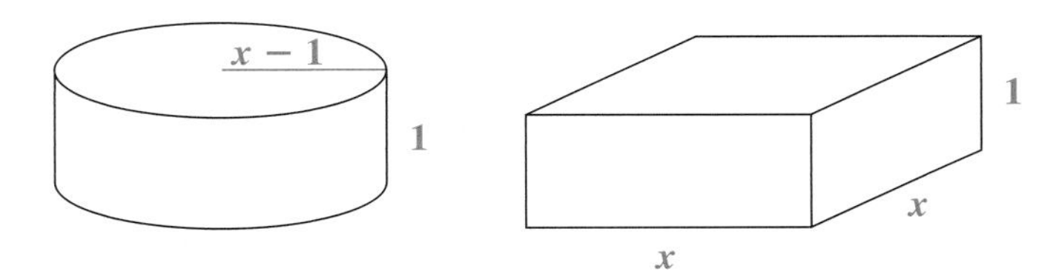

a. Para cada recipiente, escribe una función para el volumen.

b. Usa las funciones de volumen para hacer una gráfica que compare los volúmenes de los dos recipientes. Toma en cuenta que el valor de x debe ser mayor que 1, o el recipiente cilíndrico no existiría.

c. ¿Para qué valor de x los recipientes pueden contener la misma cantidad?

Repaso mixto

47. **Geometría** Recuerda que una figura bidimensional que se puede doblar en una figura tridimensional cerrada se llama *red*. Por ejemplo, esta es una red para un cubo.

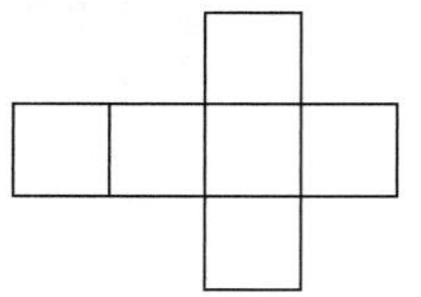

Dibuja otra red para un cubo.

En los Ejercicios 48 al 51, menciona cuál de las siguientes descripciones se ajusta a la relación:

- una variación directa
- lineal pero no una variación directa
- no lineal

48. $r = 25v + 32$

49. $a = {}^{-}\frac{5}{6}j$

50. $k = \frac{3}{n}$

51.

x	2	4	6	8	10	12
y	25	36	47	58	69	80

Menciona si los puntos de cada conjunto son colineales.

52. $(3, 1); (8, 12); ({}^{-}1, {}^{-}10)$

53. $({}^{-}2, 9); (2, 2); (4, {}^{-}1.5)$

54. $(15, 22); (0, 1); (5, {}^{-}6)$

Resuelve cada ecuación.

55. $3 - \sqrt{7s + 2} = {}^{-}7$

56. $3 - \frac{1}{z + 7} = 2$

57. $x^2 + 3x = 6$

58. $16k^2 + 1 = {}^{-}8k$

59. Prueba que este truco con números siempre da 3: *Elige un número, excepto 0. Multiplica el número por 9 y súmale 6. Después divídelo entre 3 y réstale 2. Divídelo entre el número con que comenzaste.*

60. **Estadística** A continuación están las áreas de los 50 estados de EE.UU., en millas cuadradas.*

1,545	2,489	5,543	8,721	9,350	9,614	10,555	10,931	12,407	24,230
32,020	35,385	36,418	40,409	42,143	42,774	44,825	46,055	48,430	51,840
52,419	53,179	53,819	54,556	56,272	57,914	59,425	65,498	65,755	69,704
69,898	70,700	71,300	77,116	77,354	82,277	83,570	84,899	86,939	96,716
97,814	98,381	104,094	110,561	113,998	121,589	147,042	163,696	268,581	663,267

El monumento a Washington en Washington, D.C.

a. Crea un histograma para mostrar estos datos. Usa intervalos de 20,000 para las barras. Debido a que dos estados son mucho más grandes que todos los otros, puede ser que quieras excluirlos o hacerlos una barra especial, tal como "más que 200,000".

b. Completa el diagrama de tallo y hojas que se muestra a continuación, de estos datos. Los "tallos" en este diagrama representan miles.

Tallo	Hojas
0	1545 2489 5543 8721
1	0555 0931 2407
2	4230

Clave: 1|0555 = 10,555

c. Ahora crea un diagrama de caja y patillas para estos datos. Recuerda que para crear el diagrama necesitas los valores máximo y mínimo junto con la mediana y el primer y tercer *cuartil.* Los cuartiles se pueden pensar como medianas de las mitades superior e inferior de los datos. Por ejemplo, considera este grupo de datos:

2 3 4 5 6 7

La mediana es 4.5, el primer cuartil es 3, y el tercer cuartil es 6. El diagrama de caja y patillas de estos pequeños datos se muestra a continuación.

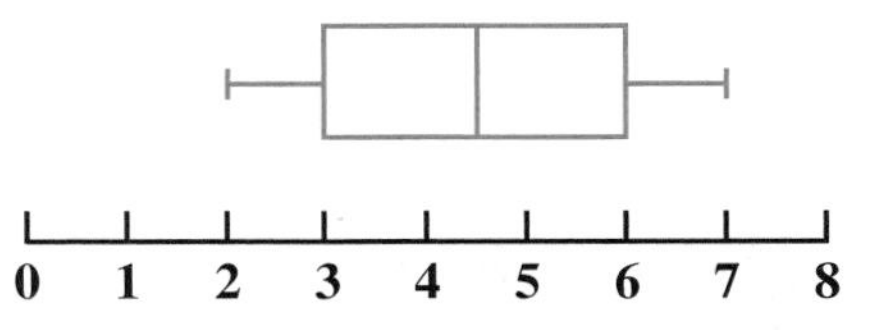

*Fuente: *World Almanac and Book of Facts 2003.*

Resumen del capítulo

VOCABULARIO
dominio
función
intersecciones x
rango

Este capítulo se enfocó en un tipo particular de relación matemática llamada *función*. Una función matemática produce una sola salida para cada entrada y se puede describir con una gráfica o con una ecuación.

Trabajaste con gráficas y ecuaciones para encontrar los valores máximos y mínimos de las funciones. Usaste estos valores extremos para identificar el rango de una función para resolver problemas que impliquen altura máxima o área máxima.

Estudiaste a profundidad las gráficas de funciones cuadráticas. Encontraste el eje de simetría y las coordenadas del vértice al inspeccionar las gráficas y completar el cuadrado de las expresiones cuadráticas. También resolviste ecuaciones de la forma $f(x) = 0$ para calcular las intersecciones x de las funciones cuadráticas.

Finalmente, resolviste ecuaciones de la forma $f(x) = g(x)$ para localizar los puntos donde se intersecan las gráficas de f y g.

Estrategias y aplicaciones

Las preguntas en esta sección te ayudarán a revisar y aplicar las ideas importantes y estrategias desarrolladas en este capítulo.

Entiende las funciones y describe el dominio y el rango de una función

1. Explica cómo puedes determinar si una relación podría ser una función al examinar una tabla de entradas y salidas.
2. Da un ejemplo de una relación que *no* sea una función.
3. Explica cómo puedes decir si una relación es una función al observar esta gráfica. Da un ejemplo de una gráfica que no sea una función.
4. Da un ejemplo de una función para la que los números negativos no tienen sentido como parte del dominio.
5. Describe el rango de la función $k(n) = 3n^2 - 4$.

Determina los valores máximo y mínimo de funciones cuadráticas

6. Explica dos maneras de determinar el valor máximo o mínimo de una función cuadrática.

7. Considera todos los rectángulos posibles con un perímetro de 22 centímetros.

a. Si la longitud de un rectángulo es x cm, escribe una ecuación para una función A para el área del rectángulo.

b. Usa tu respuesta para la Parte a para determinar el área máxima posible para el rectángulo.

c. ¿Qué dimensiones dan el área máxima?

8. Supón que la función $H(t) = 100t - 4.9t^2$ da la altura en metros de un cohete lanzado verticalmente desde el nivel del piso, donde t es el tiempo en segundos. Estima la máxima altitud del cohete y menciona cuántos segundos después de ser lanzado alcanza su máxima altitud.

Entiende y usa gráficas de funciones cuadráticas

9. Explica cómo se relacionan las gráficas de g y h con la gráfica de $f(t) = 2t^2$.

$$g(t) = 10 + 2(t + 2)^2 \qquad h(t) = 2(t - 2)^2 - 3$$

10. ¿Cuál de estas funciones cuadráticas tiene su vértice en $(3, {}^{-}3)$?

$g(t) = 3(t + 3)^2 - 3 \qquad h(t) = 4(t - 3)^2 - 3 \qquad k(t) = 3 - 3(t - 3)^2$

11. Escribe la ecuación para una función cuadrática con vértice $({}^{-}6, 1)$.

12. Explica cómo el rango de una función cuadrática se relaciona eon el vértice de su parábola.

13. Explica dos métodos para determinar el vértice y el eje de simetría para la gráfica de $g(x) = (x + 2)(x + 4)$. Da el vértice y el eje de simetría.

14. Explica cómo puedes usar las intersecciones x de una función cuadrática f para determinar su vértice.

Resuelve ecuaciones que presentan dos funciones

15. Explica cómo usar el método para graficar dos funciones para resolver la ecuación $x^3 = 2x^2 - 1$.

16. Determina cuántas soluciones tiene esta ecuación y explica cómo determinaste tu respuesta.

$$x^2 + 2x - 3 = x - 2$$

Demuestra tus destrezas

Copia y completa cada tabla para una función dada.

17. $g(x) = x^2 + 3x - 1$

Entrada	Salida
$^-2$	
$^-1$	
0	
1	
2	

18. $h(x) = \frac{1}{4 - x}$

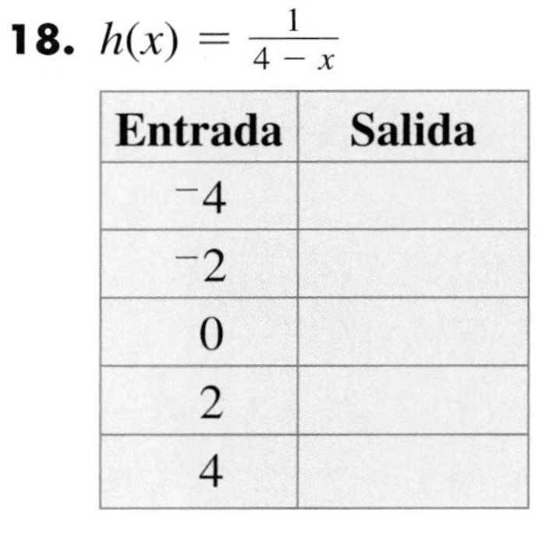

Entrada	Salida
$^-4$	
$^-2$	
0	
2	
4	

19. Esta es una gráfica de $f(x) = 2^x$.

a. Traza una gráfica de $g(x) = 2^{x-2}$.

b. Traza una gráfica de $h(x) = 2^{x+3}$.

c. Traza una gráfica de $j(x) = 2^x - 2$.

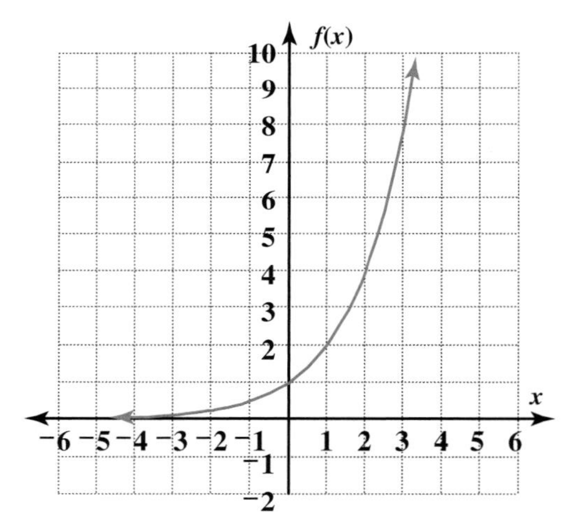

Menciona si cada función tiene un valor máximo o mínimo, y da las coordenadas de este punto.

20. $f(x) = {}^-x^2 + 2x - 2$

21. $j(x) = {}^-5 + x + x^2$

22. $k(x) = 3 - 4(1 - x)^2$

Escribe la ecuación para una función g que tiene la misma forma que la función f pero trasladada 2 unidades a la izquierda y 1 unidad hacia abajo.

23. $f(x) = {}^{-}1 + \frac{1}{x^3 + 1}$

24. $f(x) = 3^{x+1} - 2$

25. $f(x) = x(x - 2)$

26. Determina el vértice y el eje de simetría de $f(x) = (x + 5)^2 + 9$ sin graficar.

Para cada función cuadrática, completa el cuadrado y sin graficar determina el vértice y el eje de simetría de su parábola.

27. $Q(x) = 2x^2 + 2x - 6$

28. $m(x) = {}^{-}x^2 + \frac{7}{2}x - 3$

29. $r(x) = x(x + 3)$

30. Considera la función $f(x) = {}^{-}x^2 + 8x - 7$.

a. Determina las intersecciones x de la gráfica de f.

b. ¿Cuál es el eje de simetría y el vértice de la gráfica de f?

c. Usa las intersecciones x y el vértice para bosquejar una gráfica de f.

31. Grafica para resolver esta ecuación.

$$x^2 + 1 = 0.5x + 2.5$$

32. Explica cómo resolver la ecuación $x^2 + x = {}^{-}x - 1$ sin graficar. Despeja x.

CAPÍTULO 9

Probabilidad

Matemáticas en la vida diaria

"Old West Action" Los acertijos pueden ser crucigramas, mensajes secretos y palabras en código. Otro tipo de acertijo son los *anagramas.* Estos son particularmente divertidos porque uno mismo crea el acertijo. Se elige una palabra o una frase y luego se reacomodan las letras para formar otra palabra o frase. Por ejemplo, "*Old West Action*" es un anagrama de *Clint Eastwood* (un actor de muchas películas del oeste).

La palabra inglesa *star,* tiene un número limitado de combinaciones—sólo 24 combinaciones, incluyendo *rats, tars* y *tsar.* Una palabra no tiene que ser muy grande para que existan miles o millones de formas diferentes de arreglar las letras que la forman. Por ejemplo, las letras del nombre *Clint Eastwood* se pueden acomodar de 1,556,755,200 maneras diferentes.

Piensa al respecto Escribe todos los anagramas que puedas, usando la palabra paso.

Carta a la familia

Estimados alumno(a) y familiares:

Durante las siguientes semanas estudiaremos diversas situaciones relacionadas con la probabilidad. Para calcular la probabilidad de que algo ocurra, primero se deben determinar todos los resultados *posibles*. Por ejemplo, si se están sacando bloques de una bolsa que contiene 3 bloques azules, 2 verdes y 5 blancos, entonces existen 10 resultados posibles: uno por cada bloque. La probabilidad de sacar un bloque verde equivale a la razón del número de bloques verdes (2) entre el número total de resultados: $\frac{2}{10}$.

También vamos a analizar situaciones más complicadas. Por ejemplo, supongamos que se saca un bloque de la bolsa, se guarda en una caja, y luego se saca otro bloque de la bolsa. Aprenderemos a resolver problemas como la probabilidad de sacar un bloque verde primero y luego otro azul. Para esto, usaremos métodos del campo de las matemáticas conocido como análisis *combinatorio,* que permite calcular el número posible de combinaciones de objetos. Uno de estos métodos es el uso de diagramas de árbol, como el que se muestra de ejemplo en la figura anterior, para determinar los 10 resultados de la primera elección, así como los 9 resultados posibles en la segunda elección, dada la primera elección. El diagrama muestra las ramas de un diagrama de árbol, cuando la primera elección ha sido bloque verde:

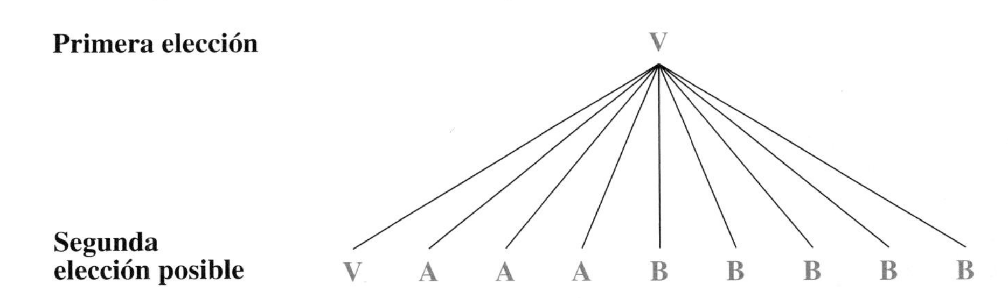

Al final del capítulo, aplicaremos lo aprendido para analizar probabilidades en juegos complicados como las loterías estatales y las finales de eventos deportivos, así como para determinar si dichos juegos son igualmente justos para todos los participantes. Contestaremos preguntas como las siguientes:

- ¿Cuáles son las probabilidades de ganar en una lotería?
- ¿Cuál de los equipos es favorecido por el calendario de juegos durante la final?
- ¿Qué calendario de juegos es el más justo en determinada situación?

Vocabulario En este capítulo, sólo vamos a aprender un nuevo término: *espacio muestral.* Vamos a determinar el espacio muestral para calcular la probabilidad de diversos eventos.

¿Qué pueden hacer en el hogar?

Es probable que durante las siguiente semanas su hijo(a) muestre interés en asuntos relacionados con la probabilidad. Puede ayudarle a pensar en situaciones cotidianas en las que ocurren este tipo de eventos, como los juegos de lotería. O pueden inventar algún juego usando dados o giradores, en el cual sea necesario calcular probabilidades.

9.1 Estrategias para contar

Una *probabilidad* es un número entre 0 y 1 que indica la probabilidad de que algo suceda. Con frecuencia, la clave para calcular la probabilidad de que algo ocurra es primero averiguar todos los *resultados* posibles.

Cuando lanzas una moneda al aire, los dos resultados posibles (cara o escudo) son equiprobables. Entonces, la probabilidad de sacar cara es 1 de 2, ó $\frac{1}{2}$, ó 0.5 ó 50%.

Piensa & comenta

Supón que giras los dos giradores siguientes. Cada girador tiene una oportunidad igual de apuntar hacia el blanco, azul o anaranjado.

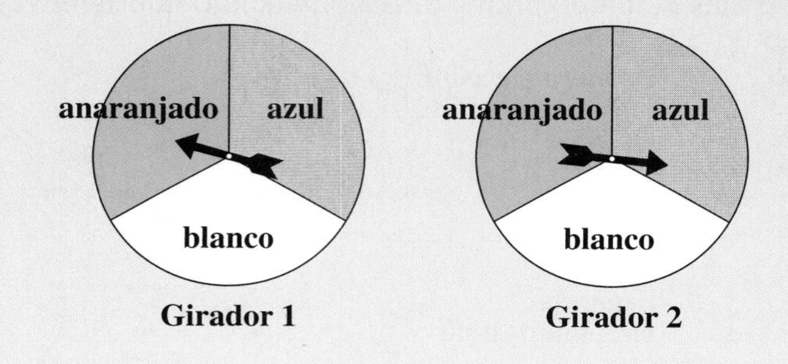

Enumera todos los resultados posibles. Por ejemplo, un resultado es que el Girador 1 apunte al blanco y el Girador 2 apunte al anaranjado. Puedes utilizar la notación blanco/anaranjado, o BAn, para representar este resultado.

¿Cuántos resultados posibles existen?

¿En cuántos resultados el Girador 1 apunta al azul y el Girador 2 apunta al anaranjado? ¿Cuál es la probabilidad de que esto suceda?

¿En cuántos resultados un girador que apunta al azul y la otra apunta al anaranjado? ¿Cuál es la probabilidad de que esto suceda?

¿En cuántos resultados el Girador 2 apunta al azul? ¿Cuál es la probabilidad de que esto suceda?

En algunas situaciones, contar los resultados no es tan fácil como parece. En esta lección, investigarás algunas estrategias para contar.

Investigación de laboratorio ▶ # Ingredientes para pizza

La Pizzería de Paula ofrece cuatro ingredientes para sus pizzas vegetarianas de queso.

Los clientes pueden ordenar una pizza con cualquier combinación de ingredientes, desde ningún ingrediente (solamente queso) hasta los cuatro ingredientes juntos. Sin embargo, un ingrediente puede usarse solamente una vez, un cliente no puede ordenar una pizza con dos porciones de pimientos verdes, por ejemplo.

MATERIALES

- cubos en 5 colores diferentes
- círculos para representar pizzas

Haz una predicción

1. ¿Cuántas pizzas diferentes crees que puedan hacerse utilizando estos cuatro ingredientes?

Pruébalo

Puedes explorar este problema al hacer un modelo. Utiliza los cubos de colores para representar los ingredientes y los círculos para representar las pizzas. Crea algunas pizzas colocando los cubos en los círculos. Recuerda, utiliza solamente una porción del ingrediente para cualquier pizza.

Mira si puedes hacer todas las pizzas posibles. Intenta encontrar una forma sistemática de organizar las pizzas para que te asegures que las encontraste todas.

2. Enumera todas las pizzas posibles. ¿Cuántas posibilidades hay?

Inténtalo otra vez

Ahora resolverás el problema nuevamente, pero con menos ingredientes disponibles para escoger. Mientras trabajas, busca un patrón en tus resultados que pueda confirmar tu respuesta al problema de las pizzas de cuatro ingredientes.

3. ¿Cuántas pizzas diferentes puedes hacer si sólo hay un ingrediente disponible?

4. ¿Cuántas pizzas diferentes puedes hacer si sólo hay dos ingredientes disponibles?

5. ¿Cuántas pizzas diferentes puedes hacer si sólo hay tres ingredientes disponibles?

6. Organiza tus resultados de las Preguntas 3 a la 5 en una tabla.

Ingredientes	1	2	3
Pizzas diferentes			

7. ¿Ves un patrón en tus resultados? Si es así, ¿el número de pizzas diferentes que hiciste con los cuatro ingredientes cabe en el patrón? Si no es así, revisa tu trabajo en las Preguntas 2 a la 5.

8. Supón que Paula agrega piña a la lista de ingredientes. ¿Cuántas combinaciones predices que son posibles ahora? Utiliza un quinto color para los cubos que represente la piña, y haz suficientes pizzas para ver un patrón y revisar tu predicción.

¿Qué aprendiste?

Repasa tus resultados en todos los problemas de las pizzas. Debes ver un patrón en ellos. Si no lo ves, revisa tu trabajo.

9. Utiliza el patrón en tus resultados para extender tu tabla hasta por lo menos 12 ingredientes. Puedes utilizar una calculadora, pero intenta completar la tabla sin utilizar los modelos de pizza hechos de papel y cubos.

10. Haz una lista de todos los ingredientes para pizza que conozcas. En un breve informe, explica cómo determinar el número de combinaciones que pueden hacerse de tu lista de ingredientes. En tu informe, también responde a esta pregunta:

Si ordenas un tipo de pizza diferente cada día, ¿cuántos días, semanas o meses pasarán antes de que hayas ordenado todas las posibilidades?

Investigación 1 Baloncesto uno a uno

Ally, Brevin, Carol y Doug están jugando baloncesto uno a uno. Para decidir los dos jugadores en cada juego, pusieron sus nombres en un sombrero y sacaron dos al azar.

Para encontrar la probabilidad de que Brevin y Carol jugarán el siguiente juego de uno a uno, puedes empezar por hacer una lista primero de todos los posibles pares entre los cuatro amigos. Cada par es un *resultado* en esta situación. El grupo de todos los resultados posibles (en este caso, el grupo de todos los pares posibles) se llama **espacio muestral.**

VOCABULARIO
espacio muestral

Existen muchas maneras de encontrar el espacio muestral para una situación particular, pero debes tener cuidado. Si hay muchos resultados posibles, puede ser difícil determinar si es que los enumeraste todos o si enumeraste un resultado más de una vez.

Serie de problemas A

Usarás un método sistemático para encontrar el espacio muestral a fin de sacar pares de nombres para la situación del baloncesto uno a uno.

1. Enumera todos los posibles pares de nombres que incluyan a Ally.
2. Enumera todos los posibles pares que incluyan a Brevin pero *no* a Ally (pues ya mencionaste ese par en el Problema 1).
3. Ahora enumera todos los pares que incluyan a Carol pero *no* a Ally ni a Brevin.
4. Revisa tus respuestas a los Problemas 1 al 3.
   a. ¿Hay algún par que hayas enumerado más de una vez o que hayas pasado por alto? Si es así, corrige tus errores.
   b. ¿Cuántos pares hay en total? Enuméralos.
5. Brevin quiere jugar contra Carol en el próximo juego.
   a. ¿Cuántos pares combinan a Brevin con Carol?
   b. ¿Cuál es la probabilidad de que Brevin juegue contra Carol en el próximo juego?

En la Serie de problemas A, calculaste que la probabilidad de que Brevin y Carol jueguen en el próximo juego es de $\frac{1}{6}$. Esto no significa necesariamente que en los siguientes seis sorteos el par de Brevin/Carol salga exactamente una vez. Es posible (aunque no muy probable) que se elija el par las seis veces o que el nombre de Carol no salga ni una sola vez.

Las probabilidades no te dicen qué es lo que pasará definitivamente. Te dicen lo que puedes esperar que *suceda a largo plazo.*

MATERIALES
- 4 tiras idénticas de papel
- un recipiente

Serie de problemas B

Escribe los cuatro nombres, *Ally, Brevin, Carol* y *Doug*, en tiras idénticas de papel y ponlas en el recipiente.

1. Supón que al azar (es decir, sin ver ni tratar de escoger un nombre por sobre otro) eliges 12 pares de nombres del recipiente, poniendo cada par de regreso en el recipiente después de cada elección. Basado en la probabilidad que encontraste en la Serie de problemas A, ¿cuántas veces esperarías elegir el par de Brevin/Carol?

Elige dos nombres al azar y registra los resultados. Devuelve los nombres al recipiente. Repite este proceso hasta que hayas elegido 12 pares.

2. ¿Cuántas veces elegiste el par de Brevin/Carol? ¿En qué se diferencian estos resultados experimentales con tu respuesta al Problema 1?

3. Cada grupo en tu clase eligió 12 pares de nombres. ¿Cuántos sorteos ocurrieron en tu clase? En este número de sorteos, ¿cuántas veces esperarías que se eligiera el par de Brevin/Carol?

4. Cada grupo en tu clase debe anotar ahora cuántas veces eligieron el par de Brevin/Carol. ¿Cuántas veces en total se eligió el par Brevin/Carol? ¿En qué se diferencia esto con tu respuesta al Problema 3?

A continuación investigarás qué sucede cuando un quinto jugador se añade a la situación del baloncesto uno a uno.

Serie de problemas C

1. Supón que Evan se une a Ally, Brevin, Carol y Doug.
   a. ¿Cuántos nuevos pares pueden formarse ahora que no podían formarse antes de que Evan se integrara?
   b. ¿Cuál es el tamaño del nuevo espacio muestral?
   c. Para verificar el tamaño del nuevo espacio muestral, anota sistemáticamente todos los pares posibles. (En lugar de escribir los nombres completos, utiliza solamente la inicial de cada jugador.)
2. Observa el nuevo espacio muestral que enumeraste en el Problema 1.
   a. ¿Cuántos pares incluyen a Evan? ¿Cuáles son?
   b. ¿Cuál es la probabilidad de que el próximo juego incluya a Evan?

En la Serie de problemas C, calculaste la probabilidad de que ocurriera el siguiente evento: *Evan está incluido en el par.* Este evento en particular tiene cuatro resultados en el espacio muestral: Evan/Ally, Evan/Brevin, Evan/Carol y Evan/Doug.

Si sabes que los resultados en un espacio muestral son *equiprobables* (o sea, que cada resultado tiene la misma oportunidad de ocurrir) es fácil calcular la probabilidad de un evento en particular.

EJEMPLO

Los nombres *Ally, Brevin, Carol, Doug* y *Evan* se ponen dentro de un sombrero y se saca al azar un par de nombres. ¿Cuál es la probabilidad de que el par incluya a Ally o Brevin (o ambos)?

El espacio muestral consiste en 10 resultados:

Ally/Brevin	Ally/Carol	Ally/Doug	Ally/Evan
Brevin/Carol	Brevin/Doug	Brevin/Evan	Carol/Doug
Carol/Evan	Doug/Evan		

De estos 10 resultados, 7 incluyen a Ally o Brevin:

Ally/Brevin	Ally/Carol	Ally/Doug	Ally/Evan
Brevin/Carol	Brevin/Doug	Brevin/Evan	

Ya que cada par tiene la misma oportunidad de ser elegido, la probabilidad de que el par incluya a Ally o Brevin es $\frac{7}{10}$.

Serie de problemas D

Los nombres *Ally, Brevin, Carol, Doug* y *Evan* se ponen en un sombrero y se elige al azar un par de nombres.

1. ¿Cuál es la probabilidad de que el par incluya a Doug?
2. ¿Cuál es la probabilidad de que el par incluya a Carol o Evan (o ambos)?
3. ¿Cuál es la probabilidad de que el par no incluya a Brevin?
4. ¿Cuál es la probabilidad de que el par incluya a Ally o Brevin o Doug?
5. ¿Cuál es la probabilidad de que el par incluya a Carol pero no a Doug?
6. ¿Cuál es la probabilidad de que el par incluya a Ally y Evan?
7. Inventa una pregunta como las de los Problemas 1 al 6 que incluya un evento con una oportunidad de ocurrir de 2 en 10.
8. Inventa otra pregunta como las de los Problemas 1 al 6 y da la respuesta a tu pregunta.

Comparte & resume

Si todos los resultados en un espacio muestral son equiprobables, ¿cómo puedes calcular la probabilidad de que ocurra un evento en particular?

Investigación 2 Más estrategias para contar

Ya has visto que para encontrar la probabilidad de un evento, debes encontrar el tamaño del espacio muestral. En la Investigación 1, utilizaste una estrategia sistemática para enumerar todos los posibles pares para un partido de uno a uno. En esta investigación, descubrirás otras estrategias útiles para contar.

Piensa & comenta

Jesse y Marcus tienen los cinco cedés de su banda favorita, X Cuadrada:

- *Ansiedad algebraica*
- *Binomios averiados*
- *Calculando con calma*
- *Demasiados problemas*
- *El perro se comió mi tarea*

Los amigos quieren escuchar todos los cinco cedés. Predice el número de arreglos diferentes en que pueden tocarlos.

Para calcular el número de formas en se puede ordenar el grupo de cedés, puedes enumerar todas las probabilidades. Con solamente un cedé, existe obviamente un solo arreglo. Con dos cedés (llámalos A y B) existen dos arreglos posibles: AB y BA. Con tres cedés, existen seis arreglos:

ABC ACB BAC BCA CAB CBA

La tabla y el diagrama de árbol muestran cómo se pueden ordenar o enumerar estos cedés. Una lista en que el orden es importante se llama *permutación*.

Para asegurarte que no olvidaste ninguna posibilidad, necesitas un método sistemático para contar y anotar. Puedes enumerar las posibilidades para tres cedés en una tabla.

A primero	B primero	C primero
ABC	BAC	CAB
ACB	BCA	CBA

O podrías organizarlos utilizando un *diagrama de árbol.*

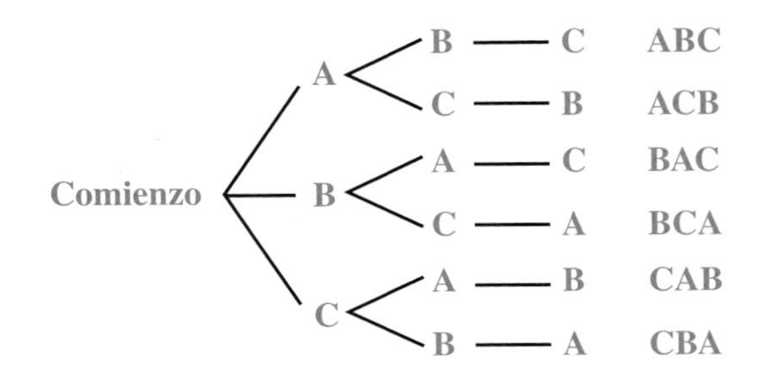

El diagrama de árbol funciona de manera similar a la tabla. Muestra que hay tres formas de empezar: A, B o C. Luego hay dos opciones para el segundo cedé y una opción para el tercero.

Serie de problemas E

Considera el caso de cuatro cedés: A, B, C y D.

1. Predice el número de maneras en que pueden ordenarse estos cuatro cedés.

2. Haz una lista organizada de todas las posibilidades en que se toca A primero. Para hacer esto, haz un diagrama de árbol como el que aparece a la derecha:

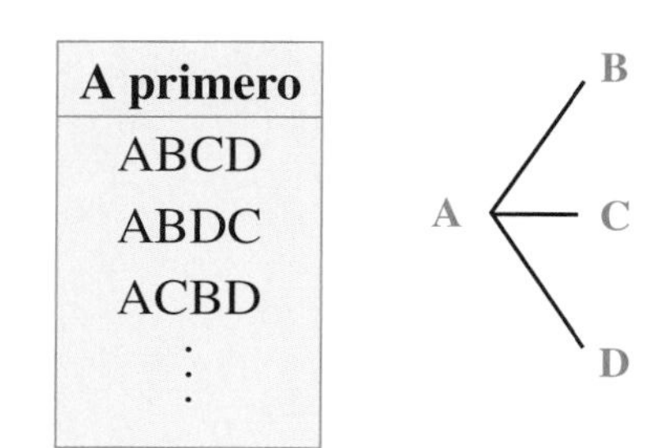

A primero
ABCD
ABDC
ACBD
⋮

3. El número de arreglos de cuatro cedés en que A es el primero es igual al número total de formas en que pueden ordenarse tres cedés. Explica por qué.

4. ¿Por qué el número diferentes de arreglos de cuatro cedés en que B es el primero es igual al número de arreglos de cuatro cedés en que A es el primero?

5. Enumera todos los arreglos en que B es el primero. Luego enumera todos los arreglos en que C es el primero. Por último, enumera todos los arreglos en que D es el primero. Usa tu respuesta del Problema 4 para verificar que hayas enumerado todas las posibilidades.

6. ¿Cuántos arreglos posibles hay en total? Si sabes cuántas anotaciones hay en cada lista, ¿cómo puedes calcular el número total de entradas sin contarlas todas?

7. ¿Es tu estimación del Problema 1 mayor o menor que el número verdadero de arreglos?

8. Ahora regresa al problema que se presentó en Piensa & comenta de la página 551: ¿en cuántos arreglos diferentes pueden Jesse y Marcus tocar sus cinco cedés? Intenta calcular la respuesta *sin* enumerar todas las posibilidades. Muestra cómo la calculaste.

Si consideras los arreglos de los cedés como los resultados en un espacio muestral, puedes calcular las probabilidades de eventos específicos.

EJEMPLO

Considera todos los arreglos de los cuatro cedés: A, B, C y D. Si uno de estos arreglos se selecciona al azar, ¿cuál es la probabilidad de que B aparezca antes que D?

En la Serie de problemas E, encontraste que hay 24 resultados en el espacio muestral para esta situación. B aparece antes que D en 12 de los 24 resultados.

ABCD	BACD	CABD
ABDC	BADC	CBAD
ACBD	BCAD	CBDA
	BCDA	
	BDAC	
	BDCA	

Entonces, la probabilidad de que B se toque antes que D es de $\frac{12}{24}$ ó 50%.

En la Serie de problemas F, encontrarás la probabilidad de otros eventos que implican el orden en el que se pueden tocar los cuatro cedés.

Serie de problemas F

En los Problemas 1 al 7, calcula la probabilidad de que ocurra un evento dado. Antes de comenzar, asegúrate de tener una lista completa de los 24 resultados en el espacio muestral para esta situación.

1. C sigue inmediatamente a B.

2. A toca al final.

3. C no se toca primero.

4. B toca antes que A.

5. D se toca primero *y* A se toca de último.

6. Los cedés se tocan en el orden CBAD.

7. A se toca primero *y* C no se toca de último.

8. La probabilidad de que A se toque al final es la misma que la probabilidad de que B se toque al final. Explica por qué.

9. ¿Por qué las posibilidades de que A se toque al final son las mismas de que A se toque al principio?

10. ¿Cómo puedes usar las posibilidades de que C se toque primero para revisar tu respuesta al Problema 3?

11. Si la probabilidad de un evento es $\frac{1}{4}$, ¿cuál es la probabilidad de que el evento *no* ocurra? Explica cómo encontraste tu respuesta.

12. Si la probabilidad de un evento es p, donde p es un número entre 0 y 1, ¿cuál es la probabilidad de que el evento no ocurra?

Describe un evento relacionado con el problema de los cedés con las probabilidades dadas.

13. $\frac{6}{24}$ **14.** $\frac{22}{24}$ **15.** $\frac{24}{24}$ **16.** $\frac{3}{24}$

Comparte & resume

1. Kai encontró un atajo para determinar el número de maneras para ordenar los cedés. Pensó: "Para cinco cedés, multiplica 5 por el número de formas en que se pueden poner cuatro cedés en orden. De hecho, para n cedés, sólo multiplica n por el número de formas para poner $n - 1$ cedés en orden".

a. Solamente existe una forma para ordenar un cedé. Usa el método de Kai para encontrar el número de formas en que se pueden ordenar dos cedés. ¿Funcionó?

b. Utiliza el método de Kai y tu respuesta a la Parte a para encontrar el número de formas en que se pueden ordenar tres y cuatro cedés. ¿Funcionó?

c. Explica por qué el método de Kai tiene sentido.

d. ¿Cuántas formas hay para ordenar siete cedés?

2. Lucita pensó que podría usar la estrategia de la Serie de problemas E para encontrar el número de parejas uno a uno de Ally, Brevin, Carol y Doug. Ella comenzó por enumerar las posibilidades.

Ally primero
Ally/Brevin
Ally/Carol
Ally/Doug

Lucita dijo: —Existen tres resultados en esta lista, y habrá cuatro listas (una para cada amigo) así que hay 12 pares en total. ¿Está en lo correcto? Explica.

Investigación 3 Estrategias para contar con el uso de patrones

En la Investigación 1, encontraste el tamaño del espacio muestral haciendo una lista de todas las posibilidades (todos los pares de uno a uno). En la Investigación 2, observaste que algunas veces puedes descubrir un patrón que te permite encontrar el número total de resultados sin tener que enumerarlos todos. En esta investigación, explorarás otras estrategias para contar.

Recuerda
Los números enteros son enteros no negativos, o los números 0, 1, 2, 3, ...

Piensa & comenta

Dos números enteros suman 12. ¿Cuáles podrían ser estos números?

Enumera cada par de números enteros que sumen 12. Asegúrate de haber enumerado todas las posibilidades. ¿Cuántos pares hay? (En esta situación el orden no importa. El par 3-9 es el mismo que el par 9-3.)

Predice cuántos pares de números enteros pueden sumar 100.

Una estrategia para encontrar el número de pares de números enteros que sumen 100 es considerar primero algunos problemas más simples y buscar un patrón.

Serie de problemas G

1. La suma de dos números enteros es 10. Tres pares posibles son 0-10, 1-9 y 2-8. ¿Cuáles son los otros pares? ¿Cuántos pares hay en total?

2. Ahora anota todos los pares de números enteros que sumen 11. ¿Cuántos pares hay?

3. Regresa al Piensa & comenta de esta página. ¿Cuántos pares de números enteros suman 12?

4. Copia y completa la tabla para mostrar el número de pares de números enteros para cada suma.

Suma	10	11	12	13	14	15	16
Número de pares							

5. Copia esta tabla y utiliza cualquiera de los patrones que has observado para encontrar el número de pares de números enteros para cada suma dada.

Suma	20	27	40	80	100	275
Número de pares						

6. Observa las sumas pares e impares y el número de combinaciones que las producen.

a. Escribe dos expresiones (una para las sumas pares y otra para las sumas impares) que describan la relación entre la suma S y el número de pares de números enteros que producen esa suma.

b. Explica porqué las expresiones para las sumas pares y las sumas impares son diferentes.

Una vez que conoces el tamaño del espacio muestral, puedes calcular la probabilidad de que un evento ocurra.

Serie de problemas H

Utiliza los patrones y las respuestas que encontraste en la Serie de problemas G para determinar estas probabilidades.

1. Todos los pares de números enteros que suman 20 se ponen dentro de un sombrero y se elige uno al azar.

a. ¿Cuál es el tamaño del espacio muestral en esta situación?

b. ¿Cuál es la probabilidad de que uno de los números en el par seleccionado sea mayor que 14? Explica cómo encontraste tu respuesta.

2. Todos los pares de números enteros que suman 100 se ponen dentro de un sombrero y se elige uno al azar.

a. ¿Cuál es el tamaño del espacio muestral en esta situación?

b. ¿En cuántos pares ambos números son menores que 60? Enuméralos.

c. ¿Cuál es la probabilidad de que los dos números en el par seleccionado sean menores que 60?

3. Todos los pares de números enteros que suman 55 se ponen dentro de un sombrero y se elige uno al azar.

a. ¿Cuál es el tamaño del espacio muestral en esta situación?

b. ¿Cuántos pares incluyen un número mayor a 48? Enuméralos.

c. ¿Cuál es la probabilidad de escoger un par en que ninguno de los dos números sea mayor a 48?

Hasta ahora, has utilizado tres estrategias para encontrar el tamaño del espacio muestral:

- Enumerar todas las posibilidades sistemáticamente.
- Comenzar una lista sistemática de las posibilidades y buscar un patrón que te ayudará a encontrar el número total, sin tener que completar toda la lista.
- Empezar con casos más simples y buscar un patrón lógico que puedas extender a los casos más complicados.

En la Serie de problemas I, encontrarás el tamaño del espacio muestral al dividirlo en partes manejables. El problema en el que trabajarás es similar a los de la Serie de problemas G, pero un poco más complicado.

Serie de problemas I

Considera este problema: *Tres números enteros tienen una media de 3. ¿Cuántos triples de números enteros de este tipo pueden existir? ¿Cómo puedes asegurarte de haberlos encontrado todos?* Aquí hay una forma para estudiar este problema.

1. Si la media de tres números enteros es 3, ¿cuál es su suma? ¿Por qué?

Ahora puedes replantear este problema para encontrar todas las combinaciones de tres números que sumen 9.

2. Cuando enumeras las combinaciones de los tres números enteros que suman 9, ¿es importante el *orden* de los números? Por ejemplo, el triple 1-2-6 ¿se considera igual o diferente que la combinación 6-2-1?

3. Una forma de dividir el problema en partes manejables es comenzar por pensar en todas las combinaciones de tres números enteros donde por lo menos un número sea 0. Enumera todos los triples que sumen 9. ¿Cuántos hay?

4. Para continuar enumerando las combinaciones, podrías decidir encontrar todas aquellas combinaciones que contengan por lo menos un 1 pero ningún 0.

a. ¿Por qué excluirías los ceros de los triples en esta etapa?

b. Enumera los triples que contengan por lo menos un 1 pero ningún 0. ¿Cuántos hay?

5. Continúa este proceso. Enumera todos los triples que contengan por lo menos un 2 pero ningún 0 ó 1, y luego todos los triples que incluyan por lo menos un 3 pero ningún 0, 1 ó 2. Completa la tabla.

Número menor en el triple	0	1	2	3
Número de triples	5			

6. ¿Por qué no se necesitan más columnas en esta tabla? En otras palabras, explica por qué no necesitas considerar los triples en donde el número más pequeño sea 4, 5 ó cualquier número mayor.

7. ¿Cuántos triples diferentes hay en total?

8. Si todos los triples se ponen dentro de un sombrero, ¿cuál es la probabilidad de elegir una combinación donde el número más pequeño sea 0? ¿Y donde el número más pequeño sea 4?

9. Utiliza la estrategia de dividir el problema en partes más pequeñas para encontrar el número de triples de números enteros cuya media sea 4.

Comparte & resume

Una serie de cuatro números tiene una media de *m*. Explica cómo encontrarías el número de conjuntos de números enteros que se ajustan a esta descripción.

Ejercicios por tu cuenta

Practica & aplica

1. Tres amigos (Avery, Batai y Chelsea) se reúnen para jugar ajedrez. Para determinar quién jugará contra quién, ponen sus nombres dentro de un sombrero y eligen dos al azar.

a. Enumera todos los pares posibles de nombres.

b. ¿Cuál es la probabilidad de que Batai y Chelsea se enfrenten en el próximo juego?

c. Tres amigos más (Donae, Eric y Fran) se unen al grupo. ¿Cuántos pares posibles hay ahora? Enuméralos.

d. ¿Cuál es la probabilidad de que la próxima partida la jueguen Avery o Eric (o ambos)?

e. ¿Cuál es la probabilidad de que la próxima partida *no* incluya a Batai?

2. Deportes Te han pedido que organices los partidos para las competencias individuales en tu club local de tenis. Hay siete jugadores en la competencia y cada uno debe jugar contra cada jugador una vez.

a. Los partidos para el Jugador A aparecen en la siguiente lista. Nota que esta lista ya incluye el partido del Jugador A contra el Jugador B. Copia la tabla, y en la fila del Jugador B enumera todos los otros partidos que el Jugador B debe jugar. (En otras palabras, enumera todos los partidos que incluyen al Jugador B pero *no* incluyen al Jugador A.)

Jugador	Partidos por jugar	Número de partidos
A	AB, AC, AD, AE, AF, AG	6
B		
C		
D		
E		
F		
G		

b. Predice el número de partidos que el Jugador C debe jugar que *no* incluyan a los Jugadores A o B. Escribe tu predicción en la columna "Número de partidos".

c. Predice el número de partidos para los jugadores restantes. En cada caso, considera sólo aquellos partidos que *no* incluyan a los jugadores enumerados por encima de ese jugador.

d. Revisa tus predicciones haciendo una lista de los partidos para cada jugador.

e. Describe el patrón en la columna de "Número de partidos". ¿Por qué crees que ocurre este patrón?

f. Encuentra el número total de partidos que se jugarán en la competencia individual.

g. Usa lo que descubriste en este problema para predecir el número total de partidos en una competencia individual con ocho jugadores. Explica cómo encontraste tu respuesta.

3. Petra quiere hacer un retiro de dinero del cajero automático, pero no puede recordar su número de identificación personal. Ella sabe que incluye los dígitos 2, 3, 5 y 7, pero no puede recordar el orden. Decide intentar todos los arreglos posibles hasta que encuentre el correcto.

a. ¿Cuántos arreglos son posibles?

b. Petra recuerda que el primer dígito es un número impar. ¿Cuántos arreglos son posibles ahora?

c. Petra luego recuerda que el primer dígito es 5. ¿Cuántos arreglos son posibles ahora?

4. El botón de "Shuffle" en el reproductor de cedés de Tamika toca las canciones en orden aleatorio. Tamika pone un cedé de cuatro canciones en el reproductor y oprime la función de "Shuffle".

a. ¿En cuántas formas se pueden ordenar las cuatro canciones?

b. ¿Cuál es la probabilidad de que la Canción 1 se toque primero?

c. ¿Cuál es la probabilidad de que la Canción 1 *no* se toque primero?

d. Las Canciones 2 y 3 son las favoritas de Tamika. ¿Cuál es la probabilidad de que *una* de estas dos canciones se toque primero?

e. ¿Cuál es la probabilidad de que las Canciones 2 y 3 sean las primeras dos en tocarse (en cualquier orden)?

5. Todos los pares de números enteros que suman 26 se ponen dentro de un sombrero y se elige uno al azar.

a. Enumera todos los pares de números enteros posibles que sumen 26.

b. ¿Cuál es el tamaño del espacio muestral en esta situación?

c. ¿Cuál es la probabilidad de que por lo menos uno de los números en el par seleccionado sea mayor o igual a 15? Explica cómo encontraste tu respuesta.

d. ¿Cuál es la probabilidad de que ambos números en el par seleccionado sean menores que 15? Explica.

6. **Reto** Todos los pares de números enteros que suman 480 se ponen dentro de un sombrero y se elige uno al azar.

a. ¿Cuál es el tamaño del espacio muestral en esta situación?

b. ¿Cuál es la probabilidad de que uno de los números en el par seleccionado sea mayor que 300? Explica cómo lo supiste.

7. Tres números enteros tienen una media de 5.

a. Enumera todos los triples de números enteros que tengan una media de 5 y explica cómo sabes que los encontraste todos.

b. ¿Cuántos triples de números enteros de este tipo existen?

c. Supón que todos los triples de números enteros con una media de 5 se ponen dentro de un sombrero y se elige uno al azar. ¿Cuál es la probabilidad de que por lo menos dos de los números en el triple sean iguales?

Conecta & amplía

8. La familia Álvarez (Amelia, Bernie, Carlos, Dina, Eduardo y Flora) quieren formar dos equipos de tres integrantes para jugar a las adivinanzas. Ponen sus nombres dentro de un sombrero y escogen tres nombres para formar un equipo. Los tres jugadores restantes formarán el otro equipo.

a. ¿Cuántos equipos diferentes son posibles? Enuméralos todos.

b. ¿Cuál es la probabilidad de que los tres nombres elegidos incluyan a Amelia o Eduardo (o ambos)?

c. ¿Cuál es la probabilidad de que los tres nombres elegidos incluyan tanto a Amelia como a Eduardo?

d. ¿Cuál es la probabilidad de que los tres nombres elegidos no incluyan ni a Amelia ni a Eduardo?

e. ¿Cuál es la probabilidad de que Amelia y Eduardo estén en el mismo equipo? Explica cómo encontraste tu respuesta.

9. Cinco amigos de séptimo grado (Anya, Ben, Calvin, Dan y Ezra) desafiaron a cinco amigos de octavo grado (Vic, Wendi, Xavier, Yvonne y Zac) a un torneo de backgammon. Pusieron los nombres de los amigos de séptimo en un sombrero y los nombres de los de octavo en otro. Para determinar los dos jugadores de cada partida, sacaron un nombre de cada sombrero.

a. ¿Cuál es el tamaño del espacio muestral en esta situación? Es decir, ¿cuántos pares diferentes de nombres son posibles? Explica.

b. ¿Cuál es la probabilidad de que la siguiente partida incluya a Anya pero no a Xavier o a Yvonne?

c. ¿Cuál es la probabilidad de que el siguiente par seleccionado no incluya a Calvin?

d. Supón que los 10 nombres se ponen sólo en un sombrero y que se eligen dos al azar. ¿Cuál es la probabilidad de que el par incluya a alguien de séptimo grado y alguien de octavo grado? Explica.

10. Kai está ayudando a planificar un día de campo escolar. Cada almuerzo incluirá un emparedado, un acompañamiento y un postre. Las opciones posibles para cada uno aparecen a continuación.

Emparedado	Acompañamiento	Postre
mantequilla de maní	ensalada	fruta fresca
queso	papas fritas	galleta
ensalada de huevo		pastel de queso
		tarta

a. ¿Cuántas combinaciones diferentes de almuerzo son posibles?

Kai y sus colaboradores hacen un número igual de bolsas para cada combinación, pero olvidaron marcarlas. Suponte que cuando una persona toma una bolsa, cada combinación tiene la misma probabilidad de estar dentro de la bolsa que cualquier otra.

b. A Bharati no le importa el postre que reciba, pero realmente quiere un emparedado de huevo y una ensalada. ¿Cuál es la probabilidad de que su almuerzo incluya estos dos elementos?

c. A Evan no le gustan los huevos. ¿Cuál es la probabilidad de que escoja una bolsa que *no* incluya un emparedado de ensalada de huevo?

11. En este ejercicio, pensarás acerca de las diferentes maneras en que un número de personas pueden sentarse a lo largo de una banca y alrededor de una mesa circular.

a. ¿En cuántas maneras pueden sentarse tres personas (llámalas A, B y C) a lo largo de una banca? Enumera todas las posibilidades.

b. Si las tres personas están acomodadas alrededor de una mesa circular, no habrá un punto para comenzar o terminar. Entonces, por ejemplo, estos dos arreglos se consideran iguales.

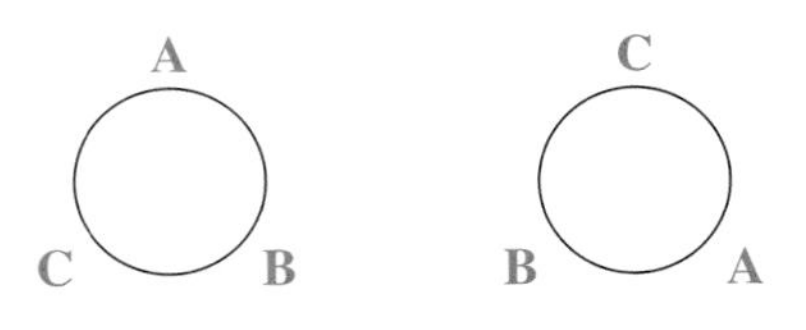

¿En cuántas maneras *diferentes* pueden acomodarse tres personas alrededor de una mesa circular? Esboza todas las posibilidades.

c. Copia y completa la tabla para mostrar en cuántas maneras puede acomodarse un número dado de personas a lo largo de una banca y alrededor de una mesa circular.

Personas	Arreglos por fila	Arreglos en círculo
1	1	1
2		
3		
4		

d. Describe por lo menos un patrón que observes en tu tabla.

e. Cinco personas pueden acomodarse a lo largo de una banca en 120 maneras diferentes. Utiliza los patrones en tu tabla para predecir el número de formas en que cinco personas pueden sentarse alrededor de una mesa circular.

12. Un programador escribió un software que compone piezas de música al combinar segmentos musicales al azar. Para cada pieza, el programa escoge 4 diferentes segmentos al azar de un grupo de 20 posibles segmentos y los combina en un orden aleatorio.

¿Cuántas piezas musicales diferentes pueden crearse de esta manera? (Ayuda: ¿Cuántas opciones hay para el primer segmento? Para cada una de ellas, ¿cuántas opciones hay para el segundo segmento?)

En tus
propias
palabras

Explica dos estrategias para contar que puedes utilizar para encontrar el tamaño de un espacio muestral.

13. La Srta. McDonald sólo cría pollos y cerdos en su granja. Si sabes cuántas patas hay en el granero de la Srta. McDonald, puedes encontrar todas las posibles combinaciones de cerdos y pollos. Por ejemplo, si hay 6 patas, puede haber 3 pollos ó 1 pollo y 1 cerdo.

a. Copia y completa la tabla para mostrar las combinaciones posibles para los diferentes números de patas. La notación 3P-0C significa 3 pollos y ningún cerdo.

Patas	Combinaciones	Número de combinaciones
2	1C-0P	1
4		
6	3C-0P, 1C-1P	2
8		
10		
12		
14		

b. Predice el número de combinaciones para 16 patas y para 18 patas. Revisa tus predicciones haciendo una enumeración de todas las posibilidades.

c. **Reto** Escribe dos expresiones que describan el número de combinaciones de pollo-cerdo para un número L de patas. Una de tus expresiones debe ser para los valores de L que sean múltiplos de 4, la otra debe ser para los valores de L que no sean múltiplos de 4.

d. Hay 42 patas en el granero. Si suponemos que cada posible combinación de cerdos y pollos es equiprobable, ¿cuál es la probabilidad de que haya 8 cerdos y 5 pollos en el granero?

Repaso mixto

Escribe una ecuación de la recta que es paralela a la recta dada.

14. $2(y - 3) = {}^-7x + 1$ **15.** $x = {}^-2 - y$

Vuelve a escribir cada expresión utilizando una sola base y un solo exponente.

16. $2^5 \cdot 2^{-8} \cdot 2^{2p}$ **17.** $({}^-3^{3m})^6$ **18.** $k^7 \cdot 2^7$

Resuelve cada desigualdad y grafica la solución en la recta numérica.

19. $5(9 - x) \leq 4(x + 18)$ **20.** $3x - 9 < {}^-4.5x + 6$

Factoriza cada expresión.

21. ${}^-3x^2 + 3x + 18$ **22.** $0.5a^2 - 2a - 16$

Copia cada expresión y añade una constante para completar el cuadrado.

23. $a^2 + 0.4a +$ _____ **24.** $b^2 - 12b +$ _____

25. Supón que cierto tipo de célula se divide en dos cada media hora.

a. Haz una tabla que muestre cuántas células habrá al final de cada hora, empezando por una célula, por un período de 4 horas.

Tiempo (h)	0	1	2	3	4	5
Células	1					

b. Escribe una ecuación para el número de células c en t horas.

c. Grafica los datos de tu tabla, mostrando tiempos de hasta 4 horas en el eje horizontal.

26. Relaciona estas 12 expresiones para crear seis pares de expresiones donde una expresión sea la versión reducida de la otra.

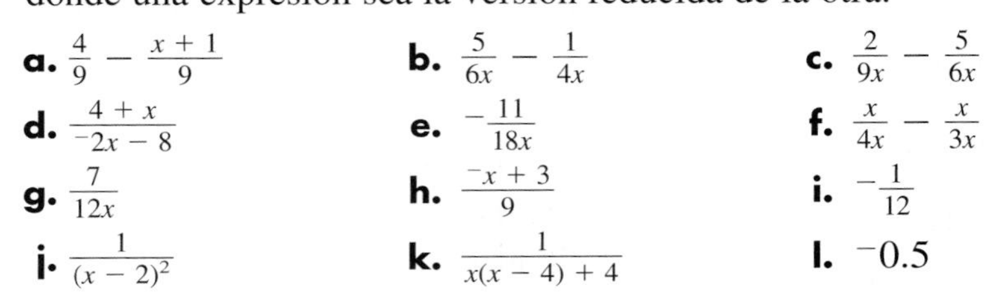

a. $\frac{4}{9} - \frac{x+1}{9}$ **b.** $\frac{5}{6x} - \frac{1}{4x}$ **c.** $\frac{2}{9x} - \frac{5}{6x}$

d. $\frac{4+x}{^-2x-8}$ **e.** $-\frac{11}{18x}$ **f.** $\frac{x}{4x} - \frac{x}{3x}$

g. $\frac{7}{12x}$ **h.** $\frac{^-x+3}{9}$ **i.** $-\frac{1}{12}$

j. $\frac{1}{(x-2)^2}$ **k.** $\frac{1}{x(x-4)+4}$ **l.** $^-0.5$

Geometría El área del sector de un círculo se encuentra al multiplicar la razón de la medida del ángulo del sector sobre 360 por el área del círculo:

$$\text{área del sector} = \frac{\text{medida del ángulo del sector (en grados)}}{360°} \cdot \pi r^2$$

Encuentra el área de cada sector.

27. **28.** **29.**

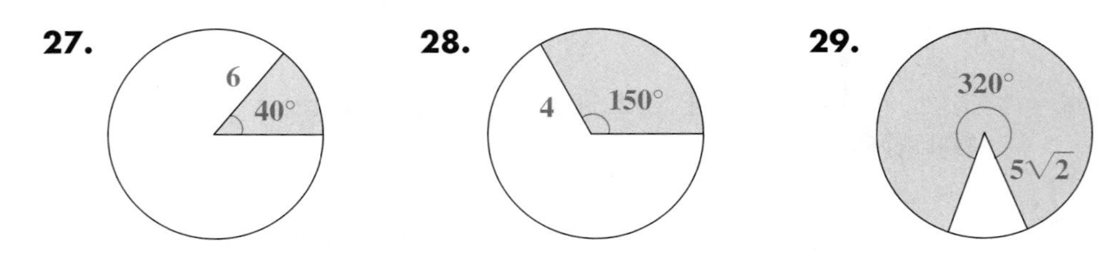

Di si cada relación es una función.

30. **31.** **32.**

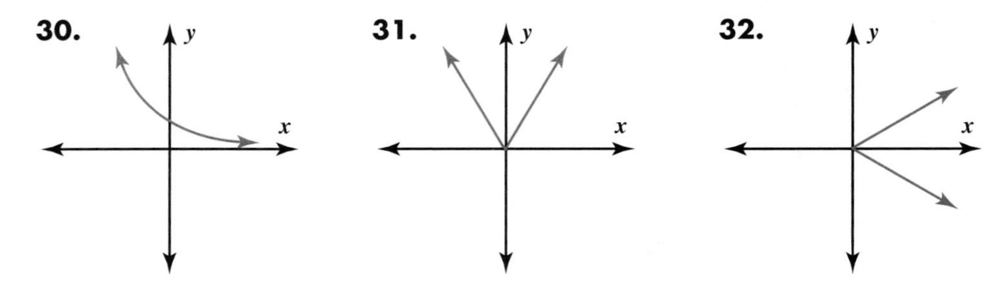

Distribuciones de probabilidad

Supón que estás planificando un viaje de campamento. Si crees que es posible que llueva durante el viaje, probablemente empacarás un impermeable, botas, una carpa y otros utensilios para la lluvia.

El entender la probabilidad de ciertos eventos puede ayudarte a tomar decisiones y a hacer predicciones. A veces, puedes usar el sentido común o la lógica para decidir si un evento es más probable que otro.

En algunas situaciones, puedes determinar qué es más probable que ocurra sólo después de un análisis más cuidadoso. En esta lección, analizarás situaciones y juegos para determinar la probabilidad de ciertos eventos.

Piensa & comenta

Enumera todos los resultados posibles de lanzar dos dados, uno después del otro.

¿Son todos los resultados igualmente probables?

¿Cuál es la probabilidad de que obtengas números dobles (ambos dados muestran el mismo número)?

¿Cuál es la probabilidad de que por lo menos un dado muestre un 3?

¿Qué es más probable: lanzar por lo menos un 3 ó sacar dobles? ¿Podrías haber contestado esta pregunta sin contar todas las combinaciones para cada una? Explica.

Investigación 1 Compara probabilidades de eventos

Ahora verás las probabilidades que resultan de lanzar los dos dados y determinarás cuál de los dos eventos es más probable.

MATERIALES
2 dados

Serie de problemas A

Tamika lanzó los dos dados 15 veces. En cada lanzamiento, multiplicó los dos números. Basándose en sus hallazgos, conjeturó que sacar un producto par es más probable que uno impar.

1. Lanza un par de dados 15 veces y anota si cada producto es par o impar. ¿Tus resultados apoyan la conjetura que hizo Tamika?

Para averiguar si es que un producto par o impar es más probable, podrías encontrar los productos para todos los 36 posibles tiros y contar cuántos son pares y cuántos son impares.

Una forma más fácil de analizar la conjetura de Tamika es utilizar lo que sabes acerca de multiplicar factores pares e impares. En cada dado, la probabilidad de sacar un número impar es igual que la probabilidad de sacar un número par, así que puedes simplemente calcular si es que cada posible combinación es impar o par:

par × par   par × impar   impar × par   impar × impar

2. Copia y completa la tabla para mostrar si es que el producto de cada combinación de factores pares o impares es a su vez par o impar.

Dado 1

	×	Par	Impar
Dado 2	Par	par	
	Impar		

3. ¿Qué es más probable que ocurra: un producto par o un producto impar?

4. Completa estos enunciados de probabilidad.

a. La probabilidad de que el producto de los dos dados sea par es de ____ de 4.

b. La probabilidad de que el producto de los dos dados sea impar es de ____ de 4.

5. Supón que, en vez de lanzar los dados para determinar los factores a multiplicar, Tamika gira estos giradores.

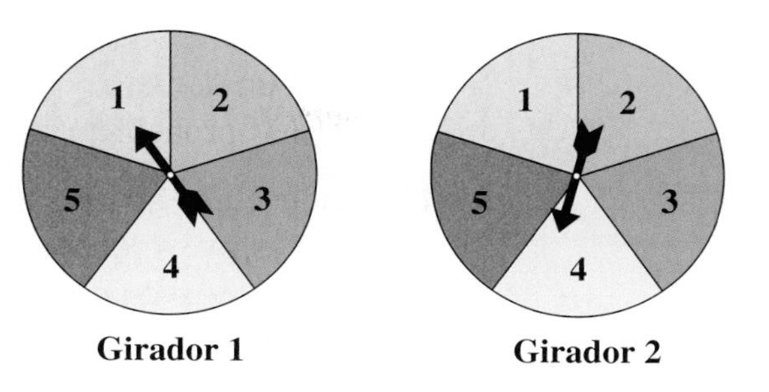

a. Predice si un producto par o un producto impar es más probable.

b. ¿Puedes utilizar tu tabla del Problema 2 para determinar si es que un producto impar o par es más probable? ¿Por qué sí o por qué no?

c. Determina sistemáticamente la probabilidad de sacar un producto par y la probabilidad de sacar un producto impar. Podría serte útil completar una tabla de multiplicación como la que aparece abajo.

		Girador 1				
	×	1	2	3	4	5
	1					
	2					
Girador 2	3					
	4					
	5					

Algunos juegos se basan completamente en usar destrezas, algunos se basan en la suerte y algunos se basan en una combinación de ambas cosas.

MATERIALES

2 dados

Serie de problemas B

Tamika también tenía curiosidad sobre qué pasaría si lanzaba los dos dados y consideraba un número como la base y el otro como su exponente. ¿El resultado sería más probablemente par o impar?

1. Conduce un experimento para predecir si es que un resultado par o impar es más probable. Antes de comenzar, señala un dado como la base y el otro como el exponente. Lanza los dados 15 veces y anota si el resultado, $dado1^{dado2}$, es par o impar. Haz una predicción que se base en tus resultados.

2. Ya que un número impar es tan probable de ocurrir como un número par, puedes analizar las posibles combinaciones como lo hiciste en la Serie de problemas A. Completa la tabla para indicar si es que elevar la base dada al exponente dado tiene un resultado par o impar.

	Exponente par	**Exponente impar**
Base par		
Base impar		

3. ¿Qué es más probable que ocurra: un resultado par o un resultado impar?

4. Completa estos enunciados de probabilidad.

   a. La probabilidad de que $dado1^{dado2}$ sea par es _____.

   b. La probabilidad de que $dado1^{dado2}$ sea impar es _____.

Comparte & resume

Supón que giraste estas dos giradores y sumaste los resultados. Describe dos maneras en que podrías determinar si es más probable que una suma sea impar o par.

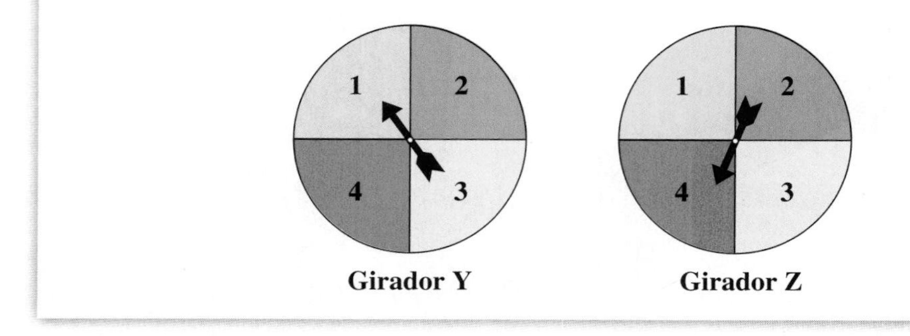

Girador Y Girador Z

Investigación 2 El juego de ¿Cuál es la diferencia?

Muchos juegos tienen que ver con la suerte. Averiguar las probabilidades de los eventos que suceden en un juego puede ayudarte a determinar si es que el juego es justo.

MATERIALES
- 2 dados
- papel cuadriculado

Serie de problemas C

Héctor y Mikayla están jugando un juego que se llama *¿Cuál es la diferencia?* En cada ronda, cada uno lanza un dado y encuentran la diferencia entre los números. Cuando los números son diferentes, restan el número menor del número mayor.

- El jugador 1 anota 1 punto si la diferencia es 0, 1 ó 2.
- El jugador 2 anota 1 punto si la diferencia es 3, 4 ó 5.

Cada juego consta de diez rondas (tiros de los dados).

1. ¿Quién crees que tenga más probabilidad de ganar una ronda, el Jugador 1 ó el Jugador 2?

2. Con un compañero, juega 10 rondas de *¿Cuál es la diferencia?* Anota quién gana. Luego, sin cambiar de lado (es decir, califica el segundo juego igual que el primero) juega otras 10 rondas. ¿Ganó el mismo jugador ambos juegos?

3. Puedes analizar este juego al hacer una tabla de diferencias para todos los tiros posibles. Completa esta tabla para mostrar la diferencia para cada lanzamiento posible.

Tiro del Jugador 2

	–	1	2	3	4	5	6
	1						
	2						
Tiro del Jugador 1	3						
	4						
	5						
	6						

4. ¿Cuántos de los 36 tiros de los dados producen una diferencia de 5? ¿Cuáles son estos tiros?

5. Completa la tabla para mostrar la probabilidad de sacar cada diferencia.

Diferencia	0	1	2	3	4	5
Probabilidad						

6. Haz una gráfica de barras para mostrar la probabilidad de cada diferencia. Tu gráfica de barras completa mostrará la *distribución de la probabilidad*—cómo se distribuyen las probabilidades entre las posibles diferencias.

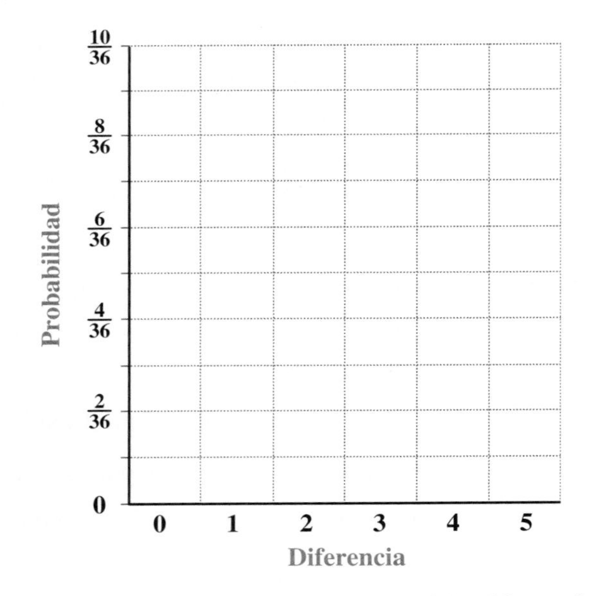

7. Recuerda que el Jugador 1 anota un punto si la diferencia es 0, 1 ó 2. ¿Cuál es la probabilidad de que el Jugador 1 anote un punto en una ronda?

8. Usa tu respuesta al Problema 7 para calcular la probabilidad de que el Jugador 2 anotará un punto en una ronda. ¿Tu tabla confirma tu respuesta?

9. *¿Cuál es la diferencia?* es un juego injusto porque un jugador tiene mayor probabilidad de ganar que el otro. Intenta asignar la puntuación de forma diferente para hacer que el juego sea justo.

Comparte & resume

Cuando se lanzan dos dados, los 36 pares posibles son equiprobables. ¿Por qué, entonces, las oportunidades de sacar números cuyo producto sea 25 son diferentes a las oportunidades de sacar números cuyo producto sea 12?

Investigación 3 El juego de "Apodérate del terreno"

En esta investigación, vas a jugar un juego llamado *Apodérate del terreno*. El analizar las probabilidades del juego puede ayudarte con la estrategia de ganar.

MATERIALES

- 2 dados
- marcadores de juegos
- papel cuadriculado

Serie de problemas D

Apodérate del terreno se juega con dos jugadores. El tablero de juego muestra tres terrenos, cada uno dividido en seis secciones enumeradas.

Terreno A

12	9
6	4
8	20

Terreno B

30	16
25	1
36	2

Terreno C

3	10
24	15
5	18

He aquí las reglas del juego.

- Cada jugador selecciona un terreno.
- Cada jugador lanza un dado; y se multiplican los números de los dos dados.
- Si el producto aparece en una sección del terreno que el jugador haya seleccionado (y todavía no ha sido cubierta), él o ella, coloca un marcador de juegos en esa sección.
- El primer jugador en cubrir todas las secciones en su terreno, gana.

El desafío es seleccionar un terreno con el que tengas la mejor oportunidad de ganar.

1. Juega *Apodérate del terreno* con tu compañero. Para este primer juego, uno de ustedes debe escoger el Terreno B y el otro el Terreno C. Antes de empezar, hagan una predicción sobre quién tiene la mejor oportunidad de ganar.

Juega dos o tres veces más con tu compañero. Elige un plano diferente para cada juego de manera que tengas una idea del grado de dificultad o facilidad para ganar con los distintos terrenos.

2. En base a los juegos que jugaste, ¿con cuál terreno te parece que es más fácil ganar? ¿Con cuál te parece más difícil ganar?

Algunas secciones de terreno son más fáciles de cubrir que otras. Por ejemplo, un producto de 25 puede obtenerse solamente de una forma (5 y 5), mientras que un producto de 12 puede obtenerse de cuatro maneras (3 y 4, 4 y 3, 6 y 2 y 2 y 6), así que la sección marcada con el número 12 es más fácil de cubrir que la sección marcada con el 25.

3. Calcula la probabilidad de cubrir cada sección de terreno. Anota sistemáticamente tus resultados.

4. Haz una gráfica de barras para mostrar la distribución de la probabilidad para los productos.

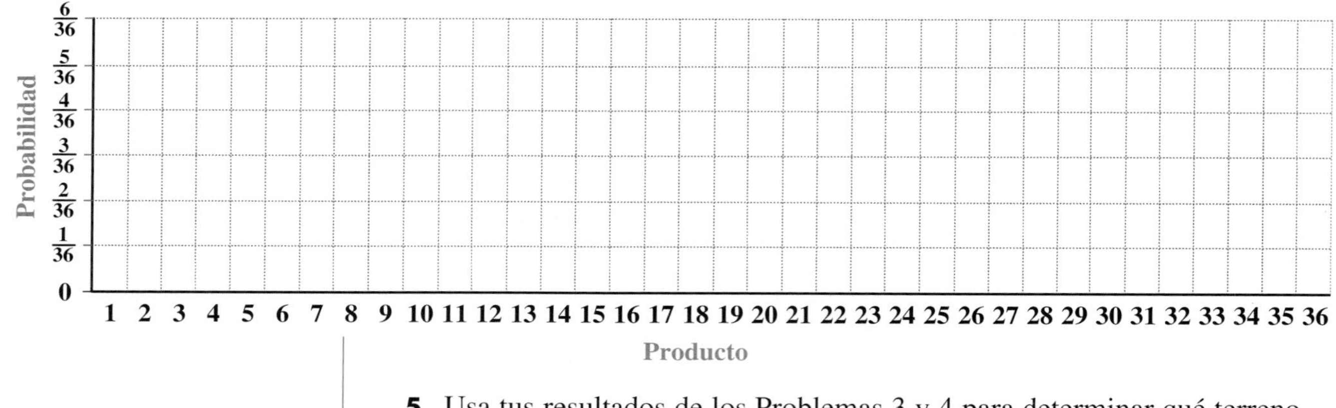

5. Usa tus resultados de los Problemas 3 y 4 para determinar qué terreno (A, B o C) puede ganar el juego más fácilmente. Explica cómo lo decidiste.

Comparte & resume

Puedes enumerar todas las probabilidades para una situación en una tabla, o puedes hacer una gráfica de barras. Comenta algunas de las ventajas de mostrar la distribución de la probabilidad en una gráfica de barras.

Ejercicios por tu cuenta

1. Se lanzan dos dados y se suman los dos números que salen.

a. Copia y completa la tabla para mostrar todas las sumas posibles.

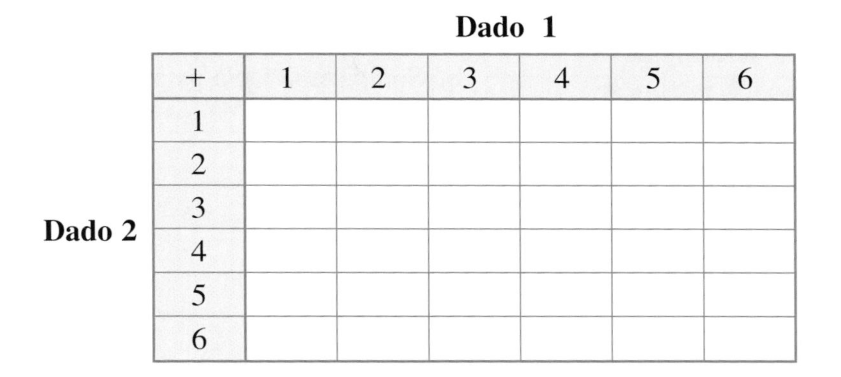

Dado 1 (columnas); **Dado 2** (filas)

+	1	2	3	4	5	6
1						
2						
3						
4						
5						
6						

b. ¿Cuántas sumas diferentes hay? ¿Cuáles son?

c. ¿Qué suma ocurre con más frecuencia? Enumera todas las formas en que puede crearse.

d. Completa la tabla para indicar si la suma de cada combinación de números pares e impares es a su vez par o impar.

Dado 1 (columnas); **Dado 2** (filas)

+	Par	Impar
Par	par	
Impar		

e. ¿Cuál es la probabilidad de que la suma de los dos dados sea impar?

f. Supón que giras estos giradores y sumas los resultados. ¿Puedes utilizar tu tabla de la Parte d para encontrar la probabilidad de que la suma sea impar? Explica.

2. Supón que giras estos giradores y multiplicas los resultados.

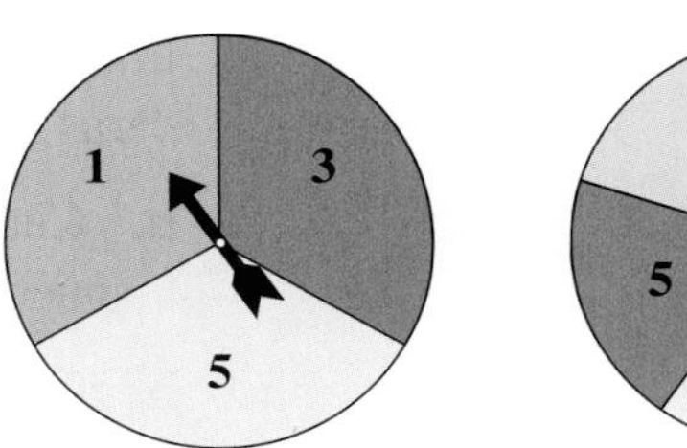

a. Predice si es más probable un producto impar o un producto par.

b. Calcula la probabilidad de sacar un producto impar y de uno par. ¿Tus resultados coinciden con tu predicción?

La forma de un dado de 8 lados se llama *octaedro.* Las 8 caras de un dado octaedro son triángulos equiláteros.

3. Supón que arrojas dos dados de 8 lados con las caras numeradas del 1 al 8.

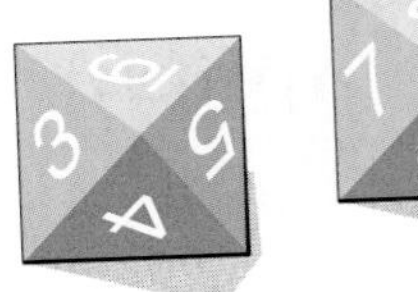

a. ¿Cuántos posibles pares de números puedes sacar?

b. Completa la tabla para mostrar todas las posibles sumas de los dos dados de ocho lados.

Dado 1

Dado 2

+	1	2	3	4	5	6	7	8
1								
2								
3								
4								
5								
6								
7								
8								

c. ¿Cuál es la probabilidad de que una suma sea impar?

d. ¿Cuál es la probabilidad de que una suma sea un número primo?

La forma de un dado de 12 lados se llama *dodecaedro.* Las 12 caras de un dado dodecaedro son pentágonos regulares.

4. Supón que arrojas dos dados de 12 lados con las caras numeradas del 1 al 12.

a. ¿Cuántos pares de números posibles puedes sacar?

b. ¿Cuál es la mayor suma posible al arrojar los dos dados de 12 lados?

c. ¿Cuál suma es más probable? ¿Cuál es la probabilidad de sacar esta suma?

5. Supón que arrojas dos dados: un dado de 12 lados con las caras numeradas de 1 al 12, y un dado de ocho lados con las caras numeradas del 1 al 8.

a. ¿Cuántos pares de números posibles puedes sacar?

b. ¿Cuál suma es más probable? ¿Cuál es la probabilidad de esta suma?

c. ¿Es más probable una suma impar o una suma par?

6. Supón que dos personas juegan *¿Cuál es la diferencia?* con un dado de seis lados y con un dado de 8 lados con las caras numeradas del 1 al 8. Los jugadores siguen estas reglas:

- El Jugador 1 anota 1 punto si la diferencia es 0, 1 ó 2.
- El Jugador 2 anota 1 punto si la diferencia es 3, 4, 5, 6 ó 7.

a. Haz una tabla que muestre la probabilidad de sacar cada diferencia.

b. ¿Es justo este juego? Explica.

c. Haz una gráfica de barras para mostrar la distribución de la probabilidad para este juego.

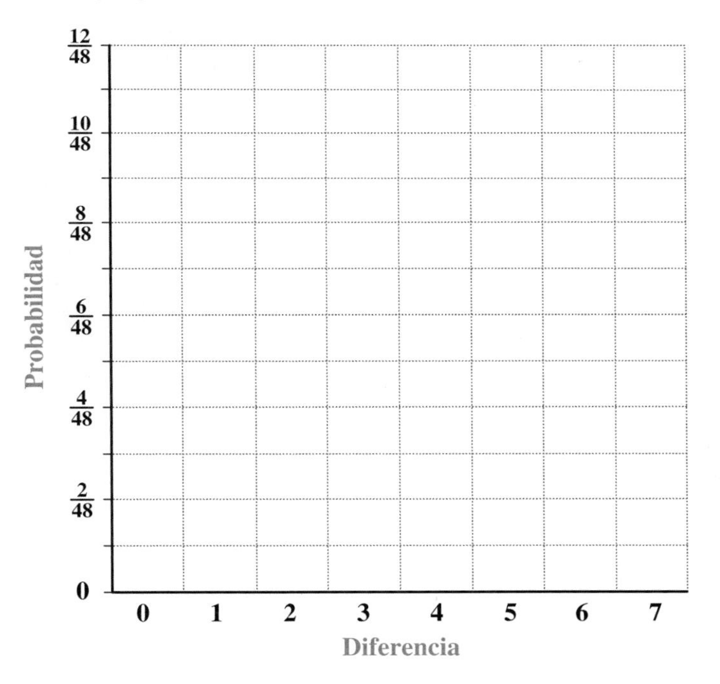

d. Compara las reglas de este juego con las reglas del juego *¿Cuál es la diferencia?* original (que utiliza dos dados comunes) como se describió en la Serie de problemas C. ¿En qué juego tiene mejor oportunidad de ganar el Jugador 2? Explica.

7. Supón que dos personas juegan *¿Cuál es la diferencia?* con dos dados de ocho lados numerados del 1 al 8. Los jugadores siguen estas reglas:

- El Jugador 1 anota 1 punto si la diferencia es 0, 1 ó 2.
- El Jugador 2 anota 1 punto si la diferencia es 3, 4, 5, 6 ó 7.

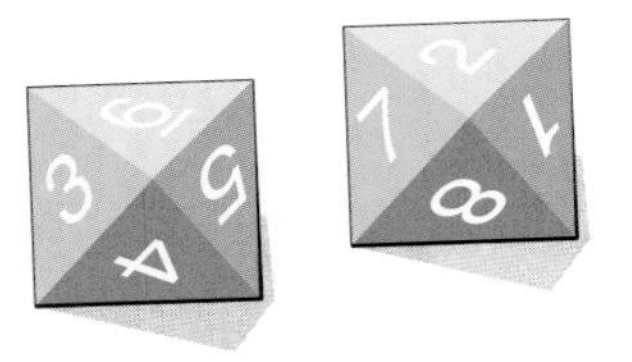

¿Qué jugador tiene la ventaja? Explica tu respuesta.

8. *Mezcla colores* es un juego para dos personas que utiliza los giradores y las tarjetas que aparecen abajo.

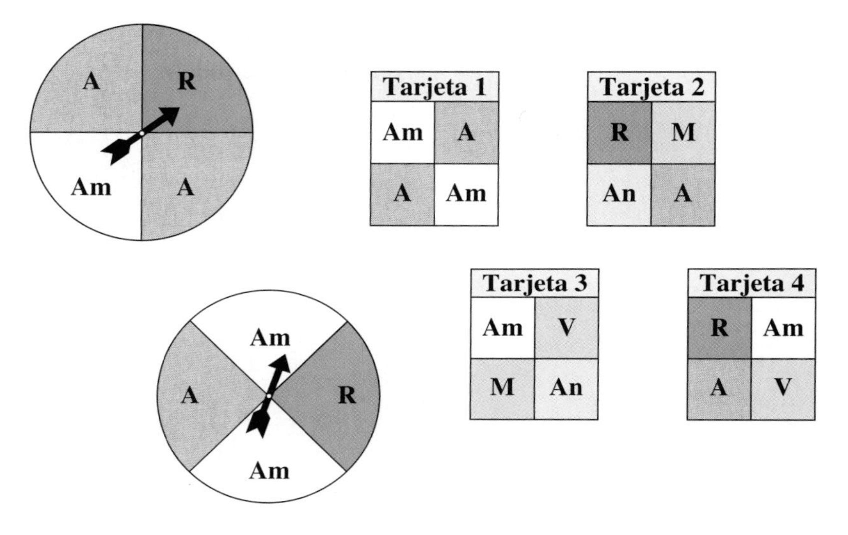

Tarjeta 1	
Am	A
A	Am

Tarjeta 2	
R	M
An	A

Tarjeta 3	
Am	V
M	An

Tarjeta 4	
R	Am
A	V

Las letras en los tableros de los giradores y en las tarjetas representan los colores rojo, azul, amarillo, verde, anaranjado y morado. A continuación están las reglas.

- Cada jugador selecciona una tarjeta diferente.
- Cada jugador gira un girador. Los colores en los dos tableros están "mezclados" para dar una mezcla de color, como sigue:

  RR = R   AA = A   AmAm = Am   RAm = An   RA = M
  AAm = V

- Si la mezcla de colores aparece en la tarjeta de un jugador (y no está cubierta todavía) él o ella pone una marca en esa sección.
- El primer jugador que cubra todas las secciones en su tarjeta gana el juego.

a. Haz una predicción acerca de qué tarjeta tiene la mejor oportunidad de ganar el juego.

b. Calcula la probabilidad de sacar cada color mezclado. Anota tus resultados de forma sistemática.

c. Haz una gráfica de barras para mostrar la probabilidad de sacar cada color mezclado.

d. Usa tus resultados de las Partes b y c para determinar qué tarjeta tiene la mejor oportunidad de ganar. Explica cómo lo decidiste.

9. Imagina que lanzas tres dados normales y multiplicas los tres números.

a. ¿Cuántos números triples son posibles cuando lanzas tres dados?

b. *Sin* calcular los productos de cada lanzamiento posible, describe una forma en que podrías determinar si es que un producto impar o un producto par es más probable.

c. Usa tu método de la Parte b para determinar si es que un producto par o un producto impar es más probable.

10. Imagina que lanzas cinco dados normales y buscas resultados cuando coinciden los cinco dados.

a. ¿Cuántos resultados diferentes son posibles al tirar cinco dados? Explica.

b. ¿En cuántos de los resultados posibles coinciden los cinco dados?

c. ¿Cuál es la probabilidad de que los cinco dados coincidan en un solo lanzamiento?

d. Supón que Tamika tiene tres tiros para hacer que los cinco dados coincidan. En el segundo y tercer tiros, ella puede arrojar algunos o todos los cinco dados de nuevo.

En su primer lanzamiento, Tamika saca tres 3, un 2 y un 6. Ella recoge los dados que muestran 2 y 6 y los lanza de nuevo. ¿Cuál es la probabilidad de que obtenga dos 3 más en este lanzamiento?

11. Dos jugadores lanzan un dado de seis lados cada uno y calculan la diferencia entre los números.

- El Jugador 2 recibe 2 puntos cada vez que la diferencia es 3, 4 ó 5.
- El Jugador 1 recibe 1 punto cada vez que la diferencia es 0, 1 ó 2.

¿Cuál jugador tiene la ventaja en este juego? Explica tu respuesta.

12. Kai quiere crear un juego de dados para dos personas que sea justo y utilice la divisibilidad entre 3. Él decidió estas reglas:

- Cada jugador lanza un dado.
- Los jugadores calculan la suma de los dos números.
- El Jugador 1 anota si la suma es divisible entre 3. El Jugador 2 anota si la suma *no* es divisible entre 3.

Kai no está seguro sobre cuántos puntos deben anotarse los jugadores cada vez.

a. Haz una tabla para mostrar la probabilidad de sacar cada suma.

b. ¿Cuál es la probabilidad de que el Jugador 1 anote en cierto lanzamiento?

c. Kai decidió dar 2 puntos al Jugador 2 cuando la suma no es divisible entre 3. Para que el juego sea justo, ¿cuántos puntos debe anotar el Jugador 1 cada vez que la suma *sea* divisible entre 3?

13. *Escala la montaña* es un juego para dos personas que utiliza dos dados y este tablero.

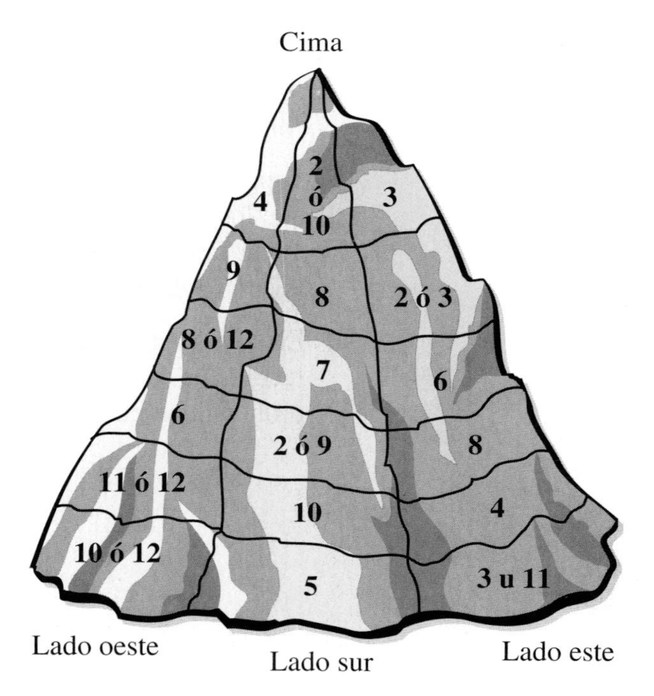

En tus **propias palabras**

Si tuvieras que decidir si jugar un juego de azar, ¿qué podrías calcular para decidir si el juego es justo?

He aquí las reglas para *Escala la montaña.*

- Cada jugador selecciona un lado diferente de la montaña para escalar paso a paso.
- Cada jugador lanza un dado y se suman los resultados.
- Si la suma aparece como el siguiente paso en el lado de la montaña que escogió el jugador, él o ella ponen una marca en ese paso. Los jugadores deben proceder un paso cada vez desde la base hasta la cima.
- El primer jugador en llegar a la cima gana.

El desafío es escoger el lado de la montaña que da la mejor oportunidad de ganar.

a. Copia y completa estas tablas, que muestran la probabilidad para alcanzar cada paso a lo largo de cada lado del tablero de *Escala la montaña.*

Lado oeste

Paso	1	2	3	4	5	6
Probabilidad	4/36					

Lado sur

Paso	1	2	3	4	5	6
Probabilidad						

Lado este

Paso	1	2	3	4	5	6
Probabilidad						

b. ¿Cuál de los lados tiene la mayor probabilidad de ganar?

c. ¿Cuál de los lados tiene la menor probabilidad de ganar?

14. En la Investigación 3, jugaste el juego *Apodérate del terreno.* Diseña un nuevo terreno de seis lotes con el que sea más fácil ganar que con los Terrenos A, B o C. Explica tu razonamiento.

15. *Dados ocultos* es un juego para dos personas en el cual los contrincantes se turnan para adivinar uno o ambos números en un par de dados.

Los jugadores se turnan para lanzar los dados y ocultar el resultado. El jugador que lanza los dados anuncia que la suma es "mayor o igual a 7" o "menor o igual a 7".

Si el jugador que tiene que adivinar puede identificar correctamente uno de los dados, él o ella anota 1 punto. El jugador que adivina puede entonces mantener el punto o cederlo por una oportunidad de adivinar el segundo dado. El ganador es el primer jugador que anote 10 puntos o que adivine ambos dados correctamente en el mismo turno.

a. Completa la tabla que muestra todas las maneras posibles en que puedes sacar una suma que sea mayor o igual a 7.

Suma	Dado 1	Dado 2
12	6	6
11	5	6
	6	5
10	5	5
	4	6
	6	4
9		

Suma	Dado 1	Dado 2
8		
7		

b. Haz otra tabla que muestre todas las maneras posibles en que puedes sacar una suma que sea igual o menor a 7.

c. Considera los resultados posibles para una suma que sea mayor o igual a 7. ¿Qué número aparece en el mayor número de resultados? Da la probabilidad de que *ese* número aparezca en por lo menos uno de los dados cuando el jugador que lanza informa que la suma es "mayor o igual a 7".

d. Considera los resultados posibles para una suma que sea menor o igual a 7. ¿Cuál número aparece en el mayor número de resultados? Da la probabilidad de que *ese* número aparezca en por lo menos uno de los dados cuando el jugador que lanza informa que la suma es "menor o igual a 7".

e. Supón que el jugador que lanza anuncia que la suma es mayor o igual a 7, y tú adivinas correctamente que un 2 aparece en uno de los dados. ¿Cuántas posibilidades hay para el otro dado y cuáles son?

f. Supón que el jugador que lanza anuncia que la suma es mayor o igual a 7, y tú adivinas correctamente que un 1 aparece en uno de los dados. Explica por qué debes continuar y ceder tu punto para adivinar lo que aparece en el otro dado.

g. ¿Cuál es la desventaja de adivinar 1 en tu primer intento cuando la suma es mayor o igual a 7?

h. ¿Cuáles son las ventajas y desventajas de adivinar 6 en tu primer intento cuando la suma es mayor o igual a 7?

Repaso mixto

16. Relaciona cada ecuación. con una gráfica.

a. $y = {}^{-}2x^2$

b. $\frac{y}{2} = x^2$

c. $y + 3 = 0.5x^2$

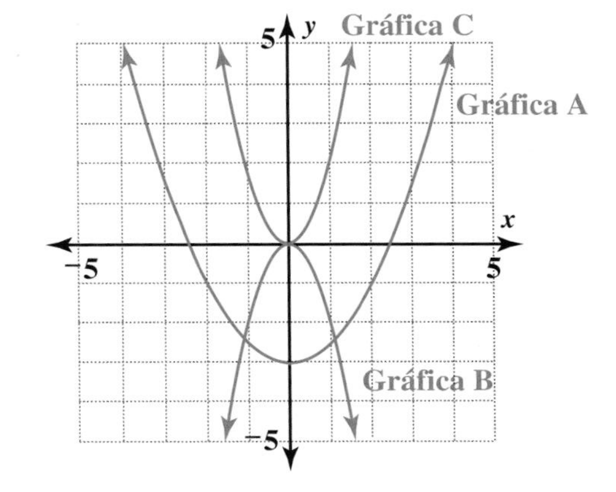

17. Escribe una ecuación para representar el valor de K en términos de n.

n	0	1	2	3	4
K	1	0.4	0.16	0.064	0.0256

18. Ordena estos números de menor a mayor.

$$\sqrt[9]{-4} \qquad \sqrt[3]{-4} \qquad \sqrt[11]{-4} \qquad \sqrt[5]{-4} \qquad \sqrt[7]{-4}$$

19. Dibuja una gráfica para estimar la solución de este sistema de ecuaciones. Revisa tu respuesta por sustitución.

$$y = 2x + 7$$

$$4x + 3y = 31$$

20. Un segmento de recta con una longitud de 8 y pendiente de $\frac{1}{4}$ cambia de escala por un factor de 3. ¿Cuál es la longitud y la pendiente del nuevo segmento?

Desarrolla y reduce cada expresión.

21. ${}^{-}3a(2a - 3)$

22. $(4k - 7)({}^{-}2k + 3)$

Reduce cada expresión.

23. $\dfrac{m - 3}{m(2m - 6)}$

24. $\dfrac{7}{k - 2} - \dfrac{5}{2(k - 2)}$

Investigaciones con probabilidad

Muchas personas juegan sorteos de lotería estatales. Hay una importante cuestión social relacionada con estos juegos: ¡generalmente parecen ser más fáciles de ganar de lo que realmente son! Si los jugadores supieran sus oportunidades reales de ganar, podrían tomar mejores decisiones acerca de si jugar o no y con qué frecuencia.

Piensa & comenta

En un sorteo de lotería, los participantes escogen seis números diferentes del 1 al 49. Para ganar el premio mayor, todos los seis números deben coincidir con los que se seleccionan en una rifa al azar. El orden de los números no importa. Por ejemplo, 3-32-16-13-48-41 se considera igual que 3-13-16-32-41-48.

Este juego tiene sorteos dos veces a la semana. Supón que seleccionaste un grupo de seis números para cada sorteo. Haz una suposición acerca de qué tan seguido podrías esperar ganar el premio mayor.

Al terminar esta lección, serás capaz de encontrar la respuesta exacta a este problema.

Investigación 1 Analiza sorteos de lotería

Comencemos por analizar algunos sorteos de lotería simples. Considera un sorteo en el cual debes igualar dos números de un total de seis.

Piensa & comenta

Para ganar el juego de lotería *2 de 6,* debes relacionar dos números diferentes, del 1 al 6, con los que se seleccionan en una rifa al azar. ¿Con qué frecuencia crees que podrías ganar este juego? Responde esta pregunta completando este enunciado de probabilidad:

Yo estimo que podría ganar el juego 2 de 6 una vez cada _____ juegos.

Anota las respuestas de todo tu grupo en el pizarrón.

MATERIALES

- 6 tiras de papel idénticas
- un recipiente

Un arreglo o lista de objetos en que el orden *no es importante* se llama *combinación.*

Serie de problemas A

Con un compañero, sigue estos pasos para modelar el juego de lotería *2 de 6.*

- Escribe los números enteros del 1 al 6 en tiras separadas de papel. Coloca las tiras en un recipiente y mézclalas.

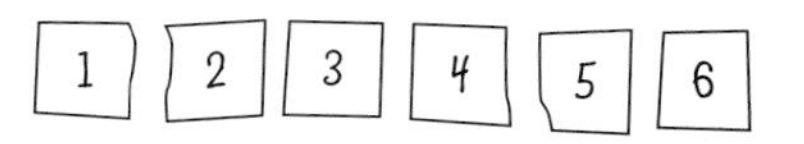

- Un compañero debe anotar su elección de dos números de lotería.
- El otro compañero debe seleccionar dos números del recipiente.
- Anota "gana" si el par de números seleccionados coincide con el par de números anotados y "pierde" si no coincide. (Ambos números deben coincidir para que puedas ganar.)
- Devuelve los números al recipiente, y mézclalo de nuevo.
- Mantén los mismos números de lotería elegidos, repite el proceso (selecciona dos números del recipiente, anota "gana" o "pierde" y devuélvelos al recipiente) hasta que hayas hecho 10 selecciones.

1. ¿Cuántas veces de las 10 ganaste el juego?

2. Combina tus resultados con los de tus compañeros. Usa los resultados combinados para completar este enunciado:

En nuestro experimento en clase, hubo 1 ganador por cada ____ juegos.

3. Enumera todos los posibles pares que pueden sacarse en el juego de lotería de *2 de 6.* Recuerda, el orden de los números no importa; por ejemplo, 3-4 es lo mismo que 4-3. ¿Cuántos pares hay?

4. En lugar de enumerar todas las posibilidades, puedes usar un atajo para encontrar el número de pares.

a. ¿Cuántas maneras hay de seleccionar el primer número?

b. Una vez que se selecciona el primer número, ¿cuántas formas hay para seleccionar el segundo número?

c. Si multiplicas tus respuestas de las Partes a y b, tendrás el número de pares si el orden *importara.* Para ver que esto es verdad, dibuja un diagrama de árbol que muestre las diferentes combinaciones. ¿Cuántos pares diferentes habría si el orden importara?

d. Explica por qué puedes simplemente multiplicar las respuestas de las Partes a y b para encontrar el número de pares.

e. Cualquier par de números puede acomodarse de dos maneras; por ejemplo, 1-2 y 2-1. Entonces, tu total de la Parte c cuenta cada par de números dos veces. Para encontrar el número verdadero de pares, necesitas dividir tu resultado de la Parte c entre 2.

¿Cuál es el número total de pares posibles para el juego de lotería *2 de 6*? ¿En qué se diferencia este número con el número de pares posibles en la lista que hiciste en el Problema 3?

5. Si escoges sólo un par en el juego de lotería *2 de 6,* ¿cuáles son tus probabilidades de ganar? Anota tu respuesta al completar este enunciado de probabilidad:

   Las oportunidades de ganar son de 1 en ____.

6. Compara tu respuesta al Problema 5 a las predicciones que hizo tu grupo en Piensa & comenta al final de la página 582. ¿Los datos apoyan la idea de que el juego parece más fácil de lo que realmente es?

Como probablemente ya adivinaste, las oportunidades de ganar un sorteo de lotería cambian al cambiar el número de opciones y el número de combinaciones que se requieren para ganar.

Piensa & comenta

En el sorteo de lotería *3 de 7,* los jugadores deben hacer coincidir tres números diferentes del 1 al 7 con los que se seleccionan en una rifa al azar. Entonces, los jugadores tienen un número más para escoger, y deben hacer coincidir tres números en lugar de dos.

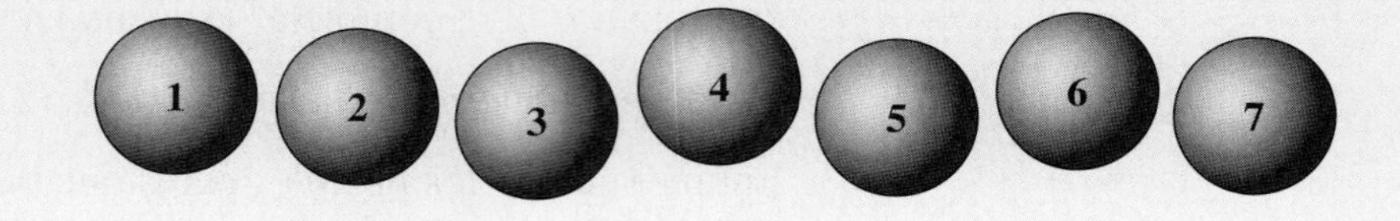

Piensa acerca de cómo estos cambios afectarían tus oportunidades de ganar. Entonces completa este enunciado:

Yo estimo que podría ganar el juego de 3 de 7 una vez cada ____ juegos.

Anota las respuestas de todo el grupo en el pizarrón.

Serie de problemas B

1. Puedes usar la estrategia para contar de la Serie de problemas A para calcular el número de triples posibles para el juego *3 de 7.*

a. ¿Cuántas posibilidades hay para el primer número seleccionado?

b. Una vez que se elige el primer número, ¿cuántas posibilidades tiene el segundo número?

c. Una vez que se eligieron los primeros dos números, ¿cuántas posibilidades tiene el tercer número?

d. Al multiplicar tus resultados de las Partes a, b y c obtendrás el número de triples si el orden *importara*, por ejemplo, si 1-2-3 se considerara diferente que 2-3-1. ¿Cuántos triples diferentes habría si el orden importara?

En tu respuesta a la Parte d, cada triple se incluye más de una vez. Para encontrar cuántas veces se cuenta cada triple, piensa en cuántas maneras pueden acomodarse los números triples. Por ejemplo, considera los números 1, 2 y 3.

e. ¿Cuántas posibilidades hay para el primer número?

f. Una vez que se selecciona el primer número, ¿cuántas posibilidades hay para el segundo número?

g. Una vez que se eligieron los primeros dos números, ¿cuántas posibilidades tiene el tercer número?

h. ¿Cuántas veces se cuenta cada triple en tu respuesta a la Parte d? Es decir, ¿cuántas maneras hay para arreglar tres números?

i. Para encontrar el número verdadero de triples, divide tu resultado de la Parte d entre tu respuesta a la Parte h. ¿Cuál es el número total de posibles triples en el juego de lotería *3 de 7*?

2. ¿Cuáles son tus probabilidades de ganar el juego de *3 de 7*?

3. Compara tu respuesta al Problema 2 con las predicciones que hizo tu grupo en Piensa & comenta en la página 584. ¿El juego parece más fácil de lo que realmente es?

Puedes usar las técnicas que desarrollaste en las Series de problemas A y B para calcular la probabilidad de ganar otros juegos de lotería.

EJEMPLO

Calcula la probabilidad de ganar el juego *4 de 12.* Para hacer esto, necesitas encontrar el número de maneras posibles en que puedes seleccionar 4 números de un total de 12.

Primero piensa en el número de posibilidades si el orden importara. Habría 12 posibilidades para el primer número, 11 para el segundo, 10 para el tercero y 9 para el cuarto. Entonces, si el orden importara, el número de posibilidades sería $12 \cdot 11 \cdot 10 \cdot 9$ u 11,880.

Cualquier grupo de cuatro números puede acomodarse en $4 \cdot 3 \cdot 2 \cdot 1$, ó 24, formas. Entonces, el producto de $12 \cdot 11 \cdot 10 \cdot 9$ cuenta cada grupo de seis números 24 veces. Para encontrar el número de selecciones posibles de lotería, debes dividir el resultado entre 24:

$$\frac{12 \cdot 11 \cdot 10 \cdot 9}{4 \cdot 3 \cdot 2 \cdot 1} = \frac{11{,}880}{24} = 495$$

Entonces, hay 495 formas en que puedes seleccionar cuatro números. La probabilidad de ganar el juego con un sólo boleto es de $\frac{1}{495}$.

Comparte & resume

1. Calcula la probabilidad de ganar el juego de lotería descrito en Piensa & comenta al principio de la página 582. Recuerda, este es un juego de *6 de 49*. Muestra tus cálculos.

2. Si seleccionas un grupo de seis números para ambos sorteos cada semana, ¿con qué frecuencia podrías ganar? Muestra tus cálculos.

Investigación 2 Analiza eliminatorias deportivas

Muchas ligas deportivas terminan su temporada con algún tipo de eliminatoria. Los organizadores de los partidos eliminatorios deben decidir cuántos equipos incluir y cómo estructurar las series de juegos. Los organizadores intentan hacer la estructura lo más justa posible para todos los equipos.

MATERIALES

- diagramas de eliminatoria para 3 equipos
- 3 tiras idénticas de papel
- 2 dados

Serie de problemas C

Ahora analizarás dos estructuras para las eliminatorias, *Primeros dos* y *Primeros tres.*

Primeros dos: Los Equipos A y B tienen el mejor récord al final de la temporada. Los dos equipos juegan y el ganador se declara como campeón.

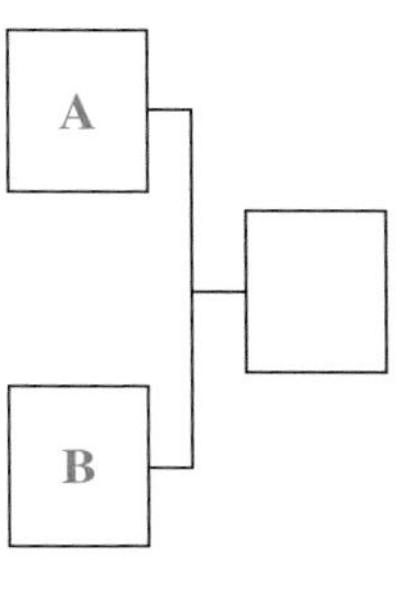

1. Suponte que los equipos tienen las mismas oportunidades de ganar el juego. ¿Cuál es la probabilidad de que el Equipo A gane el campeonato? ¿Cuál es la probabilidad de que gane el Equipo B?

Primeros tres: Al final de la temporada, los Equipos A, B y C tienen las tres mejores puntuaciones. En los juegos eliminatorios, el Equipo B juega contra el Equipo C y el ganador juega contra el equipo A para ganar el campeonato.

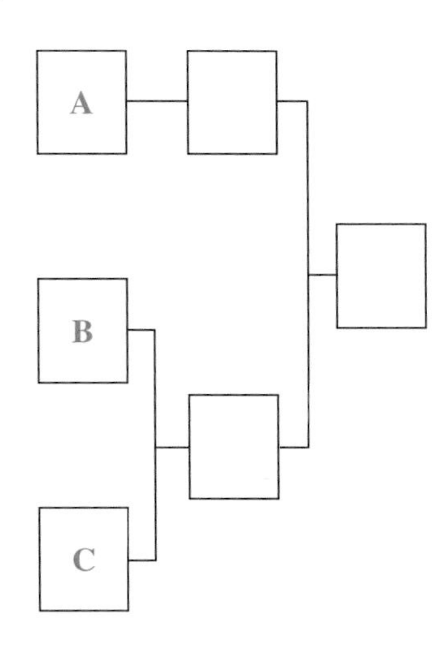

Puedes trabajar en un grupo de tres para modelar la serie de *Primeros tres.* En tu modelo, presume que cada equipo tiene las mismas oportunidades de ganar cada juego.

Para decidir quién representará a cada equipo, escribe A, B y C en tres tiras idénticas de papel. Ponlas boca abajo, mézclalas y cada jugador escoge una.

En una copia del diagrama que aparece arriba, pon las tiras de papel en las posiciones iniciales. Para cada juego, cada uno de los dos alumnos que representan a los equipos lanza un dado. El alumno que tire el número más alto gana el juego y mueve su tira de papel a la siguiente ronda. Si hay un empate, los alumnos lanzan los dados de nuevo.

2. Juega la serie de partidos eliminatorios ocho veces, llevando la cuenta de los equipos campeones.

Equipo	Número de campeonatos
A	
B	
C	

3. ¿Qué equipo ganó más campeonatos? ¿Por qué crees que esto es así?
4. Si supones que los equipos tienen iguales posibilidades de ganar cada partido, puedes encontrar la probabilidad de que cada equipo gane el campeonato.
   a. Si estos juegos eliminatorios se jugaran ocho veces, ¿cuántas veces esperarías que el Equipo B le ganara al Equipo C en el primer partido?
   b. Del número de veces en que el Equipo B le gana al Equipo C, ¿cuántas veces esperarías que le ganara también al Equipo A en el juego final?
   c. Usa tus resultados para determinar la probabilidad de que el Equipo B gane el campeonato.
   d. Usa un método similar para determinar las probabilidades de que el Equipo A y el Equipo C ganen el campeonato. Es decir, imagina que la serie se juega ocho veces y calcula cuántas veces puedes esperar que cada equipo gane el campeonato.
5. Supón que una liga deportiva con varios equipos planifica una eliminatoria especial. Los organizadores están considerando incluir los primeros dos equipos (usando la estructura de *Primeros dos*) o los primeros tres equipos (usando la estructura de *Primeros tres*). Comenta sobre si crees que una estructura de eliminatorias sería más apropiada que otra.

A continuación, compararás estructuras para juegos eliminatorios que incluyen a cuatro equipos.

MATERIALES

- diagramas de eliminatoria para 4 equipos
- 4 tiras idénticas de papel
- 2 dados

Serie de problemas D

Al final de la temporada, los Equipos A, B, C y D son los cuatro mejores equipos. Aquí tienes una posible estructura para los juegos eliminatorios.

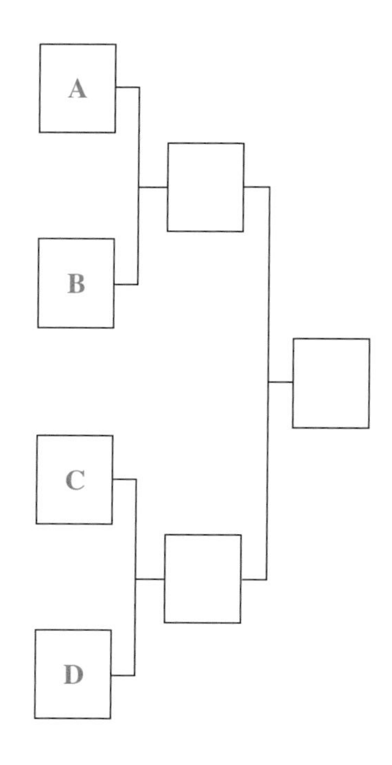

1. Trabaja en un grupo de cuatro, juega la serie completa de juegos eliminatorios cinco veces, anotando un registro de los equipos campeones.
2. Combina tus resultados con los de los otros grupos. Resume lo que halles.

Aquí tienes otra forma de estructurar los juegos eliminatorios para cuatro equipos.

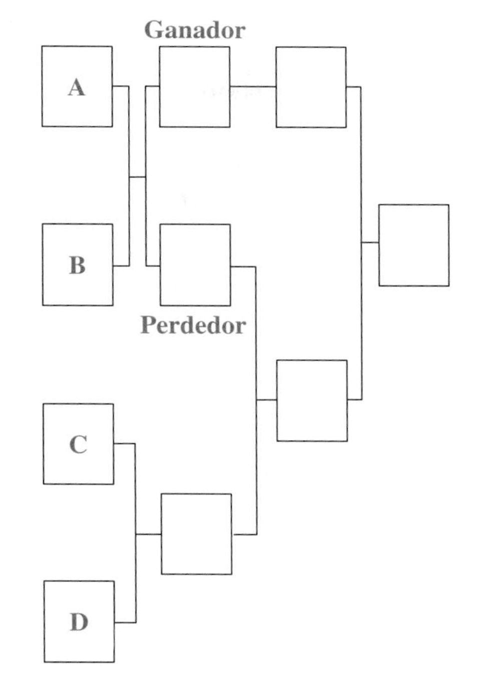

3. Trabaja con tu grupo para modelar esta serie. Juega la serie completa cinco veces, llevando la cuenta de tus resultados.

4. Combina tus resultados con los de otros grupos. Resume lo que halles.

5. Discute las circunstancias bajo las cuales piensas que una estructura de juegos eliminatorios sería más apropiada que otra.

6. **Reto** Para cada estructura en esta serie de problemas, calcula la probabilidad de que cada equipo gane el campeonato. Suponte que ambos equipos tienen posibilidades iguales de ganar cada partido. (Ayuda: Imagina que la serie se juega ocho veces y determina cuántas veces puedes esperar que cada equipo gane el campeonato.)

Comparte & resume

En algunas de las estructuras para juegos eliminatorios que examinaste, todos los equipos tenían la misma oportunidad de ganar el campeonato. En otras, por lo menos un equipo tuvo una mejor oportunidad que alguno de los otros equipos. ¿Cuál es la diferencia en las estructuras que permite que un equipo tenga una mejor oportunidad de ganar?

Ejercicios por tu cuenta

Practica & aplica

1. En el juego *Anaranjado y blanco,* se colocan tres canicas blancas y una anaranjada dentro de una bolsa. Un jugador saca al azar dos canicas. Si las canicas son de diferentes colores, el jugador gana un premio.

a. Enumera todos los pares posibles en el espacio muestral. (Ayuda: Marca las canicas B1, B2, B3 y An.)

b. ¿Cuál es la probabilidad de ganar un premio?

2. Para ganar el juego de lotería *3 de 10,* los jugadores deben hacer coincidir tres números del 1 al 10 que se seleccionan en un sorteo al azar. Recuerda que el orden no importa.

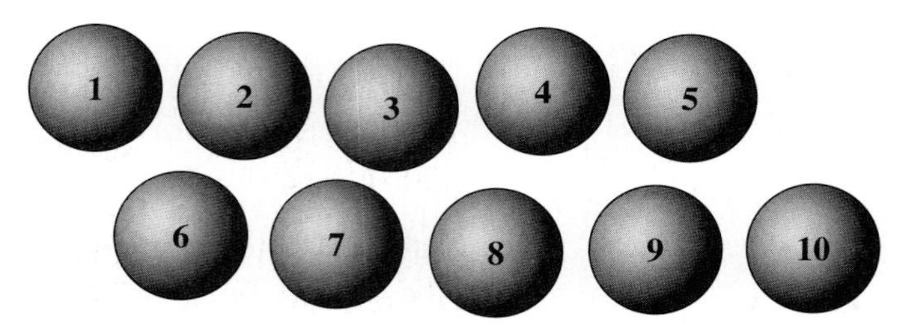

a. ¿Cuántos triples son posibles en el juego de lotería *3 de 10*?

b. ¿Cuáles son tus oportunidades de ganar el juego de lotería *3 de 10*?

3. Para ganar el premio mayor en el juego de lotería *Combina 5,* los jugadores deben hacer coincidir cinco números del 1 al 30 con los que se seleccionan en una rifa al azar. Recuerda, el orden no importa.

a. ¿Cuántos grupos diferentes de cinco números son posibles?

b. Si compraste un solo boleto con cinco números, ¿cuál es la probabilidad de que ganes el premio mayor?

c. El juego de lotería *Combina 5* tiene tres rifas a la semana. Si compraste un boleto para cada rifa (es decir, si jugaste tres veces a la semana) ¿con qué frecuencia podrías ganar el premio mayor?

d. Supón que compraste 100 boletos para cada rifa (con un grupo diferente de cinco números en cada boleto). ¿Con qué frecuencia podrías ganar el premio mayor?

4. Deportes Una liga de voleibol tiene dos divisiones. Al final de la temporada, el Equipo A está en primer lugar en la División 1, seguido por el Equipo B y el Equipo C. El Equipo D está en primer lugar en la División 2, seguido por el Equipo E y el Equipo F. Los organizadores de la liga estructuraron los juegos eliminatorios como se muestra a continuación.

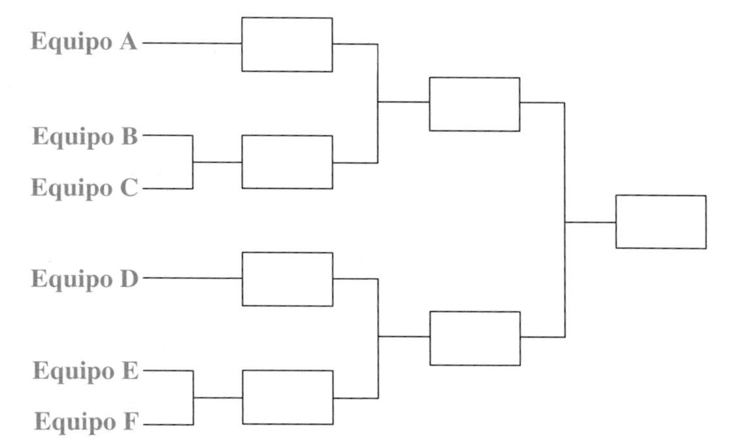

a. Modela esta serie seis veces, lleva la cuenta de los equipos campeones. Lanza una moneda o un dado para determinar el ganador de cada juego.

b. ¿Cuál equipo ganó más campeonatos?

c. Calcula la probabilidad de que cada equipo gane el campeonato. Presume que ambos equipos en cada partido tienen las mismas posibilidades de ganar. (Ayuda: Imagina que juegas una serie ocho veces y determina cuántas veces puedes esperar que cada equipo gane el campeonato.)

5. Diseña una estructura de campeonato para seis equipos en la que todos los equipos jueguen la primera ronda. Presume que cada equipo tiene iguales posibilidades de ganar un solo juego, calcula la probabilidad de que cada equipo gane el campeonato.

6. Las matrículas para automóviles en un estado consisten en tres letras diferentes seguidas por tres dígitos diferentes. El estado no usa vocales ni la letra *Y*, lo cual previene que accidentalmente se formen palabras de jerga en las matrículas.

a. Cada letra puede aparecer solamente una vez en una cierta matrícula. ¿Cuántos diferentes conjuntos de tres letras son posibles?

b. Cada dígito puede aparecer solamente una vez en una cierta matrícula. ¿Cuántos diferentes conjuntos de tres dígitos son posibles?

c. En total, ¿cuántas matrículas con tres letras seguidas por tres dígitos son posibles en este estado?

7. Supongamos que el juego de lotería *2 de 6* se modificó de modo que después de seleccionar el primer número, ese número se devuelve al grupo antes de seleccionar el próximo número. De esta manera, se puede repetir cualquier número, lo que quiere decir que sería posible sacar pares como 2-2 y 3-3.

a. ¿Serían mejores o peores tus oportunidades de ganar en este juego modificado? Explica.

b. Enumera todos los pares posibles para este juego modificado, presume que el orden *sí* importa. Explica.

c. Enumera todos los posibles pares de la parte b.

d. Puesto que el orden en realidad no importa en este juego, ¿cuántos pares *diferentes* hay? (Recuerda, si el orden no importa, 1-2 es igual que 2-1.)

e. ¿Son equiprobables todos los pares en la parte d? Explica.

f. Si escoges un par de números para este juego modificado, ¿qué probabilidad tienes de ganar? (Ayuda: Hay dos casos a considerar.)

8. Supongamos que se modificó el juego de lotería *3 de 7,* de modo que después de seleccionar cada número, éste se regresa al grupo antes de se seleccionar el siguiente número. De esta forma, se puede repetir un número, es decir, triples como 1-2-2 y 3-3-3 son posibles.

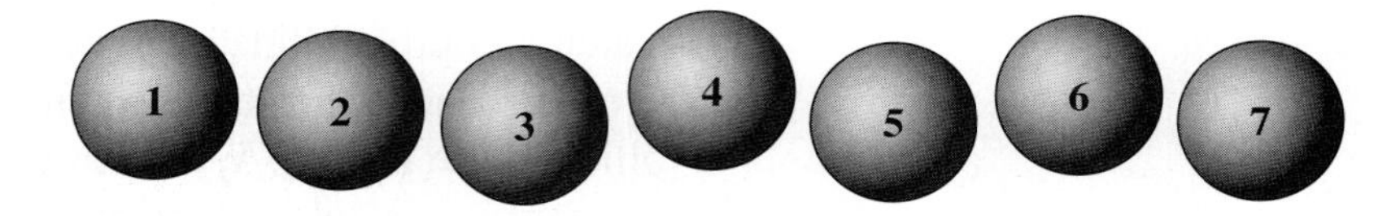

a. ¿Cuántos pares posibles hay para este juego modificado, si presumes que el orden *sí* importa? Explica tu respuesta.

b. Como en realidad el orden no importa en este juego, 1-1-2, 1-2-1 y 2-1-1 son todos el mismo triple. De modo que hay 84 *diferentes* triples posibles. ¿Son equiprobables todos estos triples diferentes? Explica.

c. Si eliges un número triple para este juego modificado, ¿qué probabilidad tienes de ganar? (Ayuda: Hay tres casos a considerar.)

Describe qué harías para que cierto juego de lotería fuera más difícil de ganar.

9. **Reto** En el juego de lotería *4 de 7,* los jugadores deben hacer coincidir cuatro números del 1 al 7 con los que se seleccionan en un sorteo al azar.

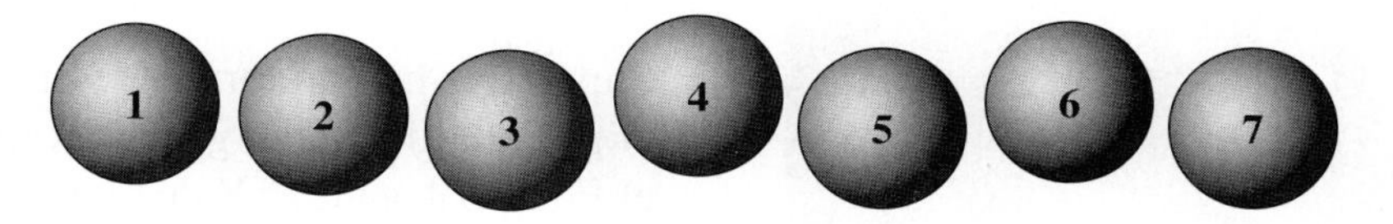

a. Si seleccionas un grupo de cuatro números, ¿cuál es la probabilidad de que ganes este juego?

b. ¿En qué se diferencian la probabilidad de ganar el juego de lotería *4 de 7* y la probabilidad de ganar el juego de lotería *3 de 7* (ve tu trabajo en la Serie de problemas B)?

c. Calcula y compara las posibilidades de ganar el juego de lotería *5 de 7* (donde debes escoger cinco números del 1 al 7) y el juego de lotería *2 de 7* (donde debes escoger dos números del 1 al 7).

d. Vuelve al Ejemplo en la página 586. Usa cálculos similares para explicar lo que descubriste en las Partes b y c.

e. ¿Qué juego tiene la misma probabilidad de ganar que el juego *4 de 6*? Explica.

10. El Sr. Wegman sale a manejar todas las tardes de domingo. Un domingo, decide dejar que la probabilidad determine su destino. El diagrama muestra la red de caminos por la que conduce. Empieza en el Punto A y se dirige al Punto B. Cada vez que llega a una intersección en el camino, lanza una moneda al aire para decidir qué camino tomar. Si sale cara, va a la izquierda. Si sale escudo, va a la derecha.

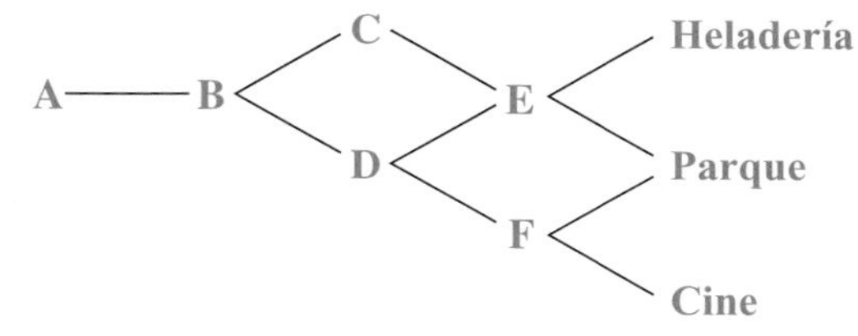

a. ¿Cuál es la probabilidad de que el Sr. Wegman termine en el cine? (Ayuda: Imagina que toma este paseo ocho veces. ¿Cuántas veces esperarías que termine en el cine?)

b. ¿Cuál es la probabilidad de que termine en el parque?

c. ¿Cuál es la probabilidad de que termine en la heladería?

11. **Deportes** En cierta liga deportiva, cinco equipos califican para los juegos eliminatorios finales.

a. Diseña dos formas de estructurar la serie de eliminatorias.

b. Describe una situación en la que una de las estructuras para la eliminatoria sería más apropiada que otra.

12. Reto En la Investigación 2, siempre presumiste que los dos equipos tienen las mismas oportunidades de ganar un solo juego. Para este ejercicio, suponte que el Equipo A tiene una oportunidad del 60% de vencer al Equipo B en cada uno de los juegos en que se enfrentan.

a. Supón que hay un torneo de un solo partido entre los equipos y que el ganador del juego gana el torneo. ¿Cuál es la probabilidad de que el Equipo A gane? ¿Y de que el Equipo B gane?

Ahora supón que tienes un torneo de "los mejores dos de tres". Eso significa que los equipos juegan hasta que uno de ellos gana dos partidos.

b. Usa un diagrama de árbol para mostrar todas las posibilidades en el torneo. Por ejemplo, en el primer juego, hay dos ramas:

A gana o B gana. (Ayuda: Si A gana los primeros dos juegos, ¿se juega el tercero?)

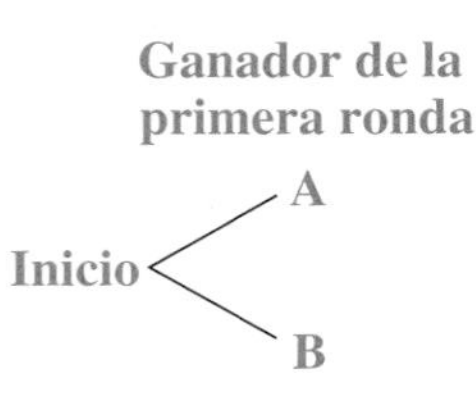

c. Supón que los equipos jugaron 1,000 torneos. ¿En cuántos torneos esperarías que el Equipo A gane el primer partido? ¿En cuántos de esos torneos esperarías que el Equipo A también gane el segundo partido?

d. Para cada combinación en tu diagrama de árbol, usa un razonamiento similar para encontrar el número de torneos del total de 1,000 que esperarías tuvieran ese resultado. Por ejemplo, una combinación sería ABB; ¿en cuántos torneos de un total de 1,000 esperarías que el ganador fuera A, luego B y después B? (Ayuda: Revisa tus respuestas sumándolas; debe ser un total de 1,000.)

e. Encuentra el número total de torneos de un total de 1,000 en los cuales cada equipo gane el torneo. ¿Cuál es la probabilidad de que el Equipo A gane el torneo?

f. ¿Qué torneo, un *sólo juego* o los *mejores dos de tres,* es mejor para el Equipo B?

Repaso **mixto**

13. Considera la recta $y = {}^-5x - 7$.

a. Una segunda recta es paralela a la anterior. ¿Qué es lo que sabes acerca de la ecuación de la segunda recta?

b. Escribe una ecuación para la recta paralela a $y = {}^-5x - 7$ que pase por el origen.

c. Escribe una ecuación para la recta paralela a $y = {}^-5x - 7$ que cruce el eje y en el punto $(0, {}^-2)$.

d. Escribe una ecuación para la recta paralela a $y = {}^-5x - 7$ que pase por el punto $(3, 0)$.

14. **Ciencia biológica** Los datos en la tabla representan cómo crece cierta población de bacterias con el tiempo. Escribe una ecuación para la relación, suponiendo que el crecimiento es exponencial.

Horas desde el inicio, h	Población, p
0	1
1	5
2	25
3	125

15. Copia esta figura. Crea un diseño con simetría de rotación girando la figura varias veces alrededor del punto y usando un ángulo de rotación de 30°.

16. Resuelve la desigualdad $0 > 5(7 - x) + 12x$. Dibuja una gráfica de la solución.

Factoriza cada expresión.

17. $4h^2 - 2h$

18. ${}^-6a^2 + ab + b^2$

19. ${}^-4k^2 - 5kj - j^2$

20. $2m^2 - 9 + 3m$

Usa la fórmula cuadrática para resolver cada ecuación.

21. $3h^2 - 2h + {}^-6 = 0$

22. ${}^-6a^2 + 3a = {}^-4$

23. $4k^2 = 5k + 2$

24. $2m^2 - 12 = 6m$

Encuentra las intersecciones x para la gráfica de cada ecuación.

25. $(x - 5)^2 - 49 = 0$

26. $6x^2 + 36 - 30x = 0$

Resumen del capítulo

VOCABULARIO
espacio muestral

En este capítulo, encontraste el tamaño de los *espacios muestrales* para varias situaciones. Algunas veces esto requirió que contaras todas las maneras posibles en que un grupo de elementos podría seleccionarse de un grupo más grande. Otras veces tuviste que calcular el número de formas en que podía ordenarse un grupo de cosas.

Puedes encontrar el espacio muestral para una situación al hacer una lista sistemática de todas las posibilidades. Aprendiste que algunas veces puedes descubrir un patrón para ayudarte a determinar el tamaño del espacio muestral sin tener que enumerar todos los resultados.

También encontraste las probabilidades de eventos para varias situaciones y determinaste si un evento era más probable que otro. Observaste que a veces encontrar probabilidades puede ayudarte a tomar decisiones o idear estrategias para ganar juegos.

Estrategias y aplicaciones

Las preguntas en esta sección te ayudarán a revisar y aplicar las ideas y estrategias importantes que desarrollaste en este capítulo.

Hacer una lista sistemática de cada resultado posible

1. Ally, Brevin, Carol, Doug y Evan están preparando un torneo de ajedrez entre ellos que será un torneo de rondas individuales, es decir, cada participante se enfrentará con cada uno de los demás participantes una vez. ¿Cuántos juegos habrá? Haz una lista sistemática de todas las parejas en el torneo.

2. En la clase de ciencias se asigna a Ally, Brevin, Carol y Doug para sentarse uno junto al otro en la primera fila.

a. Enumera todos los arreglos en los cuales Ally se sienta en el primer asiento, después todos los arreglos en los cuáles Brevin se sienta en el primer asiento, y así sucesivamente.

A primero	B primero	C primero	D primero
ABCD			
ABDC			

b. ¿Cuántos arreglos diferentes hay?

Usar un patrón o atajo para encontrar el tamaño de un espacio muestral sin tener que enumerar cada resultado

3. El entrenador de un equipo de béisbol es responsable de asignar el orden de bateo para los nueve jugadores.

a. Explica cómo puedes encontrar el número de diferentes arreglos de bateo *sin* enumerar todas las posibilidades. ¿Cuántos arreglos de bateo son posibles?

b. ¿Cuántos arreglos de bateo diferentes son posibles si uno de los nueve jugadores, el lanzador, siempre batea en noveno lugar?

4. Supón que un entrenador de baloncesto tiene 12 jugadores. *Sin* enumerar todas las posibilidades, explica cómo puedes encontrar el número de diferentes equipos de cinco integrantes que podría crear el entrenador. ¿Cuántos equipos son posibles?

Determinar la probabilidad de un evento

5. En la Pregunta 1, determinaste todos los posibles pares para un torneo de ajedrez de rondas individuales. Imagina que cada pareja se escribe en una tira de papel. Las tiras se colocan en un recipiente y se mezclan. Se escoge una tira al azar.

a. ¿Cuál es la probabilidad de que los nombres escogidos sean Doug y Evan?

b. ¿Cuál es la probabilidad de que Doug o Evan (o ambos) estén incluidos en el par escogido?

c. ¿Cuál es la probabilidad de que los nombres escogidos no contengan ni a Doug ni a Evan?

6. En la Pregunta 2, enumeraste todas las formas en que cuatro alumnos podrían acomodarse en una fila. Usa tu lista para responder estas preguntas.

a. Si los asientos se asignan al azar para los cuatro alumnos, ¿cuál es la probabilidad de que Brevin y Carol se sienten uno junto al otro?

b. Si los asientos se asignan al azar para los cuatro alumnos, ¿cuál es la probabilidad de que Doug se siente en uno de los extremos de la fila?

Usar la probabilidad para determinar si un juego es justo

7. Héctor está tratando de inventar un juego para dos personas que implica lanzar dos dados y sumar los resultados. Está considerando algunas reglas para la puntuación.

a. Supón que el Jugador 1 anota 1 punto por sacar una suma de 2, 3, 4, 9, 10, 11 ó 12, y el Jugador 2 anota 1 punto por cualquier otra suma. ¿Es justo este juego? Explica.

b. Supón que el Jugador 1 anota 1 punto cuando la suma es 6, 7 u 8. De lo contrario, el Jugador 2 anota 1 punto. ¿Es justo este juego? Explica.

c. Supón que el Jugador 1 anota 3 puntos cuando la suma es 11 ó 12, y el Jugador 2 anota 1 punto cuando la suma es 3, 4 ó 5. Para el resto de las sumas, ninguno de los jugadores anota. ¿Es justo este juego? Explica.

Usar la probabilidad para tomar decisiones

8. *¿Más alto o más bajo?* es un juego en el cual los dos contrincantes se turnan para adivinar si la suma de los números en un par de dados será mayor que 7 ó menor que 7. El procedimiento para jugar cada turno es como sigue:

- Cada jugador lanza un dado. El jugador que tiene que adivinar lanza su dado a plena vista; el otro jugador oculta su resultado.
- El jugador que tiene que adivinar entonces adivina si la suma es "mayor que 7" o "menor que 7". La suposición se hace con conocimiento de lo que aparece en uno de los dados pero no en el otro.
- El jugador que tiene que adivinar anota 1 punto si la suposición fue correcta. El otro jugador anota 1 punto si la suposición fue incorrecta. Si la suma es 7, no se anota ningún punto.

Supón que tú eres el jugador que tiene que adivinar si es mayor o menor.

a. El primer dado muestra un 2. ¿Debes suponer que la suma será "mayor que 7" o "menor que 7"? ¿Cuál es la probabilidad de que estarás en lo correcto?

b. El primer dado muestra un 4. ¿Debes suponer que la suma será "mayor que 7" o "menor que 7"? ¿Cuál es la probabilidad de que tengas razón?

Demuestra tus destrezas

9. Supón que tienes siete sillas en una fila. ¿Cuántos diferentes arreglos son posibles para que se sienten siete personas?

10. En las hamburguesas de Barak puedes ordenar una hamburguesa con hasta siete condimentos diferentes: mostaza, salsa de tomate, pepinillos, cebolla, tomate, lechuga y mayonesa. ¿Cuántas hamburguesas diferentes son posibles, incluyendo una hamburguesa simple sin ningún condimento?

11. El juego de lotería *21 y 5* requiere que los jugadores hagan coincidir 5 números que se rifan al azar de un total de 21. ¿Cuántos grupos de 5 números diferentes son posibles?

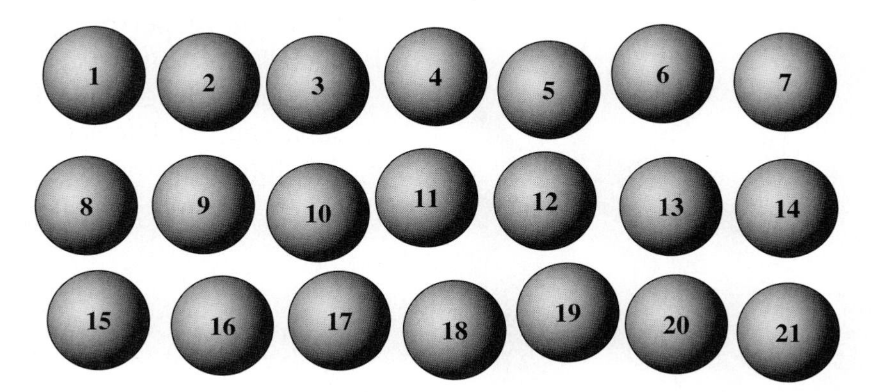

CAPÍTULO 10

Usa datos para hacer modelos

Matemáticas en la vida diaria

Censo con sentido La constitución de los Estados Unidos exige que se efectúe de un censo demográfico cada 10 años. Este complicado proceso requiere contar a todos y cada uno de los ciudadanos de los Estados Unidos.

Como parte del censo, se recopila información detallada sobre cada ciudadano, y luego se analiza. Por ejemplo, se recoge información sobre edad, raza, religión y nivel de educación. El análisis de estos datos permite hacer generalizaciones y sacar conclusiones sobre la población de los Estados Unidos.

Piensa al respecto ¿Qué te gustaría saber sobre la población de los Estados Unidos? Escribe las preguntas y luego busca las respuestas en un almanaque, en Internet o en alguna otra fuente de información.

Carta a la familia

Estimados alumno(a) y familiares:

A lo largo de este año, hemos visto la utilidad de las matemáticas en diversas situaciones. En este capítulo, estudiaremos en mayor detalle cómo analizar datos, incluyendo datos de situaciones reales. Usaremos tablas para organizar los datos, buscaremos la existencia de tendencias en los datos y obtendremos conclusiones. Usaremos también métodos gráficos, incluyendo un mapa que describe un brote epidémico de cólera en Londres, a partir del cual obtendremos evidencias para determinar la fuente de origen de la epidemia.

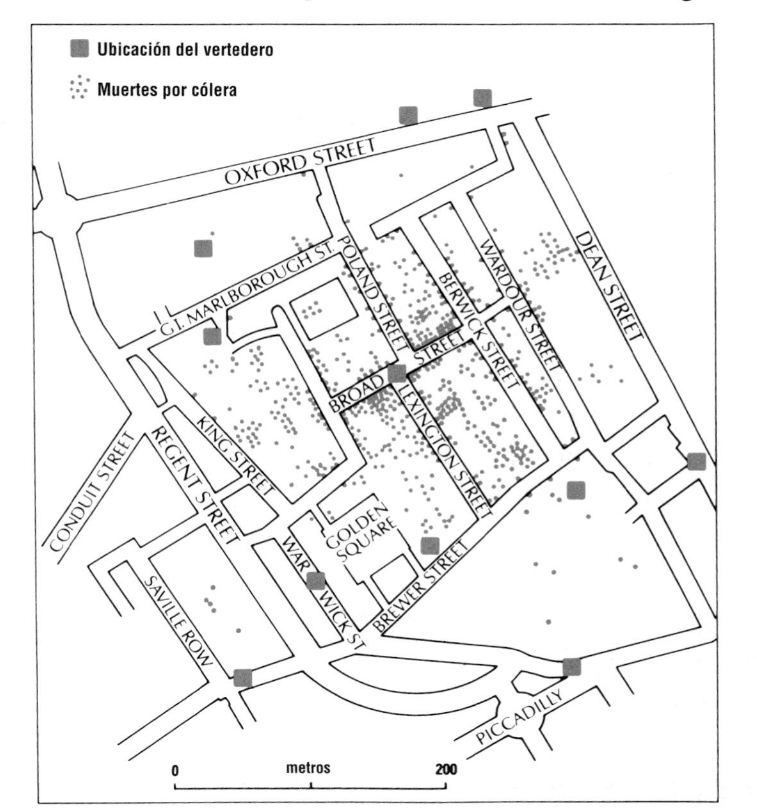

En la segunda mitad del capítulo vamos a usar *modelos matemáticos.* Por ejemplo, usaremos ecuaciones para modelar el crecimiento demográfico y hacer predicciones. También vamos a analizar las cuentas de un negocio usando tablas y vamos a usar un modelo de crecimiento demográfico para explorar cómo puede cambiar el número de personas zurdas, de una generación a la siguiente.

¿Qué pueden hacer en el hogar?

Le pueden preguntar a su hijo(a) acerca del brote epidémico de cólera en Londres o sobre cualquiera otra situación que esté analizando en clase. Juntos, pueden analizar información publicada en los periódicos y buscar patrones en esos datos. ¿Revelan algún patrón los datos que muestra el mapa con las temperaturas?

10.1 Patrones de datos en tablas y gráficas

Si tienes acceso a Internet, podrías estar interesado(a) en *fedstats.gov*, donde puedes encontrar algunos de los datos que el gobierno de Estados Unidos ha recopilado.

Los tiempos en los que vivimos se han llamado la *era de la información* porque la cantidad de información disponible está aumentando más rápido que nunca. A través de Internet, puedes encontrar una enorme cantidad de datos en casi cualquier tema que puedas imaginar, en cuestión de minutos.

Sin embargo, tener datos solamente no te ayudará mucho si no puedes interpretarlos. Al organizar y analizar los datos, puedes en ocasiones descubrir tendencias y conexiones que te ayudarán a entender mejor la información.

Piensa & comenta

¿Qué tipo de datos crees que tu escuela tenga acerca de ti? ¿Cómo podría la escuela usar estos datos?

En clase de matemáticas, con frecuencia has reunido datos y obtenido conclusiones de ellos. Considera algunas investigaciones en este año en las que hayas reunido datos numéricos y luego hayas formulado una conjetura. ¿Cómo usaste las matemáticas para que los datos obtenidos tuvieran sentido?

Investigación 1 Analiza datos usando tablas

Las escuelas con frecuencia reúnen datos acerca de las calificaciones de exámenes de grupos de alumnos y los usan para evaluar el desempeño de los alumnos y de las escuelas.

Una secundaria atrae a alumnos de dos pueblos pequeños, Northtown y Southtown, cada uno con una escuela secundaria. Al inicio del año escolar, los alumnos en la clase de álgebra toman un examen para determinar su nivel de preparación. Los resultados del examen previo de álgebra para las dos clases se muestran en la página opuesta.

La clasificación "S" en la columna "Pueblo" indica que el alumno proviene de Southtown, y "N" indica que el alumno es de Northtown. La letra "M" en la columna "Turno" representa la clase de álgebra matutina, y la letra "A" representa la clase vespertina.

Resultados del examen previo de álgebra

Alumno	Calificación	Pueblo	Turno
1	100	S	A
2	81	N	M
3	55	S	M
4	74	N	A
5	58	N	A
6	59	S	A
7	94	N	M
8	72	N	A
9	100	S	M
10	100	S	M
11	77	N	A
12	94	S	A
13	66	N	M
14	85	N	M
15	63	S	A
16	74	S	M
17	90	N	M
18	66	N	A
19	59	S	M
20	92	S	A
21	73	S	M
22	81	N	M

Alumno	Calificación	Pueblo	Turno
23	54	N	A
24	72	N	A
25	100	S	M
26	66	S	A
27	90	S	M
28	84	N	A
29	68	N	M
30	73	N	M
31	44	S	M
32	82	N	A
33	60	S	A
34	79	S	M
35	94	S	A
36	89	N	A
37	69	N	A
38	69	N	M
39	62	S	M
40	87	N	M
41	76	N	A
42	70	S	M
43	100	S	A
44	88	S	A

El vicerrector usó las calificaciones para comparar la preparación en matemáticas de los alumnos en los dos pueblos. Primero calculó la media en las calificaciones para todos los 44 alumnos. Después creó una tabla nueva que le ayudaría a comparar el desempeño de los alumnos en los dos pueblos.

Serie de problemas A

1. Diseña una tabla que podría ayudar al vicerrector a hacer una comparación de las calificaciones entre los dos pueblos.

2. Encuentra la media en las calificaciones del grupo total de 44 alumnos y la media en las calificaciones de los alumnos de cada pueblo. Compara estas estadísticas para los dos pueblos.

3. Encuentra la mediana de las calificaciones del grupo total de 44 alumnos y la mediana de las calificaciones de los alumnos de cada pueblo. Compara estas estadísticas para los dos pueblos.

4. Si suponemos que el examen da una indicación exacta de la preparación de cada alumno, considera lo que estas calificaciones pueden decir acerca de la preparación de los alumnos de los dos pueblos.
   a. ¿Qué pueblo tiene un rango más amplio de calificaciones entre los alumnos?
   b. ¿Tienen los pueblos el mismo número de alumnos por encima de la mediana total? Si no es así, ¿cuál tiene más alumnos por encima de la mediana?
   c. Cinco alumnos obtuvieron 100 en el examen. ¿De qué pueblo proviene cada uno de estos alumnos sobresalientes?
   d. ¿Qué pueblo tiene la calificación más baja en el examen? ¿Cuál es la diferencia en puntos entre las calificaciones más bajas para los dos pueblos?
   e. Basándote en estos datos, ¿cuál de las dos escuelas secundarias crees que prepare mejor a sus alumnos? Explica tu razonamiento.

Serie de problemas B

Los mismos datos se usan con frecuencia para diferentes propósitos. El vicerrector estaba comparando el desempeño de los alumnos de los dos *pueblos*. El maestro de los dos turnos se preguntaba si es que alguno de los dos *turnos* estaba mejor preparado.

1. Construye una tabla para facilitar el análisis del maestro. Es decir, encuentra una manera de presentar los datos de forma que puedas diferenciar más fácilmente las calificaciones para ambos turnos, tanto el matutino como el vespertino.
2. ¿Crees que los datos apoyan la conclusión de que un turno está mejor preparado que el otro? Justifica tu respuesta. Considera la media, la mediana, la moda, el rango u otros factores.

Comparte & resume

En esta investigación, usaste una tabla de datos para crear dos tablas nuevas que te ayudarán a analizar la información de la tabla original.

1. Para cada nueva tabla, ¿cómo decidiste la manera de reorganizar la tabla original?
2. Considera la tabla en la página 603. Menciona una ventaja y una desventaja de presentar los datos en una sola tabla, en lugar de las dos tablas individuales que creaste en las Series de problemas A y B.
3. ¿Qué factores observaste para tratar de sacar conclusiones acerca de las diferencias entre los alumnos de los dos pueblos o de los dos turnos?

Investigación 2 Organiza datos

Lydia quiere que sus padres compren un auto nuevo. Cuando sus padres argumentaron que los autos nuevos eran caros, Lydia decidió tratar de convencerlos de que debían comprar un auto nuevo ahora (en lugar de esperar un año o dos hasta que ella esté lista para conducir y ¡sin duda alguna pedirá las llaves!).

Datos de interés

El *precio base* de un modelo particular de auto es el precio sin ninguna de las opciones extras, como un reproductor de cédes y ventanas matizadas.

Aunque ella hubiera preferido un auto deportivo, Lydia sabía que sus padres estarían más dispuestos a escuchar si les hablaba acerca de un modelo mediano como el que tenían actualmente. Ella reunió los datos que aparecen abajo acerca del precio base de su modelo de auto cada año.

Precio de un auto nuevo

Año	Precio
1985	$8,449
1987	10,598
1989	11,808
1991	12,698
1993	14,198

Año	Precio
1995	$15,775
1997	17,150
1999	18,922
2001	19,940
2003	21,319

Piensa & comenta

Describe la tendencia en los datos.

¿Qué podría causar el cambio de precio tal como sucede?

MATERIALES
calculadora graficadora

Serie de problemas C

Grafica los datos de la tabla de Lydia en tu calculadora. Te ayudará si consideras 1985 como el Año 1.

1. Usa tu gráfica para decidir si es que la relación entre el año y el precio parece ser lineal, cuadrática, exponencial o algún otro tipo de función. Si parece ser lineal, encuentra una ecuación para una línea que parezca adecuada para los datos.
2. Supón que el precio sigue aumentando en la misma forma. Usa tu ecuación para averiguar cuánto ahorrarían los padres de Lydia al comprar el modelo de este año en lugar de esperar dos años.

Un odómetro mide la distancia que ha recorrido un vehículo.

Los padres de Lydia no están convencidos, así que Lydia decidió averiguar más información. Su padre llevó un registro mensual de las lecturas del odómetro y la cantidad de gasolina que compró para el auto familiar. Lydia estudió los registros, esperando que los datos podrían sugerir que el auto está usando tanta gasolina, que reemplazarlo con un modelo con mejor economía de combustible les ahorraría más dinero.

Ella preparó este registro por 12 meses, comenzando por la gasolina que se compró en junio de 2003. La segunda columna muestra la lectura del odómetro (redondeado a la milla más cercana) en el último día del mes. La tercera columna muestra los galones de gasolina que se compraron durante ese mes.

Mes	Lectura del odómetro (mi)	Gasolina comprada (gal)
May	119,982	
Jun	121,142	42.8
Jul	122,564	36.6
Ago	126,354	139.7
Sep	127,459	42.0
Oct	128,106	26.5
Nov	128,919	34.7
Dic	129,939	41.5
Ene	131,052	44.6
Feb	131,695	27.2
Mar	132,430	29.6
Abr	134,114	60.0
May	135,135	35.3

Serie de problemas D

1. ¿Cuántas millas recorrió el auto durante el año? ¿Cuál fue el número promedio de millas recorridas por mes?
2. La economía de combustible a menudo se mide en millas por galón. Calcula esta medida para julio y noviembre al decimal más cercano.
3. Construye una tabla que muestre las millas recorridas y la economía de combustible (en millas por galón) para cada mes.
4. ¿Cuál de los cuatro meses muestra la peor economía de combustible? Enuméralos en orden, empezando por el peor.

MATERIALES

calculadora graficadora

Serie de problemas E

Es normal preguntarse qué causó que la economía de combustible fuera mejor en algunos meses que en otros. Lydia sospecha que es algo relacionado con la temperatura; ella piensa que el auto rinde menos millas por galón en clima frío.

Para probar su teoría, investigó las temperaturas promedio en su ciudad para los meses en los que tenía los datos. De Internet obtuvo el promedio de la media diaria de temperaturas, en grados Fahrenheit, para cada mes.

Promedio de temperaturas medias diarias

Jun	Jul	Ago	Sep	Oct	Nov	Dic	Ene	Feb	Mar	Abr	May
64.6	74.3	72.5	66.3	54.4	44.6	39.1	29.5	33.6	39.4	49.2	58.2

1. ¿Son sorprendentes algunos de los registros de temperatura mensual? ¿Por qué?
2. Usa tu calculadora para registrar los datos (*temperatura, economía de combustible*). (Los datos sobre la economía de combustible, en mpg, se encuentran en tu respuesta al Problema 3 en la Serie de problemas D.) Ajusta las funciones de ventana para llenar la pantalla con los datos, tanto como sea posible. ¿Parece haber una conexión entre estas dos variables? Explica.
3. Debe haber un punto en tu gráfica que parece alejado de los otros. Haz una nueva gráfica sin incluir ese punto. Ajusta las funciones de ventana para llenar la pantalla con los puntos de los datos restantes. ¿Crees ahora que hay una conexión entre temperatura y economía de combustible? Explica.

MATERIALES

calculadora graficadora

Serie de problemas F

El padre de Lydia pensó que el auto rendía menos millas por galón en los meses en que no lo utilizaban mucho. Lydia decidió usar sus datos para probar la teoría de su padre.

1. Construye una tabla que pueda ser usada más fácilmente, para ver si la economía de combustible es peor en los meses de pocas millas y mejor en los meses de muchas millas. ¿Puedes ver alguna prueba en tu tabla para apoyar la teoría del padre de Lydia?
2. Grafica los datos (*millas recorridas, economía de combustible*) en tu calculadora. ¿Parece haber una conexión entre estas dos variables? Explica.

Comparte & resume

1. En la Serie de problemas C, graficaste los datos de una tabla dada. Sin embargo, en las Series de problemas E y F, tuviste que hacerles algo a los datos antes de graficar. En cada caso, ¿qué datos *sí* graficaste, y por qué no pudiste graficar los datos dados?
2. Compara la gráfica de temperaturas (Serie de problemas E) que creas es más útil para la gráfica de millas recorridas (Serie de problemas F). ¿Qué gráfica sugiere una conexión más sólida entre las variables?
3. Kyle, el hermano de Lydia, observó que por lo general la familia hacía sus viajes más largos durante el verano. Él razonó que la economía de combustible sería mejor en los viajes largos, ya que ha leído que conducir en la autopista da mejor economía de combustible que conducir en la ciudad. ¿Coinciden los datos con esta observación? Explica.

Investigación 3 Busca las tendencias

La administración de seguridad social ha reunido información acerca de los nombres dados a los niños y niñas recién nacidos en los Estados Unidos.

Las dos tablas muestran los tres nombres más comunes para niños y niñas recién nacidos en los Estados Unidos para cada año desde 1900 hasta 2002. Cada tabla enumera los años en los cuales cada nombre ha estado en primero, segundo y tercer lugar. Para ahorrar espacio, las tablas no muestran la parte de "19" en los años, así que la entrada "87, 88, 90–93" representa los años 1987, 1988, 1990, 1991, 1992 y 1993.*

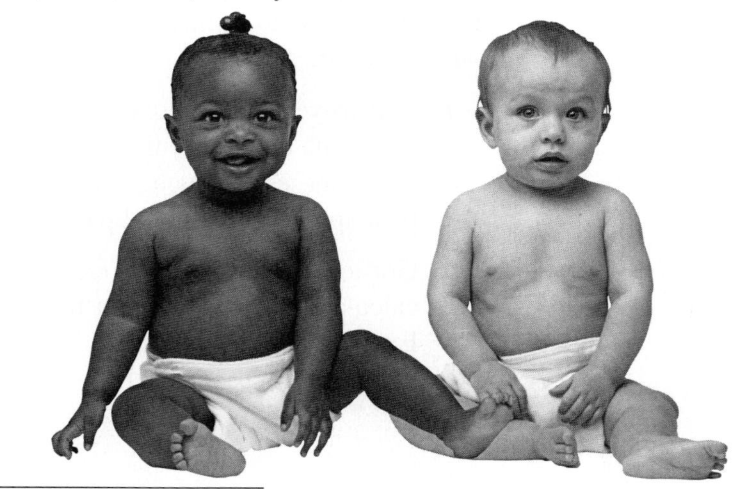

* Fuente: Estos datos se derivan de la información en el sitio Web de la administración de seguridad social, *www.ssa.gov*.

Nombres de niños

Nombre	Primer lugar	Segundo lugar	Tercer lugar
Christopher		72, 73, 75, 81–93	74, 76–80, 94
David	60, 61, 63	58, 59, 66–70	56, 62, 64, 71–72
Jacob	99, 2000–2002	95, 97, 98	96
James	35, 40, 42, 43, 45–47, 49, 52	27, 30, 31, 33, 34, 36–39, 44, 48, 50, 51, 55, 57, 65	00–17, 19–22, 24, 25, 28, 29, 32, 41, 53, 59, 67, 68, 73
Jason		74, 76–80	75, 81
John	00–25, 50	26, 28, 29, 32, 41, 47, 62–64, 71	27, 30, 31, 33–40, 42–46, 48, 49, 51, 52, 54, 60, 61, 65, 66, 69, 70
Joshua			89, 90, 92, 93, 2000
Matthew		94, 96	82–88, 91, 95, 97–99, 2000–2001
Michael	53, 55–59, 62, 64–98	54, 60, 61, 99, 2000–2002	63
Robert	26–34, 36–39, 41, 44, 48, 51, 54	21–25, 35, 40, 42, 43, 45, 46, 49, 52, 53, 56	18, 47, 50, 55, 57, 58
William		00–20	23, 26

Nombres de niñas

Nombre	Primer lugar	Segundo lugar	Tercer lugar
Alexis			99
Amanda			79–82, 86–88, 91
Amy		74–77	73
Anna			00–02
Ashley	88, 91	85–87, 89, 90, 92–95	83, 84, 96
Barbara		37–44	32, 33, 35, 36, 45
Betty		27–34	25
Brittany			89, 90
Deborah		54, 55	53
Debra			56
Dorothy		20–26	12–15, 17–19, 27–31
Emily	95–99, 2000–2002		94
Hannah		98, 99, 2000	2001–2002
Helen		00–02, 04–19	03, 20–24, 26
Jennifer	70–84	69	85
Jessica	85–87, 89, 90, 92–94	78, 80–84, 88, 91, 96	95
Karen			65
Kimberly			67, 68, 70
Linda	47–52	45, 46, 53, 58	54, 55, 57, 59
Lisa	62–69	61, 70	71, 72
Madison		2001–2002	2000
Margaret		03	04–11, 16
Maria		65–67	60, 62–64
Mary	00–46, 53–61	47–52, 62–64	66
Melissa		79	76–78
Michelle		68, 71–73	69, 74, 75
Patricia			37–44, 46–52
Samantha			98
Sarah		97	92, 93
Shirley		35, 36	34
Susan		56, 57, 59, 60	58, 61
Taylor			97

Serie de problemas G

Michael y Mary estaban comentando la información en las tablas de la página 609. Al mirar la primera tabla, Michael dijo: —¡Epa, tengo el nombre más popular del siglo!

—No es verdad, —dijo Mary, quien estaba viendo la segunda tabla. Mi nombre es el más popular.

1. Considera cómo podrías decidir cuál nombre es el más popular para los años enumerados en la tabla.

a. Utiliza en primer lugar el número total de años como tu medida, para luego determinar los dos nombres de niños más populares y los dos nombres de niñas más populares.

b. Considerando el número total de años en que cada nombre estuvo en primer lugar, ¿quién dirías que tuvo la razón, Michael o Mary? Defiende tu respuesta.

c. Lee sugirió una medida diferente: asigna 3 puntos por cada aparición en primer lugar, 2 por el segundo y 1 por el tercero. Repasa la lista para escoger los cuatro principales nombres de niños más probables y los cuatro principales nombres de niñas más probables, usando la medida de Lee y calcula los puntos para esos ocho nombres. ¿Qué par de nombres de niños y de niñas se consideran los más populares de esta forma?

2. ¿Cuál crees que cambia más frecuentemente: la popularidad de nombres particulares de niños o la popularidad de nombres particulares de niñas? Escribe un enunciado o dos para respaldar tu respuesta.

3. ¿Cuáles nombres se han mantenido en los primeros tres lugares por la mayor cantidad de años *consecutivos*? Explica.

4. ¿Qué nombres hicieron repentinas apariciones en los primeros tres lugares por sólo 1 a 3 años y luego desaparecieron? ¿Tienes una explicación para la popularidad de estos nombres en particular?

Los datos pueden organizarse de muchas maneras. Por ejemplo, en la página opuesta hay dos nuevas tablas para los nombres de niñas.

- La primera tabla combina los nombres en intervalos de 10 años. El número entre paréntesis después de un nombre dice por cuántos años permaneció ese nombre en el lugar dado durante ese intervalo.
- La segunda tabla da el número de años en que cada nombre estuvo en primero, segundo y tercer lugar. También enumera el número máximo de años consecutivos en que cada nombre permaneció en ese lugar.

Intervalo	Primer lugar		Segundo lugar		Tercer lugar	
1900–1909	Mary (10)		Helen (9)	Margaret (1)	Anna (3) Margaret (6)	Helen (1)
1910–1919	Mary (10)		Helen (10)		Margaret (3)	Dorothy (7)
1920–1929	Mary (10)		Dorothy (7)	Betty (3)	Helen (6) Dorothy (3)	Betty (1)
1930–1939	Mary (10)		Betty (5) Barbara (3)	Shirley (2)	Barbara (4) Patricia (3)	Dorothy (2) Shirley (1)
1940–1949	Mary (7)	Linda (3)	Barbara (5) Mary (3)	Linda (2)	Patricia (9)	Barbara (1)
1950–1959	Linda (3)	Mary (7)	Mary (3) Deborah (2)	Linda (2) Susan (3)	Patricia (3) Linda (4) Susan (1)	Deborah (1) Debra (1)
1960–1969	Mary (2)	Lisa (8)	Susan (1) Mary (3) Michelle (1)	Lisa (1) Maria (3) Jennifer (1)	Maria (4) Karen (1) Kimberly (2)	Susan (1) Mary (1) Michelle (1)
1970–1979	Jennifer (10)		Lisa (1) Amy (4) Melissa (1)	Michelle (3) Jessica (1)	Kimberly (1) Amy (1) Melissa (3)	Lisa (2) Michelle (2) Amanda (1)
1980–1989	Jennifer (5) Ashley (1)	Jessica (4)	Jessica (6)	Ashley (4)	Amanda (6) Jennifer (1)	Ashley (2) Brittany (1)
1990–1999	Jessica (4) Emily (5)	Ashley (1)	Ashley (5) Sarah (1)	Jessica (2) Hannah (1)	Brittany (1) Sarah (2) Jessica (1) Taylor (1)	Amanda (1) Emily (1) Ashley (1) Samantha (1) Alexis (1)
2000–2002	Emily (3)		Hannah (1)	Madison (2)	Madison (1)	Hannah (2)

	Total de años			Máximo de años consecutivos		
Nombre	1er lugar	2do lugar	3er lugar	1er lugar	2do lugar	3er lugar
Alexis	0	0	1	0	0	1
Amanda	0	0	8	0	0	4
Amy	0	4	1	0	4	1
Anna	0	0	3	0	0	3
Ashley	2	9	3	1	4	2
Barbara	0	8	5	0	8	2
Betty	0	8	1	0	8	1
Brittany	0	0	2	0	0	2
Deborah	0	2	1	0	2	1
Debra	0	0	1	0	0	1
Dorothy	0	7	12	0	7	5
Emily	8	0	1	8	0	1
Hannah	0	3	2	0	3	2
Helen	0	19	7	0	16	5
Jennifer	15	1	1	15	1	1
Jessica	8	9	1	3	5	1
Karen	0	0	1	0	0	1
Kimberly	0	0	3	0	0	2
Linda	6	4	4	6	2	2
Lisa	8	2	2	8	1	2
Madison	0	2	1	0	2	1
Margaret	0	1	9	0	1	8
Maria	0	3	4	0	3	3
Mary	56	9	1	47	6	1
Melissa	0	1	3	0	1	3
Michelle	0	4	3	0	3	2
Patricia	0	0	15	0	0	8
Samantha	0	0	1	0	0	1
Sarah	0	1	2	0	1	2
Shirley	0	2	1	0	2	1
Susan	0	4	2	0	2	1
Taylor	0	0	1	0	0	1

5. Usando la primera tabla en la página 611, encuentra de nuevo las respuestas al Problema 1 (Partes a y c), Problema 3 y Problema 4, solamente para los nombres de niñas. Luego encuentra las respuestas una vez más, usando la segunda tabla. Describe cómo cada arreglo de los datos hace más fácil o más difícil contestar las preguntas.

6. Describe cualquier tendencia importante que veas a lo largo del siglo. Por ejemplo, ¿puedes ver diferencias significativas en los nombres populares hacia fines de siglo, en oposición al principios o mediados del siglo?

7. Supón que estás diseñando decoraciones para la pared con nombres de bebés y piensas venderlos a través de una compañía de juguetes que los distribuye en todo el país. Quieres vender la mayor cantidad posible, pero la compañía de juguetes ha acordado incluir solamente seis nombres de niños y seis nombres de niñas en primera instancia, para ver qué tan bien aceptan el producto los clientes. Predice los nombres más populares para el año en curso y apoya tu predicción con una explicación.

8. Predice los nombres más usados para 1899 (el año anterior a los datos que aparecen en la tabla). Apoya tu predicción con una explicación.

Comparte & resume

1. Compara las ventajas y desventajas de las tres tablas en esta investigación.

2. Escribe una pregunta que te gustaría poder contestar acerca de los nombres más populares, pero para la cual no tienes los datos suficientes.

Investigación 4 De mapas a gráficas

Como ya has visto, una tabla grande llena de datos puede ser difícil de analizar. Una representación visual, tal como una gráfica, de la información en una tabla a veces hace que los patrones esenciales sean aparentes inmediatamente. Un mapa a veces es la mejor manera de exhibir datos visualmente.

Piensa & comenta

¿Qué tipo de datos geográficos se presentan por lo general en un mapa?

¿Has visto mapas que presentan otros tipos de información? ¿Qué tipo de información?

En 1854, el área de la calle Broad en Londres sufrió una severa epidemia de *cólera,* una grave infección bacteriana en el intestino delgado. Un doctor en Londres, John Snow, se decidió a detener la propagación de esta enfermedad.

El Dr. Snow anotó las ubicaciones de los hogares de las víctimas en un mapa de esta sección de la ciudad. En esa época, Londres no tenía cañerías que llevaran el suministro público de agua directamente a los hogares y negocios. El mapa muestra las ubicaciones de las bombas públicas que los residentes usaban como fuentes de agua.

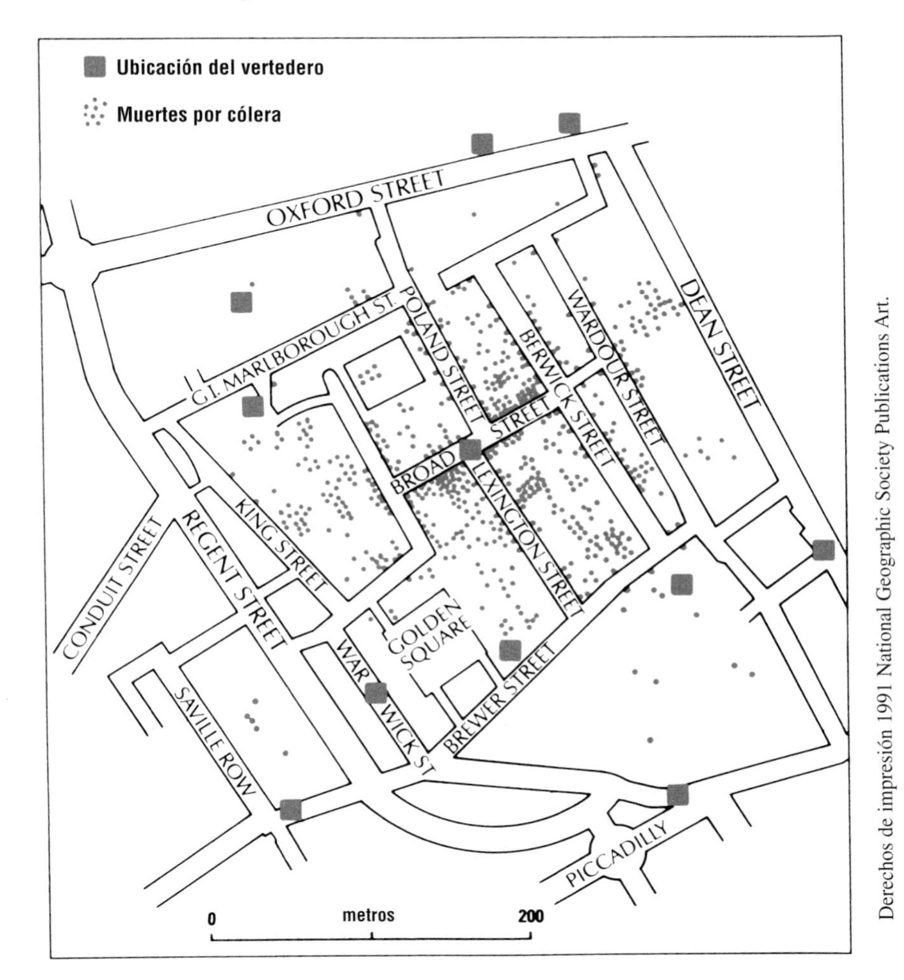

MATERIALES

- mapa de Londres del Dr. Snow
- regla
- compás
- papel cuadriculado

Serie de problemas H

1. ¿Qué patrón, si existe alguno, observas en las muertes?

Mientras el Dr. Snow investigaba el patrón de muertes en el mapa, se dio cuenta de que parecían concentrarse en ciertas ubicaciones. Aún cuando muchas personas vivían alrededor de las calles Oxford, Regent y Picadilly, hubo pocas muertes por cólera en esas áreas. La representación visual de muertes en el mapa lo convenció de que el agua para beber era la causa probable de la epidemia y que la bomba en la calle Broad, donde las muertes se concentraban con más densidad, podía ser la fuente.

El Dr. Snow estaba interesado en saber a qué distancia estaba cada muerte por cólera de la bomba en la calle Broad. Una longitud que representa 200 metros está dada en el mapa. Será conveniente tener una distancia mucho más pequeña (tal como 25 metros) para ayudarte a analizar lo que estaba sucediendo.

2. Divide a la mitad la distancia de 200 metros en tu mapa para hacer intervalos de 100 metros. Divide cada parte a la mitad otra vez para hacer intervalos de 50 metros. Por último, divide cada segmento de 50 metros a la mitad para hacer intervalos de 25 metros.

Los círculos que dibujas para el Problema 3 son *concéntricos* porque tienen el mismo centro.

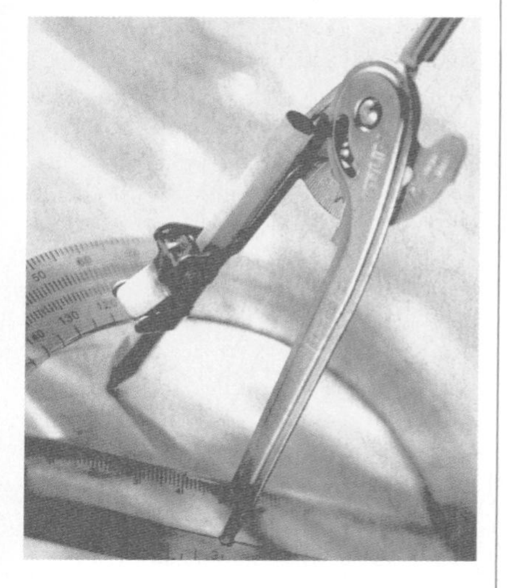

3. Dibuja varios círculos en tu mapa, usando la bomba de la calle Broad como centro. Haz círculos con radios de 25, 50, 75, . . . y 200 metros. Esto creará ocho anillos con un ancho de 25 metros alrededor de la bomba, algo así:

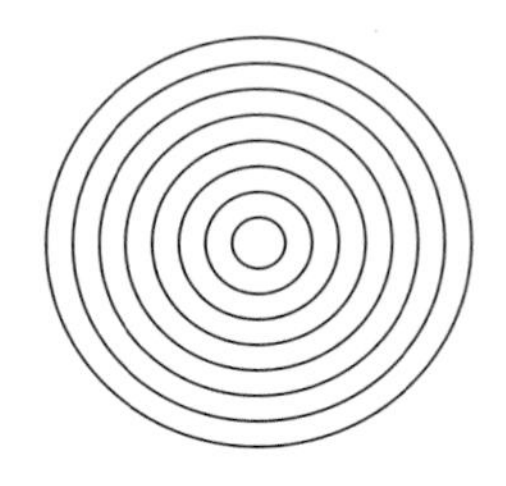

4. Considera el círculo más cercano al centro como el Anillo 1, y el área entre el círculo más cercano al centro y el siguiente círculo como el Anillo 2. Cuenta el número de víctimas que vivían dentro del Anillo 3. Describe la distancia de las residencias en este anillo desde la bomba en la calle Broad.

5. Cuenta el número de víctimas que vivían en cada uno de los otros anillos y enuméralos en una tabla. Añadirás dos columnas más a tu tabla más adelante, así que deja espacio.

6. Construye un histograma con la distancia desde la bomba en la calle Broad en el eje horizontal y el número de víctimas en el eje vertical. Da a cada barra un ancho de 25 metros.

7. ¿Tu tabla e histograma apoyan la conclusión de que hay más muertes cerca de la bomba? Explica.

8. Kai usó su propia tabla para calcular la mediana, moda y media para la distancia entre las residencias de las víctimas y la bomba. Para simplificar las cosas, redondeó las distancias según el número del anillo en que vivía la víctima. Por ejemplo, para todas las personas en el Anillo 1, usó la distancia de 12.5 m; para el Anillo 2, usó 37.5 m y para el Anillo 3, usó 62.5 m.

Kai encontró una mediana de unos 87.5 m, una moda de unos 62.5 m y una media de unos 78.3 m. Considera lo que estos instrumentos pueden significar en términos de la epidemia de cólera. ¿Qué información útil, si es que existe, revelan estas estadísticas acerca de la situación?

Recuerda

El área de un círculo con radio r is πr^2.

9. Mientras contabas puntos en el mapa, quizá te diste cuenta que cada anillo cubre un área mayor que el anillo más pequeño de al lado. Por ejemplo, el Anillo 2 tiene un área 3 veces mayor que el Anillo 1.

a. El Anillo 1 representa una parte circular de terreno con un radio de 25 m. ¿Cuál es el área, en metros cuadrados, que cubre ese anillo?

Para calcular el área de cada anillo, tienes que encontrar el área de dos círculos y restar. Por ejemplo, el área del anillo sombreado a la derecha es igual al área del círculo grande menos el área del círculo pequeño.

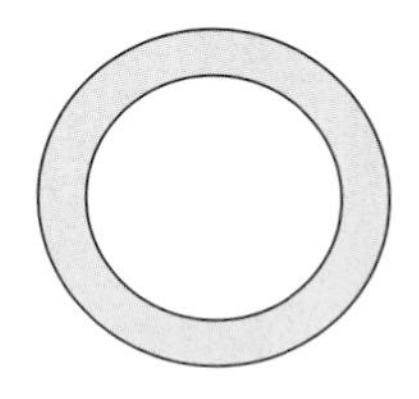

b. Encuentra el área de cada anillo, y añade una columna a tu tabla del Problema 5 para enumerar estos nuevos datos.

c. Ahora, divide el número de víctimas en un anillo entre el área de ese anillo y encuentra el número de víctimas por metro cuadrado para cada anillo. Añade otra columna a tu tabla para anotar esta información, que llamarás la *densidad de población* de las víctimas, hasta la diezmilésima más cercana.

d. ¿Apoya el patrón de densidad de población la conclusión de que hay más muertes cerca de la bomba? Explica.

10. Haz una gráfica de los datos (*número de anillo, densidad de población*).

La presentación del Dr. Snow, completa con mapas y tablas, convenció a la administración de la ciudad de que el agua de la bomba en la calle Broad era culpable de la epidemia de cólera. Cuando se eliminó la palanca para que la gente ya no pudiera obtener agua de esa bomba, la epidemia cedió.

Datos de interés

El Dr. Snow tuvo que trabajar arduamente para convencer a la gente de sus conclusiones. A mediados del siglo XIX, no se sabía mucho acerca de cómo se propagan las enfermedades. Su trabajo con el cólera es un ejemplo clásico de *epidemiología*, el estudio de las enfermedades que se propagan rápidamente en una población.

Comparte & resume

1. Considera el mapa; la tabla; la media, mediana y moda; el histograma y la gráfica que muestra la densidad de población por cada número de anillo. Explica por qué cada una es o no útil para apoyar la conclusión del Dr. Snow acerca de la relación entre el número de muertes y las distancias entre las residencias de las víctimas y la bomba en la calle Broad.

2. ¿Qué representación visual o estadística provee las pruebas más claras de tal conexión?

Ejercicios por tu cuenta

Practica & aplica

En los Ejercicos 1 al 3, usa esta información:

Economía Ben decidió escribir un artículo para el periódico escolar para comparar los precios de los discos compactos en varias tiendas. Encontró los precios de cinco cedés recientes en tres tiendas locales y en un sitio de música por Internet y los enumeró en una tabla.

Precios de cedés

Tienda	Artista	Precio
Castillo	A K Mango	$12.19
Castillo	Gritones gritadores	12.50
Castillo	Las chicas de la calle de enfrente	13.09
Música instantánea	A K Mango	13.25
Música instantánea	Las chicas de la calle de enfrente	13.25
Música instantánea	Gritones gritadores	13.49
Música instantánea	Fuera de sincronía	13.59
Sonidos GLU	Front Street Girls	13.95
Castillo	Out of Sync	14.29
Sonidos GLU	A K Mango	14.50
Piñas	A K Mango	14.99
Música instantánea	Aviva	15.00
Sonidos GLU	Fuera de sincronía	15.49
Sonidos GLU	Gritones gritadores	15.50
Piñas	Gritones gritadores	15.99
Piñas	Las chicas de la calle de enfrente	16.00
Piñas	Fuera de sincronía	16.25
Sonidos GLU	Aviva	16.75
Piñas	Aviva	18.89
Castillo	Aviva	19.00

1. Estudia la tabla de Ben y escribe un párrafo breve que describa las diferencias más notables en los precios de los cédes.

2. Considera cómo varían los precios de los cédes de una tienda a otra.

a. Reorganiza la tabla para que sea más fácil comparar los precios de las tiendas para los distintos cédes. (Abrevia los nombres de las tiendas y los artistas si quieres.)

b. ¿Cuál es la media de los precios de los cédes en cada tienda?

c. ¿Qué tienda recomendarías para el mejor precio en general? Explica tu elección.

3. Considera los precios para el CD de cada artista.

a. Reorganiza la tabla para que sea más fácil comparar los precios para un CD en particular.

b. ¿Cuál es la media de los precios para el CD de cada artista?

4. **Ecología** Puedes encontrar datos acerca de la contaminación del aire y otros temas ambientales en la página Web de la Agencia de Protección Ambiental de los Estados Unidos (Environmental Protection Agency, EPA), *www.epa.gov.*

Métodos de eliminación de basura, 1960–2000
(en millones de toneladas por año)

	1960	1970	1980	1990	2000
Reciclaje o composte	5.6	8.0	14.5	33.2	67.7
Combustión (quemarla)	27.0	25.1	13.7	31.9	33.7
Desechada en basureros	55.5	87.9	123.4	140.1	130.6
Total	88.1	121.1	151.6	205.2	232.0

Fuente: *Characterization of Municipal Solid Waste in the U.S,: 2001 Update,* Agencia de Protección Ambiental de los Estados Unidos, Washington, D.C.

Recuerda
El *aumento porcentual* es la diferencia entre dos cantidades dividida entre la primera cantidad y expresada como un porcentaje.

Ellis y Gabriela quieren usar los datos de eliminación de basura para ayudarse a decidir si la gente está reciclando más o menos de lo que solían.

a. ¿Cuál es el aumento porcentual en toneladas de basura recicladas o hechas composte en 2000 comparado con 1960?

b. Grafica la cantidad de basura reciclada o hecha composte a través del período de 1960–2000.

c. Ellis argumentó que la respuesta a la Parte a y la gráfica de la Parte b muestran que el reciclaje ha mejorado mucho en las últimas décadas. ¿Estás de acuerdo? ¿Por qué sí o por qué no?

d. Gabriela argumentó que deben calcular una razón para cada año: la cantidad de basura reciclada o hecha composte contra la cantidad total de basura generada. Haz una tabla que muestre esta razón, como decimal, para cada año en la tabla original. Luego grafica las razones durante el período de 1960–2000.

e. ¿Qué te indica tu gráfica de la Parte d acerca de si las personas en la actualidad reciclan más o reciclan menos que antes?

5. **Estudios sociales** En la Investigación 3, consideraste las tablas que enumeraban los nombres más comunes para recién nacidos en los Estados Unidos. Cuando un nombre deja de estar en primer lugar, esperarías que lo hiciera lentamente, de forma que aparecería en el segundo o tercer lugar por uno o dos años. ¿En qué años sucede esto? ¿Hay años en los que esto no suceda (es decir, que el nombre en primer lugar haya caído hasta el cuarto lugar o más abajo)?

Estudios sociales En los Ejercicios 6 al 8, usa la tabla en la página opuesta, la cual muestra los años en los cuales los candidatos presidenciales de cada partido recibieron la mayoría de votos en cada estado, desde 1948 a 2000.

Hubo 14 elecciones durante esos años. En la tabla, los dos principales partidos (demócratas y republicanos) tienen sus propias categorías. Todos los demás partidos se incluyen en la categoría "Otros". Nota que Alaska (AK) y Hawai (HI) no se convirtieron en estados de la Unión hasta 1959. Además, el Distrito de Columbia (DC), aunque no es un estado, recibió un estatus para votar similar al de cada estado a partir de 1964.

6. En una elección presidencial, el candidato que recibe la mayoría de los votos en un estado gana ese estado. Cada estado cuenta por un cierto número de puntos, que se llaman *votos electorales*, donde algunos estados valen más que otros por sus diferencias de población. Para las Partes a y b, supón que cada estado vale por el mismo número de votos electorales.

a. Sólo con un vistazo a la tabla, intenta adivinar si es que más demócratas o más republicanos fueron elegidos como presidentes en los años enumerados.

b. ¿Puedes pensar en alguna manera de reorganizar la tabla que te haga más fácil adivinar la respuesta a la Parte a? Si es así, descríbela; podrías dar una tabla como ejemplo con sólo una o dos filas para ilustrar. Si no es así, explica por qué piensas que la tabla dada es la mejor opción.

Ahora considera cómo podrías intentar adivinar con más exactitud al usar el verdadero número de votos electorales para cada estado. Por ejemplo, Alaska (y muchos otros estados) sólo tiene 3 votos electorales, mientras que California tiene 54.

c. ¿Cómo podrías modificar la tabla para reflejar esta información?

d. **Reto** Para determinar quién verdaderamente ganó cada elección, debes sumar los votos electorales de los estados que ganó cada candidato. Un candidato debe tener por lo menos 270 votos electorales para ganar.

¿Cómo usarías el número de votos electorales de cada estado para ayudarte a adivinar qué partido ha tenido más candidatos que ganen las elecciones, sin calcular el ganador de cada año?

Años en que el candidato de cada partido recibió la mayoría de votos

	Demócrata	Republicano	Otros
AL	52, 56, 60, 76	64, 72, 80, 84, 88, 92, 96, 2000	48, 68
AK	64	60, 68, 72, 76, 80, 84, 88, 92, 96, 2000	
AZ	48, 96	52, 56, 60, 64, 68, 72, 76, 80, 84, 88, 92, 2000	
AR	48, 52, 56, 60, 64, 76, 92, 96	68, 72, 80, 84, 88, 2000	
CA	48, 64, 92, 96, 2000	52, 56, 60, 68, 72, 76, 80, 84, 88	
CO	48, 64, 92	52, 56, 60, 68, 72, 76, 80, 84, 88, 96, 2000	
CT	60, 64, 68, 92, 96, 2000	48, 52, 56, 72, 76, 80, 82, 88	
DE	60, 64, 76, 92, 96, 2000	48, 52, 56, 68, 72, 80, 84, 88	
DC	64, 68, 72, 76, 80, 84, 88, 92, 96, 2000		
FL	48, 64, 76, 96	52, 56, 60, 68, 72, 80, 84, 88, 92, 2000	
GA	48, 52, 56, 60, 76, 80, 92	64, 72, 84, 88, 96, 2000	68
HI	60, 64, 68, 76, 80, 88, 92, 96, 2000	72, 84	
ID	48, 64	52, 56, 60, 68, 72, 76, 80, 84, 88, 92, 96, 2000	
IL	48, 60, 64, 92, 96, 2000	52, 56, 68, 72, 76, 80, 84, 88	
IN	64	48, 52, 56, 60, 68, 72, 76, 80, 84, 88, 92, 96, 2000	
IA	48, 64, 88, 92, 96, 2000	52, 56, 60, 68, 72, 76, 80, 84	
KS	64	48, 52, 56, 60, 68, 72, 76, 80, 84, 88, 92, 96, 2000	
KY	48, 52, 64, 76, 92, 96	56, 60, 68, 72, 80, 84, 88, 2000	
LA	52, 60, 76, 92, 96	56, 64, 72, 80, 84, 88, 2000	48, 68
ME	64, 68, 92, 96, 2000	48, 52, 56, 60, 72, 76, 80, 84, 88	
MD	60, 64, 68, 76, 80, 92, 96, 2000	48, 52, 56, 72, 84, 88	
MA	48, 60, 64, 68, 72, 76, 88, 92, 96, 2000	52, 56, 80, 84	
MI	60, 64, 68, 92, 96, 2000	48, 52, 56, 72, 76, 80, 84, 88	
MN	48, 60, 64, 68, 76, 80, 84, 88, 92, 96, 2000	52, 56, 72	
MS	52, 56	64, 72, 76, 80, 84, 88, 92, 96, 2000	48, 60, 68

	Demócrata	Republicano	Otros
MO	48, 56, 60, 64, 76, 92, 96	52, 68, 72, 80, 84, 88, 2000	
MT	48, 64, 92, 96	52, 56, 60, 68, 72, 76, 80, 84, 88, 2000	
NE	64	48, 52, 56, 60, 68, 72, 76, 80, 84, 88, 92, 96, 2000	
NV	48, 60, 64, 92, 96	52, 56, 68, 72, 76, 80, 84, 88, 2000	
NH	64, 92, 96	48, 52, 56, 60, 68, 72, 76, 80, 84, 88, 2000	
NJ	60, 64, 92, 96, 2000	48, 52, 56, 68, 72, 76, 80, 84, 88	
NM	48, 60, 64, 92, 96, 2000	52, 56, 68, 72, 76, 80, 84, 88	
NY	60, 65, 68, 76, 88, 92, 96, 2000	48, 52, 56, 72, 80, 84	
NC	48, 52, 56, 60, 64, 76	68, 72, 80, 84, 88, 92, 96, 2000	
ND	64	48, 52, 56, 60, 68, 72, 76, 80, 84, 88, 92, 96, 2000	
OH	48, 76, 92, 96	52, 56, 60, 65, 68, 72, 80, 84, 88, 2000	
OK	48, 64	52, 56, 60, 68, 72, 76, 80, 84, 88, 92, 96, 2000	
OR	64, 88, 92, 96, 2000	48, 52, 56, 60, 68, 72, 76, 80, 84	
PA	60, 64, 68, 76, 92, 96, 2000	48, 52, 56, 72, 80, 84, 88	
RI	48, 60, 64, 68, 76, 80, 88, 92, 96, 2000	52, 56, 72, 84	
SC	52, 56, 60, 76	64, 68, 72, 80, 84, 88, 92, 96, 2000	48
SD	64	48, 52, 56, 60, 68, 72, 76, 80, 84, 88, 92, 96, 2000	
TN	48, 64, 76, 92, 96	52, 56, 60, 68, 72, 80, 84, 88, 2000	
TX	48, 60, 64, 68, 76	52, 56, 72, 80, 84, 88, 92, 96, 2000	
UT	48, 64	52, 56, 60, 68, 72, 76, 80, 84, 88, 92, 96, 2000	
VT	64, 92, 96, 2000	48, 52, 56, 60, 68, 72, 76, 80, 84, 88	
VA	48, 64	52, 56, 60, 68, 72, 76, 80, 84, 88, 92, 96, 2000	
WA	48, 64, 68, 88, 92, 96, 2000	52, 56, 60, 72, 76, 80, 84	
WV	48, 52, 60, 64, 68, 76, 80, 88, 92, 96	56, 72, 84, 2000	
WI	48, 64, 68, 76, 88, 92, 96, 2000	52, 56, 60, 72, 80, 84	
WY	48, 64	52, 56, 60, 68, 72, 76, 80, 84, 88, 92, 96, 2000	

En los Ejercicos 7 y 8, usa como referencia la información de las páginas 618 y 619.

7. Supón que si los candidatos demócratas han perdido en un estado un máximo de tres veces desde 1948 a 2000, a ese estado se le considera "mayormente demócrata" durante este período. Similarmente, un estado en el que los candidatos republicanos hayan perdido no más de tres veces se le considera "mayormente republicano" durante este período.

a. Nombra todos los estados que son mayormente demócratas o mayormente republicanos, dada esta definición.

b. Para los estados que son mayormente republicanos, ¿en qué años ganó en la mayoría de ellos un candidato demócrata? Para los estados que son mayormente demócratas, ¿en qué años ganó en la mayoría de ellos un candidato republicano?

c. ¿Puedes pensar en una manera de reorganizar la tabla para que sea más fácil encontrar las respuestas a las Partes a y b? Si es así, descríbela; podrías dar una tabla como ejemplo con sólo una o dos filas para ilustrar. Si no es así, explica por qué piensas que la tabla dada es la mejor opción.

8. Hubo algunos años en los cuales un candidato que no fuera republicano ni demócrata ganó un estado.

a. Enumera los estados y los años.

b. ¿Qué notas acerca de estos estados? (Ayuda: Puede ser útil localizarlos en un mapa.)

c. ¿Puedes pensar en una manera de reorganizar la tabla para que sea más fácil encontrar las respuestas a las Partes a y b? Si es así, descríbela; podrías dar una tabla como ejemplo con sólo una o dos filas para ilustrar. Si no es así, explica por qué piensas que la tabla dada es la mejor opción.

En los Ejercicos 9 y 10, usa esta información:

Estudios sociales Aftermath Inc. ofrece clases de matemáticas en las tardes para alumnos de séptimo y octavo grados en Massachusetts. Durante un año, 603 alumnos se inscribieron en el programa. Usa los siguientes datos, que muestran el número de alumnos en Aftermath, la población total de alumnos de séptimo y octavo grados y el porcentaje de la población de séptimo y octavo grados que se inscribió.

Estudiantes inscritos en matemáticas después de las clases

Ciudad o pueblo	Número de inscritos	Población (Grados 7–8)	Porcentaje inscrito
Boston	98	8,873	1.104
Braintree	40	828	4.831
Brockton	2	2,505	0.080
Brookline	52	899	5.784
Cambridge	3	1,061	0.283
Canton	35	433	8.083
Cohasset	5	191	2.618
Dedham	29	457	6.346
Duxbury	2	461	0.434
Easton	26	537	4.842
Hanover	2	390	0.513
Hingham	45	511	8.806
Mansfield	18	535	3.364
Marshfield	2	688	0.291
Medfield	2	347	0.576
Milton	77	630	12.222
Needham	5	605	0.826
Newton	7	1664	0.421
Norwell	17	286	5.944
Quincy	69	1,290	5.349
Randolph	4	646	0.619
Westwood	52	330	15.758

Fuente: Adaptado de información del sitio Web del Departamento de Educación de Massachusetts, *www.doe.mass.edu.*

9. Luna sospecha que el pueblo o ciudad que manda *más* alumnos debe ser donde se localiza Aftermath. Orlando piensa que el pueblo o ciudad que manda el *porcentaje* más alto de alumnos debe ser donde se localiza Aftermath.

a. ¿Qué pueblo o ciudad manda más alumnos a Aftermath?

b. ¿Qué pueblo o ciudad manda el porcentaje más alto de sus alumnos de séptimo y octavo grados a Aftermath?

c. ¿Quién crees que tiene más probabilidad de estar en lo correcto, Luna u Orlando? Explica tu razonamiento.

10. Geografía Para este ejercicio, usa como referencia la información en la página 621.

Este es un mapa del este de Massachusetts.

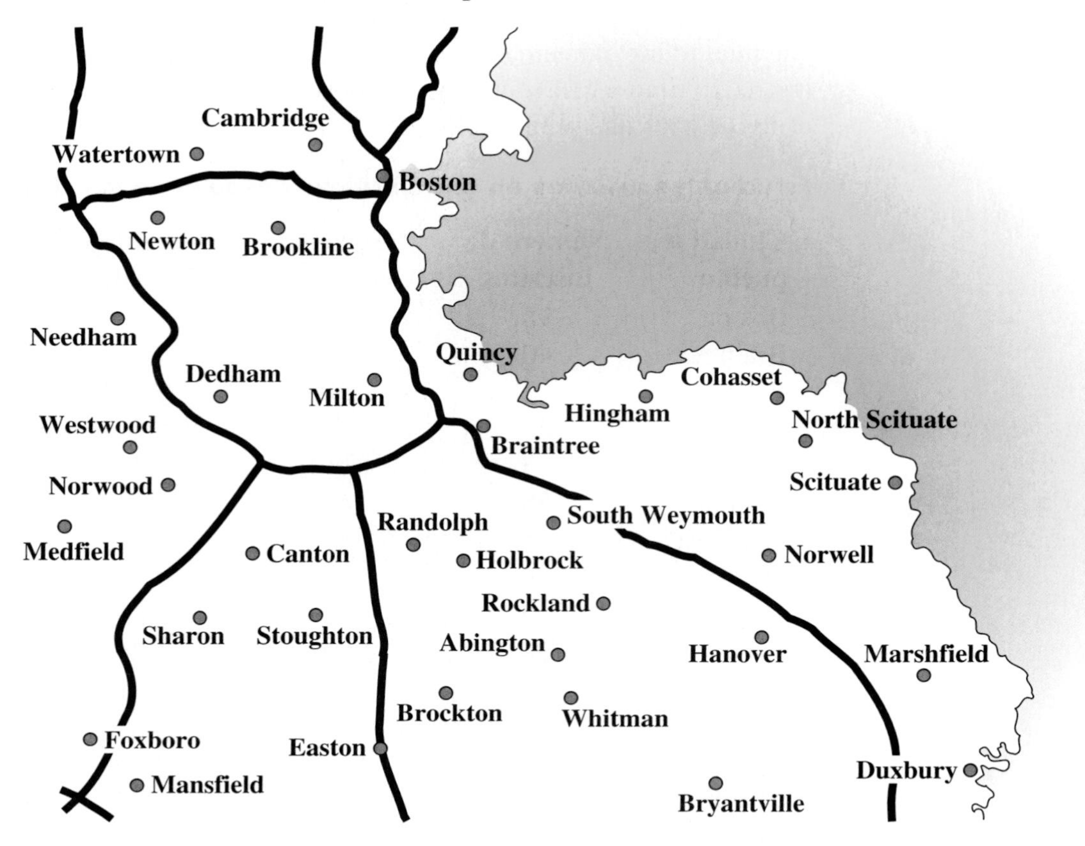

a. De todas las ciudades y pueblos que mandan cualquier número de alumnos a Aftermath, ¿cuál se ubica más al norte? ¿Más al sur? ¿Más al oeste? ¿Más al este?

b. Lydia sospecha que Aftermath se localiza en algún lugar en medio de todos los pueblos y ciudades que se enumeran en la tabla. ¿Dónde sería esto?

c. Considera sólo las ciudades y pueblos que envían tres o más alumnos. ¿Cómo cambia eso tus respuestas a las Partes a y b?

d. Explica por qué sería razonable excluir de tu análisis a los pueblos con menos de tres alumnos.

e. Haz tu mejor conjetura acerca de la ubicación del programa de Aftermath y explica tu razonamiento.

Conecta & amplía

En los Ejercicos 11 y 12, usa esta información:

Una rama importante de las matemáticas es la *criptología,* el estudio de hacer y descifrar códigos. Sus usos varían desde descifrar mensajes enemigos interceptados en tiempos de guerra, hasta encriptar la información de las tarjetas de crédito por Internet.

Un método sencillo, ¡aunque no muy seguro!, de mandar mensajes secretos es utilizar una tabla de sustitución. Este método se utiliza en los acertijos de criptogramas que aparecen en el periódico. Para mandar un mensaje, resulta útil presentar las entradas en la tabla de sustitución en orden alfabético, de esta forma:

Entrada	a	b	c	d	e	f	g	h	i	j	k	l	m	n	o	p	q	r	s	t	u	v	w	x	y	z
Salida	C	F	I	L	O	R	U	X	A	D	G	J	M	P	S	V	Y	B	E	H	K	N	Q	T	W	Z

Recuerda

Esta tabla representa una *función* ya que provee una salida única para cada entrada.

Para evitar la confusión, es útil usar letras minúsculas para tu mensaje original (en español) y letras mayúsculas para tu mensaje secreto, como muestra la tabla. Para escribir un mensaje, busca cada letra en la fila de arriba y cámbiala a la letra correspondiente en la fila de abajo. Por ejemplo, para escribir "ven aquí", mandarías NOP CYKA.

11. Usar la tabla original en la forma en que está ordenada es un fastidio cuando intentas *descifrar* un mensaje.

a. Supón que recibes el mensaje BOUBOEC APMOLACHCMOPHO. Tradúcelo al español normal.

b. Haz una nueva tabla en la cual los *productos* estén en orden alfabético.

c. Usa tu nueva tabla para descifrar el mensaje OEHCE OP JS ISBBOIHS.

Datos de interés

La criptología jugó un papel en la victoria de los aliados en la Segunda Guerra Mundial. El matemático Alan Turing, entre otros, tuvo una participación crucial en descifrar el código Enigma que usaron los alemanes.

a	7.3
b	0.9
c	3.0
d	4.4
e	13.0
f	2.8
g	1.6
h	3.5
i	7.4
j	0.2
k	0.3
l	3.5
m	2.5
n	7.8
o	7.4
p	2.7
q	0.3
r	7.7
s	6.3
t	9.3
u	2.7
v	1.3
w	1.6
x	0.5
y	1.9
z	0.1

Fuente: Sitio Web de Trinity College, *www.trincoll.edu/depts/cpsc/cryptography/caesar.html.*

12. Reto Usa como referencia la información en la página 623.

Si interceptas un mensaje encriptado de alguien más y no sabes la tabla que se usó para construirlo, tienes un problema que resolver: romper el código.

Para resolver un código, es útil tener alguna idea de qué letras son más frecuentes en el español y qué combinaciones de letras son típicas. En el breve mensaje codificado en la Parte a del Ejercico 11, por ejemplo, la letra "O" ocurre cinco veces; ya que la "e" es una de las letras más comunes en el español, podrías adivinar (correctamente) que la "O" representa la "e" en este mensaje.

La tabla de la izquierda muestra un estimado de las frecuencias de las letras en un texto en español, como porcentajes.

a. Usa las frecuencias de las letras como una guía para intentar traducir el mensaje a continuación. Te ayudará comenzar con una tabla en blanco en la cual las entradas estén en orden alfabético. Llena tus predicciones acerca de los productos (¡con lápiz!) conforme avanzas, y pronto emergerá un patrón.

b. Explica cómo resolviste la Parte a.

La tabla de arriba viene de un sitio Web. Puedes encontrar tablas de frecuencia de letras en muchas fuentes que difieren en los porcentajes asignados a las letras del alfabeto.

c. Explica por qué las fuentes pueden mostrar tablas aparentemente contradictorias sobre las frecuencias de las letras en español.

d. Explica por qué un mensaje particular, como el que aparece arriba, podría *no* tener las mismas frecuencias de letras que las que aparecen en la tabla.

Datos de interés

La construcción de mensajes secretos se llama *criptografía*. Descifrar códigos es *criptoanálisis*. Ambos son parte de la *criptología*.

En tus **propias palabras**

Encuentra un artículo de revista, un sitio Web de Internet o un noticiero de televisión que dé información en una tabla o representación visual de algún tipo. Describe la representación visual y explica cómo es útil para la información que se presenta.

En los Ejercicos 13 al 15, usa esta información:

Ecología Los automóviles son un modo esencial de transporte en este punto de la historia de los Estados Unidos. Desafortunadamente, también son una gran fuente de contaminación. En años recientes, una serie de mejoras tecnológicas ha reducido la cantidad de contaminación que se emite por milla recorrida, pero la gente está conduciendo más millas.

La siguiente figura incluye una gráfica lineal y una gráfica de barras. La gráfica lineal muestra el promedio de emisiones por vehículo (estimado) desde 1960 hasta 2015. La gráfica de barras muestra las millas vehiculares recorridas (en billones) para estos años. Se han hecho ciertas suposiciones para estimar las emisiones futuras, tal como que no aumenten las regulaciones, que no haya recortes al manejo de autos y que no haya mejorías tecnológicas inesperadas.

Comparación del número de millas recorridas y emisiones por vehículo en Estados Unidos

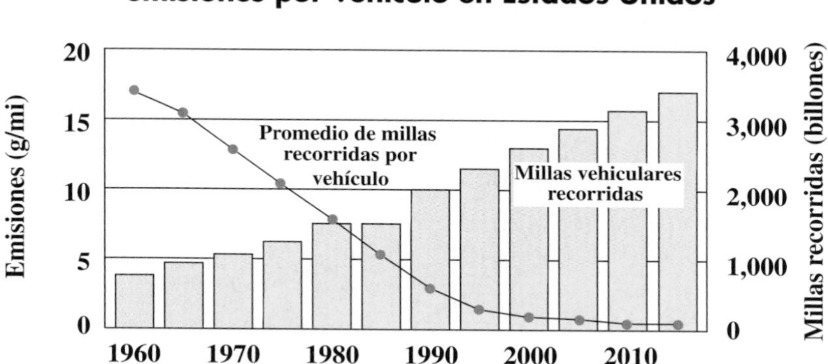

Fuente: "Automobiles and Ozone," Fact Sheet OMS-4 de la Oficina de Fuentes Móviles, Agencia de Protección Ambiental de Estados Unidos, enero 1993.

13. A primera vista, ¿parecen mantenerse a la par las mejorías (como indica la gráfica lineal) con el aumento de millas recorridas (como indica la gráfica de barras)? Explica.

14. Paul afirma que la cantidad total de contaminantes que producirán los autos en 2010 será menor que la de 1960 debido a mejoras tecnológicas. Sara afirma que la cantidad total de contaminantes de automóviles será mayor en 2010 que en 1960. ¿Quién crees que está en lo correcto? Explica tu respuesta, usando las gráficas para justificar tu razonamiento.

15. Usa las gráficas en la página 625 para crear una nueva gráfica siguiendo estas instrucciones.

a. Completa la siguiente tabla, dando una aproximación de la cantidad promedio de emisiones de autos cada año.

Año	Promedio de emisiones por vehículo (gramos de hidrocarburo por milla)	Millas vehiculares recorridas (billones)	Emisiones totales (billones de gramos de hidrocarburo)
1960	17	750	12,750
1965			
1970			
1975			
1980			
1985			
1990			
1995			
2000			
2005			
2010			
2015			

b. Dibuja una gráfica que muestre el número promedio de gramos de hidrocarburo que se produce por año para cada uno de los años en las gráficas originales.

c. Describe cómo la cantidad de hidrocarburo que producen los autos cambió durante los años que se observaron y predijeron.

d. Usa las gráficas para predecir el promedio de emisiones por vehículo y las millas vehiculares recorridas en el año 2030.

e. Calcula los gramos estimados de hidrocarburo que los autos producirán en el año 2030 y añade estos datos a tu gráfica.

16. **Ciencia terrestre** Diana decidió hacer su proyecto científico acerca de la frecuencia de los terremotos. Ella ya sabe que la magnitud de un terremoto a veces se mide en una escala de números positivos que se llama la *escala de Richter*. Esta escala no es lineal: un terremoto que mide 7 es muy severo (10 veces más severo que uno que mide 6); un terremoto que mide 8 es devastador.

Diana conjeturó que había más terremotos de alta magnitud que de baja magnitud. Ella explicó su hipótesis diciendo que con frecuencia lee acerca de grandes desastres por terremotos, pero rara vez escucha algo acerca de los terremotos pequeños. ¿Estás de acuerdo con la hipótesis de Diana? Si no es así, ¿por qué no?

Los países alrededor del mundo reúnen e intercambian datos sobre terremotos. Equipos de científicos examinan los datos con la esperanza de descubrir patrones que puedan permitirles pronosticar terremotos futuros.

En los Ejercicos 17 y 18, usa esta información:

Ciencia terrestre Diana (ve el Ejercico 16) navegó por algunas páginas de Internet sobre terremotos y encontró el Geological Survey National Earthquake Information Center. La siguiente tabla apareció en uno de sus sitios Web.

Tabla 1
Frecuencia de terremotos

Descripción	Magnitud	Número promedio anual
Grande	8 y mayores	1
Mayor	7–7.9	17
Fuerte	6–6.9	134
Moderado	5–5.9	1,319
Ligero	4–4.9	13,000 (estimado)
Menor	3–3.9	130,000 (estimado)
Muy menor	2–2.9	1,300,000 (estimado)

Fuente: Sitio Web del U.S. Geological Survey National Earthquake Information Center, *wwwneic.cr.usgs.gov.*

Los terremotos grandes, que pueden resultar en la muerte de miles de personas, ocurren a lo largo de los bordes de enormes fragmentos de la corteza terrestre (llamados *placas*) que se trituran al desplazarse.

17. Observa cuidadosamente la Tabla 1.

a. ¿Los datos apoyan la hipótesis de Diana (en el Ejercico 16)?

b. Usa los datos de la Tabla 1 para construir un histograma que muestre el número promedio anual de terremotos para cada nivel de magnitud. Dale a cada barra un ancho de 1 unidad de magnitud Richter.

c. ¿Qué dificultades importantes tuviste para construir tu histograma?

d. ¿Tu histograma enfatiza algunos patrones que conecten la frecuencia con la magnitud?

18. Diana (ve los Ejercicos 16 y 17) tuvo una segunda hipótesis: que la frecuencia de los terremotos aumentó durante el siglo XX. De nuevo, hizo referencia a la cobertura que los medios de noticias hicieron sobre terremotos: "¡Cada año escuchamos acerca de más terremotos!"

Luego encontró una tabla que parecía trazar la magnitud y frecuencia de los terremotos desde 1992 a 2003.

Tabla 2

Magnitud	1992	1993	1994	1995	1996	1997	1998	1999	2000	2001	2002	2003
8.0–9.9	0	1	2	3	1	0	1	0	1	1	0	1
7.0–7.9	23	15	13	22	21	16	11	18	14	15	13	13
6.0–6.9	104	141	161	185	160	129	117	128	158	126	132	128
5.0–5.9	1,541	1,449	1,542	1,327	1,223	1,118	979	1,106	1,345	1,243	1,198	954
4.0–4.9	5,196	5,034	4,544	8,140	8,794	7,938	7,303	7,042	8,045	8,084	8,603	7,121
3.0–3.9	4,643	4,263	5,000	5,002	4,869	4,467	5,945	5,521	4,784	6,151	7,004	6,524
2.0–2.9	3,068	5,390	5,369	3,838	2,388	2,397	4,091	4,201	3,758	4,162	6,420	6,652
1.0–1.9	887	1,177	779	645	295	388	805	751	1,026	944	1,137	2,101
0.1–0.9	2	9	17	19	1	4	10	5	5	1	10	107

Fuente: Sitio Web de U.S. Geological Survey National Earthquake Information Center, *wwwneic.cr.usgs.gov*.

a. Observa cuidadosamente la Tabla 2. ¿Los datos parecen apoyar la hipótesis de Diana en alguno o todos los niveles de magnitud?

b. ¿En qué años desde 1992 a 2003 el número de terremotos con magnitud 7.0–7.9 alcanzó o excedió el promedio a largo plazo dado en la Tabla 1 de la página 627?

c. Si comparas las dos tablas, algo parece estar muy equivocado. ¿Para qué magnitudes de terremotos difieren *tanto* los datos en la Tabla 2 de los datos en la Tabla 1 que simplemente no puedes creer que sean correctos? Explica.

d. Al regresar a Internet, Diana examinó la Tabla 2 con más cuidado. Descubrió que esta tabla incluye solamente los terremotos cuyas ubicaciones pudo determinar el Geological Survey National Earthquake Information Center. ¿Cómo explica esta información los sorprendentes números de la Tabla 2?

e. Describe por lo menos dos formas de usar los datos en la Tabla 2 para analizar mejor los patrones en la tabla. (Ignora las filas de magnitudes menores que 4.)

19. Busca en algunos periódicos un ejemplo de datos que se presenten en forma de mapas o representaciones visuales que no sean gráficas circulares, gráficas de barras o histogramas, gráficas lineales o tablas. Escribe un informe acerca de tu ejemplo, que incluya la siguiente información:

- descripción de la representación visual
- descripción de los datos presentados
- ventajas de usar ese tipo de representación visual para el tipo de datos presentados
- desventajas de usar ese tipo de representación visual para el tipo de datos presentados
- otros tipos de representaciones visuales, si los hay, que puedan usarse razonablemente para los datos y las desventajas de usar estas representaciones visuales en lugar del que aparece en el periódico

Repaso mixto

Factoriza cada expresión.

20. $2n^2 - 6n$

21. $4a^2 - 1$

22. $3x^2 - 9x - 30$

Desarrolla y simplifica cada expresión.

23. $2(g + 3)(2g - 7) + g(2g^2 + 3)$

24. $x + 2 - (x + 1)(3x + 4) + 2(8 - x)$

25. $0.5t + 3t - 1.5(t + 1)(7t + 1)$

Haz un esquema aproximado que muestre la forma general y la ubicación de la gráfica de cada ecuación.

26. $y = x^2 - 3x - 4$

27. $y = \frac{3}{x - 1} + 2$

28. $y = x^3 + 3$

Evalúa o simplifica sin utilizar la calculadora.

29. $\left(\frac{1}{7}\right)^3$

30. $2\sqrt[4]{81a^6}$, donde a es número no negativo

31. 3^{-3}

32. $\sqrt[3]{\left(\frac{8}{125}\right)^2}$

33. **Estadística** Las encuestas se usan con frecuencia para estimar una característica en un grupo grande de personas, basándose en un grupo relativamente pequeño de personas.

Por ejemplo, un estudio reciente encontró que alrededor de 1,050 de los 1,500 estadounidenses adultos entrevistados dijo que pensaba que las noticias eran útiles para tomar decisiones prácticas, pero solamente 795 de ellos confiaban en lo que sus presentadores locales de televisión les decían. Los presentadores de cadenas de televisión eran confiables para 675 personas, los reporteros de periódicos para 465 y los anfitriones de programas de radio solamente por 210 personas.

En el año del estudio había alrededor de 200 millones de estadounidenses adultos. Mientras contestas las siguientes preguntas, supón que la muestra de esta encuesta fue representativa de todos los estadounidenses adultos en esa época. Es decir, supón que las proporciones de la muestra son iguales a las proporciones para todos los estadounidenses adultos.

a. Piensa y resuelve una proporción para estimar cuántos estadounidenses adultos en 1997 pensaban que las noticias eran útiles para tomar decisiones prácticas. ¿Qué porcentaje es?

Piensa y resuelve una proporción para estimar cuántos estadounidenses adultos confían en cada una de las siguientes fuentes de noticias. Luego encuentra el porcentaje estimado de estadounidenses adultos que confían en cada fuente de noticias.

b. presentadores locales de televisión

c. presentadores de cadenas de televisión

d. reporteros de periódicos

e. anfitriones de programas de radio

10.2 Modelos, datos y decisiones

En la Lección 10.1, sacaste conclusiones directamente de los datos. En esta lección, construirás modelos matemáticos que te ayudarán a interpretar series de datos y hacer predicciones con ellos.

Piensa & comenta

En un lanzamiento espacial, hay computadoras que controlan cada detalle. Supón que para cierto lanzamiento, una computadora calculó la altura del cohete cada 2 segundos y produjo los siguientes datos.

Tiempo (s)	Altura (m)
0	0
2	48
4	144
6	288
8	480
10	720
12	1,008

Tiempo (s)	Altura (m)
14	1,344
16	1,704
18	2,064
20	2,424
22	2,784
24	3,144
26	3,504

- Describe lo que le sucede a la *tasa* en la que cambia la altura del cohete a lo largo de los 26 segundos que se registraron.
- ¿En qué tiempo cambia la naturaleza del movimiento del cohete?
- ¿Crees que los datos computados son razonables? ¿Por qué sí o por qué no?

Investigación 1 Datos y álgebra

Si puedes escribir ecuaciones que describan los datos del lanzamiento espacial en la página 631, serás capaz de predecir la altura del cohete para tiempos que no aparecen en la tabla.

MATERIALES

- papel cuadriculado
- calculadora graficadora

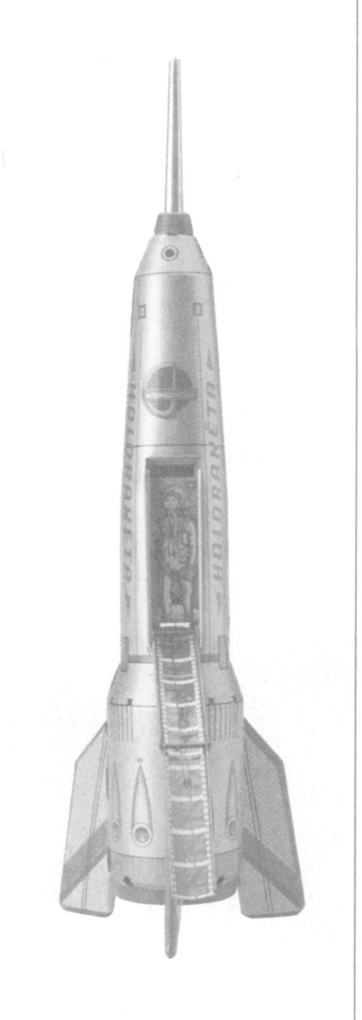

Serie de problemas A

1. Dibuja una gráfica con los datos del lanzamiento espacial. Usa el eje horizontal para el tiempo desde el despegue (en segundos) y el eje vertical para la altura (en metros). Conecta los puntos con segmentos de línea.

2. El punto en el que cambia la naturaleza de los datos se llama *punto de quiebra.* Considera solamente los puntos de los datos hasta el punto de quiebra que identificaste en la sección Piensa & comenta.

a. Calcula la primera y segunda diferencias entre los valores de altura. ¿Qué tipo de relación parece haber entre tiempo y altura?

En el Capítulo 1, usaste una calculadora graficadora para encontrar una *línea que se ajustara mejor* a los datos que parecían aproximadamente lineales. De la misma forma, puedes usar tu calculadora para adecuar las curvas a los datos que muestran tendencias no lineales.

b. Introduce los datos para los puntos antes del punto de quiebra. Luego usa tu calculadora para encontrar una ecuación del tipo de la que contestaste en la Parte a y que describa la relación entre el tiempo t y la altura h.

3. Ahora considera solamente los datos a partir del punto de quiebra y continúa después de ese punto.

a. ¿Qué tipo de relación parece haber entre tiempo y altura para estos datos?

b. Escribe una ecuación que describa la relación entre el tiempo t y la altura h para estos datos.

4. ¿Para qué tiempos debes usar la ecuación que escribiste en el Problema 2 para estimar la altura del cohete? ¿Para qué tiempos debes usar tu ecuación del Problema 3?

5. Predice la altura del cohete para 3 segundos, 15 segundos y 23 segundos.

Aún cuando las ecuaciones pueden ayudar a modelar el movimiento de un cohete, muchas cosas afectarán el vuelo real, tal como vientos cambiantes y fallas en la construcción del cohete.

Las actividades humanas pueden ser más difíciles de describir con matemáticas. Por ejemplo, el crecimiento demográfico suele ser exponencial por naturaleza, así que podríamos esperar ser capaces de encontrar una ecuación exponencial que se adapte a los datos demográficos en el tiempo. Sin embargo, hay eventos que a menudo alteran el patrón de crecimiento demográfico.

MATERIALES

calculadora graficadora

Serie de problemas B

La tabla te da los datos de la población en el estado de California desde 1900 hasta 1990.

Introduce los datos en tu calculadora. Usa como entrada *años posteriores a 1900;* por ejemplo, 1910 es $t = 10$ y 1970 es $t = 70$.

Población de California

Año	Población
1900	1,485,053
1910	2,377,549
1920	3,426,861
1930	5,677,251
1940	6,907,387
1950	10,586,223
1960	15,717,204
1970	19,971,069
1980	23,667,764
1990	29,760,021
2000	33,871,648

Fuente: *World Almanac and Book of Facts 2003.* Derechos de impresión © 2003 World Almanac Education Group, Inc.

1. Usa tu calculadora para graficar la población de California a través del tiempo, conectando los puntos con segmentos de línea. Haz un esbozo de tu gráfica. ¿La gráfica parece exponencial? Explica.
2. Usa la función en la calculadora que adapta las curvas para encontrar una función exponencial C para la cual la entrada son los años después de 1900, t, y el resultado sea la población (aproximada) de California en ese año. Escribe la base del exponente hasta la diezmilésima más cercana.
3. Ahora introduce tu ecuación en la calculadora y grafícala. Delinea los datos en la misma gráfica, sin conectar los puntos. ¿Crees que la ecuación arregla los datos adecuadamente? Explica.
4. Usa la ecuación para predecir la población de California en el año 1890 y en el año 2010.
5. La población real de California en 1890 era de 1,213,398. ¿Cómo se compara esto con tu predicción en el Problema 4?

Comparte & resume

En esta investigación, usaste tu calculadora graficadora para encontrar ecuaciones que modelan diferentes tipos de datos.

1. ¿Cómo son útiles dichos modelos? Da un ejemplo si te ayuda a explicarlo mejor.
2. Supón que quieres encontrar una ecuación que modele una serie particular de datos. Describe los pasos que tomarías para encontrar un modelo razonable.

Investigación 2 Modela un problema económico simple

No sólo los ingenieros aeroespaciales y los científicos demográficos construyen ecuaciones, sino también los economistas y analistas de negocios. En esta investigación, analizarás un negocio y para ello crearás un modelo simple.

MATERIALES
- *calculadora graficadora*
- *papel cuadriculado (opcional)*

Serie de problemas C

Tamika vive en un vecindario con muchos niños pequeños y pocos adolescentes, así que hay una gran demanda de niñeras. Ella y cuatro de sus amigas decidieron juntar sus esfuerzos y empezar un negocio cuidando niños.

Las cinco amigas comenzaron cobrando $3 por hora. Rápidamente tuvieron mucha demanda, ¡casi más de la que podían encargarse! De hecho, se ocuparon cuidando niños por un total combinado de 120 horas en cada uno de los primeros meses.

1. ¿Cuántas horas al mes, en promedio, trabajó *cada* amiga?
2. ¿Qué ingreso mensual, en promedio, ganó *cada* amiga cuidando niños?

Adam sugirió que podían ganar más dinero si triplicaban su cuota por hora. Desafortunadamente, muchas personas no quisieron pagar $9 por hora, así que buscaron niñeras en otros lugares. El negocio se redujo a un total de 60 horas en los siguientes 2 meses, menos de lo que el grupo solía ganar en un *solo* mes.

3. ¿Cuántas horas al mes, en promedio, trabajó cada amiga durante estos dos meses?
4. ¿Cuál fue el ingreso mensual, en promedio, que ganó cada amiga cuidando niños? ¿Cómo se compara esto con el ingreso que tenían cuando cobraban solamente $3?

Rebecca entonces sugirió reducir la tarifa a $7 por hora. "Podríamos no tener tantos clientes como en los primeros meses", razonó, "¡pero tendríamos más que en los dos meses pasados!" Recibieron llamadas para trabajar 60 horas cuidando niños para el siguiente mes.

5. ¿Cuál fue el ingreso, en promedio, que ganó cada amiga cuidando niños durante este mes? ¿Cómo se compara con su ingreso mensual promedio cuando cobraban $9 y $3?

Finalmente, Hilda propuso que graficaran todos estos resultados. "Podríamos encontrar una ecuación para una curva que se adapte a los datos", dijo, "y luego determinar cuánto debemos cobrar para ganar el máximo ingreso posible".

6. Haz una tabla con la tarifa por hora en la primera columna y el ingreso mensual promedio para cada niñera en la segunda. Llena la tabla usando la información de los Problemas 1 al 5.

7. Grafica los datos de tu tabla. ¿Qué tipo de curva podría describir la relación entre la tarifa por hora y el ingreso mensual promedio?

Cuando creas un modelo que se ajuste a los datos, a veces debes hacer conjeturas para ayudarte a decidir qué tipo de relación usar. En este caso, Hilda propuso que la conexión entre la tarifa y las horas que obtienen cuidando niños podría ser lineal, es decir, por cada dólar en que elevan su tarifa, pierden un cierto número de horas.

8. Si usas la conjetura de Hilda, el número de horas que trabaja cada amiga, en promedio, es una expresión lineal como $a - br$, donde a y b son constantes y r es la tarifa por hora.

a. ¿Qué representa el valor de b?

b. ¿Qué representa el valor de a? (Ayuda: ¿Qué sucede cuando r es 0?)

c. El ingreso de cada niñera es la tasa multiplicada por el número de horas trabajadas, o $r(a - br)$. ¿Qué tipo de expresión es $r(a - br)$? ¿Esto apoya tu respuesta al Problema 7?

9. Usa tu calculadora para ajustar una ecuación para el ingreso i del mismo tipo a la que utilizaste para contestar la Parte c del Problema 8, para los datos en tu tabla del Problema 6.

10. Usa tu ecuación para determinar la tarifa por hora que resulta en el mayor ingreso mensual promedio. Usa la función Trace en tu calculadora, si es necesario. ¿Cuál es la tasa y cuál es el ingreso?

Comparte & resume

Compara tu trabajo en las Investigaciones 1 y 2.

1. ¿En qué son similares los métodos que utilizaste para encontrar modelos para los datos en las investigaciones?
2. ¿En qué son diferentes los métodos?

Investigación 3 Emprender un negocio

Evita y Tariq notaron que había un buen número de bicicletas descompuestas—y muchas *partes* de bicicleta tiradas—al borde del camino en su pueblo. Veían un armazón en un lugar, una llanta trasera en otro y una bicicleta sin llantas en otro. Decidieron formar un negocio que recuperara partes viejas de bicicleta y reconstruyera buenas bicicletas de las que ya no funcionaban. No pudieron resistir ponerle a su negocio el nombre de *Re-cicleta.*

Serie de problemas D

Antes de comenzar su negocio, Evita y Tariq investigaron y reunieron estadísticas de otros que ya habían tenido éxito en este tipo de negocio. Decidieron construir un modelo matemático de cómo iría el proyecto de Re-cicleta en 5 años. El modelo requirió varias conjeturas:

- Necesitarían algunas herramientas. Evita estimó que el costo era de $600.
- Tariq predijo que podían reconstruir 12 bicicletas en el primer año. Pensó que después del primer año, tendrían una mejor idea de qué podían conseguir y dónde. Con mayor experiencia, cada año podrían reconstruir 10 bicicletas más que el año anterior.
- Tariq también predijo que podían vender 7 bicicletas el primer año, y que en cada año subsecuente podrían vender un 50% más de bicicletas que el año anterior.
- Necesitarían comprar algunas partes de bicicleta, ya que no podían estar seguros de que encontrarían versiones útiles de todo lo que necesitaban. Evita estimó que tendrían que gastar alrededor de $1,000 en partes en cada uno de los primeros dos años. Ella también pensó que, en cada año después de los dos primeros, tendrían que gastar $200 más en partes que el año anterior.
- Evita predijo que podían vender una bicicleta reconstruida por un precio promedio de $250 este año, y que para cada uno de los años siguientes el precio aumentaría. Tariq y Evita acordaron que un aumento anual de 10% sobre el precio del año anterior parecía razonable.

1. Calcula los costos esperados en que incurrirán Evita y Tariq cada año. (No se tienen que comprar las herramientas después del primer año.)

2. Calcula el número esperado de bicicletas que venderán cada año. Decide qué hacer cuando el modelo predice un número fraccionado de bicicletas y justifica tu decisión.

3. Ahora encuentra el número de bicicletas que los amigos construirán cada año. ¿Cuántas bicicletas extras tendrá Re-cicleta a la mano al final de cada año? (Recuerda incluir los remanentes del año anterior.)

4. Calcula el precio que se cobrará por bicicleta cada año.

5. Copia la tabla y complétala con la información de los Problemas 1 al 4 y calculando los valores para las últimas dos columnas. *Ingreso bruto* es simplemente la cantidad de dinero recibido. *Ganancia neta* es la cantidad de dinero que queda después de pagar todos los costos.

Año	Costos	Bicicletas vendidas	Precio por bicicleta	Ingreso bruto	Ganancia neta
1	$1,600	7	$250.00	$1,750.00	$150.00
2	1,000				
3					
4					
5					

6. ¿Cuál es la ganancia neta prevista para Re-cicleta durante el período de 5 años?

Comparte & resume

1. En el modelo de negocios para Re-cicleta, se tuvieron que hacer muchas conjeturas. Aún cuando no conoces las condiciones en su pueblo, ¿cuáles conjeturas les pedirías a Evita y Tariq que reconsideraran y por qué?

2. Evita y Tariq planificaron alguna publicidad para ayudar a vender sus bicicletas, ¡pero se olvidaron de considerar que la publicidad cuesta dinero!

a. Revisa tu tabla añadiendo la conjetura de gastar $500 al año en publicidad. ¿Cuál es la ganancia neta para cada año?

b. ¿Cuál es la nueva ganancia neta prevista durante el período de 5 años?

Investigación 4 Poblaciones modelo

Los científicos se interesan cada vez más en saber porqué algunas personas son zurdas, ya que los pacientes zurdos pueden recuperarse más rápido de algunas enfermedades que los pacientes diestros. También tienen menos probabilidad de desarrollar ciertos trastornos, tales como el cáncer de mama.

Datos de interés

Algunas personas zurdas famosas fueron Julio César, Ludwig van Beethoven, H. G. Wells, Babe Ruth, Pablo Picasso y John F. Kennedy.

Las estimaciones varían, pero una de ellas indica que el 12.6% de los varones y el 9.9% de las mujeres son zurdos. Para facilitar las cosas en los problemas que siguen, supón que aproximadamente 10% de las mujeres y 13% de los varones son zurdos.

Piensa & comenta

- ¿Se puede deducir de las estimaciones que en un grupo de 100 mujeres, seleccionadas al azar, exactamente 10 serán zurdas? Explica.
- ¿Es posible que todas las 100 mujeres en un grupo de 100 seleccionado al azar serán zurdas?

Cuando imaginas un grupo ficticio de 100 mujeres y dices que 10 son zurdas, has creado una *población modelo* que se ajusta exactamente a los datos. Crear este modelo es útil con frecuencia para contestar preguntas complejas acerca de las características en la población real.

MATERIALES
papel cuadriculado
o transportador

Serie de problemas E

Una población imaginaria de 500 hombres y 500 mujeres puede usarse como modelo de la condición de ser zurdo o diestro.

1. Dibuja una gráfica del modelo (ya sea una gráfica de barras o una gráfica circular) que muestre visualmente el número de personas diestras y zurdas en el grupo.
2. ¿Cuántos adultos (hombres o mujeres) son zurdos en tu modelo? ¿Qué porcentaje representan de la población total?

La condición de ser zurdo parece ser genética: los adultos zurdos tienen mayor probabilidad de tener hijos zurdos. Un par de científicos concluyó en un estudio que si los dos padres eran diestros, tú tenías una probabilidad de 9.5% de ser zurdo. Tus probabilidades aumentan a 19.5% si uno de tus padres es zurdo y a 26.1% si *ambos* son zurdos.

Ha habido muchos mitos y supersticiones acerca de las personas zurdas. Los registros muestran que en el siglo XVI se quemaba a las personas en la hoguera solamente por ser zurdas.

Supón que cada uno de los 500 hombres en el modelo se casa con cada una de las 500 mujeres. Supón que el hecho de que el cónyuge potencial sea o no zurdo no es un factor para determinar quién se casa con quién. Es decir, supón que en cada pareja, las probabilidades de que el hombre sea zurdo es de 13% y de que la mujer sea zurda es de 10%.

3. ¿Cuántas de las parejas es probable que consistan en dos personas diestras? Explica cómo encontraste tu respuesta.

4. ¿Cuántas de las parejas es probable que consistan en dos personas zurdas? Explica cómo encontraste tu respuesta.

5. ¿Cuántas de las parejas es probable que consistan en una persona diestra y una persona zurda? Explica.

6. Supón que cada pareja tiene exactamente dos hijos.

  a. Considera los hijos de las parejas en las que ambos padres son diestros. ¿Alrededor de cuántos de esos niños esperarías que fueran zurdos? Muestra cómo encontraste tu respuesta.

  b. Ahora considera los hijos de las parejas en las que ambos padres son zurdos. ¿Cuántos de esos niños esperarías que fueran zurdos? Muestra cómo encontraste tu respuesta.

  c. Finalmente, considera los hijos de las parejas en las que un padre es zurdo y el otro es diestro. ¿Cuántos de esos niños esperarías que fueran zurdos? Muestra cómo encontraste tu respuesta.

  d. Las 500 parejas tienen un total de 1,000 hijos. ¿Cuántos de esos niños esperarías que fueran zurdos? ¿Qué porcentaje representan del total de niños?

7. Compara el porcentaje de adultos zurdos con el porcentaje de niños zurdos en este grupo. ¿Qué crees que esto pueda significar para la condición de ser zurdo en un futuro distante?

A veces, un modelo matemático puede ayudarnos a entender datos que son difíciles de creer o que parecen contradictorios. Una situación que parece ser contradictoria se conoce como una *paradoja.* En la Serie de problemas F, considerarás una paradoja y descubrirás por qué puede ser verdadera.

Serie de problemas F

Las hermanas gemelas menores de Evan, Hannah y Elana, asisten a una escuela primaria pequeña. Solamente hay dos grupos de quinto grado en la escuela; Hannah está en el Salón Verde y Elana está en el Salón Azul. Las gemelas le dijeron a Evan lo siguiente:

- La estatura promedio de los niños en el Salón Azul es mayor que la de los niños en el Salón Verde.
- La estatura promedio de las niñas en el Salón Azul es mayor que la de las niñas en el Salón Verde.
- ¡La estatura promedio combinada de todos los alumnos del Salón Azul es *menor* que la estatura promedio combinada de todos los alumnos en el Salón Verde!

Evan estaba escéptico. "Si la estatura *tanto* de los niños *como* de las niñas del Salón Azul es mayor que la sus compañeros del Salón Verde", razonó, "parecería que el Salón Azul debería tener, en general, estaturas mayores".

Las gemelas insistieron que ése no era el caso. Evan decidió tratar de crear una población modelo para la cual podría haber ocurrido esta extraña situación. Entonces por lo menos sabría que era posible.

Razonó que la paradoja no podría ocurrir a menos que los dos grupos tuvieran diferentes razones de niñas a niños. Para crear un ejemplo extremo, Evan distribuyó 30 niñas de forma muy desigual (27 en un salón, 3 en el otro) y 30 niños en la dirección opuesta.

Salón Verde

G G G G G G G
B G B G
G G G G G G
G G G G G G
G G G B G G G

Salón Azul

B B B B B B B
B G B B
B B B B B B
B B B B B G
G B B B B B B

Al ajustar las estaturas promedio de las niñas y los niños, Evan trató de ver si era posible igualar la situación en la escuela. Empezó por asignar promedios a los niños y a niñas en el Salón Verde. Luego necesitó crear un grupo para el Salón Azul que tuviera un promedio menor que el grupo del Salón Verde, aunque tanto los niños como las niñas tenían promedios mayores que los del Salón Verde.

A continuación están las tablas que empezó Evan. Trata de completar las tablas de forma que se ajusten a las condiciones del problema.

Salón Verde

	Niñas	Niños	Total
Alumnos	27	3	30
Estatura promedio (pulg)	56	54	

Salón Azul

	Niñas	Niños	Total
Alumnos	3	27	30
Estatura promedio (pulg)			

Comparte & resume

En la Serie de problemas E, usaste un modelo para predecir cómo podría cambiar el porcentaje de zurdos de una generación a la siguiente.

1. Considera hacer la predicción sobre este cambio trabajando con los porcentajes, en lugar de con la población modelo. ¿Qué ventaja tiene trabajar con el modelo?

2. Cuando trabajaste con el modelo, se te pidió que hicieras algunas conjeturas.

a. Enumera las conjeturas. Decide si cada conjetura es razonable para una población real, tal como la de los Estados Unidos.

b. ¿Cómo crees que podría cambiar tu predicción si las conjeturas que enumeraste no son ciertas?

3. **Reto** Piensa en la paradoja de la Serie de problemas F. ¿Puedes ver la clave de esta paradoja? Es decir, ¿puedes ver por qué suena imposible pero en realidad no lo es?

Ejercicios por tu cuenta

Practica & aplica

1. Ciencia física La tabla muestra la distancia que un carro de juguete viajó desde el punto de inicio en varios tiempos. El carro se mueve en línea recta.

Tiempo (s)	Distancia (pies)
0	0
1	2
2	4
3	6
4	8
5	11
6	16
7	23
8	32
9	43

a. Haz una gráfica de los datos.

b. Describe el movimiento del carro.

c. ¿Cuándo es el punto de quiebra? Es decir, ¿en qué tiempo cambia el movimiento del carro?

d. Escribe una ecuación para la distancia d que el carro ha recorrido, en pies, del tiempo $t = 0$ segundos al punto de quiebra.

e. ¿El movimiento después del punto de quiebra parece ser cuadrático o exponencial? Explica.

f. Usa una calculadora graficadora para encontrar una ecuación para la distancia d que ha recorrido el carro para los tiempos después del punto de quiebra.

2. Ciencia física Crystal escuchó una vez que los líquidos se enfrían más rápido cuando están más calientes. Un amigo le dijo que eso significaba que se debe usar agua caliente (no fría) para hacer cubos de hielo rápidamente. Esto no tuvo mucho sentido para Crystal, así que decidió conducir un experimento para ver cómo es que se enfría el agua caliente.

Tiempo (min)	Temp (°C)
0	120
2	97
4	79
6	64
8	52
10	42
12	34
14	27
16	22
18	18
20	15

Ella hirvió el agua y puso un termómetro en el líquido. Cuando el mercurio dejó de subir, anotó la temperatura y luego puso el agua en su congelador. Cada dos minutos revisó la temperatura, anotando sus resultados en una tabla.

a. Grafica los datos de su tabla.

b. ¿Qué tipo de relación parece haber entre estas variables?

c. Considera el tiempo que tardaría el agua si estuviera a 50°C para enfriarse hasta 15°C en el congelador de Crystal. Luego considera el tiempo que tardaría el agua a 100°C en enfriarse hasta 15°C. ¿Crees que su amigo estaba en lo correcto, que debía usar agua caliente para hacer cubos de hielo? Si no es así, ¿qué significa decir que el agua caliente se enfría más rápido? Apoya tu respuesta.

d. Usa una calculadora graficadora para encontrar una ecuación que relacione la temperatura del agua T al tiempo t después de que Crystal puso el agua en el congelador.

3. **Economía** David diseña y hace estuches para joyas que vende en las ferias de artesanía. En una feria especial de una semana, introdujo un nuevo diseño. A cada estuche le dio un precio de \$30, pero no fueron tan populares como él había esperado: no vendió ni una sola durante el primer día. Al día siguiente bajó el precio a \$20 y vendió 10 estuches. Pensó que le iría mejor si reducía el precio a \$10; vendió 20 por este precio.

a. Encuentra el *ingreso* (la cantidad de dinero que recibió) de David por los estuches en cada uno de los tres primeros días de la feria.

b. Supón que el número de estuches vendidos se relaciona a su precio en una relación lineal. El ingreso entonces es el precio p multiplicado por una expresión lineal que incluya el precio, tal como $a - bp$. ¿Qué tipo de relación hay entre el precio y el ingreso?

c. Supón que David quiere ganar el mayor dinero posible y que tiene suficientes estuches para satisfacer cualquier demanda que haya para comprarlos. ¿Qué precio debe intentar para el resto de la feria? Explica tu respuesta. (Ayuda: Considera la simetría en las gráficas del tipo de relación que contestaste en la Parte b y usa los ingresos de los primeros tres días.)

4. **Economía** Aysha hace adornos de vidrio soplado. Encontró que, para un estilo de adorno, la cantidad de dinero que recibía al venderlo dependía del precio que pedía. Creó esta gráfica para estimar su ingreso (dinero recibido) en un sólo día para cualquier precio.

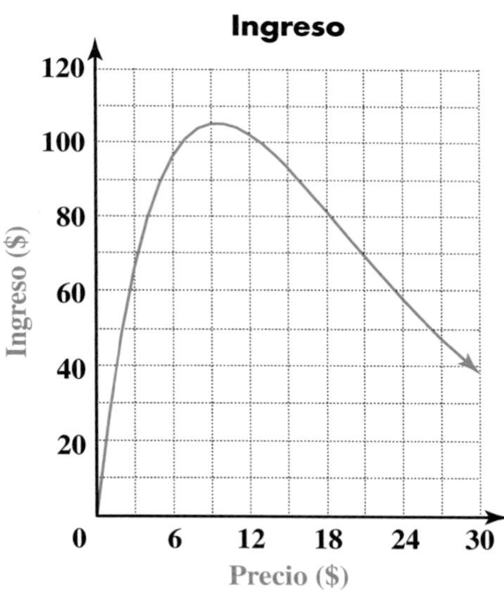

a. ¿Aproximadamente qué precio da el mayor ingreso en un sólo día? ¿Cuál es el ingreso correspondiente?

b. ¿Qué precio o precios darían un ingreso de alrededor de \$89?

c. Aysha considera algo más que la cantidad de dinero que recibe cuando pone precio a sus adornos. También considera el costo de crear cada adorno, tanto en el tiempo que tarda como en el costo de los materiales.

Si Aysha tuviera que escoger entre los dos precios que encontraste en la Parte b, ¿cuál debe escoger? Explica por qué.

5. Supón que Evita y Tariq fueron demasiado optimistas acerca del costo de las partes para su negocio Re-cicleta en la Serie de problemas D. Supón que en realidad tendrán que gastar $2,000 el primer año, y en cada año subsecuente gastarán $400 más que el año anterior. Si incluyes $500 al año para publicidad, ¿cuál es la nueva ganancia cada año? ¿Durante los 5 años?

6. Considera el negocio Re-cicleta de Evita y Tariq en la Serie de problemas D. Haz cambios apropiados en sus conjeturas de manera que el negocio tenga ganancias netas negativas durante el período de 5 años. Defiende cada uno de tus cambios, explicando por qué son razonables.

7. **Ciencia biológica** Las pruebas médicas a veces dan resultados incorrectos. Supón que una enfermedad ocurre en el 4% de la población y que un examen para detectar esta enfermedad diagnostica mal a una persona saludable el 5% de las veces y a una persona enferma el 10% de las veces.

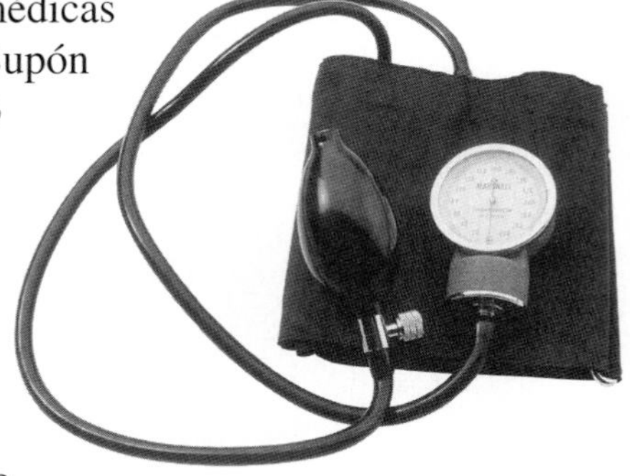

   a. Supón que tomas la prueba y el resultado es positivo, lo cual sugiere que tienes la enfermedad. ¿Cuál estimas que es la probabilidad de que verdaderamente la tengas?

   Ahora considera una población modelo de 1,000 personas, con un 4% de esta población afligida por la enfermedad.

   b. ¿Cuántas personas en el modelo tienen la enfermedad? ¿Cuántas de estas personas se espera que la prueba informe que *no* tengan la enfermedad, es decir, cuántas se espera que se detecten incorrectamente como negativos?

   c. ¿Cuántas personas en el modelo no tienen la enfermedad? ¿Cuántas de estas personas se esperará que la prueba informe incorrectamente como positivos?

   d. Copia y completa la tabla usando tus resultados de las Partes b y c.

	Población	Prueba positiva	Prueba negativa
Tiene la enfermedad			
No tiene la enfermedad			
Total	1,000		

   e. ¿Cuál es la probabilidad de que una persona que resulta positiva en la prueba en verdad tenga la enfermedad?

   f. ¿Cuál es la probabilidad de que una persona que resulte negativa en la prueba no tenga la enfermedad?

8. **Estudios sociales** La tabla da los datos de población para los Estados Unidos desde 1900 hasta 2000.

Población de los Estados Unidos

Año	Población
1900	76,212,168
1910	92,228,496
1920	106,021,537
1930	123,202,624
1940	132,164,569
1950	151,325,798
1960	179,323,175
1970	203,302,031
1980	226,542,203
1990	248,709,873
2000	281,421,906

Fuente: *World Almanac and Book of Facts 1999.* Derechos de impresión © 2003 World Almanac Education Group, Inc.

a. Aquí tienes una gráfica para estos datos. ¿Qué tipo de relación (por ejemplo, lineal, cuadrática o exponencial) crees que describa mejor estos datos?

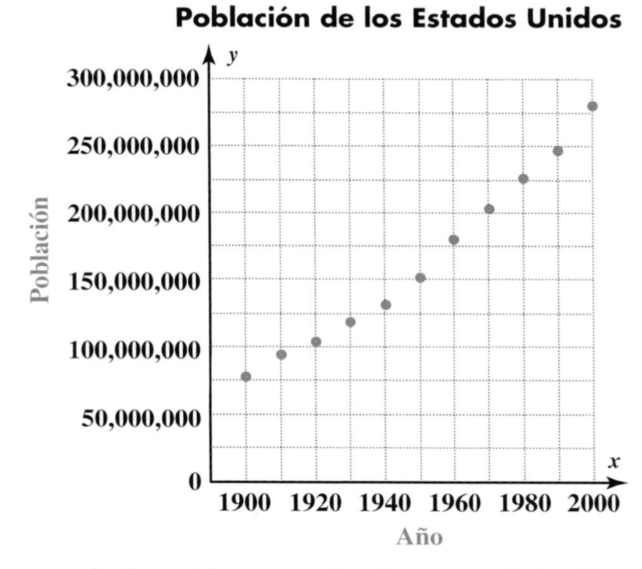

b. La gráfica se repite dos veces abajo. En una se incluye una curva exponencial de aproximadamente $y = 0.0022(1.0129^x)$. En la otra se incluye una línea de aproximadamente $y = 2{,}019{,}000x - 3{,}772{,}000{,}000$. Identifica cuál es la línea y cuál es la curva exponencial.

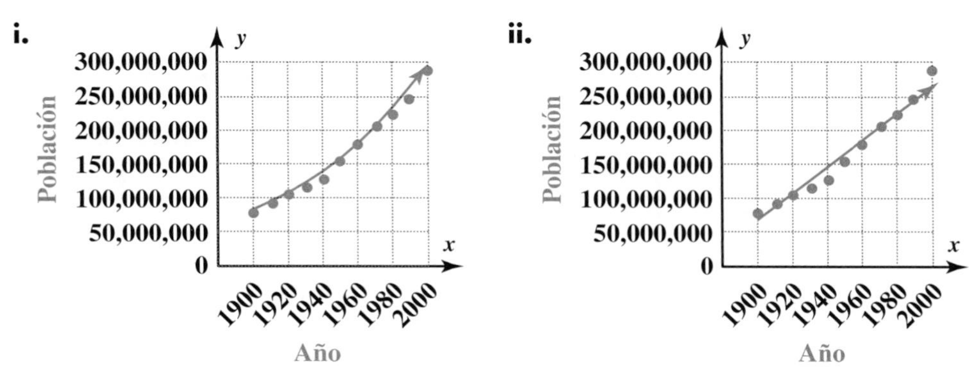

c. ¿Cuál de las dos ecuaciones parece ajustarse mejor a los datos? ¿Esto coincide con tu respuesta a la Parte a?

d. Usa la ecuación que se ajusta mejor para estimar la población de los Estados Unidos en los años 1890 y 2010.

e. La población real de los Estados Unidos en 1890 era de 62,979,766. ¿Cómo se compara esto con tu estimación en la Parte d?

9. Reto Para las Partes a, b y c, escoge la gráfica a continuación que creas se ajusta mejor a los datos.

a. tasa de combustión de telas ligeras a pesadas

Densidad de la tela (g/m2)	50	100	150	200	250	300	350	400
Rapidez de la combustión (cm/s)	15.4	7.9	5.2	3.9	3.1	2.6		2.0

b. frenado de un automóvil sobre concreto seco

Rapidez del automóvil (mph)	20	25	30	35	40	50	60	70
Distancia de frenado (pies)	16	25	36		64	100	144	196

c. ángulo de un polígono regular

Lados del polígono	3	4	5	10	15	20	25	30
Ángulo interior (grados)	60	90	108	144	156	162		

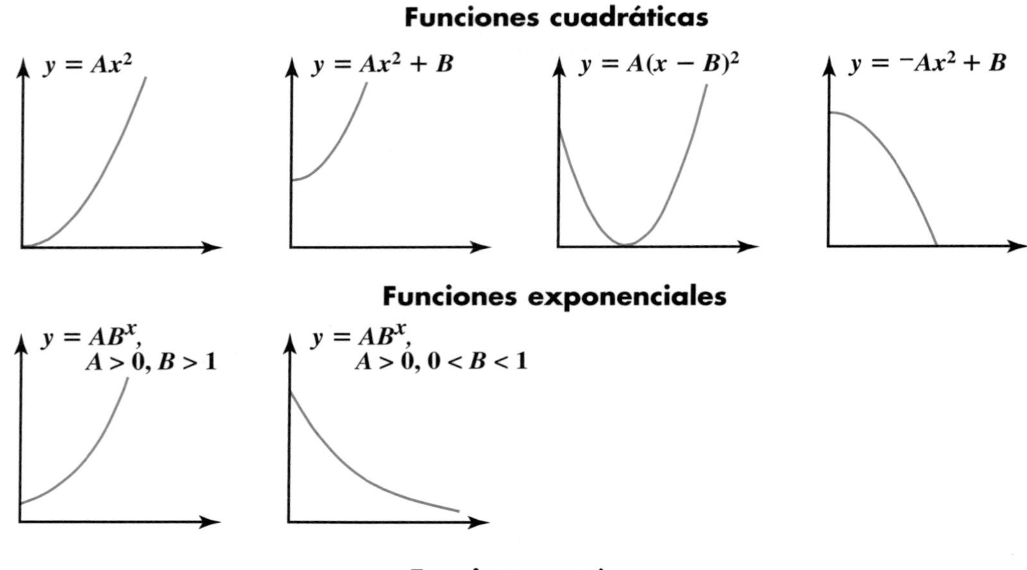

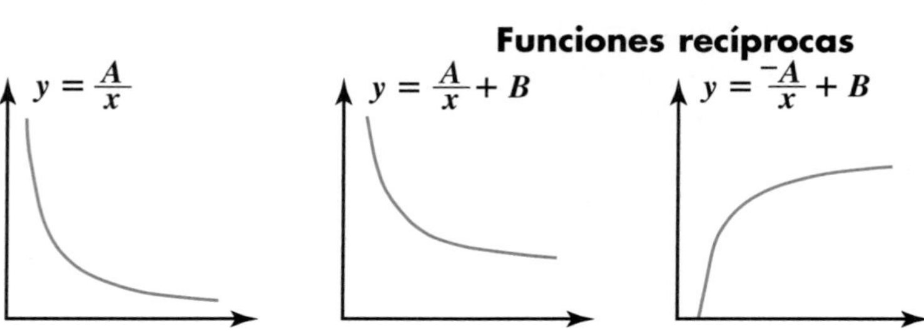

d. Escoge *una* de las tablas anteriores. Usa la ecuación general dada con la gráfica para ayudarte a encontrar la ecuación específica que relaciona las dos variables.

e. Usa tu ecuación para encontrar el valor que falta en la tabla que escogiste.

10. Economía El gerente de una pequeña compañía de comida rápida estaba revisando las ganancias del restaurante. La compañía ha operado durante 5 años solamente. El primer año no tuvo ganancias, pero desde entonces las ganancias han sido positivas cada año. Las ganancias habían aumentado en un principio y luego disminuyeron un poco cuando la compañía se preparaba para una expansión. Las ventas actuales de este año sugieren que las ganancias para ese año serán de $5,000 solamente. Sin embargo, el gerente proyectó un gran aumento en las ganancias, prediciendo que las ganancias de la compañía alcanzarán $35,000 en 2 años.

a. Suponiendo que el año en curso es el Año 0, ¿cuál de estas gráficas representa mejor la información anterior?

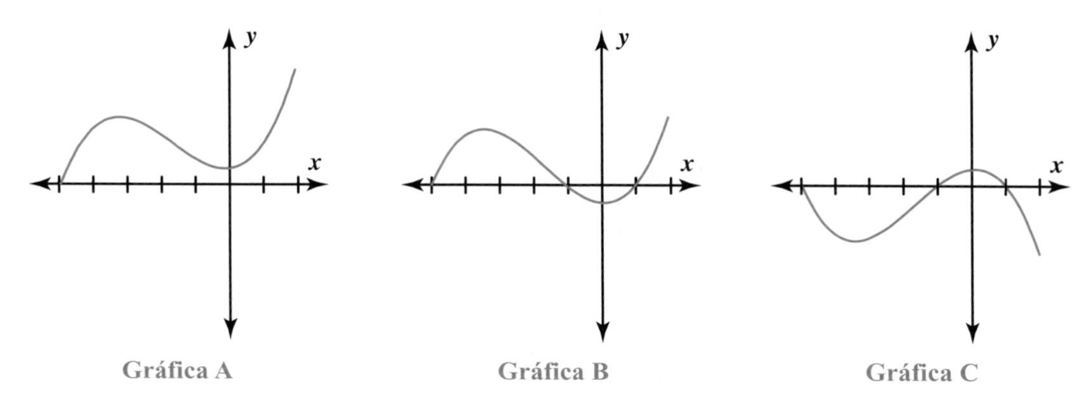

Gráfica A   Gráfica B   Gráfica C

b. Relaciona cada función con una gráfica de la Parte a.

i. $P(x) = 1{,}000(x + 5)(1 - x^2)$

ii. $P(x) = 1{,}000(x + 5)(x^2 + 1)$

iii. $P(x) = 1{,}000(x + 5)(x^2 - 1)$

c. Usa la función que coincide con la gráfica que escogiste en la Parte a para revisar que la ganancia del año en curso (es decir, el Año 0) es de $5,000. Calcula la ganancia de hace 4 años y la ganancia en dos años.

d. Escoge una de las otras funciones y supón que es la función de las ganancias para la compañía rival de comida rápida. Escribe un párrafo como el que aparece al inicio de este ejercicio, describiendo las ganancias de la compañía durante los últimos 5 años y las predicciones para los siguientes años. ¡Usa tu imaginación para incluir algunas razones de los cambios!

¿En qué maneras pueden ser útiles los modelos matemáticos para comenzar un negocio? ¿Qué consejos darías acerca del uso de tales modelos?

Para las situaciones que se describen en los Ejercicos 11 al 14, responde las Partes a, b, c y d.

a. ¿Qué cantidades variables están relacionadas en la situación?

b. ¿Qué conjeturas se hicieron acerca de cómo variaron las cantidades?

c. ¿Qué tipo de función (lineal, cuadrática, exponencial o recíproca) modelaría mejor la situación si las conjeturas fueran correctas?

d. ¿Crees que las conjeturas son razonables en el contexto? ¿Por qué?

11. Héctor puede correr 100 metros en 12 segundos, así que le tomará alrededor de 2 minutos correr 1 kilómetro.

12. Lydia y su hermano van al cine cada semana y juntos gastan $15 para entrar. Si su hermana quisiera ir con ellos, les costaría $22.50 entrar.

13. Una pizza de 8 pulgadas de diámetro es suficiente para alimentar a un alumno, así que una pizza de 16 pulgadas debe alimentar a cuatro alumnos.

14. La abuela de Ben puso $1,000 en una cuenta de ahorros. A finales del año, la cantidad había aumentado a $1,050, así que para el final del segundo año habrá aumentado a $1,100.

15. Ciencia biológica Una prueba para detectar una condición médica común tiene resultados falso-positivos de 30% (esto significa que 30% de las personas saludables se reportan incorrectamente como enfermas) y resultados falso-negativos de 10% (10% de las personas que tienen la enfermedad se reportan incorrectamente como saludables). La enfermedad está presente en cerca del 10% de la población.

a. Crea una muestra de población que represente los resultados de hacer la prueba para detectar la enfermedad y muestra los resultados en una tabla como la que aparece a continuación.

	Población	Resultado positivo	Resultado negativo
No tiene la enfermedad			
Tiene la enfermedad			
Total			

b. ¿Cuál es la probabilidad de que una persona que resulta negativa no tenga la enfermedad?

c. ¿Cuál es la probabilidad de que una persona que resulta positiva en realidad tenga la enfermedad?

Se ha creado una nueva prueba para diagnosticar la enfermedad. Quienes la diseñaron encontraron que la nueva prueba da resultados falso-positivos el 10% de las veces y falso-negativos el 30% de las veces.

d. Usa el tamaño de población de la Parte a para crear una tabla que muestre los resultados de diagnosticar la enfermedad usando la nueva prueba.

e. ¿Cuál es la probabilidad de que una persona que resulta negativa con la nueva prueba no tenga la enfermedad?

f. ¿Cuál es la probabilidad de que una persona que resulta positiva con la nueva prueba en realidad tenga la enfermedad?

g. Compara tus respuestas de las Partes b y e y compara tus respuestas de las Partes c y f. ¿Cuál prueba crees que es mejor, la prueba original (con un porcentaje relativamente alto de falsos positivos) o la nueva prueba (con un alto porcentaje de falsos negativos)? Explica.

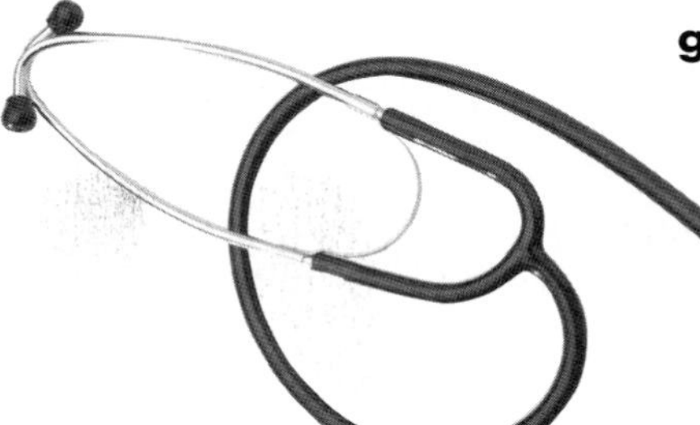

Repaso mixto

Desarrolla cada expresión.

16. $\frac{4}{7}\left(\frac{1}{2}t + 12\right)$

17. $x(4 - 13x)$

18. $0.2(72v - 3)$

Encuentra el valor de n en cada ecuación.

19. $3.582 \times 10^n = 3{,}582{,}000$

20. $n \times 10^7 = 34{,}001$

21. $82.882 \times 10^3 = n$

22. $28.1 \times \frac{1}{10^3} = n$

23. Grafica esta desigualdad en la recta numérica y da tres valores que la satisfagan.

$$^{-}3 \leq y < 7$$

24. ¿En cuántas maneras pueden reordenarse las letras de la palabra inglesa en esta señal?

Encuentra una ecuación para cada una de las líneas que se describen.

25. pasa por el punto $(3, {}^{-}14)$ y paralela a la línea $y = 16x - 2$

26. pasa por los puntos $({}^{-}8, 9)$ y $({}^{-}1, 3)$

27. con pendiente 0 y pasa por el punto (2, 0.5)

28. **Tecnología** Las computadoras usan un sistema numérico *binario*, es decir, un sistema que sólo utiliza los dígitos 0 y 1. Cada dígito (0 ó 1) se llama *bit*.

Las computadoras traducen todo—incluyendo letras—en series de 0 y 1. Al usar solamente un bit, hay dos series posibles: 0 y 1. Al usar dos bits, hay cuatro series posibles: 00, 01, 10 y 11. Dado que usan números binarios, las potencias de 2 aparecen en muchas formas cuando analizas la forma en que trabajan las computadoras.

a. Para ser capaz de distinguir 26 letras minúsculas y 26 letras mayúsculas, una computadora necesita por lo menos 52 series diferentes. ¿Cuál es el número mínimo de bits que dará por lo menos 52 series? ¿Cuántas series darán esos bits?

b. En la realidad, una sola letra o símbolo, llamada *caracter*, se identifica usando un *byte*, que equivale a 8 bits. (Nota que 8 es una potencia de 2.) ¿Cuántos caracteres diferentes pueden identificarse al usar un solo byte?

c. Un *kilobyte* no es igual a 1,000 bytes, como podrías pensar. En realidad es igual a 1,024 bytes, porque 1,024 es una potencia de 2. ¿Qué potencia de 2 es 1,024?

d. ¿Cuántos *bits* (no bytes) hay en 1 kilobyte? Expresa tu respuesta como una potencia de 2.

Resumen del capítulo

En este capítulo, trabajaste con varios tipos de representaciones visuales para organizar y analizar datos. Reorganizaste tablas para facilitar la observación de tendencias en las variables. En algunos casos, hiciste cálculos usando los datos dados para producir los datos que en realidad necesitabas.

También trabajaste con modelos de diferentes tipos. Ajustaste curvas a los datos, usando la forma de los puntos o conjeturas acerca de la situación para seleccionar el tipo de curva a utilizar. Sin embargo, algunas veces no fue útil usar una ecuación algebraica, así que utilizaste tablas y *poblaciones modelo* para analizar las situaciones y predecir los resultados.

MATERIALES
calculadora graficadora

Estrategias y aplicaciones

Las preguntas en esta sección te ayudarán a revisar y aplicar las ideas y estrategias importantes que desarrollaste en este capítulo.

Analiza datos presentados en tablas

La tabla en la página 653 muestra estadísticas de 2003 para los equipos de béisbol de Ligas Mayores: número total de carreras, porcentaje de juegos ganados y promedio de carreras ingresadas. El promedio de carreras ingresadas (PCI) da el número promedio de carreras que los equipos *rivales* ganaron por entrada. Todos los equipos jugaron aproximadamente el mismo número de partidos.

1. Evita y Marcus comentaban acerca de qué liga tenía mejores equipos, la Liga Americana o la Liga Nacional.

a. Usa la tabla para comparar el número de carreras que anotó cada equipo durante el año. Basándote solamente en esta estadística, ¿qué liga pensarías que tiene mejores equipos? Apoya tu respuesta.

b. ¿Cómo podrías reorganizar la tabla para facilitar la respuesta a la Parte a?

2. Evita y Marcus quieren comparar los equipos en cada región en vez de en cada liga. ¿Cómo podrías reorganizar la tabla para facilitar esta operación?

Estadísticas para las Ligas mayores de béisbol en 2003

Equipo	Total de carreras	Juegos ganados (%)	PCI	Liga	Región
Los Angeles	574	52.5	3.16	Nacional	Oeste
Detroit	591	26.5	5.30	Americana	Central
New York Mets	642	41.0	4.48	Nacional	Este
San Diego	678	39.5	4.87	Nacional	Oeste
Cincinnati	694	42.6	5.09	Nacional	Central
Cleveland	699	42.0	4.21	Americana	Central
Montreal	711	51.2	4.01	Nacional	Este
Milwaukee	714	42.0	5.02	Nacional	Central
Tampa Bay	715	38.9	4.93	Americana	Este
Arizona	717	51.9	3.84	Nacional	Oeste
Chicago Cubs	724	54.3	3.83	Nacional	Central
Anaheim	736	47.5	4.28	Americana	Oeste
Baltimore	743	43.6	4.76	Americana	Este
Florida	751	56.2	4.04	Nacional	Este
Pittsburgh	753	46.3	4.64	Nacional	Central
San Francisco	755	62.1	3.73	Nacional	Oeste
Oakland	768	59.3	3.63	Americana	Oeste
Philadelphia	791	53.1	4.04	Nacional	Este
Chicago White Sox	791	53.1	4.17	American	Central
Seattle	795	57.4	3.76	Americana	Oeste
Minnesota	801	55.6	4.41	Americana	Central
Houston	805	53.7	3.86	Nacional	Central
Texas	826	43.8	5.67	Americana	Oeste
Kansas City	836	51.2	5.05	Americana	Central
Colorado	853	45.7	5.20	Nacional	Oeste
St.Louis	876	52.5	4.60	Nacional	Central
New York Yankees	877	62.0	4.02	Americana	Este
Toronto	894	53.1	4.69	Americana	Este
Atlanta	907	62.3	4.10	Nacional	Este
Boston	961	58.6	4.48	Americana	Este

Fuente: MLB.com

Usa representaciones visuales para identificar tendencias

3. Las estadísticas de béisbol de la página 653 se graficaron a continuación.

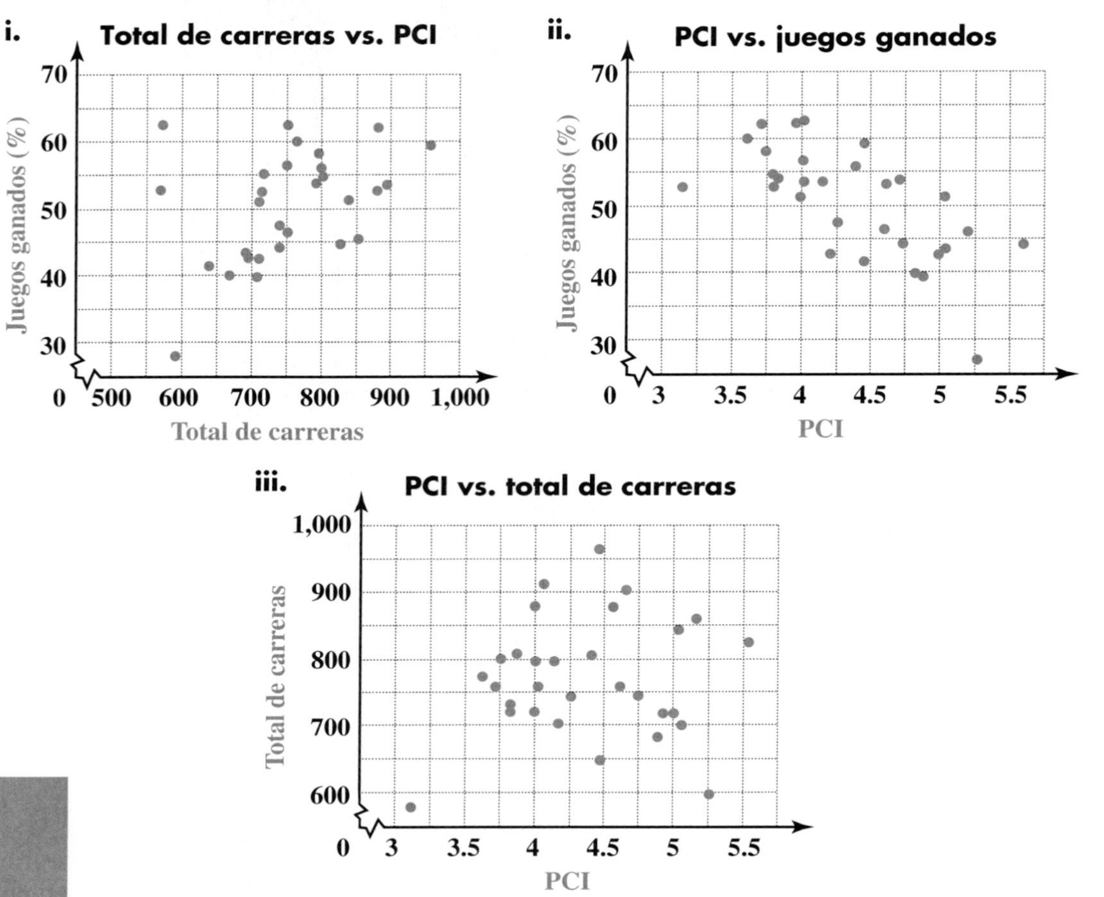

a. ¿Qué gráfica o gráficas crees que muestren alguna conexión entre las variables dadas, incluso una conexión débil? ¿Cuál crees que no muestra ninguna conexión? Explica.

b. ¿Cuál gráfica crees que muestra la conexión más fuerte entre las variables?

4. En la página opuesta aparecen dos mapas de los Estados Unidos.

a. Describe el patrón del primer mapa, que categoriza los estados según la cantidad de terreno cultivable, en millones de acres. Usando este mapa, ¿cuáles estados crees que sean los más importantes estados agrícolas?

b. Describe el patrón del segundo mapa, que categoriza los estados según la porción de terreno que se usa para cultivos. Usando este mapa, ¿qué estados crees que sean los más importantes estados agrícolas?

c. ¿Qué mapa crees que da una mejor idea de la importancia que tiene la agricultura para cada estado? Explica.

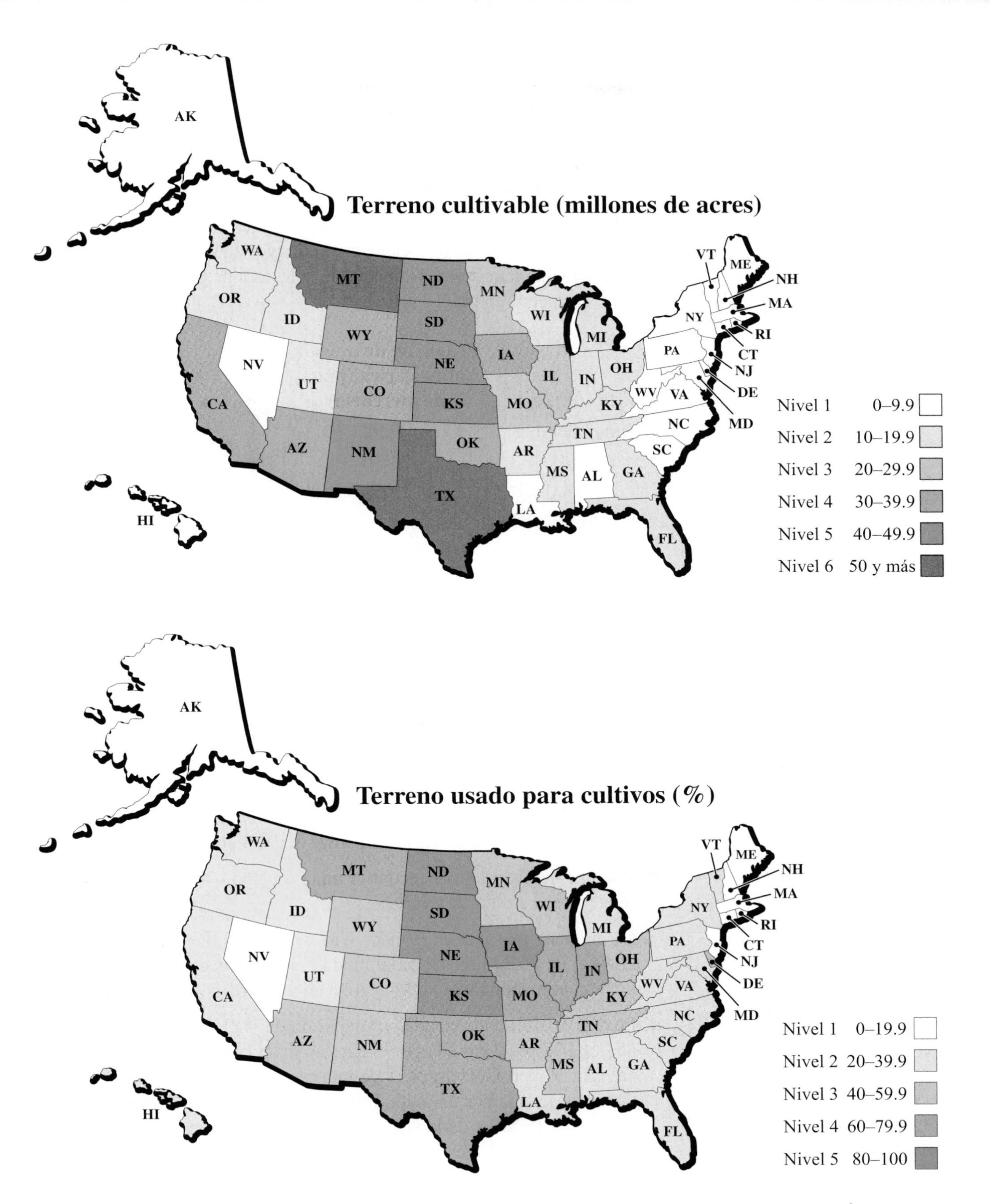

Terreno cultivable (millones de acres)
AK
WA
OR
ID
MT
ND
MN
SD
WY
WI
MI
NV
UT
CO
NE
IA
IL
IN
OH
PA
NY
VT
ME
NH
MA
RI
CT
NJ
DE
MD
CA
KS
MO
KY
WV
VA
NC
TN
AZ
NM
OK
AR
SC
MS
AL
GA
TX
LA
FL
HI
Nivel 1 0–9.9
Nivel 2 10–19.9
Nivel 3 20–29.9
Nivel 4 30–39.9
Nivel 5 40–49.9
Nivel 6 50 y más
Terreno usado para cultivos (%)
AK
WA
OR
ID
MT
ND
MN
SD
WY
WI
MI
NV
UT
CO
NE
IA
IL
IN
OH
PA
NY
VT
ME
NH
MA
RI
CT
NJ
DE
MD
CA
KS
MO
KY
WV
VA
NC
TN
AZ
NM
OK
AR
SC
MS
AL
GA
TX
LA
FL
HI
Nivel 1 0–19.9
Nivel 2 20–39.9
Nivel 3 40–59.9
Nivel 4 60–79.9
Nivel 5 80–100

Crea y usa modelos

5. ¿Alguna vez te han "estallado" los oídos cuando has cambiado de elevación, quizá al subir o bajar una montaña en auto o al aterrizar o despegar en un avión? El sonido lo causa los cambios en la *presión atmosférica*. Al aumentar tu altitud o elevación, la presión que el aire provoca en tus oídos disminuye.

Un *barómetro* es un instrumento que mide la presión atmosférica. El mercurio en el barómetro se eleva o disminuye según la presión atmosférica. La tabla muestra el promedio de la lectura de presión atmosférica en un barómetro, en pulgadas de mercurio, en varias altitudes.

Altitud (pies)	Promedio de presión atmosférica (pulg de mercurio)
0 (nivel del mar)	29.92
5,000	24.90
10,000	20.58
20,000	13.76
30,000	8.90
40,000	5.56
50,000	3.44
60,000	2.14
70,000	1.32
80,000	0.82
90,000	0.51
100,000	0.33

Fuente: *New York Public Library Science Desk Reference*. New York: Macmillan, 1995.

a. Grafica los datos (*altitud, promedio de presión atmosférica*) en tu calculadora. ¿Qué tipo de relación parece existir entre las dos variables?

b. Usa tu calculadora para encontrar una ecuación que modele la relación entre estas dos variables.

c. La montaña más alta en Estados Unidos es el monte McKinley en Alaska, de 20,320 pies. Usa tu modelo para estimar el promedio de presión atmosférica en la cima del Monte McKinley.

d. La mayor altitud alcanzada por un avión en vuelo horizontal fue de 85,068.997 pies, lograda por el capitán de la Fuerza Aérea de los EE.UU. Robert C. Helt, el 28 de julio de 1976. La mayor altitud jamás alcanzada por un avión fue de 123,523.58 pies, lograda por Alexander Fedotov de la Unión Soviética el 31 de agosto de 1977. Usa tu modelo para estimar los promedios de presión atmosférica en estas dos altitudes.

6. Hernando, un contador, está revisando los impuestos de la Corporación Algora. La compañía posee acciones en otras tres compañías, lo cual le da a Algora los siguientes porcentajes de propiedad en cada una.

Compañía	Porcentaje de propiedad
Binomi	20%
La Compañía de Co-eficiencia	40%
Diagon Inc.	30%

Al examinar estas otras compañías, Hernando encontró ¡que cada una posee acciones en Algora! Binomi posee 15%, Co-eficiencia posee 25% y Diagon posee 10% de Algora.

a. Crea un modelo suponiendo que hay 1,000 acciones, o piezas de igual tamaño, en la Corporación Algora. Binomi posee el 15%, es decir, 150 acciones. ¿Cuántas acciones de Algora del total de 1,000 posee Co-eficiencia? ¿Y Diagon?

b. Ya que Algora posee el 20% de Binomi, podrías considerar que 20% de las 150 acciones de Algora que tiene Binomi le pertenecen a Algora *a través de* Binomi. Es decir, Algora posee 30 acciones a través de Binomi. Encuentra el número de acciones que Algora posee a través de Co-eficiencia y a través de Diagon.

c. Las otras tres compañías juntas poseen el 50% de Algora. Supón que la propia Algora todavía posee el 50% restante de las 1,000 acciones. ¿Cuántas acciones posee Algora en total, incluyendo las acciones que posee a través de otras compañías?

d. ¿Qué porcentaje de Algora le pertenece a la propia compañía?

Demuestra tus destrezas

7. La tabla enumera el salario federal mínimo por hora desde 1978 hasta 2003. Supón que una persona trabaja 40 horas cada semana con un salario mínimo, durante 50 semanas cada año. Crea una nueva tabla que muestre el ingreso (anual) de la persona para cada tasa.

Salario federal mínimo por hora, 1978–2003

Fecha vigente	Salario mínimo
Ene 1, 1978	\$2.65
Ene 1, 1979	2.90
Ene 1, 1980	3.10
Ene 1, 1981	3.35
Abr 1, 1990	3.80
Abr 1, 1991	4.25
Oct 1, 1996	4.75
Sep 1, 1997	5.15

8. Relaciona cada gráfica con el tipo de relación (lineal, cuadrática, crecimiento exponencial, desintegración exponencial o variación inversa) que mejor la describe. Usa cada tipo de relación solamente una vez.

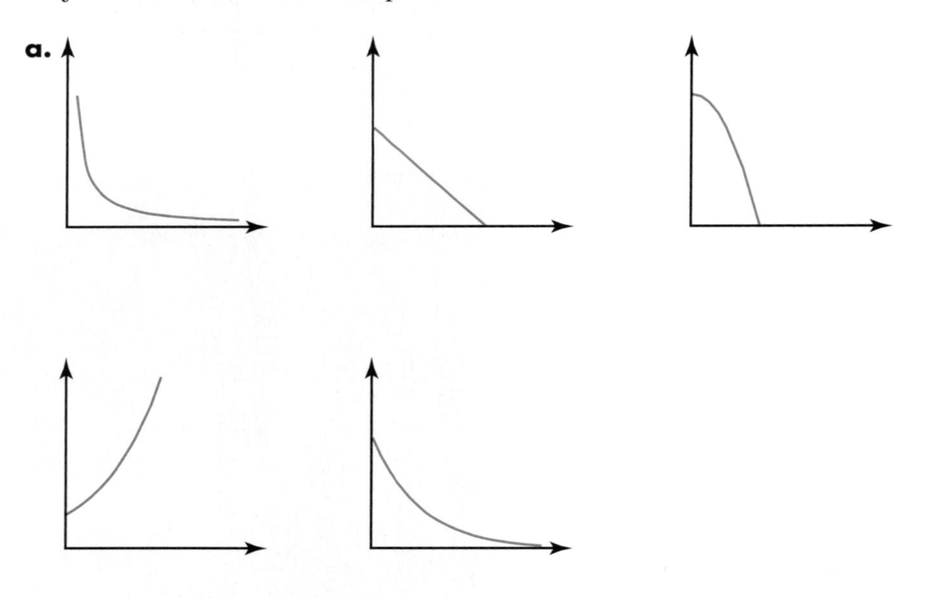

Trigonometría

Razones trigonométricas

Hay muchas maneras de estudiar una relación linear. En el Capitulo 1, estudiaste variaciones directas y otras relaciones lineares, utilizando palabras, tablas, gráficas y ecuaciones. Además estudiaste la pendiente de rectas en gráficas y ecuaciones. Ahora, estudiaremos las rectas desde una perspectiva diferente.

Recuerda

En un triángulo rectángulo, el lado más largo se llama *hipotenusa*. Los otros dos lados se conocen como catetos.

Piensa & comenta

Observa el triángulo rectángulo del siguiente dibujo. ¿Cuáles son las coordenadas de los extremos de la hipotenusa?

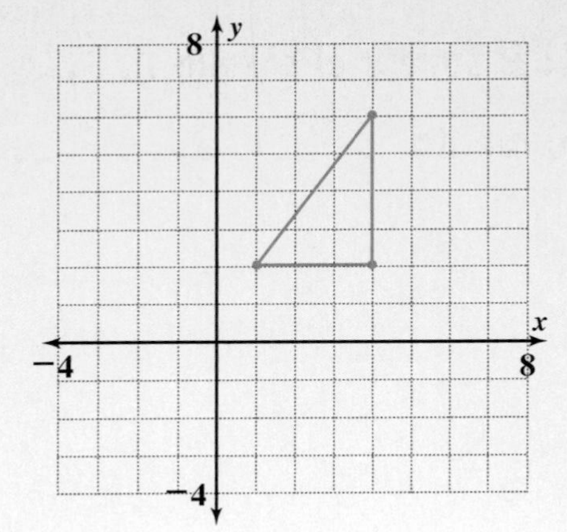

¿Cómo calcularías la pendiente de la recta que conecta estos dos putos?

En esta lección aprenderás a calcular la pendiente de una recta, imaginando a dicha recta como la hipotenusa de un triángulo rectángulo. Aprenderás a calcular la pendiente usando los ángulos del triángulo, aunque no conozcas las coordenadas de los extremos de la hipotenusa. Sin embargo, primero deberás repasar tus conocimientos sobre triángulos semejantes.

Investigación 1 Razones especiales

Se puede calcular la altura de un árbol si se conoce la longitud de su sombra, así como la altura y la longitud de la sombra de otro objeto, como una regla. Para lograrlo, se debe establecer una proporción usando la longitud de la sombra del árbol, la longitud de la sombra de la regla y la altura de la regla.

$$\frac{\text{regla } (R)}{\text{sombra de la regla } (S_R)} = \frac{\text{árbol } (T)}{\text{sombra del árbol } (S_T)}$$

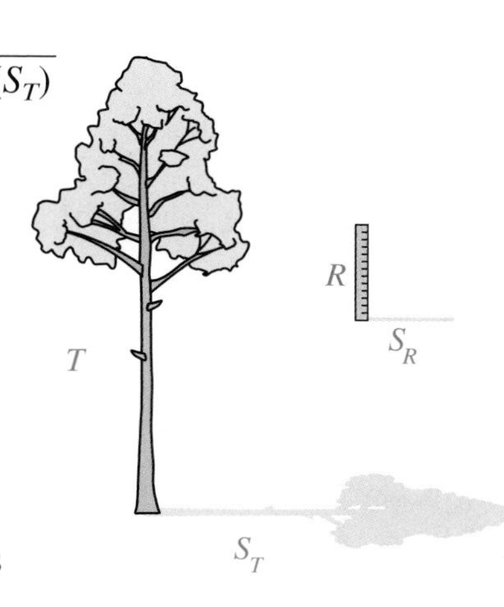

Cuando se tienen proporciones como la anterior, sólo se requiere conocer tres de las medidas para poder calcular la cuarta.

Es importante notar que algunas medidas no son importantes en sí mismas. Por ejemplo, para calcular la altura del árbol, se *pueden* usar reglas de distintos tamaños con sus correspondientes sombras. ¿Puedes explicar por qué? Si la *altura* de la regla como tal no es importante, ¿entonces qué es lo importante?

MATERIALES

transportadores

reglas

Explora

Cada persona en tu grupo debe hacer lo siguiente:

- Dibuja un triángulo rectángulo que tenga un ángulo de 40°. Asegúrense de que ninguno de los triángulos del grupo sea congruente.
- Mide la longitud de ambos catetos de tu triángulo rectángulo.
- Haz una tabla como la siguiente y anota la longitud de los catetos de tu triángulo. Escribe la razón del cateto más corto al cateto más largo en la forma $\frac{S}{L}$. No es necesario reducir esta fracción. Finalmente, convierte la fracción a decimal.

Cateto más corto (S)	Cateto más largo (L)	Razón $\frac{S}{L}$ (fracción)	Razón $\frac{S}{L}$ (decimal)

- Anota en tu tabla las medidas y las razones de los triángulos de tus compañeros.
- Compara las razones obtenidas en tu grupo. ¿Qué observas en las razones?
- Compara las razones obtenidas por la clase entera. ¿Tus observaciones siguen siendo válidas?
- ¿Qué crees que está ocurriendo? ¿Por qué *debe* ser verdadero?

Serie de problemas A

1. Piensa en los triángulos que tú y tus compañeros dibujaron para la actividad de exploración. ¿Los triángulos son semejantes entre sí? Explica.

2. Imagina otro triángulo rectángulo con un ángulo de 40°.

a. ¿Cuál es la razón a la centésima más cercana, del cateto más corto al cateto más largo?

b. Supón que el cateto más largo mide 14 pulgadas. ¿Cuánto medirá el cateto más corto?

3. Anota la información faltante en cada proporción, dado los siguientes pares de triángulos semejantes.

a. $\frac{c}{b} = \frac{?}{?}$

b. $\frac{b}{e} = \frac{?}{?}$ y $\frac{?}{?}$

c. $\frac{f}{d} = \frac{?}{?}$

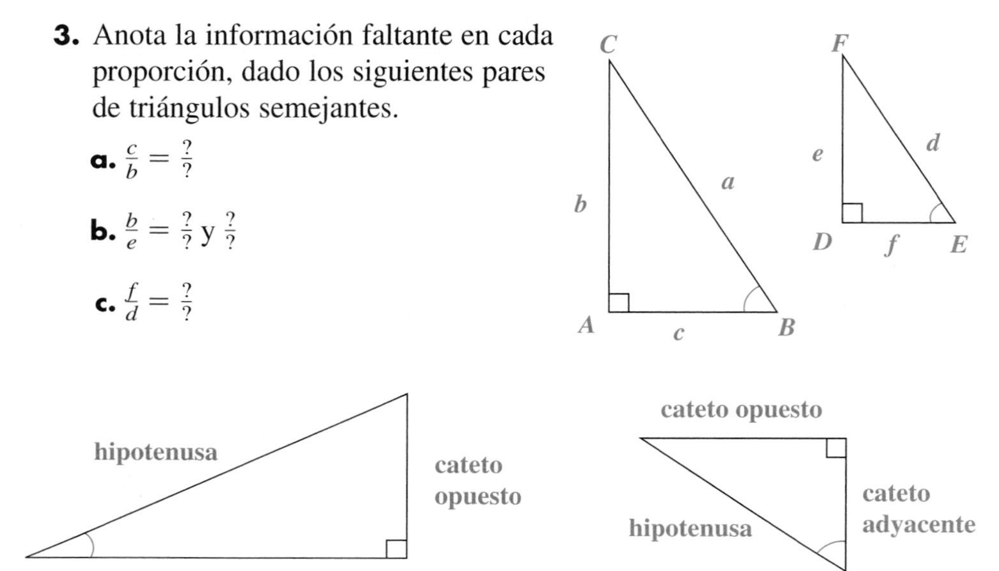

VOCABULARIO

cateto opuesto

cateto adyacente

En cada uno de los triángulos anteriores, uno de los dos ángulos agudos está marcado. Uno de los catetos de cada triángulo es **opuesto** al ángulo marcado, es decir, está ubicado frente a él. El otro cateto es **adyacente**, es decir, está al lado del ángulo marcado.

A medida que trabajes en la siguiente serie de problemas, fíjate en la relación entre el ángulo y los catetos opuestos y adyacentes a él.

MATERIALES

transportadores

reglas

Serie de problemas B

Para cada problema dibuja un triángulo rectángulo tal que la razón entre el cateto opuesto $\angle A$ y el cateto adyacente $\angle A$, equivalga a la razón dada. Al trazar el triángulo, asegúrate de identificar uno de los ángulos *agudos* como $\angle A$. Mide y traza los catetos de modo que equivalgan a la razón. Luego calcula la medida de $\angle A$.

1. $\frac{\text{cateto opuesto } \angle A}{\text{cateto adyacente } \angle A} = \frac{1}{4}$ ó 0.25

2. $\frac{\text{cateto opuesto } \angle A}{\text{cateto adyacente } \angle A} = \frac{1}{2}$ ó 0.5

3. $\frac{\text{cateto opuesto } \angle A}{\text{cateto adyacente } \angle A} = \frac{4}{3}$ ó 1.3333 . . .

4. $\frac{\text{cateto opuesto } \angle A}{\text{cateto adyacente } \angle A} = \frac{5}{2}$ ó 2.5

5. ¿Qué ocurre con el tamaño de $\angle A$, al aumentar el valor de la razón? ¿Por qué sucede esto?

Comparte & resume

1. Examina los triángulos y las razones que obtuviste en la sección de Exploración, al inicio de la Investigación 1. En la última pregunta se te pidió que explicaras por qué obtuviste dichos resultados. ¿Qué piensas ahora?

2. ¿Cuáles son los valores máximo y mínimo que pueden alcanzar las razones de los catetos de un triángulo rectángulo?

3. En el Problema 2 de la Serie de problemas A, a pesar de que sólo conocías la longitud de uno de los catetos de un triángulo rectángulo, pudiste calcular la longitud del otro cateto usando una razón. ¿De cuál característica del triángulo depende la razón: el tamaño del triángulo, sus ángulos o su posición?

Investigación 2 La tangente de un ángulo

VOCABULARIO
tangente

La razón especial que estudiaste en la investigación anterior tiene un nombre especial. La **tangente** de un ángulo agudo $\angle A$ de un triángulo rectángulo se define como la razón entre la longitud del cateto opuesto a $\angle A$ y la longitud del cateto adyacente a $\angle A$. La tangente se abrevia como *tan.*

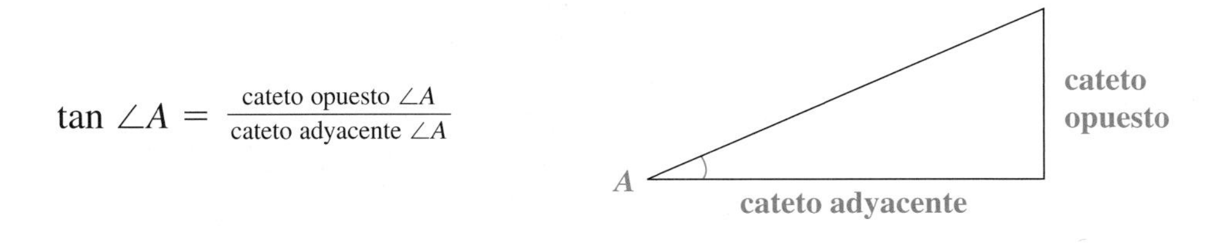

La tangente se puede usar para calcular la longitud del lado en un triángulo rectángulo que no se puede medir, o cuyos extremos se desconocen, si el triángulo rectángulo está graficado en un plano de coordenadas.

Piensa & comenta

Supón que tienes varios triángulos rectángulos. Todos ellos con un ángulo de 20°. ¿Por qué la razón de la tangente del ángulo de 20° es constante para todos estos triángulos, a pesar de sus diferencias en tamaño? ¿Por qué puedes afirmarlo con certeza?

Dado que un ángulo de 20° tienen la misma tangente para todo triángulo rectángulo, se puede hablar en términos generales de la tangente de 20°, o tan 20°. ¿Cómo se puede calcular tan 20°, usando una regla y un transportador?

Has usado la tangente para calcular la longitud de los catetos de un triángulo rectángulo. En los siguientes problemas aplicarás esta técnica en diversas situaciones.

MATERIALES
calculadora graficadora

EJEMPLO

Calcula la longitud del cateto opuesto al ángulo de 28°.

$$\tan 28° = \frac{\text{cateto opuesto } \angle A}{\text{cateto adyacente } \angle A}$$

$$\tan 28° = \frac{?\text{ mi}}{110\text{ mi}}$$

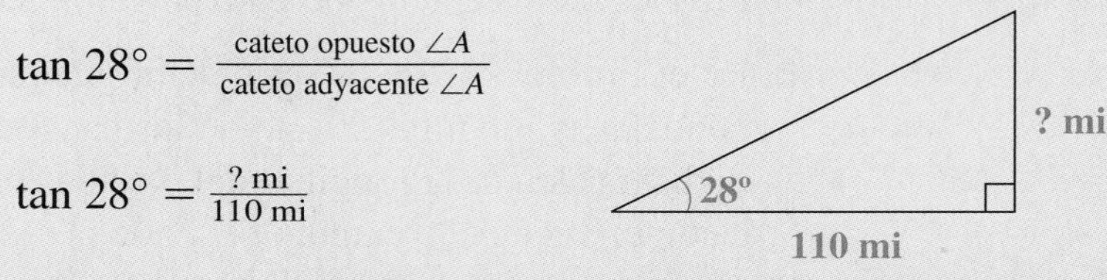

Para calcular tan 28° se puede dibujar un triángulo rectángulo con un ángulo agudo que mida 28°, luego medir la longitud de sus catetos y calcular la razón $\frac{\text{cateto opuesto}}{\text{cateto adyacente}}$ cateto opuesto/cateto adyacente. Afortunadamente, también se puede calcular tan 28° usando una calculadora graficadora o científica. Si usas una calculadora graficadora, presiona MODE ⬇ ⬇ ➡ ENTER para asegurarte de que la calculadora esté en la modulidad de grados. Luego presiona TAN 28. La pantalla de la calculadora debe mostrar 0.531709432, valor que se puede aproximar como 0.5317.

Sea x = la longitud desconocida en millas.

Termina la ecuación.

$$\tan 28° = \frac{x\text{ mi}}{110\text{ mi}}$$

$$0.5317 = \frac{x\text{ mi}}{110\text{ mi}}$$

$$0.5317 \cdot 110\text{ mi} = x\text{ mi}$$

$$58.487 = x$$

Por lo tanto, la longitud del cateto opuesto al ángulo de 28° mide aproximadamente 58.49 millas.

En la Serie de problemas C, practicarás el uso de la tangente para calcular la longitud de los lados de un triángulo rectángulo.

MATERIALES

calculadora graficadora

Serie de problemas C

Calcula el valor de x en los siguientes triángulos. Redondea en centésimas.

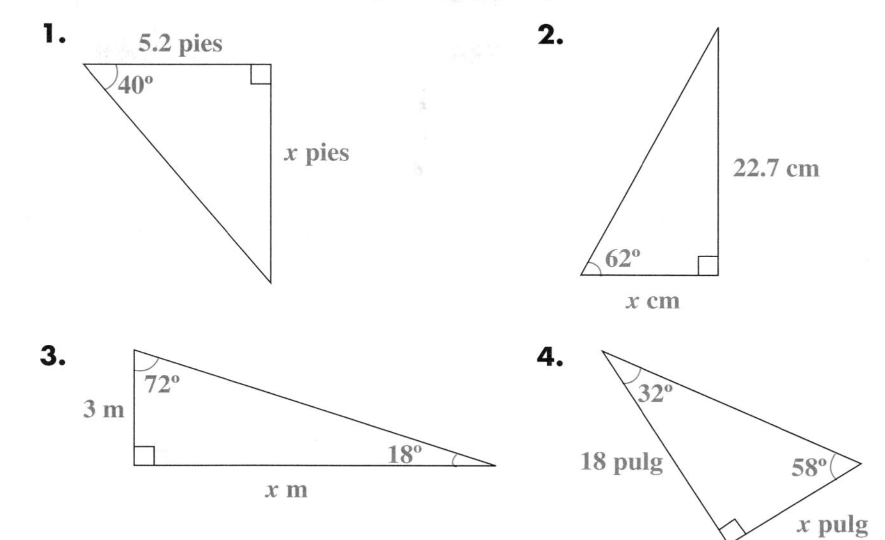

5. Para seguridad y comodidad de los pasajeros, un avión que va a aterrizar debe aproximarse a la pista con un ángulo de 3°. ¿A qué altura está un avión que se encuentra a 1,000 pies de distancia en sentido horizontal, de la pista de aterrizaje? Redondea al pie más cercano.

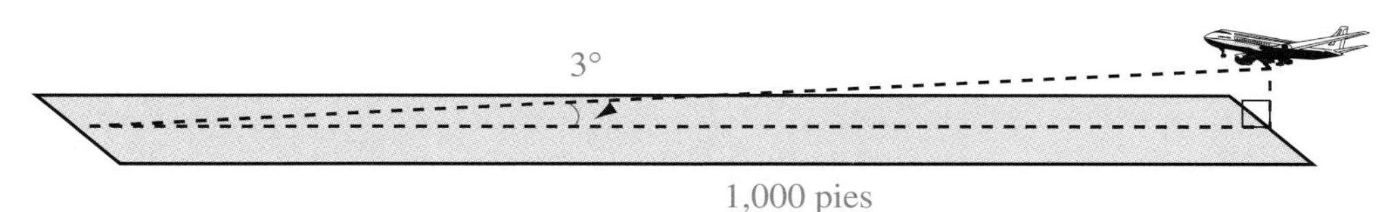

6. Caity está tratando de estimar la altura de un asta de bandera. Con un transportador, estimó que el ángulo entre su ojo y la punta del asta mide 34°.

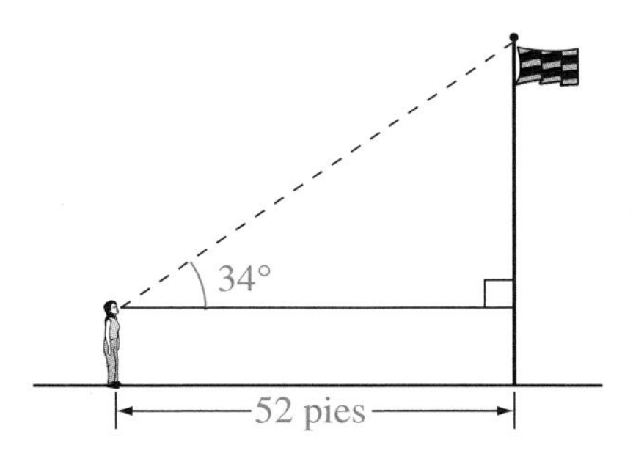

a. Caity sabe que se encuentra a 52 pies de distancia del asta. Para calcular la longitud (hasta el pie más cercano) del cateto opuesto del triángulo que se muestra en la figura anterior, usó los datos anteriores. ¿Cuál fue su respuesta?

b. Caity le mostró su respuesta al maestro, quien le dijo que estaba equivocada. ¿Qué fue el error de Caity?

7. Dos excursionistas llegan a un desfiladero con laderas casi verticales. Dado que no tienen manera de cruzarlo, necesitan hallar la manera de estimar la cantidad de cuerda que necesitan para bajar por un lado del precipicio y así llegar a un sendero ubicado en el fondo del desfiladero. Para obtener su estimado, decidieron estimar ciertas medidas.

Primero estimaron que el ángulo desde donde se encuentran parados, hasta el fondo de la ladera opuesta, mide aproximadamente 60°. El mapa que tienen les indica que el desfiladero mide aproximadamente $\frac{1}{2}$ milla, ó 2,640 pies, de ancho. ¿Cuál es la profundidad aproximada del desfiladero?

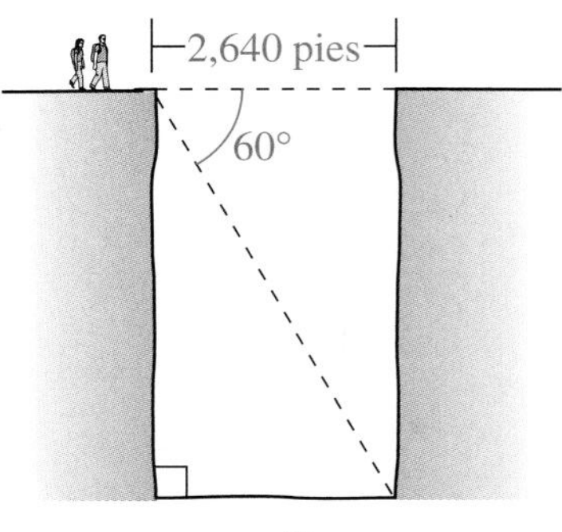

8. Erica tiene que limpiar las canaletas de su casa porque se llenan con hojas de árboles durante el otoño. Sabe que para su seguridad, la escalera debe formar con el piso un ángulo de 75°. Por lo tanto, quiere determinar la distancia que debe haber entre la pared de la casa y la escalera, así como el tamaño de escalera que necesita para llegar al techo.

a. Si la distancia entre el techo y el suelo es aproximadamente 25 pies, ¿a qué distancia de la casa debe colocar el pie de la escalera?

b. ¿Cuánto debe medir la escalera (al pie más cercano)?

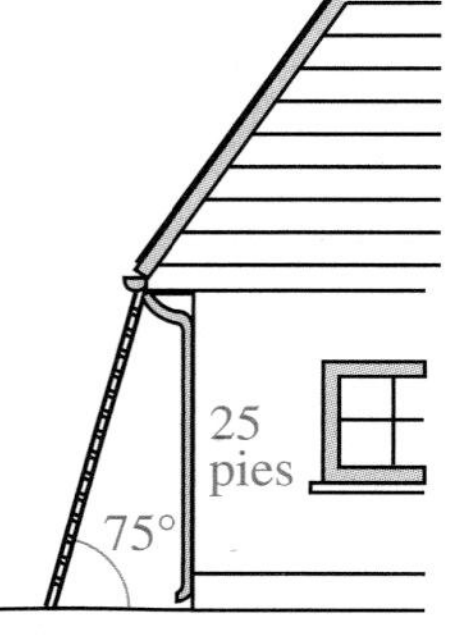

9. Reto Los estudiantes de la clase de matemáticas del Sr. Claus, están tratando de calcular la altura de un árbol situado fuera de la escuela.

Luisa colocó su regla en posición vertical con respecto al suelo, como se muestra en la figura. Luego tomó una regla de una yarda, colocó uno de sus extremos en el extremo de la sombra formada por la primera regla, la inclinó hasta alcanzar el extremo superior de la regla en posición vertical y formó así un triángulo rectángulo.

Luego, midió el ángulo formado por las dos reglas y encontró que medía alrededor de 36°. Usando esta información y la longitud de la sombra del árbol, Luisa pudo calcular la altura del árbol.

a. Explica cómo calculó Luisa la altura del árbol.

b. Si la sombra del árbol mide 42.5 pies de largo, ¿cuál será la altura del árbol?

Comparte & resume

La tangente de uno de los ángulos agudos de un triángulo rectángulo es 1.

1. ¿Cómo es la figura del triángulo?

2. ¿Por qué?

Investigación 3 Relaciones entre tangente, pendiente, tasa y proporcionalidad

En esta investigación, entenderás cómo se relaciona la tasa (o rapidez) con la pendiente de una recta y con la tangente de un ángulo.

Piensa & comenta

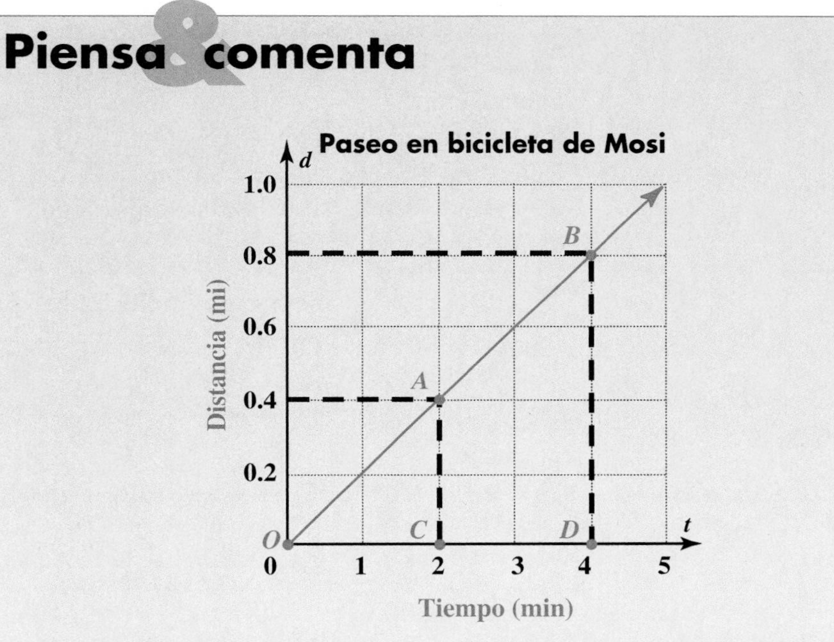

Mosi recorrió en bicicleta, a una rapidez constante, el camino entre su casa y la escuela. La gráfica representa la distancia recorrida por Mosi. Dos minutos después de iniciar su recorrido, Mosi estaba a 0.4 de milla de distancia de su casa. Dos minutos más tarde, estaba a 0.8 de milla. Las coordenadas del punto A son (2, 0.4); las del punto B son (4, 0.8), las del punto O son (0, 0); las del punto C son (2, 0); y las del punto D son (4, 0).

¿Cuál es la rapidez de Mosi en millas por minuto?

¿Cuál es la pendiente de $\overleftrightarrow{OA}$? ¿Cuál es la de $\overleftrightarrow{OB}$?

¿Cuál es la tangente de $\angle AOC$?

¿Qué observas en la rapidez de Mosi, la pendiente de la recta y la tangente del ángulo?

Serie de problemas D

Observa la gráfica en la página 667.

1. Compara el modo en que calculaste la pendiente de $\overleftrightarrow{OA}$, con el modo en que calculaste la tangente de $\angle AOC$. ¿En qué se parecen o en qué difieren?
2. Expresa en palabras el significado de la razón $\frac{AC}{OC}$. Expresa en palabras el significado de la razón $\frac{BD}{OD}$.
3. Compara la razón $\frac{AC}{OC}$ con la razón $\frac{BD}{OD}$. ¿Se puede hacer una proporción con estas razones? ¿Por qué?
4. ¿Es de variación directa (proporcional) la relación en la gráfica? ¿Por qué?
5. ¿Son semejantes $\triangle AOC$ y $\triangle BOD$? Explica.

Serie de problemas E

Sancha empezó el mismo recorrido en bicicleta con Mosi y durante dos minutos viajaron juntos. Luego, ella se cansó y empezó a pedalear más despacio. Cuatro minutos después de iniciado el recorrido, Sancha se encontraba a 0.6 de milla de distancia de la casa. La siguiente gráfica representa los recorridos de Mosi y Sancha.

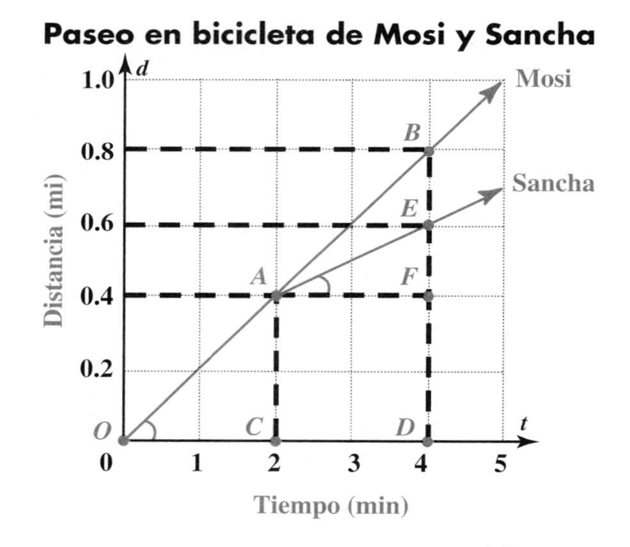

1. Expresa en palabras el significado de la razón $\frac{AC}{OC}$. Expresa en palabras el significado de la razón $\frac{ED}{OD}$.
2. Para el recorrido de Sancha, compara la razón $\frac{AC}{OC}$ con la razón $\frac{ED}{OD}$. ¿Se puede hacer una proporción con estas razones? ¿Por qué?
3. ¿Es de variación directa (proporcional) la gráfica del recorrido de Sancha? ¿Por qué?

4. a. ¿Cuál fue la rapidez de Sancha durante los dos primeros minutos del paseo?

   b. ¿Cuál es su rapidez durante los siguientes dos minutos?

5. ¿Cuál es la tangente de $\angle AOC$? ¿Cuál es la tangente de $\angle EAF$?

6. ¿Tiene la gráfica del recorrido de Sancha una pendiente constante durante los primeros 4 minutos? Explica.

7. ¿Qué debe ser verdadero acerca de la rapidez, para que las razones $\frac{AC}{OC}$ y $\frac{ED}{OD}$ sean iguales?

Serie de problemas F

Hannah trabaja ayudando a los alumnos de una escuela primaria a hacer sus tareas. Le dan un pago fijo de $20 por estar disponible cada fin de semana, aún cuando no la necesiten. Además, le pagan $5 adicionales por cada hora que trabaja. La gráfica siguiente muestra el salario de Hannah durante los fines de semana, de acuerdo con el número de horas de trabajo.

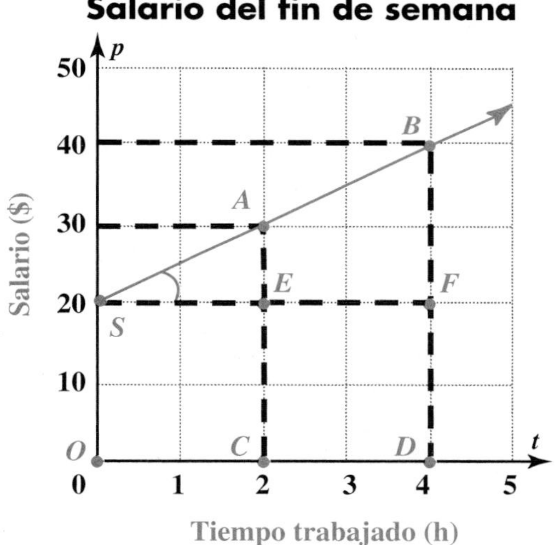

1. ¿Cuánto es la tasa salarial por hora, sin incluir el pago fijo?

2. ¿Cuál es la pendiente de la recta?

3. Compara la tasa por hora con la pendiente. ¿En qué se parecen? ¿En qué difieren?

4. Expresa en palabras el significado de la razón $\frac{AC}{OC}$. Escribe en palabras el significado de la razón $\frac{BD}{OD}$.

5. Compara la razón $\frac{AC}{OC}$ con la razón $\frac{BD}{OD}$. ¿Puedes formar una proporción con estas razones? ¿Por qué?

6. ¿La relación que muestra la gráfica es proporcional? ¿Por qué?

Comparte & resume

1. Considera la tasa salarial y la pendiente de la gráfica del salario de Hannah. ¿Cuál de las tangentes es igual a la pendiente y la tasa salarial?

2. La gráfica siguiente muestra una recta que forma un ángulo de 40° con el eje x.

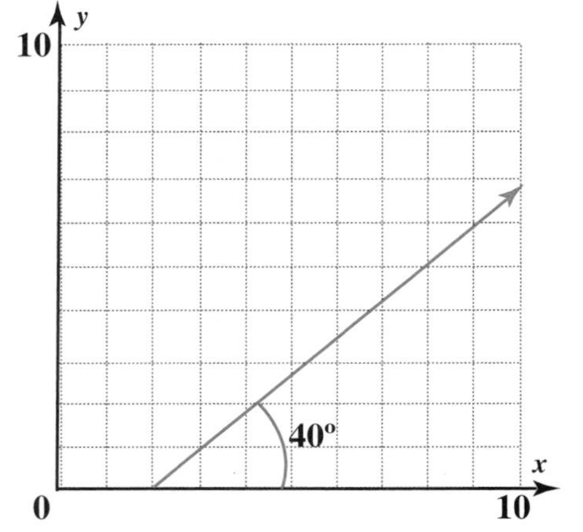

a. Calcula la pendiente de la recta usando la tangente.

b. Halla dos puntos en la recta y mide cuidadosamente sus coordenadas. Luego usa los puntos para calcular la pendiente de la recta.

c. Compara las respuestas de la Partes a y la Parte b.

Investigación 4 El seno y el coseno

En las investigaciones anteriores, trazaste triángulos rectángulos para usar la tangente. Primero elegiste uno de los ángulos agudos, luego mediste los catetos opuesto y adyacente a dicho ángulo y finalmente obtuviste la razón de las medidas de estos catetos.

Piensa & comenta

Dado el triángulo ABC con lados a, b y c, ¿cuántas razones diferentes puedes formar con los lados? Escríbelas todas.

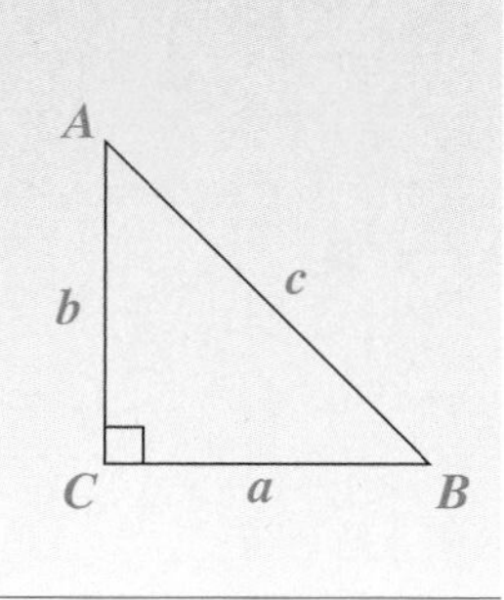

Trigono es otra manera de llamar a un triángulo y *metría* quiere decir medición. Por lo tanto, la palabra trigonometría significa "medición de triángulos".

Si observas $\angle A$, sabes que la razón $\frac{a}{b}$ se conoce como tangente, pero desconoces los nombres de las otras razones. Esas razones también tienen nombres especiales y son el campo de estudio de una rama de las matemáticas llamada *trigonometría.* En esta investigación estudiarás otras dos razones.

Serie de problemas G

1. Dibuja tres triángulos rectángulos diferentes que tengan un ángulo de 65°.

a. En todos los triángulos, mide la longitud de la hipotenusa y la del cateto opuesto al ángulo de 65°.

b. Haz una tabla con los siguientes encabezados y anota cada medida. Luego calcula la razón entre el cateto opuesto y la hipotenusa. Anótala en forma de fracción y en forma decimal.

Cateto opuesto	Hipotenusa	Razón (fracción)	Razón (decimal)

c. ¿Qué se puede afirmar sobre esta razón?

d. ¿Esta razón será igual para todo triángulo rectángulo con un ángulo de 65°? Explica tu respuesta.

VOCABULARIO
seno

Esta razón se conoce como **seno.** La abreviación de seno es *sen.*

$$\text{sen } \angle A = \frac{\text{cateto opuesto } \angle A}{\text{hipotenusa}}$$

2. ¿Cómo puedes usar los triángulos que trazaste para aproximar el valor de sen 25°? ¿Cuál es tu resultado?

Serie de problemas H

1. Usa los tres triángulos rectángulos que dibujaste para el Problema 1 de la Serie de problemas G.

a. Mide la longitud de todos los catetos adyacentes al ángulo de 65°.

b. Haz una tabla con los siguientes encabezados y anota cada medida. Luego calcula la razón entre el cateto adyacente y la hipotenusa. Anótala en forma de fracción y en forma decimal.

Cateto adyacente	Hipotenusa	Razón (fracción)	Razón (decimal)

c. ¿Qué se puede afirmar sobre esta razón?

d. ¿Es el valor de esta razón el mismo para todo triángulo rectángulo con un ángulo de 65°? Explica tu respuesta.

VOCABULARIO
coseno

Esta razón se conoce como **coseno.** La abreviación de coseno es *cos.*

$$\cos \angle A = \frac{\text{cateto opuesto } \angle A}{\text{hipotenusa}}$$

2. Ian dice que encontró un triángulo rectángulo en el que el coseno de uno de sus ángulos era $\frac{5}{4}$. Marcus dice que eso es imposible. Explica quién tiene la razón y por qué.

3. Reto ¿Cuáles son los valores mínimos que pueden tener el seno y el coseno de los ángulos de un triángulo rectángulo? ¿Cuáles son los valores máximos?

En la Serie de problemas I usarás una calculadora para resolver problemas sobre la longitud de los lados de un triángulo rectángulo. Para calcular el seno y el coseno de un ángulo, deberás usar las teclas de seno y coseno, SIN y COS respectivamente, del mismo modo que usaste la tecla de la tangente.

MATERIALES
calculadora graficadora

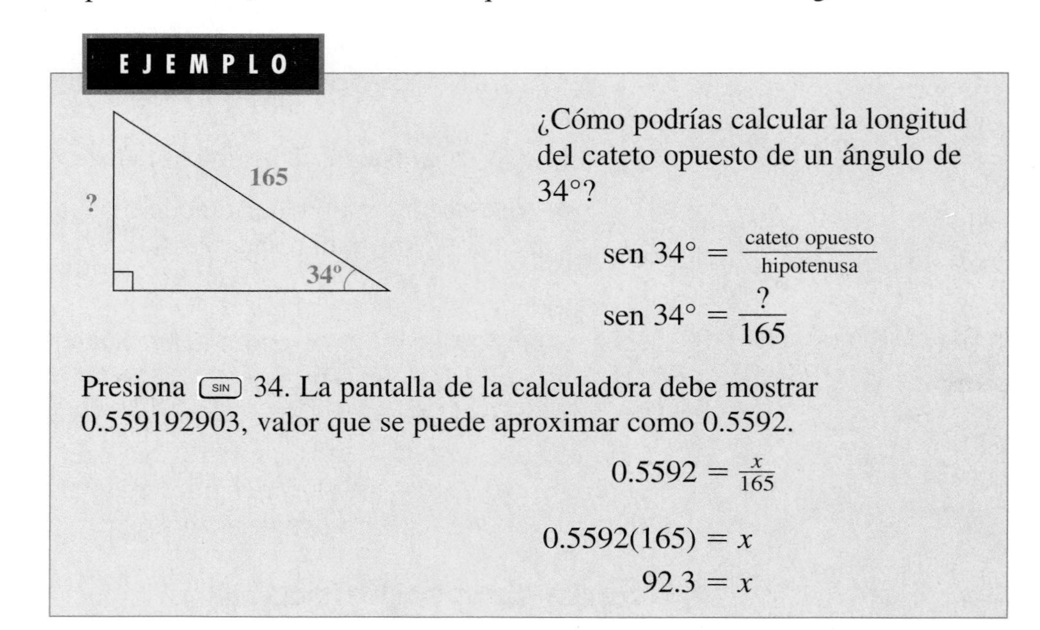

EJEMPLO

¿Cómo podrías calcular la longitud del cateto opuesto de un ángulo de 34°?

$$\text{sen } 34° = \frac{\text{cateto opuesto}}{\text{hipotenusa}}$$

$$\text{sen } 34° = \frac{?}{165}$$

Presiona SIN 34. La pantalla de la calculadora debe mostrar 0.559192903, valor que se puede aproximar como 0.5592.

$$0.5592 = \frac{x}{165}$$

$$0.5592(165) = x$$

$$92.3 = x$$

MATERIALES
calculadora graficadora

Serie de problemas I

1. Calcula x y y.

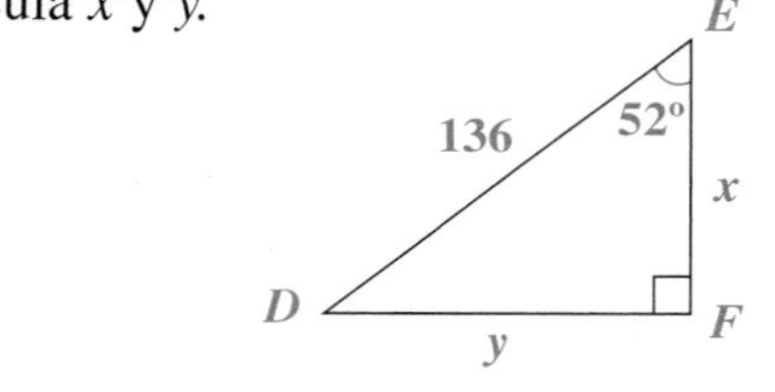

2. Un auto se desplaza en un camino cuya pendiente mide 4°. Si el auto recorre 1,500 pies en este camino, ¿cuánto ha cambiado su elevación, al pie más cercano?

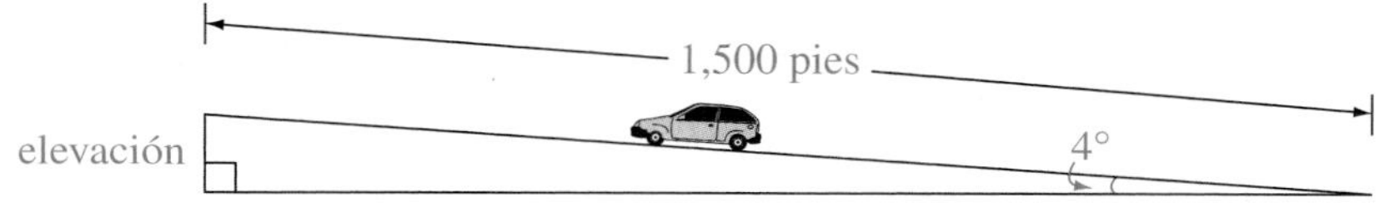

3. Colin halló que el valor del coseno de uno de los ángulos de un triángulo rectángulo era 0.2. Calcula la longitud de todos los lados de por lo menos dos triángulos rectángulos, en los que este valor del coseno sea verdadero. ¿Cuántos triángulos rectángulos puede haber con esta característica?

4. **Reto** Anson afirma que para todo triángulo rectángulo, el seno de un ángulo agudo siempre es igual al coseno del otro ángulo agudo. Esto significaría que en el triángulo que se muestra a la derecha, sen $A = \cos B$. ¿Crees que Anson tiene la razón? ¿Por qué?

A

C B

Comparte & resume

1. Ya te has familiarizado con la tangente, el seno y el coseno de un triángulo rectángulo. ¿Cuál es la relación entre estas razones en los triángulos semejantes?

2. ¿Qué razones: seno, coseno, o tangente, pueden tener un valor mayor que 1? Explica tu respuesta.

3. De acuerdo con la calculadora de David, sen 30° es igual a 0.5. Explica en palabras que significa esto, en términos de los catetos de un triángulo rectángulo con un ángulo de 30°.

Ejercicios por tu cuenta

1. Considera los siguientes triángulos rectángulos semejantes.

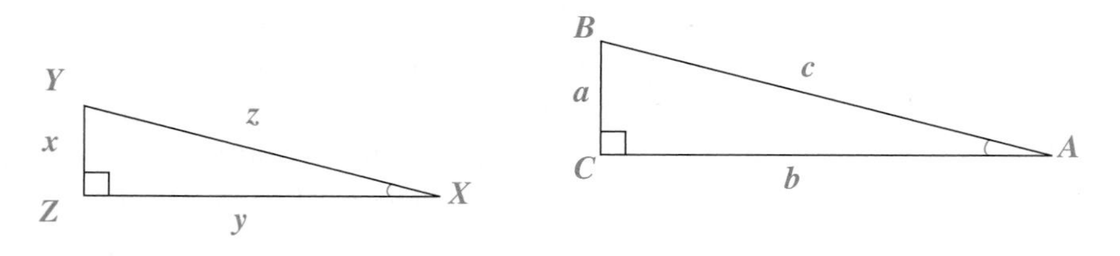

a. $\frac{x}{y} = \frac{1}{5}$ y $b = 2.4$ pulgadas. Calcula la longitud de a.

b. ¿Cuánto mide $\frac{1}{5}$ en forma decimal?

c. ¿Cuánto mide $\frac{a}{b}$ en forma decimal?

2. Considera los siguientes triángulos rectángulos semejantes.

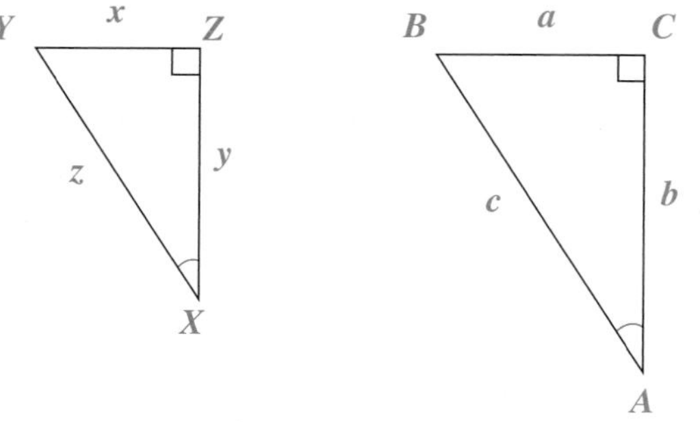

a. Si $\frac{a}{b} = 0.25$ y

$x = 19.6$ metros.

Calcula la longitud de y.

b. ¿Cuánto mide $\frac{x}{y}$ en forma decimal?

En las siguientes razones, se compara el cateto opuesto a $\angle A$ con el cateto adyacente a $\angle A$. Copia el triángulo e identifica $\angle A$.

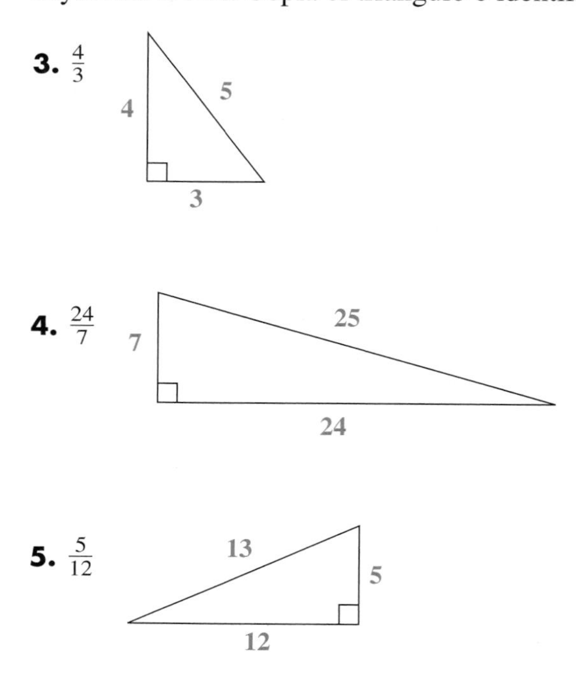

3. $\frac{4}{3}$

4. $\frac{24}{7}$

5. $\frac{5}{12}$

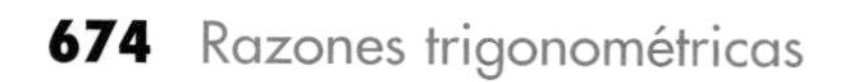

En los Ejercicios 6 al 9 calcula el valor numérico del seno, el coseno y la tangente del ángulo A.

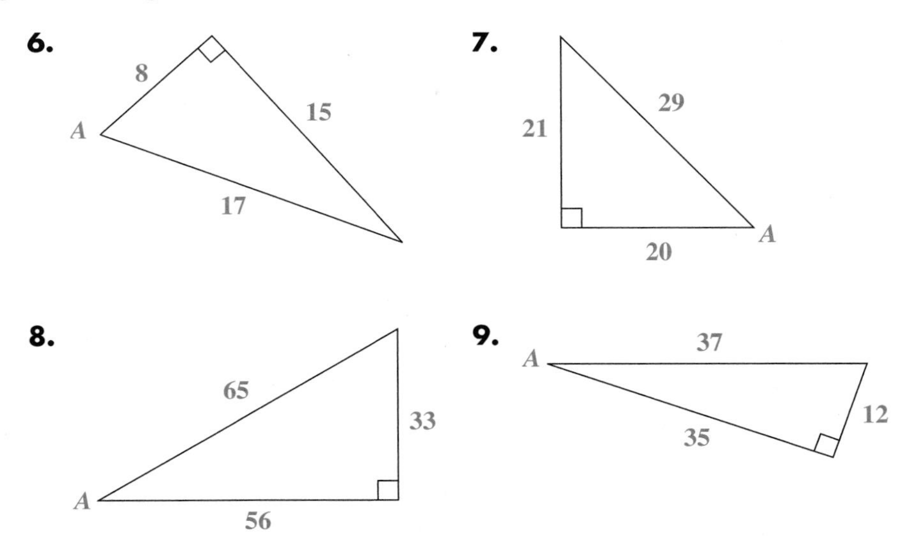

En los Ejercicios 10 al 19 usa una calculadora para obtener los valores indicados de x y y. Rodondea en centésimas.

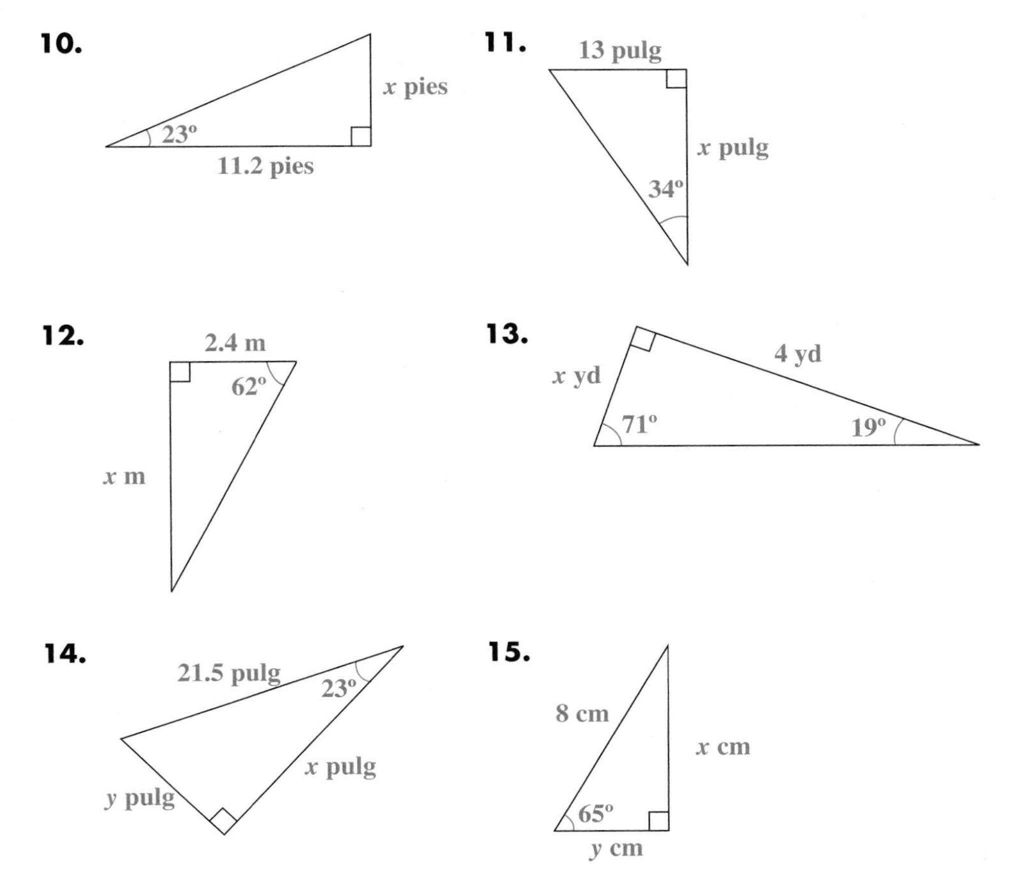

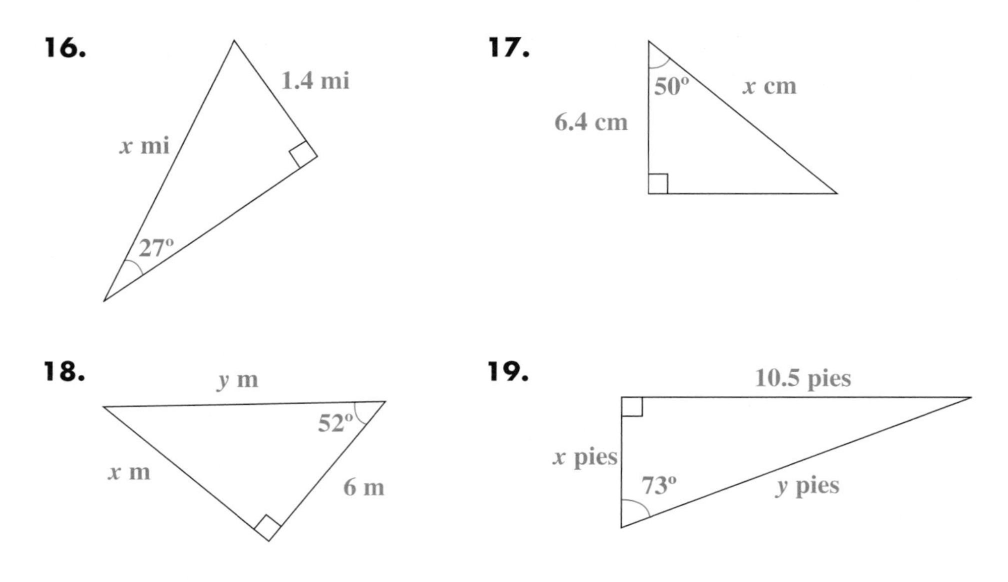

20. En el Club del Helado, cada cono de helado cuesta $1.50.

a. Grafica esta relación usando un número de conos de 0 al 15 en el eje x y el costo de los conos de $0 hasta $25 en el eje y.

b. ¿Cuál es la pendiente de la recta?

c. Grafica los puntos (0, 0), (5, 0) y (10, 0) e identifícalos como O, C y D, respectivamente. Traza una recta vertical a través del punto C e identifica con la letra A el punto donde la recta se cruza con el eje. Dibuja una recta vertical a través del punto D e identifica con la letra B el punto donde la recta se cruza con el eje.

d. ¿Cuál es la tangente de $\angle BOD$? Compárala con la pendiente de la recta.

e. Expresa con palabras el significado de la razón $\frac{AC}{OC}$. Expresa con palabras el significado de la razón $\frac{BD}{OD}$.

f. Compara la razón $\frac{AC}{OC}$ con la razón $\frac{BD}{OD}$. ¿Se puede hacer una proporción con estas razones? ¿Por qué?

g. Si escribes estas dos razones en forma de número, ¿qué representa este número?

h. ¿Esta relación representa una variación directa? ¿Por qué?

i. ¿Son semejantes $\triangle AOC$ y $\triangle BOD$? ¿Por qué?

21. Observa la siguiente gráfica.

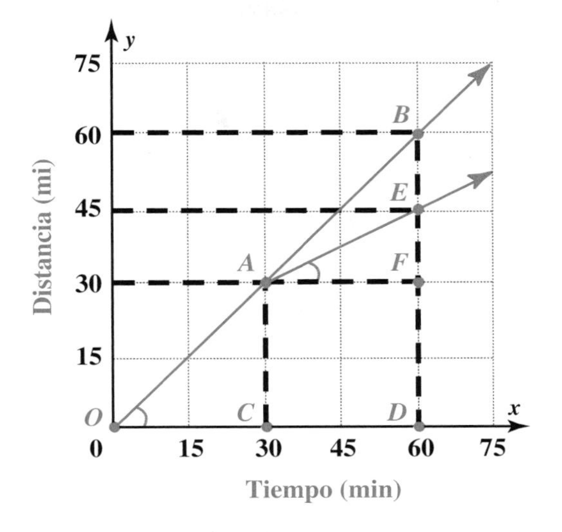

a. Escribe un problema sobre una situación de la vida real que se pueda representar con esta gráfica.

b. Expresa con palabras el significado de la razón $\frac{AC}{OC}$. Expresa con palabras el significado de la razón $\frac{ED}{OD}$.

c. Compara la razón $\frac{AC}{OC}$ con la razón $\frac{ED}{OD}$. ¿Se puede hacer una proporción con estas razones? ¿Por qué?

d. ¿Representa la gráfica de *OAE* una relación de variación directa (relación proporcional)? ¿Por qué?

e. ¿Cuál es la pendiente de $\overleftrightarrow{OA}$? ¿Cuál es la pendiente de $\overleftrightarrow{AE}$?

f. ¿Cuál es la tangente de $\angle AOC$? ¿Cuál es la tangente de $\angle EAF$?

g. ¿Es constante la pendiente de *OAE*?

h. Si ésta fuera una gráfica de rapidez, ¿qué debería ser verdad acerca de la rapidez para que las razones $\frac{AC}{OC}$ y $\frac{ED}{OD}$ fueran iguales?

22. Los aeropuertos necesitan saber la altura de la capa de nubes para controlar el despegue y el aterrizaje del tráfico aéreo. Un método que usan los empleados del aeropuerto para medir la altura es reflejar un rayo de luz directamente hacia arriba y medir el ángulo que se forma entre un punto a cierta distancia y la luz reflejada en las nubes. Una noche, un empleado del aeropuerto se paró a 250 pies de distancia y el ángulo que midió era de 70°. ¿A que altura estaba la capa de nubes esa noche?

70°
250 pies

Explica la relación entre la pendiente de una recta y la tangente de un ángulo.

23. Un globo aerostático está volando directamente sobre una torre de electricidad de 200 pies de altura. El piloto del globo está preocupado porque cree que no va a tener suficiente espacio para maniobrar y llama por radio a su asistente en tierra. El asistente rápidamente se situó en un punto a 100 pies de distancia del centro de la torre y estimó en 65° la medida del ángulo entre el suelo en ese punto, y el fondo de la canasta del globo. ¿Cuánto espacio para maniobrar tiene el globo?

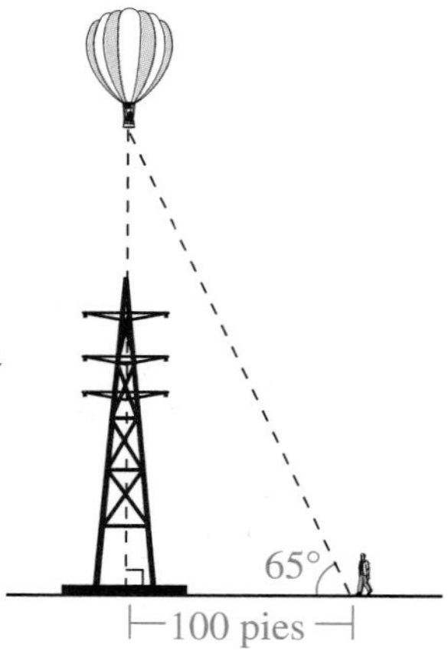

24. La tripulación de un velero suelta el ancla al pasar una boya. Una vez que el ancla llega al fondo del río, el velero recorre 50 pies más hasta que la línea del ancla se tensa y el velero se detiene. El capitán estima que la medida del ángulo entre la línea del ancla y el fondo del río es de 48°. ¿Cuál es la profundidad aproximada del río en ese punto?

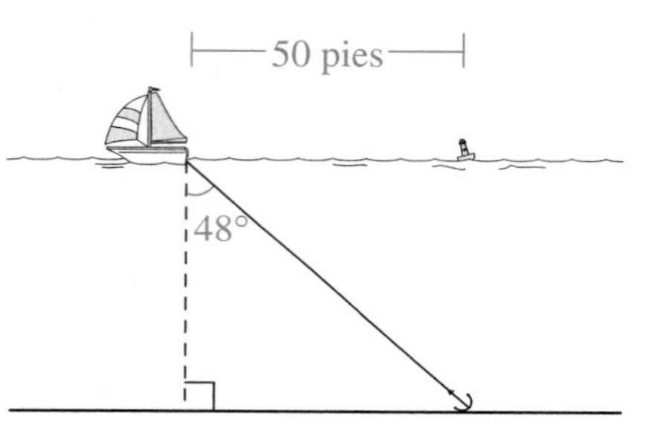

25. Jessica está arrodillada a una distancia de 20 pies (en sentido horizontal) de la cometa que está volando. Al poner la cuerda de la cometa en el suelo, estima que el ángulo que forma la cuerda con el suelo es de 35°.

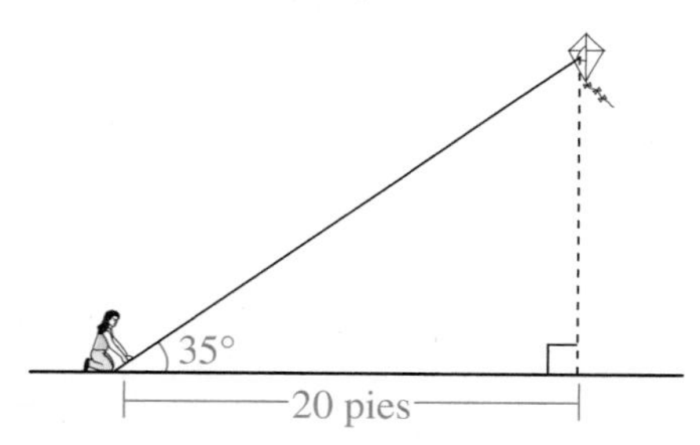

Estima la longitud de la cuerda de la cometa. Redondea en décimas de pie.

26. La puerta trasera de un camión de mudanza está a 2 pies del piso. La inclinación de la rampa para cargar el camión mide 15°, como se muestra en el dibujo. Calcula la longitud de la rampa. Redondea en décimas de pie.

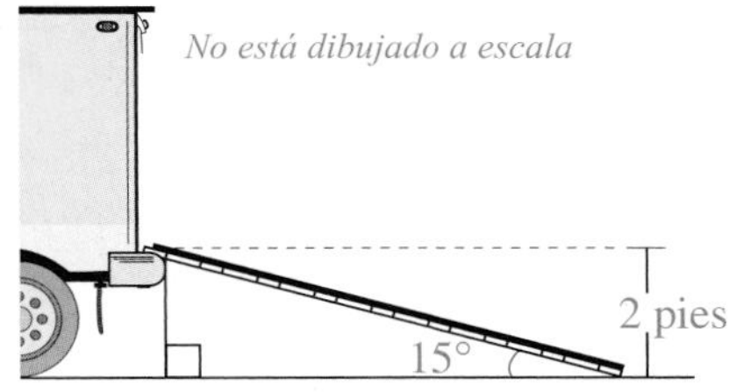

27. Observa el siguiente dibujo de una escalera.

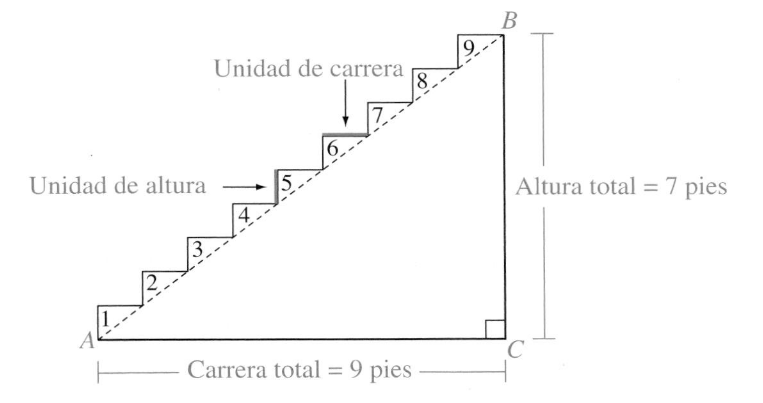

a. Calcula cuánto mide cada unidad de altura y cada unidad de carrera de un peldaño. Redondea en décimas de pulgada si es necesario.

b. Los manuales de construcción tienen instrucciones para construir escaleras. Uno de estos manuales indica que el rango de medidas de la unidad de altura de una escalera tiene que ser entre 6 y 8 pulgadas, y que el total de unidades de altura más las unidades de carrera debe medir entre 17 y 18 pulgadas. ¿Está construida según las intrucciones la escalera del dibujo? ¿Por qué?

c. ¿Cuál es la razón de una unidad de altura a una unidad de carrera?

d. ¿Cuál es la relación entre la razón anterior y la pendiente de la escalera, o la pendiente de $\overleftrightarrow{AB}$?

e. Calcula la razón de la altura total a la carrera total de la escalera. ¿Cuál es la relación entre esta razón con la pendiente de la escalera o $\overleftrightarrow{AB}$?

f. Compara la razón entre la unidad de altura y la unidad de carrera, con la razón entre la altura total y la carrera total. ¿Se puede formar una proporción con estas razones? ¿Por qué?

g. ¿Cómo se relacionan estas razones con la tangente de $\angle BAC$? ¿Cómo calcularías la tangente de este ángulo?

h. Dibuja una gráfica que muestre cómo la altura depende del número de peldaños que se suban.

i. ¿Cuál es la pendiente de la recta de la gráfica? ¿Cuál es la relación entre esta pendiente y los siguientes valores: la pendiente de la escalera, la razón entre la unidad de altura y la unidad de carrera, la tangente de $\angle ABC$?

28. Derrick dibujó un rombo y luego dibujó sus diagonales, como se muestra a continuación.

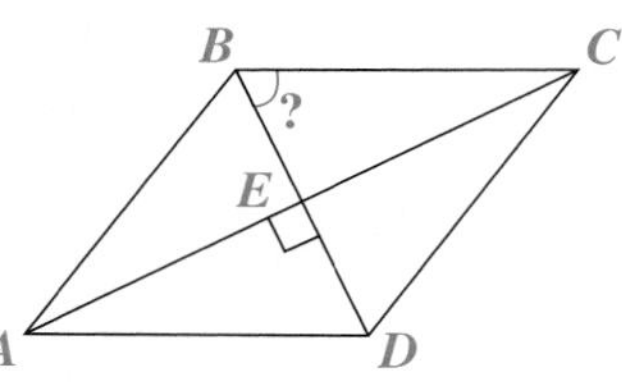

a. Al medir las diagonales, encontró que la longitud de la diagonal AC medía el doble que la diagonal BD. Si la longitud de la diagonal BD es x, expresa la longitud de la diagonal AC en términos de x.

b. Derrick está tratando de estimar la medida de $\angle CBE$. Sabe que las diagonales de un rombo son perpendiculares y se bisecan entre sí. Además, tiene a su disposición la siguiente tabla de valores trigonométricos.

Tabla trigonométrica

Grados	Seno	Coseno	Tangente
0	0.0000	1.0000	0.0000
5	0.0872	0.9962	0.0875
10	0.1736	0.9848	0.1763
15	0.2588	0.9659	0.2679
20	0.3420	0.9397	0.3640
25	0.4226	0.9063	0.4663
30	0.5000	0.8660	0.5774
35	0.5736	0.8192	0.7002
40	0.6428	0.7660	0.8391
45	0.7071	0.7071	1.0000
50	0.7660	0.6428	1.1918
55	0.8192	0.5736	1.4281
60	0.8660	0.5000	1.7321
65	0.9063	0.4226	2.1445
70	0.9397	0.3420	2.7475
75	0.9659	0.2588	3.7321
80	0.9848	0.1736	5.6713
85	0.9962	0.0872	11.4301
90	1.0000	0.0000	....

Explica cómo puede estimar la medida de $\angle CBE$.

c. Si la diagonal BD mide 6 pulgadas, estima la medida de $\angle CBE$.

GLOSARIO/GLOSSARY

Español

binomio La suma o diferencia de dos términos no semejantes. Por ejemplo: $x + 7$, $x^2 - 3$ y $a + c$ son *binomios.*

cateto adyacente En un triángulo rectángulo con ángulo agudo A, el cateto al lado del $\angle A$.

cateto opuesto En un triángulo rectángulo con ángulo agudo A, el cateto al otro del $\angle A$.

coeficiente El multiplicador numérico en un término algebraico. Por ejemplo: en la expresión $3x^2 - 2x + 7$, 3 es el coeficiente de x^2 y $^-2$ es el coeficiente de x.

congruente Que tiene el mismo tamaño y la misma forma.

conjetura Suposición o generalización informada que aun no se ha probado como correcta.

coseno En un triángulo rectángulo con ángulo agudo A, el coseno del

$\angle A = \frac{\text{cateto adyacente al } \angle A}{\text{hipotenusa}}$.

crecimiento exponencial Patrón creciente de cambio en que una cantidad se multiplica repetidamente por un número mayor que 1.

desarrollar Uso de la propiedad distributiva para multiplicar los factores en una expresión algebraica. Por ejemplo: puedes *desarrollar* $x(x + 3)$ para obtener $x^2 + 3x$.

desigualdad Enunciado matemático que usa uno de los símbolos $<, >, \leq, \geq$ o $\neq$ para comparar cantidades. Ejemplos de desigualdades son $n - 3 \leq 12$ y $9 - 2 > 1$.

desintegración exponencial Patrón decreciente de cambio en que una cantidad se multiplica repetidamente por un número menor que 1 y mayor que 0.

English

binomial The sum or difference of two unlike terms. For example, $x + 7$, $x^2 - 3$, and $a + c$ are *binomials.* [page 373]

adjacent leg In a right triangle with acute angle A, the leg next to $\angle A$. [page 662]

opposite leg In a right triangle with acute angle A, the leg across from $\angle A$. [page 662]

coefficient The numeric multiplier in an algebraic term. For example, in the expression $3x^2 - 2x + 7$, 3 is the coefficient of x^2, and $^-2$ is the coefficient of x. [page 31]

congruent Having the same size and shape. [page 294]

conjecture An educated guess or generalization that you haven't yet proved correct. [page 127]

cosine In a right triangle with acute angle A, the cosine of

$\angle A = \frac{\text{leg adjacent } \angle A}{\text{hypotenuse}}$. [page 672]

exponential growth An increasing pattern of change in which a quantity is repeatedly multiplied by a number greater than 1. [page 169]

expanding Using the distributive property to multiply the factors in an algebraic expression. For example, you can *expand* $x(x + 3)$ to get $x^2 + 3x$. [page 359]

inequality A mathematical statement that uses one of the symbols $<, >, \leq, \geq$, or $\neq$ to compare quantities. Examples of inequalities are $n - 3 \leq 12$ and $9 - 2 > 1$. [page 226]

exponential decay A decreasing pattern of change in which a quantity is repeatedly multiplied by a number less than 1 and greater than 0. [page 175]

Español	English

dibujo a escala Dibujo que es semejante a alguna figura original.

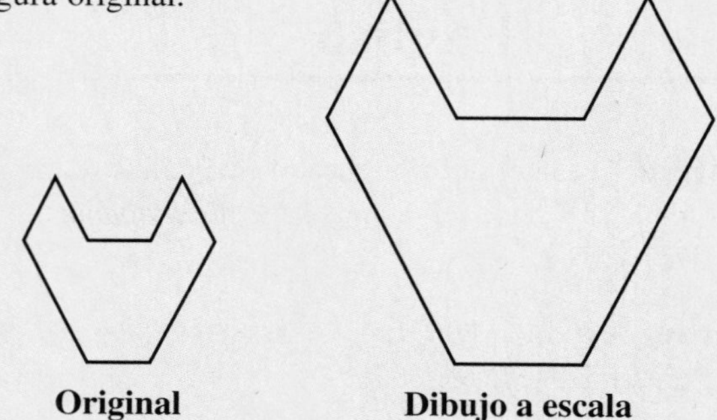

dilación Transformación que crea una figura semejante, pero no necesariamente congruente, a una figura original.

directamente proporcional Término que se usa para describir una relación entre dos variables en el cual, si el valor de una de las variables se multiplica por un número, el valor de la otra variable se multiplica por el mismo número. Por ejemplo: si Lara gana \$8 por hora, entonces la variable *horas trabajadas* es *directamente proporcional* a la variable *dólares ganados.*

dominio El conjunto de entradas permitidas para una función. Por ejemplo: el *dominio* de $f(x) = \sqrt{x}$ son todos los números reales no negativos. El *dominio* de $g(t) = \frac{1}{t-3}$ son todos los números reales excepto 3.

ecuación Enunciado matemático que establece la igualdad de dos cantidades. Por ejemplo: los enunciados $3 - 11 = {}^{-}4 + {}^{-}4$ y $x^2 - 4 = 0$ son *ecuaciones.*

ecuación cuadrática Ecuación que se puede escribir en la forma $y = ax^2 + bx + c$, donde $a \neq 0$. Por ejemplo: $y = x^2$, $y = 3x^2 - x + 4$ y $y = {}^{-}2x^2 + 1$ son *ecuaciones cuadráticas.*

ecuación cúbica Ecuación que se puede escribir en la forma $y = ax^3 + bx^2 + cx + d$, *donde* $a \neq 0$. Por ejemplo: $y = 2x^3$, $y = 0.5x^3 - x^2 + 4$ y $y = x^3 - x$ son *ecuaciones cúbicas.*

scale drawing A drawing that is similar to some original figure. [page 330]

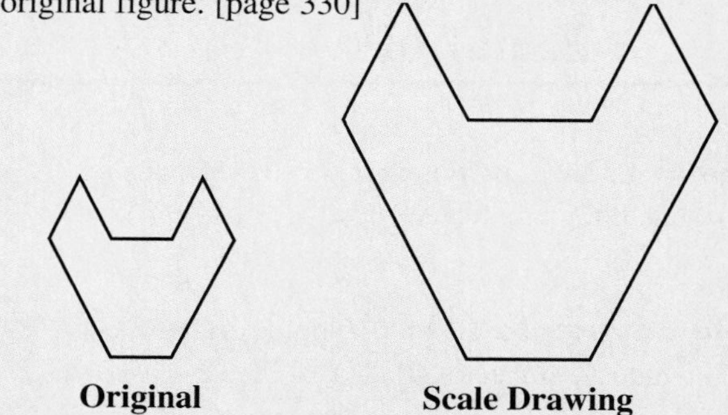

dilation A transformation that creates a figure similar, but not necessarily congruent, to an original figure. [page 329]

directly proportional Term used to describe a relationship between two variables in which, if the value of one variable is multiplied by a number, the value of the other variable is multiplied by the same number. For example, if Lara earns \$8 per hour, then the variable *hours worked* is *directly proportional* to the variable *dollars earned.* [page 7]

domain The set of allowable inputs to a function. For example, the *domain* of $f(x) = \sqrt{x}$ is all non-negative real numbers. The *domain* of $g(t) = \frac{1}{t-3}$ is all real numbers except 3. [page 495]

equation A mathematical sentence stating that two quantities are equal. For example, the sentence $3 - 11 = {}^{-}4 + {}^{-}4$ and $x^2 - 4 = 0$ are *equations.* [page 226]

quadratic equation An equation that can be written in the form $y = ax^2 + bx + c$, where $a \neq 0$. For example, $y = x^2$, $y = 3x^2 - x + 4$, and $y = {}^{-}2x^2 + 1$ are *quadratic equations.* [page 83]

cubic equation An equation that can be written in the form $y = ax^3 + bx^2 + cx + d$, where $a \neq 0$. For example, $y = 2x^3$, $y = 0.5x^3 - x^2 + 4$, and $y = x^3 - x$ are *cubic equations.* [page 93]

Español

eje de reflexión Un *eje* sobre el cual se *refleja* una figura. En la siguiente figura, la K azul ha sido *reflejada* sobre el *eje de reflexión* l para obtener la K anaranjada.

eje de simetría Recta que divide una figura en dos mitades especulares.

eliminación Método para resolver un sistema de ecuaciones que posiblemente involucra reescribir una o ambas ecuaciones y luego sumar o restar las ecuaciones para *eliminar* una de las variables. Por ejemplo: podrías resolver el sistema $x + 2y = 9$, $3x + y = 7$ al multiplicar ambos lados de la primera ecuación por 3 y luego restar la segunda ecuación del resultado.

***enésima* raíz** La *enésima raíz* de un número a es un número b, tal que $b^n = a$. Por ejemplo: -3 y 3 son las *cuartas raíces* de 81 porque $(^-3)^4 = 81$ y $3^4 = 81$.

espacio muestral En una situación de probabilidad, el conjunto de todos los resultados posibles. Por ejemplo: al lanzar dos monedas al aire, el espacio muestral consta de cara/cara, cara/escudo, escudo/cara, escudo/escudo.

exponente Símbolo que se escribe más arriba y a la derecha de una cantidad y el cual indica el número de veces que la cantidad se multiplica por sí misma. Por ejemplo: $t \cdot t \cdot t$ se puede escribir como t^3.

expresión algebraica Combinación de números, variables y símbolos de operaciones que resulta en un número cuando todas las variables se reemplazan con números. Ejemplos de *expresiones algebraicas* son $3n + 2$, $x^2 - 2x + 7$ y $p + q$.

English

line of reflection A *line* over which a figure is *reflected.* In the figure below, the blue K has been *reflected* over the *line of reflection* l to get the orange K. [page 292]

line of symmetry A line that divides a figure into two mirror-image halves. [page 289]

elimination A method for solving a system of equations that involves possibly rewriting one or both equations and then adding or subtracting the equations to *eliminate* a variable. For example, you could solve the system $x + 2y = 9$, $3x + y = 7$ by multiplying both sides of the first equation by 3 and then subtracting the second equation from the result. [page 266]

***n*th root** An *n*th *root* of a number a is a number b, such that $b^n = a$. For example, -3 and 3 are *fourth roots* of 81 because $(^-3)^4 = 81$ and $3^4 = 81$. [page 199]

sample space In a probability situation, the set of all possible outcomes. For example, when two coins are tossed, the sample space consists of head/head, head/tail, tail/head, tail/tail. [page 547]

exponent A symbol written above and to the right of a quantity that tells how many times the quantity is multiplied by itself. For example, $t \cdot t \cdot t$ can be written as t^3. [page 146]

algebraic expression A combination of numbers, variables, and operation symbols that gives a number when all variables are replaced by numbers. Examples of *algebraic expressions* are $3n + 2$, $x^2 - 2x + 7$, and $p + q$. [page 356]

Español	English

expresión cuadrática Expresión que se puede escribir en la forma $ax^2 + bx + c$, donde $a \neq 0$. Por ejemplo: $x^2 - 4$, $x^2 + 2x + 0.5$ y $^-3x^2 + 1$ son *expresiones cuadráticas.*

quadratic expression An expression that can be written in the form $ax^2 + bx + c$, where $a \neq 0$. For example, $x^2 - 4$, $x^2 + 2x + 0.5$, and $^-3x^2 + 1$ are *quadratic expressions.* [page 83]

factor de crecimiento En una situación en la cual una cantidad crece exponencialmente, el *factor de crecimiento* es el número por el cual se multiplica la cantidad repetidamente. El *factor de crecimiento* es siempre mayor que 1. Por ejemplo: si una población crece un 3% cada año, entonces cada año la población es 1.03 veces la población del año previo. En este caso, el *factor de crecimiento* es 1.03.

growth factor In a situation in which a quantity grows exponentially, the *growth factor* is the number by which the quantity is repeatedly multiplied. A *growth factor* is always greater than 1. For example, if a population grows by 3% every year, then the population each year is 1.03 times the population the previous year. In this case, the *growth factor* is 1.03. [page 169]

factor de desintegración En una situación en que una cantidad se desintegra exponencialmente, el *factor de desintegración* es el número por el cual se multiplica la cantidad repetidas veces. El *factor de descomposición* siempre es mayor que 0 y menor que 1. Por ejemplo: si el costo de una computadora disminuye en un 15% por año, entonces su valor cada año es 0.85 veces el valor del año anterior. En este caso, el *factor de descomposición* es 0.85.

decay factor In a situation in which a quantity decays exponentially, the *decay factor* is the number by which the quantity is repeatedly multiplied. A *decay factor* is always greater than 0 and less than 1. For example, if the value of a computer decreases by 15% per year, then its value each year is 0.85 times its value the previous year. In this case, the *decay factor* is 0.85. [page 176]

factor de escala La razón entre las longitudes de lados correspondientes de figuras semejantes. Hay dos *factores de escala* asociados con cada par de figuras semejantes no congruentes. Por ejemplo: en las figuras anteriores, el *factor de escala* de la figura pequeña a la figura grande es 2 y el *factor de escala* de la figura grande a la figura pequeña es $\frac{1}{2}$.

scale factor The ratio between corresponding side lengths of similar figures. There are two *scale factors* associated with every pair of non-congruent similar figures. For example, in the figures above, the *scale factor* from the small figure to the large figure is 2, and the *scale factor* from the large figure to the small figure is $\frac{1}{2}$. [page 330]

factorizar Escribir una expresión algebraica como el producto de factores. Por ejemplo: $x^2 - x - 6$ se puede *factorizar* para obtener $(x + 3)(x - 3)$.

factoring Writing an algebraic expression as a product of factors. For example, $x^2 - x - 6$ can be *factored* to get $(x + 3)(x - 3)$. [page 443]

forma pendiente-intersección La forma $y = mx + b$ de una ecuación lineal. La gráfica de una ecuación de esta forma tiene pendiente m e intersección y b. Por ejemplo: la gráfica de $y = {}^-x - 2$ (que se muestra arriba) tiene pendiente $^-1$ e intersección y igual a $^-2$.

slope-intercept form The form $y = mx + b$ of a linear equation. The graph of an equation of this form has slope m and y-intercept b. For example, the graph of $y = {}^-x - 2$ (shown above) has slope $^-1$ and y-intercept $^-2$. [page 49]

función Término que se usa para describir la relación entre una variable de entrada y una variable de salida en que sólo hay una salida para cada entrada.

function Term used to describe a relationship between an input variable and an output variable in which there is only one output for each input. [page 488]

Español | English

hipérbola La gráfica de una variación inversa.

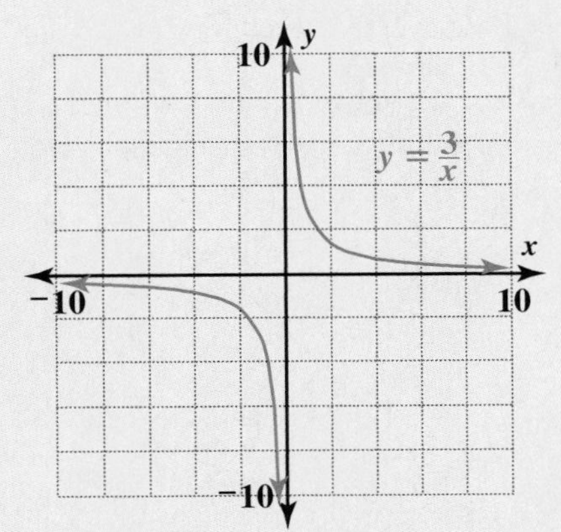

hyperbola The graph of an inverse variation. [page 112]

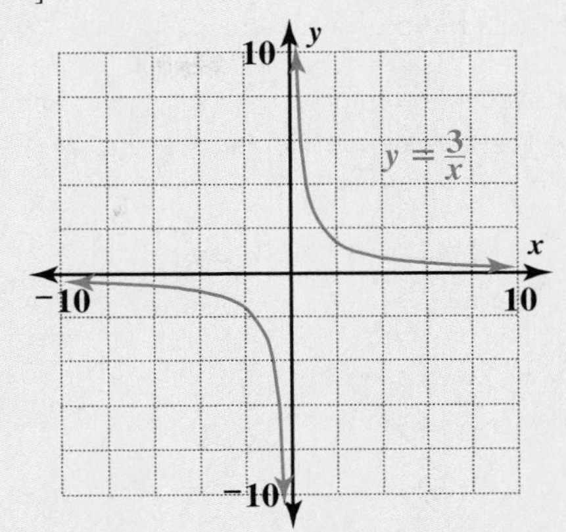

imagen Figura o punto que resulta de una transformación.

image The figure or point that results from a transformation. [page 292]

intersección x La coordenada x del punto donde la gráfica atraviesa el eje x. Las *intersecciones x* de la siguiente gráfica de $f(x) = x^2 - 4x$ son 0 y 4.

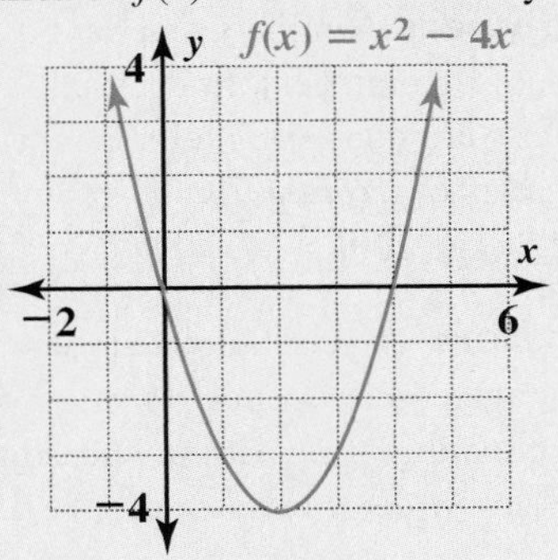

x-intercept The x-coordinate of a point at which a graph crosses the x-axis. The *x-intercepts* of the graph of $f(x) = x^2 - 4x$ shown below are 0 and 4. [page 522]

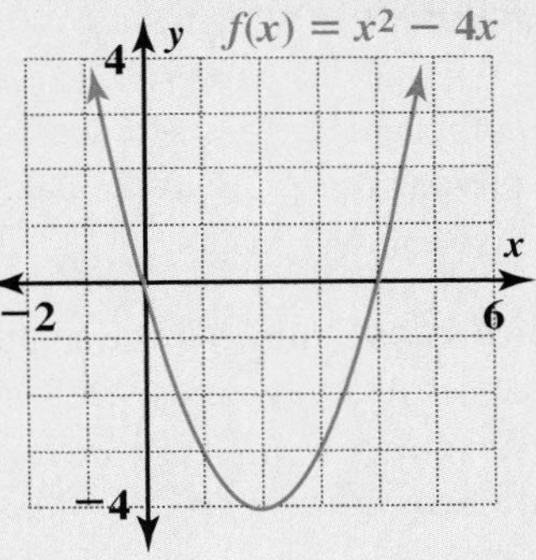

intersección y La coordenada y de un punto en el cual una gráfica atraviesa el eje y. La gráfica de una ecuación lineal de la forma $y = mx + b$, tiene intersección y de b. Por ejemplo: la gráfica de $y = {}^-x - 2$, tiene intersección y de $^-2$.

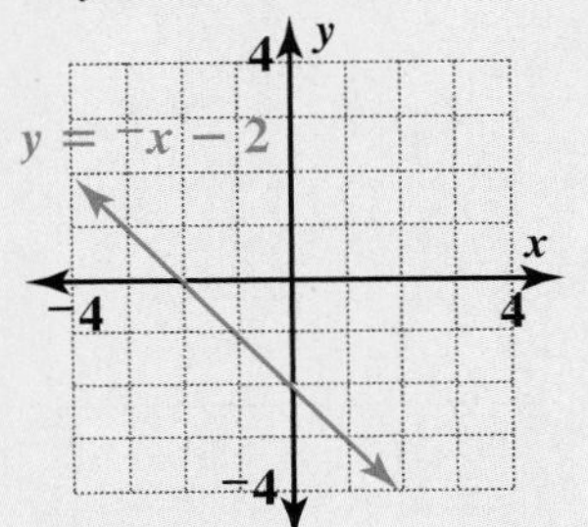

y-intercept The y-coordinate of a point at which a graph crosses the y-axis. The graph of a linear equation of the form $y = mx + b$, has y-intercept b. For example, the graph of $y = {}^-x - 2$, has y-intercept $^-2$. [page 31]

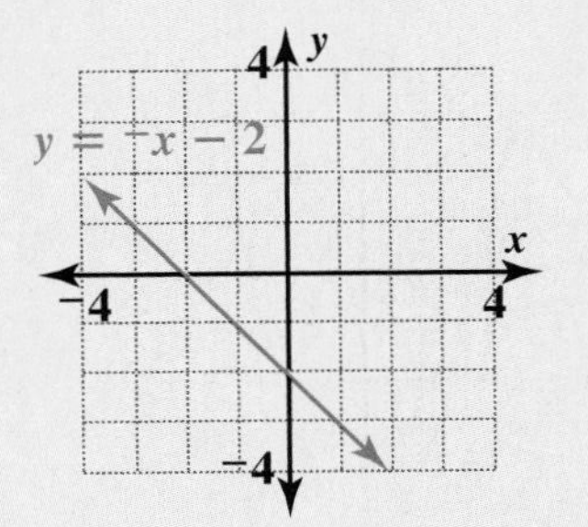

inversamente proporcional Describe una relación en que el producto de dos variables es una variable no nula. Si dos variables son *inversamente proporcionales,* entonces cuando el valor de una de las variables se multiplica por un número, el valor de la otra se

inversely proportional Term used to describe a relationship in which the product of two variables is a nonzero constant. If two variables are *inversely proportional,* then when the value of one variable is multiplied by a number, the value of the other variable

Español	English

multiplica por el *recíproco* de ese número. Por ejemplo: el tiempo que toma viajar 50 millas es *inversamente proporcional* a la rapidez promedio viajada.

is multiplied by the *reciprocal* of that number. For example, the time it takes to travel 50 miles is *inversely proportional* to the average speed traveled. [page 113]

mediatriz Recta que interseca un segmento en su punto medio y que es perpendicular al segmento.

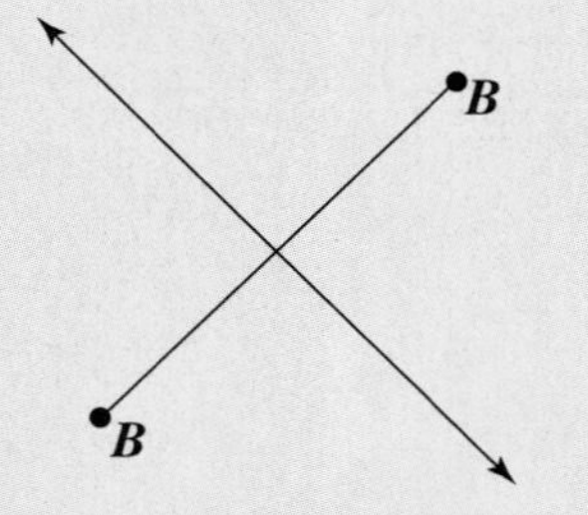

perpendicular bisector A line that intersects a segment at its midpoint and is perpendicular to the segment. [page 294]

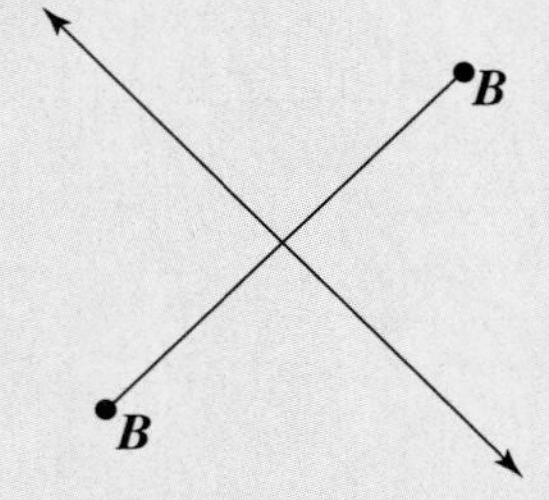

notación científica Método de escribir un número en la cual el número se expresa como el producto de una potencia de 10 y un número mayor que o igual a 1, pero menor que 10. Por ejemplo: 5,000,000 escrito en *notación científica* es 5×10^6.

scientific notation The method of writing a number in which the number is expressed as the product of a power of 10 and a number greater than or equal to 1 but less than 10. For example, 5,000,000 written in *scientific notation* is 5×10^6. [page 148]

números irracionales Números que no se pueden escribir como razones de dos enteros. En forma decimal, los *números irracionales* son decimales no terminales y no periódicos. Ejemplos de *números irracionales* incluyen π, $\sqrt{17}$ y $3\sqrt{2}$.

irrational numbers Numbers that cannot be written as ratios of two integers. In decimal form, *irrational numbers* are non-terminating and non-repeating. Examples of *irrational numbers* include π, $\sqrt{17}$, and $3\sqrt{2}$. [page 200]

números racionales Números que se pueden escribir como razones de dos enteros. En forma decimal, los *números racionales* son números terminales o periódicos. Por ejemplo: 5, $^-0.274$ y $0.\overline{3}$ son *números racionales.*

rational numbers Numbers that can be written as ratios of two integers. In decimal form, *rational numbers* are terminating or repeating. For example, 5, $^-0.274$, and $0.\overline{3}$ are *rational numbers.* [page 200]

números reales El conjunto de números racionales e irracionales. Todos los números que se pueden ubicar en la recta numérica.

real numbers The set of rational and irrational numbers. All the numbers that can be located on the number line. [page 200]

parábola La gráfica de una relación cuadrática.

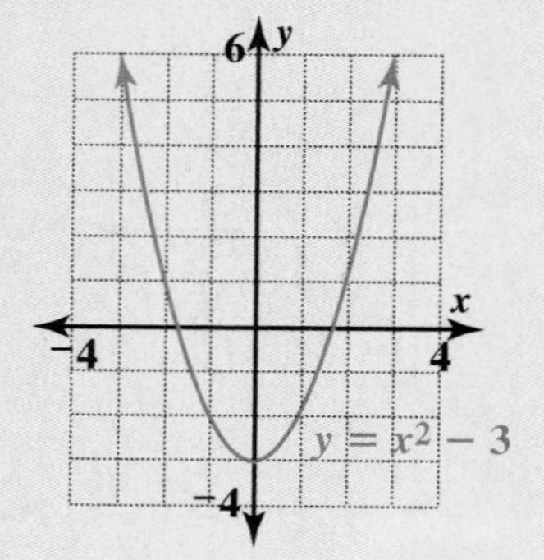

parabola The graph of a quadratic relationship. [page 71]

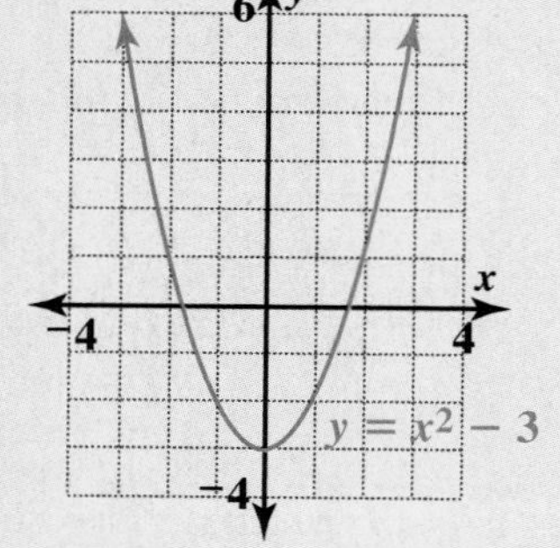

Español

pendiente La razón $\left(\frac{\text{altura}}{\text{carrera}}\right)$ que se usa para describir el grado de inclinación de una recta no vertical. Dados los dos puntos de una recta no vertical, puedes calcular la *pendiente* al dividir la diferencia de las coordenadas y entre la diferencia de las coordenadas x. (Asegúrate de restar las coordenadas x y y en el mismo orden.) Si una ecuación lineal se escribe en la forma $y = mx + b$, el valor m es la *pendiente* de la gráfica. Por ejemplo: la *pendiente* de la gráfica de $y = {}^{-}x - 2$ es ${}^{-}1$.

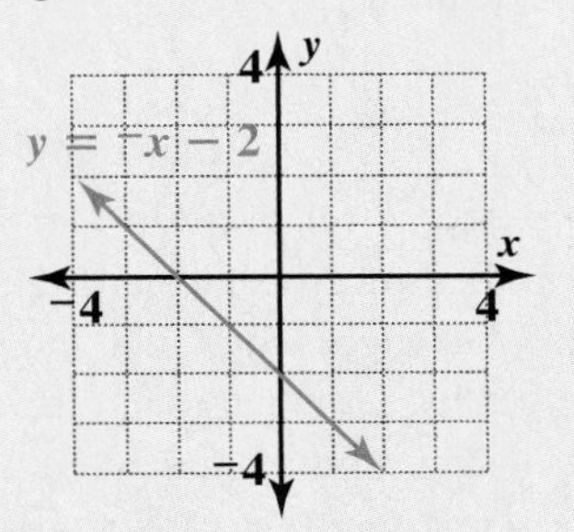

propiedad distributiva La *propiedad distributiva de la multiplicación sobre la adición* establece que para todo número n, a y b, $n(a + b) = na + nb$. La *propiedad distributiva de la multiplicación sobre la sustracción* establece que para todo número n, a y b, $n(a - b) = na - nb$.

radical Símbolo $\sqrt{}$ que se usa para indicar la raíz de un número. El símbolo $\sqrt{}$ por sí sólo indica la raíz cuadrada positiva. El símbolo $\sqrt[n]{}$ indica la *en*ésima raíz de un número. Por ejemplo: $\sqrt{25} = 5$ y $\sqrt[3]{{}^{-}64} = {}^{-}4$.

raíz cuadrada La *raíz cuadrada* de un número a es un número b, tal que $b^2 = a$. Por ejemplo: ${}^{-}9$ y 9 son *raíces cuadradas* de 81 porque $({}^{-}9)^2 = 81$ y $9^2 = 81$.

rango Todos los posibles valores de salida de una función. Por ejemplo: el *rango* de $h(x) = x^2 + 2$ son todos los números reales mayores que o iguales a 2. El *rango* de $f(x) = {}^{-}\sqrt{x}$ son todos los números reales menores que o iguales a 0.

razones trigonométricas Las razones de las medidas de dos lados de un triángulo rectángulo.

English

slope The ratio $\left(\frac{\text{rise}}{\text{run}}\right)$ used to describe the steepness of a non-vertical line. Given the two points on a non-vertical line, you can calculate the *slope* by dividing the difference in the y coordinates by the difference in the x coordinates. (Be sure to subtract the x and y coordinates in the same order.) If a linear equation is written in the form $y = mx + b$, the value m is the *slope* of its graph. For example, the graph of $y = {}^{-}x - 2$, has *slope* ${}^{-}1$. [page 27]

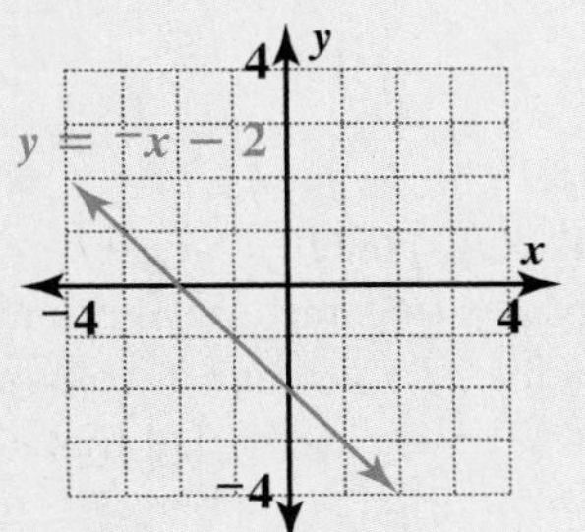

distributive property The *distributive property of multiplication over addition* states that for any numbers n, a, and b, $n(a + b) = na + nb$. The *distributive property of multiplication over subtraction* states that for any numbers n, a, and b, $n(a - b) = na - nb$. [page 358]

radical sign A symbol $\sqrt{}$ used to indicate a root of a number. The symbol $\sqrt{}$ by itself indicates the positive square root. The symbol $\sqrt[n]{}$ indicates the nth root of a number. For example, $\sqrt{25} = 5$ and $\sqrt[3]{{}^{-}64} = {}^{-}4$. [page 191]

square root A *square root* of a number a is a number b, such that $b^2 = a$. For example, ${}^{-}9$ and 9 are *square roots* of 81 because $({}^{-}9)^2 = 81$ and $9^2 = 81$. [page 190]

range All the possible output values for a function. For example, the *range* of $h(x) = x^2 + 2$ is all real numbers greater than or equal to 2. The *range* of $f(x) = {}^{-}\sqrt{x}$ is all real numbers less than or equal to 0. [page 518]

trigonometric ratios The ratios of the measures of two sides of a right triangle. [page 671]

Español

reflexión sobre una recta Transformación en que cada punto de una figura corresponde con su imagen especular sobre una recta. En la siguiente figura, la curva azul se *reflejó sobre la recta* para crear la anaranjada.

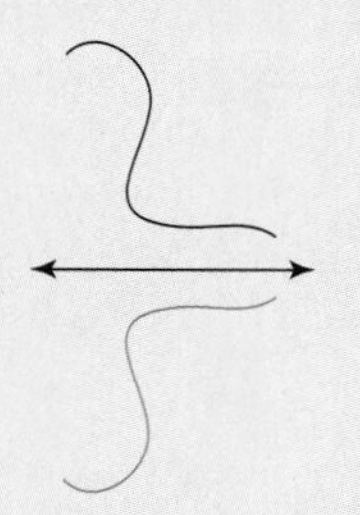

relación lineal Relación cuya gráfica es una recta. Las relaciones lineales se caracterizan por una tasa constante de cambio: cada vez que el valor de una de las variables cambia por una cantidad fija, el valor de la otra variable cambia por una cantidad fija. La ecuación de una *relación lineal* se puede escribir en la forma $y = mx + b$, donde m es la pendiente de la gráfica y b es su intersección y.

relación recíproca Ver *variación inversa.*

rotación Transformación en que se le da vuelta a una figura alrededor de un punto. Un ángulo de rotación positivo indica una rotación en dirección contraria a las manecillas del reloj; un ángulo de rotación negativo indica una rotación en la dirección de las manecillas del reloj. Por ejemplo: el triángulo anaranjado a la derecha se creó al *rotar* el triángulo azul 90° alrededor del punto P.

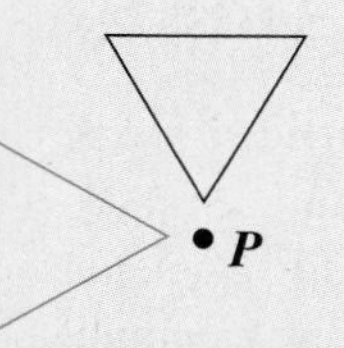

rotación de 90° alrededor del punto *P*

semejante Que tiene la misma forma.

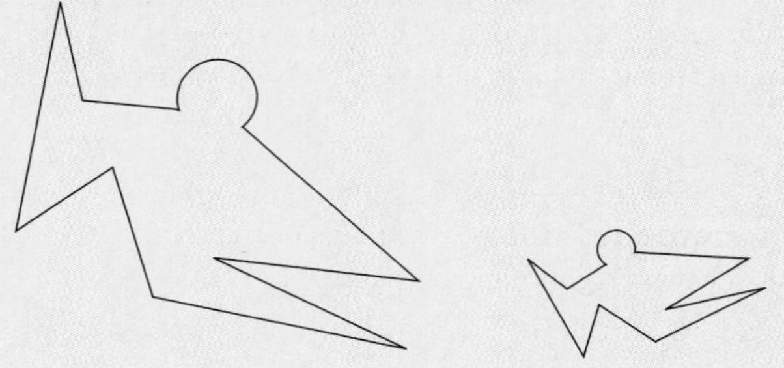

seno En un triángulo rectángulo con ángulo agudo A, el seno del

$$\angle A = \frac{\text{cateto opuesto al } \angle A}{\text{hipotenusa}}.$$

English

reflection over a line A transformation that matches each point on a figure to its mirror image over a line. In the figure below the blue curve has been *reflected over the line* to create the orange curve. [page 292]

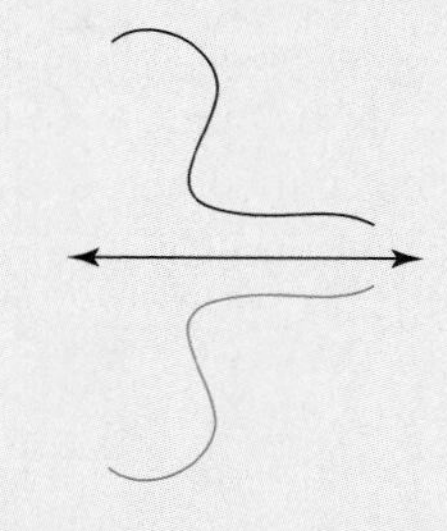

linear relationship A relationship with a graph that is a straight line. Linear relationships are characterized by a constant rate of change—each time the value of one variable changes by a fixed amount, the value of the other variable changes by a fixed amount. The equation for a *linear relationship* can be written in the form $y = mx + b$, where m is the slope of the graph and b is its y-intercept. [page 4]

reciprocal relationship See *inverse variation.* [page 115]

rotation A transformation in which a figure is turned about a point. A positive angle of rotation indicates a counterclockwise rotation; a negative angle of rotation indicates a clockwise rotation. For example, the orange triangle at the right was created by *rotating* the blue triangle 90° about point P. [page 305]

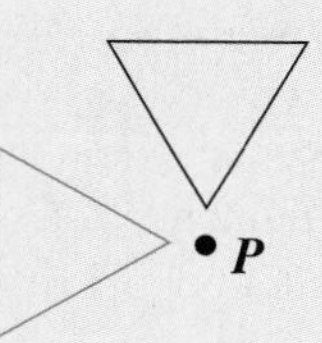

90° rotation about point *P*

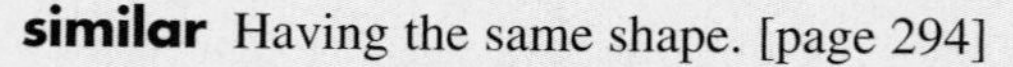

similar Having the same shape. [page 294]

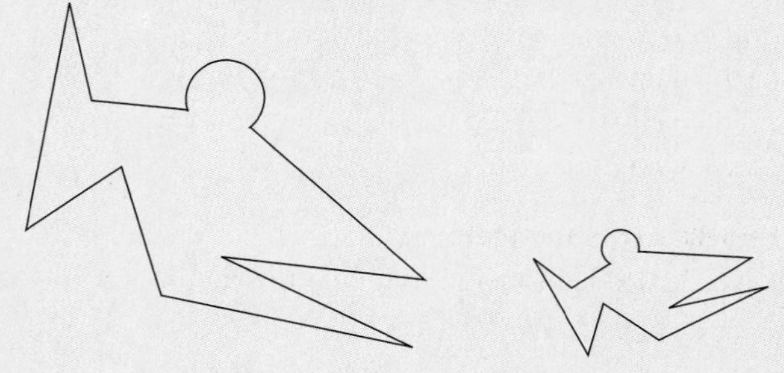

sine In a right triangle with acute angle A, the sine of

$$\angle A = \frac{\text{leg opposite } \angle A}{\text{hypotenuse}}.$$ [page 671]

Español

simetría de reflexión Una figura tiene *simetría de reflexión* (simetría lineal) si puedes dibujar una recta que divida la figura en dos mitades especulares. Las siguientes figuras tienen simetría de reflexión.

simetría de rotación Una figura tiene *simetría de rotación* si se puede rotar alrededor de un punto central *sin voltearla completamente a su alrededor* y se puede hallar un lugar en donde se ve exactamente como se veía en su posición original. Las siguientes figuras tienen *simetría de rotación.*

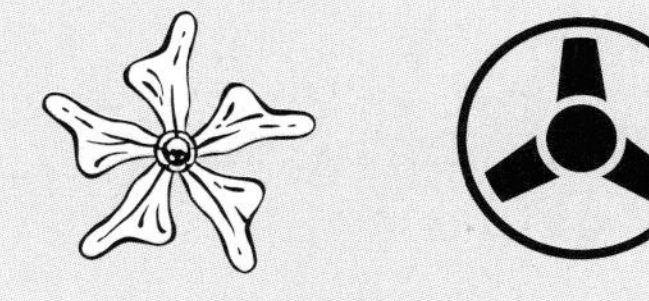

simetría lineal Ver *simetría de reflexión.*

sistema de ecuaciones Grupo de dos o más ecuaciones con las mismas variables.

sustitución Método para resolver un sistema de ecuaciones y que involucra el uso de las ecuaciones para escribir una expresión para una de las variables en términos de la otra variable y luego *sustituir* esa expresión en la otra ecuación. Por ejemplo: para resolver el sistema $y = 2x + 1$, $3x + y = 11$ podrías primero *sustituir* la y en la segunda ecuación con $2x + 1$.

término Parte de una expresión algebraica compuesta de números y/o variables que se multiplican entre sí. Por ejemplo: en la expresión $5x - 7x^2 + 2$, los términos son $5x$, $^-7x^2$ y 2.

términos semejantes En una expresión algebraica, los términos con las mismas variables elevadas a las mismas potencias. Por ejemplo: en la expresión $x + 3 - 7x + 8x^2 - 2x^2 + 1$, $8x^2$ y $-2x^2$ son *términos semejantes,* x y ^-7x son *términos semejantes* y 3 y 1 son *términos semejantes.*

transformación Una manera de crear una figura semejante o congruente a una figura original. Las

English

reflection symmetry A figure has *reflection symmetry* (or line symmetry) if you can draw a line that divides the figure into two mirror-image halves. The figures below have reflection symmetry. [page 289]

rotation symmetry A figure has *rotation symmetry* if you can rotate it about a centerpoint *without turning it all the way around,* and find a place where it looks exactly as it did in its original position. The figures below have *rotation symmetry.* [page 303]

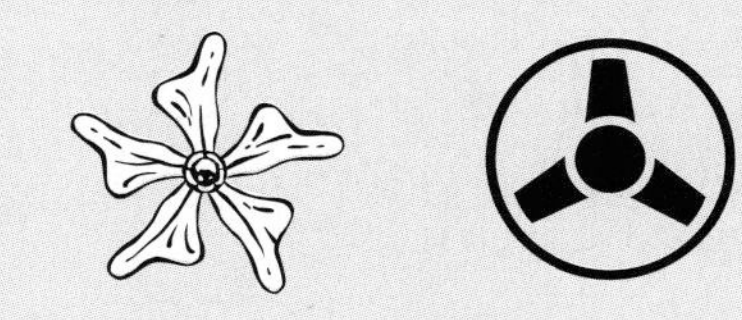

line symmetry See *reflection symmetry.*

system of equations A group of two or more equations with the same variables. [page 257]

substitution A method for solving a system of equations that involves using one of the equations to write an expression for one variable in terms of the other variable, and then *substituting* that expression into the other equation. For example, you could solve the system $y = 2x + 1$, $3x + y = 11$ by first *substituting* $2x + 1$ for y in the second equation. [page 264]

term A part of an algebraic expression made up of numbers and/or variables multiplied together. For example, in the expression $5x - 7x^2 + 2$, the terms are $5x$, $^-7x^2$, and 2. [page 363]

like terms In an algebraic expression, terms with the same variables raised to the same powers. For example, in the expression $x + 3 - 7x + 8x^2 - 2x^2 + 1$, $8x^2$ and $-2x^2$ are *like terms,* x and ^-7x are *like terms,* and 3 and 1 are *like terms.* [page 363]

transformation A way of creating a figure similar or congruent to an original figure. Reflections,

reflexiones, las rotaciones, las traslaciones y las dilataciones son cuatro tipos de *transformaciones.*

rotations, translations, and dilations are four types of *transformations.* [page 288]

traslación Una transformación dentro de un plano en que la figura se mueve una distancia específica en una dirección dada. Por ejemplo: la primera de las figuras que siguen se *trasladó* 1 pulgada a la derecha para obtener la segunda figura.

translation A transformation within a plane in which a figure is moved a specific distance in a specific direction. For example, the first figure below was *translated* 1 inch to the right to get the second figure. [page 313]

trinomio Expresión con tres términos no semejantes. Por ejemplo: $b^2 + 10b + 25$ es un *trinomio.*

trinomial An expression with three unlike terms. For example, $b^2 + 10b + 25$ is a *trinomial.* [page 443]

variable Cantidad que cambia o varía o cantidad desconocida.

variable A quantity that can change or vary, or an unknown quantity. [page 4]

variación directa Relación en que dos variables son directamente proporcionales. La ecuación para una *variación directa* se puede escribir en la forma $y = mx$, donde $m \neq 0$. La gráfica de una *variación directa* es una recta a través del origen (0, 0).

direct variation A relationship in which two variables are directly proportional. The equation for a *direct variation* can be written in the form $y = mx$, where $m \neq 0$. The graph of a *direct variation* is a line through the origin (0, 0). [page 7]

variación inversa Relación en que dos variables son inversamente proporcionales. La ecuación de una *variación inversa* se puede escribir en la forma $xy = c$, o $y = \frac{c}{x}$, donde c es una constante no nula. La gráfica de una *variación inversa* es una hipérbola.

inverse variation A relationship in which two variables are inversely proportional. The equation for an *inverse variation* can be written in the form $xy = c$, or $y = \frac{c}{x}$, where c is a nonzero constant. The graph of an *inverse variation* is a hyperbola. [page 113]

vector Segmento de recta con punta de flecha que se usa para describir traslaciones. La longitud del *vector* indica la cantidad que hay que trasladar y la punta de flecha indica la dirección.

vector A line segment with an arrowhead used to describe translations. The length of the *vector* tells how far to translate and the arrowhead gives the direction. [page 313]

ÍNDICE

D

E

S

T

V

Portada Mark Wagner/Getty Images

Páginas del frente del libro **v,** Mark Burnett; **vi,** Getty Images; **vii,** U.S. Mint; **viii,** MAK–1; **1,** Getty Images

Capítulo 1 **2 (t),** CORBIS; **2 (b),** Laura Sifferlin; **2–3,** CORBIS; **4,** MAK-I; **7,** Life Images; **13,** Daniel Erickson; **16,** George Linyear; **20,** James Westwater; **24,** Getty Images; **28,** Matt Meadows; **33,** Getty Images; **35,** Aaron Haupt; **53,** MAK-I; **57,** J.R. Schnelzer; **59,** Rudi Von Briel; **66,** Matt Meadows

Capítulo 2 **68 (t),** Bob Mullenix; **68 (b),** CORBIS; **68–69,** CORBIS; **78,** Getty Images; **80,** Getty Images; **82,** Mark Burnett; **92,** Aaron Haupt; **93,** Doug Martin; **95,** Getty Images; **97,** NRAO/AUI; **101,** Aaron Haupt; **107,** Tom & Therisa Stack; **116,** Tony Goldsmith/Getty Images; **119,** Holiday Film Corp.; **120,** KS Studios; **122,** Getty Images; **124,** CORBIS; **131,** National Archives; **138,** Rod Joslin; **142,** Mark Burnett

Capítulo 3 **144 (t),** Aaron Haupt; **144 (b),** Geoff Butler; **144–145,** Aaron Haupt; **151,** Oliver Meckes/Photo Researchers; **157,** NASA; **161,** NASA; **162,** CORBIS; **165,** Doug Martin; **172,** Getty Images; **178,** Getty Images; **180,** Mark Gibson/Index Stock Imagery; **193 (l),** Dominic Oldershaw, **193 (r),** Jeff Smith; **209,** Geoff Butler

Capítulo 4 **212,** Getty Images; **212–213,** David R. Frazier Photo Library; **233,** David S. Addison/Visuals Unlimited; **235,** Dominic Oldershaw; **240,** Mark Burnett; **243,** NASA; **251,** Getty Images; **262,** Eric Hoffhines; **265,** Doug Martin; **267,** Cortesía de Sperry/New Holland; **272,** Geoff Butler; **282,** Getty Images; **284,** Tim Courlas

Capítulo 5 **286 (t),** M.C. Escher, Lizard, © 2003 Cordon Art B.V.; **286 (b),** Cheryl Fenton; **286–287,** CORBIS; **288 (cr),** Tom Palmer; **288 (bl),** Cortesía de California Academy of Sciences; **303,** CORBIS; **330,** CORBIS; **344,** Ron Rovtar; **349,** Doug Martin

Capítulo 6 **356,** Duomo/CORBIS; **356–357,** Getty Images; **362,** Doug Martin; **369,** Lindsay Gerard; **375,** R.E. Smalley/ Rice University; **396,** Getty Images; **402,** Mark Burnett; **406,** CORBIS; **407,** Howard M. Decruyenaere; **409,** CORBIS; **414,** Cortesía del Museum of Fine Arts, Boston. Sears Fund; **421,** Tim Courlas; **425,** United States Mint

Capítulo 7 **430 (t),** Getty Images; **430 (b),** CORBIS; **430–431,** CORBIS; **432,** Chris Carroll/CORBIS; **437,** Getty Images; **441,** Getty Images; **444,** Alvin Staffan; **449,** Thomas Veneklasen; **450,** Getty Images; **458,** Matt Meadows; **463,** Ken Frick; **469,** Doug Martin; **484,** courtesy Indianapolis Motor Speedway/Denis Spares

Capítulo 8 **486,** Getty Images; **486–487,** Lindsay Gerard; **495,** Getty Images; **496,** Getty Images; **500,** MAK-I; **505,** Getty Images; **507,** CORBIS; **508,** Getty Images; **512,** Joseph Dichello; **518,** CORBIS; **524,** Mark Burnett; **526,** CORBIS; **535,** Mark Burnett

Capítulo 9 **542,** Bettmann/CORBIS; **542–543,** Aaron Haupt; **548,** Aaron Haupt; **552,** Mark Burnett; **556,** Life Images; **561,** Getty Images; **562,** Ann Summa; **565,** CORBIS; **567,** Doug Martin; **591,** Bob Mullinex; **594,** Rudi Von Briel; **597,** Jennifer Leigh Sauer

Capítulo 10 **600 (t),** Aaron Haupt; **600 (b),** CORBIS; **600–601,** CORBIS; **604,** Getty Images; **606,** Doug Martin; **608,** Getty Images; **618,** Jack Demuth; **627,** Roger Ressmeyer/ CORBIS; **629,** Todd Yarrington; **630,** Otto Greule/Getty Images; **631,** NASA; **634,** Laura Sifferlin; **636,** Fotografia/CORBIS; **639,** Aaron Haupt; **640,** Getty Images; **648–649,** Getty Images; **651,** Aaron Haupt

Las fotografías que no se enumeran aquí son propiedad de Glencoe/McGraw-Hill